CHANGLONGSHANCHOUSHUIXUNENGDIANZHANGONGCHENG SHIGONGJISHUYUGUANLI

长龙山抽水蓄能电站工程施工技术与管理

中国葛洲坝集团三峡建设工程有限公司 ◎ 编著

长江出版社
CHANGJIANG PRESS

图书在版编目（CIP）数据

长龙山抽水蓄能电站工程施工技术与管理 / 中国葛洲坝集团三峡建设工程有限公司编著 . -- 武汉 : 长江出版社，2024. 6

ISBN 978-7-5492-9518-0

Ⅰ . TV743

中国国家版本馆 CIP 数据核字第 20247EM816 号

长龙山抽水蓄能电站工程施工技术与管理

CHANGLONGSHANCHOUSHUIXUNENGDIANZHANGONGCHENGSHIGONGJISHUYUGUANLI

中国葛洲坝集团三峡建设工程有限公司　编著

责任编辑： 郭利娜 许泽涛

装帧设计： 郑泽芒

出版发行： 长江出版社

地　　址： 武汉市江岸区解放大道 1863 号

邮　　编： 430010

网　　址： https://www.cjpress.cn

电　　话： 027-82926557（总编室）

027-82926806（市场营销部）

经　　销： 各地新华书店

印　　刷： 武汉市首壹印务有限公司

规　　格： 787mm×1092mm

开　　本： 16

印　　张： 36.75

字　　数： 824 千字

版　　次： 2024 年 6 月第 1 版

印　　次： 2024 年 10 月第 1 次

书　　号： ISBN 978-7-5492-9518-0

定　　价： 258.00 元

编委会

主　　编　赵献勇　刘志强　邹礼刚

副 主 编　李友华　屈卫星　许　华　刘治江　殷春英　黄家权　覃春安　朱焱华
汪仁平　万　勇　黄应军　曹中升　武敬军　吴海涛　江谊园　齐界夷
叶林华　刘新清　王跃辉　郑　龙　李学平　葛　利　谢　健　卿晨华

编写人员　（以姓氏笔画为序）

万　勇　马少甫　王义文　王涵烯　王新敏　石　莉　龙瑞康　叶林华
代　巍　冯红梅　吕　许　刘　尧　刘　倩　刘传炜　齐界夷　江谊园
汤周平　孙华艳　杜　飞　李　波　李　俊　李思慧　李晓萍　李铭松
杨　毅　肖亚男　肖传勇　吴彬彬　何青峰　余小宝　邹先阳　汪文亮
汪佳伟　宋倩倩　张红兵　张国旗　张俊霞　张琳琳　张新宇　张耀华
陈孝天　陈志勇　范　文　明　军　郑　龙　郑功林　孟华兰　姜　华
敖　亮　袁　航　高国安　黄应军　曹　爽　曹中升　程林林　谢　明
谢　健　谢蕴强　路佳欣　靖天天　蔡　勇

前言

Preface

长龙山抽水蓄能电站位于“绿水青山就是金山银山”理念发源地——浙江省湖州市安吉县天荒坪镇，为“西电东送”华东电网重点配套工程。工程枢纽主要由上水库、下水库、输水系统、地下厂房及地面开关站等建筑物组成，电站安装6台35万kW可逆式发电机组，总装机容量为210万kW，每年可生产清洁电能24.35亿kW·h，是华东地区最大的“充电宝”。

长龙山抽水蓄能电站属于高水头、高转速、大容量抽水蓄能电站，主体工程于2017年1月开工，2021年6月底首台机组发电，2022年6月底全部机组投产发电。在当时我国已建、在建的同类型电站中，其工程技术特性指标包括3项世界第一[电站最大发电水头(756m)世界第一，可逆式机组高额定转速(600r/min)下单机容量(35万kW)世界第一，高压钢岔管HD值(4800m×m)世界第一]、4项国内第一[单段斜井长度(435m)国内第一，在建抽水蓄能项目中额定水头(710m)国内第一，抽水蓄能机组综合设计制造难度国内第一，机组及结构振动控制难度国内第一]。

中国葛洲坝集团三峡建设工程有限公司(以下简称“三峡建设”)承建了该电站中的输水、地下厂房系统及下水库工程，勘探道路工程(上下水库连接公路)，进厂交通洞与通风兼安全洞工程，以及业主营地场平工程等4个施工标段。其中，输水、地下厂房系统及下水库工程为主体工程，主要施工内容包括引水系统下半段、地下厂房工程、尾水系统工程、下水库检修闸门井工程、下水库进/出水口工程、下水库工程等，其施工建设具有以下突出特点和难点：①地下建筑物种类较多，但空间较小，导致大型施工机械设备选用范围受限；②高水头有压引水发电洞、地下式厂房、长斜井或深竖井等地下洞室群结构复杂，施工技术难度大；③水库为混凝土面板堆石坝，防渗抗裂标准高，施工质量要求高；④工程所在地为风景名胜区核心景区，环保要求非常高。

Preface 前言

针对工程建设中存在的诸多技术难题，在工程开工前和施工过程中，三峡建设组织了一系列科技攻关，先后完成了《400m级超长斜井导井精准成型技术》《超长斜井一体化扩挖支护技术》《超大段长钢衬制安及混凝土施工技术》《堆石坝碾压实时动态监控集成技术》《堆石坝混凝土面板施工技术》《斜井滑模施工技术》《风景区抽蓄电站绿色施工综合技术》《施工信息化控制与管理》等专题研究工作，取得了多项重大科技成果，其中行业协会科技奖励3项，省部级施工工法2项，获得授权专利14件。

当前，我国抽水蓄能电站建设处于加速发展时期，三峡建设抽水蓄能产业正迎来高质量发展的新阶段，鉴于此，我们组织参与本工程施工的相关人员撰写本书，对三峡建设在长龙山抽水蓄能电站施工中的先进技术与项目管理成果进行了系统的总结，旨在为从事相关专业的广大施工管理人员提供具体的项目管理经验，指导其工作实践，提升其项目管理水平。

全书共分11章，主要包括：概述、施工总体布置、施工总进度、关键部位施工技术、施工组织与现场管理、施工质量管理与控制、施工安全管理与控制、施工环水保管理与控制、商务管理、设备及物资管理、施工技术探索创新与应用等。

由于本书涉及专业较多，作者专业及文字水平有限，书中难免存在不当或错误之处，真诚希望专家、同行、读者不吝指正。

作　者

2024年4月

目录

Contents

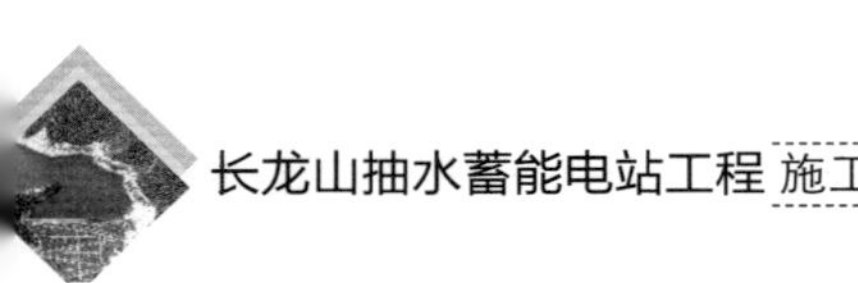

第1章 概 述

1.1 工程概况

长龙山抽水蓄能电站位于浙江省湖州市安吉县境内，紧邻天荒坪抽水蓄能电站，地处华东电网负荷中心，至安吉县城公路里程25km，至杭州、上海、南京3市公路里程分别为80km、175km、180km。长龙山抽水蓄能电站工程装机规模2100MW(6×350MW)，由上水库、下水库、输水系统、地下厂房及开关站等组成，主要承担华东电网调峰、填谷、调频、调相及紧急事故备用等任务。长龙山抽水蓄能电站地理位置示意图见图1-1。

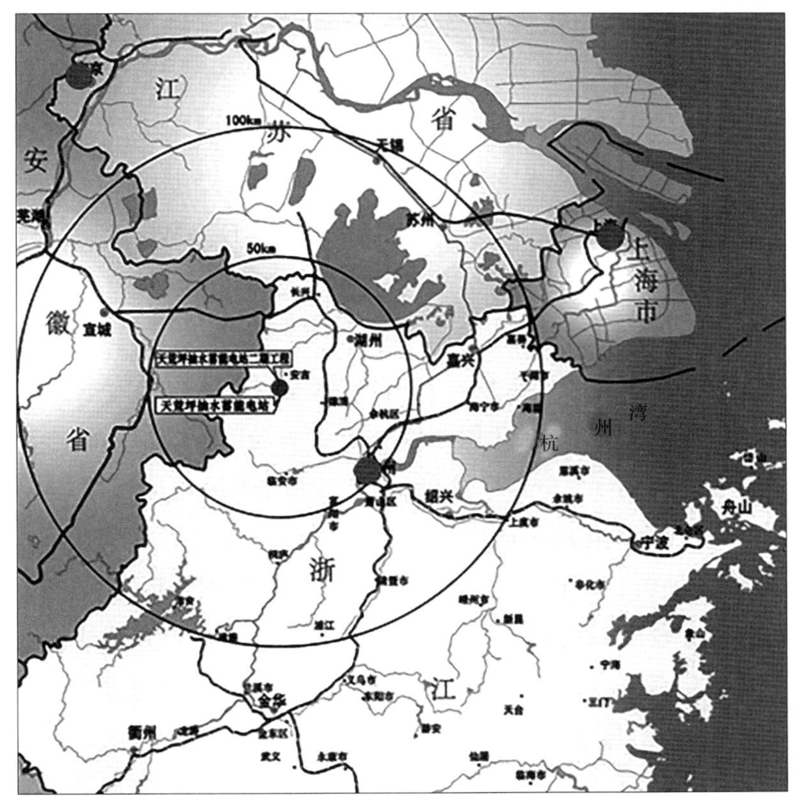

图1-1 长龙山抽水蓄能电站地理位置示意图

1.1.1 地形地质条件

工程区主要位于浙西北山脉天目山中部，属太湖流域。山河港自南而北从工程区流过，全长约30km，为西苕溪的主要支流之一，构成工程区最低侵蚀基准面。下水库位于山河港的中游末段，水库两岸山势雄厚，岸坡陡峻，河谷狭窄，河漫滩、阶地均不发育；坝址处河谷底高程150～210m，河流纵坡降约3.7%，两岸冲沟近垂直于河流发育，多数冲沟较短小，少数冲沟延伸较长，常年水流。

输水系统位于山河港右岸，平面上呈折线布置，自上水库西库岸，沿NNW向山脊延伸，后转为近垂直于下水库库岸的NWW向。沿线山体浑厚，山坡陡峻，坡度35°～50°，局部为陡崖，沿线山脊高程900～1077m，坡脚高程180m，最大高差约897m；沿线分布的桥坑、二亭坑沟，切割较深，常年流水。

工程区内滑坡、泥石流等不良物理地质作用不发育。

工程区出露的地层主要为侏罗系上统劳村组火山碎屑岩类，局部有燕山期侵入的花岗斑岩、煌斑岩脉、石英脉等，第四系残坡积层、冲洪积层分布于缓坡、坳地、河床及两岸坡脚。

工程区地层总体上为单斜构造，分布于下水库及输水系统的侏罗系上统劳村组下段(J_3l^{1-1}、J_3l^{1-5})流层理产状整体为N20°～35°W、SW∠20°～35°；引水系统所在山坡(J_3l^{2-1}、J_3l^{1-5})地层流层理产状大致为N50°～70°E、NW∠10°～25°。上水库(坝)地层总体向西库岸缓倾，其中东库岸岩层(J_3l^{2-3}、J_3l^{2-2})界线产状大致为N15°～65°W、SW∠5°～30°，岩层(J_3l^{2-2}、J_3l^{2-1})界线产状为N50°～65°E、NW∠5°～25°；西库岸岩层(J_3l^{2-3}、J_3l^{2-2})界线产状大致为N5°～70°E、NW∠5°～25°，岩层(J_3l^{2-2}、J_3l^{2-1})界线产状为N40～50°E、NW∠5°～25°。

工程区总体上全、强风化岩不太发育，地表裸露基岩以弱风化为主。全、强风化层主要沿平缓山坡、坳地零星分布，全风化层厚度小于5m，局部受断层构造影响厚度达10m以上；强风化层厚度一般为1～5m，局部可达8～10m；弱风化层下限埋深一般为15～70m，厚度为10～60m；微风化层下限埋深一般为50m以上。

工程区出露的各种弱、微风化及新鲜岩石，其物理力学性质总体上差异不大，相对而言，新鲜岩石的密度较高，弱、微风化岩石的密度略低；而岩石容重主要与取样岩块的微观结构有关，受孔隙率、吸水率影响较大；岩石抗压强度总体上按新鲜、弱风化、微风化排列，均值都大于90MPa，属于坚硬岩，实测岩石抗压强度最大超过280MPa。

1.1.2 水文气象条件

(1)流域概况

工程下水库坝址位于安吉县山河乡大溪村山河港中游的天荒坪抽水蓄能电站下水库下游约2.9km处，坝址以上集水面积30.5km^2，河长11.0km。山河港地处浙西北天目山区中部，为西苕溪流域浒溪上游支流，地势自西南向东北倾斜，流域内多系高山峻岭，河道落差甚大，坝址以上河道平均坡降为48.1‰，河谷呈“V”形，河道水面宽20～30m，河床组成多为孤石和卵石。

(2)水文气象

工程所在流域属于亚热带季风气候区，雨量充沛，是浙北的暴雨中心区，1962—1982年流域平均降水量1858.4mm，最大年降水量2323.6mm(1989年)，最小年降水量1206.3mm(1978年)，日最大降水量384.0mm(1997年8月18日)。平均水面蒸发量900.6mm，多年(1974—1983年)平均气温13.9℃，最高气温38.7℃，最低气温−13.5℃。降水量年内分配极不均匀，主要集中在6—9月，占年降水量的54.4%，年内12月最少，仅占年降水量的3.2%。

多年平均气温13.9℃，月平均最高气温25.6℃(7月)，月平均最低气温1.7℃(1月)，极端最高气温38.7℃(1988年7月)，极端最低气温−13.5℃(1980年1月)。

各月平均相对湿度变化幅度在77%～87%，多年平均相对湿度82%，实测最小相对湿度4%；上、下水库水面蒸发量分别为860.8mm和798.2mm；上水库年平均风速为0.9m/s，最大风速为19.0m/s，下水库年平均风速为0.6m/s，最大风速为10.0m/s。

(3)径流

该工程下库坝址年月径流系列采用1962—2013年，多年平均流量1.16m^3/s，年平均径流量0.366亿m^3；上水库多年平均流量0.0154m^3/s，多年平均年径流量48.6万m^3。下水库径流的年内分配结果见表1-1。

表1-1　下水库径流年内分配结果

项目		月份												年
		1	2	3	4	5	6	7	8	9	10	11	12	
下水库	多年平均流量/(m^3/s)	0.452	0.811	1.220	1.090	1.100	1.890	1.670	2.200	1.710	0.833	0.544	0.383	1.16
	百分比/%	3.71	5.40	8.95	7.74	8.03	13.40	12.20	16.10	12.10	6.08	3.85	2.80	100

(4)洪水

本流域洪水系由暴雨形成,其大洪水多由8—9月的雷阵雨及台风雨造成。从实测洪水过程线分析,由于设计流域集水面积小,山地坡度陡,河谷狭窄,洪水暴涨暴落,峰型尖瘦,因此一次洪水历时一般为1d左右。

下水库设计洪水成果洪峰流量采用的流量法计算。下水库各频率洪峰流量按天荒坪抽水蓄能电站工程复核成果面积比的0.92次方计算,24h洪量均值按天荒坪抽水蓄能电站工程24h洪量均值面积比推算,其成果见表1-2。

表1-2　　下水库坝址设计洪水计算成果比较

频率/%	洪峰流量/(m^3/s)	24h洪量/万m^3
0.01	1460	0.471
0.05	1160	0.381
0.1	1040	0.342
0.5	758	0.252
1	640	0.214
2	523	0.176
5	376	0.130
10	271	0.096
20	174	0.064

下水库坝址设计洪水(P=0.5%)洪峰流量758m^3/s,校核洪水(P=0.05%)洪峰流量1160m^3/s。

下水库坝址10—12月、10月至次年3月、10月至次年4月和10月至次年5月共4个分期的最大洪峰流量频率成果见表1-3。

表1-3　　下水库分期洪水成果

分期分批	各频率设计值/(m^3/s)			
	2%	5%	10%	20%
10—12月	50.1	34.1	23.0	13.1
10月至次年3月	51.6	39.7	30.6	21.7
10月至次年4月	79.7	58.4	43.0	28.7
10月至次年5月	81.6	61.4	46.6	32.5
年	523.0	376.0	271.0	174.0

(5)坝址河段天然水位流量关系

枯水由实测点控制,中高水用调查洪水推算的流量进行拟定。下水库坝址水位流量关系见表1-4。

表1-4 下水库坝址水位流量关系

序号	水位（85国家高程，m）	流量 /(m^3/s)	序号	水位（85国家高程，m）	流量 /(m^3/s)
1	153.83	0.330	16	155.37	100
2	153.86	0.506	17	155.90	150
3	153.91	1.17	18	156.40	200
4	153.98	2.28	19	156.83	250
5	154.04	3.57	20	157.25	300
6	154.11	5.40	21	158.05	400
7	154.18	7.58	22	158.80	500
8	154.26	10.4	23	159.45	600
9	154.33	13.9	24	160.18	700
10	154.42	18.8	25	160.83	800
11	154.50	24.6	26	161.45	900
12	154.57	30.0	27	162.00	1000
13	154.71	40.0	28	163.10	1200
14	154.95	60.0	29	164.15	1400
15	155.16	80.0	30	165.20	1600
16	155.37	100	31	166.18	1800

1.1.3 主要技术经济指标

长龙山抽水蓄能电站总装机规模位居国内已建、在建抽水蓄能电站前三位，每年可生产清洁电能24.35亿kW·h，是华东电网名副其实的最大“充电宝”。电站最大发电水头（756m）世界第一；可逆式发电机组高额定转速（600r/min）下单机容量世界第一；高压钢岔管HD值（4800m×m）世界第一，其主要技术经济指标见表1-5。

1.1.4 枢纽布置

长龙山抽水蓄能电站主要由上水库、下水库、输水系统、地下厂房及开关站等组成。上水库位于山河港中上游右岸横坑坞冲沟源头洼地，下水库位于山河港中游末段，坝址位于天荒坪抽水蓄能电站下水库下游2.9km处；输水发电系统布置于山河港右岸山体内。长龙山抽水蓄能电站布置见图1-2。长龙山抽水蓄能电站地下洞室群三维图见图1-3。

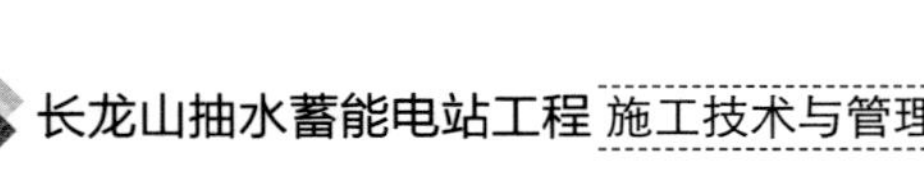

表 1-5　　主要技术经济指标

河系	太湖流域西苕溪			发电厂	形式	地下式	
建设地点	浙江省湖州市安吉县				厂房尺寸（长×宽×高）	232.2×24.5×55.1	m
设计单位	中国电建集团华东勘测设计研究院有限公司				水轮机型号	立轴单级混流可逆式	
建设单位	中国长江三峡工程开发总公司				装机容量	350×6	MW×台
水库	正常蓄水位上/下水库	976/243	m		年发电量	24.35	亿 kW·h
	总库容上/下水库	1099/1611	亿 m³		年利用小时	1160	h
	有效库容上/下水库	785/783	亿 m³		建筑工程投资	33785.29	万元
	淹没耕地	5.45	亩		建筑工程单位千瓦指标	160.88	元
	迁移人口	0	人		发电设备投资	183490.14	万元
	迁移费用	31024.00	万元		单位千瓦指标	873.76	元
	单位指标	—	元/人	主体工程量	明挖土石方	706.21	万 m³
拦河坝	形式上/下水库	钢筋混凝土面板堆石坝			洞挖石方	173.36	万 m³
	最大坝高上/下水库	103/100	m		土石方填筑	703.88	万 m³
	坝顶长上/下水库	372/300	m				
	坝体方量上/下水库	388/265	万 m³		混凝土	71.32	万 m³
	投资上/下水库	50123.63/16673.29	万元	主要材料用量	水泥	30.85	万 t
	单位指标上/下水库	104.42/53.78	元/m³		钢筋	3.60	万 t
引水隧洞	形式	三洞六机斜井式			锚杆	0.82	万 t
	直径	6.0～4.4/2.8	m		木材	0.25	万 m³
	长度	2738.10/2810.30	m		粉煤灰	2.00	万 t
	投资	83159.86	万元		炸药	0.63	万 t
	单位指标	299761.59	元/m		油料	2.05	万 t
工程静态投资		863977.03	万元	全员人数	高峰人数	3000	人
工程总投资		1068347.79	万元		平均人数	2500	人
单位千瓦静态投资		4114.18	元		总工时	4644	万工时

续表

单位年发电量投资	4.39	元	施工总进度	工程筹建期	24	月
第一台机组发电静态投资	739745.10	万元		施工准备期	3	月
第一台机组发电总投资	847359.70	万元		主体施工期	54	月
建设期贷款利息	131470.13	万元		工程完建期	18	月
				第一台机组发电日期	58	月
生产单位定员	154	人		总工期	75	月

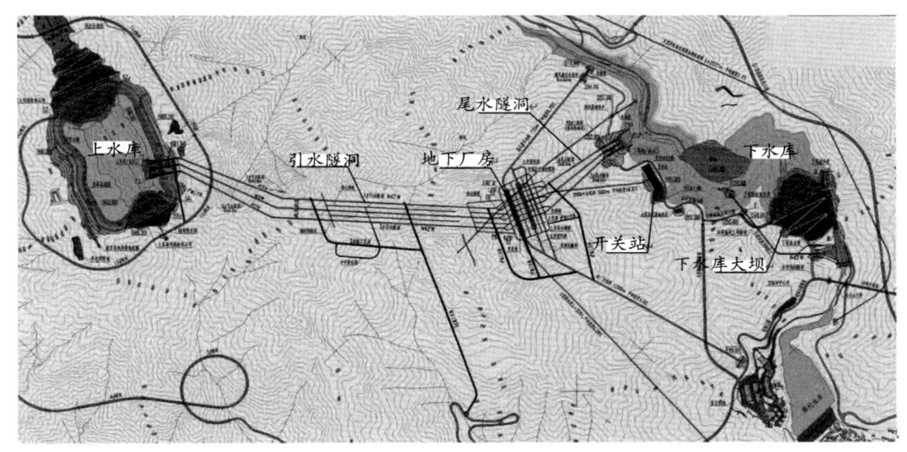

图 1-2 长龙山抽水蓄能电站布置

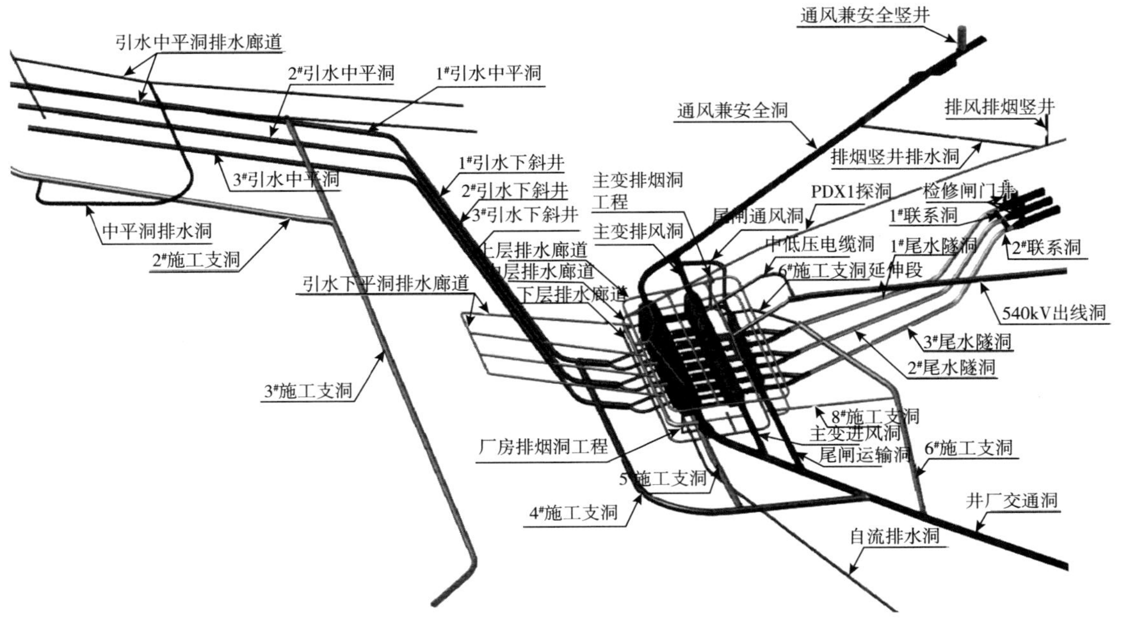

图 1-3 长龙山抽水蓄能电站地下洞室群三维图

1.1.5 主要建筑物基本参数

1.1.5.1 引水系统下半段

长龙山抽水蓄能电站引水系统采用三洞六机斜井式布置,沿水流方向依次为上水库进/出水口、上水库检修闸门井、引水上平洞、引水上斜井、引水中平洞、引水下斜井、引水下平洞、引水钢岔管、高压支管段。其中,引水上平洞、引水上斜井、引水中平洞前半段均采用混凝土衬砌,引水中平洞后半段、引水下斜井、引水下平洞、引水钢岔管、高压支管段均采用钢衬。

以引水中平洞钢衬起始点为分标界线,长龙山抽水蓄能电站下半段工作内容包括引水中平洞后半段、引水下斜井、引水下平洞、钢岔管、高压支管段。

引水系统下半段压力钢管主管共3条,高压主管长度均为966.80m。压力管道引水中平洞管径为5.0m,长度均为500m,经长9m的渐缩段后,管径渐缩为4.4m,与引水下斜井相连;引水下斜井管径为4.4m,长度为389.14m,角度为58°。下平段总长76.79m(至钢岔管中心),其中长47.54m洞段管径为4.4m,经长6m渐缩段后,管径渐缩为4.0m,长度为25.89m。钢衬外围回填混凝土厚度0.7m。

引水钢岔管距厂房上游边墙60m,采用对称“Y”形内加强月牙肋型钢岔管,分岔角为75°,主管直径为4.0m,支管直径为2.8m,钢岔管公切球半径为2350.6mm,主、支管壁厚均为66mm,月牙肋厚138mm。

岔管后为6条平行布置的高压支管,斜70°进入厂房,洞轴线间距23.96m。1#、3#、5#支管长度均为59.3m,2#、4#、6#长度均为66.5m。高压支管管径2.8m,在厂房前管径渐缩为2.1m,渐缩段长9m,厂房内至球阀段为厂内明管,管径2.1m。钢衬外围回填混凝土厚度0.7m。

1.1.5.2 地下厂房工程

地下厂房工程包括地下厂房排水系统工程、主副厂房洞工程、主变洞工程、尾闸洞工程、500kV出线洞工程、通风兼安全竖井工程等。

(1)主副厂房洞工程

1)主副厂房洞。

主副厂房洞吊车梁采用岩壁吊车梁结构,总长232.2m,从左到右分为副厂房、机组段、安装场。机组段长160.9m,下部开挖宽24.5m,上部开挖宽26.0m,最大开挖高度55.1m;安装场长50.3m,下部开挖宽24.5m,上部开挖宽26.0m,开挖高度27.8m;副厂房长21.0m,开挖宽24.5m,最大开挖高度54.6m。

2)母线洞。

母线洞共6条,垂直布置在主厂房与主变洞之间。每条母线洞长40.0m,母线洞为大小洞相结合布置,开挖断面为城门形,其中靠主厂房6.5m段开挖断面为7.8m×7.8m(宽×高),靠主变洞30.5m段开挖断面为10.1m×9.8m(宽×高),中间3.0m为渐缩段。母线洞全断面采用混凝土衬砌。

(2)主变洞工程

主变洞位于主副厂房洞下游,两洞净距40.0m;主变洞开挖尺寸为237.0m×20.0m×22.8m(长×宽×高),与主副厂房通过交通电缆洞、主变运输洞及6条母线洞相连,与尾闸洞通过尾闸交通洞相连。

(3)尾闸洞工程

尾闸洞位于主变洞下游,两洞净距30m;闸门井以上部分开挖尺寸为157.5m×8.0m×20.45m(长×宽×高),吊车梁以上开挖宽度为9m,全断面采用钢筋混凝土衬砌。

(4)500kV出线洞工程

500kV出线洞从主变洞中部下游侧接出,以斜井+平洞形式接至500kV地面开关站,斜井段为单层布置,平洞段为双层布置,开挖断面尺寸均为城门洞形,典型开挖尺寸分别为5.0m×5.0m(宽×高)、5.0m×8.0m(宽×高),总长约580m,全断面采用混凝土衬砌。

(5)通风兼安全竖井工程

通风兼安全竖井开挖断面为11.6m×10.3m(长×宽),高约42m。通风兼安全洞在竖井与洞口段之间用混凝土堵头封堵,堵头长约15m。堵头形式采用实心堵头与空心廊道相结合的方式。

(6)地下厂排水系统工程

地下厂房排水廊道环绕主副厂房洞、主变洞、尾闸洞布置分别为上层排水廊道、中层排水廊道、下层排水廊道。三层排水廊道总长约2678m,开挖断面为城门洞型,尺寸3.0m×3.0m(宽×高)。自流排水洞分为洞身段与洞口明渠段。洞身段长约3280m,净断面为3.0m×3.0m(宽×高);明渠段长约135.6m。

1.1.5.3 尾水系统工程

尾水系统由尾水支管、尾水事故闸门井、尾水岔管、尾水隧洞等组成。

(1)尾水支管

尾水支管从尾水管出口至尾水事故闸门室下游长度为24.5m,平行布置6条,间距

25.5m，轴线方位角为N65°W，与厂房纵轴线垂直。尾水支管内径4.5m，每条支管均长110.5m，采用钢板衬砌，钢衬外回填素混凝土厚0.7m。

（2）尾水事故闸门井

尾水事故闸门井与尾水支管相连，共布置6个竖井，中心距25.5m，竖井井口平台高程129.5m，底高程114.2m，竖井高8.25m。每个竖井开挖尺寸为8.5m×7.0m（长×宽）。

（3）尾水岔管

尾水系统采用一洞两机布置，共布置3条尾水岔管。尾水岔管采用非对称"Y"形钢筋混凝土岔管。3条岔管布置及体型相同，岔管中心点在尾闸室中心下游68.18m处，分岔角50°，主管管径6.0m，支管管径4.5m。尾水岔管1#支管转弯后与1#尾水支管钢衬段相连，转弯半径20m，转弯角50°。尾水岔管外混凝土厚0.8m。

（4）尾水隧洞

尾水隧洞立面采用斜井布置，斜井倾角50°。尾水上平洞轴线间距22.5m，坡比10%。1#～3#尾水隧洞[尾水管出口至下库进/出水口前端]长625.1～649.3m，洞径6.0m，采用钢筋混凝土衬砌，厚0.5m。

1.1.5.4 下水库检修闸门井工程

下水库检修闸门井位于尾水隧洞的末端，3条尾水隧洞各设1座。

下水库检修闸门井由井身、井座、渐缩段、启闭机房等组成，采用钢筋混凝土结构。

闸门井：总高42.03m，检修平台高程245.00m以下高35.33m，井身为不规则矩形，断面尺寸为8.4m×6.3m（长×宽）。检修平台至闸门井交通平台高程252.00m为扩大上室段，水平断面10.0m×8.0m（长×宽），井壁采用钢筋混凝土衬砌，衬砌厚度为1.0m，上部设有启闭机房，启闭机房为混凝土框架结构，尺寸13m×11m×20m（长×宽×高）。

1.1.5.5 下水库进/出水口工程

下水库进/出水口位于山河港转弯处，距下水库右坝头约700m处，采用侧向竖井式。3个进/出水口平行布置，体型相同，轴线方向N76°W，轴线间距22.5m，沿蓄水流方向依次为进水渠、拦污栅段、扩散段。

下水库进/出水口进水渠沿水流方向长19.0～48.0m，宽67.5m，底板高程207.00m，比进水口前天然河床高约20m。

拦污栅和扩散段为箱形混凝土结构，总长44.5m，其中拦污栅段长10m，扩散段长34.5m。每个进/出水口净宽（不含分流墩厚度）16.5m，净高9.0m，经扩散段渐缩为6.0m×4.8m（宽×高）的矩形孔口。进水口前端设置5道防涡梁，断面尺寸1.5m×1.0m（宽×高），间距1.0m。

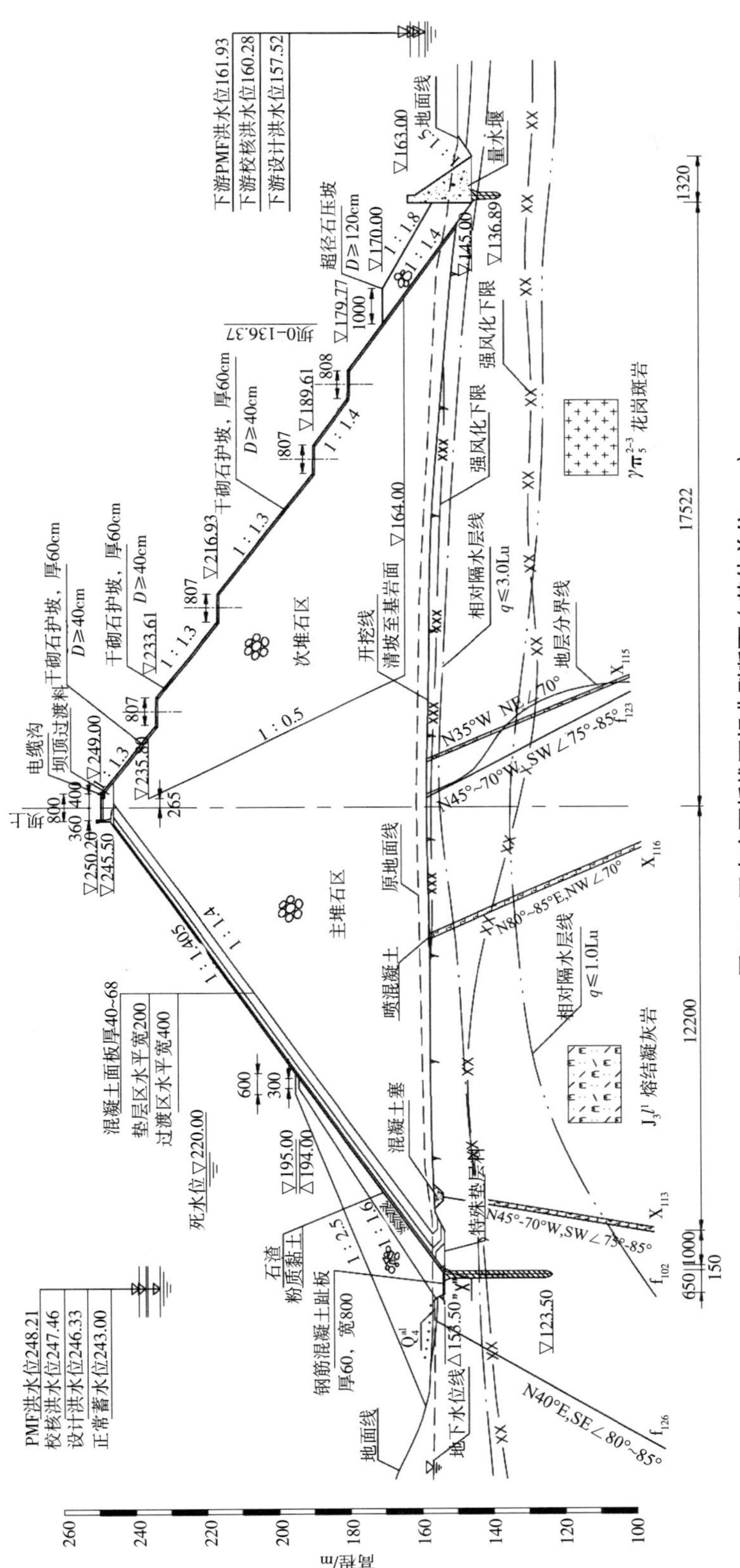

图1-4　下水库面板堆石坝典型断面（其他单位，m）

进/出水口扩散段用2个分流墩分成3孔，孔口首端净宽5.5m，墩厚1.5m，高9.0m，墩尾处厚0.5m。墩头为半径2.0m的半圆，墩尾为圆弧曲线。

1.1.5.6 下水库工程

下水库工程包括下水库大坝工程、下水库库盆处理工程、下水库溢洪道工程、下水库导流泄放洞改建工程。

(1)下水库大坝工程

挡水坝采用钢筋混凝土面板堆石坝，趾板建基面处坝高95.5m，坝轴线处最大坝高100.0m，坝顶长300.0m，防浪墙顶高程250.2m，坝顶高程249.0m，宽8.0m。上游坝坡1∶1.4，下游设“之”字形宽8m的上坝公路，公路间局部坡度1∶1.3，最低一级坡度为1∶1.4，下游综合坡度1∶1.6，高程224m以上采用厚60cm的浆砌块石护坡，高程224m以下采用厚60cm的干砌块石护坡。

(2)下水库溢洪道工程

溢洪道布置在左岸坝头，1孔，净宽10m，堰顶高程230.0m，堰面曲线为WES型溢洪道，陡槽坡度1∶3.10，底宽10m，底板厚0.6m，下设锚筋与基岩连接。泄槽设两道掺气槽，间距65m，掺气槽结构采用挑坎与通气孔组合形式。陡槽段边墙形式为衡重式，顶宽0.8m。边墙与底板为整体式结构，底板不分纵缝，15m左右设1条横缝，缝内设1道铜片止水。在底板中心线附近与基岩间设置Φ20cm无砂混凝土排水管。

下游采用斜切式连续挑坎，挑坎左侧边墙保持直墙，出口挑角30°，挑坎右侧边墙采用圆弧形扩散，圆弧半径为55m，出口挑角15°，坎后以1∶2.9坡度与出水渠底相接，出水渠渠底高程为141.00m。出水渠末端设二道坝以抬高下游水位，二道坝坝顶高程152.00m，最大坝高11m，上游坡比1∶0.3，下游坡比1∶0.5，采用混凝土结构。

(3)下水库导流泄放洞工程

下水库导流泄放洞由施工期导流洞改建而成，布置在下水库右岸，由进口段、有压隧洞段、出口工作门段、出口消能工段组成。进口引水渠长约35m，从导流泄放洞洞口向下水库扩散，两侧扩散角各为5°，有压隧洞段长约517.79m，其中混凝土衬砌段长约382.0m，下水库放水管从工作弧门室上游钢管约15.0m处接出，经平面转弯后与泄放洞平行，轴线间距约40.0m。放水钢管内径1.2m，长约84.1m，出口高程153.00m。

1.1.6 主要工程量

工程主要工程量见表1-6。其中，土石方明挖约235.11万m^3，石方洞(井)挖约91.72万m^3，各类土石方填筑244.50万m^3，砌石约3.38万m^3，喷射混凝土约4.85万m^3，各类锚杆17.29万根，锚筋束1449束，预应力锚索10478×10^3kN·m，固结灌浆 9.29 万 m，帷幕灌浆约 3.18 万 m，混凝土浇筑约 28.85 万 m^3（不含外供），钢筋约 1.25 万 t，金属结构约 3.58 万 t，启闭机安装 14 套。

表 1-6　　**主要工程量**

序号	项目名称	一般项目	厂房系统	输水系统	下水库	合计
1	土方开挖/m^3	3984	14336	50142	451282	519744
2	石方开挖/m^3	4483	194925	217869	1414035	1831312
3	石方洞(井)挖/m^3	97852	599659	219212	523	917246
4	主堆石填筑/m^3				1396256	1396256
5	次堆石填筑/m^3				824875	824875
6	过渡料/m^3				8775	8775
7	反滤料/m^3				840	840
8	垫层料填筑/m^3				40318	40318
9	土方填筑/m^3		200		34899	35099
10	石渣回填/m^3	1452	1650		89193	92295
11	大块石护脚/m^3				45260	45260
12	卵石料（粒径 2～10cm）/m^3	704			531	1235
13	砌石/m^3	3591	846	750	28659.3	33846
14	喷射混凝土/m^3	2681	24104	10066	11686	48537
15	锚杆/根	10436	122691	34507	5220	172854
16	锚筋束/束		960	42	447	1449
17	预应力锚索/($\times10^3$kN·m)		3838	500	6140	10478
18	混凝土/m^3	22166	53642	121277	91387.6	288473
19	接触(缝)灌浆/m^2	745	358	5795	663	7561
20	回填灌浆/m^2	2372	17513	18171	1570	39626
21	固结灌浆/m	7100	6234	74494	5105	92933
22	帷幕灌浆/m		19880	1721	10196	31797
23	排水孔/m		140326	5241	9626	155193
24	钢筋/t	230.15	4082.8	3846.4	4375.08	12534
25	金属结构/t		2361	32819.9	591.1	35772
26	启闭机/套		6	3	5	14

1.2　工程施工特点

1)工程位于天荒坪风景名胜区核心景区内，对施工的限制条件较多。

该工程位于天荒坪风景名胜区核心景区——江南天池。主标开工前，场内公路和

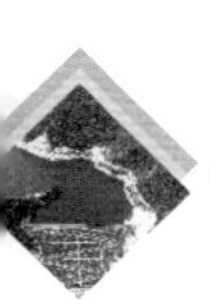

上下水库公路尚未建设，各工作面施工便道均共用景区道路，不具备封闭管理条件。从当地村庄中穿过的道路多为单车道，旅游车辆多，尤其是节假日车流量和人流量均较大，车辆进出时受到一定限制；爆破工作也受节假日影响，夜间（22:00～6:00）禁止爆破作业、控制行车；砂石加工系统、混凝土拌和系统和钢管加工厂若不采取噪声控制措施，则无法开展夜间施工作业。

2）地区气候条件特殊，对施工影响较大。

工程地处杭州湾附近，属于台风影响地域，每年夏季（8—10月）受到台风不同程度的影响；冬季持续时间较长，低温可至－10℃左右，冬季下雪天气较频繁，甚至有大雪天气，对运输作业影响较大。

3）工程各项目工期紧，厂房和斜井部位工期尤其紧张。

本次实施阶段关键线路项目实际施工工期约62.5个月，本标段绝大部分施工任务在2022年4月30日以前完成，实际开工时间为2017年2月15日，主体工程施工期仅41.5个月，其中厂房开挖支护工期约19.5个月，引水系统施工工期约48个月（单条斜井约24个月），机电设备安装46个月。与类似工程比较，工期偏于紧张，加上工程开工推迟、夜间和节假日施工受限、村民阻工、爆破受限等影响因素，工期更加紧张。

4）工程施工区附近有高压电力设施，须采取专项控制保护措施工作。

该工程附近有500kV、35kV、10kV电力设施通过，根据2011年6月30日国家发展和改革委员会修改的《电力设施保护条例实施细则》，必须按相关的条文规定严格执行保护工作。

5）工程位于风景名胜区，更是“两山”理念的发源地，环境保护与水土保持标准高。

该工程位于景区且地形陡峻，大坝工程填筑量、开挖量较大。为保护生态环境需要尽量减少开挖和弃渣，提高开挖料直接上坝率，减少弃料量和料场开采量，均衡施工强度，做好土石方平衡，提高工程开挖料利用率。

工程所在地为风景名胜区，有茫茫竹海和需要特别保护的植物。对工程区内开挖的土、石分类堆放，以便工程完工后进行覆土绿化。下水库施工区开挖对下游潘村水库取水河段水质带来影响，因此水环境保护要求高。

在任何时候，未经处理的污水不得直接排放；施工生产的废水力求处理后循环利用，排放水质需满足各排放标准要求。由于本项目施工区的特殊性，环境质量标准和污染物排放标准为当地环境保护主管部门制定的本项目施工区标准，比一般项目标准高。规划并注重环境保护及水土保持措施，防止景观破坏和环境污染尤为重要。

6）引水系统主要以斜井施工为重点，其导井开挖、钢管制作安装和混凝土浇筑施工技术复杂、施工难度较大。

引水隧洞下斜井段长约389m（不含上、下弯段），是当时抽水蓄能电站最长的斜井。

导井施工优先采用“定向钻(先导孔)+反井钻法”施工方案,钻孔偏斜控制在5‰,精度要求高。固结灌浆采用裸岩无盖重固结灌浆方法施工。压力钢管采用800MPa高强度钢板,制造工艺严格;以6m钢管管节进行安装,以36m钢管段为一个循环安装斜井段钢管,每完成一个循环进行一次回填混凝土浇筑、接触灌浆,施工技术复杂,同时因斜井较长,且中间未布置施工支洞,施工难度较大。

7)三大洞室开挖跨度大,上、下游边墙高,顶拱和高边墙开挖安全问题突出。

主厂房、主变洞和尾闸洞开挖跨度大,其中主厂房长232.2m,开挖跨度达26m,高56.1m。根据地质资料显示,厂房中部顶拱高程附近岩石多有团块状或条带状灰绿色矿物胶结的凝灰岩,其胶结强度偏弱,暴露在空气中易吸水软化、剥离松弛、脱落,不利于施工安全;厂房边墙NNE、NE向节理与厂房轴线夹角较小,局部与其他结构面组合不利于边墙稳定,其中,NE向节理对下游边墙稳定较为不利,NNE向节理对上游边墙稳定较为不利。故顶拱和高边墙开挖安全问题突出。

8)地下洞室群结构复杂,施工强度高,须做好通风散烟工作。

招标文件已进行通风散烟系统规划,但受条件限制无法提前实施。由于地下洞室群结构复杂,施工强度高,通风系统,特别是厂房系统和输水系统的通风散烟竖井,需要尽早实施;压入通风采用国际品牌的高质量变频高压轴流风机和风带;施工中根据散烟实际效果对通风系统及时改进,真正做到通过良好的通风排烟来保证高强度的开挖施工。

9)施工质量标准高,全面实施标准化工艺和达标投产考核。

该工程全面实施标准化施工工艺,特别是在混凝土工程、压力钢管制作安装工程施工中,模板、钢筋、埋件、缝面、浇筑、养护、温控、缺陷处理等和钢板切割、焊接、无损检测、运输等工序。按业主要求采用标准化施工工艺,开工后组织专业施工队伍进行施工。

该工程全面实施达标投产考核。达标投产工作涉及工程建设各个方面,是全过程、全方位、全员参与的系统工程,必须坚持事前、事中、事后全过程控制原则,做到有策划、有组织、有落实、有检查、有记录,将达标投产工作融入工程建设管理全过程,通过过程达标实现工程达标。

10)安全文明施工要求高,全面实施安全文明施工标准化建设。

该工程地处“两山”理论的发源地,安全文明施工标准化建设意义重大。项目部在业主统一领导和支持下全面实施安全文明施工标准化建设,其主要内容包括安全文明施工管理标准化、安全文明施工设施标准化、报价标准化、投入使用规范化。不仅负责该工程项目施工管理范围内的安全管理及文明施工,同时还主动做好与相邻标段安全文明施工的配合工作。

11)各标段、各专业间施工干扰大,协调任务重。

本标段与上水库及引水隧洞工程标、场内公路及导流泄放洞标、机电设备安装工程

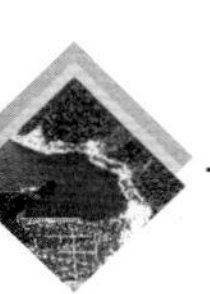

标、安全监测施工标和物探检测标等标段紧密相接，在施工道路布置、开挖爆破、钻孔灌浆、施工排水等方面干扰大。同时，在作业面移交、混凝土供应、渣场管理等协调工作量较大。

各专业间，边坡开挖与支护、基础开挖及处理、混凝土浇筑、固结灌浆、接缝灌浆、金结制安等各专业相互交叉作业、相互制约工期、施工干扰大，施工过程中需加强施工组织管理。

12）施工管理要求高，须实施信息化和数字化管理。

该工程要求运用计算机技术对合同项目进行科学管理，全面提高合同工程施工管理水平。完成本合同施工管理的信息化、数字化管理系统的软硬件建设与应用工作，并配合业主，完成由业主提供的信息化管理软件的应用与数据录入的工作。

本标段负责建设“长龙山数字化大坝管理系统”。通过管理大坝设计信息、质量控制要求，在线实时监控大坝碾压机械的碾压轨迹、碾压遍数、激振力等控制指标，保证大坝填筑的施工质量。安排专人管理与维护系统，保证大坝施工期间系统正常运行。

该工程由业主提供的信息化管理系统包括长龙山工程建设管理信息系统，长龙山数字化地下洞室管理系统，长龙山工程人员、设备轨迹跟踪管理系统，智能灌浆管理系统，统材物资核销管理系统等。施工中接受业主提供的系统操作培训，负责该工程业务数据的录入工作，安排专人管理及维护，与有关单位密切配合，配置和运用计算机系统对项目进行科学管理，全面提高工程施工管理水平。

1.3 施工关键技术

1.3.1 超长斜井开挖支护施工技术

1.3.1.1 超长斜井导井精准成型施工技术

首次采用“定向钻＋反井钻”技术实施超长斜井导井施工，定向钻孔过程中采用MWD无线随钻测斜、磁导向测斜及多点测斜等综合测斜技术实时或间隔进行测斜纠偏，极大地提高了钻孔精度，钻孔偏差仅0.95‰；采用“碗”形刀盘结构＋槽型布齿滚刀＋螺旋扩散滚刀布置，成功解决了超长超硬岩斜井导井反拉施工难题。

1.3.1.2 超长斜井扩挖支护一体化施工技术

自主研发了斜井扩挖支护一体化装备，实现了钻孔、支护、扒渣一体化施工，上层平台为锚喷支护作业平台，中层平台为注浆机作业平台，下层平台为液压机械臂作业平台，实现了机械化施工，显著提高了施工效率，极大降低了作业安全风险；同时配置具有多种安全保护装置的提升系统，确保全流程施工安全。采用一种多棱镜测量照准装置、激光指向仪辅助全站仪和专业平差软件进行控制测量。

该项技术的应用首次实现了 400m 级超陡长斜井开挖全机械化施工，有效提高了施工效率，降低了安全风险，达到了国际领先水平。

1.3.2 超长钢衬制作安装及混凝土施工技术

研究采用高强压力钢管单瓦片组圆制造技术，将压力钢管由 2 张板材优化为 1 张板材进行单瓦片卷制，加快了施工进度，提高了制造质量，研究采用牵引车进行钢衬洞内水平运输，“双辊卷扬机＋斜井专用运输台车”溜放钢衬；钢衬混凝土按 60m 长一次性浇筑，采用耐磨钢溜管加装自主研发的大落差混凝土浇筑用缓冲器输送混凝土，斜井上部 150m 以内浇筑一级配混凝土，下部浇筑自密实混凝土，保证了浇筑质量，提高了施工效率。

该项技术使斜井压力钢管安装及混凝土回填循环长度由常规 36m 提升至 60m，单循环工期由通常 25d 提升至最快 18d，且施工安全质量可靠，达到了国际领先水平。

1.3.3 面板堆石坝智慧填筑施工技术

全面应用基于北斗 RTK 双星设备建立的大坝数字智能填筑系统，实现坝面碾压机械的运行轨迹、速度、激振力等数据的全过程、全时段实时监控，高效监控挖填筑施工质量且省工。采用附加质量法检测碾压后的堆石体密度，具有快速、无损、准确、低成本等优点，有效提高施工效率。该项技术相较以往大坝数字化填筑技术更加精准、智能、高效，达到了国际领先水平。

1.3.4 面板混凝土高度机械化施工技术

面板混凝土施工采用了乳化沥青专用设备喷洒施工技术、止水铜片成型机直接压制并安装技术、全滑模施工混凝土面板技术、止水鼓包成型专用机械技术等，有效提高了面板施工效率；采用面板专用防裂混凝土配合比、综合温控、防雨及养护等技术措施，保证了面板混凝土在高温、雨季的施工质量及安全越冬。

1.3.5 尾水长斜井混凝土衬砌施工技术

尾水长斜井混凝土衬砌采用滑模提升进行，滑模采用液压提升系统滑升，下部设置轨道。施工原理为：在斜井混凝土衬砌滑模模体上安装由两台连续拉伸式液压千斤顶、液压泵站、控制台、安全夹持器等组成的液压提升系统，液压泵站通过高压油管与液压千斤顶连接并设有截流阀，控制液压千斤顶的出力，防止过载；模体通过两台连续拉伸式液压千斤顶抽拔锚固在上弯段顶拱的两组钢绞线（每组 3 束钢绞线），牵引模体爬升，受力方向与斜井轴线平行；钢绞线固定端锚固在上弯段顶拱围岩中；安全夹持器可防止钢绞线回缩。

1.3.6 环保综合施工技术

在开挖施工过程中采取隔音帘、隔音墙、消声罩等措施控制噪声污染，坝基开挖、大坝填筑施工过程采取道路硬化及洒水降尘、渣车覆盖、出渣道路设置自动洗车机、设置隔音墙、边坡密目网覆盖等多种环保施工措施，有效控制扬尘、噪声、道路污染及水土流失，基本实现绿色环保施工。

1.3.7 国内外技术对比

本工程采用的主要施工技术与国内外对比情况见表1-7。

表1-7　　主要施工技术与国内外对比情况

序号	关键技术	国内外技术	本技术	比较情况（本技术优势）
1	超长斜井开挖支护施工技术	国内长斜井开挖普遍采用先开挖导井，再扩挖的方法。长斜井导井开挖主要有反井钻方案、爬罐方案和“反井钻＋爬罐”方案，其中爬罐方案已淘汰；扩挖则采取自制钻爆台车＋卷扬机提升系统、人工自上而下进行扩挖的方法；2023年个别工程启动斜井全断面TBM扩挖试验施工； 国外较先进的技术先采用TBM施工导洞，再采用扩挖TBM进行全断面扩挖；或采用TBM全断面开挖	本技术首次采用“定向钻＋反井钻”技术实施超长斜井导井施工，其中定向钻施工导向孔应用综合测斜纠偏技术，反井钻反拉导井应用研发的一种“碗”形防卡钻反井钻头，解决了超长超硬岩斜井导井反拉施工难题； 扩挖采用自主研发了斜井扩挖支护一体化装备，其下层平台上安装液压机械臂进行扒渣，实现了钻孔、支护、扒渣一体化施工	本研究导井施工技术实现了全机械化、自动化施工，达到世界领先水平；扩挖施工技术较传统扩挖技术有明显技术提升，达到了国内领先水平
2	超长钢衬制作安装及混凝土施工技术	国内同类抽水蓄能电站斜井压力钢管制造通常采用2片、3片瓦片进行卷制，安装通常采用卷扬机配合运输台车进行洞内水平运输，采用普通卷扬机＋台车进行斜井内下放；混凝土回填浇筑采用普通溜管入仓；钢衬安装及混凝土回填循环长度一般为36～48m	本工程斜井压力钢管采用单瓦片组圆制造技术，采用“牵引车＋有轨运输台车”进行钢衬洞内水平运输，“双辊卷扬机＋斜井专用运输台车”进行斜井内溜放钢衬；压力钢管安装单元及混凝土回填循环长度优化为60m，采用耐磨钢溜管加装自主研发的大落差混凝土浇筑用缓冲器输送混凝土	该项技术经湖北省科技信息研究院查新，国内未见相同文献。该项技术实现单循环工期由通常25d提升至最快18d，且施工安全质量可靠，达到了国内领先水平

续表

序号	关键技术	国内外技术	本技术	比较情况（本技术优势）
3	面板堆石坝智慧填筑施工技术	国内大型土石坝填筑施工过程中，少部分工程仍采用人工指挥、巡检、旁站等方式进行管控，大部分工程实现了自动化、智能化监控；质量检测主要采用传统方法，附加质量法作为辅助检测方法	本工程全面应用基于北斗RTK双星设备建立的大坝数字智能填筑系统，达到了填筑质量的精细化、智能化管理，提高了大坝填筑工程质量及施工管理水平；首次大比例采用附加质量法检测碾压后的堆石体密度，传统检测比例大幅下降	该项技术使数字化大坝填筑技术得到了进一步推广应用，达到了国内领先水平；大比例采用附加质量法进行质量检测，克服了传统检测方法施工效率低、成本高等问题。本技术在公司承建项目中首次应用
4	面板混凝土高度机械化施工技术	国内面板堆石坝混凝土面板一般安排在低温季节施工，采用乳化沥青喷洒设备、止水铜片成型机、全滑模施工混凝土面板技术施工	本工程面板混凝土施工后期进入高温季节，除采用国内成熟技术外，还采取高温、雨季专项施工措施，保证面板混凝土在高温、雨季的施工质量，并应用专利保温技术实现面板安全越冬	本项目施工技术首次实现了在高温、雨季施工面板混凝土，并实现面板安全越冬，达到了国内领先水平
5	尾水长斜井混凝土衬砌施工技术	国内同类斜井衬砌施工常规施工方法是采用斜井滑模技术	本工程尾水斜井衬砌采用滑模提升进行，在公司承建项目中尚属首次	该项技术实现了斜井衬砌混凝土快速施工，达到了国内先进水平
6	环保综合施工技术	国内大型土石坝的填筑施工过程，因保护措施不够，严重造成扬尘、噪声污染及水土流失	本工程在开挖施工过程中采取隔音帘、隔音墙、消声罩等措施控制噪声污染。坝基开挖、大坝填筑施工过程采取道路硬化及洒水降尘、渣车覆盖、出渣道路设置自动洗车机、设置隔音墙、边坡密目网覆盖等多种环保施工措施，有效控制扬尘、噪声、道路污染及水土流失，基本实现绿色环保施工	该项技术通过隔音、降尘、保土等措施，有效控制了扬尘、噪声、道路污染及水土流失，达到了国内领先水平

第 2 章　施工总体布置

2.1　场地规划

2.1.1　布置原则

1)经监理、业主同意后,在指定的范围内布置本合同工程所需的临建设施。

2)在满足生产生活要求的前提下,做到结构合理,布局整齐美观,并能经济运行。

3)所有的生产生活临建设施、施工辅助企业等规模和容量按施工总进度及施工强度的需要进行规划设计,力求布置紧凑、合理、方便使用,规模精简,以降低工程造价,并尽量避免与其他标段工程施工的干扰和影响。

4)充分利用已提供的场内外交通、场地、通信、材料及水电等施工条件。

5)基于施工程序、施工安全和交通条件进行综合考虑,合理布置施工风、水、电管线及排水等临时工程与设施。

6)施工营地设置有效的防护和排水系统,满足场地的防洪和排水要求。

7)充分考虑周边环境、地质条件及与周边已建和在建项目的相互协调,保证施工安全、减少施工干扰。

8)依据国家有关规定和招标文件要求,所有的生产生活等设施布置均满足安全生产、文明施工的要求。

9)各施工场地及营地均按有关要求配置足够可靠的环保及消防设施,减少和避免施工对周边环境和公众利益的损害。

10)充分考虑工程项目及与其他标段的关系。

2.1.2　基本布置内容

主要生产设施均集中布置在 7 块场地内。主要施工场地情况见表 2-1。

表 2-1　主要施工场地情况

序号	场地名称	位　置	占地面积 /(亩/m^2)	备　注
1	1# 地块(下水库库区永久征地)	下水库库区	1309.10/872776.97	模板、木材加工厂、钢筋加工厂、综合物资库、前方指挥中心、金结拼装及堆放场
2	F 地块(渣场永久征地)	银坑渣场	76.71/51142.56	办公生活区、汽车保养站、机械修配厂、钢管加工厂、检测中心
3	H 地块(中转料场临时用地)	银坑	105.37/70250.18	中转料场、停车场
4	W 地块(下水库砂石系统及渣场临时用地)	赤坞	307.75/205176.93	砂石加工系统、混凝土拌和系统、预制场、赤坞渣场、中转料场
5	Yb 地块(业主用地及设备库占地)	横路村	66.49/44328.88	表土堆存场
6	9# 施工支洞洞口临时用地	潘村水库下游	3.01/2006.77	临建用电、供风设施
7	E 地块	自流排水洞出口	6.23/4153.54	临建用电、供风设施

2.2 风、水、电及道路系统布置

2.2.1 施工供风

2.2.1.1 用风项目

输水系统(中平洞钢衬起始点以下部分)、地下厂房系统、开关站、下水库坝基、溢洪道及石料场等石方开挖设施为主要用风项目。根据现场踏勘所了解的地形位置,并结合施工作业面分布及施工强度特点,采用集中与分散相结合的供风方式。

2.2.1.2 用风布置

根据主要施工通道的布置情况,将洞室开挖供风区域划分为 6 个供风区,其中 5 个供风区在洞外设置固定空压站,另外 1 个供风区设置移动空压机,具体布置如下:

(1)1# 空压站

1# 空压站布置在 3# 施工洞洞口,为引水中平洞开挖及斜井施工供风,供风管道由 3# 施工洞引入,安装至各施工部位。

(2)2# 空压站

2# 空压站布置在进厂交通洞洞口,为主、副厂房Ⅱ～Ⅶ层,主变洞室Ⅱ、Ⅲ层,尾闸室，引水下平洞，中、下层排水廊道，尾水系统开挖供风，供风管道由进厂交通洞引入，安装至各施工部位。

(3)3# 空压站

3# 空压站布置在 500kV 出线洞口，为 500kV 出线洞施工供风，供风管道由 500kV 出线洞引入安装至施工用风部位。

(4)4# 空压站

4# 空压站布置在通风兼安全洞洞口，为主、副厂房Ⅰ～Ⅲ层、主变洞室Ⅰ～Ⅱ层以及上层排水廊道开挖施工供风，供风管道由通风兼安全洞引入。

(5)5# 空压站

5# 空压站为 9# 施工支洞及自流排水洞施工，由于该部位具有施工用风量小、洞室狭窄且洞室较长的特点，因此采用固定空压站供风。供风特点为供风管路较长、风压损失较大，固定风管安装后减小了洞室空间，不利于施工。根据上述特点在洞口设置 20m^3 空压机进行供风，由于供风线路较长会使后期供风末端压力不足，因此采取终端增加 9m^3/min 的空压机，增加供风量以满足施工用风要求。

(6)6# 移动式空压站

6# 移动式空压站为移动供风站，布置在洞内错车道处，为中平洞排水洞、引水排水廊道施工供风。由于该安装部位具有施工用风量小、洞室狭窄且施工时间较短等特点，洞内安装管道缩小了洞室空间，不利于洞室施工，因此该部位施工采用 20m^3 移动式空压机进行供风。

2.2.1.3 供风量

(1)1# 空压站

1# 空压站共配置 3 台 40m^3/min 中风压风机，承担 1#、2#、3# 洞引水中平段及引水洞斜井段的开挖支护供风。引水系统开挖支护高峰期为 4 个作业面同时施工，配备 36 把 YT-28 型气腿钻和 9 台手钻。

(2)2# 空压站

2# 空压站共配置 10 台 40m^3/min 空压机和 1 台 20m^3/min 空压机，主要承担主副厂房、主变室、尾闸室、引水下平洞、尾水系统、中下层排水廊道等工作面施工供风。

(3)3# 空压站

3# 空压站共配置 2 台 40m^3/min 空压机，主要为 500kV 出线洞开挖支护供风。

(4)4#空压站

4#空压站共配置4台40m^3/min空压机和1台20m^3/min空压机，供风部位主要包括主副厂房Ⅰ～Ⅲ层、主变洞Ⅰ～Ⅱ层、排水廊道开挖用风。

(5)5#空压站

5#空压站共配置2台20m^3/min空压机，供风部位主要包括自流排水洞、9#施工支洞。

(6)6#移动式空压站

6#移动式空压站共配置20m^3/min移动式空压机。

2.2.1.4 供风管径

(1)1#空压站

引水中平洞及斜井的工作体积流量约为111.91m^3/min，最长管道长度按1400m，3#施工支洞供风主管为DN250钢管。

(2)2#空压站

2#空压站供风总工作体积流量约为316.21m^3/min。其中，尾水用风量为100.86m^3，尾闸室用风量为51.24m^3，主变洞室用风量为69.78m^3，地厂用风量为106.86m^3。主供风管长1200m，最长管道长度为尾水洞施工部位约1650m，进厂交通洞主供风管为DN300钢管，引水下平洞独立供风，供风主管为DN200钢管，满足供风要求。

(3)3#空压站

500kV出线洞供风主管为DN150钢管，满足供风要求。

(4)4#空压站

进通风兼安全洞供风主管为DN250钢管，满足供风要求。

(5)5#空压站

9#施工支洞选取DN150钢管，自流排水洞选取DN100钢管，满足供风要求。

(6)6#移动式空压站

掌子面布设DN65软管、20m^3/min移动式空压机，满足供风要求。

施工供风系统布置特性见表2-2，空压站设备配置特性见表2-3。

表 2-2 施工供风系统布置特性

空压站编号	布置位置	容量/(m^3/min)	供风范围	供风管径/长度	
				主管	支管
1# 空压站	3# 施工支洞洞口	140	1#、2#、3# 引水洞:引水中平段、引水洞斜井段的开挖支护供风	DN250/1100	DN150/1440
2# 空压站	进厂交通洞洞口	400	主厂房中下层、主变洞室中下层、尾闸室、尾水系统、引水下平洞、中下层排水廊道等部位开挖支护供风	DN300/1200	DN200/2150 DN200/2550 DN150/400
3# 空压站	500kV 出线洞洞口	80	500kV 出线洞开挖支护供风	DN150/800	
4# 空压站	通风兼安全洞洞口	180	主厂房上层、主变洞室上层、排水廊道上层等部位开挖支护供风	DN250/800	DN150/400
5# 空压站	9# 施工洞及自流排水洞	40	9# 施工支洞及自流排水洞开挖	DN100/1000 DN150/2300	
6# 移动式空压站	引水中段排水廊道	20	引水中段排水廊道开挖支护供风	配置 DN65 软管 200m	

表 2-3 空压站设备配置特性

空压站编号	总容量/(m^3/min)	压风机型号/功率	排气量/(m^3/min)	数量/台	备注
1# 空压站	120	LS280HH/280kW	40	3	40m^3/10kg
2# 空压站	420	GA250-8.5/250kW	40	10	其中 8 台供厂房系统使用
		GA110-8.5/110kW	20	1	
3# 空压站	80	GA250-8.5/250kW	40	2	
4# 空压站	180	GA250-8.5/250kW	40	4	
		GA110-8.5/110kW	20	1	
5# 空压站	40	GA110-8.5/110kW	20	2	
6# 移动式空压站	20	GA110-8.5/110kW	20	1	
合计	860	—	—	24	

2.2.2 施工供水

2.2.2.1 供水项目

本标段的主要用水部位及项目如下。

1)通风兼安全洞:主、副厂房Ⅰ～Ⅲ层,主变室Ⅰ～Ⅱ层,上层排水廊道,引水下平洞排水廊道。

2)进厂交通洞：6#施工支洞，8#施工支洞，尾水系统，5#施工支洞，4#施工支洞，引水下平洞，尾闸运输洞，尾闸室，主变进风洞，主变室Ⅱ～Ⅲ层，主、副厂房Ⅱ～Ⅶ层和中下层排水廊道等。

3)3#施工洞：引水中平段、下斜井段。

4)500kV出线洞：500kV出线洞及支洞。

5)9#施工支洞：自流排水洞。

6)赤乌砂石系统、拌和系统：砂石系统及拌和系统生产用水。

7)下水库工程系统。

8)施工营地生活用水。

9)长龙山电站其他部位供水系统。

2.2.2.2 供水布置

根据施工通道及供水点的分布情况，将施工供水划分为“6个供水系统”进行布置，即进厂交通洞供水系统，通风兼安全洞供水系统，3#施工支洞供水系统，500kV出线洞供水系统，自动流排水洞供水系统，砂石系统、拌和系统供水。

(1)进厂交通洞供水系统

进厂交通洞洞口设置1个50m³钢制水箱，供水主管采用DN200焊接钢管，并将其引至主变进风洞支洞洞口处，在水箱出水口处设置2台S100-250B管道泵(1用1备)。厂房施工用水采用DN100供水管，并将其引至施工作业面；主变室施工用水采用DN100供水管，并将其引至施工作业面；尾闸室施工用水采用DN100供水管，并将其引至施工作业面；尾水系统及排水廊道施工用水采用DN100供水管，并将其通过6#施工洞引至8#施工洞洞口处，然后引1根DN100供水管至尾水作业面、引1根DN80供水管至排水廊道作业面；引水下平洞及主副厂房后期采用DN100供水管，并将其引至作业面。

(2)通风兼安全洞供水系统

通风兼安全洞洞口设置1个20m³钢制水箱，供水主管采用DN100焊接钢管，并将其接至主副厂房作业面，在水箱出水口处设置2台S65-125I管道泵(1用1备)。在主变排风洞支洞洞口接DN100支管至主变室开挖工作面。

(3)3#施工支洞(引水中平洞及斜井)供水系统

3#施工洞洞口设置1个50m³钢制水箱，供水主管采用DN100焊接钢管，并将其敷设至1#、2#、3#引水洞洞口，在水箱接口处设置2台(1用1备)S80-350管道泵，将水加压引至引水系统中平段施工作业面。

(4)500kV 出线洞供水系统

洞口设置1个20m³钢制水箱，供水主管采用DN80焊接钢管，并将其敷设至施工作业面，洞室开挖前期施工时采用S40-250(Ⅰ)B(流量14m³/h，扬程58m，电机功率5.5kW)管道泵增加供水压力，洞室开挖至500m后可采用自流供水。

(5)自流排水洞施工供水

在9#施工支洞洞口设置1个20m³钢制水箱，供水主管采用DN80焊接钢管，洞室开挖施工时采用S40-250(Ⅰ)B(流量7.6m³/h，扬程61.4m，电机功率5.5kW)管道泵增加供水压力。

(6)砂石系统、拌和系统供水

在砂石系统、拌和系统附近山坡上(水箱与用水点高差不小于40m)设置1个50m³钢制水箱，供水主管采用DN150焊接钢管，并将其敷设至各用水点自流供水。

2.2.2.3 施工供水泵站布置

开挖期供水泵站布置部位、运行周期及选择泵型见表2-4。

表2-4 开挖期供水泵站布置情况

序号	名称	位置	泵型	数量	规格
1	赤坞临时取水点	砂石系统后冲沟	7.5kW 潜水泵	1	20m³/h 扬程 70m
2	左岸渣车加水加压泵站	大坝上游高程200m道路	3kW 管道泵	1	50m³/h 扬程 12.5m
3	主料场高位水箱加压泵站	主料场配电房旁	15kW 直联泵	1	20m³/h 扬程 70m
4	子堰供水泵站	导流洞进口	22kW 直联泵	2	100m³/h 扬程 80m
5	进/出水口供水取水泵站	河道内取水	7.5kW 管道泵	1	40m³/h 扬程 40m
6	通风洞供水加压泵站	通风洞洞口	7.5kW 管道泵	1	50m³/h 扬程 32m
7	通风洞供水取水泵站	通风洞拦水堰	5.5kW 自吸泵	1	68m³/h 扬程 40m
8	进/出水口高程220m水箱供水加压泵站	进/出水口高程220m平台	18.5kW 管道泵	1	50m³/h 扬程 70m
9	引水中平洞排水洞泵站	2#支洞洞口	7.5kW 管道泵	1	50m³/h 扬程 32m
10	3#支洞洞口供水泵站	3#支洞洞口	18.5kW 管道泵	1	50m³/h 扬程 70m
11	银坑营地二级加压供水泵站	高程180m平台机船宿舍旁	7.5kW 管道泵	1	20m³/h 扬程 70m
12	大坝右岸高线隧道水箱加压泵站	有低线上坝公路	45kW 管道泵	1	50m³/h 扬程 110m
13	下水库取水点供水泵站	前下水库洗车机旁	7.5kW 潜水泵	1	40m³/h 扬程 40m
14	左岸坝面供水加压泵	原下水库趾板房后	7.5kW 管道泵	1	50m³/h 扬程 32m

续表

序号	名称	位置	泵型	数量	规格
15	溢洪道供水加压泵站	原下水库洗车机配电房处	45kW 管道泵	1	$50m^3/h$ 扬程 110m
16	左岸坝面洒水供水泵	原业主消力池供水泵站下	7.5kW 潜水泵	1	$40m^3/h$ 扬程 40m
17	大坝右岸渣车加水泵站	右岸高线上坝隧道水箱旁	3kW 管道泵	1	$50m^3/h$ 扬程 12.5m
18	交通洞供水泵站	交通洞洞口	5.5kW 离心泵	1	$50m^3/h$ 扬程 18m

混凝土施工期供水泵站布置部位、运行周期及选择泵型见表 2-5。

表 2-5　　混凝土施工期供水泵站布置情况

序号	名称	位置	泵型	数量	规格
1	赤坞洒水降尘加压泵站	拌和楼旁	7.5kW 管道泵	1	$50m^3/h$ 扬程 32m
2	赤坞临时取水点	砂石系统后冲沟	7.5kW 潜水泵	1	$20m^3/h$ 扬程 70m
3	左岸趾板养护供水加压泵站	左岸高程 200m 道路	7.5kW 管道泵	1	$50m^3/h$ 扬程 32m
4	左岸渣车加水加压泵站	大坝上游高程 200m 道路	3kW 管道泵	1	$50m^3/h$ 扬程 12.5m
5	主料场高位水箱加压泵站	主料场配电房旁	15kW 直联泵	1	$20m^3/h$ 扬程 70m
6	子堰供水泵站	导流洞进口	22kW 直联泵	2	$100m^3/h$ 扬程 80m
7	进/出水口供水取水泵站	河道内取水	7.5kW 管道泵	1	$40m^3/h$ 扬程 40m
8	进/出水口二级取水泵站	进/出水口扩散段平台	5.5kW 潜水泵	1	$30m^3/h$ 扬程 40m
9	通风洞供水加压泵站	通风洞洞口	7.5kW 管道泵	1	$50m^3/h$ 扬程 32m
10	通风洞供水取水泵站	通风洞拦水堰	5.5kW 自吸泵	1	$68m^3/h$ 扬程 40m
11	进/出水口高程 220m 水箱供水加压泵站	进/出水口高程 220m 平台	18.5kW 管道泵	1	$50m^3/h$ 扬程 70m
12	1# 斜井加压泵站	1# 引水斜井下游洞口	7.5kW 管道泵	1	$50m^3/h$ 扬程 32m
13	3# 斜井加压泵站	3# 引水斜井下游洞口	18.5kW 管道泵	1	$50m^3/h$ 扬程 70m
14	引水中平洞排水洞泵站	2# 支洞洞口	7.5kW 管道泵	1	$50m^3/h$ 扬程 32m
15	3# 支洞洞口供水泵站	3# 支洞洞口	18.5kW 管道泵	1	$50m^3/h$ 扬程 70m
16	4# 水池供水二级加压泵站	5# 渣场排水沟旁	45kW 管道泵	1	$50m^3/h$ 扬程 142m
17	4# 水池供水一级加压泵站	4# 水池旁	45kW 管道泵	1	$50m^3/h$ 扬程 142m

续表

序号	名称	位置	泵型	数量	规格
18	银坑营地二级加压供水泵站	高程180m平台机船宿舍旁	7.5kW管道泵	1	$20m^3/h$扬程70m
19	大坝右岸趾板养护供水加压泵站	右岸高线上坝隧道水箱旁	7.5kW管道泵	1	$50m^3/h$扬程32m
20	大坝右岸高线隧道水箱加压泵站	有低线上坝公路	45kW管道泵	1	$50m^3/h$扬程110m
21	消力池供水泵站	消力池	22kW直联泵	2	$100m^3/h$扬程80m
22	下水库取水点供水泵站	前下水库洗车机旁	7.5kW管潜水	1	$40m^3/h$扬程40m
23	左岸坝面供水加压泵	原下水库趾板房后	7.5kW管道泵	1	$50m^3/h$扬程32m
24	溢洪道供水加压泵站	原下水库洗车机配电房处	45kW管道泵	1	$50m^3/h$扬程110m
25	2#水池加压泵站	2#水池旁	7.5kW管道泵	1	$50m^3/h$扬程32m
26	左岸坝面洒水供水泵	原业主消力池供水泵站下	7.5kW潜水泵	1	$40m^3/h$扬程40m
27	大坝右岸渣车加水泵站	右岸高线上坝隧道水箱旁	3kW管道泵	1	$50m^3/h$扬程12.5m
28	右岸观景平台供水加压泵站	右岸高线上坝隧道水箱旁	7.5kW管道泵	1	$50m^3/h$扬程32m
29	左岸高程249m水箱供水加压泵	大坝左岸高程249m平台水箱旁	7.5kW管道泵	1	$50m^3/h$扬程32m
30	交通洞供水泵站	交通洞洞口	5.5kW离心泵	1	$50m^3/h$扬程18m
31	4#水池加水供水泵站	4#水池旁	7.5kW潜水泵	1	$40m^3/h$扬程40m
32	引水洞排水洞供水一级加压泵	3#支洞洞口水箱旁	37kW管道泵	1	$50m^3/h$扬程125m
33	引水洞排水洞供水二级加压泵	引水洞排水洞与排水廊道交汇处	18.5kW管道泵	1	$50m^3/h$扬程70m
34	3#支洞4-1#排水泵站供水潜水泵	3#支洞排水泵站内	7.5kW管道泵	1	$40m^3/h$扬程40m

2.2.3 施工通风与散烟

2.2.3.1 施工通风布置原则

1)紧密结合洞室群布置结构及开挖方案，以引水洞下平段、三大洞室及尾水支管、尾水隧洞等通风难度最大的施工部位为通风散烟，合理分期规划布置通风散烟系统，充分利用排烟竖井和出线洞辅助通风，使洞室群内污浊空气按预定的通道排出洞外，新鲜空气不断补充进入，消除污浊空气在洞室群内滞留现象，确保地下洞室群良好的施工环境。

2)进厂交通洞作为输水、地下厂房系统的主要取风口，要做好通风，才能使进厂交通洞内始终保持流动的新鲜空气。

3)为改善洞内通风条件，重点解决尾水隧洞、尾水支管等部位排烟困难的问题，采取优化开挖程序、及早贯通尾水隧洞出口斜井和导井、提前施工出线洞等措施。利用出线洞布置出线洞至6#施工支洞竖井(1#排烟竖井)、出线洞至尾闸室顶部竖井(2#排烟竖井)、尾闸室底部至尾水支管竖井，形成尾水隧洞、尾水支管与外部的排风通道，改善通风条件。

4)机械通风选用变频控制的高压轴流风机，风机机壳与叶片运行间隙不得超过2mm。所有风机均安装在洞口，无须另设风机接力，一站式压入新鲜空气。该工程主要配置2×132kW、2×90kW、2×55kW、1×55kW、2×18kW等不同型号的轴流风机，其单机通风距离均可达到3000m以上，全风压为2200～8000Pa。风带设置止裂筋，网布为聚酯纤维材料，环保且阻燃性好；新风带漏风率不超过0.01%，且摩阻系数不超过0.01；修补方便快捷，修补后的风带基本不改变形状和过风断面；风带末端通风运行平稳。消音器长度达到风机内径的1.5倍，距离风机进风口7m，测量噪声水平小于80dB(A)。

5)在厂房排风排烟竖井处布置通风机排风，以辅助提高主厂房空气质量。

6)施工通风将直接影响施工进度、文明施工和员工的身体健康，通风系统布置满足施工人员正常呼吸及冲淡机械废气、有害气体及降温等最小通风量，并保持洞内空气最小流动速度0.5m/s。

7)有害气体浓度允许值。

①一氧化碳(CO)最高容许浓度为30mg/m^3。在特殊情况下，施工人员必须进入工作面时，CO浓度可为100mg/m^3，但工作时间不得超过30min。

②二氧化碳(CO_2)按体积计不得大于0.5%。

③二氧化物(NO_2)浓度在5mg/m^{3}以下。

④甲烷(CH_4，瓦斯)按体积计不得大于0.5%，否则必须按煤炭工业部门现行的《煤矿安全规程》规定办理。

⑤二氧化硫(SO_2)浓度不得超过15mg/m^3。

⑥硫化氢(H_2S)浓度不得超过10mg/m^3。

⑦氨(NH_3)浓度不得超过30mg/m^3。

8)在施工过程中，为油动设备配装空气滤化器，采取湿喷混凝土工艺、湿式钻孔、爆破后喷雾降尘等措施来减少污染源。另外，洞内配置有害气体浓度监测仪来加强施工环境的安全监测，注重施工人员劳动保护工作，配发防止面罩、口罩等防护、劳保用品，保障施工人员的人身安全。

2.2.3.2 施工通风总体布置

该工程地下洞室密集，交通运输主要集中在通风兼安全洞、进厂交通洞和3#施工支洞内，且开挖运输高峰强度高。通风散烟、除尘的影响是连续性的，针对该工程的洞室施工程序及施工进度安排，施工通风总体上分为三期布置。

(1)一期通风

本阶段主要以主厂房Ⅰ～Ⅲ层、主变洞及尾闸洞Ⅰ～Ⅱ层、引水隧洞及其他辅助洞室等施工作业面开挖和支护施工为主。该工程开工时，已提供厂房及主变室上层施工通风兼安全洞。主厂房、主变洞及尾闸洞的一期通风采用单向正压进风，并通过通风兼安全洞将污风排出。引水系统一期主要采用正压机械通风的方式，在进厂交通洞洞口及3#施工支洞洞口设置通风机，单向正压进风。其他辅助洞室均以独头开挖为主，采取在洞口布置风机正压机械通风的方式。

(2)二期通风

本阶段主要为厂房、主变洞、尾闸洞中下部及尾水隧洞开挖、尾水支管、引水隧洞上下斜井、出线洞开挖。各施工支洞及出线洞至6#施工支洞(1#排烟竖井)、尾闸室顶部竖井(2#排烟竖井)均已形成。厂房中下部开挖支护施工通风通道利用进厂交通洞布置风机通风；同时在厂房排烟洞上方的PDX1-1探洞洞内布置1台排风机，改善主厂房通风条件。

尾水系统主要采用正压机械通风的方式，在进厂交通洞洞口设置通风机，单向正压进风。此阶段尽早打通出口斜井和导井，形成尾水隧洞与外部的排风通道，改善尾水隧洞通风条件。

(3)三期通风

施工区开挖基本结束，进入混凝土浇筑、钻孔及灌浆阶段，引水系统、厂房系统、尾水系统均已相互贯通，所有通至地面的洞(井)都起到排风效果。此时段保留二期通风中部正压通风机辅助通风和厂房排烟洞上方的PDX1-1探洞负压排风机排风，整个地下施工区通风主要采用以自然通风为主、机械通风为辅的方式。

2.2.3.3 风机布置

针对输水及地下厂房系统通风排烟布置，其施工通风总体上分为三期布置，并据此制定各通风时段表(表2-6至表2-8)。

表 2-6　　　　一期通风输水及地下厂房系统风机分类设备汇总

序号	通风机名称	供/排风量/(m^3/min)	功率/kW	开挖支护部位	通风时段/(年-月-日)
1	1#风机站	2220～3240	2×132	主厂房Ⅰ～Ⅲ层	2016-12-15—2017-12-20
2	2#风机站	1800～2640	2×90	主变洞Ⅰ～Ⅱ层	2017-5-15—2018-7-16
				尾闸洞Ⅰ～Ⅱ层	2017-12-19—2018-4-17
3	3#风机站	330～540	2×15	上层排水廊道	2017-5-14—2017-12-31
4	4#风机站	2220～3240	2×132	6#、8#施工支洞	2017-6-17—2017-12-31
				主变进风洞、尾闸运输洞	2017-9-15—2017-12-18
				中层排水廊道	2017-10-1—2018-4-28
5	5#风机站	2220～3240	2×132	4#、5#施工支洞	2017-9-16—2018-2-24
				引水洞下平段、岔管和支管段	2018-1-16—2017-12-21
6	6#风机站	360～570	2×18	9#施工支洞、自流排水洞	2017-10-1—2017-12-1
7	7#风机站	360～570	2×18	自流排水洞	2017-10-1—2018-8-6
8	8#风机站	2000	2×90	3#施工支洞、引水隧洞中平段上下游侧	2017-3-25—2018-5-2

表 2-7　　　　二期通风输水及地下厂房系统风机分类设备汇总

序号	通风机名称	供/排风量/(m^3/min)	功率/kW	开挖支护部位	通风时段/(年-月-日)
1	1#风机站	2220～3240	2×132	主厂房Ⅳ～Ⅴ层	2018-2-26—2018-6-15
2	2#风机站	1800～2640	2×90	引水中平洞排水廊道	2018-1-9—2018-8-6
3	3#风机站	330～540	2×15	上层排水廊道、引水下平洞排水廊道	2018-7-17—2018-4-17
4	4#风机站	2220～3240	2×132	尾水隧洞	2018-1-9—2019-1-26
				下层排水廊道	2017-12-14 2018-4-12
				主变洞Ⅲ层、尾闸洞下层	2018-7-17—2018-9-14
5	5#风机站	2220～3240	2×132	引水洞下平段、岔管和支管段	2017-12-21—2018-7-1
				主厂房Ⅵ层(包括其他)	2018-6-16—2018-12-15
6	6#风机站	360～570	2×18	自流排水洞	2018-1-1—2019-3-25
7	7#风机站	360～570	2×18	500kV 出线洞口	2017-12-30—2018-10-25
8	1#排风机	—	1×55	PDX1-1 探洞洞内	2017-12-27—2018-12-15

表 2-8　　三期通风输水及地下厂房系统风机分类设备汇总

序号	通风机名称	供/排风量 /(m^3/min)	功率/kW	混凝土浇筑	通风时段
1	1# 排风机	—	1×55	PDX1-1 探洞洞内	2018-12-16—2022-6-30
2	2# 风机站	1800～2640	2×90	厂房及主变洞	2018-12-16—2022-6-30

2.2.3.4 隧洞施工防尘

洞内 90%的粉尘来自凿岩作业，其次由爆破产生，装渣、运输所占比例很小。施工防尘采用湿式凿岩、水封爆破降尘、爆破后喷雾降尘、出渣前冲洗岩壁、装渣洒水等综合防尘降尘措施。

(1)水封爆破降尘

水封爆破是用水炮泥堵塞炮眼，放炮后形成水雾的一种爆破方法。水炮泥是用不燃的塑料薄膜制成的盛水袋，将装满水的水炮泥填于炸药后方，放炮时炸药产生的高温、高压将其破坏，水受热雾化形成微细水雾，起到降尘作用。

(2)喷雾降尘

喷雾洒水是水雾与尘粒凝结达到降尘的过程，当水雾粒不带电荷且运动速度一定时，水雾粒通过惯性机理、拦截机理、布朗机理的综合作用来降尘。

在主厂房、主变洞、引水斜井、出线洞、尾水洞、尾水支管开挖期间，各洞口配备自动喷雾降尘装置。在洞室上下游边墙各布置 1 排 DN70 水管并配备增压泵，水管每隔 10～15m 设 1 个喷头，爆破后立即开启喷头进行喷雾降尘，水管布置深度随开挖下降而下移。喷雾降尘设施配置特性见表 2-9。

表 2-9　　喷雾降尘设施配置特性

序号	名称	型号及规格	数量	备注
1	增压泵	BPW500/100	11 台	
2	水管	DN70	4600m	厂房部位 450m 需移设 3 次， 主变部位 450m 需移设 2 次
3	喷头		460 个	

(3)出渣防尘

在放炮后出渣前，用水枪在掘进工作面自里向外逐步洗刷隧洞顶板及两侧。水枪距工作面 15～20m 处，水压一般为 0.3～0.5MPa。

(4)装渣洒水

在装渣前及装渣时，向渣堆不断洒水，直到石渣湿透。对干燥的石渣，其洒水量可取

4～8L/m^3；若石渣湿度大，可以少量洒水或不洒水。

(5)喷混凝土防尘

采用湿喷工艺，添加黏稠剂、速凝剂等外加剂，加入合成纤维也可降低回弹率。严格按照喷射混凝土操作规范控制风压，一般控制在0.15MPa以内。在喷射混凝土工作面设局部风机和集尘仪。

(6)个人防护

掘进、装渣及其他辅助作业工人应佩戴防尘口罩。喷射混凝土工作人员应佩戴附有净化器和呼吸器的防尘安全帽。

2.2.3.5 通风排烟设备配置

输水及地下厂房系统施工通风设备配置及特性见表2-10。

表2-10 输水及地下厂房系统施工通风设备配置及特性

序号	型号	供/排风量/(m^3/min)	功率/kW	数量/台	备注
1	2×AVH-R140.132.4.8	2220～3240	2×132	3	1#、4#、5#风机站
2	2×AVH-R125.90.4.8	1800～2640	2×90	1	2#风机站
3	—	2000	2×90	1	8#风机站(国产)
4	2×AVH-R63.15.2.8	330～540	2×15	1	3#风机站
5	2×AVH-R63.18.2.8	360～570	2×18	2	6#、7#风机站
6	—	2000	2×55	1	7#风机站(国产)
7	1×AVH-R125.55.4.8	—	1×55	1	1#排风机
	总计			10	

2.2.4 施工排水

大气降水是工程区地下水的主要补给来源，根据含水介质的不同，可分为孔隙性潜水和裂隙性潜水；孔隙性潜水分布于第四系覆盖层及全风化岩(土)层内，埋藏深浅不一，直接受大气降水补给，沿基岩面渗出部分往往形成间歇性泉水，渗入基岩部分成为裂隙性潜水；裂隙性潜水赋存于基岩裂隙、断层破碎带中，以潜水类型为主，山体深处的裂隙性潜水具暂时性的承压现象，其水量、水头随时间衰减而减缓，山河港是工程区的最低侵蚀基准面，裂隙性潜水主要沿断层、裂隙渗流，补给河水。

根据地下洞室的分布，排水重点集中在引水系统下平段、厂房系统及尾水隧洞等部位的施工废水，其中厂房和尾水系统排水量最大，尾水系统排水历时最长。

(1)排水系统布置原则

1)排水泵站采用钢板水箱或在施工支洞一侧扩挖布置，并避开混凝土封堵段。为提高污水的沉淀效果，每个泵站集水池(或水箱)分隔成两座，废水先排至污水池，经过沉淀后排至清水池，再抽至排水总泵站，通过排水总泵站抽排至洞外沉淀池进行二次沉淀。地下洞室内设置两个排水总泵站，1#排水总泵站设置在通风兼安全洞内靠近副厂房处，2#排水总泵站设置在进厂交通洞内6#施工洞洞口附近，排水总泵站采取扩挖的方式形成。沉淀池须定期进行清污。

2)在施工总体程序安排上，尽快安排厂区排水廊道及排水孔的施工，降低地下水位，施工至该层排水廊道下部洞室群前，上部的排水系统已经形成。

3)洞内施工排水主要有顺坡开挖洞段及逆坡开挖洞段的排水，根据施工特点、施工程序安排，采取利用坡降自流和机械抽排相结合的原则进行排水布置。

4)顺坡开挖洞段是排水的重点，工作面开挖至简易集水坑，将水抽排至移动钢板水箱，然后通过离心泵或潜水泵抽排至排水总泵站，再转抽排至洞外沉淀池；逆坡开挖洞段主要通过自流排水，必要时布置潜水泵辅助抽排。

5)在斜井反井钻机导向孔施工过程中，加强上部排水强度，以保证出现涌水后的施工安全。

6)排水主管采用DN200～300钢管，排水支管采用DN100～200钢管。隧洞排水沟设专人维护疏通，对各泵站抽排至洞外的污水经沉淀池处理合格后排放。

(2)排水容量的确定

施工排水主要解决地下洞室施工废水及围岩渗水的排放，并考虑突发涌水的抽排。施工废水主要包括开挖支护期间湿式凿岩，混凝土浇筑期间冲仓、养护，以及灌浆期间等产生的废水。

根据招标文件，中平洞岩体渗透性微弱，开挖后以渗水、滴水为主，断层、岩脉附近可能集中出水。

地下厂房涌水量$Q \approx 1300m^3/d \approx 55m^3/h$，尾水隧洞室均位于地下水位线以下，岩体微弱透水，洞室开挖以渗滴水为主，局部沿断层、岩脉出现渗水、涌水现象，水量不大。

根据以上地质条件，考虑2倍以上的不确定系数，各部位排水量暂定如下：引水系统$100m^3/h$，地下厂房及主变室$150m^3/h$，尾水系统$150m^3/h$。

为应对可能发生的涌水，确保地下工程正常施工，在上述抽排措施的基础上，另外配置部分应急抽排设备。

(3)施工期排水泵站各期布置

1)排水系统阶段划分。

根据电站施工进度及安排,将施工期分为 3 个阶段。

2)排水系统各阶段布置。

①一期布置。

一期排水主要是排除地下洞室开挖时的渗水和施工弃水,具体部位及泵型见表 2-11。

表 2-11　　施工期一期排水泵站布置

序号	名称	位置	泵型	数量	规格
1	坝前排水泵站	大坝趾板	75kW 离心泵,90kW 直联泵	4	480m³/h 扬程 39m
2	1# 排水泵站		37kW 离心泵	1	100m³/h 扬程 90m
3	4-1# 排水泵站	3# 支洞	22kW 直联泵	2	100m³/h 扬程 90m
4	4-2# 排水泵站	4# 支洞	22kW 直联泵	2	100m³/h 扬程 90m
5	2# 总排水泵站	交通洞	75kW 直联泵	4	160m³/h 扬程 80m
6	7# 排水泵站	6# 支洞	22kW 直联泵	2	100m³/h 扬程 90m
7	8# 排水泵站		22kW 直联泵	2	100m³/h 扬程 90m
8	5# 排水泵站		22kW 直联泵	2	100m³/h 扬程 90m
9	3# 排水泵站		22kW 直联泵	2	100m³/h 扬程 90m
10	6# 排水泵站		22kW 直联泵	2	100m³/h 扬程 90m
11	1# 总排水泵站		37kW 离心泵	2	100m³/h 扬程 90m
12	9# 排水泵站		22kW 直联泵	2	100m³/h 扬程 90m
13	2# 总排水泵站		45kW 隔膜泵	2	160m³/h 扬程 86m

②二期布置。

二期排水主要为大坝开挖期排水,主要排除输水系统的开挖、金结安装部位渗水、施工弃水,具体部位及泵型见表 2-12。

表 2-12　　施工期二期排水泵站布置

序号	名称	位置	泵型	数量	规格	备注
1	坝前排水泵站	大坝趾板	75kW 离心泵,90kW 直联泵	4	480m³/h 扬程 39m	真空泵 2 台
2	趾板排水泵站	大坝趾板	75kW 离心泵,22kW 直联泵,15kW 潜水泵	3	480m³/h 扬程 39m	真空泵 1 台
3	进/出水口排水泵站 1	1# 联系洞	5.5kW 潜水泵	1	20m³/h 扬程 30m	

续表

序号	名称	位置	泵型	数量	规格	备注
4	进/出水口供水泵站 2	2# 联系洞	5.5kW 潜水泵	1	$20m^3/h$ 扬程 30m	
5	5# 集水井泵站	6# 支洞	7.5kW 潜水泵 1 台，11kW 自吸泵 1 台	2	$130m^3/h$ 扬程 30m	
6	6# 集水井泵站		7.5kW 潜水泵 1 台	2	$130m^3/h$ 扬程 30m	
7	尾水 1# 支管排水	尾水	5.5kW 自吸泵	1	$30m^3/h$ 扬程 40m	
8	尾水 2# 支管排水		4kW 潜水泵	1	$15m^3/h$ 扬程 12m	
9	尾水 3# 支管排水		5.5kW 自吸泵	1	$30m^3/h$ 扬程 40m	
10	尾水 4# 支管排水		4kW 潜水泵	1	$15m^3/h$ 扬程 12m	
11	尾水 5# 支管排水		5.5kW 自吸泵	1	$30m^3/h$ 扬程 40m	
12	尾水 6# 支管排水		4kW 潜水泵	1	$15m^3/h$ 扬程 12m	
14	1# 母线洞排水	1# 母线洞	3kW 管道泵	1	$50m^3/h$ 扬程 12.5m	
15	1# 下平临时排水	引水下平	5.5kW 潜水泵	1	$20m^3/h$ 扬程 30m	
16	2# 下平临时排水		5.5kW 潜水泵	1	$20m^3/h$ 扬程 30m	
17	3# 下平临时排水		5.5kW 潜水泵	1	$20m^3/h$ 扬程 30m	
18	主变排水泵站	沉油池	7.5kW 潜水泵	1	$40m^3/h$ 扬程 40m	
19	4-3# 集水井排水泵站	引水下平	7.5kW 潜水泵	1	$40m^3/h$ 扬程 40m	
20	4-4# 集水井排水泵站		7.5kW 潜水泵	1	$40m^3/h$ 扬程 40m	
21	中平排水洞排水泵站	上层排水廊道	4kW 潜水泵	1	$20m^3/h$ 扬程 20m	
22	5# 支洞移动排水泵站	5# 支洞洞口	7.5kW 潜水泵	1	$40m^3/h$ 扬程 40m	
23	透平油罐室排水泵站	5# 支洞洞口	7.5kW 潜水泵	1	$40m^3/h$ 扬程 40m	
24	C2-1 钢水箱移动排水泵站	C2-1 排水廊道	3kW 管道泵	1	$50m^3/h$ 扬程 12.5m	
25	压滤机运行维护	交通洞洞口	4kW 隔膜泵	1	$30m^3/h$ 扬程 80m	压滤系统 1 套，搅拌系统 1 套，加药系统 1 套
26	交通洞废水处理泵站	交通洞洞口排污泵站	22kW 直联泵	1	$50m^3/h$ 扬程 61m	真空泵 1 台
27	银坑营地排水泵站	高程 175m 平台食堂旁	5.5kW 离心泵	1	$100m^3/h$ 扬程 30m	真空泵 1 台

续表

序号	名称	位置	泵型	数量	规格	备注
28	赤坞 1# 沉淀池排水泵站	赤坞	15kW 自吸泵	1	100m^3/h 扬程 30m	
29	赤坞 2# 沉淀池排水泵站		7.5kW 潜水泵	1	40m^3/h 扬程 40m	
30	赤坞 3# 沉淀池排水泵站		7.5kW 潜水泵	1	40m^3/h 扬程 40m	
31	2# 沉淀池排水泵站		7.5kW 潜水泵	1	40m^3/h 扬程 40m	
32	3# 沉淀池排水泵站		7.5kW 潜水泵	2	40m^3/h 扬程 40m	

③三期布置。

三期排水主要排除输水系统、混凝土施工、金结安装部位的渗水和弃水，主要施工排水泵站配置及运行周期见表 2-13。

表 2-13　　施工期三期排水泵站布置

序号	名称	位置	泵型	数量	规格	备注
1	坝前排水泵站	大坝趾板	75kW 离心泵，90kW 直联泵	4	480m^3/h 扬程 39m	真空泵 2 台
2	趾板排水泵站	大坝趾板	75kW 座泵，22kW 直联泵，15kW 潜水泵	3	480m^3/h 扬程 39m	真空泵 1 台
3	进/出水口排水泵站 1	1# 联系洞	5.5kW 潜水泵	1	20m^3/h 扬程 30m	
4	进/出水口供水泵站 2	2# 联系洞	5.5kW 潜水泵	1	20m^3/h 扬程 30m	
5	5# 集水井泵站	6# 支洞	7.5kW 潜水泵 1 台，11kW 自吸泵 1 台	2	130m^3/h 扬程 30m	
6	6# 集水井泵站		7.5kW 潜水泵 1 台	2	130m^3/h 扬程 30m	
7	尾水 1# 支管排水	尾水	5.5kW 自吸泵	1	30m^3/h 扬程 40m	
8	尾水 2# 支管排水		4kW 潜水泵	1	15m^3/h 扬程 12m	
9	尾水 3# 支管排水		5.5kW 自吸泵	1	30m^3/h 扬程 40m	
10	尾水 4# 支管排水		4kW 潜水泵	1	15m^3/h 扬程 12m	
11	尾水 5# 支管排水		5.5kW 自吸泵	1	30m^3/h 扬程 40m	
12	尾水 6# 支管排水		4kW 潜水泵	1	15m^3/h 扬程 12m	
13	1# 排水总泵站	通风洞	37kW 离心泵	2	100m^3/h 扬程 90m	真空泵 1 台
14	1# 母线洞排水	1# 母线洞	3kW 管道泵	1	50m^3/h 扬程 12.5m	
15	1# 下平临时排水	引水下平	5.5kW 潜水泵	1	20m^3/h 扬程 30m	
16	2# 下平临时排水		5.5kW 潜水泵	1	20m^3/h 扬程 30m	
17	3# 下平临时排水		5.5kW 潜水泵	1	20m^3/h 扬程 30m	

续表

序号	名称	位置	泵型	数量	规格	备注
18	主变排水泵站	沉油池	7.5kW 潜水泵	1	$40m^3/h$ 扬程 40m	
19	4-3[#] 集水井排水泵站	引水下平	7.5kW 潜水泵	1	$40m^3/h$ 扬程 40m	
20	4-4[#] 集水井排水泵站		7.5kW 潜水泵	1	$40m^3/h$ 扬程 40m	
21	4-1[#] 排水泵站	3[#] 支洞	22kW 直联泵	2	$100m^3/h$ 扬程 90m	真空泵 1 台
22	中平排水洞排水泵站	上层排水廊道	4kW 潜水泵	1	$20m^3/h$ 扬程 20m	
23	4-2[#] 排水泵站	4[#] 支洞	22kW 直联泵	2	$100m^3/h$ 扬程 90m	真空泵 1 台
24	5[#] 支洞移动排水泵站	5[#] 支洞洞口	7.5kW 潜水泵	1	$40m^3/h$ 扬程 40m	
25	透平油罐室排水泵站	5[#] 支洞洞口	7.5kW 潜水泵	1	$40m^3/h$ 扬程 40m	
26	C2-1 钢水箱移动排水泵站	C2-1 排水廊道	3kW 管道泵	1	$50m^3/h$ 扬程 12.5m	
27	2[#] 排水总泵站	交通洞	75kW 直连泵	4	$160m^3/h$ 扬程 80m	真空泵 1 台
28	7[#] 排水泵站	6[#] 支洞	22kW 直联泵	2	$100m^3/h$ 扬程 90m	真空泵 1 台
29	压滤机运行维护	交通洞洞口	4kW 隔膜泵	1	$30m^3/h$ 扬程 80m	压滤系统 1 套，搅拌系统 1 套，加药系统 1 套
30	交通洞废水处理泵站	交通洞洞口排污泵站	22kW 直联泵	1	$50m^3/h$ 扬程 61m	真空泵 1 台
31	银坑营地排水泵站	高程 175m 平台食堂旁	5.5kW 离心泵	1	$100m^3/h$ 扬程 30m	真空泵 1 台
32	赤坞 1[#] 沉淀池排水泵站	赤坞	15kW 自吸泵	1	$100m^3/h$ 扬程 30m	
33	赤坞 2[#] 沉淀池排水泵站		7.5kW 潜水泵	1	$40m^3/h$ 扬程 40m	
34	赤坞 3[#] 沉淀池排水泵站		7.5kW 潜水泵	1	$40m^3/h$ 扬程 40m	
35	2[#] 沉淀池排水泵站		7.5kW 潜水泵	1	$40m^3/h$ 扬程 40m	
36	3[#] 沉淀池排水泵站		7.5kW 潜水泵	2	$40m^3/h$ 扬程 40m	

2.2.5 施工供电

2.2.5.1 供电系统布置

本工程主要用电范围为下水库进/出水口、大坝、尾水洞、溢洪道等部位施工用电，地下洞室群施工用电，加工厂设备用电，仓库、夜间施工、公路、营地的照明及生活用电等。按照供电终端接口的位置及提供的供电范围来进行配电室的设置，共布置23座变电站。

应急电源采用7台移动柴油发电机组，总装机容量850kW，其中下水库库区配备1台(250kW)，保证施工排水、大坝施工、照明等应急供电；地下厂房配备1台(250kW)，保证地下洞室排水、照明、通风等应急用电；引水系统配备1台(100kW)，保证引水系统排水、照明、通风等应急用电；赤坞砂石系统、拌和系统配备1台(100kW)，保证拌和系统等应急用电；生活营地及加工厂共配备3台(3×50kW)，保证生活设施及各施工工厂的应急供电。由于业主系统供电未能如期提供，为保证施工生产的顺利进行，应对供电不足的问题配置进场1台1000kW高压发电机。

(1)3$^{\#}$支洞洞口附近及洞内

3$^{\#}$支洞洞口附近布置2-4和7-2供电接点，可以分别提供高峰用电负荷1000kW，并且互为备用。该区域主要用电项目及部位有：引水隧洞的中平段及下斜井的开挖、支护、混凝土施工、压力钢管安装及洞内通风、照明、排水等。布置4台变压器，总容量2900kVA。

(2)通风兼安全洞洞口附近及洞内

通风兼安全洞洞口附近布置4-3供电接点，可以提供高峰用电负荷850kW，另外还可以利用前期项目布置的供电设备，提供高峰用电负荷800kW。该区域主要用电项目及部位有：主、副厂房，主变洞及相关洞室的施工，通风，排水，照明等。布置4台变压器，总容量1890kVA。

(3)下水库进/出水口及开关站附近

下水库进/出水口附近布置4-2供电接点，可以提供高峰用电负荷660kW。该区域主要用电项目及部位有：进/出水口土石方开挖、支护、混凝土施工、尾水洞施工、照明、排水等。布置1台变压器，总容量800kVA。

(4)下水库库区及大坝附近

下水库右坝头附近布置4-1供电接点，可以提供高峰用电负荷850kW。该区域主要用电项目及部位有：下水库库区土石方开挖、大坝填筑、混凝土施工、溢洪道施工、导流泄放洞改建、照明、排水等。布置2台变压器，总容量1430kVA。

(5)进厂交通洞洞口、洞内及潘村工区

进厂交通洞洞口附近布置7-1和3-1供电接点，可以分别提供高峰用电负荷2000kW，并且互为备用。该区域主要用电项目及部位有：洞口金结拼装及堆放厂、潘村工区辅助加工厂和地下洞室群的开挖、支护、混凝土施工、压力钢管安装及洞内通风、照明、排水等。布置10台变压器，总容量5815kVA。

(6)银坑布置区

银坑布置区附近布置1-8供电接点，可以提供高峰用电负荷850kW。该区域主要用电项目及部位有：办公生活区、钢管加工厂、机械修配厂、汽车保养站等。布置2台变压器，总容量1630kVA。

(7)赤坞工区附近

赤坞工区附近布置5-4供电接点，可以提供高峰用电负荷1600kW。该区域主要用电项目及部位有：下水库砂石加工、混凝土拌和系统、预制场、赤坞渣场及照明等。布置1台变压器，总容量2000kVA。

(8)9#施工支洞洞口及自流排水洞出口附近

自流排水洞的施工用电从横路村附近10kV线路上接引。布置2台变压器，总容量400kVA。

各变电站变压器容量、布置地点和用途见表2-14至表2-17。

表2-14　洞外变压站配电所供电特性

变电站序号	位置	用电项目	合计功率/kW	变压器容量/kVA
1#变电站	3#施工支洞洞口	通风散烟、钻孔供风、供排水、照明、其他临建附属设施等	246.5	400
4#变电站	进厂交通洞洞口		3467.5	2×1250+400
14#变电站	通风兼安全洞洞口		1828.3	2×630
20#变电站	9#施工支洞洞口		179.5	200
21#变电站	自流排水洞洞口		179.5	200
合计			5901.3	4960

表2-15　洞内变压站配电所供电特性

变压器型号	位置	用电项目	合计功率/kW	变压器容量/kVA
2#变电站	3#施工支洞洞内	钻爆开挖、锚喷支护、灌浆、混凝土浇筑、供排水、照明等	2850.0	2×1250
3#变电站	中平洞排水洞洞内		142.7	50(箱变)
5#变电站	进厂交通洞洞内		300.0	315
6#变电站	4#施工支洞洞内		1435.0	1250

续表

变压器型号	位置	用电项目	合计功率/kW	变压器容量/kVA
7# 变电站	进场交通洞洞内	钻爆开挖、锚喷支护、灌浆、混凝土浇筑、供排水、照明等	479.5	400
8# 变电站	主变排风洞洞内		448.9	400
9# 变电站	尾闸运输洞		476.7	400
10# 变电站	8# 施工支洞洞内		302.5	50(箱变)
11# 变电站	6# 施工支洞洞内		504.5	500
12# 变电站	Pxl 探洞		380.0	400(箱变)
13# 变电站	通风兼安全洞洞内		635.3	630
合计			7955.1	6895

表 2-16　　明挖及附属设施变压站配电所供电特性

变压器型号	位置	用电项目	合计功率/kW	变压器容量/kVA
15# 变电站	下水库进/出水口开关站	钻爆开挖、锚喷支护、灌浆、混凝土浇筑、砂拌和系统、营地生活、金属结构加工等	1172	800
16# 变电站	下水库石料场		817	800
17# 变电站	下水库大坝		640	630
19# 变电站	赤坞砂拌和系统		2500	2000
18# 变电站	三厂		500	500
22# 变电站	钢管加工厂		1000	1000
23# 变电站	银坑营地		500	630
合计			7129	6360

表 2-17　　用电及业主供电接口对比

业主提供接入点	接入点负荷/kW	位置	变压站名	变压器容量/kVA
C2 标/2-4 接点	1000	3# 施工支洞洞口	1# 变压站	400
C2 标/7-2 接点			2# 变压站	2500
			3# 变压站	50
C2 标/3-1 接点	2000	进厂交通洞洞口	4# 变电站	2900
			5# 变电站	315
			6# 变电站	1250
			7# 变电站	400
C2 标/7-1 接点	2000	进厂交通洞洞口	8# 变电站	400
			9# 变电站	400
			10# 变电站	50
			11# 变电站	500

续表

业主提供接入点	接入点负荷/kW	位置	变压站名	变压器容量/kVA
C2 标/4-3 接点	850	通风兼安全洞洞口	12#变电站	400
			13#变电站	630
			14#变电站	1260
C2 标/4-2 接点	660	下水库进/出水口、开关站	15#变电站	800
C2 标/4-1 接点	850	下水库石料厂	16#变电站	800
		下水库大坝	17#变电站	630
		三厂	18#变电站	500
C2 标/5-4 接点	1600	赤坞砂拌和系统	19#变电站	2000
C2 标/1-8 接点	850	钢管加工厂	22#变电站	1000
		银坑营地	23#变电站	630
无	无	9#施工支洞洞口	20#变电站	200
无	无	自流排水洞洞口	21#变电站	200
合计	9810	—	合计	18215

2.2.5.2 照明系统布置

为保证地下洞室和白天天然采光不足的施工部位的安全和照明度，施工照明严格按照国家有关规定执行，各部位的照明度满足招标文件规定的照明度要求。

各施工场地的施工照明、办公生活区和各辅企加工厂的室内外照明及附近道路照明电源，从附近变压器出线端引接专用的照明电源线供电。在钢筋密布及混凝土浇筑等复杂施工场地和潮湿、易触及带电体场所的照明供电电压为 36V，其他照明供电电压为 220V。在地下洞室和进/出水口施工点的适当位置布置应急灯，作为应急照明。照明配电箱选用 XXM 型带漏电保护功能的产品。

1）下水库库盆、下水库面板堆石坝、溢洪道的开挖、钻灌、混凝土浇筑等施工项目的照明采用 220V、3.5kW 金卤灯。在施工部位附近按施工标准图册组立塔架，在塔架上集中安装 2～4 套金卤灯。作为该施工面的整体照明，电源取自就近变压器，架设 BLX-4×35 低压线路。施工点的局部加强照明采用 220V、1kW 金卤灯或 220V、65W 节能灯，电源线采用 VV22-3×10+1×6 低压电缆。

2）地下洞室主要采用 65W 节能灯，间隔 15m 左右布置 1 盏。其中，为保证厂房、主变洞大洞室照明满足高强度施工及安全要求，采用不小于 500W 的 LED 灯照明(共约 30 盏)；灌浆平洞、排水廊道及自流排水洞因环境较潮湿，为了保证安全，采用 36V 安全电压的洞内照明电源。在隧洞口安装 220/36V、4kVA 行灯变压器，在墙壁上敷设 BLX-2×35 导线，并用瓷瓶固定在隧洞壁上。每隔 6m 安装 1 盏 36V、65W 节能灯。在洞挖施工部位附近的洞壁上安装 2 套 3.5kW 的移动式金卤灯加强施工部位的照明，安装高度 2.5m，电源线采用 VV22-3×10+1×6 低压电缆。照明电源取自就近变压器。

3)办公生活营地、生产加工厂区的照明采用 BLX-4×35 低压架空线路，按施工标准图册组立塔架，在塔架上安装 220V、1kW 金卤灯，局部加强照明采用 220V、65W 节能灯作为该区域照明，照明电源取自就近变压器。

2.2.6　施工道路

2.2.6.1　对外交通

长龙山抽水蓄能电站位于浙江省湖州市安吉县境内，紧邻天荒坪抽水蓄能电站，地处华东电网负荷中心，至安吉县城公路里程 25km，至杭州、上海、南京 3 市的公路里程分别为 80km、175km、180km。S205 可以到达大溪村乡管道路。

2.2.6.2　场内交通

下水库施工区前期利用 S205 进入下水库库盆施工区，经银坑村道进入银坑工区，经进厂交通洞施工便道进入厂房施工区；后期经 1# 隧道进入银坑施工区，经右岸高线公路隧道进入开关站施工区。左坝肩及溢洪道开挖利用地方林道加宽改造后进入施工部位。

2.2.6.3　提供的施工通道条件

施工区交通网络正在形成，业主提供的施工通道及维护责任见表 2-18。

表 2-18　　业主提供的施工通道及维护责任

序号	施工通道名称	长度/m	维护时间	维护责任人	备注
1	进场公路	1841			
①	赤坞交通洞	906	2017 年 5 月至该工程完工	C2 标	
②	进场公路隧道	190	2017 年 5 月至该工程完工	C2 标	
③	进场公路明路	665	2017 年 5 月至该工程完工	C2 标	
④	长龙山大桥	80	2017 年 5 月至该工程完工	C2 标	
2	右岸高线公路隧道	850	2017 年 7 月至该工程完工	C2 标	
3	右岸高线上坝公路	354	2017 年 7 月至该工程完工	C2 标	其中隧道 155m，断面净尺寸：8.7m×6.1m(宽×高)

续表

序号	施工通道名称	长度/m	维护时间	维护责任人	备注
4	右岸低线上坝公路	212	2017 年 7 月至该工程完工	C2 标	其中隧道 95m，断面净尺寸：8.7m×6.1m（宽×高）
5	进厂交通洞	1200	2017 年 5 月至该工程完工	C2 标	
6	通风兼安全洞	750	2016 年 12 月至该工程完工	C2 标	
7	3# 施工支洞 K0＋000～K0＋600	1091	进场后至该工程完工	C2 标	
8	导流泄放洞闸门井平台施工便道	900			山河港右岸
①	1# 便桥（至通风兼安全洞）	9	进场后至该工程完工	C2 标	跨山河港
②	2# 钢栈桥	—	2017 年 3 月至该工程完工	C2 标	跨山河港便桥，汽-10
③	3# 钢栈桥	—		C2 标	跨山河港便桥，汽-10
④	4# 钢栈桥	—		C2 标	跨山河港便桥，汽-10
⑤	5# 便桥（至进厂交通洞）	40	2017 年 5 月至该工程完工		跨山河港
9	3# 施工支洞便道	296	进场后至该工程完工	C2 标	泥结碎石路面
10	上、下水库连接公路 3# 施工支洞洞口处至下水库		2018 年 3 月至该工程完工	C2 标	

2.2.6.4 施工道路及施工支洞

为完成输水、地下厂房系统化及下水库施工任务，临时主要施工道路特性见表 2-19。

表 2-19　临时主要施工道路特性

序号	道路编号	起讫高程/m	道路长度/m	最大纵坡/%	路宽/m	路面形式	备注
1	R1 道路	195～250	900	10	6.0	泥结碎石	进/出水口、开关站及库盆右岸施工通道（Q2 标已修筑）
2	R2 道路	160～215	1400	8	7.0	混凝土路面	大坝右岸坝肩、库盆等施工通道
3	R3 道路	195～200	500	3	7.0	混凝土路面	溢洪道、左岸坝肩、石料场施工通道
4	R4 道路	170～153	750	8	7.0	泥结碎石	大坝右岸坝肩高程 200m 以上施工通道

续表

序号	道路编号	起讫高程/m	道路长度/m	最大纵坡/%	路宽/m	路面形式	备注
5	R5 道路	250～252	600	1	6.0	泥结碎石	下水库进/出水口、开关站施工通道
6	R6 道路	251～251	469	1	3.5	泥结碎石	通风兼安全洞通风竖井施工通道
7	R7 道路	225～225	132	0	7.5	混凝土路面	施工营地和钢管加工厂连接上下水库连接公路

为完成下水库标及引水系统施工任务，修筑主要施工支洞特性见表 2-20。

表 2-20　　施工支洞特性

施工支洞名称	断面尺寸/m	支洞长度/m	起/止高程/m	最大纵坡/%	备注
3# 施工支洞	7.0×7.0	1091	430.00/487.75	7.00	引水中平洞、下斜井施工
4# 施工支洞	7.8×7.8	645	147.17/126.60	－7.00	引水下斜井、下平洞施工
5# 施工支洞	7.0×6.5	273	134.70/121.00	－7.03	厂房第五、六层施工
6# 施工支洞	7.0×6.5	538	148.83/115.70	－8.50	尾水隧洞、厂房底部施工
8# 施工支洞	3.0×3.0	147	122.50/114.70	－5.28	厂房底层排水廊道施工
9# 施工支洞	3.0×3.0	185	120.00/107.32	－7.80	厂房自流排水洞施工

2.2.6.5　大件运输

下水库大件运输主要有下水库进/出水口、尾闸室闸门和启闭机、压力钢管、钢岔管、厂房和尾闸室桥机等运输。钢管安装单元最大直径 5m，长 6m，质量约 28t。钢岔管最大尺寸 5.8m×5.2m×4.9m（长×宽×高），质量 48t，出 3 个。溢洪道检修闸门最大运输单元尺寸 1500mm×2500mm×11000mm，最大单元质量约 16t；溢洪道工作闸门最大运输单元尺寸 1700mm×3500mm×10000mm，最大单元质量约 25t。导流泄放洞工作闸门分节制造，最大运输单元尺寸 1500mm×2500mm×2700mm，最大单元质量约 15t。下水库进/出水口拦污栅，单扇拦污栅分 3 节，最大运输单元尺寸 850mm×3000mm×6500mm，最大单元质量约 12t。下水库进/出水口检修闸门分节制造，最大运输单元尺寸 1300mm×3000mm×5900mm，最大单元质量约 16t。尾水事故闸门分节制造，最大运输单元尺寸 1200mm×3200mm×5000mm，最大单元质量约 26t。单台固定卷扬式启闭机质量约 25.0t，单台单梁电动葫芦质量约 5.0t。尾水事故闸门单台液压启闭机质量约 50.0t。

新增临时道路，按满足大件运输要求进行规划设计。

2.2.6.6 施工支洞

1)除利用规划设计的施工支洞外,不再另行设计施工支洞。

2)穿过多条隧洞的支洞,洞间全部进行封堵,流道侧边支洞封堵长度均约20m。

3)支洞与其他洞室的平交口或与洞室立体交叉部位,均需要根据具体情况采取加强、加固措施,支洞布置图、结构图、平交口支护结构图及封堵图均报监理人会同设计单位批准。

2.2.6.7 施工交通管理

1)交通车辆进出长龙山抽水蓄能电站工区必须按工区交通管理部门的规定办理一切必备的证件,并服从交通管制。

2)交通工具进出施工区必须按施工区交通管理部门的规定办理一切必备的证件,并服从交通管制。

3)保证施工期间交通畅通,且不得因施工道路的修建而使跨越路线的工区供电、通信、供水和排水等受到影响。

4)新修道路做好路基和路面排水,并在整个施工期间按合同规定负责临时施工道路和停放场的维护和保养,以及负责为满足特殊运输任务的临时拓宽加固措施的施工。包括当监理人认为必要时进行洒水,以减少扬尘。

5)由本标负责维护的道路除每天间隔一定时段进行洒水并保持路面清洁外,同时还要进行局部维修和管理。道路养护工作至少符合以下要求:

①加强日常巡查,定期做好道路检查工作,发现病害及时处理,保持良好稳定的技术状态。路面清扫频次不少于1次/周,保持道路清洁畅通。防止路面扬尘污染环境,采用洒水降尘,在雨季(4月15日至10月15日)晴天时不少于2次/d,在旱季不少于4次/d。冬季降雪天气及时除雪除冰,并采取必要的路面防护措施。

②路肩无病害,保持边坡稳定。

③排水设施无淤塞、无损害,排水顺畅。

④挡土墙等附属设施良好。

⑤加强不良地质中期边坡崩塌、滑坡、泥石流等灾(病)害的巡查、防治、抢修工作。

2.3 料场及弃渣场

下水库料场位于下水库大坝上游约600m左岸岸坡处,顶部开口线高程315m,理论计算设计需要量105万m^3,开挖至高程196m,备用开采料30万m^3。开挖坡比1:0.5,上下高差较大,上部边坡较陡,施工便道布置困难,开挖支护施工难度大。

2#渣场、3#渣场为勘探道路公路渣场,布置于上下水库连接公路K12+800~

K13＋000左侧下方冲沟和K11＋800下方冲沟，主要用于外长龙工区弃渣，其中包括6#隧道1.64万m^3及7#～10#隧道所有洞挖及明挖料的堆存。2#渣场因原始地形较陡峭，前期不仅未能形成弃渣便道，还未能严格按要求自下而上进行分层弃渣碾压，导致后期需要投入大量人力物力再次进行处理。

4#渣场布置于勘探道路2#隧道与4#隧道之间，4#渣场为无用料渣场，设计容量为12万m^3。

5#渣场布置于上下水库连接公路BK3＋350～BK3＋400左右侧下方冲沟，主要用于3#施工支洞、引水中平洞、引水中平排水洞及排水廊道等洞室开挖料的堆存。设计堆渣顶高程380m，堆渣体占地面积4.56hm^2，渣场设计容量47万m^3。

赤坞渣场设计堆渣顶高程280.00m，占地面积9.90hm^2，设计容渣量178万m^2，渣场防洪采用50年一遇洪水设计标准，设计洪峰流量3.70m^3/s。该工程地下洞室开挖的有用料约82.66万m^3（自然方），明挖有用料约52.5万m^3（自然方），其中需要在赤坞渣场堆存洞挖有用量约61.8万m^3，明挖有用料约7万m^3。洞挖中转料可堆存于银坑中转料场或赤坞中转料场，弃渣均堆放于赤坞渣场，同时根据现场情况堆放部分表土堆存料。

该工程规划了2个中转料场和1个表土堆存场。地下洞室开挖的有用料约100万m^3（自然方），明挖有用料约44万m^3（自然方），洞挖中转料可堆存于银坑中转料场或赤坞中转料场，弃渣均堆放于赤坞弃渣场。表土堆存于横路村表土堆存场。由于征地问题，横路村表土堆存场不能启用，经监理部协调明确，利用原Q2标有用料场（H地块）作为临时表土堆存场。C2标地下洞室开挖有用料及明挖有用料可堆存于赤坞渣场或银坑中转料场。考虑现阶段上下水库连接公路尚未通车，现有银坑便道坡陡、弯急，不具备重型车辆出渣条件，而引水中平洞开挖已经开始，按照业主规划指示，引水中平洞开挖料需运至5#渣场堆存。

渣场、料场规划情况见表2-21。

表2-21　　渣场、料场规划情况　　（单位：万m^3）

序号	场地名称	占地面积	松方堆存量		备注
			弃渣	中转	
1	赤坞弃渣场	11.30	134.0		位于赤坞
2	赤坞中转料场			38.00	位于赤坞渣场顶部
3	下水库表土堆场	4.40		20.10	位于横路村（暂未启动）
4	银坑表土堆场	1.35		6.40	表土临时堆场
5	银坑中转料场	2.20		6.00	中转前期洞挖料
6	2#渣场	39.00	39.0		外长龙山工区弃渣

续表

序号	场地名称	占地面积	松方堆存量		备注
			弃渣	中转	
7	3# 渣场	38.40	38.4		外长龙山工区弃渣
8	4# 渣场	12.00	12.0		银坑村工区弃渣
9	5# 渣场	4.65		14.53	引水中平洞临时弃渣
合计		19.25	223.4	70.50	

2.4 砂石加工与混凝土拌和系统

赤坞砂拌和系统位于赤坞渣场内侧高程 245m 平台，主要承担 C2 标约 44.2 万 m^3 混凝土（含喷射混凝土、坝面挤压边墙混凝土、其他标段约 10 万 m^3 混凝土）骨料及大坝垫层料制备 4.12 万 m^3。砂石加工系统共需制备成品骨料约 99.6 万 t，其中粗骨料 66.4 万 t，砂 33.2 万 t，结合混凝土骨料制备及垫层料制备。综合考虑系统设计处理能力 240t/h，系统生产能力 198t/h，系统耗水量 200m^3/h。1# 混凝土拌和系统高峰月生产能力约 2.5 万 m^3，系统按生产混凝土 120m^3/h 进行设计建设。因长龙山抽水蓄能电站混凝土施工高峰叠加需同时向上下水库连接公路标段、勘探道路标段供应混凝土，2019 年 10 月 24 日于赤坞增设 2# 混凝土拌和系统，系统按生产混凝土 180m^3/h 进行设计建设并配套相关设施。赤坞砂石加工系统采用湿法工艺制砂，有效地控制了粉尘污染，但石粉需研究新工艺进行无公害化处理。

另于 2# 渣场和 3# 施工支洞洞口分别设置小型砂拌系统，由协作队伍配置专业人员运行，向相邻施工部位供应混凝土和喷射混凝土。这两处砂石加工系统的规划，就近利用洞挖有用料生产砂石骨料，有效地控制外购砂石骨料由于运距长导致的高成本。

本标混凝土总量约 34.2 万 m^3（含喷射混凝土、坝面挤压边墙混凝土），根据施工总进度计划，混凝土高峰月生产能力约 2.5 万 m^3（含外供混凝土）。根据混凝土高峰月浇筑强度，该系统配置 1 座 HSZ180-1Q3000 型强制式拌和楼，布置在赤坞地块。拌制常温混凝土，铭牌拌制能力达到不小于 150m^3/h，环保符合投标文件的要求。按照本标整体施工布置的要求，对混凝土拌和及制冷系统进行规划设计，其主要技术指标见表 2-22。

表 2-22　混凝土拌和及制冷系统主要技术指标

序号	项目		数值	备注
1	混凝土最高浇筑月强度		2.5 万 m^3	
2	混凝土设计生产能力	常温混凝土	120m^3/h	

续表

<table>
<tr><th>序号</th><th colspan="2">项目</th><th>数值</th><th>备注</th></tr>
<tr><td>3</td><td>搅拌站铭牌生产能力</td><td>常温混凝土</td><td>180m³/h</td><td></td></tr>
<tr><td rowspan="4">4</td><td rowspan="4">胶凝材料储备</td><td>水泥罐</td><td>500t</td><td rowspan="4">仓顶带除尘设备</td></tr>
<tr><td>水泥罐</td><td>500t</td></tr>
<tr><td>煤灰罐</td><td>500t</td></tr>
<tr><td>煤灰罐</td><td>500t</td></tr>
<tr><td>5</td><td colspan="2">整机总功率</td><td>300kW</td><td></td></tr>
<tr><td>6</td><td>搅拌机</td><td>2×55kW</td><td>MAO4500/3000</td><td>大粒径 80mm</td></tr>
<tr><td rowspan="2">7</td><td colspan="2" rowspan="2">上楼胶带机</td><td>45kW</td><td></td></tr>
<tr><td>B=1000mm×42m</td><td>2.5m/s,20°</td></tr>
<tr><td rowspan="2">8</td><td colspan="2" rowspan="2">配料胶带机</td><td>22kW</td><td></td></tr>
<tr><td>B=1000mm×86m</td><td>2.0m/s</td></tr>
<tr><td>9</td><td colspan="2">计算机控制系统</td><td>单机单控</td><td></td></tr>
<tr><td>10</td><td colspan="2">整机不含设备质量</td><td>170t</td><td></td></tr>
</table>

2.5　压力钢管制造及金结厂

压力钢管制造及金结厂布置在银坑场地F地块内，占地面积16000m²，场地建设分为一期建设和二期建设。场地采用挖—填平衡方式平整后场地，其高程为218.00m，场平后一期建设总面积约14768m²，实际钢管加工区面积约6000m²，成品堆放区面积约2100m²，建筑面积5550m²，其中砖混结构1162m²，轻钢结构4388m²。

2.6　其他施工辅助系统

2.6.1　钢筋加工厂

钢筋加工厂主要承担工程的锚杆、钢筋、临时钢支撑及部分临建钢筋的加工、制作。由于钢筋加工量大，总加工量达到1.25万t，设计生产规模27t/班，钢筋加工厂布置在下水库进厂交通洞洞口附近永久1#地块，厂内设钢筋加工车间、材料及成品堆放场、工具库房及值班室。招、投标规划占地面积7500m²，建筑面积2700m²，其中轻型钢结构厂房面积2000m²，砖混结构面积700m²。受场地限制，钢筋加工厂分两期施工，总占地2600m²。布置主要设备为2台钢筋切断机、1台钢筋弯曲机、2台对焊机、1台套丝机、1台钢筋调直机、1台10t龙门式起重机、2台点焊机和2台喷砂除锈等21台(套)机械设备。

钢筋加工厂主要技术指标见表2-23，钢筋加工厂主要设备见表2-24。

表 2-23　　钢筋加工厂主要技术指标

序号	项目	单位	数量
1	生产能力	t/班	27
2	占地面积	m^2	7500
3	设备总数量	台(套)	21
4	设备总容量	kW	300
5	生产班制	班/天	2
6	生产人员	人	40

表 2-24　　钢筋加工厂主要设备

序号	设备名称	型号规格	电机/kW	单位	数量	备注
1	钢筋切断机	GJ5-40	7.50	台	2	自重950kg/台
2	钢筋弯曲机	GJ7-40	2.80	台	1	自重662kg/台
3	钢筋调直机	GTJ4-4/14	9.00	台	1	自重1500kg/台
4	对焊机	UN1-75	75.00	台	2	自重445kg/台
5	点焊机	DN1-75	75.00	台	1	自重455kg/台
		DN2-100	100.00	台	1	自重800kg/台
6	钢筋冷挤压机			台	2	
7	套丝机	100A	0.75	台	1	
8	氧气焊接及切割设备			套	2	
9	电动除锈机	直径250mm	1.10	台	2	自重120kg/台
10	工字钢加工设备			套	1	自制
11	龙门式起重机	10t		台	1	
12	电动起重葫芦	1.5t	3.50	台	1	
13	电动砂轮机	直径300mm		台	2	
14	空压机	0.32m^3/min	11.50	台	1	自重350kg/台

2.6.2 模板加工厂

模板加工厂设置钢材堆放场、钢模板维修拼装厂、钢模堆放区、木材加工厂、木材堆放区和厂房区。由于业主提供的场地可利用面积不够，将模板场地分两期布置。一期布置在赤坞渣场入口右侧已形成的平台处；二期布置在下水库进厂交通洞洞口附近永久1#地块。厂房区内设加工车间、值班室、工具房及防火设施。模板、木材加工厂占地面积 700m²。根据各施工部位模板计划和设计规格与数量，以及施工高峰期增加的模板数量，提前加工，并承担常规生产过程中变形及缺损钢、木模板的校正和修复处理。

模板、木材加工堆放场主要技术指标见表 2-25，模板加工厂主要设备见表 2-26。

表 2-25　　模板、木材加工堆放场主要技术指标

序号	名称	单位	数量
1	生产能力	m^3/班	8
2	生产班制	班/d	1
3	占地面积	m^2	700
4	设备总数量	台(套)	16
5	设备总容量	kW	70
6	生产人员	人	20

表 2-26　　模板加工厂主要设备

序号	设备名称	型号规格	电机/kW	单位	数量	备注
1	万能木工圆锯	MJ225	4.0	台套	1	自重 475kg/台套
2	细木工带锯机	MJ318	5.5	台	1	自重 920kg/台
3	木工平面刨	MJ504	2.8	台	1	自重 705kg/台
4	单面压刨床	MB106	7.5	台	1	自重 1000kg/台
5	自动带锯磨锯机	MR111	1.1	台	1	自重 122kg/台
6	电焊机	BX3-300	20.5	台	2	自重 167kg/台
7	氧气焊接及切割设备			套	2	
8	电动除锈机	直径 250mm	1.1	台	5	
9	大模板校正机			台	1	
10	钢模板校正机	GMX-30		台	1	

2.7　结语

施工总体布置是对工程建设施工所需的场内外交通、施工生产设施、料源料场、渣场、生活营地及工程管理区的布置位置、生产能力、占地面积、施工用地范围的规划布置，该项工作对工程施工顺利推进、施工成本有直接影响。因此，施工总体布置应以方便生产、生活为宗旨，同时充分考虑成本投入。

(1)施工供风

根据用风点分布情况采用以集中为主、分散为辅的方式布置空压站，洞内供风尽量

选择在连通主要洞室、大部分洞室的通道口或主通道口布置集中空压站，洞内根据需要布置供风支管；其他分散较远的小洞室则单独布置空压机或辅以移动空压机方式供风；明挖部位以上、下水库坝基开挖和料场布置位置为主，结合场地情况综合考虑布置集中空压站，辅以移动式空压机，同时集中空压站应尽量避免多次转移。

（2）施工供水

根据业主提供的供水接口时间、位置，结合用水点位置、用水量及附近取水点进行布置，同时考虑后期混凝土施工时段用水需求，尽量避免重复布置、减少改造或转移布置；利用就近水源取水时，可在洞口或征地范围内布置水箱泵站供水；供水管网可与排水系统回收水池连接。

（3）施工排水

洞内排水利用坡降自流和机械抽排相结合的原则布置排水设施，洞内在高程较低、多条支洞分叉附近布置固定集中排水泵站，作业面布置临时集水井抽排至集中泵站进行排水，固定集中泵站应避开主洞室及封堵或衬砌段，高程较低的汇水部位或渗水量大的部位应配置足够排水设备，保证在紧急情况下正常排水；布置下水库坝前集水泵站在具备条件时应低于河床趾板施工面，即使不具备条件，也应在趾板上游布置多个小型集水泵站，并配置应急排水设备，保证日常及时抽排汇水，并能应对设计防洪标准下汇水。

（4）施工供电

供电变压站布置应与空压站、供排水泵站等主要用电负荷对应，尽量集中布置，优先采用箱式变压器。变压器配置容量应充分考虑高峰期负荷，对于工期滞后风险大可能需要赶工部位，应留出扩容空间。

（5）施工通风

施工通风主要包括开挖阶段和金结安装阶段，重点为主厂房等大型洞室及长度超过 1km 的隧洞，一般采用机械压入式通风、排风及自然通风相结合方式分阶段布置。

（6）砂石加工与混凝土拌和系统

砂石加工与混凝土拌和系统布置位置一般按照招投标施工总布置执行，因客观原因或非承包人原因确定需调整位置时可在实时性施工组织设计中进行规划调整，并报专项调整方案，充分说明客观或非承包人原因，并进行相应技术经济分析论证；系统具体工艺设计、设备配置及环保设施等在进行专项研究后报送专项方案。

（7）压力钢管制造及金结厂

压力钢管制造及金结厂布置位置应选择方便材料运输、距离安装部位较近的区域，并设置一定的成品存储区；若距离安装部位较远或受冬季雨雪天气影响较大时，宜考虑增加中转存储区；加工区应尽量远离居民区，否则应配置隔音设施。

(8)料场及渣场

料场一般由招标施工组织设计中指定，通常布置在库区内。在实施期应提前排查影响料场开采的因素，应在大坝填筑启动前具备一定的开采供应能力，并完成相关爆破试验、碾压试验等；在预测洞挖进度与大坝填筑进度不能很好匹配，且业主指定中转料场不能满足实际需要时，应尽早寻找和布置其他中转料场。弃渣场布置在实施期应对容量、道路布置等进行进一步核查，提前发现问题，制定调整方案。

(9)其他辅助系统

其他辅助系统包括钢筋厂、模板厂、预制厂等，在场地充足的情况下，钢筋加工厂、模板加工厂宜尽量集中布置，并充分应用数字化、智慧化生产管理系统；在场地有限的情况下可选择分散布置，但不能降低安全标准化要求。预制厂尽量靠近混凝土拌和系统或钢筋加工厂，并做好环保设施。

总之，施工总体布置是施工整体安排的重要环节，场地布置、工厂布置、风水电布置、料场渣场布置，以及其他辅助系统布置均直接影响现场正常施工。不同工程有不同的布置条件，但均应根据工程总体进度安排，分析生产强度需求并在考虑运输距离、环境条件等基础上，经充分技术经济论证而确定。

第3章　施工总进度

3.1　概述

3.1.1　工程总进度规划

长龙山抽水蓄能电站可研阶段进度编制基于国内平均先进施工水平，施工筹建期24个月，施工准备期3个月，主体工程施工期55个月，完建期17个月，工程建设总工期合计75个月，地下厂房为工程关键线路。

2015年12月，中国长江三峡集团有限公司组织召开了长龙山电站实施规划专题审查会议，明确施工总进度如下：施工筹建期7个月，施工准备期2个月，主体工程施工期51个月，完建期17个月，工程建设总工期合计70个月，即主体工程于2016年9月1日开工，首台机组2020年11月30日发电。该进度即招投标阶段进度计划。

3.1.2　C2标实施期进度总体情况

该工程主标（C2标）合同开工日期为2016年11月15日，首台机组发电日期为2020年11月30日，合同完工时间为2022年4月30日，主体工程施工期为48.5个月，总工期65.5个月。因中标时间距离招标文件约定开工时间较短，中标后经多轮合同谈判，合同签订于2016年12月16日完成；合同谈判过程中及签订后，虽然项目部积极组织原通风兼安全洞施工单位持续开展施工，但是受爆破器材和专业人员由当地专业单位垄断控制，其人员不足、爆破材料供应不及时，以及村民阻工、夜间出渣限制等影响，实际开工时间约为2017年2月15日。

施工过程中，受征地拆迁、村民阻工、其他标段交面滞后、业主供水、供电及道路提供滞后，以及岩石强度高而工效低等影响，关键线路项目及其他部位施工进度不同程度滞后，至2017年10月，主厂房、1#引水系统和下水库滞后投标进度计划分别约5.5个月、7个月和8.5个月。

经过多次专题会研究讨论，业主于 2017 年 11 月底组织召开“长龙山抽水蓄能电站施工总进度计划审查会议”，会议认为，基于施工供水、供电、交通、民爆物品管理、爆破时间受限、征地等影响因素解除的前提下，浙江长龙山抽水蓄能有限公司提出的 2021 年 6 月 30 日首台机组发电的调整计划基本可行，且对比国内类似工程，该工程总进度计划仍为国内先进水平，即施工筹建期为 12.5 个月，施工准备期 2 个月，主体工程施工期 52.5 个月，完建期 17 个月，工程建设总工期合计 71.5 个月。在工程实际施工过程中仍然受到施工供水、供电、交通、民爆物品管理、爆破时间受限、征地等因素不同程度的影响，但最终基本按期实现了所有节点进度目标，下水库于 2020 年 8 月顺利实现下闸蓄水，首台机组于 2021 年 6 月 25 日并网发电，2022 年 6 月 30 日所有机组实现并网发电。

3.2　施工进度计划

3.2.1　边界条件

该工程主标（C2 标）中标后及实施过程中边界条件发生变化：

1）开工时间由 2016 年 11 月 15 日推迟至 2017 年 2 月 15 日。

2）受征地拆迁、村民阻工、其他标段交面滞后、业主供水、供电及道路提供滞后，以及岩石强度高而工效低等影响，主副厂房、主变洞、引水中平洞、引水下平洞（4# 施工支洞）及斜井进度滞后，其中进厂交通洞阻工进度滞后直接导致本标段引水下平洞、尾水系统进度相应滞后。

3）因下水库导流泄放洞（其他承包人承担）过流时间滞后，下水库截流验收实际时间由 2017 年 2 月 28 日推迟至 2017 年 12 月 19 日。

4）受当地村民对爆破作业的限制，银坑压力钢管厂场平施工无法正常推进，进度滞后。

5）受征地拆迁影响，自流排水洞 9# 施工支洞未按照投标进度计划正常开工；下水库大坝坝址范围的楼房、加油站及当地供水管线拆迁滞后，导致坝基开挖进度滞后；下水库主料场高压线塔拆迁滞后导致主料场开采工期滞后。

6）业主系统供水、供电时间分别由招投标期约定的 2017 年 7 月 1 日、2017 年 4 月 1 日调整为 2017 年 10 月 15 日和 2017 年 5 月 31 日。业主供电实际时间为 2017 年 12 月 12 日。

7）业主提供的部分施工通道未按合同约定时间通行，如赤坞交通洞、长龙山大桥、进场公路隧道、右岸高线公路隧道、上下水库连接公路 A 段等，对该工程施工造成不便，影响施工进度。

3.2.2 调整控制性工期

根据上述边界条件，结合工程实际进展情况，按照监理、业主相关会议精神，基于施工供水、供电、交通、民爆物品管理、爆破时间受限、征地等影响因素解除的前提下，业主对工程控制性工期进行了调整，工程开工时间为 2017 年 2 月 15 日，首台机组发电时间为 2021 年 6 月 30 日，C2 标完工时间仍为 2022 年 4 月 30 日，主体工程施工期 52.5 个月，C2 标总工期 62.5 个月。项目部根据调整后控制性节点目标，对工程控制性进度进行了相应调整，工程调整控制性进度见表 3-1。

表 3-1　　工程调整控制性进度

部位	序号	任务名称	合同控制时间节点/(年-月-日)	调整后节点/(年-月-日)	延后时间/个月
其他项目	1	承包人进场	2016-11-15	2016-11-15	0.0
	2	下水库砂石料及混凝土生产系统投入生产运行	2017-4-30	2017 年 11 月底	7.0
输水系统	3	1# 引水中平洞上游端首节钢衬完成时间	2018-1-31	2019-3-25	14.0
	4	2# 引水中平洞上游端首节钢衬完成时间	2018-5-31	2019-5-25	13.0
	5	3# 引水中平洞上游端首节钢衬完成时间	2019-5-31	2020-2-8	8.3
	6	1# 尾水系统具备充水试验条件	2019-11-12	2020-9-30	10.5
	7	1# 引水隧洞下半段具备充水试验条件	2020-4-30	2020-11-30	7.0
	8	2# 引水隧洞下半段具备充水试验条件	2020-8-31	2021-3-30	7.0
	9	3# 引水隧洞下半段具备充水试验条件	2021-2-28	2021-7-30	5.0
	10	下水库进/出水口完成，具备下闸挡水条件	2019-11-30	2020-6-30	7.0
	11	尾水系统工程全部完工	2020-12-31	2021-7-17	7.5
地下厂房	12	地下厂房安装场底板浇筑完成，移交给机电安装标	2018-3-31	2018-9-28	5.0
	13	1# 机组、2# 机组基坑开挖完成，移交给机电安装标	2018-4-30	2018-11-30	5.5
	14	地下厂房、主变洞开挖完成，移交给机电安装标	2018-6-30	2019-1-30	7.0
	15	地下厂房自流排水洞施工完成	2018-6-30	2020-10-30	28.0
大坝	16	截流验收	2017-2-28	2017-12-19	10
	17	大坝填筑至高程 202.5m	2018-4-15	2019-2-7	9.7
	18	大坝填筑完成	2018-9-30	2019-7-19	9.3
	19	蓄水验收完成，具备蓄水条件	2019-11-30	2020-6-30	7.0
	20	下水库蓄水至高程 220.0m	2020-5-31	2020-12-6	6.2

续表

部位	序号	任务名称	合同控制时间节点/(年-月-日)	调整后节点/(年-月-日)	延后时间/个月
其他项目	21	本合同工程完工	2022-4-30	2022-4-30	0

3.3　施工进度保证措施

按招标文件要求，结合工程实际情况，该工程于2017年2月15日开工，按招标完工时间2022年4月30日完工。为了有效缩短施工工期采取了各种措施，确保控制性工期目标的实现。针对本标工程施工进度计划和关键线路制定的保证措施具体如下。

3.3.1　组织方面

1)组织精干的项目领导班子，抽调有经验、责任心强的工程技术、经济、行政等各类专业管理干部成立项目部，全权负责现场各方面的工作。在整个工程施工过程中实行项目法施工，做到统一组织、统一计划协调、统一现场管理、统一物资供应和统一资金收付。

2)建立健全项目管理机构，明确各部门、各岗位的职责范围，为该项目配备充足能适应现场施工要求的各类专业技术管理人员。

3)发挥公司的整体优势，做好队伍组织动员工作，针对工程项目特点，组建高素质的专业施工队伍，并按施工计划及时组织进场。

4)加强现场的思想政治工作，充分利用公司已在现场的有利条件，做到进场快、安家快、开展施工快，迅速掀起施工生产高潮。作为搞好现场施工生产的一个重要保证，使每一个参加施工的职工充满责任感、荣誉感，发挥出最大的积极性。

3.3.2　技术方面

1)进场后根据现场实际情况认真编写施工组织设计和分项工程施工技术方案，在充分考虑到该工程施工现场条件的前提下，运用软件制定详细的施工网络进度计划及月、旬施工计划表，以及周和日进度计划，以日保周，以周保旬，以旬保月。并在工程实施过程中检查计划的落实情况，发现问题、分析原因及时汇报，提出修正方案，及时调整和修订进度计划，保证关键线路上的工期按时完成。

2)在开工前组织测量人员对业主提供的测量点和控制网认真进行复核，如有异议及时向监理工程师反映并共同核实，避免因施工放样错误而造成工程返工而延误工期。

3)建立技术管理的组织体系，逐级落实技术责任制。严格按照质量保证大纲建立质量管理体系，完善管理机制和施工程序，提高质量管理素质，防止因质量问题造成停工或返工。

4)建立技术管理程序，认真制定各施工阶段技术方案、措施，以及应急技术措施，做好技术交底，建立技术档案，把技术管理落实到实处。

5)针对该工程的特点，抓好新技术、新工艺的推广应用，充分发挥公司技术知识密集的优势，组织专家组开展科技攻关，及时解决施工中出现的技术问题。

6)项目部领导坚持深入施工现场，跟班作业，发现问题及时处理，协调各工序间的施工矛盾，保质保量按工期完成任务。为了及时落实领导的指示、决策，工地设置指挥调度中心，采用有线电话、对讲机等通信手段及时了解掌握各点的施工情况。

3.3.3 机械设备、材料方面

1)充分利用公司已进场设备，不足资源由公司统一购买并从其他外营点选择性能完好的专用施工机械投入该工程施工，保证关键路线项目施工。

2)对关键线路上的施工，在不影响环境的基础上，实行三班生产、换人不换机，机械设备出现故障要及时进行抢修，避免因施工机械故障造成不必要的停工和窝工。备好自备电源，以保证施工用电。

3)严把材料质量关，严禁使用不合格的材料，避免因使用不当造成质量事故而延误工期。

4)配足配齐先进的机械设备和检测仪器，提高设备的生产率、利用率和施工机械化作业程度。

3.3.4 计划控制方面

1)在一、二级网络施工进度计划下，制订三级网络施工进度计划和每月工作计划，队和班组制订每周工作计划以至每天的实施计划，把全部工作纳入严密的网络计划控制之下，以确保预期目标的实现。

2)加强对计划的检查、跟踪、督促。建立月会、周会、每天碰头会等制度，检查工程进展和计划执行情况。认真分析可能出现的问题。尽可能地做好各方面的充分评估和准备，避免一切可预测不必要的停工和延误。对于因难以预测的因素导致施工进度延误时，要及时研究，着手安排追赶工期措施。

3)坚持实行施工进度快报制度，坚持每天报一次各分项工程的工程进度，每 5 天报一次各分项工程的实际进度与计划进度的对比情况，并提出两者相差的原因分析，以便项目经理部和业主及时了解各分项工程的进度情况，并采取相应的对策措施。

3.3.5　其他方面

1)该工程由于开工时间延后，施工过程中受村民阻工、甲方材料供应问题及爆破限制等因素影响，导致工期滞后，按照业主要求对控制性工期进行了相应调整，但合同完工时间未变，即实际施工工期压缩。为保证合同工期的实现，从资源组织配置、技术方案等方面采取有效措施，如考虑提前由尾水支洞进入厂房下部进行机窝开挖、增加设备和人员配置、应用新装(设)备、新技术、新工艺，优化施工程序方法等。

2)坚持以生产为中心的原则，统一指挥、统一调度，及时协调各施工部位工作，减少干扰，现场管理机构准确及时地掌握生产及设备等各种情况，加快施工进度。

3)做好工程的施工资源保障工作，对重点项目要进行重点保障，确保各重点项目的资源配置。

4)充分利用专业技术、专业化施工队伍和专用设备，确保重点关键项目按进度顺利施工。

5)充分利用网络、微机管理等新技术，对各生产过程进行控制、管理，提高人员、机械的生产率。

6)紧抓关键项目，兼顾其他项目，尽量缩短主导工序和关键线路施工时间。

7)确保安全施工，充分利用作业面，组织立体交叉，平行流水作业，做到均衡生产，文明施工。

8)按项目法组织施工，按照《质量管理体系基础和术语》(GB/T 19001—ISO 9000)等系列标准建立质量保证体系，对生产过程中所有工序进行全过程跟踪控制，确保工程质量满足设计要求。

9)建立明确的经济责任制，严格考核，奖惩兑现，充分调动合作各方和各施工队伍的积极性。对能按时或提前完成施工任务的班组给予表扬和奖励，对无故拖延工期的班组重罚。

10)加强现场维护，处理好各方面的关系，为生产的顺利进行创造条件。

11)积极主动地同气象预报部门保持密切联系，随时掌握水文气象等自然因素的动态信息，对收集的信息经处理后有效利用，合理地组织发挥对施工现场的超前能动指导作用。

3.4 施工进度实施及分析

3.4.1 输水、地下厂房系统及下水库工程

3.4.1.1 关键线路主厂房一线进度分析

(1)主厂房

主厂房原计划于2016年11月15日开始开挖，2018年6月30日开挖完成后全部向混凝土转序，开挖历时592d。

主厂房实施阶段于2017年2月15日开始开挖，2019年3月29日5#、6#机移交机电标段，从正式开工至全部机组开挖完成向机电交面历时773d。

主厂房施工受其他单位施工、岩石强度增加、甲方材料供应、停水停电等非承包人因素，影响工程施工进度合计约245d。主厂房为关键线路项目，无机动时间，实施阶段比理论完成时间提前180d，因此计算赶工时间65d。

(2)主变洞

主变洞原计划于2017年1月13日开始开挖施工，2018年6月30日主变洞开挖及母线洞混凝土全部完成，施工历时533d。

主变洞实施阶段于2017年4月10日开始开挖，2019年11月18日完成，从正式开工至全部完成，施工历时952d。

主变洞施工受其他单位、当地村民阻工、岩石强度增加、甲方材料供应、停水停电、恶劣天气等非承包人因素影响，工程施工进度合计约374.5d。主变洞亦无机动时间，实施阶段提前理论完成时间429d，因此计算实施阶段时间滞后54.5d。但项目部采取分段分次方式向EM3标交面，第一次向EM3标交面时间为2019年4月30日，第二次向EM3标交面时间为2019年5月25日，最终向EM3标交面时间为2019年11月28日，未影响EM3标后续施工。

(3)尾闸洞

尾闸洞原计划于2017年6月25日开始开挖施工，2018年6月30日完成开挖支护，施工历时371d。

尾闸洞实施阶段于2018年9月20日开始开挖，2020年12月31日完成开挖支护，从正式开工至全部完成，施工历时833d。

尾闸洞施工受其他单位及当地村民阻工、岩石强度增加、甲供材料供应、停水停电、恶劣天气、新冠肺炎疫情等非承包人因素影响，工程施工进度总计约156d。尾闸非投标

阶段机动时间205d,实施阶段滞后理论完成时间207d,因此计算赶工时间158d。

3.4.1.2 引水系统进度分析

(1)1#引水系统

投标阶段1#引水隧洞于2017年1月29日开工,2020年4月30日施工支洞封堵完成,投标阶段施工总历时1187d,2020年6月30日具备充水试验条件,机动时间61d;实施阶段1#引水隧洞于2017年9月27日开工,2020年12月31日具备充水试验条件历时1191d。

1#引水中平洞及1#引水下斜井受非承包人因素影响工期约216d,投标阶段机动时间61d,实施阶段滞后理论完成时间57d,计算赶工时间212d。

(2)2#引水系统

投标阶段2#引水隧洞于2017年3月25日开工,2020年8月30日施工支洞封堵完成,投标阶段施工总历时1255d,2020年10月31日具备充水试验条件,机动时间61d;实施阶段2#引水隧洞于2017年8月25日开工,2021年4月2日具备充水试验条件历时1344d。

2#引水中平洞及2#引水下斜井受非承包人因素影响工期约211d,投标阶段机动时间为61d,实施阶段滞后理论完成时间28d,计算赶工时间122d。

(3)3#引水系统

投标阶段3#引水隧洞于2017年5月19日开工,2021年2月28日施工支洞封堵完成,投标阶段施工总历时1381d,2021年4月30日具备充水试验条件,机动时间61d;实施阶段3#引水隧洞于2017年8月8日开工,2021年8月31日具备充水试验条件历时1467d。

3#引水中平洞及3#引水下斜井受非承包人因素影响工期约195d,投标阶段机动时间为61d,实施阶段滞后理论完成时间42d,计算赶工时间92d。

3.4.1.3 下水库大坝进度分析

1)投标阶段下水库大坝于2017年2月28日启动截流,2019年10月31日全部完成,投标阶段施工历时975d。2019年11月30日蓄水验收完成具备蓄水条件,机动时间30d。实施阶段下水库大坝于2017年12月19日启动截流,2020年7月31日蓄水验收完成具备蓄水条件,历时952d。

2)下水库大坝施工受征地拆迁延迟、其他单位及当地村民阻工、甲方材料供应、停水停电、赤坞渣场容量不足、恶劣天气、新冠肺炎疫情等非承包人因素影响,工程施工进度影响约199d。投标阶段机动时间30d,实施阶段滞后理论完成时间20d,因此计算赶工

时间 189d。

3.4.1.4 进/出水口进度分析

1)投标阶段进/出水口于 2017 年 4 月 1 日启动开挖支护,2019 年 11 月 7 日混凝土及金结设备安装完成,历时 950d。2019 年 11 月 30 日下水库进/出水口完成,具备下闸挡水条件,机动时间 23d。

2)实施阶段进/出水口 2017 年 11 月 15 日启动开挖支护,2020 年 7 月 31 日具备下闸挡水条件,历时 989d。

3)进/出水口施工受征地拆迁延迟、其他单位及当地村民阻工、甲方材料供应、停水停电、赤坞渣场容量不足、恶劣天气、新冠肺炎疫情等非承包人因素影响,工程施工进度影响约 287d。投标阶段机动时间 23d,实施阶段滞后理论完成时间 39d,因此计算赶工时间 225d。

3.4.1.5 溢洪道进度分析

1)投标阶段溢洪道于 2017 年 1 月 14 日开工,2018 年 5 月 24 日混凝土浇筑完成,投标阶段施工历时 495d。2019 年 11 月 30 日蓄水验收完成具备蓄水条件,机动时间 555d。

2)实施阶段溢洪道于 2018 年 7 月 13 日开工,2020 年 7 月 31 日混凝土浇筑完成,历时 749d。

3)溢洪道施工受征地拆迁延迟、其他单位及当地村民阻工、甲方材料供应、停水停电、赤坞渣场容量不足、恶劣天气等非承包人因素影响,工程施工进度影响约 855.5d。投标阶段机动时间 555d,实施阶段滞后理论完成时间 254d,因此计算赶工时间 46.5d。

3.4.1.6 小结

该工程施工过程中受到开工延误、工作面移交滞后、征地拆迁、岩石强度增加、其他单位及村民阻工、材料供应不足、停水停电、银坑断路、渣场容量不足、恶劣天气、系统供电提供滞后、母线洞开挖降效、500kV 出线洞斜井开挖方式调整、溢洪道开挖方式变化、新型冠状病毒肺炎疫情等非承包商责任事件的影响,各部位实际进度不同程度滞后,几乎全部变为关键线路。项目部采取加强组织管理、调整技术方案、增加资源等措施后,除主变洞外,其他部位均实现了赶工,基本满足了工程调整控制性节点工期要求,且主变洞采取分段多次交面方式亦未影响机电标段施工的目的。

值得指出的是,虽然工程最终按期实现首台机组发电目标,但各主要部位几乎全部转变为关键线路,大幅增加了项目部管理压力和成本,实际实施过程困难重重,非常艰难。其主要原因不仅包括上述非承包商因素,还包括由此而产生的自身原因,使得管理难度增大、交叉干扰增多、工效降低,同时也导致经济问题复杂繁冗,后期处理难度很大。

因此，在类似工程项目实施过程中，宜加强新技术、新装备、新工艺的应用，加强预案制定和目标控制，尽量加快进度，同时做好过程资料管控，以达到控制进度与效益统筹的目的。

该工程输水、地下厂房系统及下水库工程（C2 标）实际进度与合同控制性进度对比情况见表 3-2。主要部位工期分析汇总见表 3-3。

表 3-2 C2 标实际进度与合同控制性进度对比情况

部位	序号	任务名称	合同控制时间节点/（年-月-日）	调整后节点/（年-月-日）	实际完成节点/（年-月-日）
其他项目	1	承包人进场	2016-11-15	2016-11-15	2017-2-15
	2	下水库砂石料及混凝土生产系统投入生产运行	2017-4-30	2017-11-30	2017-12-19
输水系统	3	1# 引水中平洞上游端首节钢衬完成时间	2018-1-31	2019-3-25	2019-10-14
	4	2# 引水中平洞上游端首节钢衬完成时间	2018-5-31	2019-5-25	2019-11-25
	5	3# 引水中平洞上游端首节钢衬完成时间	2019-5-31	2020-2-8	2020-8-21
	6	1# 尾水系统具备充水试验条件	2019-11-12	2020-9-30	2020-11-3
	7	1# 引水隧洞下半段具备充水试验条件	2020-4-30	2020-11-30	2021-2-15
	8	2# 引水隧洞下半段具备充水试验条件	2020-8-31	2021-3-30	2021-8-22
	9	3# 引水隧洞下半段具备充水试验条件	2021-2-28	2021-7-30	2021-12-14
	10	下水库进/出水口完成，具备下闸挡水条件	2019-11-30	2020-6-30	2020-8-19
	11	尾水系统工程全部完工	2020-12-31	2021-7-17	2021-12-12
地下厂房	12	地下厂房安装场底板浇筑完成，移交给机电安装标	2018-3-31	2018-9-28	2018-11-16
	13	1# 机组、2# 机组基坑开挖完成，移交给机电安装标	2018-4-30	2018-11-30	2019-1-23
	14	地下厂房、主变洞开挖完成，移交给机电安装标	2018-6-30	2019-1-30	2019-11-18
	15	地下厂房自流排水洞施工完成	2018-6-30	2020-10-30	2021-6-30
大坝	16	截流验收	2017-2-28	2017-12-19	2017-12-19
	17	大坝填筑至高程 202.5m	2018-4-15	2019-2-07	2019-9-30
	18	大坝填筑完成	2018-9-30	2019-7-19	2020-3-18
	19	蓄水验收完成，具备蓄水条件	2019-11-30	2020-6-30	2020-9-11
	20	下水库蓄水至高程 220.0m	2020-5-31	2020-12-06	2021-5-18
其他项目	21	本合同工程完工	2022-4-30	2022-4-30	2022-6-15

表 3-3　　C2 标主要部位工期分析汇总　　(单位:d)

项目		实施阶段历时	投标阶段历时	机动时间	滞后理论完成天数	非承包人影响工期	判定	结论
主厂房及尾水系统	主厂房	773	952	0	180	245	关键线路	缩短工期 65
	主变室	952	533	0	429	374.5	关键线路	承包人原因造成滞后 54.5
	尾闸室	833	1040	205	−207	156	非关键线路	缩短工期 158
	1# 尾水管	897	1002	170	−105	127	非关键线路	缩短工期 62
	2# 尾水管	1133	1115	84	18	127	关键线路	缩短工期 25
	3# 尾水管	1194	1306	60	−112	127	关键线路	缩短工期 179
下水库	下水库大坝	955	975	30	−20	199	关键线路	缩短工期 189
	溢洪道	749	495	555	254	855.5	关键线路	缩短工期 46.5
	进/出水口	989	950	23	39	287	关键线路	缩短工期 225
	开关站及500kV 出线洞	862	689	350	173	597	关键线路	缩短工期 74
引水隧洞	1# 引水下半段	1191	1187	61	−57	216	关键线路	缩短工期 212
	2# 引水下半段	1344	1255	61	28	211	关键线路	缩短工期 122
	3# 引水下半段	1467	1381	61	42	195	关键线路	缩短工期 92

3.4.2　勘探道路工程

根据招标文件要求，长龙山抽水蓄能电站勘探道路工程施工开始于 2015 年 10 月 28 日，完工时间为 2022 年 4 月 25 日。

该工程施工过程中受到开工延误、村民阻工、互联网大会、G20 峰会及世界地理大会、爆破受限、施工现场停电及设计调整、石佛寺景区、爆破转凿石降效等非承包商责任事件的影响，使得该工程的理论工期增加，考虑各因素影响后的理论关键线路相比于合同关键线路发生了较大的变化，总共涉及 6 个部位（银坑施工便道、3# ～4# 隧道间机械便道施工、4# 隧道、5# 隧道、5# ～6# 隧道间桥梁、6# 隧道）。受各种因素影响后，关键线路上各工序的总工期相比之前延误了 2198d，即工程总工期延误了 2198d。

虽然受到上述诸多复杂因素的影响，但是经与业主、监理充分沟通后，项目部积极采取了增加资源、优化工艺等一系列施工保证措施，实现了“具备通车条件”的控制性节点目标较理论工期提前 558d。

3.4.3　业主营地场平工程

根据招标文件要求，长龙山抽水蓄能电站业主营地场平工程施工于 2017 年 3 月 1

日，完工时间为 2017 年 11 月 18 日，总工期 263d。

该工程施工过程中受到开工延迟、设计变更导致工程量变化、爆破受限、水泥供应不足、火工材料供应受限、村民阻工、恶劣天气、进厂交通洞洞口回头弯回填施工影响等各种非承包商责任事件的影响，导致该工程的理论工期延长，理论工期比调整后的合同工期延长了 683d。

虽然受到上述诸多复杂因素的影响，但是经监理和业主帮助及技术指导后，施工单位积极采取了一系列施工保证措施，通过系统的工期分析：以土石方明挖及支护完成节点来看，实际节点为 2018 年 10 月 15 日，相对理论节点 2019 年 5 月 6 日提前了 203d。

3.4.4　进厂交通洞及通风兼安全洞工程

根据业主招标文件要求，长龙山抽水蓄能电站的进厂交通洞及通风兼安全洞工程开始于 2015 年 12 月 31 日，2016 年 9 月 22 日贯通，历时 266d；2016 年 3 月 2 日进厂交通洞启动清表，2017 年 9 月 22 日开挖完成，历时 569d。

该工程区属于亚热带季风气候区，由台风引起的暴雨发生机会较多，强度大，会带来临时道路塌方、洞口塌方、洞内积水等问题；施工进场时需要利用地方公路和林道，但该地处于风景区，客流量大、道路狭窄，出现道路使用干扰较大、道路协调难度大等问题，直接影响到外购材料的及时供应；且由于道路使用的紧张，夜间运输成为常态，容易造成扰民，易产生纠纷；再者，业主对临时用地征地不足和减少征地范围，造成林道使用、便道修建、施工营地及渣场等场地修建时因征地范围而增加协调工作量，并增加不可预测的工程成本。该工程施工过程中受到"开工延误""赤坞渣场未提供导致运距增加""村民阻工""春节期间，停供火工品""互联网大会、G20 峰会""恶劣天气，道路中断影响""爆破受限影响""节假日交通管制"等各种非承包商责任事件的影响，使得该工程的理论工期增加约 382.5d。

虽然受到上述诸多复杂因素的影响，但是经与业主、监理积极沟通研讨，项目部通过更换劳务作业队伍、增加和资源施工强度等措施，实际工期较影响后的工期实现了提前。工期分析如下：进厂交通洞受非承包人因素影响工期 420.5d，无机动时间，实施阶段滞后理论完成时间 234d，计算实施阶段工期提前了 148.5d；通风兼安全洞受非承包人因素影响工期 76d，投标阶段机动时间 0d，实施阶段滞后理论完成时间 39d，计算实施阶段工期提前了 115d。

3.5　结语

该工程位于天荒坪风景名胜区核心景区——江南天池，场内公路和上下水库公路尚未建设，不具备封闭管理条件，各工作面施工便道均共用景区道路，从当地村庄中穿

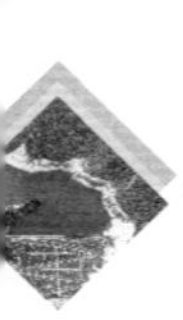

过的道路多为单车道，地方道路限制多，客流量大，出现道路使用干扰较大、道路协调难度大等问题，直接影响到外购材料的及时供应，且由于道路使用的紧张，夜间运输成为常态，容易造成扰民，易产生纠纷；同时工程地处杭州湾附近，属于台风影响地域，由台风引起的暴雨发生机会较多，强度大，会带来临时道路塌方、洞口塌方、洞内积水等问题；施工区冬季大雪天气持续时间长，对运输作业影响较大；各种影响因素导致理论工期增加。

在业主、监理等参建单位的支持下，项目部全力采取相应的赶工措施，工程各部位较理论工期均提前完成，按期实现了 2021 年 6 月 30 日首台机组发电目标，即主体工程施工期 52.5 个月，与国内类似工程相比属于先进水平，对类似的工程有借鉴意义，但应充分考虑征地拆迁、阻工、材料供应等对进度的影响。

根据长龙山抽水蓄能电站工程进度控制情况，总结以下几点经验供参考：

1)把握关键线路项目，研究优化关键线路项目施工方案。长龙山抽水蓄能电站工程建设关键线路通常为主厂房，因此，总进度分析及控制均应围绕主厂房施工进度进行，研究优化主厂房土建及金结施工方案是控制主厂房施工进度的最直接手段。

2)控制与主厂房相邻部位进度是保证厂房进度的基础之一。与主厂房相邻部位的进度往往会影响或制约主厂房施工进度，如主变洞、母线洞、引水支洞、尾水支洞等，须厘清总体施工程序及其与主厂房施工进度的关系，并控制各相邻部位的进度，从而为主厂房进度控制打下基础。

3)严格控制次关键线路施工进度。长龙山抽水蓄能电站往往布置长斜井或深竖井，其施工难度较大，在充分利用新型科技手段的基础上，做好现场管控，确保其进度受控，避免转变为关键线路。

4)做好生产辅助系统的规划与运行。生产辅助系统好比打仗时的粮食弹药供应系统，需千方百计保证其正常运行，备足备品备件，做好日常维护，同时有相应应急措施，从而保证为前方生产提供可靠保障。

5)充分发挥科技创新动力，通过应用或研发新技术、新装备、新材料和新工艺等科技手段，从而提高工效、提升质量安全水平等综合效益。

第 4 章　关键部位施工技术

4.1　下水库截流与围堰施工

下水库大坝采用全年围堰、隧道导流方式施工，在大坝填筑区上游布置施工围堰，由布置在右岸山体内的导流洞过流，为创造围堰干地施工条件，该工程在围堰上游、导流洞进口下游河段实施截流，形成临时子堰。

4.1.1　主要施工程序

施工导流→截流施工→围堰施工。

4.1.2　施工导流

下水库大坝施工期导流采用布置在大坝右侧的导流洞进行导流，导流洞在大坝施工前投入运行。

4.1.3　截流及围堰设计

4.1.3.1　截流时段及流量标准

依据设计文件《下水库截流前验收设计报告》，按照工程整体进度等要求，截流时间初步选定在 2017 年 10 月。根据《水电工程施工组织设计规范》(DL/T 5397—2007)的规定，截流流量采用截流时段 5～10 年洪水重现期的月或旬平均流量。下水库河道 10 月，5 年一遇及 10 年一遇的月平均流量分别为 1.35m^3/s 和 2.17m^3/s，鉴于该流量均较小，截流设计流量取 10 月 10 年一遇的月平均流量 2.17m^3/s，相应上游水位约 177.30m。

4.1.3.2　截流设计

为创造围堰干地施工条件，该工程在围堰上游、导流洞进口下游河段实施截流，形成临时子堰。临时子堰主要采用石渣料或土石混合料填筑，上游坡面及底部设黏土铺

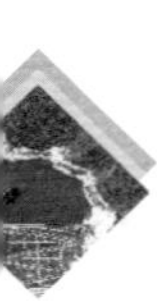

盖防渗，黏土填筑区河床及两侧开挖防渗齿槽；子堰顶部宽 5.0m，迎水面坡比 1∶2.0，背水面坡比 1∶1.5；根据截流标准及导流洞进口底板高程，子堰顶部高程 178.3m。堰顶轴线长约 56m，堰底最大宽度约 32m，最大堰高约 8.0m，堰体填筑总方量约 0.59 万 m^3。

4.1.3.3 围堰设计

(1)导流标准

下水库施工的主要建筑物有钢筋混凝土面板堆石坝、溢洪道、下水库进/出水口及导流泄放洞等，均属一级建筑物。根据《水电工程施工组织设计规范》(DL/T 5397—2007)的规定，下水库导流建筑物为 4 级。根据坝址地形、地质条件、水文特性及面板堆石坝的施工特点，该工程采用一次断流围堰、隧洞导流方式。

根据招标文件及《下水库截流前验收设计报告》规定的导流标准，大坝围堰设计洪水标准为全年 10 年一遇洪水，流量 271.0m^3/s。

大坝填筑超过上游围堰高程后，以坝体挡水进行度汛，大坝度汛洪水标准为全年 50 年一遇洪水，流量 523.0m^3/s，度汛前上游坝坡须加以防护。

目前，下水库区各建筑物正在施工中，经初步估算导流泄放洞过流时，当遭遇全年 10 年一遇洪水，相应堰前水位约 184.0m。

(2)围堰设计

1)围堰布置。

围堰布置位置采用招投标文件规划位置，围堰轴线中点直线距离导流洞进口轴线约 260m。该位置河道宽度相对较窄，工程量小，且将左岸冲沟置于围堰上游侧，利于后期基坑内排水。

2)围堰形式。

根据相关规程规范，考虑结构简单、施工方便，满足稳定、防渗要求，同时考虑工期紧张及现场材料情况，围堰形式采用投标规划方案，即土石围堰。

3)围堰断面及防渗设计。

根据以上导流标准，按照围堰前水位高程 184.0m，考虑安全超高 0.8m，堰顶高程确定为 184.8m；在制定防汛方案时，经与业主、设计及监理充分研究后确定，将围堰加高至 190.0m，相应具备 20 年一遇洪水挡水能力。为满足后期大坝填筑施工道路布置需要，堰顶宽度设计为 8.0m，满足双车道通行需要；根据投标文件及相关规范，确定围堰迎水面坡比为 1∶2.0，背水面坡比为 1∶1.5。堰顶轴线长约 75m，最大堰高约 22m，堰体填筑总方量约 5 万 m^3。后期在施工过程中因弃渣量增加，各部位高峰叠加，场地不足，故将加高围堰与子堰之间死水位以下作为弃渣场，同时利用围堰顶部场地布置下水库大坝施工临时设施。

上游采用土工膜斜墙防渗，土工膜与石渣间设砂砾石反滤层；迎水面采用石渣料防护，下部设黏土铺盖。土工膜采用 500g/m^2 的两布一膜复合土工膜，土工膜要求渗透系数 k 小于 1×10^{-11}cm/s，复合土工膜性能见表 4-1。

表 4-1　　复合土工膜性能

序号	项目	单位	数量	备注
1	单位面积质量	g/m^2	>500	
2	断裂强度	kN/m	>12	纵横向
3	断裂伸长率	%	>40	纵横向
4	顶破强度(CBR)	kN	>2.2	
5	撕破强度	kN	>0.25	纵横向
6	厚度	mm	>0.30	膜材
7	渗透系数	cm/s	$<1\times10^{-11}$	
8	耐静水压	MPa	>0.6	
9	剥离强度	N/cm	>5	纵横向

堰基开挖齿槽浇筑混凝土(C30)基座(刺墙)设置接头与土工膜焊接防渗，齿槽开挖深度宜深入弱风化岩石 1.0m(具体深度根据现场揭露岩石情况确定，若岩石条件较好可减小开挖深度)，宽 1.0m。

4)围堰填筑料设计。

围堰填筑料包括石渣混合料、砂砾石过渡料，土工膜下游反滤层与围堰轴线之间岩体可采用土石混合料填筑，轴线以下主要采用石渣料填筑，填筑集料压实度不小于 96%，各种材料主要技术指标如下：

①石渣混合料(石渣料)。

石渣混合料(石渣料)为围堰主要填筑材料，石渣混合料为全、强、弱、微新岩石开挖料(洞挖或明挖)，大于 5mm 颗粒含量为 50%～70%，含泥量为 5%～10%(按质量计)；其中靠近土工膜防渗体附近最大粒径宜小于 20cm，其他部位粒径不大于 70cm。

石渣料宜主要用于围堰下部填筑，颗粒剂配要求为 5mm 以上颗粒含量不小于 80%(粒径 50～700mm 的含量在 70%左右，10～20mm 的含量在 10%～20%，小于 10mm 的含量不超过 10%)，含泥量小于 5%(按质量计)，最大粒径不超过 70cm。压实干密度 20.0～20.5kN/m^3。

②砂砾石料。

砂砾石料为粒径小于 15cm 的人工砂砾石料，含泥量小于 10%，含砂率 40%～50%；靠近土工膜 0.5m 范围填筑料最大粒径宜小于 20mm。采用银坑营地表土堆场黏土与碎石料混合，也可利用赤坞砂石系统生产调配。压实干密度不小于 19.5kN/m^3。

5)围堰变形监测。

围堰填筑完毕后立即建立监测控制点，控制点每 20～30m 设置 1 处，两岸堰肩单独设置沉降观测点。

4.1.4 截流施工

4.1.4.1 施工布置

(1)道路布置

截流施工利用现有原 S13 及 3# 钢栈桥作为主要施工通道，3# 钢栈桥左岸斜坡道向上游填筑形成通道至子堰左端头。

(2)供电及照明布置

截流施工用电主要为照明用电，由附近 10kV 供电线路接引，安装配电箱和空气开关，在子堰左端头下游侧原 S13 路边设置电线杆，并安装 2 盏 500W 照明灯满足截流施工夜间照明需要。

4.1.4.2 截流方式及龙口布置

截流实施时段为枯水期，水流量小，河床较平缓，水流速较小，结合现场地形及通道布置，采用立堵单戗单向进占方式进行截流。考虑右岸场地较宽敞，截流位置下游侧布置钢栈桥，上游侧可通过河床布置道路与左岸连通，因此采取以右岸向左岸进占为主的方式进行截流施工。即龙口布置在左岸，截流运输车辆经 3# 钢栈桥到达右岸现有道路，抛填渣料向左岸进占，合龙时直接由原 S13 抛填石渣料，右岸同时抛填实施龙口合龙。

4.1.4.3 截流水情预报

截流前搜集近 3 天子堰截流处河道水流流速及流量情况，观察预期截流时段天气。提前会同业主监理告知子堰上游天一水库做好库容预留准备，尽量避开子堰填筑期间放水。子堰截流前在岸边设立水位标尺，随时观察水位变化情况。在子堰上游设立流量监测点，每小时报告流量变化。

4.1.4.4 戗堤顶高程确定

导流泄放洞进口过水挡渣坎高程 176.5m，水位需高于 176.5m 后才能进入导流洞。10 月平均流量 0.833m^3/s，当泄流量为 5m^3/s 时导流洞上游水位为 177.826m。

戗堤顶高程为 178.3m 与子堰堰顶同高，可抵御上游流量 10m^3/s 来水，除去正常平均流量后，上游来水量在 3.3 万 m^3/h 以内戗堤不会造成漫水。

4.1.4.5 子堰非龙口段施工

非龙口段左岸进占，填筑料采用 20t 自卸汽车运输，端进法抛填，使大部分抛投料直接抛入河中。配备 1 台推土机配合施工，部分采用堤头集料，推土机赶料抛投。在进占的同时，戗堤顶部采用级配较好的石渣料铺筑并平整压实，确保龙口合龙过程车辆畅通无阻。

4.1.4.6　子堰龙口段施工

龙口段采用戗堤单向进占截流，堤头配备 1 台推土机和 2 个卸料点，堤头布置抛投区、回转区，确保截流施工顺畅有序。石渣以汽车直接抛投为主，部分块石采用堤头集料，推土机赶料抛投。

龙口即将合龙时进行上游侧黏土铺盖填筑，并利用反铲进行捣实，保证子堰不出现明显漏水。

4.1.4.7　截流水污染预防措施

开挖施工前在围堰下游及下水库大坝开挖范围以外下游侧修筑两道钢筋石笼反滤坎。钢筋石笼高 1m，内填筑最小粒径不小于 15cm 石渣料，保证较大孔隙率滤水。钢筋石笼内侧设置反滤土工布，定期清理和更换反滤土工布。

4.1.4.8　截流资源配置

截流所需主要设备资源配置见表 4-2。

表 4-2　　截流所需主要设备资源配置

序号	名称	型号	单位	数量	备注
1	液压反铲	1.2～1.6m^3	台	3	
2	自卸汽车	20t	台	8	截流及子堰填筑
3	推土机	162kW	台	1	小松
4	光轮振动碾	26t	台	1	徐工
5	蛙式夯机		台	2	
6	高压水泵	3D2-S	台	2	
7	柴油发电机组	100GFZ/380V	套	1	
8	洒水车	8m^3	台	1	

截流所需主要人员资源配置见表 4-3。

表 4-3　　截流所需主要人员资源配置　　（单位：人）

序号	工种	数量	序号	工种	数量
1	反铲司机	6	6	电工	1
2	自卸汽车司机	16	7	测量人员	3
3	推土机司机	4	8	试验检测	2
4	振动碾司机	4	9	管理人员	15
5	辅助工	20	合计		71

4.1.5 围堰填筑施工

4.1.5.1 围堰施工条件分析

1)按照截流施工安排,围堰填筑施工时段为2017年10月下旬至2018年1月,为枯水期,自然条件较好。

2)围堰布置位置河床存在大量孤石,部分块度巨大,处理难度较大,需采用机械设备清理,必要时可能采取爆破方式破碎(如需做景观石的,应按照业主要求处理);围堰左右岸堰肩部位山体陡峭,需修建施工便道至施工部位。

3)按照投标规划围堰填筑料由就近渣场回采,由于赤坞渣场砂拌系统布置调整,目前尚未按规划形成布置场地,因此围堰填筑料原则上不宜由赤坞渣场取料。

4.1.5.2 施工布置

(1)施工道路布置

围堰施工主要通道为左岸原S13,向下游可经S13改线路至赤坞渣场和S205,向上游可至通风兼安全洞、S13改线路。

场内施工道路由原S13根据现场施工需要进行布置。下游自原S13修筑R4施工道路至围堰底部,满足围堰基础处理及后期填筑施工需要;围堰上游由子堰端头沿右岸布置道路至围堰上游侧底部,满足围堰防渗基座及土工膜上游侧施工需要。

为满足进/出水口高程236.0m以下开挖取料,需尽早形成R5道路及R1-1道路,该道路利用现有右岸施工便道进行施工。

(2)风、水、电布置

1)施工供风。

围堰基础开挖施工用风采用40m^{3}移动式空压机接Φ50mm软管供开挖面钻孔施工。进/出水口、开关站开挖在开关站附近平缓地带布置空压站(2台40m^3/min)满足石方开挖钻爆用风。

2)施工供水。

施工用水主要为围堰填筑洒水,利用左岸冲沟流水或使用潜水泵从山河港直接取水供施工面使用。

3)施工供电及照明。

围堰填筑施工用电主要为施工期供电在围堰左端上游侧高程195.0m左右开挖平台,布置1台400kVA变压器供围堰填筑期间用电。

进/出水口及开关站开挖在R5道路内侧开挖平台布置800kVA变压器(15$^\#$变压站),并满足后续施工用电。

4)临时设施。

现场作业人员在已搬迁的加油站旁房屋作为临时值班房,根据需要在围堰下游侧设置集装箱值班室。过堰道路与围堰交接处设置五牌一图和临时移动厕所。

5)施工期排水。

基坑排水时段主要为围堰未完全达到挡水高程,排水内容主要包括冲沟流水、河床渗水、雨水和施工废水等。

少量雨水和施工弃水及渗水采用埋设钢管自流形式,围堰上游侧增设汇水槽,汇水槽内埋设2根Φ300mm钢管(长约200m)。依次穿过混凝土基座后到达围堰下游侧超过填筑坡脚约10m,10m段内设置灌浆孔和排气孔,且灌浆前后封堵段设置两处阀门,钢管埋设坡比不小于2%供上游渗水自流。

6)料源规划。

围堰填筑料主要考虑进/出水口高程236.0m以下明挖料约4万m^3、开关站、下路施工道路开挖渣料、料场、库盆局部开挖无用料。

4.1.5.3 防渗基座及岸坡刺墙槽挖

根据围岩条件现场确定槽挖深度,若槽挖深度较浅或者围岩较为完整,可利用反铲进行简单清理或者使用液压破碎锤直接开挖;若槽挖深度较深,可利用光面爆破一次爆破成型。

4.1.5.4 填筑碾压试验

在赤坞渣场上部高程260.0m平台进行下水库大坝填筑碾压试验,围堰填筑相关参数参照下水库大坝填筑碾压试验成果,同时在填筑过程中根据检测结果进行优化调整。

4.1.5.5 填筑施工工艺

(1)填筑碾压工艺

围堰填筑碾压工艺流程见图4-1。

(2)基础准备

1)填筑前完成土石方填筑部位的基础清理工作。

2)堰基内的软弱夹层及其他缺陷按要求进行处理,并修整岸坡。堰体填筑部位全部经过基础处理并验收合格后,开始堰体填筑。

(3)铺料

各种填料的铺筑厚度须根据现场生产性试验结果确定;已运至堰面的超径石采用机械方法分解;在堰体填筑期间,受污染的材料或含泥量超标的料物全部予以清除。

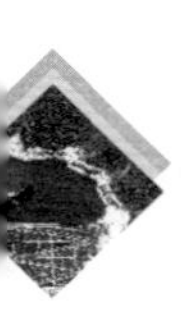

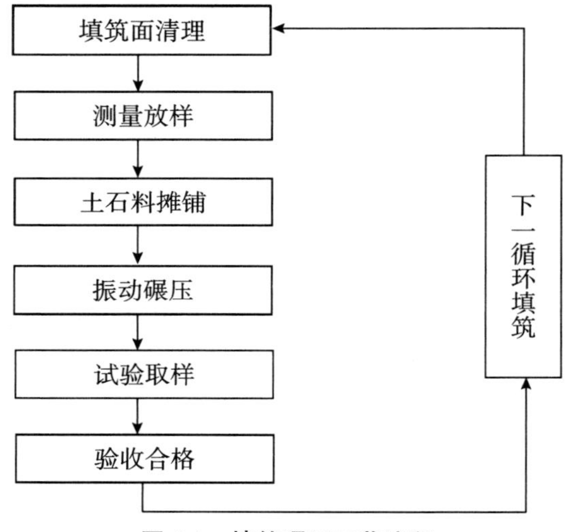

图 4-1　填筑碾压工艺流程

(4)洒水、碾压

堰体土石方填筑洒水须满足各铺筑层需水量的要求；洒水均匀，洒水量要求充足；碾压设备满足压实度、平整度及其他技术要求；与土工膜心墙相邻的过渡料的碾压设备和方法不得破坏土工膜；堰体周边料的碾压采用小型振动碾，振动碾的性能参数：质量不低于 9.5kN，激振力不低于 13kN。

(5)石渣料填筑

石渣的卸料高度不能大，以防分离，铺料时严禁将较粗颗粒集中于一处，做到粗细搭配，靠近岸边地带铺填细料，以防架空现象。

分段碾压时，相邻两段交接带碾迹彼此搭接，顺碾压方向，搭接长度不小于 0.5m，垂直碾压方向的搭接宽度为 1.0～1.5m。

振动碾行驶方向平行于围堰轴线，靠岸边碾压不到的地方，顺坡向行驶，适当增加碾压遍数。

岸边地形突变而振动碾碾压不到的局部地带，采用薄层铺筑石渣和小型振动碾碾压。

堰体石渣采取大面积铺筑，以减少接缝。当分块填筑时，对块间接坡处的虚坡带采取台阶式接坡方式，或将接坡处未压实的虚坡石料挖除的措施。

(6)砂砾石垫层料填筑

复合土工膜两侧过渡料填筑平起上升，两侧填料高差小于 1m。在运输和铺筑过程中，防止杂物或不同规格的料物混入。严格控制铺筑过渡料的厚度，保证层次清楚，互不混杂，上游面填筑采用小型压实机械或人工进行夯实即可。

4.1.5.6 填筑施工方法

(1)填筑流程

优先对上游围堰基础防渗混凝土施工,完成后进行高程 163.0m 以上堰体加高填筑,堰体填筑和护坡施工。围堰分层填筑工艺流程为:基础平整碾压→验收合格→分层铺料→洒水→碾压→取样验收合格→上层铺料。

1)围堰填筑石渣料和石渣混合料利用就近料源填筑,主要取自进/出水口高程 236.0m 以下开挖、地下洞室开挖料及下水库道路开挖料,采用 1.2m^3 反铲配 20t 自卸汽车装运,155AX 推土机摊铺,26t 振动碾压实。

2)填筑前测量放线定出围堰位置及土方回填部位坡脚线。

3)基础清理采用反铲配汽车,就近运往渣场堆放。

4)围堰填筑采用分层施工,填筑时由高程较低部位向高程较高部位平行上升,采用后退法或进占法施工,超宽 20～30cm 填筑便于削坡,碾压后压实度满足设计要求(土石填筑孔隙率不大于 25%)。

5)每填筑 2.0m 高度后立即进行坡面的修整。坡面修整采用反铲辅以人工进行,保证坡面平顺。

6)下游石渣填筑与开挖防渗基槽和岸坡防渗基槽同时进行施工,首先完成复合土工膜混凝土基座浇筑并埋设复合土工膜,埋设时剥离迎水面复合土工膜外层保护膜。防渗基槽黏土回填,石渣堰体上游面复合土工膜下部砂砾垫层料铺填,复合土工膜铺设,黏土铺盖施工。复合土工膜上游面砂砾垫层料保护层铺填,砂砾石垫层料保护层厚 8～15cm。围堰上游石渣回填,围堰下游坡面修整并采用石渣护坡。最后施工堰顶路面。

(2)填筑施工方法

石渣料采用分层摊铺碾压,暂定层厚 90～120cm。在施工过程中,为保持填料铺筑、填筑与碾压等工序施工的连续性,沿轴线方向分段按流水法施工。

各层填筑时首先进行测量放样,明确标出各种填料的填筑边线,采用进占法进料,20t 自卸汽车运输,推土机按要求的铺料厚度摊铺。铺筑完毕后,根据填料的天然含水量情况,适量洒水,采用 26t 振动碾按进退错距法碾压,振动碾平行轴线方向碾压,行进速度 3～4km/h,碾压轨迹搭接宽度不小于 50cm,碾压遍数根据试验确定,每填筑段按要求取样合格后方可填筑上升,对于堰体与岸坡结合部位,无法使用大型设备进行碾压时,采用中小型碾压设备碾压。填筑上升 3～4 层后及时用 1.2m^3 反铲配合人工进行坡面清理,为护坡施工提供施工部位。

复合土工膜两侧垫层料填筑平起上升,两侧填料高差小于 1m。并保证过渡料的有

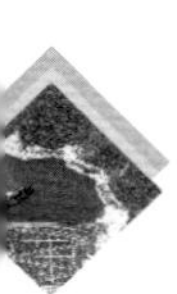

效宽度满足设计要求。

垫层料与相邻层次之间的填料界线分明。分段铺筑时，做好接缝处各层之间的连接，防止产生层间错动或折断现象，在斜面上的横向接缝设为缓于1∶3的斜坡。垫层料与石渣料连接时，采用锯齿状填筑，并保证垫层料的设计厚度不受侵占。经压实后的垫层料，干容重满足设计指标要求。

垫层料采用20t自卸汽车运输至填筑部位，反铲撒料，人工配合分层摊铺，铺料厚70～100cm，同时进行复合土工膜的铺设，施工时避免损伤复合土工膜。复合土工膜两侧过渡料采用26t振动碾碾压。

垫层料上升受复合土工膜施工制约，与复合土工膜施工的关系是：垫层料上升，确保各自有效宽度。垫层料须待堆石料填筑验收合格后填筑，在复合土工膜左右侧两个填筑条带夹制下进行填筑碾压。

4.1.5.7 防渗土工膜施工

(1)土工膜拼接、铺设、保护施工程序

测量放样确定土工膜施工范围后，对土工膜施工轴线和上下垫层填筑范围进行标识。对围堰防渗轴线上有块石及大孤石的地方先采用反铲挖除，再进行防渗施工。土工膜材料规格：复合土工膜为两布一膜，防渗土工膜采用聚乙烯(PE)膜，厚度不宜小于0.5mm，采用热熔焊法进行拼接，复合土工膜质量不小于500g/m^2。

土工膜材料应避免多次运输、搬运对土工材料造成的损坏，运输材料的汽车设置雨棚防止雨淋及阳光照射，不与其他物品混装运输。工地现场设置存放土工膜的仓库，土工膜使用木板架空堆放，并注意防潮，不得直接堆放在地面上，堆放土工膜的仓库设置防火安全措施。具体施工程序如下：

底部混凝土基座施工→土工膜底部连接→土工膜侧向连接→土工膜铺设上升→土工膜铺设(随着堰体同步上升，其与两侧砂砾石层填筑之间的施工程序是先砂砾石层，压实后整平，覆盖土工膜，再铺上层砂砾石层，反复至堰顶高程)。

(2)土工膜的拼接

土工膜铺设以人工为主，采取斜线形上升，上升坡比为1∶1.5，每层控制层厚100～150cm。土工膜上下游侧垫层料交替分层填筑，先填下游侧，将土工膜铺设在下游侧垫层料上后再填上游侧，最后填下游侧，保持土工膜下游侧先于上游侧填筑，使土工膜按设定的坡度上升。两侧砂砾石垫层填料采用小型振动碾碾压密实，垫层填料内不含尖角碎石或块石。为改善膜体受力条件，适应堰体变形变位，沿铺设轴线每隔30m设置土工膜折叠伸缩节及沿高度方向每隔7m设置折叠伸缩节，混凝土基座上方1m处设置垂直折叠伸缩节，堰肩两侧沉降比较大处设置伸缩节。

铺好的土工膜经检查验收合格后及时覆盖，不能及时覆盖的土工膜使用编织布包裹，防止土工膜受阳光照射而老化，或被人为破坏。当回填的覆盖层层厚大于 50cm 时，才能允许采用轻型碾压实，不得使用重型或振动碾压实。

铺设过程中，作业人员不得穿硬底皮鞋及带钉的鞋。不准直接在复合土工膜上卸放混凝土护坡块体，不准用带尖头的钢筋作为撬动工具，严禁在复合土工膜上敲打石料和一切可能引起材料损坏的施工作业。

在铺设期间，所有的土工合成材料均用沙袋或软性重物压住，直至保护层施工完毕为止，防止大风吹损。当天铺设的土工合成材料须在当天全部拼接完成。

当车辆、设备等跨越土工膜时，采取铺设木板等保护措施。

对施工过程中遭受损坏的土工合成材料，应及时按监理人的指示进行修理，在修理土工合成材料前，将保护层破坏部位不符合要求的料物清除干净，补充填入合格料物，并予以整平。

4.1.5.8 主要资源配置

围堰施工主要机械设备配置见表 4-4。

表 4-4 围堰施工主要机械设备配置

序号	名称	型号	单位	数量	备注
1	液压反铲	日立 ZX300OH	台	2	1.2～1.6m^3
2	液压反铲	日立 ZX450OH	台	1	
3	自卸汽车	20t	台	10	
4	推土机	162kW	台	2	
5	光轮振动碾	XS263J	台	4	
6	蛙式夯机		台	8	
7	高压水泵	3D2-S	台	2	
8	柴油发电机组	100GFZ/380V	套	1	
9	洒水车	8m^3	台	1	
10	装载机	2～3m^3	台	2	

围堰施工主要人员资源配置见表 4-5。

表 4-5 围堰施工主要人员资源配置 （单位：人）

序号	工种	数量	序号	工种	数量
1	反铲司机	6	6	电工	2
2	自卸汽车司机	20	7	测量人员	3
3	推土机司机	4	8	试验检测	2
4	振动碾司机	4	9	管理人员	15
5	辅助工	26	合计		82

4.1.6 围堰施工度汛措施

施工期安全度汛内容主要包括组织机构、度汛方案、物资设备、报警预案和劳动力配置等，涉及施工区和生活区安全防护措施及发生超标洪水时的应急措施等。

4.1.6.1 度汛准备

1）在2018年汛前围堰填筑达到设计挡水高程，为下游大坝施工提供施工条件。

2）围堰上下游坡面在填筑过程中同步完成护面施工。

3）服从业主防汛指挥部安排。

4）落实以项目经理为第一责任人的防洪度汛责任制，明确职责，对防洪工作统一领导与协调。

5）成立机构，使度汛工作具体落实到人。

6）结合水文、气象、地质等情况编制科学、合理的度汛方案，经监理人批准后实施。

7）组织项目部人员进行队伍编排，使指挥、通信、物资、抢险等队伍有序。

8）按施工图纸及监理人的要求完成汛前应达到的工程施工形象面貌要求。

9）备足防洪所需的材料和设备。围堰属于蓄水后死水位以下，需每期汛前利用无用渣料对围堰上游面抛填进行围堰加宽加固，并做好沉降观测。

10）加强与水情预报中心联系，及时收集水情预报，密切关注河流水位和流量变化情况，做好防超标准洪水的思想准备。施工期水情测报采用手机短信和人工传话方式进行报汛通信。

4.1.6.2 度汛措施

1）做好应急预案，加强气象预测、预报工作，加强与防汛部门联系。

2）经常检查防洪材料的储备和防洪设备的到位情况，及时对防洪材料加以补充，并做好设备维护，使其处于良好的状态。

3）加强巡查力度，一旦发现险情，及时报警；超标准洪水采取以撤退为主、抢险为辅的措施。

4）对可能被洪水淹没的设备，做好随时撤退的准备，一旦出现险情，快速撤到地势较高的部位，尽量减少洪水所带来的损失。

4.1.7 截流及围堰填筑超标流量应急预案

为应对截流及围堰施工期间山河超标流量，发挥防洪度汛组织机构及防汛办公室职能，做好截流及围堰填筑期间的水文气象信息收集和发布工作。

4.1.7.1 截流超标流量应急预案

1）综合考虑该工程特点，在枯水期实施截流，且水流量较小，截流持续时间短，截流时间宜尽量选择在非雨天气，且上游天一水库不放水期间。

2)在截流施工期间密切关注天气及天一水库放水情况，随时监测上游水位。

3)一旦收到超标流量信息($Q>2.17m^3/s$)，随即做好撤离准备，将施工现场设备、机具及人员迅速撤离至原 S13 安全区域。

4)同时迅速通知下游区域所有人员进行撤离。

5)超标流量过后及时恢复施工。

4.1.7.2　围堰施工超标流量应急预案

1)提前做好防汛工作，按照“安全第一，常备不懈，以防为主，全力抢险”的原则，落实防汛及超标洪水应急工作，做到责任到位、指挥到位、人员到位、物资到位、措施到位、抢险及时。

2)根据实时流量监控信息对照表 1-4 下水库坝址水位流量对应关系，结合围堰填筑高度，若出现超围堰顶高程流量信息，迅速通知施工现场暂停施工，按照“优先撤离人员，设备来不及撤离的不予撤离”的原则及时组织人员、设备撤离。

3)同时通知下游区域所有人员迅速撤离至安全区域。

4)出现人员被困情况，迅速组织抢险队实施救援；同时通知救护车和消防队进行支援。

4.1.8　下水库围堰拆除和清理

下水库围堰拆除和清理包括下水库进/出水口围堰、导流洞进/出口围堰的拆除与清理。实际施工过程中下水库进/出水口底板高程高于设计规定洪水标准所对应水位，故未设置围堰；导流洞进口围堰因上游与子堰区间回填弃渣，为干地部分拆除，拆除料回填至坝前铺盖之上；导流洞出口围堰采取预留岩埂方式，后期在与溢洪道预挖冲坑段同步开挖时拆除。

4.2　地下洞室开挖支护

长龙山地下洞室包含施工支洞、进厂交通洞、通风兼安全洞、引水隧洞、各排水洞、主副厂房洞、主变洞、母线洞、尾闸洞、500kV 出线洞、PDX1 探洞、厂房排烟竖井、通风兼安全竖井、排风排烟竖井等。

4.2.1　大型洞室开挖支护

大型洞室包含分层开挖的施工支洞、进厂交通洞、通风兼安全洞、主副厂房洞、主变洞、母线洞、尾闸洞等项目。

4.2.1.1 施工布置

(1)施工道路

根据施工洞室分层布置洞内施工通道,一般需要在洞顶和洞底各布置一条施工道路,主厂房开挖需要在中间也布置一条施工道路。

(2)施工风水电及排水布置

根据施工风水电用量配备合适的设备及管路,设备及管路的布置不仅不能影响交通,而且要便于维修。

(3)通风散烟

通风散烟采用布置通风设备及洒水降尘等方式,减少爆破烟尘,提高通风效果。

(4)施工照明

施工照明采用照明效果好的LED投光灯等灯具,照明供电电压可采用220V,但需做好供电线布置。

(5)渣场

根据渣场规划,开挖有用料及无用料分别在相应渣场分区堆放。

4.2.1.2 施工程序

上层施工道路→上层开挖→中层施工道路→中层开挖→下层施工道路→下层开挖。

4.2.1.3 施工方法

(1)开挖分层

洞室开挖支护分层施工,开挖高4~9m。以母线洞为例,母线洞开挖支护施工共分两层施工,母线洞第Ⅰ层开挖高4.26~8.1m,高程135.65~144.95m;母线洞第Ⅱ层开挖高1.83~6.49m(含底板槽挖),高程132.70~140.69m。

(2)开挖施工程序

1)开挖程序及方法。

母线洞第Ⅰ层由主变洞第Ⅲ层提前开挖施工导洞进入主变洞上游边墙,按奇偶号分两序错开爆破作业时间开挖顺序,并在厂房岩壁梁混凝土浇筑前完成开挖。考虑车辆和设备进入母线洞空间狭小,主变底导洞与1#(2#、3#、4#、5#、6#)母线洞相交段采取下卧斜坡道,按底板超挖的方法进行开挖。母线洞与主变洞交叉口需先进行母线洞顶部轴向锁口锚杆施工;母线洞与主要洞交叉口两侧直角按照半径1m扩挖为圆弧,以方便车辆、设备通行。母线洞开挖方法见表4-6。

①母线洞第Ⅰ层施工时采用自制台车配气腿钻钻孔、楔形掏槽、周边光面爆破的方式开挖,爆破渣料采用2m^3侧卸装载机运至主变施工导洞内,配备20t自卸汽车经主变

进风洞、进厂交通洞运输出渣。

②母线洞第Ⅱ层在厂房开挖至第Ⅴ层时，根据开挖进度，相继按照奇偶号分两序爆破作业时间错开顺序进行开挖支护。施工时采用气腿钻钻孔，水平光爆方式开挖，3m^{3}侧卸装载机配 20t 自卸汽车经进厂交通洞运输出渣。

③主变交通洞开挖高度为 4.025m，由主变洞第Ⅲ层施工导洞进入开挖。

表 4-6　　母线洞开挖方法

部位	施工通道	开挖程序及方法
母线洞第Ⅰ层	主变施工导洞接主变进风洞	母线洞第Ⅰ层由主变施工导洞先行开挖，主变施工导洞由主变洞进风洞进入，沿主变洞上游边墙开挖形成；母线洞按照爆破作业时间错开间隔开挖，并进入厂房 2m，做好厂房段锁口施工。开挖采用气腿钻水平楔形掏槽、周边光爆开挖，排炮循环进尺 3.0m 左右，锚喷支护滞后跟进，渣料采用 2m^3 侧卸装载机运至主变施工导洞内，配 20t 自卸汽车
母线洞第Ⅱ层	厂房第Ⅴ层及进厂交通洞	厂房第Ⅴ层开挖过程中，利用先期形成的母线洞工作面先行安排施工，采用气腿钻或多臂钻水平钻孔，水平光爆方式开挖，开挖渣料采用 3m^3 侧卸装载机配 20t 自卸汽车经进厂交通洞运输出渣
主变交通洞	主变交通洞接主变施工导洞	主变交通洞由主变施工导洞进入开挖，并进入厂房 2m，做好厂房段锁口施工。开挖采用气腿钻水平楔形掏槽、周边光爆开挖，排炮循环进尺 3.0m 左右，锚喷支护滞后跟进，渣料采用 2m^3 侧卸装载机运至主变施工导洞内，配 20t 自卸汽车

2)开挖施工流程。

母线洞及主变交通洞开挖施工工艺流程见图 4-2。

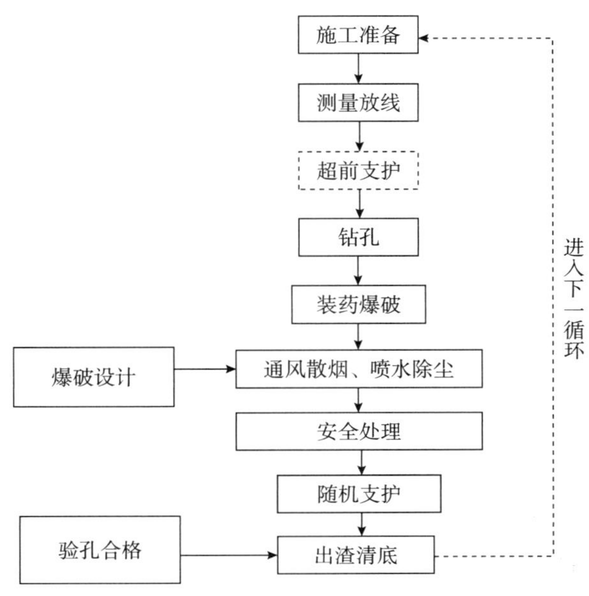

图 4-2　母线洞及主变交通洞开挖施工工艺流程

(3)主要施工工艺措施

1)开挖准备。

洞内风、水、电及施工人员、机具准备就位。

2)测量放线。

洞内导线控制网测量及施工测量采用全站仪进行;每排炮后进行洞室中心线、设计轮廓线测放,并根据批复后的爆破设计参数点布孔位;定期进行洞轴线的全面检查、复测,确保测量控制工序质量。

3)钻孔作业。

ZB第Ⅰ层开挖采用手风钻在自制型钢台车上钻孔,钻孔孔径42mm;ZB第Ⅱ层开挖采用气腿钻钻孔,钻孔孔径42mm。为保证钻孔质量,对光爆孔钻孔提出以下技术措施:

①由熟练的台车技工和风钻手严格按照掌子面标定的孔位进行钻孔作业。钻孔前先根据拱顶中心线和两侧腰线调整钻杆方向和角度,经检查确认无误后方可开孔。

②各钻手分区分部位定人定位施钻,熟练的操作手负责掏槽孔和周边孔。钻孔过程中要保证各炮孔相互平行,开孔定位过程中要保证钻架平移,不能随意改变钻机方向和角度,掏槽孔和周边孔严格按照掌子面上所标孔位开孔施钻,崩落孔孔位偏差不大于5cm,崩落孔和周边孔要求孔底落在同一平面上。

③为了能控制好孔深,可在气腿钻钻杆上作记号。

④炮孔造完以后,由值班工程师按“平、直、齐”的要求进行检查,对不符合要求的炮孔重新造孔。

4)装药、连线、起爆。

①以人工装药为主,必要时采用可移动平台车配合装药。

②在钻孔工序开始时,按照爆破设计要求提前进行光爆药卷的加工、炮孔堵塞物加工成型(把沙灌入塑料袋并绑扎好)、各种规格药卷以及各种段别雷管的准备。

③炮孔经检查合格后,方可进行装药爆破;炮孔的装药、堵塞和引爆线路的连接,由经考核合格的炮工,严格按照监理工程师批准的钻爆设计进行施作。

④装药严格遵守安全爆破操作规程,装药前用风水冲洗钻孔,掏槽孔由熟练的炮工负责装药,爆破孔采取柱状连续装药,周边孔采取空气间隔装药,将小药卷绑扎于竹片上,导爆索串接。

⑤装药严格按照爆破设计图(爆破参数在实施过程中不断调整优化)进行,掏槽孔、扩槽孔和其他爆破孔装药要密实,堵塞良好,采用非电毫秒雷管分段,磁电雷管引爆。

⑥装药完成后,由炮工和值班技术员复核检查,确认无误后,撤离人员和设备并放好警戒,炮工负责引爆。

⑦炮响且通风散烟完成(根据洞内空气质量情况)20min后,炮工先进入洞内检查是否有瞎炮,若有则迅速排除,然后才能进入下一道工序。

⑧光面爆破要求:

a.残留炮孔在开挖轮廓面上均匀分布;

b.炮孔痕迹保存率:完整岩石在80%以上,较完整和完整性差的岩石不少于50%,较破碎和破碎岩石不少于20%;

c.相邻两茬炮之间的台阶最大外斜值不大于10cm;

d.相邻两孔间的岩面平整,孔壁没有明显的爆震裂隙。

(4)爆破参数设计

1)爆破设计原则。

根据地质条件及岩性、技术规范要求、开挖方法及以往施工经验,地质条件差的洞段(Ⅳ类围岩段、断层或破碎带等)爆破设计按“短进尺、弱爆破、少扰动、预注浆、管超前”的原则进行。

2)主要钻爆参数选择。

①施工导洞开挖气腿钻钻孔孔径为42mm,崩落孔药卷直径32mm,连续装药;周边孔孔距52~69cm,底孔考虑为主变洞底板开挖面约51cm,选用直径25mm药卷光面爆破,间隔装药,周边光爆孔及底板光爆孔线密度约168.75g/m。

②母线洞开挖气腿钻钻孔孔径为42mm,崩落孔药卷直径32mm,连续装药;周边孔孔距45cm和60cm,选用直径25mm药卷光面爆破,间隔装药,周边光爆孔线密度约131g/m和206g/m。

③主变交通洞开挖气腿钻钻孔孔径为42mm,崩落孔药卷直径32mm,连续装药;周边孔孔距46~51cm,选用直径25mm药卷光面爆破,间隔装药,周边光爆孔线密度约160g/m,爆破效率89%,炸药单耗1.86kg/m^3。

实际爆破参数根据现场爆破试验确定,在施工过程中根据实际揭露地质条件和爆破效果及时优化调整,必要时调整开挖方法。

(5)支护施工

1)支护施工顺序。

支护施工与开挖跟进平行交叉作业,各工序间交替流水作业。开挖支护施工顺序如下:

施工准备→初喷5cm厚混凝土→砂浆锚杆施工→(随机)挂网→复喷混凝土至设计厚度。

洞室开挖后及时进行支护,以确保洞室开挖稳定及安全,根据围岩类及围岩地质情况，具体各支护时间如下：

①Ⅳ类围岩、破碎易塌方洞段、高地应力洞段及柱状节理玄武岩发育洞段系统支护要求紧跟开挖掌子面。

②Ⅱ、Ⅲ类围岩（非柱状节理）洞段要求初喷混凝土紧跟掌子面，普通砂浆锚杆支护滞后掌子面不得超过 30m，全部支护滞后掌子面不得超过 50m。

2）普通砂浆锚杆支护施工方法。

根据设计图纸，普通砂浆锚杆分为⏀25 $L=6$m、⏀25 $L=4.5$m、⏀25 $L=2.5$m、⏀22 $L=2.5$m 4 种，以及母线洞⏀28 $L=8$m 锁口锚杆 1 种。

所有锚杆一般采用“先注浆，后插杆”施工工艺，对于母线洞顶拱锚杆及锁口锚杆可采用“先插杆，后注浆”施工工艺。

①采用“先注浆，后插杆”的施工工艺。

a. 施工工艺流程。

“先注浆，后插杆”施工工艺流程见图 4-3。

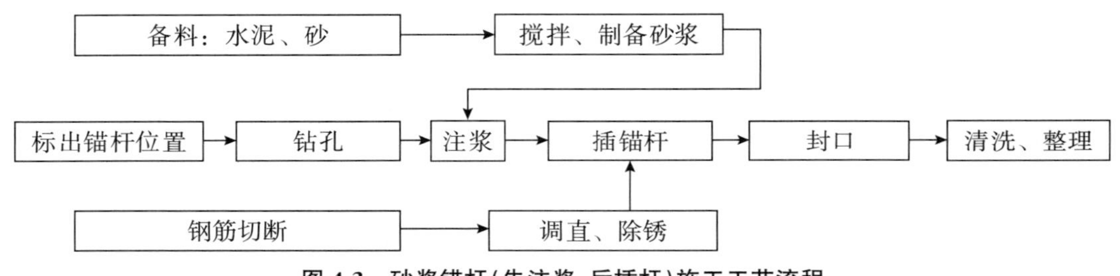

图 4-3　砂浆锚杆(先注浆，后插杆)施工工艺流程

b. 施工方法要点。

钻孔：采用全站仪在支护部位按设计间排距测放并标示孔位，因母线洞 MⅠ受斜坡道制约空间狭小，主要采用锚杆台车配 100B 潜孔钻孔，多臂钻配合施工，钻孔孔径 65mm、68mm；母线洞 MⅡ采用多臂钻钻孔，钻孔孔径 65mm、68mm。主变交通洞采用气腿钻钻孔，钻孔孔径 45mm、42mm。钻孔严格按放样孔位开孔，孔位偏差不大于 10cm，孔斜误差不得大于孔深的 5%，钻孔深度须达到设计要求，孔深误差不大于 5cm。

清孔：锚杆注浆前，均对锚杆孔采用高压风水进行清洗，将孔内的岩粉、岩泥、积水等杂物清除干净。

注浆：采用人工配合 12t 吊车，麦斯特注浆机注浆，注浆管采用直径 20mm 的 PE 管。注浆时，注浆管插至孔底 5～10cm，注浆过程中，注浆管缓慢地从孔底拉出，水泥砂浆密实度必须达到杆体全长的 75%以上。

插杆、封孔：锚杆杆体采用人工配合 12t 吊车在注浆结束后立即插入。锚杆杆体严格按设计长度要求下料，使用前经过调直、除锈、去污等处理。

杆体插入后，若孔口无砂浆溢出，及时补注。

②采用“先插杆，后注浆”的施工工艺。

a. 施工工艺流程。

“先插杆，后注浆”施工工艺流程见图 4-4。

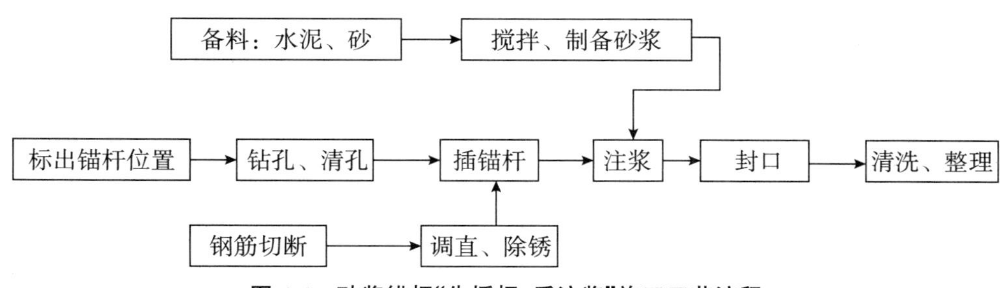

图 4-4　砂浆锚杆“先插杆，后注浆”施工工艺流程

b. 施工方法要点。

钻孔：采用全站仪在支护部位按设计间排距测放并标示孔位，因母线洞 MⅠ受斜坡道制约空间狭小，主要采用 100B 潜孔钻孔，多臂钻配合施工，钻孔孔径 65mm、68mm；母线洞 MⅡ采用多臂钻钻孔，钻孔孔径 65mm、68mm。主变交通洞采用气腿钻钻孔，钻孔孔径 45mm、42mm。钻孔严格按放样孔位开孔，孔位偏差不大于 15cm，孔斜误差不得大于孔深的 5%，钻孔深度超过设计孔深 30cm。

清孔：锚杆注浆前，均对锚杆孔采用高压风水进行清洗，将孔内的岩粉、岩泥、积水等杂物清除干净。

插杆、封孔：将 Φ10mm 的塑料回浆管和 Φ20mm 的塑料注浆管同锚杆体用无锌铅丝绑扎后，采用 12t 吊车辅以人工，将锚杆杆体缓慢推入孔内，然后用木楔临时固定杆体，并用锚固剂封孔口，防止锚杆从孔内滑出。

注浆：安装完杆体后对锚杆孔进行水泥砂浆灌注，水泥砂浆采用强制搅拌机拌制，灌浆泵灌注。当回浆管流出浓浆时结束灌浆，并用铁丝将进、回浆管扎死。

锚杆施工完成后，在砂浆凝固前，不得敲击、碰撞、拉拔锚杆和悬挂重物。

3)喷射混凝土施工支护施工方法。

母线洞喷射混凝土包括喷素混凝土和挂网喷混凝土，喷射混凝土的强度为 C30 混凝土，喷护厚度 10cm。主变交通洞喷射混凝土包括喷素混凝土和随机挂网喷混凝土，喷射混凝土的强度为 C30 混凝土，喷护厚度 5cm(挂网处喷 8cm)。喷钢纤维混凝土按照设计或监理工程师指令确定。

①主要材料。

a. 水泥。

采用符合国家标准的普通硅酸盐水泥，当有防腐或特殊要求时，经监理人批准，可采用特种水泥，水泥强度等级不低于 42.5，进厂水泥应持有生产厂家的质量证明书。

b. 骨料。

砂选用质地坚硬、细度模数大于 2.5 的粗、中砂。使用时，含水率控制在 5%～7%；粗骨料选用粒径不大于 15mm 的碎石。

c. 外加剂。

速凝剂的初凝时间不大于 5min，终凝时间不大于 10min。外加剂不得含有对锚杆和钢筋网产生腐蚀作用的化学成分。选用外加剂须经监理批准。

d. 钢筋网。

根据设计要求采用抗拉强度不低于 300MPa 的光面钢筋（热轧Ⅰ级钢筋）。钢筋网Φ8 钢筋和龙骨筋 Φ12 钢筋在钢筋加工场地调直断料运至施工部位，现场编制成网，钢筋网网眼钢筋间距为 20cm×20cm，龙骨筋网网眼钢筋间距为 150cm×150cm，并与系统锚杆可靠连接。

②主要机具。

采用混凝土湿喷机进行混凝土喷射作业，喷射料由拌和站拌制，采用 $6m^3$ 混凝土搅拌运输车运至现场。

③施工工艺流程。

采用喷射混凝土施工紧跟开挖作业面，喷射混凝土施工工艺流程见图 4-5。

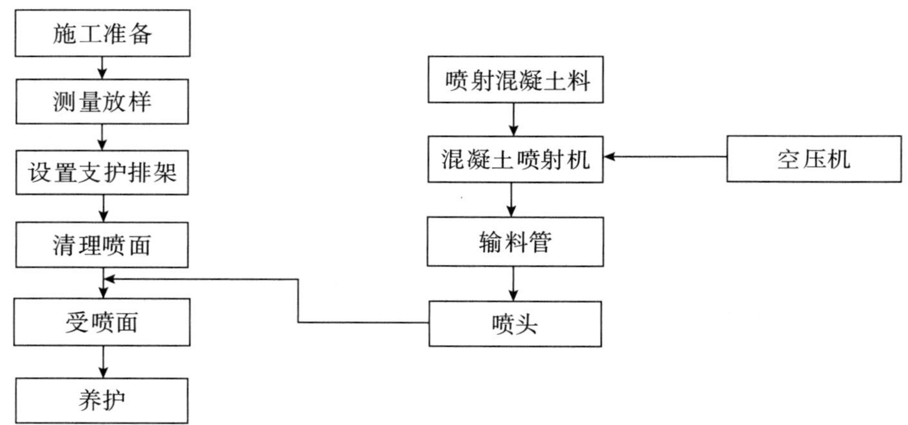

图 4-5 喷射混凝土施工工艺流程

④施工方法及要点。

a. 喷射混凝土分初喷和复喷二次进行。初喷一般滞后掌子面不大于 20m，围岩较差部位在经四方确认后迅速喷护，以尽早封闭暴露岩面，防止表层风化剥落。复喷在锚杆安插和挂网后，以 20～30m 为一个单元集中进行，尽快形成喷锚支护整体受力，抑制围岩变位。

b. 喷射混凝土运用湿喷法并采用混凝土湿喷机施工，混凝土料采用拌和站集中拌制，$6m^3$ 混凝土搅拌运输车运输至作业区。

c. 混凝土喷射前做好如下工作。

Ⅰ. 撬去表面危石和处理欠挖部分，先用高压水、高压风清除杂物，再用高压水冲洗岩面。

Ⅱ. 在受喷面各种机械设备操作场所配备充足照明及通风设备，进行电器和机械设备检查和试运转。

Ⅲ. 在系统锚杆外露段上设置喷厚标记。若无系统锚杆，则在墙壁上钻孔安设短钢筋头进行标识。

Ⅳ. 对受喷面渗水部位，采用埋设导管、盲管或截水圈做排水处理。

d. 挂网施工。

挂网钢筋在钢筋加工厂调直下料，平板车运至施工部位进行现场编网。钢筋网与壁面间隙宜为 3～5cm，钢筋网与锚杆或锚杆垫板焊固，网格绑扎牢固，牢固程度以喷射混凝土时不产生颤动为原则。如果系统锚杆过稀，可增加膨胀螺栓或短锚杆（锚入岩石深度 0.5m）来固定。

e. 喷射作业。

喷射作业采用湿喷台车。喷射混凝土以自下而上分段分片的方式进行，区段间的结合部和结构的接缝处妥善处理，不得漏喷。

喷射作业时，连续供料，工作风压稳定；喷射时喷嘴与预喷面的距离宜为 60～100cm，喷射方向尽量与受喷面垂直。为提高功效和保证质量，喷射作业需分片进行，一般为 2m×2m 的小片。为防止回弹物附着在未喷的作业面上而影响喷层与预喷层的黏结力，应按照从下往上施喷的方法，呈“S”形运动；喷前先找平受喷面的低凹处，再将喷头成螺旋形缓慢均匀移动，每圈压至前面半圈，绕圈直径约 30cm，力求喷出的混凝土层面平顺光滑。

第一次喷射厚度不宜超过 10cm，过大会削弱混凝土颗粒间的凝聚力，促使喷层因自重过大而大片脱落，或使拱顶处喷层与围岩面形成空隙；如果一次喷射厚度过小，则粗骨料容易弹回。第二次喷至设计厚度，两层喷射的时间间隔为 15～20min。影响喷层厚度的主要原因是混凝土的坍落度、速凝剂的作用效果和气温。

当完成作业或因故中断作业时，将喷射机及料管内的积料清理干净。喷射混凝土的回弹率：洞室拱部不大于 25%，边墙（边坡）不大于 15%。喷射混凝土必须填满钢筋网与初喷混凝土间的空隙，并与钢筋黏结良好，网面的混凝土保护厚度不得小于 5cm。

f. 养护。

喷射混凝土终凝 2h 后，及时进行洒水养护，在 14d 内使喷射混凝土表面经常保持湿润状态。气温低于 5℃时，不得喷水养护；当喷射混凝土周围的空气湿度达到或超过 85%时，经监理工程师同意，可准予自然养护。

4）排水孔施工。

母线洞顶拱及边墙布设 Φ50mm 排水孔，间距 3m×3m，入岩 5.0m；主变交通洞顶拱及边墙布设 Φ50mm 排水孔，间距 3m×3m，入岩 2.5m。其中，母线洞排水孔采用多臂钻或手风钻造孔；主变交通洞顶拱及边墙采用手风钻造孔。排水孔造孔在锚喷支护完成后施工。在排水孔钻进过程中，如遇到有断层破碎带或软弱岩体等特殊情况，及时通知监理工程师，并按监理工程师的指示进行处理。若钻进中排水孔遭堵塞，则按监理工程师指示重新钻孔。钻孔完成后，应对松散体、断层破碎带或土层等特殊部位按施工图纸要求或监理工程师指示及时放入反滤保护装置，并将其固定在孔壁上。开挖时若在未布置排水孔的部位有渗水或集中渗流，需补设 Φ50mm 排水孔。

全部排水孔必须按施工详图或监理工程师规定的位置、方向和深度钻进。平面位置的偏差不应大于 10cm；孔的倾斜度误差不应大于 1%；孔深误差不应大于或小于孔深的 2%。排水孔采用 DN50 软水透水管连接。施工方法如下：

先采用 DN40，$L=0.2$m 硬质 PVC 排水花管从 Φ50mm 排水孔引出，然后采用 DN50 三通连接排水花管和 DN50 软式透水管。排水管接缝处应密合，周边用胶黏剂密封；DN50 软式透水管采用－1×20×300 不锈钢条射钉固定@1m。

4.2.1.4 施工期临时安全监测

施工期临时安全监测主要包括巡视检查、洞室收敛监测、围岩变形监测等，监测断面布置在地质条件较差、变形较大，对施工安全有影响的部位。

4.2.2 小洞室开挖支护

小洞室含一层开挖的施工支洞、引水隧洞平洞、各排水洞、500kV 出线洞平洞、排烟竖井排水洞等项目。

4.2.2.1 洞口施工

为减少对围岩的扰动，保证开挖安全，各施工支洞开挖前须完成洞脸支护；引水隧洞平洞开挖前，需待其施工支洞开挖支护超过引隧洞洞脸范围 20m 以上且完成交叉范围系统支护后方可施工。其他类似洞室参照实施。各岔洞口布置 1～2 排锁口锚杆，采用Ⅲ级钢，Φ25@1.0×1.0m，$L=6$m，外扩角 10°。

4.2.2.2 洞身段施工

(1)Ⅱ、Ⅲ类围岩开挖

Ⅱ、Ⅲ类围岩采用全断面开挖方式掘进，循环进尺按3m控制，开挖时采用自制移动平台配气腿钻钻孔，侧卸装载机配自卸汽车出渣，反铲配合橇挖排险清面。

(2)Ⅳ、Ⅴ类围岩开挖

Ⅳ、Ⅴ类围岩采取短进尺、弱爆破、强支护的方式进行开挖，循环进尺按1.0～1.5m控制。电缆沟、排水沟开挖在相应洞室上部，开挖完成后再抽槽开挖，开挖采用手风钻钻孔爆破开挖。

4.2.2.3 开挖施工工艺措施

(1)测量放样

导线控制网测量采用Leica TCR1102全站仪进行，施工测量采用Leica DI2002红外光电测距仪配Leica电子水准仪。放样内容为隧洞中心线和顶拱中心线、底板高程、掌子面桩号、设计轮廓线、两侧腰线或腰线平行线，并按钻爆图设计要求在掌子面放出炮孔孔位，用喷漆做好标记。

(2)钻孔、装药爆破

由熟练的钻工严格按照掌子面标定的孔位进行钻孔作业。造孔前先根据拱顶中心线和两侧腰线调整钻杆方向和角度，经检查确认无误后方可开孔。各钻工分区分部位定人定位施钻，钻孔过程中要保证各炮孔相互平行，掏槽孔和周边孔严格按照掌子面上所标孔位开孔施钻。起爆采用非电毫秒雷管和导爆管，光爆孔采用导爆索引爆。各项钻爆参数均为原始设计钻爆参数，施工过程中根据实际效果、地质变化情况等，根据现场具体情况进行适当调整，优化爆破参数，以便取得最佳爆破效果。

(3)安全处理及出渣

通风散烟后，采用人工手持钢钎或采用反铲对顶拱和掌子面上的松动危石和岩块进行撬挖清除。施工过程中需要经常检查已开挖洞段的围岩稳定情况，清理、撬挖掉可能坍落的松动岩块。3条支洞全部经进厂交通洞出渣，主要采用3m^{3}装载机或1.2m^{3}反铲配20t自卸汽车运输出渣。

4.2.2.4 锚杆施工

为确保开挖过程中的岩体稳定及人身和设备安全，开挖后及时进行支护。Ⅰ～Ⅲ类围岩支护滞后掌子面不应大于30m，Ⅳ～Ⅴ类围岩支护须紧跟掌子面。

洞室支护锚杆为普通砂浆锚杆，采用“先注浆，后插杆”和“先插杆，后注浆”两种施工工艺。

(1)主要材料

1)锚杆。

普通砂浆锚杆按照施工图纸要求选用合格的Ⅲ级高强度螺纹钢筋。

2)水泥。

水泥选用不低于 P. O42. 5 级普通硅酸盐水泥,质量符合国家现行《硅酸盐水泥、普通硅酸盐水泥》(GB 175—1999)的规定。

3)砂。

采用最大粒径小于 2. 5mm 的中细砂,使用前须经过筛选合格,其质地坚硬、清洁。

4)砂浆。

水泥砂浆的强度等级不低于 M25。

(2)钻孔

钻孔采用 YT-28 型气腿钻进行造孔,造孔前根据设计图纸对锚杆孔位进行测量放样,造孔严格按放样孔位开孔,孔位偏差小于 10cm,造孔深度达到设计要求,孔深偏差不大于 5cm。

(3)清孔

锚杆注浆前,均对锚杆孔采用高压水进行清洗,将孔内的岩粉、岩泥、积水等杂物清除干净。

(4)注浆及锚杆安装

砂浆锚杆安装,砂浆采用搅拌机拌制,MZ-1 型注浆机注浆。注浆和插杆操作采用自制移动平台。

1)“先注浆,后插杆”施工工艺。

注浆管采用 Φ30mm 的 PE 管,注浆时,注浆管插入至孔底 5～10cm。注浆过程中,注浆管缓慢地从孔底拉出,水泥砂浆密实度必须达到杆体全长的 75%以上。待孔内注满水泥砂浆后立即将锚杆插入孔内,然后在孔口将锚杆临时固定。砂浆终凝前,不得敲击、碰撞和拉拔锚杆。

2)“先插杆,后注浆”施工工艺。

将 Φ15mm 的塑料回浆管和 Φ20mm 的塑料注浆管同锚杆杆体用无锌铅丝绑扎后,将锚杆杆体缓慢推入孔内,然后用木楔临时固定杆体,并用锚固剂封孔口,防止锚杆从孔内滑出。安装完杆体后进行水泥砂浆灌注,当回浆管流出浓浆时结束灌浆,并用铁丝将进、回浆管扎死。锚杆施工完成后,在砂浆凝固前,不得敲击、碰撞、拉拔锚杆和悬挂重物。

4.2.2.5 喷射混凝土施工

喷射混凝土分段分片、自下而上、分层施喷。挂钢筋网部位按“喷—网—喷”的程序进行。

施工前先对喷射岩面进行检查，清除浮石、堆积物等杂物，并用高压风水冲洗岩面，对易潮解的泥化岩层、破碎带和其他不良地质带用高压风清扫，埋设钢筋作量测喷射混凝土厚度标志。有水部位，埋设导管或设盲沟排水。喷射混凝土前进行地质资料的收集和整理，并配合监理人及设计地质工程师进行地质素描。

采用混凝土湿喷机施喷，喷射混凝土的强度为 C30，厚 10cm。喷嘴与岩面距离 0.6～1.0m，喷射方向大致垂直于岩面，每次喷厚 3～5cm，分 2～3 次喷至设计厚度，每次间隔时间 30～60min。在保证混凝土密度的前提下，尽量减少回弹量。挂钢筋网施工分区、分块进行，挂网前先喷一层 5cm 厚混凝土。钢筋网采用 Φ8@15×15cm，钢筋网在场外按 2～4m^2/块进行编焊，运送至工作面后，人工在隧道作业平台车上沿岩面铺设，利用锚杆头点焊固定，中间用膨胀螺栓加密固定。钢筋网与受喷面间隙不大于 3cm，挂网完成后复喷 5cm 厚混凝土。喷护完成后，及时对喷护面进行湿润养护。

4.2.3 斜井开挖支护

斜井包含引水下斜井、尾水斜井、500kV 出线洞斜井等项目。

4.2.3.1 施工程序

斜井开挖施工程序为导孔及扩孔施工→扩挖支护。下面以引水下斜井开挖施工为例进行总结。

4.2.3.2 导孔及扩孔施工

(1)施工方法

1)施工程序。

总体施工程序：在引水下斜井上弯段布置 1 台定向钻机[该工程采用的 FDP-68 型非开挖导向钻机(图 4-6)]，采用牙轮钻由上至下完成定向导孔(Φ216mm)施工，更换反拉钻头后由下至上完成定向导孔扩孔至 Φ320mm，以满足反井钻机下放钻杆。

FDP-68 型非开挖导向钻机性能配置见表 4-7。

图 4-6 钻进现场实物

表 4-7　　**FDP-68 型非开挖导向钻机性能配置**

序号	性能指标	单位	数据
1	回拖力	kN	680
2	额定扭矩	kN·m	27
3	给进行程	m	3500
4	最大导向孔直径	mm	240
5	液压系统压力	MPa	31.5
6	发动机功率	kW;r/min	160;1481
7	外形尺寸	mm	6830×3750×2800
8	给进力	kN	680
9	回转速度	r/min	0～45;0～90
10	钻杆规格	mm	3000
11	钻进角度	°	10～90
12	行走速度	km/h	1.5/3.0
13	主机质量	t	24

2)开孔点确定。

根据施工经验,导孔开孔点位置沿轴线方向向下游偏移 60cm。

3)Φ216mm 导孔施工。

①开钻前准备。

a. 开孔前,组织有关人员对钻机、泥浆泵、备件材料、钻机安装、电气设备安装、泥浆池、钻场安全设施与防护,以及钻具、相应工具的质量、数量进行检验,检验完毕后方可施工。

b. 开孔前认真对钻机找正,使钻孔中心和动力头主轴中心重合,确保开孔角度及方位角满足设计导井轴线角度及方位角要求。

c. 开孔前钻井泥浆制备完成,并使泥浆充分循环。

②开孔。

开孔是保证钻孔角度的关键,为确保开孔的角度,开钻前要在孔位基础上预留环形孔槽,开孔钻进过程中以轻压、慢转、大泵量为宜。

③钻进成孔。

定向钻进成孔过程中,针对不同岩石需相应调整转速钻压控制,以保证钻孔正常进行。钻孔使用钻机和井下动力钻具(螺杆)产生旋转动力,其工作方式主要有以下两种:

a. 复合钻进。

复合钻进是钻机和螺杆同时旋转的工作方式,钻头旋转速度为二者之和。这种钻进方式正常情况下,在不需要进行纠偏时使用。

b. 定向钻进。

螺杆钻由泥浆推动旋转，钻机旋转至一定角度后锁定。由于螺杆有弯角，导孔将沿弯角指向，进行定向钻进。这种工作方式在需要纠偏时使用，以使导孔沿着需要的方向进行钻进。

无线随钻测斜仪在定向钻的工作全过程中，均安装于螺杆钻具后的无磁钻铤内。定向钻进的全过程中，如需要测斜，只需要对无线随钻测斜仪发送开始测斜信号即可，测试时间不到 2min，故在钻进过程中无须起、下钻等费时的操作，就可快速完成测斜，并根据测斜结果来判断是否需要进行定向钻进。通常在每钻进 3m 时，进行一次偏斜测定，以确保偏斜得到控制。

更为密集的测试可根据需要进行。由于靠近钻头部分的螺杆钻具、钻铤等存在较大刚度(外直径达到 172mm)，在小于 3m 的长度内不易发生急偏斜。故通常情况下不进行小于 3m 钻进深度的偏斜测定。

④钻进泥浆的控制(泥浆性能要求)。

a. 钻进硬岩段时，要求泥浆密度控制在 1.03～1.15，黏度控制在 20"～35"，并根据钻孔情况及时加入泥浆添加剂调整泥浆。

b. 根据监控泥浆情况，及时添加泥浆材料处置漏失情况。泥浆配比与泥浆材料及添加剂量对应相应配比。

⑤钻孔测斜、纠偏。

该工程采用直井无线随钻测斜仪对钻孔进行孔斜监测及定向纠偏。结合磁导向装置进行监测，主要依靠角度及方位进行位置判定。

a. 孔斜监测。

每钻进 50m 测斜一次，5～10m 设置一个测点。孔斜超偏时，加密测点，并制定定向纠偏设计。

b. 钻孔纠偏。

根据制定的纠偏设计利用 1°弯螺杆，以及无线随钻测斜仪进行纠偏。

具体纠偏技术如下：

在无线随钻测斜仪测量参数指导下，通过定向螺杆钻具对钻孔轨迹进行定向控制。每钻进一根钻具测斜一次，5～10m 设置一个测点。孔斜超偏时，加密测点，并制定定向纠偏设计。

根据制定的定向纠偏设计利用弯螺杆造斜角度进行反向钻进实现纠偏，以及无线随钻测斜仪进行测量，保证整个长斜钻孔的实现。如偏斜角大于设计数值，可减少定向长度，进行复合钻进。

反井导孔定向孔测斜定向方案见表 4-8。

表 4-8　　反井导孔定向孔测斜定向方案

序号	测斜定向指标	反井导孔定向孔测斜定向方案
1	测斜	①正常情况，每钻进 1 根(单根钻具长度)，无线随钻测斜仪测斜 1 次。 ②对钻孔的轨迹判断存在疑问时，加密测点，如 1 根测斜 2 次。 ③必要时，单独下放磁钻铤加钻头全程测斜 1 次
2	纠偏	①当钻孔偏距大于 0.3m 时，需要进行纠偏。 ②当钻孔井斜角大于 0.8°时，需要进行降斜
3	定向	①正常情况，均采用弯角 1.0°的螺杆钻具。 ②如遇定向效果不理想，下入弯角 1.5°的螺杆钻具
4	定向钻进长度	①正常纠偏时，定向钻进长度 2～3m。 ②正常降斜时，定向钻进长度 1～2m。 ③当定向没有达到预期效果时，需要进行再次的定向
5	定向工具面角	①定向钻进过程中，以稳定工具面角为主。 ②纠偏时，定向工具面角以闭合方位角为基准，反扭。 ③降斜时，定向工具面角以钻孔方位角为基准，反扭。 ④反扭矩角，井深小于 200m，反扭矩角 10～20°；井深大于 200m，反扭角 20～30°
6	狗腿度指标	①长 100m 狗腿度变化≤8.3°。 ②长 30m 狗腿度变化≤2.5°

4)Φ320mm 导孔扩孔施工。

定向钻机完成 Φ216mm 高精度导孔扩孔施工后，需拆除 Φ216mm 三牙轮钻头及配套测斜纠偏设备及定向钻机，更换使用 Φ320mm 钻头从下至上进行导孔的扩孔施工，导孔扩孔施工 10d。

(2)导孔质量保证措施

1)磁偏角、子午收敛角控制措施。

在钻进前采用"一种可调磁偏角复测校核装置"专利技术，通过该装置对理论磁偏角、子午收敛角的数值进行二次校核，可更加精准校核螺杆纠偏过程，确保钻进方位可控。

2)钻机安装精度及初始段钻进控制措施。

定向钻机的安装精度直接影响造孔精度。设备就位后，测量人员对钻孔角度(方位角、倾角)进行校核，方位角、井斜角不大于 0.1°，二次复测安装角度，复测无误后，先对钻头、钻具进行检查，然后进行开孔钻进。

导孔钻进 20m 深时，安装无线随钻测斜仪(MWD)进行偏差控制，过早安装 MWD 会受到钻机磁场的影响，测量数据会出现误差；为了保证此段施工过程的偏差，不采用弯驱动螺杆，而是安装钻头、无磁钻铤、增加稳定钻杆，直接用钻机驱动进行钻进，已达到稳定偏差的目的，钻进过程中用多点进行复测。

3)钻进速度控制措施。

根据地质情况，合理调整钻进参数，调整推进压力、反推压力到合适范围，将钻进速度控制在 1～2m/h，以更好的控制偏差和狗腿度。该定向钻机旋转速度分为高速档和低速档，采用低速档钻进，以降低钻杆在孔内的摆动度。根据 1# 下斜井二次施工定向孔成功经验：采用组合钻具 Φ216 牙轮钻头(图 4-12)＋磁接头(长 0.41m，贯通前 100m 安装)＋螺杆 1 根＋定向接头 1 个＋无磁钻铤＋稳定杆＋标准钻杆，可达到平均每 3m 井斜变化 0.2°，方位变化 0.5°，轨迹控制中做到了及时调整，狗腿度整体较好。

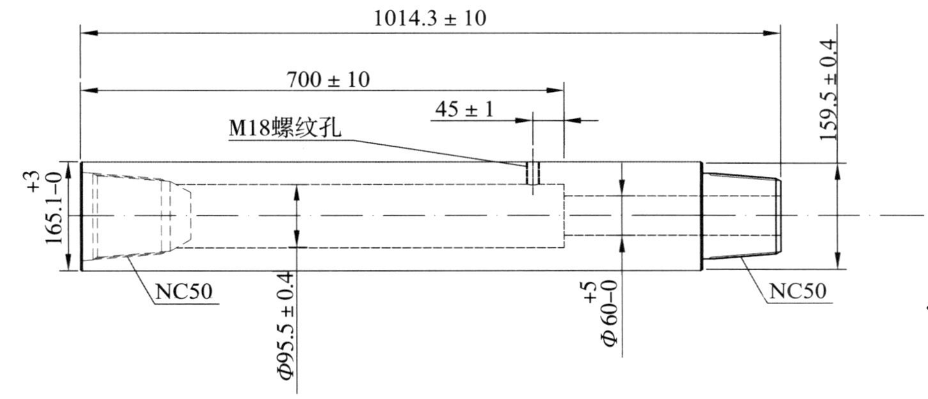

图 4-7　Φ165mm 定向接头加工大样(单位:mm)

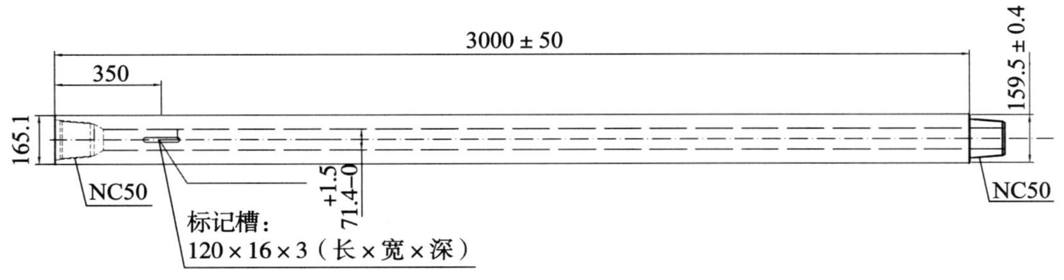

图 4-8　Φ165mm 无磁钻铤加工大样(单位:mm)

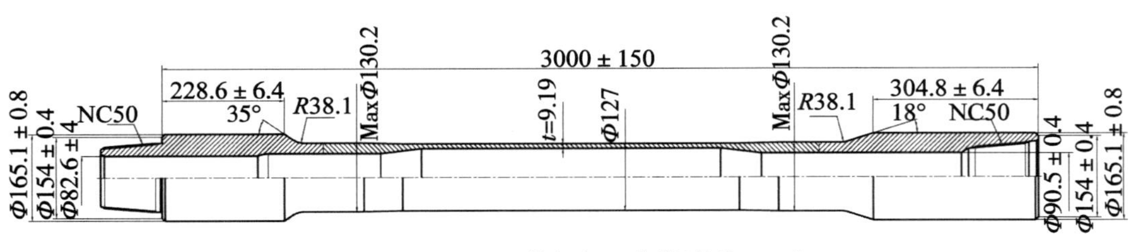

图 4-9　Φ127mm 钻杆加工大样(单位:mm)

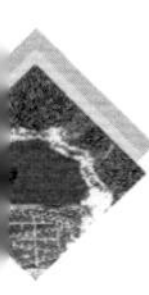

4)无线随钻测斜纠偏控制措施。

开钻前,测量须再次复核安装角度,复测无误后,先对钻头、钻具进行检查,然后进行开孔钻进。导孔钻进 20m 深时,其深度才能满足仪器安装的长度要求,且过早地安装 MWD 会受到钻机磁场的影响,测量数据会出现误差。为了对 MWD 测量数据进行校核,需要用其他仪器进行复测,在 1# 下斜井定向孔钻进过程中,先后采用多点测斜仪(型号:LHE1212,图 4-11)、有线陀螺仪进行复测。测量结果显示,有线陀螺仪数据误差较大,主要原因是有线陀螺仪无法在孔内居中,仪器在孔内位置不受控制,导致数据无法使用;多点测斜仪可安装在 MWD 仪器中,放入钻杆,使其在孔内相对位置变化较小,这样测量数据有参考作用,在后续施工中,可作为 MWD 的数据复核仪器,以便更好地掌握偏斜情况。无线随钻测斜仪见图 4-10。

图 4-10　无线随钻测斜仪

5)定向纠偏及多点测斜仪控制措施。

当偏差达到 30cm 时,要进行预警,仔细对钻孔偏差进行检测及分析,再继续观察下一组测斜数据,如果偏差出现增大的趋势,就必须进行定向纠偏。灵活掌握纠偏的提前量,当形成偏差趋势时就开始采取措施,并及时利用多点测斜仪进行复核,使得钻进过程更可控。

纠偏程度要根据方位角、井斜及具体的偏差量进行纠偏,纠偏方向与偏差的方向相反,纠偏时要固定好钻杆,随时观察工具面角度,防止工具面变化导致纠偏方向错误。

为了对 MWD 测量数据进行校核,每隔 50m 用多点测斜仪(型号:LHE1212)进行测量。将测量数据进行对比分析,以便更好地掌握偏斜情况。

螺杆及 MWD 安装完成以后,还要利用磁偏角、子午收敛角对设计方位角进行校准,确保仪器显示测点的坐标方位角,每根钻杆(3m)钻进完成后进行一次随钻测斜,将 MWD 的测斜数据与预先计算好的设定值进行比较,分析当前钻进是否满足要求,如果不能满足要求，则需进一步进行检查调整。在进行随钻测斜检查时，要控制好泥浆压力在4～7MPa，以保证数据传输的及时性和准确性。

6)磁导向纠偏控制措施。

安装磁导向前，起钻用多点测斜仪进行测量，对测量数据进行分析，掌握偏差情况后再安装磁导向。在整个磁导向过程中，为确保精准，将下平洞内所有可能干扰的铁件清除，且下平洞洞口附近不得有钻爆台车等钢制结构，并在磁导向过程中经常检查。偏离角是磁导向控制的关键参数，施工过程中严格控制偏离角，其数值越小，则距离靶点越近，精度越高。

图4-11 配备全新电子多点测斜仪

7)钻具设备控制措施。

当出现钻进速度明显减慢或者出现憋、卡、跳等现象时，一般可推测是钻头出现问题，此时应立即起钻检查，必要时进行更换，避免出现掉牙轮等不利情况。钻头的更换根据磨损程度，而磨损程度又与地质情况息息相关。实际操作过程中要根据具体情况来确定是否更换。结合1#下斜井定向导孔二次施工经验：钻进正常情况下，钻进深度50m左右可进行更换钻头。

图4-12 配备全新合金牙轮钻头

8)其他措施。

钻进过程中结合原定向孔钻孔记录针对岩层变化段，操作手及作业人员要随时观察孔口的返渣情况，看仪表盘上的水压参数，检查设备运行情况。出现异常情况[(如水压超过正常范围(5～7MPa)、返水量减小、返渣量增多或减小、孔内异常响声等状况)]，要及时停机，上报技术管理人员及其他管理人员，组织分析清楚具体原因，采取相应措施，处理完善后方可继续施工。

以高标准、严要求的管理措施，加强下斜井定向导孔及扩孔施工过程管控，确保定向导孔顺利精准贯通。安排专人监控钻进全过程，认真分析测斜数据，提前预判钻孔轨迹、及时纠偏、确保下斜井定向孔轴线、孔壁平顺。严格落实测量中心及监理、施工方联合测控机制，及时复合定向钻机的井斜和方位角偏差，防止定向钻机在钻进过程中发生

超偏斜率，影响钻孔精度。严格控制下斜井定向钻的钻进压力和速度，确保定向孔成孔质量。

出现突然停电的情况时，现场管理人员及带班人员要及时利用柴油机发电，尽快根据实际情况取出部分钻杆，防止埋钻。

设备操作人员、作业人员靠“看”“听”“摸”随时注意观察设备的运行情况，发现问题及时处理正常后才能钻进，设备管理人员要及时按现场设备情况及需要及时做出采购计划，采购合格的备品备件，特别是泥浆泵的备件及其他易损备件，要有充足的库存。

4.2.3.3 导井施工

导井采用 CY-120DVL 反井钻机施工，导井直径 2.0m。施工工艺方法如下。

(1)刀盘安装

导孔扩孔贯通后，根据扩孔后出钻点位置确认下井口工作面空间尺寸。根据实际需要进行技术性超挖及喷射混凝土找平，以满足扩孔刀盘安装要求。扩孔范围(Φ2.0m)的岩面要基本与导孔保持垂直并相对平整，地面要平整，以满足扩孔刀盘运输、安装要求。

钻机操作手与下井口刀盘的安装人员要确保联系畅通，对安装程序确认无误后方可进行扩孔刀盘安装。扩孔刀盘安装前，应彻底检查刀盘、中心杆、刀座是否存在裂纹或其他异常，并检查所有连接螺栓的扭矩是否达到要求；检查每把滚刀轴承的完好性、是否存在漏油现象、轴承端盖焊接是否牢靠、滚刀连接的螺栓帽上方是否涂抹玻璃胶等一系列相关事宜。

扩孔刀盘吊运至工作面后，用装载机或挖机进行配合安装，在旋转连接丝扣前，要对丝扣进行清理并涂抹丝扣油，安装过程要确保刀盘中心杆丝扣与钻杆丝扣对正，防止抢丝。在进行丝扣连接旋转过程中，操作人员要注意观察仪表参数，并认真听取信号，有异常应及时停止，等待信号确认后再继续安装，刀盘安装扭矩要达到 1200psi。整个安装过程现场管理人员要做好过程监控，以确保设备、人员安全。

(2)初始段及出钻段钻进

当扩孔刀盘连接安装好后，慢速上提钻具。直到滚刀开始接触岩石，然后停止上提，并用慢速给进，保证钻头滚刀不受过大的冲击而破坏。开始扩孔时，下方监控人员要到位，将情况及时通知上方反井钻机操作人员，待钻头全部均匀接触岩石后，方可适当增加至正常扩孔参数，开始正常扩孔钻进。待扩孔刀盘距离孔口约 3m 时，进入出钻段钻进过程，逐渐减慢钻进速度及钻压，防止扩孔刀盘破坏上部薄层岩体而发生卡钻等突发状况。出钻段钻进过程中需加强反井钻机的加固，防止钻机倾覆。扩孔过程中认真观察基础、主机是否有异常现象，如果有，应及时采取措施处理。密切关注滚刀不能磨到钻机底脚(底脚板)、地脚锚或其他部件杆等,如碰到及时停机。

(3)标准段钻进

扩孔刀盘完全进入岩石后,确保全部滚刀均匀受力,可以适当增加拉力和转速进行扩孔,当遇到破碎带时,要及时调整参数减少钻进压力及转速,尽量使反井钻机振动小,平稳运行。如果岩石非常破碎,除及时降低钻进压力外,还要降低转速,避免产生较大的振动;操作手要时刻注意听扩孔刀盘钻进岩石发出的声音是否平稳,判断岩层变化情况,观察液压表上旋转扭矩和各种扩孔参数的变化,发现异常及时调整。当岩石硬度较大时,可适当增加钻压,反之可以减少钻压。

当扩完 1 根钻杆时,拆出钻杆,在丝扣上抹丝扣油后再扭紧丝扣到规定扭矩(1500psi),然后取出卡瓦,调低推进压力开始旋转推进,待钻头和岩石完全接触后,再缓慢调整推进力到合适大小开始正常扩孔施工。扩孔过程也是拆钻杆的过程,拆下的钻杆要进行必要的清理,上油戴好保护帽。

(4)钻进施工参数

根据 Φ216mm 定向导孔施工记录,结合 Φ320mm 导孔扩刷情况,Φ2.0m 导井扩刷时按以下参数设定:

1)井深 406～400m:拉力 1800kN,扭矩 100kN·m,主要是考虑岩石找平,滚刀轴承磨合适应,刀盘整体受力均衡。

2)井深 400～280m:拉力 2595kN,扭矩 143kN·m,保证在滚刀轴承拉力和扭矩承受范围内尽量加大拉力,保证切岩效果。

3)井深 280～240m:拉力 2000kN,扭矩 120kN·m。井深 276～246m,有两段狗腿度较大的部位,在这一区间,适当降低拉力和扭矩,顺利通过狗腿度较大的部位,然后再增加拉力和扭矩。

4)井深 240～170m:拉力 2400kN,扭矩 143kN·m,正常部位钻进。

5)井深 170～150m:拉力 1800kN,扭矩 140kN·m,狗腿度较大的部位,适当降低拉力和扭矩,顺利通过。

6)井深 150～90m:拉力 1900kN,扭矩 140kN·m,正常部位钻进。

7)井深 90～0m:拉力 2000kN,扭矩 140kN·m,从导孔钻进记录和返渣情况分析,此段岩石极硬,需采用大拉力、大扭矩施工。

(5)反井钻钻头安装

1)更换滚刀施工步骤。

下井口周边安装锚杆→焊接钢架→安装、焊接半圆形钢板→下放扩孔刀盘→更换滚刀→上提刀盘→钢架拆除。

2)吊点锚杆施工。

根据导孔扩孔贯通位置及锚杆布置(图 4-13)提前安装好固定锚杆,需在反拉成井施工前完成。

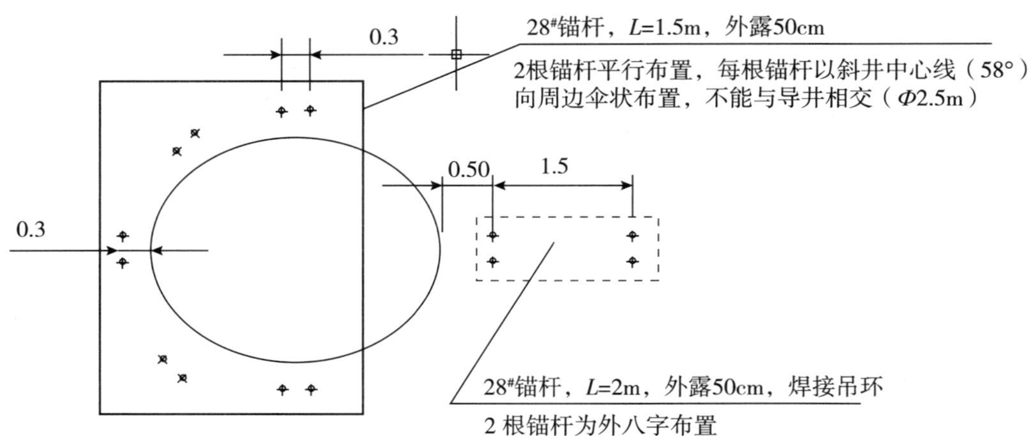

图 4-13　吊点锚杆布置

3)安装钢架支撑。

当确定滚刀出现问题需要更换时,用吊车或吊顶锚杆配合手拉葫芦,将 5 根加工好的工字钢(20# 、长 8m)分别焊接在导井周边的 5 组锚杆上,安装时要确保工字钢之间形成 Φ2. 5m 的半圆,角度为 58°,每根工字钢的上平面正对着导井中心线,再按顺序焊接相同直径的半圆弧钢板,形成一个从井口延伸至洞室底部的半圆形斜钢架,底部打几组地锚焊接固定钢架。钢架支撑示意图见图 4-14。

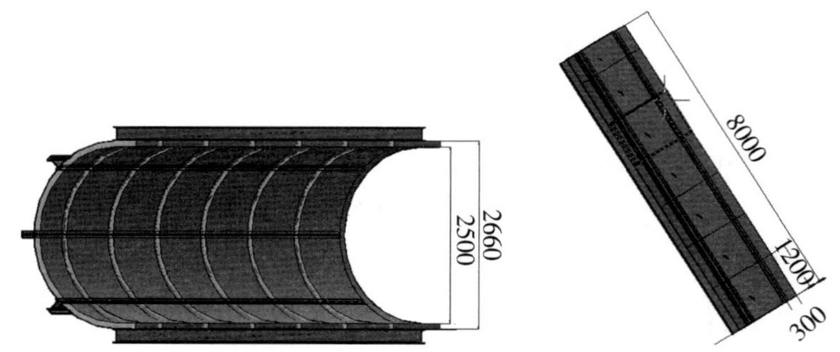

图 4-14　钢架支撑示意图(单位:mm)

4)更换滚刀施工。

①刀盘下放。

钢架安装完成后,下放扩孔刀盘至井口位置,由经验丰富的操作手用慢速手柄进行下放,按钻机操作规程,时刻注意观察仪表参数、活动套和钻杆位置,如果出现刀盘卡顿现象要轻微转动,再进行下放,旋转压力不超过 15MPa,下放时要记录好钻杆参数和下放距离，确保上下联络畅通后，开始下放刀盘至井底位置。

②井口防护。

在井口周边锚杆及钢架上焊接钢筋支架，支架铺上竹跳板进行孔口防护，加以固定，防止井内落石伤人。

③更换滚刀。

所有工作及安全确认之后，拆卸滚刀并按要求安装滚刀，在施工过程中，钻机操作人员任何情况下不得提升或转动钻具，除非接到明确指令（电话或现场交接）并确认后方可操作钻机，防止机械伤害或落石伤人。

④上提刀盘。

扩孔刀盘安装好之后，再慢慢向上将刀盘提至导井内，到位之后先对斜钢架进行拆除，再继续扩孔施工，上提刀盘注意同刀盘下放。

⑤注意事项。

每道工序施工前必须进行必要的安全确认，所有施工人员必须穿戴好防护用品，高空作业要系好安全带，确保安全。

4.2.3.4　扩挖支护

（1）下斜井扩挖施工方法简述

斜井全断面扩挖采用深斜井扩挖支护一体化智能装备上的扒渣机械臂进行钻爆施工，爆破渣料通过先期施工的溜渣井滑落至下平洞，通过4#施工支洞至进厂交通洞进行出渣。

斜井扩挖工作在导井开挖完成后自上而下进行，采用的主要方法为：布置1台25t双筒卷扬机和1台10t双筒卷扬机分别牵引深斜井扩挖支护一体化智能装备和载人运料小车上下运行于斜井之间，扩挖采用人工钻孔爆破，开挖面采用光面爆破开挖，钻孔采用人工YT-28气腿钻，钻孔直径42mm，循环进尺根据不同围岩类别暂定为Ⅱ类围岩洞段开挖循环进尺3.0～3.2m，Ⅲ类围岩洞段全断面开挖循环进尺2.2～2.5m，Ⅳ类围岩洞段开挖循环进尺1.5～2.0m，Ⅴ类围岩洞段开挖循环进尺1m。开挖石渣通过导井溜渣至下平洞段，使用侧卸装载机配20t自卸汽车出渣，通过4#施工支洞运送至指定渣场。支护利用深斜井扩挖支护一体化智能装备作为施工平台跟进支护，施工人员及施工材料通过载人小车往返于工作面之间。喷锚支护均在深斜井扩挖支护一体化智能装备上进行，锚杆安装采用YT-28气腿钻钻孔，GSZ130注浆机注浆，采用“先注浆，后插杆”的方法安装锚杆；喷射混凝土采用混凝土喷射机在深斜井扩挖支护一体化智能装备上施工，并利用运料小车接输送管供料，供料时在上弯段采用集料器通过输水管转料至运料小车内，再通过卷扬机下放运料小车运送至深斜井扩挖支护一体化智能装备上。

(2)施工布置

1)施工期通风。

在与上弯段连接的3#施工支洞洞口布设1台2×90kW风机,与下弯段连接的进厂交通洞洞口布设1台2×132kW风机,采用压入式通风向洞内输送新鲜空气,下斜井导井贯通后上下形成烟囱效应,主要采用自然通风排烟。

2)施工供风。

在3#施工支洞洞内布设3台40m³/min中风压空压机或低风压空压机。

3)施工供排水。

应系统排水的需要,扩挖区上游侧底角安装2根Φ100排水钢管,开挖过程中的随机排水管引接至钢管内,积水排至工作面。开挖过程中实施可能受爆破影响且降低开挖工效,建议在扩挖完成后实施,混凝土浇筑阶段进行注浆封堵。

4)施工照明及供电。

斜井施工照明布置除在上弯段顶监测平台下方布置1台220V探照灯外,斜井每20m还设有1盏装有防护网的隧道灯,作为交通照明;每50m设有1盏应急照明灯;深斜井扩挖支护一体化智能装备上设有施工照明灯具;施工人员配备蓄电池矿灯,增加照明强度。

停电应急照明灯选用YD-126型双头防水应急照明灯,采用2根Φ22锚筋固定于斜井顶拱处,布置间距50m,意外停电时自动开启应急灯照明。系统电源为业主提供双回路供电,可满足应急处置电源,分别在3#施工支洞洞口和洞内布置变压站,应急备用电源配置大功率柴油发电机进行供电。

根据用电负荷选用不同规格的耐磨塑胶铝芯线,布置在开挖洞室底板2.5m高的右侧侧墙(供水管路的另一侧),线路支架用60cm长、50#×50mm槽钢制作,电线固定在绝缘子上,通过钻孔锚入岩壁20cm,布置在隧洞的同一直线上,供电线路随工作面往前延伸,端头距施工掌子面50m,并配置三级配电柜,配电柜至工作面所用供电线路均采用带绝缘皮的电缆。

5)深斜井扩挖支护一体化智能装备。

为深入贯彻落实习近平总书记关于安全生产工作一系列重要指示精神,以安全发展为目标,认真贯彻关于开展“机械化换人、自动化减人”科技强安专项行动的安排部署,切实解决企业机械化、自动化程度低等影响和制约安全生产的问题,力争在“机械化换人、自动化减人”上取得一定的突破。针对减少斜井扩挖施工期间人工扒渣作业可能发生人员意外坠井的安全风险,并提高施工效率,特研制该深斜井扩挖支护一体化智能装备(图4-15)。

深斜井扩挖支护一体化智能装备的行走动力系统由上弯段布设的1台牵引力

142kN 卷扬机提升系统提供，其中提升系统由固定式卷扬机、钢丝绳、连接件、台车滚轮及轨道等组成。工作系统主要由运行式支护平台下部的液压式机械臂及小型卷扬提升机组成。装备在斜井内运行长度 389.14m，人员、设备及材料等运送通过独立运输小车上下进行作业。

图 4-15　深斜井扩挖支护一体化智能装备

固定式卷扬机钢丝绳按支护平台运行时载荷 12.73t（人物混合）考虑，安全系数为最大荷载的 11 倍，其变频控制可根据需要实现多档位操作控制，起升速度 2～20m/min。固定式卷扬机有断绳保护、调节长度维持台车平衡、超速保护、超载保护、高速轴制动器磨损自动补偿、松闸限位、低速轴制动器手动释放等安全保护功能。在井口上极限位置和底部低位均设置限位保护功能，深斜井扩挖支护一体化智能装备上设置急停按钮，可完成紧急情况下停车。

深斜井扩挖支护一体化智能装备使用前，在进厂交通洞或 3# 施工支洞洞口坡面选择坡度相当、有一定坡长的部位进行深斜井扩挖支护一体化智能装备安装及试运行试验。

6)施工通道。

斜井扩挖过程中的施工人员等上下斜井主要通过乘坐运料及载人小车（载人与运料不可同时进行），深斜井扩挖支护一体化智能装备由 1 台 25t 固定式卷扬机牵引运行。智能装备轨道一侧布置人行安全爬梯。

安全爬梯采用固定式钢直梯形式，采用成品轻型装配式爬梯挂装，梯段设置安全护笼，护笼采用弧形结构，护笼采用 50×6mm 扁钢，立杆采用 40×5mm 角钢。水平笼箍固定在梯梁，立杆在水平笼梯内侧且间距相等，与其牢固连接。下端护笼底部需进行封闭，护笼顶部在平台或梯子顶部进出口平面之上高度不小于 1.2m，并设置进出平台的安全防护措施。水平笼箍垂直间距不大于 1500mm，立杆间距不大于 300mm。每隔 2.1m 采用 Φ20 锚杆固定，锚杆入岩不小于 50cm，固定爬梯于底板岩面上。

爬梯每隔 15m 设置应急安全休息平台，平台内配置应急救援物资，如高热量食物、饮用水、急救医药用品等。斜井爬梯上起上弯段起弧点，下至工作面，爬梯沿开挖面进行布设，在距离掌子面 6m 以内采用活动挂式爬梯，便于爆破时拆除。下斜井扩挖断面布置见图 4-16。

由于固定式卷扬机均布置于中平洞底板中部，为保证运输材料车辆能够到达上弯段井口，减少人工搬运工作量，提高施工效率，需在每条中平洞上弯段附近的卷扬机左侧扩挖通行耳洞，且卷扬机及钢丝绳运行区域下降1m。单条扩挖耳洞尺寸25.7m×4.0m×5.8m(长×宽×高)，超挖钢丝绳运行区域4.8m×23.2m×1.0m(长×宽×高)，后期须回填混凝土。扩挖区域支护形式需根据围岩条件，参照中平洞支护形式进行系统支护。

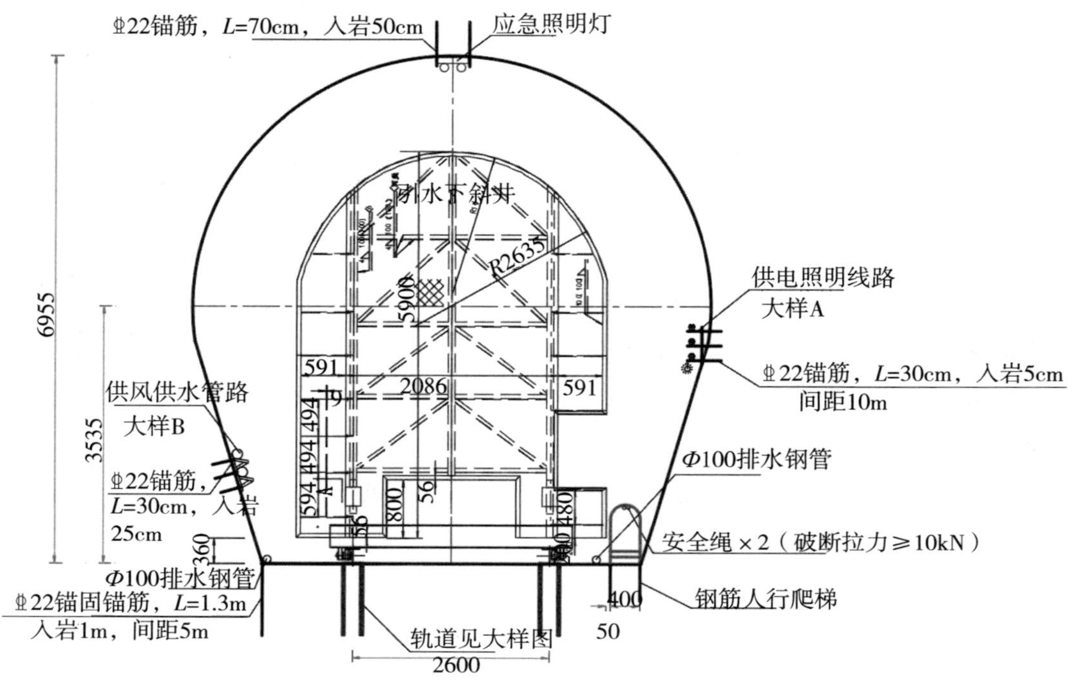

图4-16 下斜井扩挖断面布置(单位:mm)

7)施工通信。

①深斜井扩挖支护一体化智能装备、运输小车、中平洞及下平洞作业人员之间主要采用对讲机联系，斜井内设置电信通信信号发射装置。

②运输小车运行指挥人员与中平洞操作人员之间除采用对讲机进行直接联系外，还在中平洞平台井口安装电铃和声光警示器，深斜井扩挖支护一体化智能装备和运料小车运行前应有电铃警示，中平洞操作人员按照事先规定的信号指令操作卷扬机。

③中平洞操作人员可根据深斜井扩挖支护一体化智能装备上的闭路电视监控系统、无线视频监控系统及时掌握小车在斜井中运行情况，随时做好停机准备，避免安全事故发生。

④在小车及深斜井扩挖支护一体化智能装备使用前须进行信号测试，确保可靠稳定，加强过程维护。

8)天锚布置。

引水斜井上弯段上游起弧点向上游4m区域,沿洞顶中轴线布置第一组天锚吊点,再向上游方向间隔5m布置第二组天锚吊点。每组吊点承载力不小于15t,该吊点具备深斜井扩挖支护一体化智能装备卸车、安装及下放辅助功能。每组吊点设4根Φ25砂浆(M20)锚杆,入岩深度不小于3m。

引水斜井上弯段上游起弧点向上游20m,在深斜井扩挖支护一体化智能装备卷扬机安装部位左右各布设第三、四组天锚吊点,间隔不小于4m。每组吊点承载力不小于30t,两组吊点承担台车卷扬机卸车及安装。每组吊点设8根Φ25砂浆(M20)锚杆,入岩深度不小于3m。

引水斜井上弯段上游起弧点向上游15m,布置在载人运料小车卷扬机右侧第五、六组,吊点间距不小于2m。用于载人运料小车卷扬机卸车及安装使用,每组承载力不小于8t。每组吊点设3根Φ25砂浆(M20)锚杆,入岩深度不小于3m。

(3)施工方法

1)施工程序。

施工准备→卷扬机布置→测量放样→上弯段及前50m斜直段扩挖→轨道安装→深斜井扩挖支护一体化智能装备就位→卷扬机牵引系统安装→深斜井扩挖支护一体化智能装备安装→载人运料小车安装→斜井扩挖支护施工循环→斜井扩挖验收→深斜井扩挖支护一体化智能装备及卷扬机系统拆除。开挖支护施工总程序见图4-17。

2)施工准备。

①技术方面:开挖前,工程技术部进行技术交底,施工管理部和各施工队必须收集和研究技术部下发的所有相关的技术资料(设计图纸、各类通知单及施工规范等),明确施工的具体部位和设计要求。

②洞内风、水、电及施工人员、机具准备就位。

3)井口封闭。

①前50m开挖。

人工系挂双保险,井口拼装封闭钢筋网片井盖,网片之间采用8#铁丝进行加固。

②正常段开挖。

人工系挂双保险,在井口利用深斜井扩挖支护一体化智能装备上简易提升装置进行井盖封闭,液压机械臂辅助井盖移动。井盖采用铝合金齿形钢格板,中部设置为可折叠合页形式。

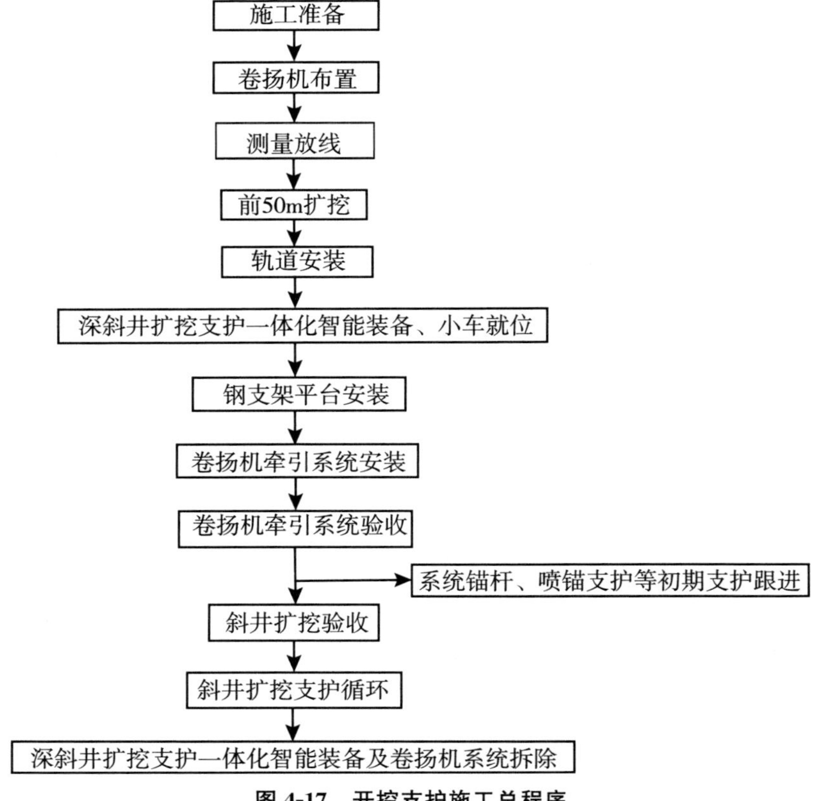

图 4-17　开挖支护施工总程序

4)测量放线。

①测量控制点。

施工测量控制点采用 3# 施工支洞开挖时形成的控制点进行施工测量放样,该部位开始施工前须对控制点进行复核,得到测量监理工程师认可后方可使用。测量放样采用激光指向仪进行放样,全站仪定期进行复核控制。

②激光指向仪放样。

根据其他斜井开挖施工经验,斜井在扩挖过程中,掌子面尽量平行于水平面,水平面更利于钻爆作业施工,据此采取以下方法利用激光指向仪进行掌子面施工放样。

a. 放样。

在下斜井顶拱中心向下约 20cm 处安置激光指向仪,并将激光线的角度与洞轴线角度调成一致。

激光指向仪控制点布置见图 4-18,激光基准线与掌子面相交于点 A;再利用吊垂球的方法,在离 A 点约 2m 的地方得到激光点在地面上的投影点 B。

地面点上的 A、B 两点即为开挖掌子面中线上的两个点,通过这两个点得到掌子面的中线。

开挖断面周边孔放样采用“五寸台法”，利用 CAD 画出从顶拱向下每 50cm 的点所对应的左右偏中距离（图 4-19 适用于斜井标准设计断面桩号）。

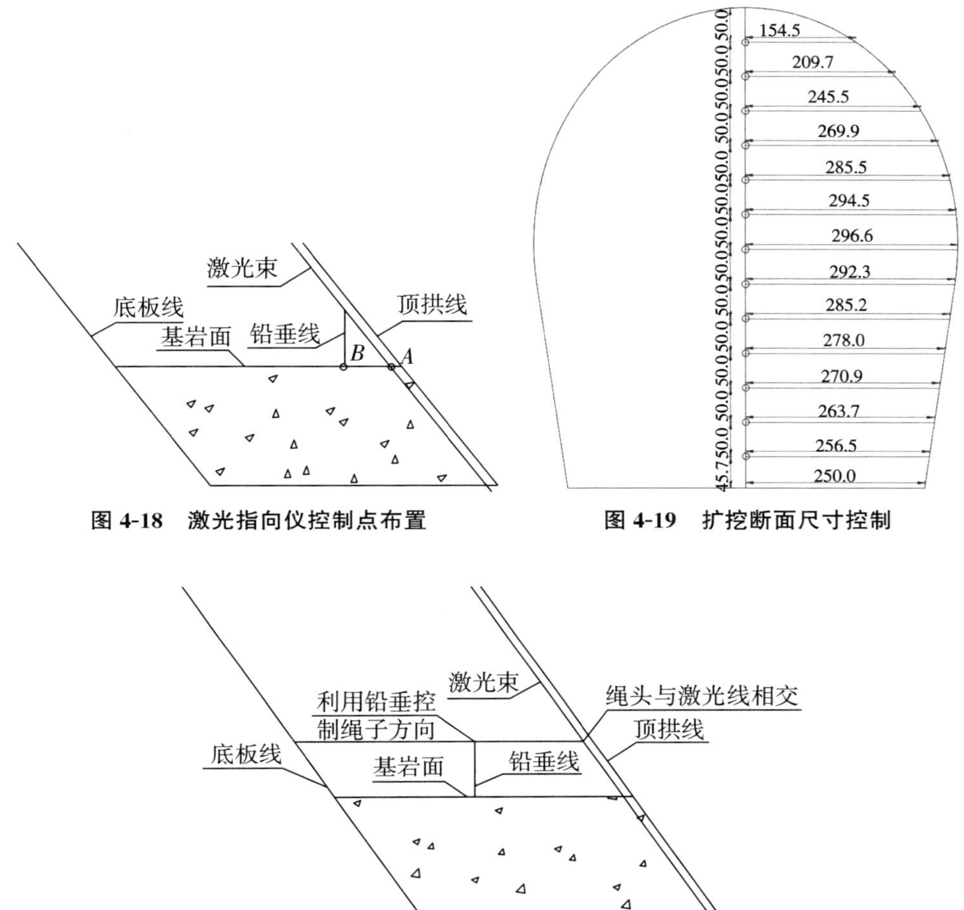

图 4-18　激光指向仪控制点布置

图 4-19　扩挖断面尺寸控制

图 4-20　扩挖断面验收示意图

施工人员在现场根据上述偏中参数，利用钢卷尺、直角三角板和水平尺，分别放出从顶拱向下每隔 50cm 的左右支距，并做好标记，即完成掌子面周边孔放样。

b. 验收。

每次循环放样前采用“五寸台法”检查上一炮欠挖情况。

c. 质量保证措施。

Ⅰ. 激光必须定期检查，保证指向的准确；

Ⅱ. 过程中配备水平尺、直角三角尺（角度尺）和垂球，控制量距误差；

Ⅲ. 用测量工具测量时需绷紧，保证量距的准确性；

Ⅳ. 掌子面需要保持开挖平整，减少开挖斜面可提高“五寸台法”的测量控制精度。

每隔5～6个循环，用全站仪检查已开挖部分的形体轮廓，检查“五寸台法”的测量精度。

③全站仪复核放样。

为保证扩挖断面尺寸控制精度，每隔5～6个扩挖循环，就利用全钻仪对激光指向仪和开挖面进行复核放样。根据光面爆破设计要求利用全站仪在开挖面上定出周边孔及爆破钻孔位置，并标明隧洞腰线和起拱线。根据洞身的走向，放出造孔施钻的方向线。各周边轮廓放样点相对于洞轴线的点位中误差允许偏差为±50mm并满足设计要求。在洞顶设置方向控制点，根据隧洞的坡度和深度，可在掌子面上作两点的投影点，以控制隧洞的开挖坡度。对于炮孔放样，根据炮孔的偏角和炮孔的深度，在同一掌子面上作两端点的投影点，以控制炮孔的钻孔方向。钻孔须按结构尺寸控制深度时，对逐个孔位和深度进行放样标注，控制结构尺寸满足设计要求。

④测量平台。

全站仪测量放线需要在进行全断面扩挖时在底板上二次开挖出测量作业平台，平台尺寸1.2m×1.2m，在上弯段末端、斜直段起点处开始布置第一个测量平台，每条下斜井共布置14个测量平台。

同时，测量平台在平时还可作为深斜井扩挖支护一体化智能装备避险平台。

5)斜井初始段扩挖。

斜井初始段为50m范围内的上弯段和部分斜直段，实际距离可根据现场爆破影响距离调整，初始段开挖完成后即可进行轨道和台车的安装。

斜井初始段开挖时采用人工手持手风钻钻孔，人工装药、联网爆破，人工清渣。爆破石渣通过前期导井溜渣至下部平段，下部装载机配合自卸汽车装运石渣。为便于人工出渣，每茬炮爆破完成后开挖面与导井口方向成一定坡降，便于爆破下渣和人工清渣。

斜井初始段开挖时采用钢筋网片封闭导井口，单块网片结构为3.5m×0.7m(长×宽)，四周采用Φ48钢管或⌽22钢筋焊接，纵向中部各增加1道Φ48钢管加强支撑。网格采用Φ8@20×20cm钢筋铺设，井口共设置4块网片，单块网片质量33.9kg。封闭网片总质量135.6kg。

斜井初始段扩挖通过设置的爬梯上下交通，每次爆破时距掌子面附近3～6m内采用活动挂式爬梯，便于爆破时拆除及下次利用。

6)斜井扩挖辅助设施施工。

斜井扩挖辅助设施包括轨道安装、深斜井扩挖支护一体化智能装备、载人运料小车、钢支架平台、卷扬机牵引系统、齿形钢格板等项目。

斜井上弯段及直线段50m扩挖施工采用人工扩挖，上下交通采用钢筋爬梯。为便于人工扩挖扒面，工作面开挖形成朝向导井且具有一定坡降的近似水平面，每次循环除人工扒渣时段外，导井口均进行封闭，人工扒渣时必须系好安全绳和安全带。

50m初始段开挖完成后，从上平段、上弯段至开挖掌子面安装轨道，然后将拼装成形的深斜井扩挖支护一体化智能装备和载人运料小车下放到斜井直段轨道上锁定。台车固定后，拆除上弯段布置的轨道，安装上弯段钢支架平台和卷扬机系统，随后进行深斜井扩挖支护一体化智能装备、载人运料小车钢丝绳及托辊的安装，进行卷扬机牵引系统的调试，卷扬机提升系统验收完成后，开始斜井直线段正常扩挖施工。

7)台车轨道加固布置。

斜井扩挖支护台车与后期压力钢管运输安装小车共用同一轨道，采用Ⅰ20b工字钢，两个循环安装一次轨道长度6m(3m+3m)、轨距2.6m。采用上弯段天锚设置临时吊点，将轨道放置在载人运料小车或深斜井扩挖支护一体化智能装备上进行固定，携带轨道运输至安装部位，利用手拉葫芦人工辅助进行安装。轨道爆破防护通过在轨道端部设置钢结构内衬橡胶保护套，底部10m范围内采用竹跳板进行覆盖防护。

轨道安装原则上按照设计开挖面进行控制，轨道安装前先将轨道铺设基础进行清理，岩面超挖不大于20cm的轨道安装原则上铺设在开挖基岩面上，经测量放样后轨道下部与基岩面之间间隙采用喷射C30混凝土或同标号砂浆进行找平。轨道利用两侧钢筋锚杆进行固定，锚杆为Φ25钢筋，每排4根，单根长1.03m，入岩1.0m，锚杆间距0.1m，加固点间距1.0m。若岩面超挖大于20cm轨道底部超挖脱空采用Ⅰ20工字钢进行支垫找平，工字钢与底部锚筋焊接，支点两侧采用10#槽钢进行辅助加固，支垫工字钢、槽钢分别与轨道满焊连接，加固间距1.0m/道。两次轨道拼装间隙需在轨道肋板两侧帮焊12mm厚Q235钢板20cm×10cm(长×宽)满焊进行连接加固。

8)钻爆开挖施工。

①开挖进尺。

a. Ⅱ、Ⅲ类围岩开挖。

引水中平洞开挖典型断面尺寸为5.0m×5.9m，采用全断面开挖掘进，循环进尺按3m控制。采用气腿钻钻孔，撬挖排险清面。开挖掌子面精确控制孔深，使得爆破石渣自然滑落至溜渣井，减少扒渣工作量，减小扒渣的安全风险。

b. Ⅳ类围岩开挖。

Ⅳ类围岩采取短进尺、弱爆破、强支护的方式进行开挖，循环进尺按1.5～2.0m控制，具体循环进尺须根据地质围岩情况调整。

②开挖施工工艺措施。

a. 钻孔、装药爆破。

由熟练的钻工严格按照掌子面标定的孔位钻孔。造孔前先根据拱顶中心线和两侧腰线调整钻杆方向和角度，经检查无误后方可开孔。爆破孔和周边孔严格按掌子面上所标孔位开孔施钻。局部由于开挖造成的工作面不平整部位，须采用钢管及竹跳板搭设简易操作平台进行施钻。由于周边孔采用手风钻造孔，每个循环长度 3m，则每循环须技术性超挖约 10cm。掌子面坡度根据扒渣情况适当调整每孔循环孔深，保证掌子面形成 10°向中心溜渣井坡度。

起爆采用非电毫秒雷管和导爆管，光爆孔采用导爆索引爆。钻爆参数：周边孔孔距 50～60cm、线密度 200g/m，爆破孔间排距不大于 1.3m×0.8m，平均单耗约 1.0kg/m³，施工过程中根据实际效果、地质变化情况等，并结合现场具体情况进行适当调整，优化爆破参数，以便取得最佳爆破效果。深斜井扩挖支护一体化智能装备需提升至合理避炮点(距离掌子面不小于 50m)。

b. 通风散烟、安全处理及出渣。

通风散烟后，利用深斜井扩挖支护一体化装备操作平台，人工手持钢钎对洞壁上的松动危石和岩块进行撬挖清除。施工过程中应经常检查已开挖洞段的围岩稳定情况，清理、撬挖掉可能坍落的松动岩块，排险完成确认安全后，采用一体化装备机械臂进行扒渣，通过溜渣井出渣至下平洞，然后采用 3m³ 装载机配 20t 自卸汽车运输出渣。须做好钻爆与出渣的工作协调，宜按一炮一出渣控制，必须保证出渣不超过两个循环。对上部约 50m 段采取人工扒渣，人工扒渣在完成排险和井盖安放固定后进行，扒渣人员不得超过 3 人，均须系安全绳、安全带，穿戴劳保着装作业。

9)锚喷支护施工。

为确保开挖过程中的岩体稳定及人身和设备安全，开挖后及时进行支护。

洞室支护锚杆为普通砂浆锚杆，采用“先注浆，后插杆”施工工艺。

a. 主要材料。

锚杆：普通砂浆锚杆按照施工图纸要求选用合格的Ⅲ级高强度螺纹钢筋。

水泥：选用不低于 P. O42.5 级普通硅酸盐水泥，质量符合国家《通用硅酸盐水泥》(GB 175—2007)的规定。

砂：采用最大粒径小于 2.5mm 的中细砂，使用前须经过筛选合格，其质地坚硬、清洁。

砂浆：水泥砂浆的强度等级不低于 M20。

b. 钻孔。

钻孔采用 YT-28 型气腿钻或者圆盘钻进行造孔，造孔前根据设计图纸对锚杆孔位进行测量放样，造孔严格按照放样孔位开孔，孔位偏差小于 5cm，造孔深度达到设计要求，孔深偏差不大于 5cm。

c. 清孔。

锚杆注浆前，均对锚杆孔采用高压水(或风)进行清洗，将孔内的岩粉、岩泥、积水等杂物清除干净。

d. 注浆及锚杆制安。

砂浆采用搅拌机拌制，GSZ130 型注浆机注浆。注浆和插杆操作采用深斜井扩挖支护一体化智能装备，注浆管采用 Φ30mm 的 PE 管。注浆时，注浆管插入至孔底 5～10cm。注浆过程中，注浆管缓慢从孔底拉出，水泥砂浆密实度必须达到杆体全长的 75%以上。待孔内注满水泥砂浆后立即将锚杆插入孔内，然后在孔口将锚杆临时固定。砂浆终凝前，不得敲击、碰撞和拉拔锚杆。

e. 喷射混凝土施工。

喷射混凝土分段分片、自上而下，分层施喷。挂钢筋网部位按“喷—网—喷”的程序进行。

施工前先对喷射岩面进行检查，清除浮石、堆积物等，并用高压风（水）冲洗岩面，对易潮解的泥化岩层、破碎带和其他不良地质带用高压风清扫，埋设钢筋做量测喷射混凝土厚度标志。有水部位，埋设导管或设盲沟排水。喷射混凝土前进行地质资料的收集和整理，并配合监理人及设计地质工程师进行地质素描。

采用 GSP-D 型混凝土湿喷机施喷，喷射混凝土的强度为 C25。喷嘴与岩面距离 0.6～1.0m，喷射方向大致垂直于岩面，每次喷厚 3～5cm，分 2～3 次喷至设计厚度，每次间隔 30～60min。在保证混凝土密度的前提下，尽量减少回弹量。挂钢筋网施工分区、分块进行，挂网前先喷一层 5cm 厚混凝土。钢筋网采用 Φ8@20×20cm。钢筋网在场外按 2～4m^2/块进行编焊，运至工作面后，人工在隧洞上沿岩面采用深斜井扩挖支护一体化智能装备铺设，利用锚杆头点焊固定，中间用膨胀螺栓加密固定。钢筋网与受喷面间隙不大于 3cm，挂网完成后复喷混凝土 5cm。喷护完成后，及时对喷护面进行湿润养护，实际支护参数以设计文件核准。

10）不良地质段施工措施。

①选择合理施工方法。

遇断层破碎带时，采取超前支护，在超前支护的保护下，进行分部分层开挖。若断层地段出现大量涌水，则采取排堵结合的治理措施。

②合理采用浅钻孔、弱爆破、多循环的施工方法，严格控制炮眼数量、深度及装药量，尽量减少爆破对围岩的震动。

③采取超前固结，一掘一支护，爆破后立即喷射混凝土封闭岩面，扩挖面扒渣后，再施工系统锚杆、复喷混凝土，必要时进行全断面加厚支护。

④加强施工安全监测，勤检查和巡视并及时分析监测成果和检查情况，掌握围岩应力应变情况，及时采取行之有效的支护措施。

11)斜井扩挖堵井预防及处理措施。

①堵井原因分析。

下斜井扩挖溜渣导致堵井的概率虽小，但发生堵井的现象仍然可能存在，总体归纳起来主要有以下 4 种：

a. 溜渣导井断面太小，溜渣时容易堵井；

b. 现场施工过程中未严格按爆破设计执行，或者爆破参数设计不合理，爆破形成超径石造成堵井；

c. 溜渣井中间某段地质条件差，爆破和溜渣过程中塌方造成堵井；

d. 斜井下部集渣区空间太小或出渣不及时，堆渣积压密实造成堵井。

②堵井预防措施。

根据斜井溜渣导井堵井的原因和施工手段，可采取以下措施预防溜渣导井堵井：

a. 防止堵井，首先要从源头上控制，减少 1 次爆破溜渣量；并且必须严格按照设计的爆破参数执行，特别是要控制好爆破钻孔的间排距，增加各段位延迟时间，减小堵井概率。合理布置炮孔密度，离溜渣导井边缘越近，炮孔间排距应越小，合理装药，周边炮孔间排距控制不大于 60cm，控制爆破后最大石渣块度尽量不大于井径的 1/3。

b. 用非电半秒延期雷管合理分段延期爆破，并加大各段雷管起爆间隔时间，避免爆破后石渣集中挤压堵井。

c. 导井下口堆渣距离井口小于 2m 时及时出渣，避免堆渣堵井。

d. 人工在井内扒渣时，注意观察导井内风向及气流情况，防止堵井后继续下渣，致使导井全部堵死，无法处理。

e. 对下部集渣区集渣及时清理，避免堆渣密实造成堵井。

f. 在引水下平洞安装监控摄像头，实时监控下部堆渣情况。

③堵井处理措施。

为保证堵井处理能够安全快速地完成，保证处理人员的安全，扩挖发生堵井时采取以下处理措施：

a. 施工人员进入现场后，根据不同的堵井情况确定处理方法。首先用钢钎或炮杆试探性确定井口处石渣是否封堵牢靠。如果是溜渣井口轻微封堵且封堵渣料较小，采用钢钎进行人工清撬，作业人员必须配备双保险。清撬时注意相互间的协作与监控，并保持作业人员有一定的安全距离。处理人员不宜过多，一般不得多于 3 人。

b. 当堵井点发生在井口下 5m 以内时，可用手风钻钻孔震动疏通，如仍不能疏通，则用钻机钻孔爆破疏通。

c. 当堵井点发生在井口下 5m 以上且堵井长度较短，可从井口从上往下放药包至堵井处，利用爆破震动疏通或高压灌水加压方式疏通。

d. 当堵井长度较短，且距离斜井底部较短时，采用悬挂药包，爆破疏通，或利用气球顶炸药包（尼龙布特制气球）至堵井处爆破疏通。

e. 当在斜井中部发生堵井，且采取其他措施无法疏通时，在堵井处上部搭设支架，距井壁外50～100cm用潜孔钻钻孔，细钢丝绳悬挂炸药下孔（重锤下引），爆破疏通。

f. 考虑扩挖期间可在导井内设置提拉钢丝绳装置，钢丝绳上每隔10m设置卡扣或绳结。若发生堵井，可在上井口通过简易装置提升钢丝绳带动堵井段岩石，使之松动并疏通堵井段。

12）安全控制。

一旦发生堵井，要求必须在保证安全的前提下进行处理。首先，班组长和现场安全员要对所有参与施工人员进行专题安全教育，制定堵井处理专项技术方案并进行处理方案的技术交底，对参与人员进行分工，明确每个人所要承担的工作内容。

工作前，施工人员相互检查安全防护用品是否配齐、佩戴是否牢靠。施工人员有序进入工作面后，首先将安全绳绑扎牢靠并经过检查合格再进入工作区域，按照原定处理方案进行处理。在处理堵井作业时必须有专职人员进行现场全程监控和指挥。

（4）资源配置

1）施工机械配置。

主要机械设备配置见表4-9。

表4-9　主要机械设备配置

序号	设备名称	型号	单位	数量
1	泥浆泵	TBW-1200/7B	台	1
2	潜水泵	2.2kW	台	8
3	汽车吊	8t	台	1
4	手拉葫芦	20t	套	6
5	手拉葫芦	10t	套	6
6	手拉葫芦	5t	套	6
7	深斜井扩挖支护一体化智能装备	7t	台	2
8	卷扬机	12t	台	2
9	湿喷机	GSP-D	台	2
10	锚杆注浆机	GSZ130	台	2
11	装载机	ZL50	台	1
12	反铲	220	台	1
13	自卸汽车	20t	台	3
14	手风钻（圆盘钻）	YT-28	台	9

2)施工人员配置。

主要施工作业人员配置见表4-10。

表4-10　主要施工作业人员配置　(单位:人)

序号	工种	人数	序号	工种	人数
1	管理人员	5	7	技术人员	2
2	安全人员	4	8	质检人员	2
3	卷扬机司机	6	9	辅助工	9
4	司机	7	—	—	—
5	钻工	15	—	—	—
6	支护工	9	合计		59

4.2.4　竖井开挖支护

竖井包含厂房排烟竖井、通风兼安全竖井、排风排烟竖井等。以排风排烟竖井开挖为例。

4.2.4.1　施工布置

(1)施工道路

根据施工洞室分层布置洞内施工通道,一般需在洞顶和洞底各布置一条施工道路,主厂房开挖需在中间也布置一条施工道路。

(2)施工风水电及排水布置

根据工作风水电用量配备合适的设备及管路,设备及管路布置不能影响交通,且要便于维修。

(3)通风散烟

通风散烟采取通风布置及洒水降尘等多种方式,减少爆破烟尘,提高通风效果。

(4)施工照明

施工照明采用照明效果好的LED投光灯等灯具,照明供电电压可采用220V,但需做好供电线布置。

(5)渣场

根据渣场规划,开挖有用料及无用料分别在相应渣场分区堆放。

4.2.4.2　开挖施工方法

竖井开挖采用ZFY1.8/40/250型反井钻机先自上而下施工Φ250mm导孔,然后自下而上反扩为Φ1.4m断面,最后人工由上至下扩挖至Φ3.5m(4.5m)设计断面。

竖井扩挖前完成 Φ1.4m 溜渣井开挖及井口圈梁混凝土施工。扩挖出渣采用扒渣机(ZWY-1.7-80,5.7m×1.7m×1.65m)进入竖井下部出渣。

(1)反井钻机安装调试

1)主机安装。

钻机基础混凝土浇筑 3～4d,强度达到后,即可将反井钻机安装就位。首先测量放样,制定翔实可行的测量放样措施。在现场采用全站仪对钻孔中心点进行详细的测量复核,测量重新在基础表面上放线,确定设计钻孔中心点和钻机安装轴线,并在基础上做好标记。再根据所做标记和钻机安装距离将工字钢焊接而成的轨道(轨距 60cm,Ⅰ16 工字钢)铺设在混凝土平台上,然后采用起吊设备(最小 12t 吊车)将钻机吊至轨道上(注意在吊装主机的时候不能移动轨道),调好钻机位置,锁紧卡轨器,焊接好拉筋。

2)辅助设施安装。

①液压站和操作台放置。

当主机吊装到基础上方的轨道上后,开始安装液压站,安装时须用水平尺找平,让液压油液面尽量水平;把操作台摆放至合适的位置是至关重要的,既要考虑到操作钻机时的视线问题,还要考虑安全问题。操作人员在上面操作时要能看到动力头位置、水槽及钻杆装卸装置(转盘吊、翻转架等),但操作台又不能离主机太近,防止在拆卸钻杆过程中误伤到操作人员。操作台的安放位置还要考虑到油管有足够的长度连接主机和液压站。

②油管启动线路的安装。

当液压站和操作台、启动柜放置到合适的位置后,接下来就要开始连接油管电缆等辅助设施。在连接安装油管时,必须把油管接头和插孔部位清理干净,防止液压系统污染,所安装油管不能凌乱,需包扎理顺;暂时不用的油管插孔(翻转架、转盘吊的油管插孔)用堵头堵上并插上“U”形卡。

③电路连接安装。

电器设备的安装人员必须取得国家认可的电工操作证方可作业。启动柜必须放置在干燥的地方,潮湿的工作面中下方需放置枕木垫高,并加固牢靠,在露天施工中必须加盖雨棚,防止受潮。

连接电缆前,必须仔细检查每根电缆的完好情况,发现破皮及时处理;受潮的电器元件要用电吹风烤干或用自带的预热装置通电烘干,每一个接头螺栓必须扭紧,检查启动柜、开关箱、电机的接地是否完好。检查电机绝缘,检查电源电压是否在允许范围值,连接好启动电源后,先不搭接用电装置(电机等),确认各电路元件连接无误后,先合上电源进行空载实验,并检查电压、电机绝缘情况后,搭接电机电源线。

④冷却水管路安装。

冷却水必须用循环水箱,不得直接从进水接入或用施工污水,防止冷却器堵塞或

缺水。

3)设备试运行。

启动电路、电缆、油管等辅助设施后,必须全面仔细检查,检查液压油是否在正确液位,各操作手柄是否在正确位置,大小泵调压阀先调整至低压位置,一切检查妥当,确认设备、人员的安全,并通知在场的所有人员后才能开机运行。先分别启动小泵、大泵,观察电机旋转方向是否正确,如不正确马上断开电源总开关调整相序,并再次确认转向正确后方可运行。设备运行过程中,注意观察设备的运行情况,并仔细检查所有工作部件(管路、接头、液压阀等)的运行密封情况,如发现异常及时停机。

4)立主机。

确认设备运行正常后,准备开始立主机,立机前需沿主机绕行观察,再次确认人员和设备安全,检查立机拉杆、销子、支撑耳安装是否正确牢靠,并明确通知在场所有人员后才能立机。如果主机下放较低,必须用千斤顶将主机往上打一定距离后才能立机,立主机须时刻注意设备和人员情况,慢速小心立机,其他相关人员也要在安全距离上观察主机和其他设备运行情况,检查小车架焊接拉筋和卡轨器是否稳固。观察立机撑杆和销子位置状态是否正常,当发现异常情况后必须及时通知操作手停机处理。如果是竖井,当主机立到 75°左右时,停止动作,快速把斜支撑调到合适的长度,正确支撑在主机架和小车之间,再拆去立机撑杆,用斜支撑把主机架调至正确的角度,再安装好机架两边的底脚板和地脚连接螺杆,脚板和机架的螺栓必须用扳手扭紧。

5)主机校准。

立起主机后,竖井施工可以先用吊线锤在机架的 4 个面对主机进行校准。在深井或者斜井的施工中在减速箱中部任意处做一微小标记点,再用高精度全站仪精确控制测量放样,对钻机齿轮箱上下行走的运动轨迹进行测量,对主机进行校准,待主机钻孔轴线调整至与设计轴线一致后(竖井垂直于水平面),固定好机架和小车之间的斜支撑才能浇筑二期混凝土,浇筑二期混凝土时,混凝土标号必须达到 C20 以上,用震动棒振捣密实,底脚板下面不得有空腔和缝隙。待二期混凝土达到强度后,扭紧地脚螺杆螺母,加固钻机架,并用测量仪器重新复核主机钻孔轴线。主机钻孔位置、轴线校准和主机的加固工作是偏差控制工作的关键步骤,直接影响到造孔精度,是整个钻孔精确控制的基础。

(2)导孔施工

1)导孔施工原理。

反井钻机施工原理由电机驱动液压泵旋转产生高压油,液压油传递动能至主机马达和液压油缸形成扭矩和推拉力,带动钻具(牙轮钻头)组旋转推进挤压切割岩石,完成 Φ250mm 导孔施工。

2)导孔钻进。

确认机器安装、运行、校准、加固无误后，安装开孔短接、导孔钻头、扶正器等，循环水泵开启后开始导孔钻进。开孔钻进时，采用慢转速(10～15r/min)、低钻压(4～6MPa)，开孔速度一般控制在 0.3～0.5m/h，开孔深度一般为 5～8m，开孔完成后，可以取下开孔器，待稳定钻杆安装后开始正常导孔钻进。在软岩层向硬岩层过渡时，不能快速加压，须导向杆和稳定杆部分进入硬岩时方可缓慢加至正常压力继续导孔施工，直至导孔贯通下水平。导孔钻进参数见表 4-11。

表 4-11　　导孔钻进参数

钻进位置或岩石情况	钻压/MPa	转速/(r/min)	预计钻速/(m/h)
导孔开孔	1～3	10～15	0.3～0.6
钻透到下水平前	6～8	14～18	0.5
砂岩	3～5	10～15	1.0～1.5
泥岩	3～5	10～15	1.0～2.0
正常岩层	5～8	10～15	0.8～1.0

3)导孔钻进的注意事项。

导孔钻进时各方面密切配合，操作时注意以下几点：

①对于导孔钻进产生的岩渣，通过洗孔液冲到沉砂池，要及时清理，避免大量泥砂再次进入导孔内，每根钻杆钻进完成后，必须等孔内的岩屑排出，才能关闭循环水接装钻杆；

②导孔钻透后，停止洗孔液循环，但钻机不能停转，开始向孔内加清水，直到孔内的岩渣经透孔点全部排出后才能停钻；

③导孔钻进过程中，如出现漏水现象、返水减小、返渣异常等情况，要及时停止钻进，向上取钻杆，进行灌浆等相关技术处理；

④操作人员必须严格按照《施工组织设计》和《技术交底》内容认真操作钻机，做好钻孔施工记录；

⑤每次长时间停机前必须冲洗干净孔内砂子，短时间停机时可把钻杆上提 50cm，保持循环水泵工作；

⑥在设备运行过程中，随时观察设备的运行情况，包括液压系统、所有螺栓的检查，发现问题及时停机处理。

4)不良地质段的技术处理措施。

①选用护壁材料。

在导孔施工过程中，根据地层情况合理选择护壁材料(如聚丙烯酰胺等)作为循环

冲渣介质，以提高冲渣效率和导孔完整性，防止孔壁塌方。

②孔内摄像。

遇到极不良地层，在无法判断孔内情况下，为了更为准确、直观地掌握孔内状况，可采用孔内电视摄像。通过电视摄像，可以清晰地看到渗水量、水位，是否有塌孔、裂隙、断层等地质缺陷，探头采集的图片和录像直接存储到计算机内，通过解释软件就可以分析钻孔的情况，对制定下一步施工措施具有重要作用。根据孔内摄像情况采取必要的技术处理措施。

③灌浆处理。

导孔在钻进过程中，钻杆遇到断层、裂隙、溶沟、溶槽或软弱夹层等不良地质段时，导孔会发生偏斜，容易导致导孔偏离原设计轴线，甚至会出现突然塌孔，无法返水返渣情况，致使孔内岩渣沉淀而堵塞，钻进无法继续，严重时会导致卡钻、埋钻等严重后果。在导孔钻进过程中，应对断层进行必要的处理，根据钻进过程观察，导孔钻进钻到断层时，采用护壁材料（聚丙烯酰胺、PAC-141、腐植酸甲等）按一定的比例均匀拌入循环水池中，作为循环冲渣介质使用；较大断层必须提钻进行灌浆处理，灌浆时由稀浆逐渐增大稠度，使其达到一定的扩散范围。然后重新钻进导孔，当通过全部断层和其影响带后，再将钻具提出，用稀浆进行全孔灌浆，主要是增强地层稳定性和封堵部分地层涌水，然后继续钻进贯通，如果在导孔钻进过程中，发现断层很难在无支护下稳定，需要和甲方相关部门协商处理。

导孔施工完成后，必须先冲洗孔壁，再用测量仪器测量出下水平透孔点坐标，确定施工导孔是否满足设计偏差要求。通过以上的质量保证措施，可以有效避免导孔过程中的质量事故，控制造孔偏斜率不大于1%，以满足设计要求。

(3)反拉导井施工

1)反拉施工原理。

导孔贯穿后，在下部隧洞用液压拆杆器拆掉导孔钻头，连接好扩孔刀盘，开始自下而上地提拉扩孔。扩孔钻进时破碎下来的岩屑靠自重落到PDX1探洞内，由扒渣机配小型拖拉机运出。

2)扩孔参数控制。

扩孔钻进时的扭矩、拉力和转速参数见表4-12。

表4-12　扩孔参数

序号	施工阶段	旋转扭矩/MPa	扩孔拉力/MPa	转速/(r/min)
1	开始扩孔	6～8	6～8	4～5
2	正常扩孔	10～18	11～18	6～8

续表

序号	施工阶段	旋转扭矩/MPa	扩孔拉力/MPa	转速/(r/min)
3	终孔前 3m	5～7	4～5	4～5

扩孔参数控制说明：

①当扩孔钻头接好后，慢速上提钻具。直到滚刀开始接触岩石，然后停止上提，并缓慢给进，保证钻头滚刀不受过大的冲击而破坏。开始扩孔时，下边要有人观察，将情况及时通知操作人员，待钻头全部均匀接触岩石时，才能适当增加扩孔参数，开始正常扩孔钻进。

②扩孔刀盘完全进入岩石后，确保全部滚刀均匀受力，可以适当增加提升拉力和转速进行扩孔，遇到破碎带时，要及时将钻进压力、转速降下来，尽量使反井钻机振动小，平稳运行。如果岩石非常破碎，除及时降低钻进压力外，还要将转速降低，避免产生较大的振动；操作人员要时刻注意听扩孔刀盘钻进岩石发出的声音是否平稳，判断岩层变化情况，观察液压表上旋转扭矩和各种扩孔参数的变化，发现异常及时调整。当岩石硬度较大时，可适当增加钻压，反之可以减少钻压。

③当钻头钻至距基础 3m 时，要降低钻压慢速钻进，缓慢扩孔，直至扩孔完成。扩孔过程中，要认真观察基础周围是否有异常现象，如果有，要及时采取措施处理。密切注意滚刀不能磨到钻机底脚(底脚板)、地脚锚杆、其他部件等，如碰到及时停机。

3)扩孔注意事项。

①扩孔钻进之前，在上、下平洞之间建立良好的通信(如有线电话)，以利于导孔钻头的拆卸和扩孔钻头的安装。在实在无法建立上下通信的工作面，用大锤敲击钻杆的方式打信号，在安装刀盘之前，上下水平的操作人员必须确认信号，形成一致，在安装过程中，上下水平的操作人员必须认真听信号，待准确无误后方可操作。

②反井钻机操作人员要集中注意力，精心操作，听到异常声音或有异常振动等情况时，及时停机处理，随时观察设备运行情况和机架固定情况。

③要求操作人员每班都要对活动套进行仔细检查，发现松动或者丝扣磨损严重，必须及时紧固或更换；当扩完 1 根钻杆时，拆出钻杆，在丝扣上抹丝扣油后再扭紧丝扣到规定扭矩(15MPa)，然后取出卡瓦，调低推进压力开始旋转推进，待钻头和岩石完全接触后，再缓慢调整推进力到合适大小后开始正常扩孔施工。扩孔过程也是拆钻杆的过程，拆下的钻杆要进行必要的清理，上油戴好保护帽。

④扩孔施工中，用水量约 $5m^3/h$，下水平巷道必须设有沉淀过滤池和良好的排水系统。

⑤施工中要观察下井口的出渣情况，并及时用铲运机或其他铲运设备清理扩孔破碎下来的岩屑，防止下口被堵塞；在出渣前必须通知钻机操作人员先停机，防止发生安

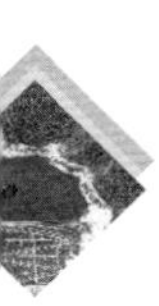

全事故。出渣完成后拉好警示带和安全标识，所有人员离开后才能通知钻机操作人员开机继续扩孔施工。

⑥在扩孔施工到5m左右时，把扩孔刀盘下放至下井口，彻底检查刀盘、中心杆、刀座，并检查所有螺栓的扭矩是否达到要求。

⑦活动套是反井钻机较容易出现问题的部位，稍有不慎就会发生严重后果，所以要求操作人员每班都要对活动套的丝扣进行仔细检查，如有问题及时更换；检查六方承载接头，如果出现松动要及时紧固。

⑧下井口做好安全警示，防止落石伤人，并派专人注意落渣情况，及时出渣，防止发生堵井事故。

4)收尾阶段。

扩孔完成，经过钻头吊装、拆机、清理工作面、井口防护、工作面移交等工作后结束施工。

(4)人工扩挖施工

1)卷扬机提升系统布置。

Φ1.4m导井反拉完成且井圈混凝土浇筑完成后，进行竖井全断面扩挖施工(一次扩挖至Φ3.5m设计断面)。在井壁布置垂直爬梯供作业人员上下(作业人员系牢安全带，安全带与上井口附近布置的插筋固定)，材料设备则由吊篮进入工作面。为避免爆破对爬梯造成破坏，距掌子面6m范围布置活动爬梯，爆破时将活动爬梯通过吊篮运至井外，爆破结束后再下放至井内。吊篮需缓慢下放，下放期间不得高于作业人员头顶。为便于操作人员在竖井内作业，在井口覆盖拼接式井盖形成作业平台。井盖由4片钢筋网片组成，单个尺寸为1.6m×0.4m(⌀20钢筋焊接成骨架，Φ10钢筋焊接成10cm×10cm网格)，单个网片质量19kg。

2)扩挖施工方法。

扩挖自上而下进行，采用手风钻从上而下按2m分层向下爆破开挖。为保证竖井开挖平整度及控制超欠挖，采用周边光面爆破，单循环爆破孔钻孔孔深控制在2m以内防止堵井。采用YT-28手风钻造孔，光面爆破参数随施工过程逐步优化调整。

每排炮后均需要认真进行安全处理，然后由测量人员复测断面，明确欠挖情况后及时处理。扒渣由人工手持铁锹进行，为保证竖井扩挖施工安全，在竖井扩挖施工前须完成竖井井口防护围栏施工。

3)竖井扩堵井原因分析。

根据以往工程经验，造成堵井的主要原因有以下几种：

①因现场施工过程中未严格按照爆破设计要求控制爆孔间排距、装药量，爆破形成超径石造成堵井，或未采用毫秒雷管分段爆破，造成集中溜渣而堵井；

②竖井偏斜严重，溜渣时在偏斜段受阻较大而易造成堵井；

③竖井中间某段地质条件较差，爆破和溜渣过程中塌方造成堵井；

④因为竖井下部集渣空间较小或未及时出渣，导致石渣在竖井下部堆积，进而将竖井下口封堵造成堵井。

4）预防堵井措施。

竖井及其溜渣井施工完成后，为保证堵井处理能够安全快速完成，保证处理人员的安全，制定扩挖堵井处理预案。

为防止堵井，首先要在源头上控制，在开挖阶段严格按照施工方案的规定进行扩挖，减少 1 次爆破渣量；并且必须严格按照设计的爆破参数执行，控制爆破钻孔的间排距，尽量减小爆渣粒径。

①加强地质勘查，根据地质情况设计合理的爆破参数，爆破前要严格控制炮孔间排距、装药量，炮孔间排距最大控制在 1.2m 以内，爆破后石渣块度不大于井直径的 1/3；采用毫秒雷管梯段爆破，避免溜渣集中；断层段要采用少药量、密孔距、长间隔法爆破，减少爆破扰动，避免塌方堵井。

②下部集渣区的集渣及时出渣，爆破循环进尺根据下部集渣区容渣量计算确定，保证每次爆破方量不至于堵井。

③在溜渣井钻孔时，加强偏斜量监控和纠偏处理，尽量减小偏斜量；选择有相关施工经验的操作人员实施溜渣井钻孔，钻孔过程中及时根据岩层情况结合钻机性能调整钻进压力、转速、水压和钻头移步等。

④支护时尽量减少掉渣量，并定期冲洗和清理井壁，将黏结在井壁的喷射混凝土物料清除干净，以减小井壁摩擦系数，使溜渣顺畅。

⑤加强现场组织管理，明确分工、明确责任，确保各项预防措施落实到位，出现问题及时反应，科学分析，保证竖井开挖顺利进行。

5）堵井处理预案。

一旦发生堵井，要求必须在保证安全的前提下进行处理。首先，班组长和现场安全员要对所有参与施工人员进行专题安全教育，进行处理方案的技术交底。并对参与人员进行分工，明确每个人所要承担的工作内容。

工作前，施工人员相互检查安全防护用品是否配齐、佩戴牢靠。施工人员有序进入工作面后，首先将安全绳绑扎牢靠并经过检查合格后再进入工作区域，按照原定处理方案进行处理。在处理堵井作业时必须有专职人员进行现场全程监控和指挥。

施工人员进入现场后，根据不同的堵井情况确定处理方法。首先用钢钎或炮杆试探性地确定井口处石渣是否封堵牢靠，如果是轻微封堵且封堵渣料较小，采用钢钎进行人工清撬。清撬时注意相互间的协作与监控，并保持作业人员有一定的安全距离。处理人员不宜过多，一般不得多于3人。

①当扩挖深度在5m以内发生堵井时，可用钻机钻孔爆破疏通。

②当扩挖深度在5m以上发生堵井时，可采用以下方法：

a. 人工爆破法。

人员通过爬梯至堵井处，尽可能找出堵井大石块，进行打眼或埋炸药包，保证密封不漏气，将导火索延长至井口地面，在地面点燃导火索，爆破疏通堵井。在人工清理溜渣井口小块碎渣时，只允许清理表面浮石，不得撬动被卡住的块石。施工人员必须系好安全带、安全绳，安全绳不得过长，以能满足正常清理工作为准，并有专人在井台负责固定、收(放)安全绳。将清理出的石块运送到井口平台，不得码放在井口上方。

b. 钻孔爆破疏通法。

若导孔堵塞比较密实，堵塞段过长，则只有采用钻孔爆破的方法进行处理。若直接在堵井石渣上钻孔易卡钻，故采用地质钻或反井钻机在堵塞段钻炮孔，装入炸药，用双复式导爆索起爆网路起爆；为提高爆破效果，防止漏气，应在炸药底部放置木塞封堵，上部灌水。

c. 高压水冲刷法。

首先尽可能清理堵井的碎石，用龙门吊将石渣吊出，然后用高压水冲洗堵井处，将碎石冲下，减小石块间摩擦力，促使岩石自然滑落。

d. 底部爆破法。

使用氢气球作为载体，垂直向上运送炸药到达堵塞段的下端，然后引爆炸药。爆破所需药量根据堵塞段的长度、密实度等情况另行分析计算。放置氢气球时使用其他辅助工具，工作人员禁止进入堵塞段的下方。

4.2.4.3 支护施工方法

竖井上井口锁口支护参数为⌀25，$L=6\text{m}@1\text{m}$，入岩5.7m；下井口锁口支护参数为⌀22，$L=3\text{m}@1\text{m}$，入岩2.9m，外扩角10°。

竖井上部10m段系统锚杆支护参数为⌀22@1m×1m，$L=2.5\text{m}$，入岩2m；剩余井段随机支护参数为⌀22，$L=2.5\text{m}$，入岩2.4m。全井段喷素混凝土C30，厚10cm，随机挂网。

混凝土喷射机、注浆机等布置在上井口附近，接导管至工作面进行施工。锚杆砂浆龄期、喷物混凝土强度等指标均满足相关要求后方能进行下一循环爆破施工。

(1)锚杆施工

1)施工主材和机具。

①锚杆。

普通砂浆锚杆的材料按设计要求选型。

②水泥砂浆。

水泥砂浆强度等级不低于 M2.5。

③钻孔。

钻孔主要采用手风钻。

④砂浆搅拌。

JJS 型搅拌机。

⑤注浆。

2SNS 型砂浆泵或 MZ-1 注浆机。

2)施工工艺流程。

普通砂浆锚杆采用“先注浆，后插杆”的方法施工，工艺流程见图 4-21。

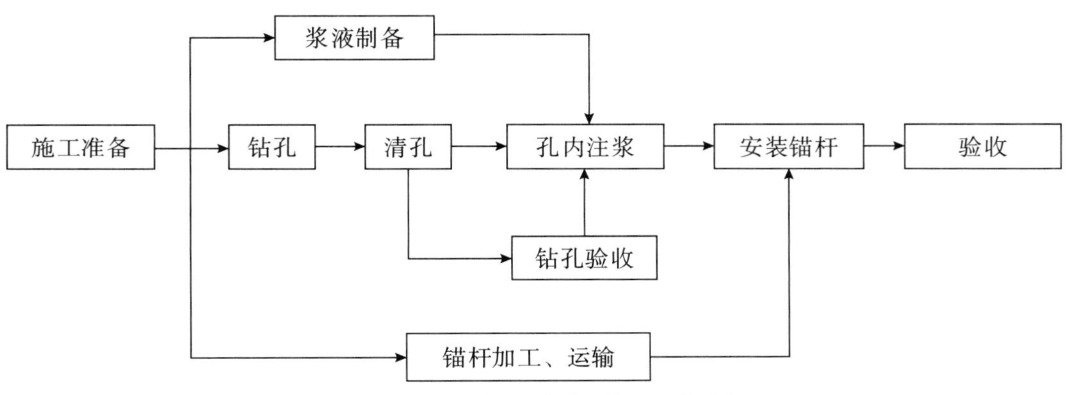

图 4-21 “先注浆，后插杆”施工工艺流程

3)施工方法及要点。

①钻孔。

采用全站仪进行孔位放样，用红色喷漆或油漆做标记。钻孔孔位偏差不大于 10cm，孔深偏差不大于 5cm。在吊篮内进行气腿钻造孔，钻孔孔径不小于 42mm。

②注浆与插杆。

锚杆砂浆采用 JJS 型搅拌机拌制，采用 2SNS 型砂浆泵灌注或 MZ-1 注浆机注浆。锚杆外露长度根据设计图纸要求确定。在注浆之前，采用压力风将锚杆孔内岩屑彻底吹出孔外。

采用“先注浆，后插杆”方法，将注浆管插至距孔底 50～100mm，随砂浆的注入缓慢匀速拔出，浆液注满后立即插杆。

③加楔固定。

插杆完成后，立即在孔口加楔固定，并将孔口作临时性堵塞确保锚杆插筋在孔内居中。锚杆施工完成后，3d 内严禁敲击、碰撞拉拔锚杆和悬挂重物。

(2)喷射混凝土施工

喷射混凝土分段分片、自下而上，分层施喷。挂钢筋网部位按“喷—网—喷”的程序进行。

施工前先对喷射岩面进行检查，清除浮石、堆积物等杂物，并用高压风水枪冲洗岩面，对易潮解的泥化岩层、破碎带和其他不良地质带用高压风清扫，埋设钢筋作量测喷射混凝土厚度标志。有水部位，设随机排水孔集中引排，确保喷射混凝土时岩面无流水。喷混凝土前进行地质资料的收集和整理，并配合监理人及设计地质工程师进行地质素描。

采用混凝土湿喷机施喷，喷射混凝土强度为C30，厚10cm，随机挂网。喷射混凝土范围为整条井壁。喷嘴与岩面距离0.6～1.0m，喷射方向大致垂直于岩面，每次喷厚3～5cm，分2～3次喷至设计厚度，每次间隔30～60min。在保证混凝土密度的前提下，尽量减少回弹量。挂钢筋网施工分区、分块进行，挂网前先喷一层厚5cm混凝土。钢筋网采用Φ8@15×15cm，龙骨筋采用Φ12@1.5×1.5m。钢筋网在场外按2～4m^2/块进行编焊，运至工作面后，利用锚杆头点焊固定，中间用膨胀螺栓加密固定。钢筋网与受喷面间隙不大于3cm，挂网完成后复喷混凝土5cm。喷护完成后，及时对喷护面进行湿润养护。

4.2.4.4 井圈混凝土施工

全断面扩挖前先完成井圈混凝土施工，井圈混凝土强度等级C25，内配置⌀22主筋和Φ10箍筋。混凝土采用溜槽入仓，6～9m^{3}混凝土搅拌运输车运输。相关技术要求如下：

1)井圈混凝土采用2.5cm木模板立模，仓内设Φ10mm拉条，外侧采用⌀18钢筋支撑和⌀28钢筋围檩加固。

2)混凝土浇筑必须保持连续性，对已开仓段必须一次性浇筑完成，不得出现冷缝。入仓后采用Φ30和Φ50插入式软轴振捣器振捣，两台振捣器一前一后交叉两次梅花形插入振捣，快插慢拔，振捣器插入混凝土的间距不超过振捣器有效半径的1.5倍，与模板的距离不小于振捣器有效半径的1/2，尽量避免触动钢筋，必要时辅以人工捣固密实。

3)混凝土浇筑收仓后不迟于12h开始进行保湿养护。

4)为了防止成型混凝土不受开挖爆破飞石的撞击破坏，在侧模拆除后设置竹跳板进行保护，爆破后将被砸坏的竹跳板进行及时修复，所需工程量约100块。

4.3 边坡开挖支护

边坡开挖施工含下水库大坝两侧边坡开挖、进/出水口边坡开挖、料场开挖等项目。

以下水库库岸料场边坡开挖为例叙述。

4.3.1 开挖施工方法

下水库库岸料场开挖马道最高高程309.0m，故原道路高程无法到达开口线附近，高程280.0m以上开挖渣料须采用机械设备翻渣转渣形式，同时相关支护施工物资设备须采取人工或机械转运形式。

(1)开挖施工流程

土石方开挖工艺流程见图4-22。

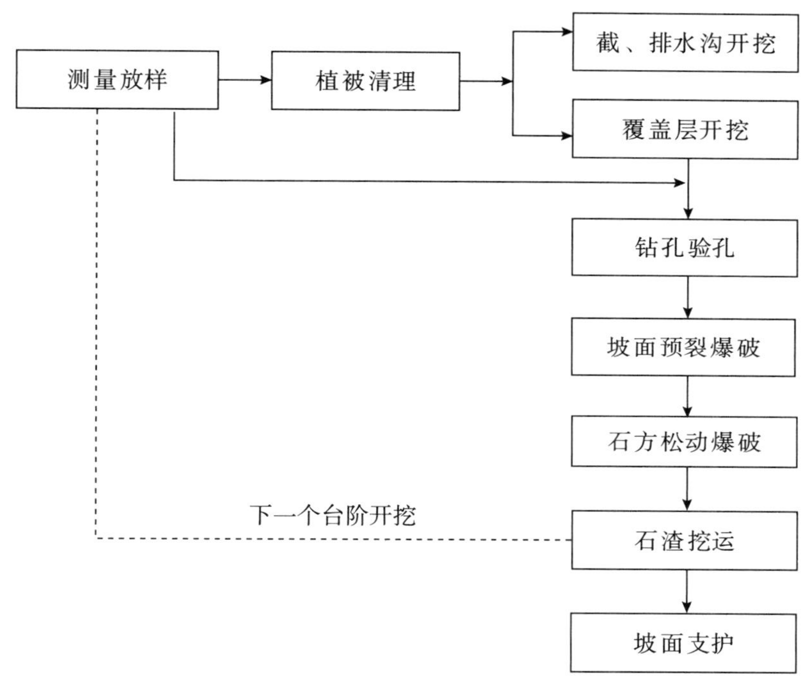

图4-22 土石方开挖工艺流程

(2)土方开挖

开挖前，首先进行测量放样，标识出开挖范围和位置，然后人工清理开挖区域内的树木和杂物，清理范围延伸至开挖线外侧与截水沟的范围，并将其在内的树根清除。同时，将开挖区域上部孤石、险石排除，较大块石用小炮清除。开挖区域清理完毕后，即开始按设计要求施工边坡上部坡面的排水系统，排水系统施工始终超前开挖工作面1～2个台阶，且在梯段开挖之前完成。

覆盖层开挖采用1.2m^3反铲、人工配合修整边坡。按照测量放样开口线沿马道方向形成边坡开口，然后自上而下分层开挖。同一层面开挖施工，按照“先土方开挖，后石

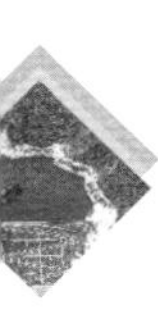

方开挖，再边坡支护”的顺序进行，使开挖面同步下降。

土方边坡开挖接近设计坡面时，按设计边坡预留厚0.2～0.3m的削坡余量，再人工整修。人工整修边坡的控制方法是：制作一个与设计边坡相同坡比的角尺，削坡时，用角尺检查边坡约超欠情况，每隔3m高差，用测量仪器校核一次削坡情况。边检查边整修，直至达到设计要求的坡度和平整度为止。雨天施工时，施工台阶略向外倾斜，以利于部位排水。在开挖施工过程中，根据施工需要，经常检测边坡设计控制点、线和高程，以指导施工，并在边坡地质条件较差部位设置变形观测点，定时观测边坡变形情况，如出现异常，立即向监理人和发包人报告并采取应急处理措施。

(3)*石方开挖*

开挖整体程序由上至下，上级台阶边坡完成部分支护后可进入下一级台阶开挖，支护排架搭设前需完成下级边坡预裂及部分梯段爆破施工。每级马道完成开挖或支护施工后，及时浇筑马道混凝土。在台阶高度小于5m的小方量部位采用浅孔爆破，方量较集中的部位采取深孔梯段微差爆破，梯段高度6～20m。坡面采取预裂爆破(薄层开挖部位采用光面爆破)，预裂孔以马道为界一次预裂到位；建基面采取预留保护层，水平光面爆破。由于施工道路无法抵至开口线高程，钻机等机械设备物资需由人工转运至开口线附近进行施工。

1)梯段爆破施工。

①钻孔。

开挖区域上部较窄部位主要采用YQ-100B支架式钻机，钻孔孔径90mm。下部石方较集中部位可采用D7或高风压钻机(均须带集尘装置)钻孔。

为了提高爆破效率、降低成本，梯段爆破孔采用宽孔距、小排距布孔方式，在布孔时尽可能避开软弱夹层；采用完全耦合装药结构和孔间微差，使爆破出来的石渣粒径均匀，解炮量少。钻孔施工过程中，由专人对钻孔的质量及孔网参数按照作业指导书的要求进行检查，如发现钻孔质量不合格及孔网参数不符合要求，须立即要求返工，直至达到钻孔设计要求。

②装药、联网爆破。

采取人工装药，主爆破孔以乳化炸药为主，采取柱状连续装药；缓冲孔采用乳化炸药，采取柱状连续装药；岩石爆破单位耗药量暂按0.3～0.5kg/m^{3}考虑，最终单位耗药量根据爆破试验确定。梯段爆破采用微差爆破网络，采用1～15段非电毫秒雷管连网，非电起爆。分段起爆药量按招标文件和技术规范控制。

根据类似工程爆破试验得出的爆破参数，暂定梯段爆破参数如下：

a. 梯段高度H=6～20m；

b. 孔距a=3.0～4.5m；

c. 排距 b=2.5～3.5m；

d. 超深 L=1.0m；

e. 炸药单位耗药量 q=0.3～0.5kg/m^3。

排间或孔间(有特别控制要求时在孔内)用非电雷管毫秒微差起爆。紧邻边坡预裂面的1排爆破孔作为缓冲爆破孔，其孔排距、装药量相对于主爆孔减少1/3～1/2，缓冲孔起爆时间迟于同一横排的主爆孔，以减轻对设计边坡的震动冲击。

2)预裂爆破施工。

为使开挖面符合施工图纸的设计轮廓线，保证坡面基岩的完整性和开挖面的平整度，在边坡开挖施工中采用预裂爆破技术。

①钻孔。

预裂孔施工采用YQ-100B型支架式钻机造孔，孔径选用90mm，预裂孔间距为0.8～1.0m，钻孔深度按马道分界控制，一次钻孔到位。预裂孔施工采用Φ48钢管按坡面角度搭设钻孔样架进行钻孔，样架搭设完成后进行测量验收，不允许角度偏差。钻孔过程中采用罗盘对钻杆角度进行检查验收。

②装药。

选用Φ32mm的乳化炸药，采用不耦合空气间隔装药结构，线装药密度根据爆破试验确定。预裂爆破起爆网络采用非电导爆系统，导爆索传爆。为减小爆破震动对建基面的破坏，马道建基面设置保护层，采用手风钻进行二次光面爆破，同时，预裂孔起爆时间应超前主爆孔100ms以上。

在未进行爆破试验得出最优参数前，根据类似工程经验，孔距一般为0.8～1.0m，线装药密度为0.3～0.5kg/m。

预裂爆破工艺流程见图4-23。

③预裂孔装药结构。

预裂孔均使用间隔不耦合装药，由于预裂孔较深底部夹制严重，其底部为加强段，线装药密度为正常段的3～5倍。

(4)水平保护层开挖

根据建基面地形条件，保护层开挖采取水平光爆剥离施工方案，快速开挖保护层。

保护层水平光爆方法：水平造孔的机具选用YT-28型气腿钻等。气腿钻孔径42mm，孔深4m(马道保护层开挖孔深根据马道宽度确定)，孔间距50～60cm。

爆破后，采用反铲迅速将爆渣清理干净，为相邻区域的水平造孔提供工作面。待保护层开挖达到一定面积后，即可进行石渣的清理工作，石渣清理完毕后，用高压风(水)枪进行基础面的冲洗，直至满足建基面终验要求。

水平光面爆破法开挖保护层工艺流程见图4-24。

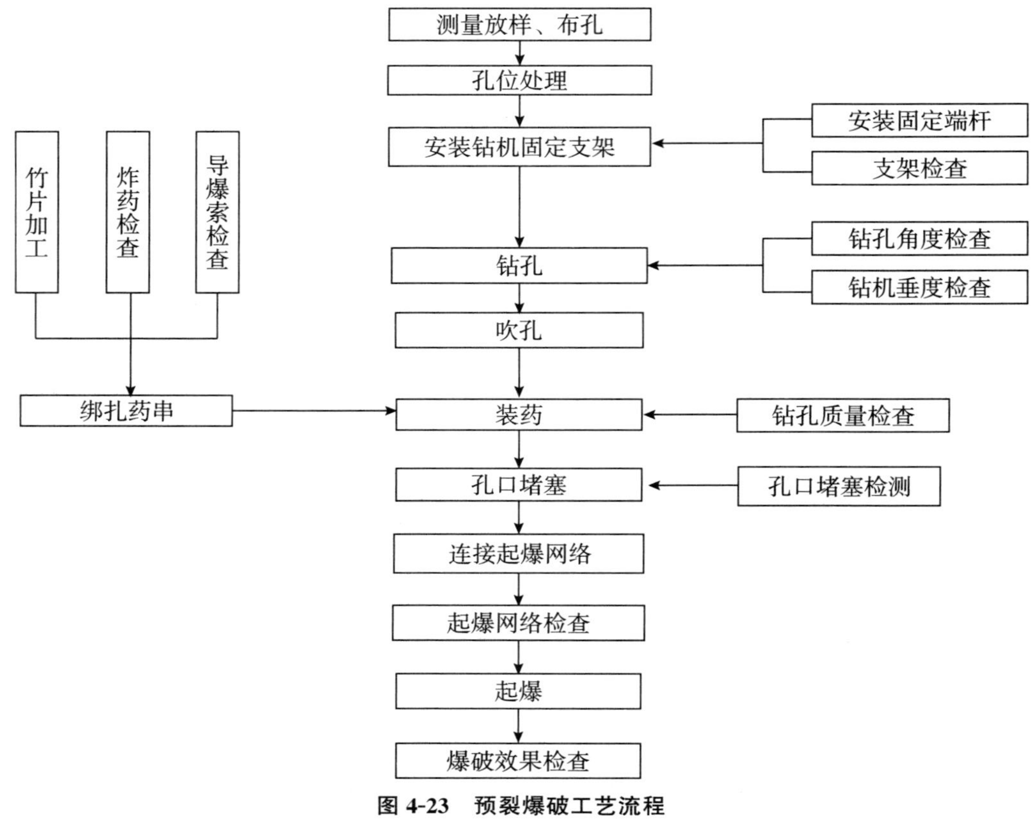

图 4-23 预裂爆破工艺流程

测量放样→造水平光爆孔、主爆孔→钻孔验孔→装药爆破→石渣清理→基础面验收

图 4-24 水平光面爆破开挖保护层工艺流程

保护层分层爆破施工方法按照《水工建筑物岩石基础开挖工程施工技术规范》(DL/T 5389—2007)要求进行。

4.3.2 支护施工方法

(1)主要内容

本支护工程包括坡面各类锚喷支护。主要支护类型有喷射混凝土、锁口锚杆、锚杆和各种喷射混凝土的组合。

(2)支护施工程序

边坡支护施工需要跟进开挖,原则上上一级边坡支护未完成不得进行下一层梯段开挖。支护施工可随层进行或一级边坡开挖完成后搭设排架施工。坡面支护程序:马道上部边坡开挖(随机支护)→排架搭设→清坡→钻孔→锚杆及排水管安装→喷射混凝土→进入马道下部边坡开挖。

边坡开挖至马道高程后，沿马道搭设马道以上部位支护排架，排架搭设间距1.5m×1.5m，步距1.8m，按3步2跨设置连墙杆，连墙杆植入Φ25插筋（入岩50cm）采用Φ12mm圆钢连接排架。

(3)主要支护施工技术方法

主要支护施工技术方法见表4-13。

表4-13　　主要支护施工技术方法

项目名称	主要施工方案
锚杆施工	明挖边坡的锚杆施工搭设钢管脚手架操作平台，视锚杆直径大小采用100B液压钻机或满足锚杆孔径要求的钻机进行锚杆造孔
排水孔施工	边坡排水孔采用100B潜孔钻机进行钻孔施工
喷射混凝土	明挖边坡采用搭设脚手架配合TK-500型湿喷机喷射，喷射料采用6m^3混凝土搅拌运输车运输。钢筋网在加工厂将钢筋调直、断料后运至现场绑扎成网

1)设备配置原则。

受施工部位狭小、施工干扰大等限制，支护施工主要以体积小、重量轻、转运方便的小型设备进行施工。

2)钻孔设备的选择。

100B潜孔钻机具有重量轻、可拆性好、扭矩大、钻进能力强等特点，还可配置跟套管钻进，适用于该工程复杂地质条件下钻进，孔径65～130mm。钻机桅杆上预留固定安装孔，无须机架直接通过辅件（横轴及扣件）安装在脚手架，使质量大幅减轻，移机快捷方便。YG40型凿岩机及YT-28型气腿钻性价比较低，易于大量配置。根据钻机不同的特点，可分别用于各类锚杆（束）孔及排水孔的施工。

(4)施工工艺流程

边坡支护施工工艺流程见图4-25。

(5)锚杆施工

1)施工主材。

①钢材：锚杆的材料应按施工图纸要求，选用Ⅲ级螺纹钢筋。

②水泥：注浆锚杆（锚筋束）的水泥砂浆中的水泥应采用强度等级不低于42.5的普通硅酸盐水泥。

③砂：采用最大粒径小于2.5mm的中细砂。

④砂浆：水泥砂浆的强度等级不低于M2.5并满足设计要求。

⑤外加剂：外加剂品质不含有对锚杆产生腐蚀作用的成分。

所有种类锚杆的钢材、水泥等应有产品合格证书，同时对施工所用的主要材料包括钢筋、水泥、砂浆等均应按有关规范要求进行质量抽检，并报送监理人批复。

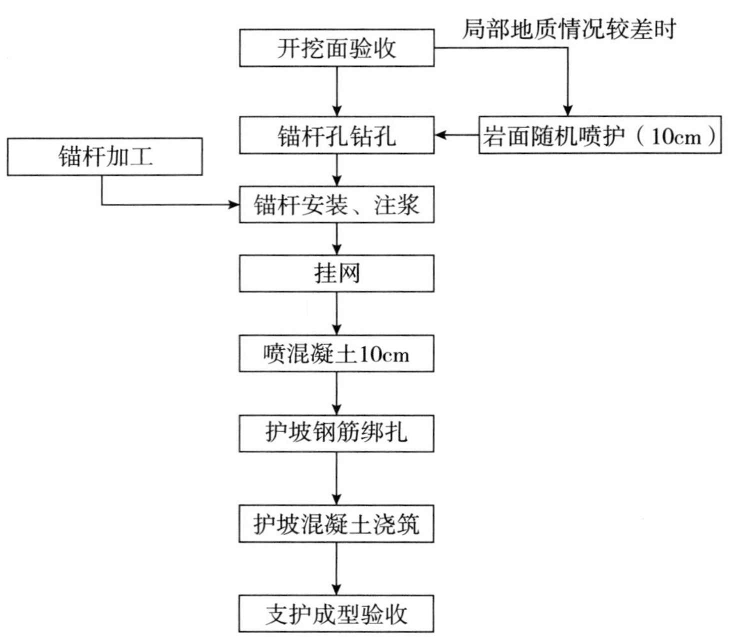

图 4-25　边坡支护施工工艺流程

2)砂浆锚杆施工。

①主要机具。

a. 钻机：明挖边坡的部位分别采用 100B 液压潜孔钻造孔。

b. 灌浆设备：采用 UB3C 型注浆泵，JW180 型浆液搅拌桶。

②施工工艺流程。

a. 下倾锚杆采用"先注浆，后插杆"的方法施工，其施工工艺流程见图 4-26。

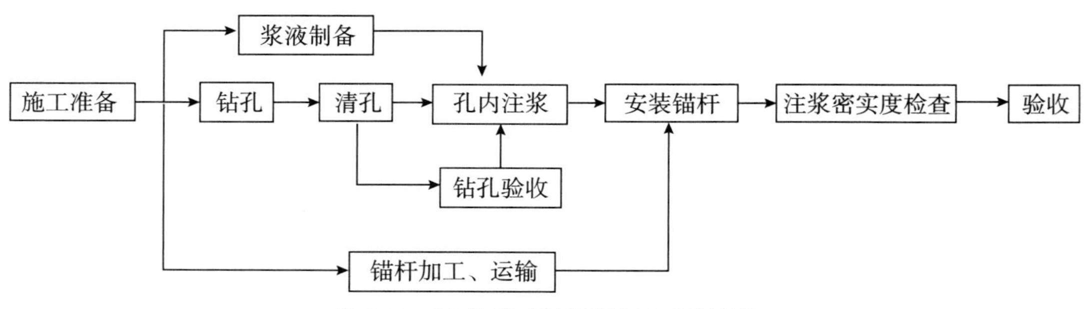

图 4-26　"先注浆，后插杆"施工工艺流程

b. 水平及上倾锚杆采用"先插杆，后注浆"的方法施工，其施工工艺流程见图 4-27。

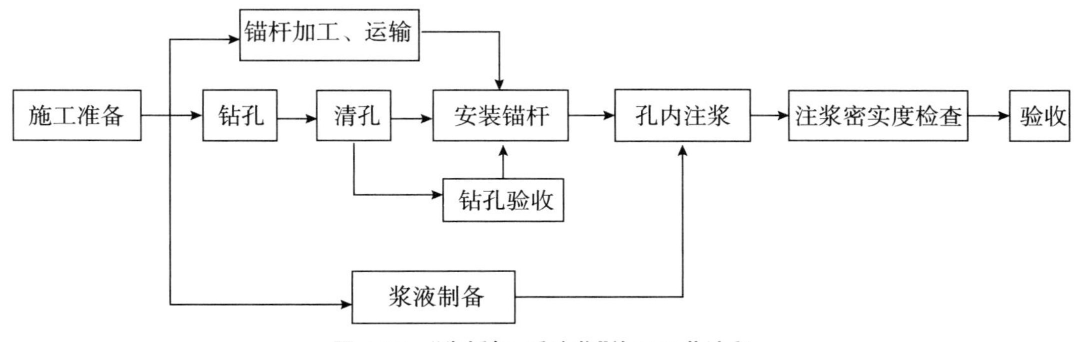

图 4-27　“先插杆，后注浆”施工工艺流程

③施工方法要点。

a. 钻孔。

在支护部位采用全站仪按设计间排距测放并标示孔位，其孔位采用 100B 液压潜孔钻机或其他钻机进行钻孔的施工，钻孔完毕后用高压风（水）将孔道清洗干净，经检验合格后，临时封堵孔口。

b. 杆体制安。

锚杆采用砂轮切割机断料，锚杆体在加工厂加工后运至安装部位，采用人工插杆。长度 6m 以上的锚杆，采用简易扒杆配合人工进行插杆。

c. 注浆。

水泥砂浆经试配，其基本配合比范围按水泥：砂＝1：1～1：2（质量比），水泥：水＝1：0.33～1：0.35。

“先注浆，后插杆”的锚杆，注浆时将 PVC 注浆管插至距孔底 50～100mm，随砂浆的注入缓慢匀速拔管，浆液注满后立即插杆，并在孔口加塞使锚杆体居中。

“先插杆，后注浆”的锚杆，先插入锚杆（束）和注浆管，锚杆（束）插入孔底并对中，注浆管插至距离孔底 50～100mm，当浆液至孔口，溢出浓浆后缓慢将注浆管拔出。

锚杆施工完成后，3d 内严禁敲击、碰撞、拉拔锚杆和悬挂重物。

④质量检验和试验。

a. 锚杆材质检验：每批锚杆材料均应附有生产厂的质量证明书，按设计规定的材质标准及监理人指示的抽检数量检验锚杆性能。

b. 钻孔质量抽检：按监理人指示的抽检范围和数量，对锚杆孔的钻孔规格（孔径、孔深和倾斜度）进行抽查并做好记录，不合格的孔位必须重新布设。

c. 砂浆锚杆采用砂浆饱和仪器或声波物探仪进行砂浆密实度和锚杆长度检测。

Ⅰ. 砂浆密实度检测按作业分区（100 根为 1 组，不足 100 根按 1 组计），由监理人根据现场实际情况随机指定抽查，抽查比例不得低于锚杆总数的 3%（每组不少于 3 根）。锚杆注浆密实度不得低于 75%。

当抽查合格率大于 80%时，认为抽查作业分区锚杆合格，对于检测到不合格的锚杆重新布设；当抽查合格率小于 80%时，将抽查比例增大至 6%，如合格率仍小于 80%，应全部检测，并对不合格的锚杆进行重新布设，所有重新布设费用由承包人自行承担。

Ⅱ.锚杆长度检测采用无损检测法，抽检数量每个作业区不少于 3%，杆体孔内长度大于设计长度的 95%为合格。

地质条件变化或原材料发生变化时，砂浆密实度和锚杆长度至少分别抽样 1 组。

(6)喷射混凝土施工

喷射混凝土为网喷混凝土，采用强度等级为 C25 混凝土，喷射厚度 10cm。其中，网喷混凝土在喷射前布设钢筋网，在加工厂将钢筋调直断料后，运至施工部位现场绑扎编制成钢筋网，间距为 200mm。为减少对环境的污染，喷射方法选用湿喷法。

1)主要材料。

①水泥：采用符合国家标准的普通硅酸盐水泥，当有防腐或特殊要求时，经监理人批准，可采用特种水泥，水泥强度等级不低于 42.5。

②骨料：砂选用质地坚硬、细度模数大于 2.5 的粗、中砂。使用时，含水率控制在 5%～7%；粗骨料选用粒径不大于 15mm 的碎石。本工程所需混凝土骨料采用工程开挖料进行加工，工区石料具有微弱的碱硅酸反应活性。碱硅酸反应活性抑制试验表明，工程区石料掺入不少于 20%的粉煤灰后，骨料的碱硅酸反应活性可以得到有效抑制。为抑制骨料碱活性反应，所有混凝土(含喷射混凝土)均被要求添加粉煤灰。

③外加剂：速凝剂的初凝时间不大于 5min，终凝时间不大于 10min。

④钢筋网：根据设计要求采用抗拉强度不低于 300MPa 的光面钢筋(热轧Ⅰ级钢筋)绑扎成型。

2)主要机具。

边坡喷护采用 TK-500 型湿喷机喷射，喷射料采用 3～6m³ 混凝土搅拌运输车运输，与系统锚杆施工进行平行流水作业，喷射料由拌和站拌制，采用 3m³ 混凝土搅拌运输车运至现场。

3)施工工艺流程。

喷射混凝土施工工艺流程见图 4-28。

4)施工方法及要点。

①受喷面准备。

清理并冲洗受喷面。对于遇水易潮解的泥化岩面，采用压力风清理。合格后，在系统锚杆外露段上设置喷厚标记；无锚杆的受喷面，采用砂浆或自插钢筋标记，标记钢筋外端头低于喷射混凝土表面 3～5mm。对受喷面渗水部位，采用埋设导管、盲管或截水圈做排水处理。

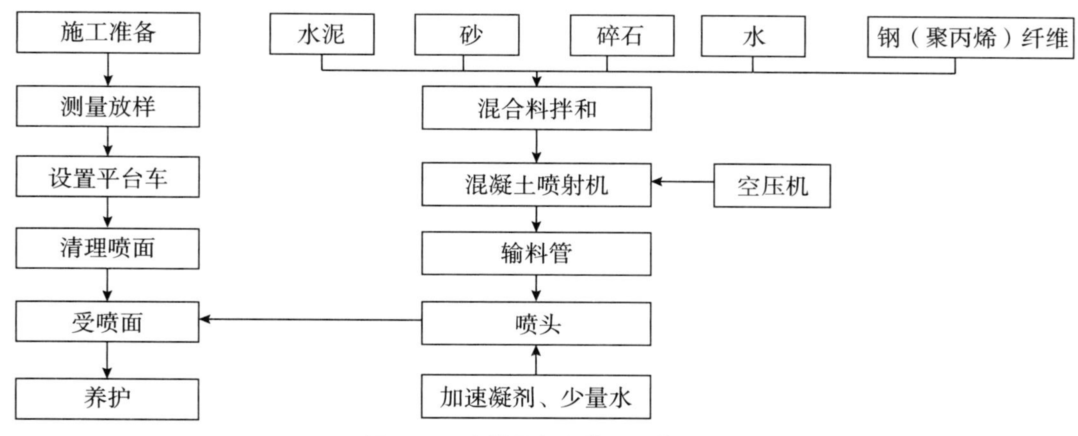

图 4-28　喷射混凝土施工工艺流程

②混合料的制备。

喷射混凝土的配合比通过室内及现场试验确定。拌制喷射混凝土的混合料时，各种材料要按施工配合比要求分别称量。允许偏差：水泥、速凝剂及钢纤维应不大于±2%，砂、石不大于±3%。

混合料搅拌时间不少于 2min，混合料达到搅拌均匀、颜色一致的要求。混合料随拌随用，存放时间不超过 20min，保持物料新鲜。

钢纤维混凝土的混合料搅拌时间通过现场搅拌试验确定，以加入的钢纤维能完全散开，单根均匀分布在混凝土中为准。纤维应逐步均匀投放，以免集结成团。

③挂网施工。

挂网锚杆间距 200cm×200cm，长 100cm。待挂网锚杆施工完毕且砂浆达到一定强度后，钢筋网固定就位。钢筋网与岩面之间采用预制混凝土块支垫，确保钢筋网在喷层内居中，保护层厚度不小于 50mm。钢筋网与锚杆端头用点焊连接。喷射混凝土必须填满钢筋网与岩石间空隙，网面的混凝土保护厚度不得小于 5cm。

④喷射作业。

受喷面作业顺序采用自下而上分段分区方式进行，区段间的结合部和结构的接缝处应妥善处理，不得漏喷。喷射作业时，连续供料，工作风压稳定。完成或因故中断作业时，应将喷射机及料管内的积料清理干净。边坡用喷射混凝土的回弹率不大于 15%。

⑤养护。

喷射混凝土终凝 2h 后，及时进行洒水养护，养护时间不少于 7d。冬季气温低于 5℃时，混凝土强度未达到 10MPa 前，用保温材料覆盖，以防止其受冻。

5)质量检查和验收。

①喷层厚度检查：喷射混凝土厚度采用取芯检查，如未达到设计厚度，按监理人指示进行补喷，所有喷射混凝土都必须经监理人检查确认合格后才能进行验收。

②喷射混凝土强度检查：喷射过程中进行现场大板取样试验和喷射完毕后进行取芯试验，每个验收单元不得少于1组。

③喷射混凝土黏结力检查：按监理人指示在喷锚面钻取直径100mm的芯样，然后将钻孔处用干硬性水泥封填，芯样作抗拉试验，试验成果资料报送监理人。

④经检查发现，喷射混凝土中如有鼓皮、剥落、强度偏低或有其他缺陷，及时进行修补，经监理人检查合格签字确认后方能验收。

(7)主动防护网施工

1)主动网参数性能。

主动网安装利用锚杆固定，锚杆 $L=2\sim3$m 的普通砂浆锚杆来固定主动网，锚杆抗拔力不小于50kN。

该系统主要构成包括钢丝绳锚杆、纵横向支撑绳、钢丝绳网、缝合绳。钢丝绳锚杆和纵横向支撑绳构成固定系统，通过缝合绳拉紧，对柔性网部分进行预张拉，对顶拱形成连续支撑，尽量紧贴岩面，从而实现其主动防护的目的。

①钢丝绳网。

编网用两根钢丝绳交叉连接点处的固定件采用钢质卡扣，其厚度不小于2mm，并经电镀锌处理，镀锌层厚度不小于8μm。编网用铝质接头套管长度不小于50mm，外径不大于30mm，壁厚不小于3mm，其连接能力不低于所连接钢丝绳的最小破断拉力。交叉节点处均用卡扣固定，接头处用铝质接头套管闭合压接。不应出现遗漏，卡扣和套管表面不应有破裂和明显损伤。钢丝绳交叉节点处的抗错动拉力不应小于5kN，错动后钢丝绳残余抗破断拉力不应小于原始最小抗破断拉力的90%。钢丝绳交叉节点处的抗脱落拉力不应小于10kN。

②钢丝格栅。

钢丝不应出现明显机械损伤和锈蚀现象。高强度钢丝格栅端头应至少扭结一次，扭结处不应有裂纹。

2)施工工艺。

测量定位及工作面放线→边坡清理危石防护→挂施工安全绳锚杆施工→测量精准放线确定锚孔位→钻凿锚孔并清孔→安装锚杆并注浆→安装纵、横支撑钢绳并张拉、锚固→从上而下铺搭格栅网并缝合→由上而下铺设高强度钢绳菱形网→固定连接缝合绳与网绳→将钢绳网与格栅网进行相互扎接→质量评定及验收。

3)测量放样

专业测量人员利用全站仪进行测量放样，标示锚杆孔位。结合锚杆的布置，以主动网固定点为基本要求布置锚杆。布置锚杆时须注意以下情形：

①当需要在孔口处开凿凹坑时，在锚杆孔定位时宜充分利用岩面的凹凸特征，在允

许的间距调整范围内尽可能将锚杆孔直接设置在天然凹坑处，以减小人工开凿工作量。

②如遇标准孔位处岩体极为松散、破碎，可能会带来成孔困难，应充分利用允许的间距调整范围，适当调整锚杆位置。

4)危石清撬。

人工对危石体岩石进行清撬，在清撬点上下路段外设置警戒，地面人员、设备不得进入警戒范围内，清撬人员必须系挂双保险。

5)锚杆施工。

测量放线确定锚杆孔位时，可根据地形条件，孔间距可有 0.3m 的调整量，并在每一孔位处凿深度不小于锚杆外露环套长度的凹坑，一般口径不小于 20cm，深 20cm。按设计深度采用 YT-24 手风钻钻凿锚杆孔并清除孔内粉尘，孔深应比设计锚杆长度长 5cm 以上，孔径 42mm。边坡岩层松散、破碎时，锚杆可适当加长。锚孔清孔完成后，采用标号不低于 M20 的水泥砂浆，灰砂比 1∶1～1∶1.2，水灰比 0.45～0.50 的水泥砂浆，水泥宜选用 P. O42.5，优先选用粒径不大于 3mm 的中细砂，确保浆液饱满后插杆。在进行下一道工序前，注浆体养护不小于 3d。

6)支撑绳安装。

等锚杆的砂浆凝固后再进行支撑绳的安装，将一定长度的钢丝绳穿过锚杆的外露环套并用绳卡固定后，逐个穿过同排或同列锚杆的外露环套，直至该支撑绳末端锚杆处，用张拉能力不低于 10kN 的紧线器或手拉葫芦拉紧支撑绳，用同规格的绳卡将末端固定。支撑绳最大长度不宜超过 30m。

7)格栅铺挂。

从施工安全和减少裁剪工作量考虑，格栅铺挂一般应从顶拱向边墙进行。用吊车或手拉葫芦将格栅吊至顶拱处，人工铺挂格栅。格栅网间重叠宽度不小于 5cm，两张格栅网间的缝合，以及格栅网与支撑绳间用 Φ1.5 铁丝按 1m 间距进行扎结，应使网块尽可能平展并紧贴岩面。

8)安装钢丝绳网及缝合

用手拉葫芦将钢丝绳网吊至顶拱处，从上向下铺设钢丝绳网并缝合，缝合绳为 Φ8 钢丝绳，每张钢丝绳网均用缝合绳与四周支撑绳进行缝合并预张拉，缝合绳两端各用两个绳卡与网绳进行固定连接。

对于主动加固系统中需要张拉安装的钢丝绳网，应尽量将其置于由支撑绳形成的网格中间，并对其四角临时固定，从网块上部中点用 1 根缝合钢丝绳向两边分别与支撑绳进行缝合连接，直至网块底部使缝合绳两端重叠 0.5～1.0m 后，将缝合绳的两个端头与钢丝绳网间用相应规格的绳卡进行固定。在该缝合过程中，一般手动拉紧缝合绳，必要时也可采用紧线器或手拉葫芦，以使钢丝绳网尽可能张紧。

对于围护系统中无须张拉安装的钢丝绳网，其缝合方式略有不同，网块仅在顶部或周边与支撑绳进行缝合连接，其余均应与相应钢丝绳网进行缝合，既可每张网采用1根缝合绳与相邻网块进行环向缝合，也可将钢丝绳网依次排列好后用缝合绳分别进行横向或纵向缝合连接。

4.3.3 排架搭设及拆除施工

(1)工艺流程

场地平整→准备工作检查→定位、放线→纵向扫地杆→立杆→横向扫地杆→大横杆→小横杆→连墙杆→斜撑、剪刀撑→铺脚手板→扎网。

(2)搭设要求

1)基础。

选择坚硬基岩。若基岩为软基，则需要清理到坚硬层。同时清除搭设场地杂物，平整搭设场地，并使排水通畅。

2)扫地杆搭设要求。

①排架跨距1.5×1.5m，步距1.8m，部分位置可根据实际情况对间排距做适当的调整。

脚手架底部距建基面约200mm处设置纵、横向扫地杆。纵向扫地杆应采用直角扣件固定在距钢管底端200mm处的立杆上，横向扫地杆应采用直角扣件固定在紧靠纵向扫地杆下方的立杆上。

②脚手架立杆基础不在同一高度时，必须将高处的纵向扫地杆向低处延长两跨与立杆固定，高低差不应大于1m。靠边坡上方的立杆轴线到边坡的距离不应小于500mm(图4-29)。

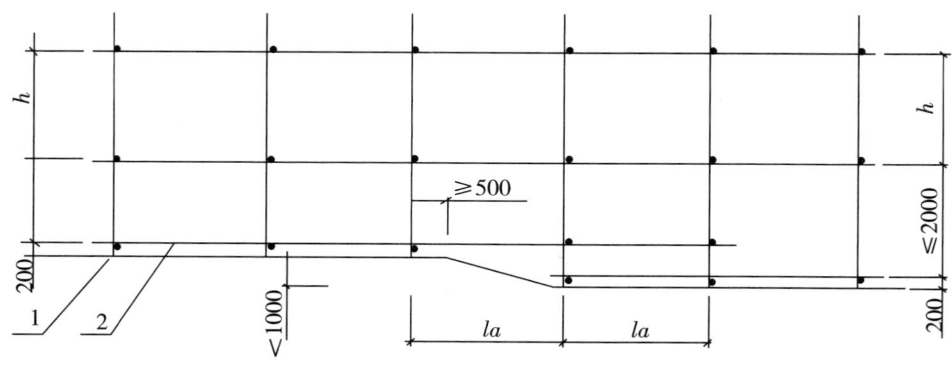

图4-29 纵、横向扫地杆构造(单位:mm)

1—横向扫地杆；2—纵向扫地杆

3)立杆搭设要求。

①每根立杆底部宜设置木质垫板。

②脚手架立杆除顶层外,其余各层接头必须采用对接扣件连接。

③当立杆采用对接接长时,立杆的对接扣件应交错布置,两根相邻立杆的接头不应设置在同步内,同步内每间隔 1 根立杆的两个相隔接头在高度方向错开的距离不小于 500mm。各接头中心至主节点的距离不大于步距的 1/3。

④当立杆采用搭接接长时,搭接长度不应小于 1m,并采用不少于两个旋转扣件固定。端部扣件盖板的边缘至杆端距离不小于 100mm。

⑤脚手架开始搭设立杆时,应每隔 6 跨设置 1 根抛撑,直至连墙件安装稳定后,方可根据情况拆除。

⑥当架体搭设有连墙件的主节点时,在搭设完该处的立杆、纵向水平杆、横向水平杆后,应立即设置连墙件。

4)纵向水平杆的搭设要求。

①纵向水平杆设置在立杆内侧,其长度不小于 3 跨。

②纵向水平杆接长采用搭接,搭接长度不小于 1m,应等间距设置 3 个旋转扣件固定,端部扣件盖板边缘至搭接纵向水平杆杆端的距离不应小于 100mm。

③两根相邻纵向水平杆的接头不应设置在同步或同跨内,不同步或不同跨两个相邻接头在水平方向错开的距离不应小于 500mm;各接头中心至最近主节点的距离不应大于纵距的 1/3。

5)横向水平杆的构造要求。

①主节点处必须设置 1 根横向水平杆,用直角扣件扣接且严禁拆除;

②作业层上非主节点处的横向水平杆,根据支撑脚手板的需要设置间距,最大间距不应大于纵距的 50%;

③双排脚手架横向水平杆的靠岩面一端至岩面的距离不大于 100mm。

6)脚手板的设置要求。

作业层脚手板应铺满、铺稳(用铁丝绑扎牢固)、铺实,脚手板的铺设应采用搭接铺设,接头应支在横向水平杆上,搭接长度不应小于 200mm,其伸出横向水平杆的长度不应小于 100mm。

7)排架与边坡利用 Φ25 连墙杆连接固定,采用 Φ12mm 拉条进行连墙固定,水平方向每间隔 3 排进行一次连墙加固,竖直方向每 3 层进行一次连墙加固,Φ12mm 拉条需钩在排架节点部位,并形成封闭环。连墙件的安装应随脚手架搭设同步进行,不得滞后安装。

8)脚手架剪刀撑与双排脚手架横向斜撑应随立杆、纵向和横向水平杆等同步搭设,不得滞后安装。

9)竹跳板用 18#铁丝同水平杆扎牢,脚手板交接处平整、牢固、无探头板。

10)在作业脚手架的纵向外侧立面上应设置竖向剪刀撑,并应符合下列要求:

①每道剪刀撑的宽度应为 4～6 跨,既不应小于 6m,也不应大于 9m;剪刀撑斜杆与水平面的倾角应在 45°～60°;

②应在架体两端、转角及中间距离不超过 15m 各设置 1 道剪刀撑,并由底至顶连续设置;

③悬挑脚手架、附着式升降脚手架应在全外侧立面上由底至顶连续设置。

11)作业脚手架底部立杆上应设置纵向和横向扫地杆。

(3)脚手架的验收

严格把好验收关。脚手架根据现场需要分单元验收,纵向以 20m 为宜。各单元都要按照技术交底和相关质量要求,严格把关,确保工程质量。

脚手架搭设完成后,必须经过现场安全员检查后,上报监理工程师进行验收,签字认定合格后,才能投入使用;发现问题及时加固;验收合格后的外脚手架未经批准,任何人不得随意拆除。

(4)排架拆除

1)拆除前应组织有关人员对工程进行全面的检查,确定不需要脚手架时,方可进行拆除。

2)拆除脚手架前,将脚手架上的遗留材料、杂物等清理干净。

3)拆除脚手架应由上而下进行,先搭后拆,后搭先拆;依次为先拆栏杆、脚手板、剪刀撑,而后拆横向水平杆、纵向水平杆,最后拆立杆,连墙杆应逐层拆除。

4)拆除中应严格按照一步一清的原则依次进行,禁止对分立面拆架和上下同时进行拆除。剪刀撑应先拆除中间,再拆除两头扣件,所有连墙杆等必须随脚手架同步拆除。所有杆件和扣件在拆除时应分离,不准在杆件上附着扣件或两杆连着送到地面。

5)拆下的杆件与零配件运到地面后,应随时整理检查,按品种,分规格,堆放整齐,妥善保管。

6)拆下脚手架时,要加强对成品保护,每天拆架下班时,不应留下安全隐患。

4.3.4 截排水系统施工

(1)施工程序

根据设计蓝图截排水轴线及排水坡比现场完成施工放样,采用爆破或者液压破碎锤、风镐等开挖手段完成截水沟开挖。

(2)混凝土施工

1)施工放样。

根据设计蓝图确定排水沟轴线,即可进行施工放样,放样严格按照设计图纸几何尺寸进行。

2)基础缝面清理。

开挖后基础面采用人工与机械进行清理,满足混凝土浇筑要求。

3)模板施工。

模板采用组合钢模板或木模板拼接施工,局部线面根据平面展开图用木板加工制作。安装模板前,按结构外形设计尺寸测量放样,根据测量放样点位,在坡面设置样架钢筋,模板依靠坡面的样架钢筋作为支撑。

混凝土模板加固采用内拉外撑形式,利用边坡已施工完成的锚杆和在坡面基岩上钻孔埋设Φ20锚筋作为拉条焊接点,拉条采用不小于Φ12钢筋,与模板外侧围檩用M10对拉螺栓连接,用Φ48×3.5mm脚手架钢管围檩加固,间距60cm,围檩在底部1/3处适当加密,间距40cm。内拉加固采用M10螺栓加固,双螺帽紧固,对拉筋与锚筋或系统锚杆焊接固定,使其形成整体。

模板边沿要求顺直方正,拼缝严密,并采用双面胶贴缝处理,以保证接缝良好、不漏浆,立模前模板表面应清理干净并刷1道隔离剂。

模板安装完成,经检验收合格后,通知监理进行校模,校模合格后,由现场质检人员组织监理验收,确认合格后方可进行混凝土的浇筑。

4)混凝土浇筑。

混凝土由混凝土搅拌运输车运输至施工工作面,利用混凝土输送泵或混凝土泵车泵送入仓浇筑。浇筑过程中控制入仓速度及入仓高度,输送软管管口至浇筑面垂直距离混凝土的自落高度控制在1.5m以内,以防混凝土离析,混凝土施工过程中要进行粗、细骨料含水率,混凝土坍落度等项目的测定,混凝土浇筑后,即时用振捣器捣固,以使混凝土密实,确保施工质量达到设计要求。

5)养护。

混凝土达到拆模强度后,组织对模板的拆除,模板拆除后即可开始养护,洒水覆盖养护7~14d。养护期间应避免碰撞、振动或受压。特别是每个工作班结束时要求整体养护一遍,并用水渗透过的麻袋覆盖。

4.4 土石方平衡

4.4.1 土石方平衡与调配原则

在满足招投标文件中关于填筑料的有关要求和规定的关键施工总进度的条件下，结合大坝填筑工期和施工强度，尽量提高开挖料直接上坝率，减少中转上坝和开挖利用料的损失，降低对环境的影响，提高施工效率。调配具体原则如下：

(1)按质取料

料源的调配以满足大坝填筑各区相应的设计技术指标要求为前提，对调配过程中的各道环节进行检测和严格把关，确保坝体填筑料源的高质量。

(2)挖填结合

料源调配在保证质量的前提下以实现需求与供料的量平衡为主要目标，充分开展需求分析的基础上，广泛挖掘现场可供料源，并通过优化，满足坝体填筑料总量的需要。

(3)就近取料

在工程各项目施工进度实施过程中，尽可能将建筑物开挖工期安排到与坝体填筑进度相适应，从时间上最大限度地利用建筑物开挖料直接上坝、填筑，以尽量减少坝料中转上坝填筑量。

(4)优化技术

在建筑物开挖和料场开挖施工中，根据大坝各料区对料源各项技术指标要求的不同，采取优化爆破方案、改进开采技术和调整挖装方式等技术创新，使可利用料的损失降到最低。

4.4.2 土石方平衡与调配情况

土石方开挖主要部位有引水隧洞工程下半段、地下厂房排水系统工程、主副厂房洞工程、主变洞工程、尾闸洞工程、500kV 出线洞工程、尾水系统工程、通风兼安全竖井、下水库检修闸门井工程、下水库进/出水口工程、开关站工程、下水库大坝坝基、下水库库盆处理工程、下水库溢洪道工程、下水库导流泄放洞工程、下水库右岸高线公路延伸段、自流排水洞工程、施工支洞开挖支护等项目。

4.4.2.1 工程设计开挖与使用工程量

下水库设计土石方开挖和填筑工程量见表 4-14。

表 4-14　　下水库设计土石方开挖和填筑工程量　　（单位：m^3）

项目	开挖工程			填筑工程						砌体工程	混凝土工程
	土方	石方		主堆石	次堆石	过渡料	垫层料	石渣填筑	土方填筑	干(浆)砌石	混凝土骨料加工
		明挖	洞挖								
一般项目	3984	1058	97852	88067	987	—	—	—	—	—	—
引水隧洞下半段	—	—	105342	23570	—	—	—	—	—	11030	—
地下厂房排水系统工程	2269	691	98601	39858	—	—	—	48883	—	—	—
主副厂房洞工程	330	3134	309231	—	—	27831	27831	—	—	—	222646
主变洞工程	—	—	124995	—	—	40329	4669	—	—	—	67497
尾闸洞工程	—	—	38375	23375	—	2088	—	—	—	—	9075
500kV 出线洞工程	—	—	35198	22175	9503	—	—	—	—	—	—
尾水系统工程	—	—	83982	52909	22675	—	—	—	—	—	—
通风兼安全竖井	681	13600	5348	—	4813	—	—	—	—	—	—
下水库检修闸门井工程	—	—	8861	—	7975	—	—	—	—	—	—
下水库进/出水口工程	39797	206425	20431	77219	100186	—	—	—	—	—	—
开关站工程	7890	92110	—	22106	45597	—	—	—	—	—	—
下水库大坝坝基	272885	57735	—	—	18772	—	—	12692	—	—	—
下水库库盆处理工程	139360	1050000	—	545631	438600	—	—	—	—	—	—
下水库溢洪道工程	40800	212600	500	195986	—	—	—	—	—	—	—
下水库右岸高线公路延伸段工程	6998	6999	—	—	4199	—	—	—	—	—	—
大坝围堰	3914	—	—	—	—	—	—	—	—	—	—
进/出水口围堰	500	—	—	—	—	—	—	—	—	—	—

续表

项目	开挖工程			填筑工程						砌体工程	混凝土工程
	土方	石方		主堆石	次堆石	过渡料	垫层料	石渣填筑	土方填筑	干(浆)砌石	混凝土骨料加工
		明挖	洞挖								
前期标赤坞堆存	—	—	114000	—	—	—	—	—	—	—	102600

4.4.2.2 土石方开挖利用

根据测量数据，截至2022年8月，本工程土方开挖总量约28.97万m^3(自然方，以下均为自然方)，石方明挖总量约254.19万m^3，石方洞挖总量约87.37万m^3，填筑总工程量约193.55万m^3，混凝土骨料加工总量83.99万m^3。

表4-15　　土石方开挖和利用工程量统计(自然方)　　(单位:万m^3)

石方来源	土方开挖量	石方明挖量	石方洞挖量	填筑工程量	干(浆)砌石	混凝土骨料加工
一般项目	0.80	3.70	9.72			7.35
引水隧洞下半段			12.44			5.11
地下厂房排水系统工程	0.19	0.18	9.02			9.02
主副厂房洞工程		0.06	29.14	7.42		21.72
主变洞工程			10.61			10.61
尾闸洞工程			3.91			3.91
500kV出线洞工程			2.45	2.45		
尾水系统工程			7.56			7.56
通风兼安全竖井			0.57			
下水库检修闸门井工程			0.75	0.75		
下水库进/出水口工程	2.37	23.37	1.16	7.20		
开关站工程	1.56	12.48		2.74		
下水库大坝工程	18.22	16.89		5.03		
下水库库盆处理工程	4.00	136.84		122.93		9.08
下水库溢洪道工程	1.63	26.87	0.04	21.40		
下水库右岸高线公路延伸段工程	0.20	2.26		1.72		
赤坞渣场		12.25		12.25		
5#渣场		19.29		9.66		9.63

续表

石方来源	土方开挖量	石方明挖量	石方洞挖量	填筑工程量	干(浆)砌石	混凝土骨料加工
合计	28.97	254.19	87.37	193.55	0	83.99

4.4.2.3　骨料利用分析

石方有用料主要用于加工混凝土骨料及加工大坝填筑集料，石方利用情况见表 4-16。石方洞挖利用情况见表 4-17。石方明挖利用情况见表 4-18。

表 4-16　　石方利用工程量汇总　　（单位：万 m^3）

项目	填筑工程						砌体工程	混凝土工程
	主堆石	次堆石	过渡料	垫层料	石渣填筑	土方填筑	干(浆)砌石	混凝土骨料加工
一般项目								7.35
引水隧洞下半段								5.11
地下厂房排水系统工程								9.02
主副厂房洞工程		7.42						21.72
主变洞工程								10.61
尾闸洞工程								3.91
500kV 出线洞工程	2.45							
尾水系统工程								7.56
通风兼安全竖井								
下水库检修闸门井工程		0.75						
下水库进/出水口工程	7.2							
开关站工程	2.74							
下水库大坝工程	5.03							
下水库库盆处理工程	54.5	51.1	7.9	3.23	6.2			9.08
下水库溢洪道工程	21.4							
下水库右岸高线公路延伸段工程	1.72							
赤坞渣场	12.25							
5# 渣场	1.86	7.8						9.63

表 4-17　　本标段各部位石方洞挖利用情况

开挖来源	石方洞挖				
	开挖量/万 m^3	利用量/万 m^3	利用率/%	投标期平衡利用率/%	设计报告平衡利用率（Ⅰ级、Ⅱ级料比例）/%
一般项目	9.72	7.35	75.62	80.00	95
引水隧洞下半段	12.44	5.11	41.08	85.00	85
地下厂房排水系统工程	9.02	9.02	100.00	80.00	90
主副厂房洞工程	29.14	21.72	74.54	95.21	90
主变洞工程	10.61	10.61	100.00	92.94	90
尾闸洞工程	3.91	3.91	100.00	85.00	90
500kV 出线洞工程	2.45	2.45	100.00	85.00	90
尾水系统工程	7.56	7.56	100.00	85.00	90
通风兼安全竖井	0.57	0.00	0.00	85.00	90
下水库检修闸门井工程	0.75	0.75	100.00	80.00	90
下水库进/出水口工程	1.16	0.00	0.00	80.00	90

表 4-18　　本标段各部位石方明挖利用情况

开挖来源	石方明挖				
	开挖量/万 m^3	利用量/万 m^3	利用率/%	投标期平衡利用率/%	设计报告平衡利用率（Ⅰ级、Ⅱ级料比例）/%
一般项目	3.70	0.00	0.00	70.00	0.00
地下厂房排水系统工程	0.18	0.00	0.00	50.00	0.00
主副厂房洞工程	0.06	0.00	0.00	50.00	0.00
通风兼安全竖井	0.00	0.00	0.00	65.00	0.00
下水库进/出水口工程	23.37	7.20	30.81	75.00	95.00
开关站工程	12.48	2.74	21.96	70.00	80.00
下水库大坝工程	16.89	5.03	29.78	50.00	80.00
下水库库盆处理工程	136.84	132.01	96.47	96.00	95.00
下水库溢洪道工程	26.87	21.40	79.64	75.00	95.00
下水库右岸高线公路延伸段工程	2.26	1.72	76.11	65.00	60.00

综上统计分析，石方有用量可以满足大坝填筑和混凝土生产的要求。各部位洞挖工程量基本与设计量持平，石方明挖工程量比设计量多 70 万 m^3，有用料填筑基本与设计量持平，混凝土需给其他标段供应骨料，生产量增加 45 万 m^3。

4.5　面板堆石坝施工

4.5.1　面板堆石坝填筑

4.5.1.1　施工重难点分析

1）坝料上坝运输道路须跨越大坝上游趾板，确保趾板混凝土和止水不被损坏是大坝填筑施工需要重点关注的问题；

2）大坝填筑施工与溢洪道开挖干扰较大，安全问题突出；

3）大坝填筑施工道路运距长，弯道多，安全需要保证；

4）料源分散及料品种类多，上坝填筑施工区域狭窄，坝面高效施工组织难度大；

5）因导流泄放洞过流推迟，大坝截流施工于2017年12月19日才完成，之后受下水库供电线路拆除滞后、村民阻工夜间无法出渣、供水线路改造、临时炸药库及临时中转料场占压等影响，大坝工期滞后约4个月，为满足2020年6月10日具备蓄水条件的节点工期，大坝填筑时间由15个月压缩为约12个月，工期十分紧张，施工强度很高。

4.5.1.2　对策

1）大坝填筑施工道路须跨越趾板，应采取保护趾板措施，当车辆通过趾板时，须设置活动钢栈桥跨址板，在大坝上游高程170.0m、200.0m、225.0m、230.0m等处设跨趾板钢栈桥，活动钢栈桥根据填筑高程的不同周转使用。

2）溢洪道开挖为大坝堆石填筑提供料源，溢洪道开挖与大坝Ⅰ期填筑同时施工。开挖和填筑上下同时作业，干扰较大。在开挖期间，注意控制爆破单响和临空面，同时做好被动防护，对道路边坡进行检查和设置挡渣墙，靠近填筑区的开挖边坡设置防护栏，加强安全警戒，竖立醒目的安全标识，在确认主动防护与被动防护工作与措施做到位的情况下，按设计参数进行爆破开挖施工。8月完成溢洪道高程229.0m以上开挖施工，同步加快剩余溢洪道开挖支护施工，形成错开工作面施工组织形式，以减少后续爆破开挖对大坝填筑的影响。

3）该工程大坝填筑道路坡陡弯急，运输流量大，运距长，高流量持续时间长，交通安全问题突出。大坝填筑施工过程中，安排专职人员指挥、调度及统计车辆，并设置道路交通及车辆抢修队及时处理交通故障，加强日常安全交通管理。

4）建立下水库智能称量及识别系统，利用信息技术手段将填筑料与车辆进行精准识别，人工智能引导至指定填筑区域，高效完成坝面填筑过程的精准施工管理。

5）增加资源设备投入，高效精准组织坝面施工。

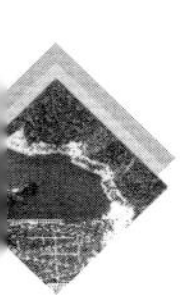

4.5.1.3 施工布置

(1)道路布置

在原 S13、导流泄放洞闸门井平台施工便道、进场公路等基础上，利用地形及坝体分期断面等施工条件，坝体填筑期利用围堰左岸堰肩已完成修建的 R3 道路及在围堰下游接趾板开挖开口线附近修建的围堰左岸堰肩至大坝基坑道路至大坝填筑区域内。围堰左岸堰肩至大坝基坑道路末端根据大坝填筑高度变化相应进行调整，满足上坝料通行即可。大坝右岸原 R2 与 R2-1 便道由于现状地形暂时存在未能移除线塔及边坡陡峻等干扰，无法施工须取消该便道，利用现已完成便道进入填筑区域内填筑形成道路来替代以上无法施工道路，以满足填筑需要。大坝下游坝坡设“之”字形上坝临时道路，路基与上坝公路永临结合，满足高强度上坝填筑施工需要。

1)大坝Ⅰ期填筑施工道路。

大坝Ⅰ期填筑主要为大坝高程 202.5m 以下填筑，填筑时段为 2018 年 8 月 21 日至 2019 年 4 月 30 日，填筑总量约 175.22 万 m^3。主要上坝道路为 R3 道路、围堰左岸堰肩至大坝基坑道路、坝后“之”字道路。

各坝料运输路线及工程量见表 4-19。

表 4-19 下水库大坝Ⅰ期填筑坝料运输路线及工程量

填筑区域	坝料分区	工程量/万 m^3	坝料来源	运输路线
高程 202.5m 以下	特殊垫层料	0.26	下水库砂石加工系统	170m 以下：下水库砂石加工系统→垫层料掺拌场→赤坞交通洞→原 S13→围堰左岸堰肩至大坝基坑道路→填筑工作面 170m 以上：下水库砂石加工系统→垫层料掺拌场→赤坞交通洞→长龙山大桥→进厂公路→低线公路→坝后道路→填筑工作面
	垫层料	1.59	下水库砂石加工系统	170m 以下：下水库砂石加工系统→垫层料掺拌场→赤坞交通洞→原 S13→围堰左岸堰肩至大坝基坑道路→填筑工作面 170m 以上：下水库砂石加工系统→垫层料掺拌场→赤坞交通洞→长龙山大桥→进厂公路→低线公路→坝后道路→填筑工作面

续表

填筑区域	坝料分区	工程量/万 m^3	坝料来源	运输路线
高程202.5m以下	过渡料	3.25	地下厂房、引水及尾水系统	170m以下:通风安全洞→原S13→R3道路→围堰左岸堰肩至大坝基坑道路→填筑工作面 赤坞中转料场→赤坞交通洞→原S13→围堰左岸堰肩至大坝基坑道路→填筑工作面 进厂交通洞→进场公路→长龙山大桥→围堰左岸堰肩至大坝基坑道路→填筑工作面 170m以上:进厂交通洞→进场公路→低线公路→坝后道路→填筑工作面 3#施工支洞→上下库连接公路→1#隧道→进场道路→低线公路→填筑工作面 赤坞中转料场→赤坞交通洞→进场道路→低线公路→填筑工作面
	主堆石料	96.58	①赤坞中转料场;②下库进出/水口;③库盆石料场;④地下洞室	170m以下:①赤坞中转料场→赤坞交通洞→原S13→围堰左岸堰肩至大坝基坑道路→填筑工作面;②下水库进/出水口→R5道路→R1道路→R3道路→围堰左岸堰肩至大坝基坑道路→填筑工作面;③库盆石料场→R3-1道路→R3道路→围堰左岸堰肩至大坝基坑道路→填筑工作面;④进厂交通洞→进场公路→长龙山大桥→围堰左岸堰肩至大坝基坑道路→填筑工作面 通风安全洞→原S13→R3道路→围堰左岸堰肩至大坝基坑道路→填筑工作面 170m以上:①赤坞中转料场→赤坞交通洞→进场道路→低线公路→填筑工作面;②下水库进/出水口→R5道路→R1道路→R3道路→围堰左岸堰肩至大坝基坑道路→填筑工作面;③库盆石料场→R3-1道路→R3道路→围堰左岸堰肩至大坝基坑道路→填筑工作面;④进厂交通洞→进场公路→低线公路→坝后道路→填筑工作面 通风安全洞→原S13→R3道路→围堰左岸堰肩至大坝基坑道路→填筑工作面

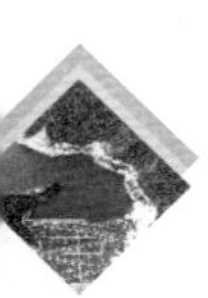

续表

填筑区域	坝料分区	工程量/万 m^3	坝料来源	运输路线
高程202.5m以下	次堆石料	58.59	①赤坞中转料场；②下水库进出/水口；③库盆石料场；④地下洞室	170m以下：①赤坞中转料场→赤坞交通洞→原S13→围堰左岸堰肩至大坝基坑道路→填筑工作面；②下水库进/出水口→R5道路→R1道路→R3道路→围堰左岸堰肩至大坝基坑道路→填筑工作面；③库盆石料场→R3-1道路→R3道路→围堰左岸堰肩至大坝基坑道路→填筑工作面；④进厂交通洞→进场公路→长龙山大桥→围堰左岸堰肩至大坝基坑道路→填筑工作面； 通风安全洞→原S13→R3道路→围堰左岸堰肩至大坝基坑道路→填筑工作面 170m以上：①赤坞中转料场→赤坞交通洞→进场道路→低线公路→填筑工作面；②下水库进/出水口→R5道路→R1道路→R3道路→围堰左岸堰肩至大坝基坑道路→填筑工作面；③库盆石料场→R3-1道路→R3道路→围堰左岸堰肩至大坝基坑道路→填筑工作面；④进厂交通洞→进场公路→低线公路→坝后道路→填筑工作面 通风安全洞→原S13→R3道路→围堰左岸堰肩至大坝基坑道路→填筑工作面

2)大坝Ⅱ期填筑施工道路。

大坝Ⅱ期填筑主要为大坝高程202.5m以上填筑，填筑时段为2019年5月1日至2019年9月27日，填筑总量约66.05万 m^3。主要上坝道路为R3道路、R3-2道路、坝后“之”字道路。

各坝料运输路线及工程量见表4-20。

表4-20　下水库大坝Ⅱ期填筑坝料运输路线及工程量

填筑区域	坝料分区	工程量/万 m^3	坝料来源	运输路线
高程202.5m以上	特殊垫层料	0.10	下水库砂石加工系统	下水库砂石加工系统→垫层料掺拌场→赤坞交通洞→长龙山大桥→进厂公路→低线公路→坝后道路→填筑工作面
	垫层料	2.31	下水库砂石加工系统	下水库砂石加工系统→垫层料掺拌场→赤坞交通洞→长龙山大桥→进厂公路→低线公路→坝后道路→填筑工作面

续表

填筑区域	坝料分区	工程量/万 m^3	坝料来源	运输路线
高程 202.5m 以上	过渡料	4.40	地下厂房、引水及尾水系统	进厂交通洞→进场公路→低线公路→坝后道路→填筑工作面 3# 施工支洞→上下水库连接公路→1# 隧道→进场道路→低线公路→填筑工作面 库盆石料场→R3-1 道路→R3 道路→R3-2 道路→填筑工作面
	主堆石料	37.60	①库盆石料场 ②地下洞室	①库盆石料场→R3-1 道路→R3 道路→R3-2 道路→围堰左岸堰肩至大坝基坑道路→填筑工作面 ②进厂交通洞→进场公路→低线公路→坝后道路→填筑工作面
	次堆石料	20.57	①库盆石料场 ②地下洞室	①库盆石料场→R3-1 道路→R3 道路→R3-2 道路→围堰左岸堰肩至大坝基坑道路→填筑工作面 ②进厂交通洞→进场公路→低线公路→坝后道路→填筑工作面

(2)供排水布置

1)供排水系统布置。

下水库大坝填筑主要施工供水由围堰左岸冲沟附近新建高位水池供水。供水主管布设至大坝左岸,支管布设至坝后各个路口。

2)坝料加水。

①坝外加水。

填筑施工道路出口设置上下游加水站,用 Φ100 钢管从附近水池引至加水站处,加水站由门架式喷水花管制成,设专人值班自动控制加水。

②坝面洒水。

利用高位水池,接支管至大坝工作面,连接移动式高压喷射枪至填筑工作面,人工进行洒水。另外在坝面配备 1 台洒水车用于局部洒水及道路洒水除尘。

3)坝体施工排水。

坝体施工排水主要在填筑期间,部分时段处于中部低、上下游侧高的情况下,雨水、施工用水及地下渗水影响较大。设置盲沟和集水井抽排等措施予以排除,以保证坝体填筑施工质量。

①排水设施的设置。

根据地形条件,在上下游堆石区底部靠左岸侧与过渡料区间隔约 20m 处,设置直径

2m、深1.5m的集水井，再分别沿轴线方向从右岸至集水井开挖深1m、宽1.5m的截水沟，底部坡比按1‰控制，截水沟内回填粗碎石料，形成上下游排水盲沟网，集水通过抽水泵引排至上下游坡面外。水平段趾板基坑排水须在上游开口线以外设置临时集水井，由临时集水井抽排至堰后排水泵站统一排出。在两岸填筑期间预留排水沟槽，内部铺设彩条布将顺岸坡冲刷雨水导排至填筑区以外，雨停后及时进行清理。

②集水井的运行及回填。

当填筑不受积水影响时，拆除排水泵站，按所在部位相同材料要求进行回填。

(3)供电及照明布置

大坝左、右岸在开挖阶段分别设置800kVA和630kVA变压器对大坝填筑施工进行供电，在下水库大坝左、右岸各设两个高亮度的LED投光灯集中照明，布设位置、高程随坝体填筑高度的上升而进行相应调整，确保满足现场施工要求。现场局部照明根据施工需要增加移动照明。

(4)料源规划

根据土石方平衡整体规划，洞挖有用料主要用于加工混凝土骨料及加工大坝填筑集料。按照赤坞砂石系统骨料生产总体规划需要储备约75.69万m^3(松方)洞挖有用料，现赤坞渣场已堆存有用料约38.41万m^3(松方)，还需要补充堆存约37.28万m^3(松方)，换算为自然方约25.71万m^3(洞挖有用料)。经核算，截至8月中旬剩余洞挖约35万m^3(自然方)，在满足赤坞骨料加工条件下，剩余约9.29万m^3(自然方)石方洞挖料可直接上坝进行填筑。

大坝填筑总方量约235.38万m^3(填筑方)，换算为自然方约188.11万m^3，参照投标文件土石方平衡及设计土石方平衡规划利用率，结合现场实际剩余开挖量，核算各部位有用料统计见表4-21。

表4-21　　下水库大坝填筑备料工程量

备料部位	利用系数	自然方工程量/万m^3	料源种类
开关站	0.70	0.38	剩余明挖有用料
进/出水口	0.75	15.46	剩余明挖有用料
溢洪道	0.75	14.46	剩余明挖有用料
下水库大坝趾板开挖	0.75	2.35	剩余明挖有用料
下水库上游备料区	—	1.38	围堰上游堆存明挖有用料
下水库下游备料区	—	1.38	消力池左侧堆存洞挖有用料
进厂交通洞洞口堆料区	—	4.83	洞挖有用料
石方洞挖待开挖上坝料	—	9.29	洞挖有用料

续表

备料部位	利用系数	自然方工程量/万 m^3	料源种类
赤坞加工料备料	—	3.58	洞挖有用料
下水库料场	0.95	135.00	明挖有用料
合计	—	188.11	—
差值	—	0.84	—

综上统计分析，填筑料无法满足大坝填筑的要求，须考虑启用备用料场或从勘探路5#渣场取料进行补充。由于施工条件限制及地质条件的不确定因素，因此大坝填筑料无法满足土石平衡，主要原因如下：

1)下水库一线明挖覆盖层较厚，导致实际开挖石方有用料较设计量偏小，无用料增多。

2)下水库一线明挖石方强风化较为明显，导致实际开挖石方有用料较设计量偏小。

3)下水库一线构筑物均位于大溪河两岸峡谷山坡且地势陡峻，爆破开挖石方料难以归集分类堆存，实际开挖石方有用料利用率偏低。

4)下水库一线实际土石方开挖工程量较投标期间的工程量清单及设计蓝图均较少，导致实际有用料减少。

5)由于下水库一线及厂房系统开挖料夜班无法出渣，导致部分有用料堆存至中转料场，中转料场可回采有用料较直接开挖利用率低，导致实际有用料减少。

6)上水库标段承包人从赤坞渣场有用料区拖运约 12.50 万 m^3(松方)至上水库标段承包人银坑砂拌系统制备混凝土，导致赤坞有用料备料减少。

4.5.1.4　施工准备

(1)碾压试验

大坝填筑施工前，选取有代表性的各种坝料进行基本物理力学性能试验，在此基础上，分析、获得满足设计要求的碾压参数和填筑工艺，以指导该工程填筑施工，具体为：

1)核实坝体各种填筑材料设计填筑标准的合理性；

2)确定达到设计填筑标准的压实方法(包括碾压设备类型、机械参数、铺层厚度、行车速度、碾压遍数、加水量等施工参数)；

3)确定压实质量控制方法、填筑施工工艺，制定坝料填筑施工方法；

4)分析比较各种填筑料碾压前后的级配变化。

(2)料源检测

根据下水库库盆料场的地质条件、相关设计填筑技术要求，施工总进度及有用料临时中转场地面积等，对选用的各种料源的储量和质量进行复核，已满足填筑总方量的

要求。

1)对于土料,重点复查天然含水率、颗粒组成、土层分布、储量、覆盖层厚度、可开采厚度;

2)对于石料场,重点复查岩性、断层、强风化厚度、坡积物和剥离层,以及可用层的储量、开采运输条件;

3)对于明挖及洞挖开挖料,重点复查可供利用的开挖料的分布、运输及堆存、回采条件,以及有效挖方的利用率。

(3)其他准备工作

1)根据实测地形及设计蓝图将填料界面、桩号、分层填筑高程等用油漆或白石灰标识;

2)做好下水库大坝施工和料场、赤坞垫层料场的联系工作,加强进料的调配,设专人在上坝路口处和坝面指挥卸料,严禁不合格料上坝;

3)设置若干标识牌,标明坝体填筑料区、运输路线等,便于质检员、监理人和各设备操作人员对各料源识别检查;

4)坝面作业的各种操作人员、三检人员在施工前进行施工技术、施工规范、质量控制标准要求等有关培训工作,以掌握对坝体各填筑区的层厚、粒径、碾压遍数等参数,做到人人心中有数;

5)做好坝面填筑施工机械设备维护、保养,以确保设备运行完好率;

6)做好观测设备的标记及保护工作;

7)用于坝料碾压的机械,按监理人指令安装好数字化大坝应用系统的相关设备,并具备正常运行条件;

8)下水库智能称量系统已初步完成下游侧土建施工,为确保称量系统的运行安全,须增设自动感应栏杆基础混凝土(单个尺寸:70cm×100cm×91cm,共8个C25混凝土5.1m^3)、出口监控基础混凝土(单个尺寸:40cm×40cm×40cm,共4个C25混凝土0.3m^3)、外侧防撞墩(单个尺寸:150cm×40cm×75cm,共6个C25混凝土2.7m^3);

9)填筑区地质缺陷按照设计要求处理完毕。

4.5.1.5 下水库大坝填筑施工程序

(1)填筑施工程序

大坝坝基开挖完成具备填筑条件后,优先启动先填区填筑。先填区范围为趾板下游40m以外,高程164.0m以下为主堆石区,先填区初为由左岸向右岸同步下游向上游推进填筑,先填区施工由低洼处向上游高处找平,先填区道路为临时道路,侵占填筑区域的道路在填筑过程中同步拆除。

待先填区基本完成后，进入标准层向上游继续填筑至高程 170.0m，可完成高程 170.0m 以下的填筑。上游侧待河床段趾板具备填筑条件后搭设 1# 临时钢栈桥跨趾板，利用已形成围堰左岸堰肩至大坝基坑道路从大坝上游进入填筑区，填筑同时修筑临时道路至高程 170.0m，先填区施工时同步启动量水堰混凝土浇筑施工，坝后超径石压坡及下游干砌石护坡与填筑施工一并启动。

高程 170.0～202.5m 坝轴线上游侧通过左岸堰肩至大坝基坑道路→原 S13 在高程 170.0m 搭设 1# 临时钢栈桥跨趾板，从大坝上游进入填筑区，填筑同时修筑临时道路至高程 200.0m，架设 2# 钢栈桥与左岸 R3 道路连通；坝轴线下游侧填筑利用右岸低线上坝公路至已填筑完成高程 170.0m 大坝填筑区域，填筑过程中形成上坝公路路基至高程 202.5。

高程 202.5～230.0m 坝轴线上游侧通过 R3 道路，在高程 200.0m 搭设 3# 临时钢栈桥跨趾板，从大坝上游进入填筑区，填筑同时修筑临时道路至高程 230.0m，可完成高程坝轴线上游区域高程 230.0m 填筑；坝轴线下游侧填筑利用右岸低线上坝公路至填筑过程中形成上坝公路路基至高程 230.0m，完成坝轴线下游侧高程 230.0m 填筑。

高程 230.0～245.5m 坝轴线上游侧通过 R3-2 道路，在高程 225.0m 搭设 4# 临时钢栈桥跨趾板，从大坝上游进入填筑区，填筑同时修筑临时道路至高程 245.5m 或利用右岸高线上坝隧道；坝轴线下游侧填筑利用右岸低线上坝公路至填筑过程中形成上坝公路路基至高程 245.5m，完成坝轴线下游侧高程 245.5m 填筑。

高程 245.5m 以上剩余填筑料待防浪墙浇筑完毕后回填，回填道路主要利用右岸高线上坝交通洞或上坝公路至施工作业面进行填筑。临时道路回填采用后退法完成填筑，整体填筑施工中采用《大坝填筑智能化质量控制技术》进行填筑碾压过程监控，建立填筑过程数字化模型。

施工组织采用流水作业法组织坝体填筑施工，将整个坝面划分成若干个单元，在各个单元内依次完成填筑的各道工序，使各单元上所有工序能够连续作业。具体工艺流程：测量放样→卸料→摊铺→洒水→压实→质量检查。

(2)各区填筑顺序

为了保证填筑质量，且不增加细料用料，采取先粗后细法对各区坝料进行填筑，填筑顺序：堆石区→过渡层区→垫层区。为了争取延长有效填筑工期、降低坝体填筑强度，可在两岸滩地和趾板开挖及浇筑混凝土时，在趾板下游 40m 外进行部分坝体填筑，预留的距离要便于填筑碾压机械运行，避免施工干扰，并仍能保证垫层、过渡层与部分主堆石平起填筑，临时边坡不得陡于设计坝坡。

坝体堆石料铺筑宜采用进占法，必要时可采用后退法与进占法相结合卸料；垫层料、过渡料宜采用后退法，垫层料与过渡料每两层与主堆石填筑齐平，应采用振动碾骑缝碾压。坝体各区填筑顺序见图 4-30,铺料时及时清理界面的粗粒径料。

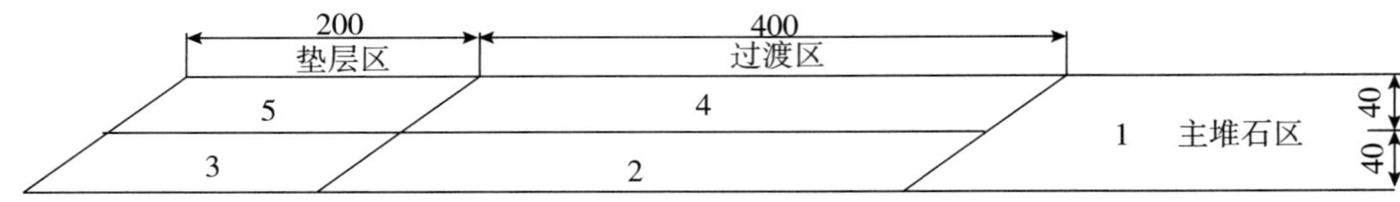

图 4-30 坝体各区填筑顺序(单位:cm)

4.5.1.6 坝体填筑施工工艺

(1)坝料运输与卸料

1)上坝料运输。

上坝料选用 20t 自卸汽车运输,各坝料的运输车辆均设置标识牌,以区分不同的料区。垫层料、过渡料运输使用的车辆相对固定,并经常保持车厢、轮胎的清洁,防止污染填筑区石料。

坝料跨越趾板及垫层区时须采取可靠措施,避免趾板及垫层区受到破坏,若在趾板浇筑前跨越时,应在趾板地基面预留保护层,在浇筑趾板前清除;若在趾板浇筑后跨越时,可采用临时栈桥形式或在趾板面上铺渣料保护,在停止使用前加以清理。

2)卸料。

①堆石料采用进占法卸料。

自卸汽车行走平台及卸料平台是该填筑层已经初步推平但尚未碾压的填筑面,粗径石料滚落底部,细径石料留在面层,利于工作面的推平整理,提高碾压质量。卸料的堆与堆之间留有 0.6m 左右的间隙。

②垫层料、过渡料采用后退法卸料。

在已压实的层面上后退卸料形成密集料堆,再用推土机平料。这种卸料方式可避免填筑料的分离或粗颗粒集中。

(2)铺料

1)铺料层厚。

各种不同坝料的压实沉降率根据生产性碾压试验确定、经监理部批准的数据执行。

在铺料时按照铺筑方法,根据报批的沉降率数值合理选取松铺厚度,经碾压后达到技术要求层厚。下水库大坝各区铺料填压实层厚见表 4-22,松方铺料厚度数值最终通过碾压试验来确定。

表 4-22 大坝各区铺料填压层厚

项目	特殊垫层料	垫层料	过度料	反滤料	主堆石料	次堆石料
铺料厚度/cm	20	40	40	20	80	100

2)铺填碾压。

堆石料采用进占法铺料,SD32 推土机摊铺,SD22 推土机辅助;过渡料采用后退法铺料,SD22 推土机摊铺;垫层料采用后退法铺料,SD22 推土机摊铺,1.6m^3 反铲辅助;反滤料采用后退法铺料,1.2m^3 反铲摊铺。

3)超径石处理。

在平料过程中,对发现的堆石超径料用冲击锤破碎至料径合格石料;过渡料的超径石用反铲挖起,转运至堆石区;垫层料的超径石用人工挖起,用装载机运输到过渡区。

(3)坝料洒水

1)洒水目的及方法。

坝料洒水主要是对堆石区料、过渡区料、垫层区料进行洒水,使块石表面浸水软化、润滑、降低抗压强度,减小颗粒之间摩擦力、咬合力,在激振力作用下,提高压实密度,减少坝体运行期沉降量。

根据以往的经验,该工程采用石料运输途中坝外加水和坝内洒水相结合的方案(图 4-31)。加水站、坝面加水量以设计图纸为基准,通过现场碾压试验确定。

①坝外加水。

填筑料上坝进入填筑工作面之前,先通过坝外加水系统加水,然后再运输到填筑工作面上。加水量以汽车在爬坡时,车尾不流水为准。每处加水站设 50m^3 钢板水箱,加水站由专人负责维护,并安装自动感应控制装置。

②坝内洒水。

坝内洒水采用软管接布置在大坝左岸的供水管路系统,将水引至填筑面。在填筑碾压时采用人工对各区石料进行洒水,另在碾压前采用洒水车对堆石再次补水。

2)洒水量控制。

①按照已经批准的碾压试验确定加水量;

②特殊垫层料、垫层料在每批填筑料填筑时先作含水量试验,当含水量大于最佳含水量时,采用料场脱水;当含水量小于最佳含水量时,在坝面铺料区进行洒水,使特殊垫层料、垫层料碾压时应符合最佳含水量;

③过渡料、堆石料坝外加水系统加一部分水量,在坝面上补充剩余的水量。

(a)坝外加水

(b)坝面洒水

图 4-31 运输途中(坝外)加水和坝面洒水相结合

(4)坝料碾压

1)碾压技术要求。

坝料碾压技术要求按照设计技术文件和《混凝土面板堆石坝施工规范》(DL/T 5128—2017)等相关规范执行,具体碾压参数通过试验确定。

2)碾压设备。

垫层料、过渡料采用 YZ20 型自行式振动碾碾压,堆石料采用 26t 自行式徐工 XS263J 型振动碾碾压。靠近岸坡的边角部位采用小型振动碾或液压振动夯板夯实。配备的碾压设备参数见表 4-23。

表 4-23 碾压设备参数

设备名称	规格型号	总质量/kg	功率/kW	激振力/kN
26t 振动碾	自动式徐工 XS263J	25220	143	402/186
20t 振动碾	YZ20	20000	140	
液压夯板(底盘尺寸 69cm×76cm)	HS-11000	646	84	51.47

3)碾压方法。

①行走方向:与坝轴线平行,岸坡部位,顺岸坡行驶。

②振动碾行走速度:1.5～2.0km/h。

③碾压方法:主要采用进退错距法。碾压遍数和错距宽度通过碾压试验最终确定。

4.5.1.7 坝体填筑施工方法

(1)垫层料

1)垫层料水平宽度为 2.0m,铺料压实后层厚 40cm,采用砂石加工系统生成的人工碎石料掺配而成。级配按招标文件专用技术规范要求的颗分级配表通过试验确定。

垫层料掺配场布置在下水库砂石加工系统附近较开阔场地上，在其底部预铺一层偏细的混合料并碾压密实，同时做好周边的排水设施。

掺配采用分层摊铺的掺配工艺，掺配叠加总高度控制在2m。每次根据掺配场地大小，初步估算各种骨料的用量和摊铺厚度。

铺料时，第一层先铺粗碎料，卸料采用后退法；铺细碎料采用进占法。自卸汽车每卸料一层，即用推土机铺平。铺料结束后，用装载机立面开采，反复混拌。掺配好的垫层料用装载机进行立面开采装车，20t自卸汽车运至填筑部位，采用后退法卸料。推土机结合液压反铲摊铺，厚度以层厚标志杆控制。

2)两岸岩坡上标写高程、轴距和桩号，其中垫层与过渡料区交界线每层上升均测量放样，洒白灰予以明示。

3)碾压前进行人工洒水，达到碾压试验所确定的最优含水量；碾压用20t自行式振动碾，采用进退错距法进行，行进速度1.5～2.0km/h。

4)垫层区上游坡面防护。

大坝垫层料上游坡面防护采用挤压边墙技术，大坝垫层料按传统施工方法须超填约40cm，再按照设计坡比进行削坡，之后进行斜坡碾压，由于面板浇筑需要在大坝填筑到一定高度后才能进行，这期间大坝坡面需要进行必要保护，避免破坏已经形成的坡面，甚至在施工过程中稍有不慎，还可能造成运行阶段混凝土面板脱空。因此传统的施工方法，工序繁多，进度缓慢，成本较高，存在重大质量隐患和风险。利用混凝土挤压边墙作为垫层料区的一部分，能快速形成坡面，减少了削坡、护坡、斜坡碾压成形等工序，极大地提高了施工人员的安全性，降低了施工难度，保证了垫层料的压实质量和提高了坡面的防护能力，减少垫层料损耗90%以上，极大地加快了施工进度，避免了运行阶段面板脱空。

(2)特殊垫层料

1)特殊垫层料采用砂石加工系统生成的人工碎石料掺配而成。施工时用$3m^3$装载机，20t自卸汽车沿坝体填筑的各期道路上坝，由专人指挥卸料。

2)测量放线，放出填筑体的上、下游边线，用石灰撒出上边线。

3)推土机平料，液压反铲辅助铺填；逐层铺筑，压实后层厚40cm，标尺测定铺层厚度。

4)碾压前进行人工洒水，达到碾压试验所确定的最优含水量。采用20t自行式振动碾沿坝轴线方向碾压，行进速度1.5～2.0km/h。局部边角采用夯板夯实，并加强洒水。

(3)过渡料

1)过渡料水平宽度4m，置于垫层料与主堆石之间，过渡料铺料压实后层厚40cm。

填筑一层主堆石后，同期填筑、碾压一层过渡料和垫层料；然后再填筑一层过渡料和垫层料，并与主堆石跨缝碾压。依次循环填筑上升。

2）过渡料采用20t自卸汽车运输上坝，采用后退法卸料，SD22推土机平整，坝外加水与坝面洒水相结合，20t自行式振动碾平行坝轴线方向进行碾压，碾压遍数暂定为6～8遍。

（4）堆石料

1）主堆石料铺料压实后层厚80cm、次堆石100cm，与各区料平齐上升。在特殊情况下保证在靠近过渡料的堆石料（宽度30m范围）与过渡料同步铺填上升。

2）堆石料采用20t自卸汽车运输上坝，采用进占法卸料，SD32推土机铺料平整，SD22推土机辅助，26t振动碾平行坝轴线方向碾压，碾压遍数暂定为6～8遍，与岸坡的接坡部位顺岸坡碾压，然后再用振动夯板夯实。当过渡料与其同高程时，过渡料与堆石料同时碾压。

3）每层坝肩边坡部位填筑时，为避免大块石相对集中，依据设计要求采用较细填料，使用自行式振动碾顺岸碾压，碾压不到的部位辅以夯板夯实。

4）在负温下，压实的硬岩堆石料能达到设计的孔隙率，可以继续填筑。除非经监理人同意，软岩料不能在负温下填筑。若在负温下填筑施工中采取不加水碾压时，须减少铺料厚度、增加碾压遍数，其施工参数严格按监理批复的碾压试验成果控制。

（5）大坝坝前铺盖

大坝坝前铺盖填筑包括粉质黏土和石渣护面填筑。

1）填筑前，先将趾板面板表面清理干净，排除趾板表面积水；

2）铺料时，先铺填粉质黏土再铺填石渣料，铺层满足图纸要求，由推土机来回走动进行碾压；

3）粉质黏土及铺填石渣施工时，与面板水平距离100cm以内不允许行走汽车或推土机等机具，其他部位采用5t以下汽车上料，小于75kW推土机推平施工，不允许其他重型机具进入施工现场；

4）施工过程中，及时排除趾板及面板上游面的施工用水，以免污染填筑作业面。

（6）特殊部位处理

1）坝体与岸坡结合部位的施工。

坝体与岸坡结合部位施工时，容易出现大块石集中、架空现象，且局部碾压机械不易碾压。该部位施工时，先填宽2m、粒径小于40cm的堆石料；与岸坡接合处宽2m范围内，沿岸坡方向碾压，不易压实的边角部位用轻型振动碾和平板振动器压实。

2)坝体分区交界面处理。

①过渡料与堆石区交界面的处理。

以先铺堆石料,再铺过渡料为原则,在铺过渡料前,用反铲将界面处粒径大于30cm的分离石料清除,然后再铺筑过渡料。

②过渡料与垫层料交界面的处理。

以先铺过渡料,再铺反滤料为原则,在铺垫层料前,对过渡层上游面进行削坡处理并清除所有大于10cm的离散块石。

3)临时断面边坡的处理。

对临时断面边坡采用台阶收坡法施工,即每上升一层填筑料,在其基础面的填筑层上预留足够宽度的台阶。后续回填时采用反铲对相应填筑层的台阶松散料进行挖除及修整、清除污染不合格料,然后再铺料,待该层铺料碾压时,接缝部位采用振动碾骑缝碾压,从而保证交接面的碾压质量。

4)上坝路与坝体结合部。

坝区内采用坝体相同料区的石料进行分层填筑,填筑质量按相同区料的填筑要求控制。当坝体填筑上升覆盖该路段时,路段两侧的松渣采用反铲分层挖除至相应填筑层,一起平料骑缝碾压。

坝区外侧路段与坝体接触部位,待该路段完成运输任务后,再采用反铲挖除,并清理松渣、整理。

5)坝内斜坡道路。

随着坝体临时断面上升,坝内形成临时斜坡运输道路。道路填筑料采用相同坝区的石料,填筑质量按同品种料要求进行铺料和碾压。当坝体填筑上升覆盖坝内临时斜坡道时,采用反铲将斜坡道路两侧的松散石料挖除到同一层面上,与该层填筑料同时碾压。

(7)挤压边墙混凝土施工

1)施工特性及工程量。

大坝填筑时,上游面采用一级配干硬性混凝土挤压边墙护坡,挤压边墙位于垫层料与面板之间。单层挤压边墙外侧坡比1∶1.4,内侧坡比8∶1,顶宽0.1m,底宽0.7m,高0.4m,断面呈梯形。挤压边墙混凝土工程量约7181m^3。

2)施工程序。

挤压边墙在每层垫层料填筑之前施工,其施工工艺流程如下:

作业面平整→测量放样→挤压边墙混凝土施工→垫层料摊铺→垫层料碾压→验收合格后转入下一施工循环。

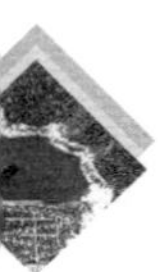

3)施工方法。

①测量放线。

对垫层高程进行复核后,确定挤压边墙的边线,并根据底层已成形的墙顶作适当调整。根据调整后的边线分段放出测量点线,并拉线标识。

②挤压机就位。

将挤压机运到指定位置,使其内侧外沿紧贴测量线位,施工人员根据技术要求调整好挤压机,挤压边墙起始层施工长度宜大于15m。

③挤压边墙混凝土浇筑。

采用混凝土搅拌运输车运至施工现场,待混凝土搅拌运输车就位后,开动挤压机,并开始卸料,卸料速度须均匀连续,并将挤压机行走速度控制在40~60m/h。挤压机行走以前沿内侧靠线为准,并根据后沿内侧靠线情况作适当调整。在卸料行走的同时,根据水平尺、坡度尺校核挤压边墙结构的尺寸,不断调整内外侧调平螺栓,使上游坡比及挤压墙高度满足要求。

对于边墙两端靠趾板挤压机不能达到的部位采用人工进行立模浇筑。其混凝土采用坍落度稍大于机械使用混凝土,每层铺料厚度不大于20cm,人工用夯锤密实。

④缺陷处理。

对施工中出现的错台、起包、倒塌等现象在挤压过程及时处理,用铁锹将错台部分削平,然后用挤压料填平。

挤压边墙成型1~2h后,即可进行垫层料的摊铺,2~4h后采用小型振动碾进行碾压。具体施工参照《混凝土面板堆石坝挤压边墙技术规范》(DL/T 5297—2013)。

4.5.1.8 施工进度计划及强度分析

(1)填筑施工进度计划

下水库大坝填筑从2018年8月21日开始,2019年4月30日填筑至高程202.50m,2019年9月27日大坝工程全部结束。下水库大坝各时段填筑控制工期见表4-24。

表4-24 下水库大坝各时段填筑控制工期

分期	填筑高程/m	填筑时段/(年-月-日)	周期/d	工程量/万 m^3
Ⅰ	153.00~202.50	2018-8-21—2019-4-30	253	175.22
Ⅱ	202.50~245.50	2019-5-1—2019-9-27	150	66.05
坝前铺盖		2020-4-26—2020-6-9	45	11.21
坝顶过渡料	245.50~249.00	2020-8-29—2020-9-27	30	0.85
合计(填筑)				253.33

(2)强度分析

坝体填筑共分两期,各期平均强度及高峰强度见表 4-25。

表 4-25 下水库大坝坝体分期填筑强度

填筑分期	填筑高程/m	填筑时段/(年-月-日)	周期/d	工程量/万 m^3	平均月强度/(万 m^3/月)	高峰强度/(万 m^3/月)
Ⅰ	153.00~202.50	2018-8-21—2019-4-30	253	175.22	20.79	24.05
Ⅱ	202.50~245.50	2019-5-1—2019-9-27	150	66.05	13.21	16.56

该工程下水库大坝填筑总量 253.33 万 m^3,大坝平均填筑强度为 18.03 万 m^3/月,高峰月强度为 24.05 万 m^3/月(2019 年 2 月)。

4.5.2 面板堆石坝面板混凝土施工

4.5.2.1 堆石坝沉降结束标准

根据招标文件要求,主坝面板必须在填筑完成的坝体,至少经 3 个月的沉降后,且面板顶部处坝体沉降速率小于 5mm/月,并经监理人批准后才能施工。

下水库大坝高程 225.0m 以下坝体填筑在 2019 年 11 月 20 日完成,自 2020 年 2 月初开始监测,间隔时间 7d/次,待监测到坝体沉降速率小于 5mm/月后,再隔 7d 监测一次,坝体沉降速率仍小于 5mm/月时,则可以开始面板混凝土施工。

下水库大坝高程 225.0m 以上坝体填筑在 2020 年 1 月下旬完成,自 2020 年 3 月下旬起开始监测,监测及结束标准同上。

4.5.2.2 施工布置

(1)施工场地规划

大坝施工的钢筋加工厂和模板加工厂布置在大坝上游料场平台上,厂内采用 16t 汽车吊辅助材料周转,采用平板车将材料运输到施工部位。

(2)施工道路及交通通道

1)运输道路。

①混凝土运输通道线路。

赤坞拌和系统→赤坞交通洞→长龙山大桥→进场公路→右岸高线公路→右岸上坝公路→大坝坝顶。

②材料运输通道线路。

材料仓库→赤坞交通洞→长龙山大桥→进场公路→右岸高线公路→右岸上坝公路→大坝坝顶。

③钢筋运输通道线路。

钢筋加工厂→进场公路→右岸高线公路→右岸上坝公路→大坝坝顶。

2)入仓通道。

为方便施工和监理等人员在坡面上下需要，在施工仓面铺设1条软梯和1根安全母线绳，软梯和安全母线绳每隔30m采用1根Φ20插筋加固，Φ20插筋长40cm，植入挤压边墙20cm。

单根安全母线绳破断拉力大于10kN，人员在坡面上下须系挂自锁器式安全带，确保在意外失手情况下，不发生沿坡面向下的高处坠落。施工过程中需要定期检查自锁器式安全带是否完好及安全母线绳的磨损情况，发现隐患及时更换及加固。

(3)风、水、电及照明布置

施工用风主要为沥青喷涂和挤压边墙清理开槽，在坝顶高程245.5m平台布置2台$20m^3$/min电动空压机。

施工用水主要为现场浇筑养护等，从右岸上坝隧洞水箱铺设DN150mm钢管至坝面，钢管进口设置1个ISG80-100增压泵，钢管每隔30m开1个DN25闸阀接口，连接1根Φ25塑料支管，支管上沿面板每50m设置1个Φ15钢三通，在面板浇筑过程时进行洒水养护，浇筑完成后在Φ15钢三通上横向接Φ15塑料花管长期养护，养护至蓄水。

施工用电主要为现场施工用电，主要采用系统电，左坝头原有1台400kVA变压器，在右坝头增加布置1台630kVA变压器，大坝下游布置3个一级配电柜，坝面按需要布置二级配电柜，另外在现场配备设置1台250kW的柴油发电机作为备用电。

在大坝左右端头各布置1盏500W LED灯，另在每个施工部位坡面布置2～4盏100W LED灯随施工部位的照明需要转移，高程245.5m平台施工面布置2～4盏100W LED灯。

(4)施工机械

1)混凝土运输。

混凝土采用3～$6m^3$自卸汽车运输，面板混凝土入仓主要采用溜槽入仓，由自卸汽车直接向溜槽受料斗卸料。

2)滑模及施工平台。

大坝面板上施工主要设备有6台5t卷扬机、4台10t卷扬机、2台13m牵引式滑模、6台施工操作平台、2台专用乳化沥青车、2台专用斜坡面撒砂机。

牵引式滑模施工采用2台10t卷扬机牵引，并采用同步开关确保2台卷扬机同步工作。滑模主要由底部钢板、上部型钢桁架及牵引机具组成，总长13m，有效长度12m，有效宽度1.5m。面板总长2658m，按滑模滑升速度24m/d计，净滑升时间111d，面板施工总工期105d，考虑滑模转移及验仓等因素，滑模配置2台。其中1台负责1#～10#条带面板施工，另外1台负责11#～23#条带面板施工。

施工操作平台采用1台5t卷扬机牵引；施工操作平台用型钢做骨架、平台铺木板，上设护栏，农用车胶轮作轮子，主要为大坝坡面运送砂浆、沥青、钢筋、模板等材料。坝面整平施工需使用台车154d、砂浆垫层施工约需使用台车63d、插筋施工需使用台车约20d、钢筋施工需使用台车约92d、侧模及止水施工需使用台车约92d，以上浇筑前项目共需使用台车421d，按浇筑前施工工期90d算，考虑滑模转移及验仓等因素，施工操作平台配置6台。

专用沥青车采用1台5t卷扬机牵引，专用斜坡面撒砂机采用1台5t卷扬机牵引。乳化沥青摊铺时间154d，按浇筑前施工工期60d算，考虑滑模转移及验仓等因素，专用沥青车和专用斜坡面撒砂机各配置2台。

4.5.2.3　施工程序

面板混凝土采用无轨滑模，面板底部三角区原则上采用滑模浇筑，局部滑模确无法实施的辅以组合钢模板和木模板施工。优先施工右岸侧（17#条带及以右），跳仓浇筑，先浇块立侧模作滑模轨道，再浇块利用先浇块作滑模轨道。混凝土由3～6m^3自卸汽车水平运输，"U"形溜槽入仓，人工辅助摆动溜槽布料并振捣密实。

（1）施工分块及顺序

根据施工图纸，大坝面板分为24个条带，除1#条带宽10.64m、24#带宽8.93m外，其他条带宽均为12m。

每条带均一次拉模浇筑完成，条带实施前须满足设计沉降速率或3个月预留沉降期。

面板施工进度安排原则：在沉降速率满足设计要求的前提下，一是优先完成单数条带，二是优先完成河床段浇筑。24#条带采用小模板施工，两台滑模浇筑条带顺序如下：

1）1#滑模：17#条带→9#条带→7#条带→13#条带→8#条带→6#条带→14#条带→16#条带→21#条带→23#条带→18#条带，施工的条带总长1324m。

2）2#滑模：19#条带→11#条带→5#条带→15#条带→10#条带→12#条带→3#条带→1#条带→4#条带→2#条带→20#条带→23#条带，施工的条带总长1344.9m。

（2）施工程序

单一条带施工程序见图4-32。

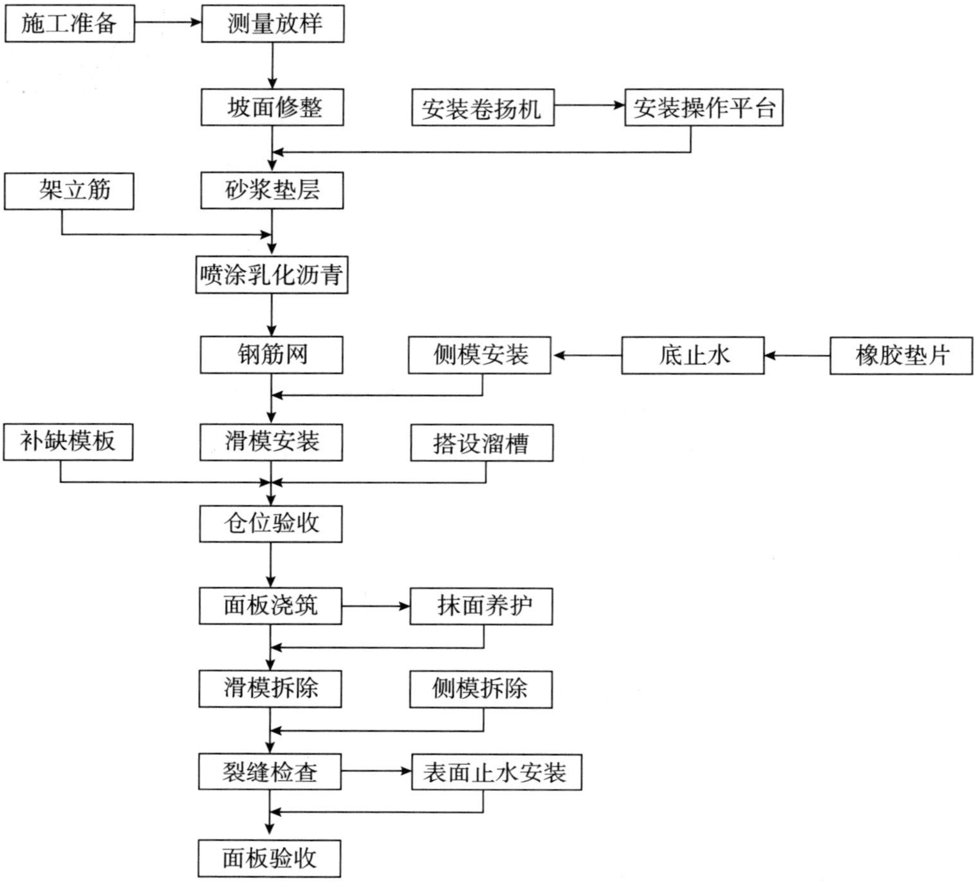

施工准备 → 测量放样

坡面修整

安装卷扬机 → 安装操作平台

架立筋

砂浆垫层

喷涂乳化沥青

钢筋网

侧模安装 ← 底止水 ← 橡胶垫片

补缺模板

滑模安装

搭设溜槽

仓位验收

面板浇筑 → 抹面养护

滑模拆除

侧模拆除

裂缝检查 → 表面止水安装

面板验收

图 4-32 单一条带施工程序

4.5.2.4 面板施工方法

(1)测量放样

1)在挤压边墙坡面布置 3m×3m 网格,采用拉线的方法进行平整度测量,其中一排网格点必须在垂直缝位置上,并用白石灰或打铁钎标识,现场网格点采用红色油漆标识清楚。

2)按照设计线逐个检查,其偏差不得超过面板设计线 5cm。测量结果及与设计线偏差以书面形式记录。

(2)挤压边墙脱空检查及坡面处理

挤压边墙脱空检查,采用人工挖探坑直观检测方法,主要检查部位为施工缝挤压边墙挖槽处,挖槽以外有脱空现象的采用挖探坑检查。经检查有空鼓现象部位须人工凿除,并用 M5 水泥砂浆抹平。

根据测量结果对法线方向误差在+5cm 以上的挤压边墙打凿处理,对外露的垫层料人工夯实，并用 M5 水泥砂浆抹平；对法线方向误差低于－8cm 的部位用砂浆锤击补平。对于每层挤压边墙搭接处出现的大于 1cm 错台进行消除并用砂浆抹平。

处理完毕后人工沿坡面采用高压水清洗干净，须确保固坡砂浆不被损坏。若有损坏，及时进行修补。

(3)周边缝清理及混凝土、止水修复

1)周边缝清理。

对混凝土挤压边墙及周边缝止水下滤渣清除干净，对于趾板与面板结合的周边缝下小区料的不密实区，人工分层夯实至设计面。

2)周边趾板与面板相接的侧面混凝土缺陷处理、止水修复。

首先拆除周边缝止水保护罩，将预留的拉锚筋外露部分剪断，并用手提砂轮机打磨至低于混凝土表面，然后涂刷一道热沥青，以防钢筋氧化而形成渗流通道。

对止水破损的补焊、变形的整修，尤其铜止水鼻腔部位。止水检查验收合格后，对混凝土有破损缺陷的部位，视其破损程度采用高强度水泥砂浆予以修补。

(4)卷扬机布置及施工操作平台安装

卷扬机布置在所浇面板左、右相邻条带的上口端的高程 245.5m 平台上，距上游边线约 1.0m，卷扬机钢丝绳通过导向轮转向后牵引施工操作平台或滑模。卷扬机锚固采用压重锚固法，并用螺栓固定在配重支架上，配重支架用 6 根Φ25 插筋固定，插筋长 2m，锚入垫层料 1.7m，配重 2t。混凝土锚固块由 25t 吊车进行吊装。

施工操作平台每个仓位两侧各布置 1 台，每个施工操作平台使用 1 台卷扬机提升；每个仓位布置 1 台滑模，滑模采用 2 台卷扬机提升。

施工操作平台拖到现场后，先用 25t 汽车吊将平台吊装到坡面或混凝土面上，然后用 5t 手拉葫芦保险绳将平台固定在卷扬机支架上，再穿系直径为 19.5mm 钢丝绳卷扬机，用卡扣将卷扬机钢丝绳和平台锚环连系牢固。其后汽车吊卸钩，试滑 2～3 次。在确保牵引装置稳固可靠后，卸下手拉葫芦保险绳。

(5)砂浆垫层施工

1)垂直缝刻槽及挤压边墙切缝。

在面板间垂直缝处，挤压边墙刻宽 10～20cm“V”形槽，并将底部完全凿断至垫层料，回填垫层料并压实，表面沿砂浆垫层边线凿槽 10cm 深，按要求修整成形，然后铺设水泥砂浆。每块面板范围挤压边墙平行于面板垂直缝 6m 间距进行切缝处理，切割深度不低于 15cm。

2)垂直缝砂浆垫层。

设计垂直缝下砂浆垫层标号 M10，顶宽 0.9m，深 10cm。由于坝体自然沉降，因此挤压边墙坡面垂直缝根据实际情况采取不同的处理措施。

①挤压边墙面法线方向沉降超过设计垫层底面高程的，沿分缝位置按照顶宽 0.9m 用 M10 砂浆补平到设计高度；

②挤压边墙面法线方向沉降高度不足 10cm 的，将挤压边墙按设计宽度 0.9m 凿出相应深度，保证找平到设计面后砂浆垫层厚度为 10cm；

③沉降未超过设计高程或存在外鼓的边墙面，按设计图纸凿除超高的挤压边墙，并按设计要求在分缝位置凿槽施工砂浆垫层。

砂浆垫层施工时先放样分缝线和垫层宽度，沿线插筋，用红色油漆标识砂浆垫层顶面高程，然后自上而下进行分缝处边墙面的凿除或找平，凿除部位人工用铁钎、风镐凿挖，并修整成形。砂浆垫层采用赤坞拌和系统按照报批的配合比拌制，溜槽下料，人工自下而上铺设。砂浆摊铺后用木板刮平、压光，表面立即覆盖养护。砂浆垫层表面平整度用 2m 直尺检查，偏差为±5mm。

3)周边缝沥青砂垫层。

根据设计技术要求，周边缝须埋设沥青砂垫层，厚 20cm，底宽 60cm，沥青与砂按照质量 1∶9 的配比加热拌制。

在周边缝底部浮渣清理后，按照设计宽度、深度，人工用铁钎和铁锹开挖止水下部砂浆垫槽。开挖时尽量减少对周围垫层料扰动，小区料扰动的，由人工分层夯实，修整成形。施工中注意保护止水片，避免扭曲或损坏。砂浆垫层施工与垂直缝相同。完成后其宽度偏差±2cm，表面平整度用 2m 直尺检查，偏差不大于±5mm。

(6)喷涂乳化沥青

在挤压边墙坡面清理修整、垂直缝水泥砂浆铺设、周边缝沥青砂浆埋设完成后，再开始在挤压边墙坡面交替喷洒改性乳化沥青及撒砂，形成以沥青为黏结料、砂粒为骨架的胶—砂混合结构。采用“两油两砂”，厚度 3mm。乳化沥青使用前在坝顶的沥青桶内搅拌均匀，无凝块。施工及操作要点如下：

1)喷沥青。

采用专用沥青车(专业施工队伍提供)自带的沥青泵将乳化沥青先在循环管路和沥青储存罐中循环约 20min，将乳化沥青中的改性剂充分分散、混合；然后加压输送到管道中，使乳化沥青到达喷枪出口处；通过调节喷枪上的开关调整喷头锥形空隙，将乳化沥青压力调整到最佳，使乳化沥青喷出后形成伞形雾流，喷射到坝坡面上；由于射流有一定压力(1.0～1.2MPa)，可将坝坡面上清理后残留的粉尘和松散块粒冲开、击打、翻转，使得乳化沥青可充分涂覆在坚实的基面上；喷洒手有两名，在安全绳的牵拉保护下，一人持喷枪，另一人配合随动牵拉软管，在坡面上左右上下移动，将雾化后的乳化沥青均匀喷涂在坡面划定的条块上。喷涂乳化沥青施工见图 4-33。

图 4-33　喷涂乳化沥青施工

2)撒砂。

专用斜坡面撒砂机(由专业施工队伍提供)用吊机吊装在坡顶上,用钢丝绳与工作车上的卷扬机连接,收放钢丝绳,撒砂机可顺坡上下滚动;将砂料用吊斗装在砂机料斗中;乳化沥青喷洒在坡面后,撒砂手开动撒砂机,在甩盘转速达到 270～480r/min 时,启动输送装置,将料斗中的砂料送到甩盘上,通过甩盘将砂料呈扇形抛出,均匀铺撒到已喷涂乳化沥青的坡面上;对撒砂机抛砂不能覆盖的局部边缘地带,人工用铁锹辅助铺撒。

3)材料性能。

①改性乳化沥青。

改性乳化沥青主要技术指标见表 4-26。

表 4-26　改性乳化沥青主要技术指标

项目		G3 改性乳化沥青
破乳速度		慢裂或中裂
黏度 $C_{25.3}$		14～30
筛上剩余量(1.18mm)小于/%		0.002
黏附性		>2/3
沥青微粒离子电荷		(+)
蒸发残留物含量不小于/%		56～60
蒸发残留物性能	针入度(25℃)0.1mm	48～90
	延伸度(5cm/15℃,5℃)不小于	(5℃指标,40)
	软化点/℃	53～58

②砂料。

砂料一般取自当地料场符合要求的水工中粗砂,不符合要求需经筛分获得,砂料的细度模数为 2.6～3.2。

4)质量控制。

①在第一遍乳化沥青喷涂前,一定要将坡面清扫干净,修整平整,盈亏符合设计要求;表面不能有浮渣,基面坚实,以利于沥青与坡面和砂料的黏结。

②乳化沥青以临界流淌控制喷涂量,第一遍约 1.5kg/m^2,第二遍约 1.3kg/m^2。

③砂料撒布要求均匀覆盖沥青表面,在坡面上两次撒布量为 0.0020～0.0025m^3/m^2。

(7)钢筋制作安装

面板钢筋安装工程量大,施工强度高,采用轮胎式施工操作平台安装面板钢筋。

1)架立钢筋布设及钢筋坡面运输。

架立钢筋采用Φ25 钢筋,安放位置距离垂直缝 50cm,间排距 2m×2m,架立钢筋打入挤压边墙内 30～40cm。测量放样,在架立钢筋上标识绑扎钢筋的设计位置。然后用 25t 汽车吊将加工好的钢筋根据种类及绑扎的先后编号次序吊放到坡面施工操作平台上,用 5t 卷扬机牵引平台将其运至安装工作面,每次输送 2～3t 钢筋,自下而上由人工现场组装。

2)钢筋安装。

条带钢筋按照浇筑分块绑扎,过施工缝钢筋露出长度满足搭接长度,每条带钢筋一次绑扎完成。

钢筋现场安装按照先下后上,先纵向主筋再横向主筋,然后周边加强筋的顺序。施工操作平台按照绑扎的先后次序运输钢筋。根据测量放样的水平筋和纵向筋位置,校对无误后进行钢筋绑扎。保护层采用不低于面板混凝土标号的预制砂浆垫块。钢筋绑扎采用 18#～22# 铅丝梅花形进行绑扎。

在仓面混凝土浇筑期间,应经常检查钢筋的架立位置,避免钢筋网垮塌而造成质量事故或安全事故。如果出现钢筋位置移动或绑扎点松动,必须及时纠正和修理复原。

3)钢筋搭接。

钢筋连接采用绑扎方式,接头长度 $40D$(D 表示钢筋直径)。搭接焊接的两根搭接钢筋的轴线位于同一直线上。钢筋接头要求错开,同截面接头面积不大于钢筋总面积的 50%,同时,接头位置与钢筋弯起点距离不小于 $10D$。

(8)止水施工

张性缝、压性缝、周边缝、防浪墙等部位底层和面层止水布置各不相同,图 4-34 列出了 4 个部位的典型布置。

1)止水铜片加工。

铜止水采购材料质量须满足设计要求,将生产厂家的合格证书、产品说明和样品报监理批准后方可使用。

铜止水在坝顶加工，紫铜压制机布置在结构缝位置，将铜片卷材压制成形后直接沿结构缝下放到施工部位，在下放过程中用安全绳分段对止水做好绑扎，保证安全到位，分段绑扎长度 20m。成形后的止水铜片须指定专人检查，表面应平整光滑，无机械加工引起的裂纹、孔洞等损伤，加工后的止水钢片误差应符合设计和规范要求。

2)底层止水安装。

①清理放样。

安装前对接缝部位砂浆垫层表面进行清理，清理完毕后测量放线，放出中线及止水两侧边线并做好标记。

②铺设氯丁橡胶垫片及止水铜片。

按照设计要求，氯丁橡胶垫片厚 6mm，周边缝垫片宽 250mm，垂直缝宽 500mm。

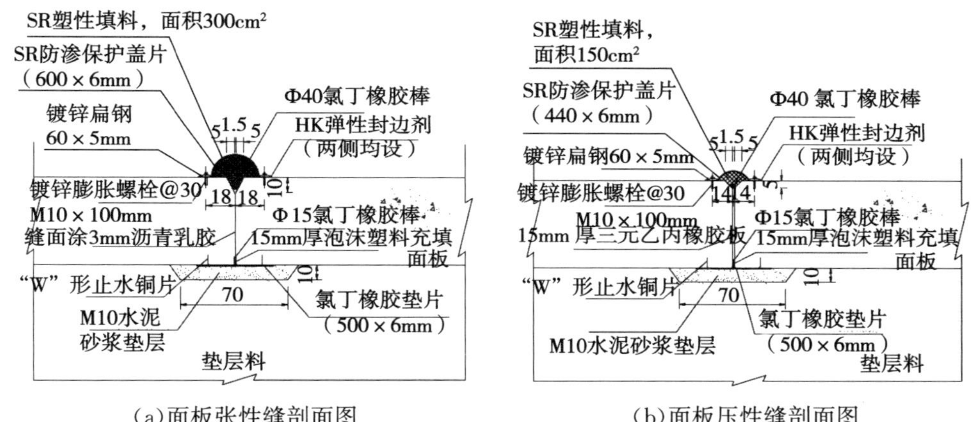

(a)面板张性缝剖面图　　(b)面板压性缝剖面图

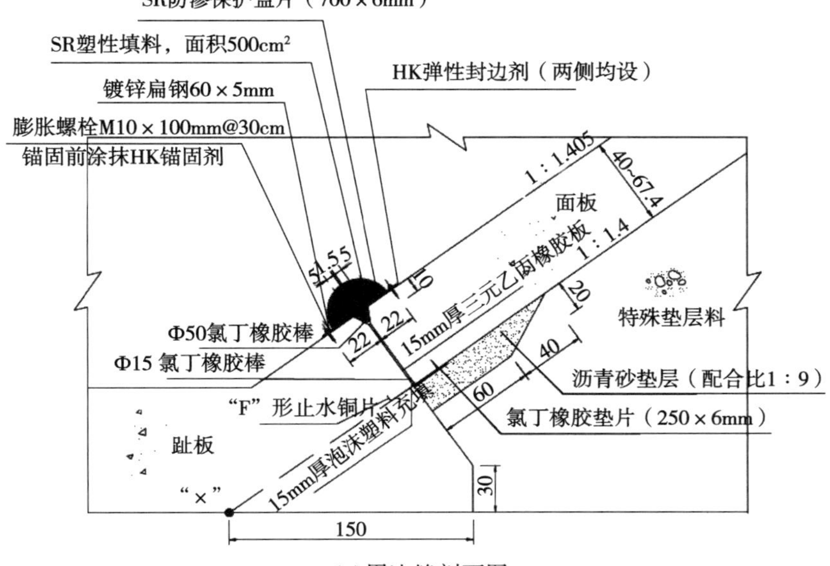

(c)周边缝剖面图

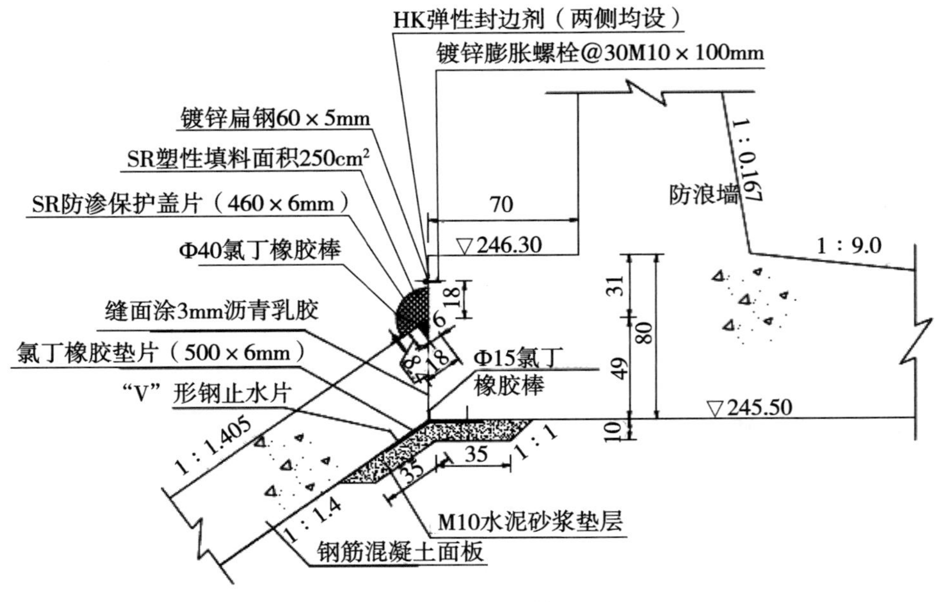

(d)防浪墙底缝构造

图 4-34 典型部位止水布置

氯丁橡胶垫片平铺在砂浆垫层上，铺设时平顺对中，不得有褶曲或脱空，并在垫片上标注中线位置。

铜止水铺设时先将止水片彻底清擦干净，检查铜止水鼻腔，严禁有异物；然后填塞氯丁橡胶棒，用橡胶锤挤压密实；并在鼻腔内填满厚 15mm 泡沫塑料，与钢止水表面齐平，用胶带纸固定，防止砂浆等进入鼻腔，使铜止水有足够的自由变形能力；然后对准边线，使铜止水严格就位，偏差应符合设计允许规定。

③止水铜片焊接。

止水铜片连接采用搭接焊接。搭接焊接采用黄铜焊条乙炔气焊，双面焊接(不得用手工电弧焊接)，搭接长度大于 20mm。

焊接接头应表面光滑、无孔洞和缝隙、不渗水，并抽样检查焊接接头，采用煤油或柴油做渗透试验检验。

④止水铜片固定。

止水铜片安装验收合格后，立侧模夹紧固定牢靠，使鼻子的位置符合设计要求，其误差符合止水铜片制作及安装允许偏差表的规定。

3)表层止水施工。

①设计形式。

表层止水采用 SR 塑性填料，在缝口设橡胶棒，塑性填料表面用 SR 防渗保护盖片保护。SR 防渗保护盖片为"Ω"形，采用镀锌扁钢和螺栓固定在面板上。

②施工程序。

“V”形槽缝面清理→涂刷黏结剂→橡胶棒安装→塑性填料填塞→做“Ω”形鼓包→SR 防渗保护盖片安装→扁钢锚固→封边。

③施工工艺。

a. 缝面清理。

先用水冲洗槽内外，除去表面的浮渣；然后用钢丝刷除去松动的表面混凝土及污渍。测量放线，将镀锌扁钢按顺序放置在设计位置上，依据扁钢上的孔位钻孔，钻孔完成后，将扁钢放在对应的位置上。

b. 涂刷黏结剂及安装橡胶棒。

在缝面清理干净并干燥后，涂刷第一道 SR 底胶，底胶涂刷宽度至固定扁钢处，底胶干燥后(1h 以上)；涂刷第二道 SR 底胶，待底胶表干(黏手，不黏手，约 0.5h)，即可安装氯丁橡胶棒和进行 SR 镶嵌施工。若底胶过分干燥时(不黏手)，需要重新补刷底胶。

c. SR 材料找平和嵌缝。

待 SR 底胶表干后，在缝中间安放氯丁橡胶棒后，将 SR 材料搓成小条并揿捏成厚 10mm 左右薄饼状，在混凝土接缝面上，从缝中间向两边揿贴厚 5～10mm SR 材料找平层到 SR 盖片宽度，然后缝槽内堆填出设计规定的 SR 材料形状，并使表面平滑。

d. 氯丁橡胶盖片粘贴。

逐渐展开氯丁橡胶盖片，沿结构缝将氯丁橡胶盖片粘贴在 SR 材料找平层上，用力从盖片中部向两边赶尽空气，使盖片与基面粘贴密实。对于需要搭接的部位，必须再用 SR 材料做找平层，而且搭接长度要大于 5cm，搭接部位应先涂刷 SR 底胶，再进行搭接粘贴。

e. 施工质量检验。

氯丁橡胶盖片施工完毕后，采用“一揿二揭”的方法检查评定施工质量。

一揿：对于氯丁橡胶盖片施工段表面凹凸不平和搭接处，用揿压方式检查是否存在气泡。

二揭：每一施工段选择 1～2 处，将氯丁橡胶盖片揭开 20cm 以上长度，检查混凝土基面上粘有氯丁橡胶塑性止水材料的面积比例。黏接面大于 90%的，表明氯丁橡胶盖片施工黏接质量为优等；黏接面大于 60%且小于 90%为合格；黏接面小于 60%为不合格。对不合格的施工段，须将施工的氯丁橡胶盖片全部揭开，在混凝土面上重新用氯丁橡胶材料找平后，再进行氯丁橡胶盖片黏接施工，直至通过质量验收。

f. 锚固。

氯丁橡胶盖片施工完毕后，将扁钢安置在对应的钻孔位置，并用螺栓锚固。

g. 弹性缝边剂封边。

将要涂刷 HK 弹性缝边剂处的盖片和混凝土面用钢丝刷、棉纱等清理干净。将缝边剂按厂家要求比例搅拌均匀备用。施工时一次配料重量不宜太多，材料拌匀后应在 1.0～1.5h 涂刷完毕。

用油灰刀将拌和好的 HK 弹性缝边剂涂刷在 SR 防渗保护盖片边缝处，涂刷时应倒角平滑，无棱角、无漏涂，封边密实均匀。涂刷完毕后，不要踩踏、触碰，让缝边剂自然风干。

(9)模板安装

面板混凝土浇筑采用无轨滑模，侧模采用方木模板，周边三角区面板采用组合钢模板，局部辅以木模板补缝。模板表面平整、光洁、无孔洞、不变形，具有较大的强度和刚度。

1)侧模安装。

先浇块侧模由 9cm×7.3cm×2cm 方木和[20a 槽钢叠加而成，方木中间夹 1～5cm 厚的薄木板调节模板顶面高度，上下方木错位叠放，方木间用扒钉固定。

侧模安装在垂直缝底止水安装完成后进行，模板材料用施工操作平台运送，按止水铜片结构需要，在模板底部内侧预留缺口，安装时，木模紧贴在“W”形止水铜片鼻子，内侧面对准止水铜片中央。侧模外侧采用角钢焊接成的三角支架支撑固定，加固间距 1m，内侧采用短钢筋将侧模与结构钢筋网焊接固定，人工从下至上安装。面板表层止水“V”形槽采用相应三角木条钉在侧模顶边。

侧模安装完成后对模板平面位置、顶高、顶面平整度按照设计要求进行检查。安设要确保面板厚度和止水片的稳固，并注意保护止水片。安装完的模板要稳固、接缝严密，无错台现象。混凝土浇筑过程中，设置专人负责经常检查、调整模板的形状和位置。对侧模的加固支撑，要加强检查与维护，防止模板变形或移位。

2)后浇块侧模。

后浇块以先浇块为侧模，先浇块相应部位混凝土浇筑完成 5d 后，在先浇块铺 50mm×5mm 扁铁做轨道，扁铁采用预插 Φ10 钢筋固定，Φ10 钢筋与扁铁的焊点磨平。施工缝按设计分缝安设厚 15mm 三元乙丙橡胶板或涂刷厚 3mm 沥青乳胶，面板表层止水“V”形槽三角木条利用钢筋网加固。

3)周边三角区面板模板。

周边三角区面板施工方式有两种：一种是采用拉模做盖模进行施工，另一种是采用常规的盖模施工工艺。该工程推荐采用拉模做盖板进行施工。

①周边三角区面板拉模施工工艺。

周边三角区面板拉模施工工艺流程：钢筋施工完成→安装临时轨道→安装拉模→拉模施工。

a. 在钢筋施工完成后先通过测量放样，在三角区外侧的混凝土面上找平并用50mm×5mm扁铁安装临时轨道。

b. 将拉模按仓位斜边方向斜向布置在临时轨道和侧模上，此时2台卷扬机钢丝绳长度不一样，拉模采用2台5t手拉葫芦辅助定位。

c. 启动施工时先拉钢丝绳长的一端，待拉模拉到水平后再打开卷扬机同步开关同时向上拉动拉模，至拉模到正常拉升位时恢复常规施工。整个混凝土浇筑过程中混凝土按水平坯层浇筑。

②周边三角区面板盖模施工工艺。

周边三角区面板盖模施工采用常规翻模施工工艺，其施工流程：钢筋施工完成→样架施工→盖模施工→模板、样架拆除。

a. 在钢筋施工完成后先通过测量放样，提前将样架施工所需的高程、桩号控制点设置到位。

b. 利用控制点将可支撑调节焊接在钢筋网上，可支撑调节间距2m，排距1m，可调范围5cm，满足后续样架安装调节需求。将Φ25钢管样架按水平方向安置在可支撑调节上，以样架上口作为混凝土结构面高程控制，通过测量控制点对样架进行初调。初调完成后，申请测量验收。验收合格后，将可支撑调节样架调节丝杆点焊固定，并用14$^{\#}$铁丝将钢管样架与可支撑调节绑扎固定。

c. 样架验收、加固完成后，进行盖模铺盖安装。盖模选用组合钢模板(P1015和P3015)和木模板(三角区补缝)施工。模板通过横、竖钢管围檩，“U”形卡及拉条等加固形成模板系统。模板拼缝保持在同一水平面，竖向围檩长度为100cm，围檩间利用焊接内套管连接，布设间距为75cm，每段围檩固定长100cm的模板，便于浇筑过程中分层拆除模板后抹面。模板采用Φ10mm拉条固定，拉条安装在P1015组合钢模板上，间距0.75m，排距1m，采用节安螺栓穿过模板，钢管瓦斯固定。

d. 模板施工时预留下料口，下料口尺寸1.5m×0.3m，间隔布置1块P3015模板，混凝土浇筑上升及时采用模板封堵下料口。

e. 浇筑过程中须严格控制模板拆模时间，既要保证拆模后混凝土能正常抹面，还要保证上部混凝土不会垮塌变形。拆模前先进行试拆，根据不同气候条件，拆模时间建议按照1～2h控制。拆模后及时进行样架钢管和节安螺杆的拆除，并用原浆填补坑槽。

4)滑模施工。

①滑模结构。

滑模主要由底部钢板、上部型钢桁架及牵引机具组成，总长13m，有效长度12m，有效宽度1.5m。

滑模前部焊接振捣平台，后部焊接水平抹面平台，顶部搭设防雨棚，内部放置水箱

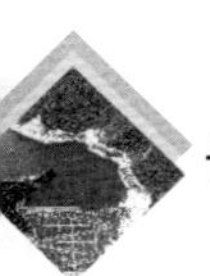

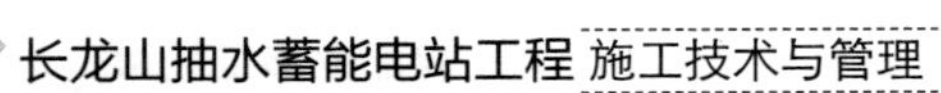

作配重，滑模质量约 4.8t，水箱配重 3.2t，总质量约 8t。前端与坝面平台用 2 台 10t 卷扬机牵引绳连接。

滑模在坝顶高程 245.5m 平台制作。加工完成后，进行平整度检查。滑模周转使用前都须对表面清洗干净，不得粘有凝固的混凝土。滑模采用坝顶卷扬机提升。

②滑模安装。

滑模检查处理合格后，用 25t 汽车吊将滑模吊装到侧模或先浇块上，放下抹面平台两侧的支撑滑轮或直接放置在侧模上，然后用 5t 手拉葫芦保险绳将滑模固定在卷扬机支架上。再穿系卷扬机钢丝绳，每台卷扬机钢丝绳直径为 30mm，用卡扣将卷扬机钢丝绳和滑模锚环连系牢固。最后采用汽车吊卸钩，试滑 2～3 次。在确保牵引装置稳固可靠后，卸下手拉葫芦。

③滑模下放施工部位方法。

在有侧模的部位，将滑模直接放置在侧模上，然后通过放长卷扬机钢丝绳将滑模放置到施工部位；在没有侧模的部位，将滑模两侧的轮子安装到位，然后通过放长卷扬机钢丝绳将滑模下放至有侧模的施工仓位处，并用 5t 千斤顶辅助将滑模放置到侧模上，再放长卷扬机钢丝绳将滑模放置到施工部位。

④滑模移位。

在浇筑完一块面板后，卷扬机将滑模拉升到侧模顶端，用 25t 汽车吊将滑模吊起，解除卷扬机钢丝绳，将滑模置于高程 245.5m 平台上，立即进行清理和养护。在浇筑下一块面板时再用 25t 汽车吊和平板车转移到施工部位。

5)溜槽制作安装。

在每块面板仓位上布置 1 道溜槽。为了减小摆幅，溜槽布置在条块中部。溜槽采用轻型、耐磨、光洁、高强度的 1.5mm 厚铁皮加工成梯形断面槽，每节长 2m，并在两端焊接钢筋把手，用铁丝绑扎成串。

溜槽布置在钢筋网片上，可在滑模下滑时，将溜槽堆放在滑模的工作平台上，边下滑边安装。溜槽上接集料斗，下至离滑模前缘 0.8～1.5m 处。溜槽加固采用 10# 铁丝斜拉在钢筋网上，间距不大于 6m，溜槽顶部用彩条布封闭，彩条布破损须及时更换。浇筑过程中通过摆动溜槽末端下料。随滑模上升，取下不用的溜槽。对周边三角区面板，直接将溜槽延伸至仓面内，人工摆动溜槽布料。

溜槽采用对接式连接，连接必须顺直、牢固可靠、不易脱落，并保证拆装方便。溜槽上覆彩条布遮阳防雨及拦挡槽内飞石。

(10)混凝土浇筑

1)标号及级配。

根据设计要求，面板混凝土标号为 C25W10F100，掺加Ⅰ级粉煤灰不小于 20%，为提高面板混凝土抗裂性能，提高混凝土质量，在面板混凝土中掺加适量新型氧化镁来提高抗裂能力，夏季通过加冰控制混凝土入仓温度。采用自卸汽车运输，混凝土坍落度7～9cm（必要时根据现场实际情况研究调整），入仓坍落度3～5cm（现场检测）。

2）混凝土生产运输。

高温季节混凝土生产采用加冰降温、修复拌和楼遮阳棚等措施保障混凝土生产温度。

运输混凝土车辆加装遮阳防雨棚，防雨棚须做好排水措施。

3）浇筑手段。

混凝土采用3～6m^{3}自卸汽车运输，面板混凝土入仓主要采用溜槽入仓，由自卸汽车直接向受料斗卸料，每条带布置2条溜槽，溜槽顶部用彩条布封闭。溜槽出口与浇筑面距离小于1.5m，使用人工摆动溜管控制布料位置，使仓内混凝土布料均匀。

混凝土浇筑前先对溜槽采用同标号砂浆进行湿润。浇筑过程中为防止溜槽入口混凝土堵塞，准备一个小型振捣器，通过振动使其下滑。

4）主要浇筑方法。

①周边三角区混凝土浇筑。

周边三角区采用拉模施工时，溜槽下料，按照规定厚度分层布料，每次下料厚度在20cm左右，振捣密实后再继续上层下料。入仓混凝土随浇随平仓，不得堆积。

周边三角区采用盖模施工时，溜槽下料，人工挂安全绳在坡面用钢管三角架踏板进行振捣和抹面作业。周边三角区盖模一次安装完成，高度方向采用短围檩，下部混凝土初凝后拆模对混凝土面进行抹面。

在周边三角区面板混凝土浇筑时，距离浇筑范围1m内架立筋和拉条全部割断，以减少对面板的约束。

②面板混凝土浇筑及滑模滑升。

面板混凝土严格按照规定厚度分层布料，每次下料厚度在20cm左右，振捣密实后再继续上层下料。入仓混凝土随浇随平仓，不得堆积。仓内粗骨料堆叠时，人工均匀散料于砂浆较多处，不得用砂浆覆盖，防止造成蜂窝。分缝止水的结合部，辅以人工铁锹布料，严禁用振捣器赶料形成混凝土自流，造成骨料砂浆分离。

布料后及时将混凝土振捣密实。混凝土振捣由操作人员站在滑模上部的操作平台上进行施工。仓面中部采用Φ70mm插入式振捣器充分振捣，靠近侧模和止水片部位采用Φ50mm的振捣器振捣。振捣时，振捣器不得触及滑动模板、钢筋、止水片。振捣器在距滑模前沿20m处振捣，不得插入模板底下。振捣由专人负责，插入点均匀，间距不大于40cm。垂直插入至下层混凝土内5cm，以混凝土不再明显下沉，不出现气泡并开始泛浆为准。一般情况下每处振捣时间控制在15～20s。

在面板混凝土浇筑时，距离滑模 2m 范围内的架立筋采用气割全部割断。

面板混凝土须连续浇筑，浇筑过程中及时清除粘在模板、钢筋上的混凝土。滑模每次滑升前，人工须将滑模前沿超填混凝土清除，均匀布料。

滑模滑升时，两端平衡、匀速、同步提升，每浇完一层混凝土滑模提升 25～30cm。滑模提升速度取决于脱模时混凝土的坍落度、凝固状态和气温等因素，一般平均滑升速度 1.0～1.2m/h，拉升间隔时间一般在 10～15min，最大间隔时间不超过 30min，具体拉升时机及速度由现场试验确定。混凝土从拌和出来到浇筑完成最大时限不超过 60min。

浇筑施工中出现因混凝土供料不及时或其他原因暂停待料时，滑模每隔 30min 左右拉动一次，防止混凝土与面板黏结。

③混凝土抹面。

脱模后的混凝土立即进行人工表面修整和抹面压光，抹面分 2～3 次进行。

滑模滑升后，立即进行人工收面，采用 2m 靠尺刮平和检查，要求不平整度不大于 5mm，确保面板平整。对面板缺浆漏振处，在该部位混凝土能重塑前，及时用比面板混凝土强度高一级的砂浆嵌补抹平。人工压面抹光，确保混凝土表面密实、平整，避免面板表面形成微通道或早期裂缝。收面时，拆除侧模板上的“V”形槽三角模板，并对缝面进行修整，使缝面平整度达到用 2m 靠尺检查不大于 5mm 的要求。接缝两侧各 50cm 范围内的混凝土表面用 2m 靠尺检查，不平整度不大于 5mm。

④紧急停仓处理措施。

混凝土浇筑过程中，若遇长时间暴雨、长时间不供料、长时间设备故障等需要紧急停仓，则按临时施工缝处理。

临时施工缝采用将收仓面打磨平整后粘贴膨胀止水条的方式施工，止水条两侧与面板底止水黏接，按设计要求执行。

⑤混凝土养护与防护。

a. 混凝土养护。

二次抹面后的混凝土面，及时对覆盖塑料薄膜进行养护，防止表面水分因蒸发过快而产生干缩裂缝，待混凝土终凝后揭掉塑料薄膜，覆盖土工布并洒水养护至大坝蓄水。

施工期养护采用定时开水养护方式在二次抹面平台下挂花管养护，施工完后在条带顶部挂花管养护，保证养护土工布湿润。

b. 混凝土防护。

混凝土在养护期间，要注意保护混凝土表面不受损伤。在后浇块施工时，滑模直接在其表面行走，防止表面磨损，如有损坏，应及时采用经设计或监理工程师批准的材料和方法进行处理。在上部坝体填筑时，沿下部已浇混凝土分期线采用竹跳板、木板等设置挡护板或拦渣埂，确保下部面板表面和养护材料不被破坏。

⑥施工缝处理。

施工中因特殊原因中止浇筑超过允许间歇时间，则按施工缝处理。

施工缝处理在已浇筑混凝土强度达到 2.5MPa 后进行。处理前先人工凿毛，将混凝土表面露出砂砾。

(11)混凝土面板防裂

混凝土面板防裂是确保水库正常蓄水、正常运行的先决条件，在施工过程中，必须严格控制好混凝土的浇筑质量，采取切实有效的防护措施，避免面板产生裂缝。施工中将从提高混凝土自身抗裂能力和减少外界环境因素诱发面板裂缝两个方面防止面板产生裂缝。

1)提高混凝土的抗裂能力。

①保证原材料的质量。

严格控制骨料、水泥、粉煤灰、外加剂等原材料的质量，严格按设计要求的品种、规格型号等进行选用。用于混凝土面板的所有原材料必须经试验检验合格，并报监理工程师批准后，方可用于现场施工。

②优化混凝土配合比设计

混凝土配合比设计在全面满足设计要求的各项技术参数的条件下，掺用Ⅰ级优质粉煤灰，降低水泥用量，提高混凝土初期硬化时的徐变性；选用较低的水灰比，以提高其极限拉伸值；在混凝土面板中掺加适量氧化镁，增强混凝土的耐久性、抗渗性和抗裂性。

③确保混凝土浇筑质量。

成立混凝土面板施工责任组，施工前进行系统专业培训(包括管理人员、质检人员、施工人员、旁站人员、作业人员等)，经考察合格后才能进入责任组，并持证上岗。

在混凝土拌和楼附近设置工地试验室，对出机口混凝土进行质量检测，确保上坝混凝土出机口时的各项技术参数符合设计要求。

混凝土采用自卸汽车运送，尽量缩短混凝土水平运输时间，减少混凝土坍落度损失，严禁在仓面加水。

溜槽设置要保持通畅、干净、不漏浆。混凝土在斜坡溜槽中徐徐滑动，溜槽每隔 10～15m 设一道软挡板，严防混凝土在下滑过程中翻滚。仓内辅以人工平仓，摊铺均匀，无骨料离析现象。

在保证振捣密实的前提下，防止过振或欠振，保证混凝土的密实性和均匀性。防止振捣器靠近模板振捣。

2)选择有利的浇筑时间。

混凝土面板均安排在气候温和的 4—7 月施工。施工过程中，遇短时高温时段时，应在仓面做好降温工作。

及时搜集天气预报资料，并根据天气变化情况适当调整浇筑时间。在混凝土浇筑时若遇小雨，做好临时防雨设施，在仓内做好排水处理；若遇大雨，立即停止浇筑，并保护好已浇筑的混凝土。

3)降低周围环境对混凝土面板的约束应力。

①随着滑模的上升，在确保钢筋网面不变形的前提下，逐次将位于滑模前的架立钢筋割断，消除嵌固阻力。

②在固坡砂浆表面，喷洒乳化沥青，减少混凝土面板底面的摩擦力。

4)消除滑模对混凝土的机械损伤。

制作滑模要求刚度大、变形小，整个模板平直。且混凝土浇筑全过程连续均匀缓慢上升，滑模左右两端上升同步，脱模后进行二次抹面，消除滑模对混凝土的机械损伤。

该工程采用的滑模为型钢骨架Ⅰ32a 工字钢、面板 $\delta=6$mm 钢板焊接的滑动模板，刚度、平整度均按规范要求执行。滑模加工制作前向监理工程师提供设计图纸，并经监理工程师审批同意后制作，制作完成再经监理工程师验审合格后投入使用。

5)加强现场施工组织管理。

施工中加强各工种间的协调，组织保障机械设备、人员配备，做好各种应急措施的准备工作，做到吃饭和交接班不停产，混凝土面板浇筑不中断。

6)采取混凝土面板的保湿、保温措施。

混凝土面板长期保湿、保温养护是混凝土面板防裂的主要措施之一，施工中安排专业组进行该项工作。在面板二次抹面后的混凝土面，及时覆盖塑料薄膜进行养护，待混凝土终凝后揭掉塑料薄膜，覆盖土工布洒水保湿、养护。

4.5.2.5 面板施工质量专项措施

(1)面板防裂混凝土配合比

根据审查会议要求，下水库面板施工采用掺加 VF 防裂剂的混凝土进行防裂，同时要求水泥使用温度不高于 60℃，混凝土浇筑温度不高于 26℃。

(2)混凝土养护措施

滑模浇筑、振捣平台至二次抹面平台设置遮阳防雨棚，滑升过程中及时进行初次抹面，收平外露面。滑模下方挂设二次抹面平台，与滑模的距离根据混凝土初凝时间等进行调节。二次抹面安排专人进行二次抹面，将混凝土面收光。二次抹面后的混凝土面，及时覆盖塑料薄膜进行养护，防止表面水分因蒸发过快而产生干缩裂缝，为保证塑料薄膜紧贴混凝土面，可在塑料薄膜上喷洒一定的水。待混凝土初凝后揭掉塑料薄膜，覆盖土工布洒水养护，直至面板拉到顶。

施工期养护采用定时开水养护方式，在二次抹面平台下挂花管养护，面板拉到顶后在条带顶部挂花管养护，保证养护土工布保持湿润。

(3)紧急停仓处理措施

混凝土浇筑过程中，若遇长时间暴雨、长时间不供料、长时间设备故障等需要紧急停仓，则按临时施工缝处理。

(4)高温季节施工措施

1)高温季节混凝土生产采用制冷水拌和；加冰降低拌和温度，混凝土拌和用水管路及水箱均采用保温棉或保温板包裹；外加剂存放处采用四管柱作为支撑，型钢加工拱架、安装彩钢瓦形成遮阳棚；胶凝材料罐采用遮阳网覆盖等措施，降低混凝土出机口温度。

2)混凝土骨料及砂仓设置遮阳防雨棚，必要时对料仓两侧设置遮阳帘，经监理业主同意后在料仓内安装工业空调降低骨料温度。

3)拌和楼待料区采用型钢加工支架、顶部安装彩钢瓦设置遮阳棚，并在顶部布置水管和喷头喷雾对混凝土运输车辆进行降温。

4)对运输混凝土的自卸汽车覆盖遮阳防雨布，遮阳防雨布须保证在混凝土运输过程中完全覆盖。

5)加强对内对外沟通协调，确保大坝混凝土运输通道畅通。

6)合理安排混凝土车辆，减少混凝土运输车辆等待时间。

7)拉模上搭设遮阳防雨棚，减少混凝土浇筑过程中混凝土暴晒。

8)二次抹面后及时覆盖塑料薄膜洒水养护。

(5)雨季施工措施

1)施工前做好天气预警，避开雨天开仓，台风预计出现的极端天气内不开仓。

2)浇筑过程中遇阴雨天气，应立即用彩条布将施工部位上部的仓位覆盖，布置彩条布时采取将汇水自流排出仓外的方式。

3)后浇块施工前在仓位两侧已浇筑混凝土面上设置挡水埂，下雨时布置的彩条布自流排水槽须越过挡水埂，以便将雨水更多地排出仓外。挡水埂采用1.5寸涂塑尼龙水带充水形成，每隔约30m采用Φ10钢筋固定一次，挡水埂接头处采用棉纱或废弃塑料薄膜填塞堵漏。

4)在仓位施工部位备足排水工具。

5)对运输混凝土的自卸汽车覆盖遮阳防雨布。

6)如浇筑过程中若遇大雨无法及时排水时，则立即停止浇筑，并用遮盖材料遮盖仓面。

7)做好仓面的排水工作，雨后及时排出仓内积水，若混凝土没有初凝，则清除仓内雨

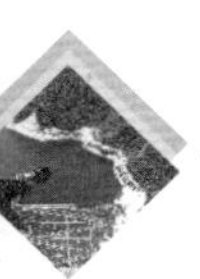

水冲刷的混凝土，加铺同标号的砂浆后继续浇筑，否则按施工缝处理。

8)停仓施工缝采用将收仓面打磨平整后粘贴膨胀止水条的方式施工，按设计要求执行。

9)降水量较小时，一般可继续施工。对骨料加强含水量测定，及时调整配合比中的加水量，对仓内两侧止水铜片处用棉纱布进行拦堵流水，在水平方向将喷涂的乳化沥青凿断以利于流水渗入挤压边墙垫层内，在保证仓面混凝土无冲刷的情况下继续浇筑混凝土。

10)施工过程中根据现场实际情况，及时调整和优化防雨措施。

4.5.3 趾板混凝土施工

4.5.3.1 浇筑前准备工作

1)完成趾板底部基础开挖；

2)根据趾板结构形式，趾板混凝土按自下而上、两边跟进浇筑顺序，浇筑前做好边坡开挖防护；

3)钢筋加工厂建成并完成不少于 4 仓的钢筋加工、木模板及钢模板配置量；

4)施工风、水、电配置到位，所有施工机械、材料及人员配置到位，并完成技术交底和人员相关培训。

4.5.3.2 施工程序

趾板混凝土沿“X”线长 457.21m，高程 153.50～245.50m。趾板混凝土总体按照 10～15m 分段。

趾板混凝土浇筑分趾板和踏步两个阶段，施工时，先完成趾板混凝土浇筑，再进行踏步混凝土浇筑。

趾板混凝土施工主要包括基岩面清理、锚筋埋设、侧模及止水片安装、钢筋绑扎、混凝土浇筑及养护(含止水片保护)等。其施工工艺流程见图 4-35。

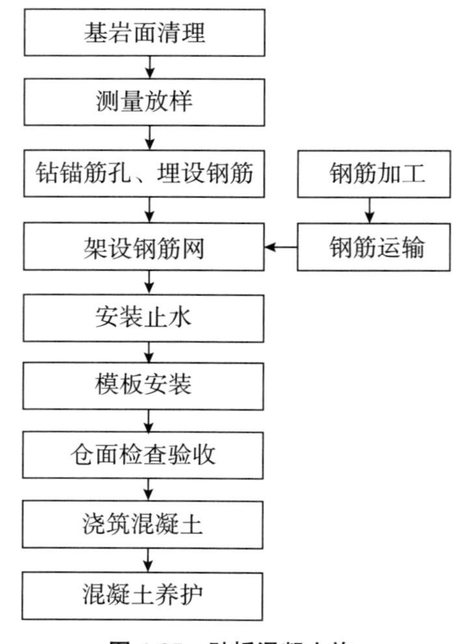

图 4-35　趾板混凝土施工工艺流程

4.5.3.3 主要施工方法

(1)基岩面清理

清除基岩面的杂物、泥土、松动岩块等，采用高压水将基岩面冲洗干净，并排出积水。若基岩有渗水，采取埋管引排至作业面外。清理的弃渣料用20t汽车运至赤坞渣场或监理工程师指定的其他位置。

(2)测量放样

采用全站仪进行测量放样，将趾板控制点线标示在明显的固定位置，确定钢筋绑扎、立模边线及高程等，并做好标记。

(3)锚筋施工

趾板底部设置Φ28@1.2×1.2m，$L=6$m，入岩4.8m锚筋，锚筋采用多臂钻或手风钻钻孔。

(4)钢筋安装

1)钢筋加工制作。

专业技术人员根据施工图纸和技术文件进行加工配料设计，并编制加工配料单下发到钢筋加工厂。钢筋加工厂按照配料单的要求进行加工制作、堆放、标识，由质量人员进行检查、验收，符合质量要求后才能出厂。

2)钢筋现场安装。

由现场作业人员凭钢筋配料单到钢筋加工厂办理该施工部位钢筋领料手续，钢筋用8t平板车运输到现场。

在锚筋施工完成后，进行钢筋的安装、绑扎。钢筋安装顺序原则为先内层后外层，先下层后上层，先主筋后分布筋。先由测量放出边线及高程控制点，再由人工按照设计要求进行钢筋绑扎、电焊加固。其中，结构钢筋与锚筋焊接牢固，锚筋作架立筋使用，与面板相交处根据实际需要增设Φ22架立筋@2m×2m。

钢筋绑扎：采用扎丝梅花形绑扎。

焊接：钢筋接头采用搭接双面焊缝，搭接长度不小于$5D$；若采用搭接单面焊缝，搭接长度不小于$10D$；若采用绑扎搭接接头，搭接长度不小于$40D$。

钢筋安装完成后进行自检、互检和复检，合格后移交下道工序施工。

(5)预埋件安装

模板安装前或混凝土浇筑前按照图纸要求埋深DN100 PVC管、止水片、膨胀螺栓等。

为了减少止水铜片现场焊缝的数量，提高止水的质量，止水铜片采用止水片成型机在现场视需要加工成长止水带，“T”形接头和“∠”形异形接头在厂家定做。止水铜片安装完成后，应将其固定牢固，其误差不超过设计允许偏差，安装就位后，周边缝止水铜片鼻子顶部应涂刷一层薄沥青乳剂。周边缝止水施工过程中应严加保护，严格按照设计图纸要求对周边缝止水采用木料保护罩，保护罩应在趾板混凝土浇筑到达至少10d龄期强度时施工。各种止水铜片厚度均为1mm。

(6)模板安装

1)趾板混凝土。

考虑趾板异型断面尺寸基本不同,采用投标设计的固定支架加工成本较大,综合考虑,本工程趾板混凝土浇筑采用组合钢模板施工,木模板补缺。

2)踏步混凝土。

踏步混凝土浇筑采用木模板或钢模板配木模板进行施工。

严格按测量放样的设计线进行立模及加固,人工安装,模板安装采取内拉内撑的方法,牢固可靠。模板表面平整、光洁、无变形、无孔洞。

模板外侧采用钢管围檩作为支撑,采用 Φ12mm 拉条及ф 25 撑杆焊接在仓内与系统锚杆进行加固。

(7)混凝土浇筑

河床水平段趾板混凝土采用 25t 汽车吊配 1～3m^3 吊罐入仓,采用跳仓浇筑;左右岸坡趾板混凝土主要采用混凝土泵送入仓。

趾板第一坯混凝土浇筑前,在基岩面均匀铺设一层厚 2～3cm 的水泥砂浆,水泥砂浆标号比同部位的混凝土高一个等级。水泥砂浆铺设的面积应与浇筑的强度相适应。

混凝土入仓后,人工及时平仓,每层厚 25～30cm,Φ50mm 插入式振捣器充分振捣密实,靠止水钢片附近采用 Φ30mm 软管振捣器振捣。混凝土振捣要密实,以混凝土表面无气泡、不明显下沉且表面泛浆为准,不漏振、不欠振、不过振。

在混凝土浇筑过程中加强对模板、支架、钢筋、预埋件等的观察,发现变形、移位时,及时采取措施进行处理。采用泵机泵送时,混凝土输送管道安装要求平直、转弯缓,浇筑先远后近;泵送前用同标号的水泥砂浆湿润导管;换接管时先湿润后连接;泵送过程严禁加水、空泵运行。如因故中止且超过允许间歇时间,则按冷缝处理。同时,要注意超挖部分混凝土回填,不得出现架空现象。

(8)施工缝处理

混凝土浇筑前,对施工缝进行冲毛或凿毛处理。

(9)拆模

混凝土浇筑 36h 后进行拆模,拆模时不能用铁质硬具撬打混凝土,防止破坏混凝土棱角,只能用木质器具接触混凝土。在模板拆除过程中损坏的混凝土应按设计要求予以修补。拆卸下的材料要妥善保存,不得损坏,以备后用,模板要及时清理、维修,将表面水泥砂浆等清洗干净,表面涂刷保护剂,堆放要整齐,不能随意乱放。

(10)表面处理与二次压面

混凝土脱模后,及时进行人工修整、压平和抹面。在混凝土初凝前,进行人工二次压面收光，确保混凝土表面平整、无裂痕、无微细通道等。

(11)混凝土养护

混凝土浇筑后 12～18h 内对混凝土表面进行洒水养护，养护期为 28d，养护期内保持混凝土表面始终处于湿润状态。

4.5.3.4　资源配置

(1)主要设备配置

混凝土施工主要机械设备投入见表 4-27。

表 4-27　混凝土施工主要机械设备投入

序号	机械名称	规格	单位	数量	备注
1	混凝土泵机	HBT60	台	3	二用一备
2	汽车吊	25t	台	1	
3	装载机	$3m^3$	台	1	
4	反铲	$1.6m^3$	台	1	
5	自卸汽车	20t	辆	2	
6	混凝土搅拌运输车	$6\sim9m^3$	辆	8	
7	潜水泵	7.5kW	台	2	一用一备
8	电焊机	BX6、20kW	台	6	
9	板式振捣器	—	台	2	
10	软管振捣器	Φ30	台	3	
11	插入式振捣器	Φ50	台	4	
12	平板车	8t	台	2	

(2)主要人员配置

混凝土施工主要人员投入见表 4-28。

表 4-28　混凝土施工主要人员投入　(单位：人)

序号	工种	人数
1	装载机、反铲司机	2
2	汽车司机	16
3	钢筋工	20
4	模板工	16
5	振捣工	20
6	预埋工	10

续表

序号	工种	人数
7	修理工	4
8	混凝土泵机手	4
9	抽水工	4
10	电焊工	10
11	试验人员	4
12	测量工	4
13	普工	20
14	管理人员	8
合计		142

注：以上人员按照 2 班配置。

4.5.4 挤压边墙混凝土施工

4.5.4.1 挤压边墙混凝土特性

挤压边墙在挤压成型施工过程中，应在混凝土拌和物中添加速凝剂，成型的混凝土宜在 3h 内满足垫层料碾压要求，且抗压强度宜不低于 1MPa。挤压边墙混凝土 28d 性能指标要求见表 4-29。

表 4-29　　挤压边墙混凝土 28d 性能指标要求

检测项目	技术要求
抗压强度/MPa	≤5
抗压弹性模量/MPa	≤8000
渗透系数/(cm/s)	$1\times10^{-4}\sim1\times10^{-2}$
干密度/(g/cm^3)	>2.0

4.5.4.2 混凝土施工

大坝填筑时，上游面采用一级配干硬性混凝土挤压边墙护坡，挤压边墙位于垫层料与面板之间。单层挤压边墙外侧坡比 1∶1.4，内侧坡比 8∶1，顶宽 0.1m，底宽 0.7m，高 0.4m，断面呈梯形(图 4-36)，挤压边墙混凝土工程量约为 7181m^3。

(1)施工程序

挤压边墙在每一层垫层料填筑之前施工，其施工工艺流程如下：

作业面平整→测量放样→挤压边墙混凝土施工→垫层料摊铺→垫层料碾压→验收合格后转入下一施工循环。

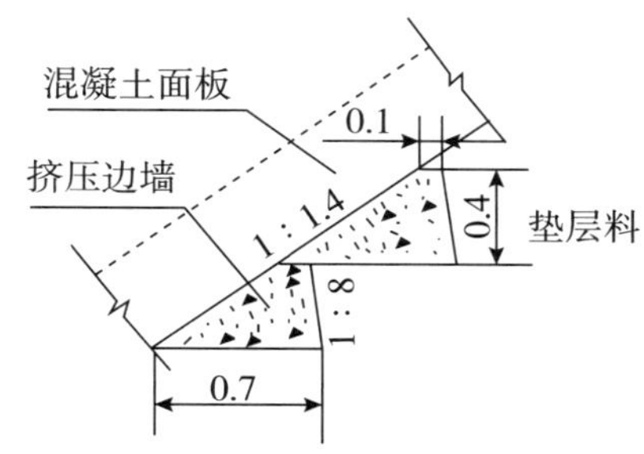

图 4-36　挤压边墙混凝土典型断面(单位:m)

(2)施工方法

1)测量放线。

对垫层高程进行复核后,确定挤压边墙的边线,并根据底层已成型的墙顶作适当调整。根据调整后的边线分段放出测量点线,并拉线标识。

2)挤压机就位。

边墙挤压机长度接近 4m,考虑到设备的运行、安装、操作和工效要求,首层挤压边墙长度宜大于 15m,小于 15m 的地段可采用现场立模,人工填筑夯实,分层厚度不大于 20cm,轮廓尺寸与挤压边墙断面一致。

将挤压机运到指定位置后,使其内侧外沿紧贴测量线位,施工人员根据技术要求调整好挤压机,配重的大小经过工艺试验确定,一般配重在 200～300kg。

垫层料不平整度控制在 30mm 以内,挤压机自身可以进行一部分偏差调整,成墙线型较好,故将垫层料的表面平整度标准控制在±25mm。

3)挤压边墙混凝土浇筑。

采用混凝土搅拌运输车运至施工现场,待混凝土搅拌运输车就位后,开启挤压机,并开始卸料,卸料速度须均匀连续,并将挤压机行走速度控制在 40～60m/h。挤压机行走以前沿内侧靠线为准,应根据后沿内侧靠线情况作适当调整。在卸料行走的同时,根据水平尺、坡度尺校核挤压边墙结构的尺寸,不断调整内外侧调平螺栓,使上游坡比及挤压墙高度满足要求。

对于边墙两端靠趾板,挤压机不能达到的部位采用人工进行立模浇筑,其混凝土采用坍落度稍大于机械浇筑的混凝土,每层铺料厚度不大于 20cm,人工用夯锤密实。

成型后的挤压边墙混凝土应采取保湿措施,养护时间一般不少于 7d。低温季节施工,应避免混凝土受冻,影响边墙质量和垫层料施工,可采取在混凝土中掺加 3%防冻剂,或现场采用电热毯升温、土工织物覆盖等措施。

4)缺陷处理。

对施工中出现错台、起包、倒塌等现象时,应在挤压过程及时处理,用铁锹将错台部分削平，然后用挤压料填平。

5)垫层料填筑。

挤压边墙成型1～2h后，即可进行垫层料的摊铺，2～4h后，采用小型振动碾进行碾压。自行式振动碾与挤压边墙宜保持不小于20cm的安全距离，靠近边墙部位采用小型夯实机具进行压实。

6)防雨、防冻、防晒措施。

雨天及高温季节挤压边墙混凝土浇筑采用彩条布进行遮盖防护，高温季节养护须勤洒水，确保混凝土表面湿润，低温季节保温采取在混凝土表面覆盖保温被进行养护。

4.5.4.3 资源投入及人员配置

(1)主要劳动力资源投入

挤压边墙混凝土施工劳动力配置情况见表4-30。

表4-30　挤压边墙混凝土施工劳动力配置情况　(单位：人)

序号	工种	数量
1	管理人员	4
2	挤压边墙机操作工	4
3	混凝土工	10
4	杂工	4
5	测量员	4
合计		26

(2)主要机械设备

挤压边墙混凝土施工主要机械设备物资配置情况见表4-31。

表4-31　挤压边墙混凝土施工主要机械设备物资配置情况

序号	设备名称	型号规格	单位	数量	备注
1	挤压边墙机	BJY-40	台	1	—
2	反铲挖掘机	SY335	台	1	$1.5m^3$
3	液压振动平板夯	H200	台	1	—
4	载重汽车	25t	台	2	—
5	混凝土搅拌运输车	$6m^3$	台	2	—
6	电热毯	—	m^2	300	
7	土工织物	—	m^2	300	

4.5.5　防浪墙混凝土施工

4.5.5.1　施工总程序

防浪墙混凝土浇筑顺序整体为自左岸向右岸方向，每段浇筑自下而上。

坝后“L”形挡墙滞后相应的防浪墙施工，浇筑顺序整体为自左岸向右岸方向。

每一段的浇筑顺序：防浪墙第一层混凝土浇筑→坝顶填筑至高程 246.50m→防浪墙第二层混凝土浇筑→坝顶填筑至高程 247.36m→防浪墙第三层混凝土浇筑→“L”形挡墙浇筑→填筑至坝顶路基底高程。

4.5.5.2　施工方法

(1)施工分层分段

防浪墙分 24 段施工，除第一段长 22.07m、第二十四段长 15.82m 外，其他段均为 12m；每段分 3 层浇筑，分层高度分别为 1.0m、1.6m 和 2.1～2.6m。

坝后“L”形挡墙分 23 段施工，分缝对应防浪墙第一段至第二十三段。局部观测墩附近位置现场微调，观测墩两侧各设 1 条结构缝，距观测墩 20cm。坝后“L”形挡墙不分层。

(2)施工工艺流程

基础处理→测量放样→施工排架搭设→钢筋制安→预埋件施工→模板制安→混凝土运输、入仓→振捣→混凝土养护。

(3)基础处理

采用 10cm 厚的 M10 水泥砂浆将防浪墙底部基础找平至设计高程。

(4)测量放样

施工前专业测量人员根据施工图纸采用全站仪进行测量验收及放样。

(5)缝面处理

1)施工缝。

施工缝在混凝土浇筑完成 12～14h 后采用人工或高压水进行冲毛处理，具体冲毛时间要根据混凝土初凝和终凝时间而定，确保缝面混凝土表面乳皮、浮浆清除干净，具体以粗砂外露、小石微露即可。

2)结构缝。

防浪墙结构缝在混凝土终凝后拆除封头模板，将缝面清理干净后设两毡三油，注意保护止水。

坝后“L”形挡墙结构缝拆除模板并清理干净后设两毡三油。

(6)钢筋制安

防浪墙和坝后“L”形挡墙设有单层钢筋,现场应严格按照设计图纸及钢筋配料单进行施工,钢筋保护层厚度为4cm,严格控制钢筋间排距、保护层及钢筋连接质量。

1)钢筋制作。

钢筋配料员根据设计图纸、施工技术文件及相关规范要求进行配料设计,并编制加工配料单下发到钢筋加工厂。钢筋加工厂按照配料单的要求进行加工制作、归类堆放、标识清楚,由相关人员联合进行检查、验收,符合要求后方可出厂。

2)钢筋领料及转运。

现场作业队伍领料人员凭钢筋配料单到钢筋加工厂办理该施工部位钢筋领料手续,采用8t平板拖车运输至施工部位。

3)钢筋安装。

①测量队放出结构边线控制点,按相邻钢筋长短对应配筋,由人工在排架上按照设计要求进行绑扎、焊接等。

②钢筋绑扎要求。

a. 钢筋样架铁设置须牢固可靠,所有样架铁与锚杆焊接长度须满足规范要求,测量放样过程中严格控制钢筋保护层厚度。

b. 钢筋可采取焊接(单面焊10D,双面焊5D)或搭接(搭接长度不小于40D)方式连接。

c. 钢筋接头焊接长度控制在$-0.5D$范围内,咬边控制在0.05D且小于1mm范围内,气孔夹渣在2D内少于2个,直径小于3mm,接头外观无明显咬边、凹陷、气孔、烧伤等,不许有裂缝、脱焊点和漏焊点。

d. 钢筋绑扎采用双股扎丝,严格按梅花形逐点绑扎牢固,并将绑扎钢筋时多余的扎丝头向结构边线内侧弯折,以免因外露形成锈斑,影响混凝土外观观感质量。

(7)预埋件施工

1)防浪墙共设置23道结构缝,缝内设置“D”形止水和两毡三油;防浪墙与坝体填筑料采用“V”形止水铜片。

2)防浪墙外侧设置的不锈钢防护栏杆底部预埋M1检修道预埋件。

3)防浪墙顶路灯基础等其他预埋件见相关专业图纸。

4)坝后“L”形挡墙不锈钢防护栏杆底部预埋M1检修道预埋件。

(8)防护栏杆施工

防浪墙外侧设置的不锈钢防护栏杆在防浪墙施工完成后择机进行施工,栏杆型号为DN50不锈钢钢管、壁厚4.5mm,DN40不锈钢钢管、壁厚4.5mm,DN25不锈钢钢管、壁厚4mm。施工时先采用DN50、DN40不锈钢钢管与栏杆底部预埋M1检修道预埋件连接，然后采用DN25不锈钢钢管与DN50和DN40不锈钢钢管焊接形成一个整体。

坝后“L”形挡墙顶部石材栏杆采购专业厂家产品。

(9)模板制安

1)基础、钢筋、预埋件等验收合格后安设模板。

2)防浪墙顶部1.3m内外侧模板采用定型模板，外侧1.3m以下采用高质量胶合板，内侧1.3m以下采用组合钢模板或木模板。用钢管作围檩，竖檩间距0.75m、横向间距0.7m。拉条除底部第一层外均套PVC管，斜向支撑用钢管加固。

3)坝后“L”形挡墙内外侧模板采用组合钢模板或木模板。

4)封头侧模用木模板施工，与侧墙模板用扣件连成整体以保证接缝严密、牢固。

5)挡墙根据现场需要搭设简易操作排架，排架间排距1.5m×2.0m，步距1.7m，并按要求设置剪刀撑。排架采用Φ48钢管搭设，排架钢管使用十字卡扣连接。施工前检查钢管、扣件是否完好，不得使用锈蚀、弯曲、有裂纹的钢管和有裂纹的卡扣。

6)模板采用内拉内撑＋外撑加固，拉条采用Φ10圆钢@75cm，内侧采用Φ25钢筋@3m，外侧设置Φ48钢管斜撑(顶部与模板拉条焊接、底部采用Φ16、$L=1\text{m}$、外露0.3m插筋固定)。

7)模板制安工艺流程：测量放线→模板安装→仓面验收→混凝土浇筑→拆模→模板清理保养。

(10)混凝土浇筑

防浪墙和坝后“L”形挡墙混凝土料采用赤坞砂拌和系统供应，混凝土强度等级为C25W8F100(二级配)，6～9m^3混凝土运输车运至施工部位；混凝土浇筑采用混凝土搅拌运输车直接入仓或配滑槽入仓、吊车挂1m^3吊罐入仓和天泵入仓3种方式；混凝土采用Φ50mm、Φ30mm插入式振捣棒进行振捣。确保混凝土浇筑质量。

1)平仓振捣

①混凝土的平仓振捣，采用手持式振捣器进行。

②混凝土平仓方式：将振捣棒插入料堆顶部，缓慢推拉振捣棒，逐渐借助振动作用整平混凝土。平仓不能代替振捣。

2)浇筑要求

①混凝土浇筑应保持连续性，如因故中止且超过允许间歇时间，则按工作缝处理。若能重塑者，可继续浇筑混凝土。混凝土能否重塑的现场判别方法为：将振动棒插入混凝土内，振捣30s，振捣棒周围10cm内仍能泛浆且不留孔洞则视为混凝土能够重塑。反之，停止浇筑，作为“冷缝”，按施工缝处理。

②混凝土入仓后及时平仓振捣，随浇随平，不得堆积，并配置足够的工人将堆积的粗骨料均匀散铺至砂浆较多处，不得用砂浆覆盖，以免造成内部架空。

③雨季浇筑时，开仓前要准备充足的防雨设施。

④浇筑时要严格保护预埋件及支撑，以免移位。

(11)养护

混凝土浇筑结束后12～18h，洒水养护，养护时间不少于28d。

4.5.5.3 资源配置

(1)主要设备配置

混凝土施工主要机械设备投入见表4-32。

表4-32　　混凝土施工主要机械设备投入

序号	设备名称	规格型号	单位	数量	备注
1	天泵	47m	台	1	
2	吊车	25t	台	1	
3	混凝土搅拌运输车	6～9m^3	台	3	
4	平板拖车	8t	台	1	
5	高压冲毛机	CM-45/160	台	1	冲洗缝面
6	变频机	—	台	5	
7	全站仪	LeiCa TCR1102	套	1	
8	电焊机	AX3-300-1	台	8	
9	振捣器	Φ50、Φ30	套	4	
10	反铲	1.2m^3	台	1	

(2)主要人员配置

混凝土施工主要人员投入见表4-33。

表4-33　　混凝土施工主要人员投入　　(单位：人)

序号	工种	数量	备注
1	混凝土工	15	
2	木工	6	
3	钢筋工	20	
4	电焊工	4	
5	预埋工	6	
6	振捣工	6	
7	司机	9	平板车、混凝土搅拌运输车及反铲

续表

序号	工种	数量	备注
8	管理人员	4	技术、施工、质量及安全环保
9	辅工	15	
10	测量工	2	
11	实验员	2	
合计		89	

4.5.6　坝顶公路施工

4.5.6.1　施工程序

施工前，须对坝顶过渡料（高程 245.50m 以上）分层碾压密实，要求同坝体过渡料。过渡料路基进行整理找平，经测量放线后，进行垫层水稳层（5%水泥稳定碎石）摊铺、碾压，然后采用 R5.0 普通水泥混凝土进行浇筑施工，最后进行面层沥青混凝土摊铺、碾压。下水库坝顶公路路面结构见图 4-38。

（1）5%水泥稳定碎石垫层施工工艺流程

过渡料路基验收合格→测量放线→混合料拌和→混合料运输→水泥稳定碎石摊铺、碾压→接缝处理→养护。

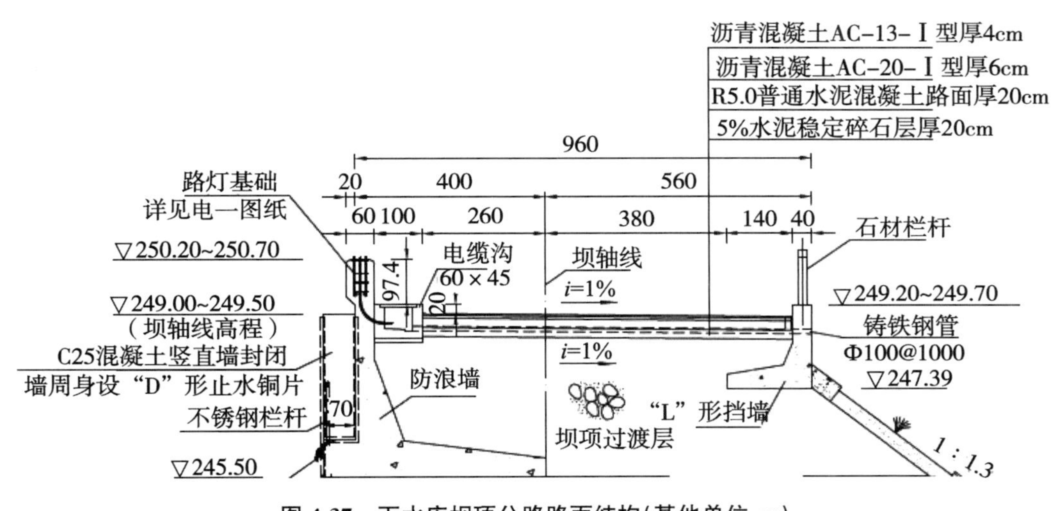

图 4-37　下水库坝顶公路路面结构（基他单位：m）

（2）R5.0 普通水泥混凝土路面施工工艺流程

水稳层验收合格→测量放样→模板安装→模板校正→浇筑路面层混凝土→养护→拆模→切缝→填缝。

(3)AC型沥青混凝土面层施工艺流程

普通水泥混凝土路面层验收→中间面层沥青混凝土摊铺(AC-20-I型沥青混凝土厚6cm)→乳化沥青黏层→上面层沥青混凝土摊铺(AC-13-I型沥青混凝土厚4cm)。

4.5.6.2 施工方法

(1)5%水泥稳定碎石垫层施工

1)过渡层路基验收。

对过渡层按《公路路面基层施工技术细则》(JTG/T F20—2015)进行验收,对不合格路段应重新铺设,不得重复碾压补强。

2)5%水泥稳定碎石混合料配合比设计。

水泥、碎石、水的用量按试验总结的配合比准确配料。

为减少水稳基层裂缝,做到4个限制:在满足设计强度的基础上限制水泥用量;在减少含泥量的同时,限制细集料、粉料用量;在满足压实要求的基础上限制含水量;在满足规范要求的前提下,加强养护管理(禁止碾压),实现全时、全覆盖养护。

①对工地实际使用的碎石,分别进行水洗筛分,按颗粒组成进行计算,确定各种碎石的组成比例。

②根据确定的最佳含水量,水泥剂量按5%的比例制备混合料,按压实标准采用振动成型法或静压法制备混合料试件,在标准条件下养护6d,浸水1d后取出,做无侧限抗压强度试验。

③根据7d浸水无侧限抗压强度设计要求,确定水泥稳定碎石混合料的生产配合比。

3)水稳垫层测量放线。

首先在垫层上恢复中线,直线段每20m设一桩,采用三角支架固定牢靠,边缘两侧每隔10m用钢钎固定,重新复核宽度和牢固性。边缘两侧每隔10m设一固定支架,架设铁线供摊铺机传感器控制标高、方向用的钢丝。

4)混合料的拌和、运输。

混合料在拌和之前,应反复检试调整,使其符合级配要求,同时开始拌和的前几盘应作筛分试验,如有问题及时调整,每间隔2h测定一次含水率,每间隔4h测定一次结合料剂量,做好记录。

拌和站现场设试验人员,开始拌和前,检查料堆断面的材料级配、场内各处集料的含水量,计算现场实际的配合比。设计水泥稳定碎石层用量不大于5%。

混合料直接采用料仓料斗装车运输,装车时车辆应前后移动,分3次装料。车辆准备接料时,按序号排队成列,依次等候,不得拥挤,运输途中使用篷布覆盖,以减少水分损失。

卸料时，运料车在摊铺机前方20～30cm停车，防止碰撞摊铺机，由摊铺机迎上去推动卸料车，卸料过程中运料车挂空挡，靠摊铺机推动前进，卸料速度与摊铺速度相协调，卸料时的料斗应缓慢打开，开到一半时待料基摊铺完成后再卸余料。

5)水稳层摊铺、碾压。

水稳层采用集中拌和，自卸汽车运输，现场使用1台摊铺机作业，碾压采用先轻后重、由路边向路中、低速行驶碾压的原则，遵循初压→轻振碾压→重振碾压→稳压收面的程序，从拌和到摊铺现场限定水稳混合料不能超过2h。

混合料的摊铺厚度为20cm，采取不分层摊铺，一次成型方式。一般每次作业长度在80～100m。

摊铺前将下层表面洒水湿润，摊铺机的摊铺速度宜控制在1m/min，摊铺过程中根据拌和能力和运输能力确定摊铺速度，中途不得随意改变摊铺速度，避免摊铺机出现停机待料的情况。

碾压前，沿着地势较低一侧向地势较高一侧碾压，压路机紧跟在摊铺机后面进行碾压，以50～80m作为一个段落为宜，碾压段落处设置明显的分界标志，层次分明，设专人指挥，根据天气情况，及时调整碾压长度及含水量。

各级碾压遍数及碾压速度根据现场实测压实度及平整情况确定，并根据试验配合比参数调整。

碾压时严格控制行驶速度，碾压时应重叠1/3轮宽。

压路机倒车应自然停车，无特殊情况，不准急刹、急转弯和调头；换挡要轻且平顺，不要拉动底基层；压路机停车要错开，而且间距3m，最好停在已碾压好的路段上，以免破坏底基层结构。

6)接缝处理。

水稳层连续作业摊铺时，不能中断，若因故中断时间超过2h，则设置横缝。横缝应与路面车道中心线垂直设置，具体要求如下：

人工将含水量合适的混合料末端整理齐平，其高度略高出松铺高度，将混合料碾压密实。施工结束后，在施工段的末端用3m直尺延纵向检测，在3m直尺悬离处设横向接缝，平整度不合适部位用装载机铲除，废料由运输车运回指定弃料地点，以备用于结构物及便道垫路用。

重新施工时，将作业面顶面清扫干净，用水泥净浆涂刷横向断面，将摊铺机返回已压实层的末端，重新开始摊铺混合料。

碾压时压路机先沿横向接缝碾压，从已压实层逐渐向新铺混合料碾压，然后再正常碾压。

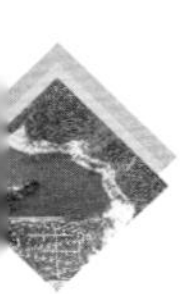

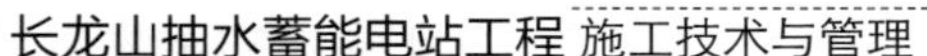

7)养护。

水泥稳定层摊铺碾压完毕,并经压实度检查合格后,应立即进行养护。采用复合养护膜进行覆盖,接茬处不留空隙,并用水泥稳定废料镇压以免风掀起养护膜,达不到保湿养护的目的。

(2)R5.0 普通水泥混凝土路面施工

路面混凝土浇筑全长约 300m,路面向坝后侧横向排水坡度 1%,路面混凝土浇筑厚度 20cm,混凝土强度等级为 R5.0。

施工方式:混凝土浇筑采用分段浇筑。

1)水稳碎石基层交验。

水稳碎石施工完毕并交验。检测项目包括压实度、弯沉、平整度、纵断面高程、中线偏差、宽度、横坡度、边坡等。

2)测量放样。

根据现场实际地形放出路中线和边线,沿模板中心每隔 5m 测量一高程,并检查基层标高和路横坡在路中线上每 20m 设一中心桩。

3)模板安装。

路面混凝土采用Ⅰ30 槽钢或 P3015 钢板作为模板并用木模板补缝,接头处有牢固拼装配件。模板支撑每间隔 0.8m 采用∠50×5mm 角钢加工的三角架支撑,支架用 Φ20 插筋作为地桩顶紧。施工前进行模板的除锈、涂刷脱模剂等准备工作,模板顶部与混凝土路面顶面设计高程一致。模板相接处的高差满足设计要求,内侧不得有错位和不平整情况,模板安装后进行测量、校核、调整模板至要求。

4)混凝土浇筑。

混凝土采用混凝土搅拌运输车运至施工作业面附近,由混凝土搅拌运输车直接入仓,采用后退法铺料流水施工,用平板振捣器进行整平作业,待混凝土表面无泌水时,用抹面机抹面;整平机整平不到的局部区域采用 Φ30 振捣棒进行人工振捣,振到混凝土不再显著下沉,不出现气泡,并开始泛浆时为准,最后人工抹面收光。

5)拆模。

拆模时间根据现场气温和混凝土强度确定。

6)养护、保温。

路面施工正值冬季,须采用保温措施并进行养护,养护时间不少于 28d。

7)切缝、填缝。

路面纵向每 4.5m 设置一道横向缩缝,路面板切缝时间由气温和混凝土强度确定,在达到混凝土设计强度的 25%时用切缝机切缝。横向缩缝切缝深度不小于 7cm,宽度不小于 0.6cm,使用沥青混合料填缝。

(3)沥青混凝土面层施工

沥青混和料摊铺分两层施工：第一层为厚6cm的沥青混凝土(AC-20-I型)，第二层为厚4cm的沥青混凝土(AC-13-I型)，在两层沥青混凝土增加一道黏层。

1)混凝土基层交验。

C30混凝土路面施工完毕并交验。检测项目包括弯拉强度、平整度、纵断高程、中线偏差、宽度、横坡度、边坡等。路面混凝土设计抗弯强度为5.0MPa，$E=3.1\times10^4$MPa。

2)沥青混合料配合比设计。

沥青混合料配合比设计应严格按目标配合比设计、生产配合比设计及生产配合比验证3个阶段进行。完成生产配合比报告及试验路段铺筑方案后，应在规定期限内向监理工程师及业主提出正式报告，取得正式批复后，才能进行试验路段的铺筑。

3)测量放线。

路面顶清扫干净后恢复道路中线。直线段每20m设1个中桩，平曲线段每10～15m设1个中桩；平曲线段每10m设1个高程桩；并测设路基边桩，标示出底基层面设计高程。当摊铺机作业时，4～6m放置测墩，并依据钢丝绳或铝合金导梁及摊铺厚度测设墩顶标高，控制设计标高。

4)沥青混合料运输、摊铺。

沥青混合料运输车的数量应与搅拌能力或摊铺速度相适应，施工过程中摊铺机前方应有运料车在等候卸料。开始摊铺时，在施工现场等候卸料的运料车不宜少于3辆。

沥青混合料在运送过程中，应用篷布全面覆盖，用以保温、防雨、防污染。

运料车卸料时，设专人进行运料车辆的指挥，在运料车距摊铺机料斗200～300mm处停车挂空挡，由摊铺机推动前进，严禁冲撞摊铺机。

现场设专人进行收料，并检查沥青混合料质量和检测温度。对结团成块、花白料、温度不符合规范规定的沥青混合料不得铺筑在道路上，应予以废弃。

气温低于10℃、雨天、路面潮湿等不得进行施工。

沥青混凝土路面施工采用1台摊铺机进行全宽度摊铺，固定板摊铺机组装宽度不宜大于6.5m，伸缩式摊铺机铺筑宽度不宜大于6.5m。

5)沥青混合料压实。

①沥青混合料的碾压一般分为初压、复压、终压3个阶段。碾压过程中，不得在碾压区内转向、调头、左右移动位置、中途停留、变速或突然制动。在超高路段施工时，应先从低的一边开始，逐步向高的一边碾压。当碾压没有侧限的结构层时，可在离边缘20～30cm处开始碾压作业，这样可以有效减少出现铺层塌边现象，之后碾压边缘时，可人工配合拍边，压路机每次只能向自由边缘方向推进10cm。碾压要遵循“紧跟、慢碾、高频、低幅、小水”的原则。

②碾压段长度以温度降低情况和摊铺速度为原则，压路机每完成一遍重叠碾压，就应向摊铺机靠近一些。在每次压实时，压路机与摊铺机间距应大致相等。压路机应从外侧向中心平行道路中心线碾压，相邻碾压带应重叠1/3轮宽，最后碾压中心线部分，压完全幅为一遍。

③在碾压过程中应采用自动喷水装置对碾轮喷洒掺加植物油与水的混合液，避免黏轮现象发生。

④设专人检测碾压密度和温度，避免沥青混合料过压。

⑤对路边缘、拐角等局部地区采用手扶式压路机、人工镦锤进行加强碾压。

6)沥青路面接缝施工

①上、下层的横向接缝应错位1m以上，各层横向接缝均采用垂直的平接缝。每天摊铺混合料收工时用3m直尺在碾压好的端尖处检查平整度，选择合格的横断面，画上直线，然后用切缝机切出立茬，多余的料弃掉，并清理干净。切割时留下的泥水必须冲洗干净，待干燥后涂刷黏层油。

②在接缝处摊铺沥青混合料时，熨平板应放到已碾压好的路面上，在路面和熨平板之间应垫钢板，其厚度为压实厚度与虚铺厚度之差。

③沥青混合料路面铺筑期间，当需要暂停施工时，应采用平接缝，宜在当天施工结束后用3m直尺检查挂线切割、清扫、成缝。接续摊铺前，应再次用3m直尺检查接缝处已压实的路面，当发现不平整、厚度不符合要求时，应切除后再摊铺新的混合料。

④横向缝接续施工前，应涂刷黏层油或用喷灯烘烤至沥青混合料熔融状态。重新开始摊铺前，应在摊铺机的熨平板下放置厚度为松铺厚度与压实厚度之差的垫板，其长度应超过熨平板的前后边距。

7)黏层施工。

为了加强路面2层沥青混凝土黏结性，增加1道黏层。

①喷洒乳化沥青前，人工对下承层表面进行全面清扫，确保洁净，无不利于结合的泥尘杂物。

②用沥青洒布车喷洒乳化沥青，洒布量必须严格控制黏层为0.5kg/m^2，避免因洒布量过大出现泛油或洒布量过小影响黏结。对边缘和漏洒部分必须进行人工补洒。

(4)电缆沟等附属结构施工

坝顶公路附属结构主要包括电缆沟及盖板、石材栏杆等。

1)电缆沟及盖板。

电缆沟的外形尺寸为300m×100cm×82cm(长×宽×高)，采用C25二级配混凝土。电缆沟底部浇筑厚12cm的C25素混凝土垫层。电缆沟底板厚20cm，坡度5%，内侧预留宽15cm的集水沟。靠道路侧沟壁底部埋设Φ100mm@1000铸铁钢管，横向敷设通过坝顶公路至"L"形挡墙。

预制盖板为77cm×50cm×5cm(长×宽×厚),采用C25一级配混凝土浇筑。

2)石材栏杆。

在"L"形挡墙上部安装定制石材栏杆。因为坝后最上层护坡无观测房,所以取消浆砌石踏步及不锈钢栏杆。下游侧坝顶石材栏杆可连续布置。

栏杆立柱固定方式:在Φ25钢筋混凝土防撞条打入Φ14,$L=300$cm插筋固定。

4.5.6.3　主要资源配置

(1)主要机械设备配置

主要机械设备配置见表4-34。

表4-34　主要机械设备配置

序号	设备名称	型号规格	单位	数量
1	平板振捣器		套	1
2	抹面机		台	1
3	切缝机		台	1
4	振动棒	Φ30	台	3
5	沥青混合料运输车	22t	台	3
6	摊铺机	600t/h	台	1
7	振动压路机	18t	台	1
8	装载机	3.0m^3	台	1
9	反铲		台	1
10	沥青洒布车		辆	1
11	洒水车		辆	1
12	混凝土搅拌运输车	6m^3	辆	2
13	交流电焊机		台	2
14	全站仪		台	1
15	钢筋切断机		台	1
16	钢筋弯曲机		台	1
17	水准仪		台	1

(2)主要人员投入

主要人员投入见表4-35。

表 4-35　　主要人员投入　　(单位:人)

序号	工种	人数	序号	工种	人数
1	模板工	3	6	普工	4
2	钢筋工	2	7	水电工	1
3	机械工	1	8	司机	8
4	浇筑工	2	9	测量员	2
5	电焊工	2	10	管理人员	4

注:以上按高峰期人数单班配置,合计总人数为 29 人。

4.6　混凝土施工

4.6.1　引水隧道平段钢管回填混凝土施工

引水隧道平段钢管回填混凝土范围包括引水上平洞、中平洞、下平洞、引水支管、尾水支管等部位。

4.6.1.1　缝面处理

缝面处理包括已支护面、施工缝等处理。

基岩面处理方法:已支护过的基岩面采用高压水冲洗的方式清理。

施工缝处理方法:混凝土浇筑前,对隧洞环向施工缝均进行冲毛或凿毛处理。

4.6.1.2　预埋施工

引水中平段及下平段预埋件为顶部回填灌浆系统和底部接触灌浆系统。

(1)顶部回填灌浆管路布置

引水中平段及下平段顶部 60°范围设置回填灌浆管路系统,两侧各布置 2 根进浆管,每根进浆管布置 3 个 Φ10mm 进浆孔,进浆孔间距 3m。中间顶拱布置 6 根排气兼进浆孔,每根管布置 1 个 Φ10mm 排气孔兼进浆孔,孔间距 3m。

(2)接触灌浆管

引水中平段及下平段底部串浆孔布置 1 组接触灌浆管,包括 1 根进浆管和 6 根排气管兼回浆管。进浆管和排气兼回浆管上开间距 1.5m 的 Φ8mm 孔。

(3)孔的封闭及打开

所有孔采用单层牛皮纸封闭,使用前先进风吹开所有管口牛皮纸,再按从低到高、从远及近的顺序进行灌浆。

4.6.1.3　模板施工

封头模板选用定型小型组合式拼装模板或木模板,与基岩面交界处辅以木模嵌缝,随着浇筑过程混凝土上升进行封头模板封闭加固。模板采用内拉外撑的方式加固，使用前必须清理干净，并涂刷脱模剂。模板变形量控制在设计允许值以内，模板表面光滑平整，确保结构尺寸和平整度满足设计及规范要求，端头模板距离钢管焊接接口约1.5m处，防止焊接灼伤混凝土。模板安装牢固可靠，缝洞嵌补严密，模板面光滑平整便于脱模。模板的制作与安装严格按照技术要求，模板安装前，检查标高及轴线，模板安装后进行加固和保证支撑牢靠，混凝土浇筑时派专人值班，防止混凝土在浇筑过程中模板移位和变形。

4.6.1.4 混凝土浇筑

混凝土标号为C20W8F100，混凝土由赤坞砂拌和系统或3#施工支洞洞口拌和系统集中拌制供应，采用6m^3混凝土运输车运至现场，HBT60混凝土泵机泵送入仓，入仓后人工将混凝土摊铺整平。混凝土在摊铺过程中如发现有骨料堆积现象，及时用人工散开。采用Φ50软轴插入式振动器振实。在预埋件部位、模板附近应细心振捣。混凝土的振捣时间以粗骨料不再显著下沉，表面开始泛浆为准，防止欠振或过振。

泵送混凝土常规浇筑过程需要两侧对称下料，均匀上升。混凝土入仓采取由内向外进料的方式浇筑，每层浇筑厚度30cm。钢管底部占压区域的第三批层及第四批层，采用自密实混凝土浇筑，自密实混凝土由一侧下料，经振捣赶料至另一侧，使其将钢管底部圆弧段填充密实。顶拱部分区域人工无法振捣范围采用自密实混凝土浇筑。

在混凝土浇筑过程中加强对封头模板、压力钢管固定支架、预埋件等部件的观察，发现变形、移位时，及时采取措施进行处理。混凝土输送管道至封头模板外侧，仓内接3根Φ125钢管入仓浇筑，浇筑完毕后钢管留在混凝土中无须进行拆除。Φ125泵管安装要求平直、转弯缓，浇筑先远后近；泵送前用同标号的水泥砂浆湿润导管；换接管时先湿润再连接；泵送过程中严禁加水、空泵运行。如因故中止且超过允许间歇时间，则按冷缝处理。同时，要注意顶拱超挖部分混凝土回填，不得出现架空现象。浇筑完毕前，混凝土泵在一定时间内保持一定压力，使其混凝土充填密实。

4.6.1.5 拆模及养护

混凝土浇筑完毕后，拆模时不能用铁质硬具撬打混凝土，防止破坏混凝土棱角，只能用木质器具接触混凝土。在模板拆除过程中损坏的混凝土应按设计要求予以修补。拆卸下来的材料要妥善保存，不得损坏，以备后用，模板要及时清理、维修，将表面砂浆等清洗干净后，表面涂刷一层保护剂，堆放整齐，不能随意乱放。

混凝土浇筑后12～18h内对混凝土表面进行洒水养护，养护期为28d，其间保持混凝土表面始终处于湿润状态。

4.6.1.6 灌浆施工方法

回填灌浆应在混凝土达到设计强度的70%后进行，接触灌浆在回填混凝土浇筑结

束 60d 后进行。

(1)制浆站布置

1)自动化集中制浆站。

自动化集中制浆站布置在 3# 施工支洞与 3# 引水洞交叉口附近,向引水洞中平段及斜井段方向供料。增加 1 处机房洞室,基本尺寸 18m×7m×9m(长×宽×高),布置 1 座 JZ222-15 自动化制浆站及输送系统和 2 个 60t 储灰罐。

供浆站布置在集中站旁,在各分支口设中转站。供浆站和中转站之间采用 Φ50mm 主供浆管,中转站与工作面之间采用双线 Φ38mm 循环管路。供浆站与中转站内主要机械设备有 1～2 台 $1m^3$ 低速搅拌桶、1～2 台 BW250/50 型泥浆泵。

斜井段高差大,每隔 20～30m 设置 1 道节制阀或变径管道,以控制浆液流速在 1.4～2.0m/s。

2)移动临时制浆站。

根据注浆工作量的需要,前期考虑在 1 座移动平台(平板车)上布置临时制浆站,制浆站搭设要求标准化。注浆管路采用 Φ32 钢编管($L=20$m),从制浆站各引出 1 根 Φ32 钢编管至引水隧洞钢衬段灌浆施工区。

(2)回填灌浆施工

1)回填灌浆应在混凝土达到设计强度的 70%后进行,预埋管布置可根据现场实际情况,对回填混凝土浇筑单元的长度进行适当调整,管路布置应遵循先灌低处再灌高处的原则。

2)在进行预埋管回填灌浆时,要求每隔 12m(或调整后分段长度 3 个衬砌段)进行一个单元的灌浆,上一单元灌浆完毕并检查合格后方可进行下一单元的混凝土回填工作。

3)所有灌浆管均应编号,标记清楚,尽量靠岩面布置,并用锚筋铁丝或膨胀螺栓固定。

4)灌浆孔位可根据岩石开挖情况做适当调整,以尽可能使出浆孔设在岩石凹面处,每个断面灌浆孔应尽量均匀分布。

5)做好出浆管孔口保护,防止灌浆时浆液堵塞出浆管孔口。

6)在灌浆时如果其他进浆管内出现串浆且浆液浓度接近进浆浓度时,封闭被串管,待灌浆结束后,将被串管进行倒灌,直至达到结束标准。

7)灌浆水泥强度等级不低于 42.5,水灰比 0.5∶1,外掺 4%轻烧 MgO(掺量为与水泥质量比),空隙大的部位可灌注水泥砂浆,掺沙量不宜大于水泥总量的 200%,砂浆强度不小于 M2.0。

8)回填灌浆压力 0.4MPa,回填灌浆在规定压力下,灌浆孔停止吸浆,延续灌注

10min 后，即可结束灌浆。

(3)接触灌浆施工

1)接触灌浆在回填混凝土浇筑结束 60d 后进行，每 72m 作为一个灌浆段。每个灌浆段埋设 1 根进浆管，采用 FUKO 接触灌浆管或类似材料，进浆管从钢管底部加劲环的串浆孔内穿过，紧贴钢管外壁布置并固定。

2)每个灌浆段埋设 6 根排气管(兼回浆管)，采用 Φ32 无缝钢管，每根排气管端部 5m 处设为花管，约每隔 1m 钻设 1 个 Φ8mm 孔(要求每个加劲环之间的管段至少有 1 孔)。孔位应布置在一条直线上，花管段从钢管底部加劲环的串浆孔内穿过，紧贴钢管外壁布置并固定，且要求 Φ8mm 孔朝上，其余管段布置在加劲环外侧(不允许从加劲环串浆孔内穿过)，6 根排气管的花管段沿钢管轴线依次与钢管外壁固定。

3)接触灌浆压力 0.1MPa，采用普通硅酸盐水泥，浆液水灰比 0.6∶1。

4)灌浆前应使用洁净的高压空气检查缝隙串通情况，并吹除空隙内的污物和积水，风压应小于灌浆压力。

5)灌浆应从低处孔开始，并在灌浆过程中敲击振动钢衬，待各高处孔分别排出浓浆后，依次将其孔口阀门关闭，同时应记录各孔排出的浆量和浓度。

6)在设计规定压力下灌浆孔停止吸浆，延续灌注 5min 后，即可结束灌浆。

7)钢衬接触灌浆结束 7d 后采用锤击法对其进行灌浆质量检查，要求单处脱空面积不大于 0.5m^2。

4.6.1.7　资源配置

(1)施工机械配置

压力钢管回填混凝土施工机械设备配置情况见表 4-36。

表 4-36　压力钢管回填混凝土施工机械设备配置情况

序号	设备名称	型号	单位	数量
1	泵机	60THB	台	2
2	混凝土搅拌运输车	6m^3	台	4
3	电焊机	BX6/20kW	台	6
4	插入式振捣器	Φ50	台	10
5	附着式振捣器	800W	台	4
6	平板车	8t	台	1

(2)施工人员配置

压力钢管回填混凝土施工劳动力配置情况见表 4-37。

表 4-37　　主要施工作业人员配置情况　　(单位:人)

序号	工种	人数	序号	工种	人数
1	模板工	8	2	混凝土工	10
3	电工	4	4	混凝土搅拌运输车司机	8
5	泵机司机	4	6	管理人员	4

4.6.2　引水隧道斜段钢管回填混凝土施工

引水隧道斜段钢管回填混凝土施工范围包括引水下斜井等部位。

4.6.2.1　施工分仓说明

原投标方案单条引水下斜井斜直段长度约 389.30m,钢管安装按每 36m 为 1 个仓浇筑,共计 11 仓(10 仓长度为 36m 和 1 仓长度为 30.3m),即每完成 36m 钢管安装后进行 1 次混凝土回填施工,混凝土施工完成后进行下一轮 36m 钢管安装,以此进行循环安装和混凝土浇筑,其一个循环所用时间约为 22d。

为保证充水节点目标工期,将斜井段钢管每 36m 为 1 仓调整为 60m 为 1 仓,共分 7 仓(6 仓长度为 60m 和 1 仓长度为 30.3m)循环安装和混凝土浇筑。

4.6.2.2　施工方法及工艺流程

(1)压力钢管安装工艺流程

1)压力钢管工艺流程。

单条钢管以始装节为基准,依次组装相邻管节,安装环缝采用手工电弧焊,一个单元管道安装合格后,进行混凝土浇筑,待混凝土强度达到设计要求后,再安装下一个单元管道。压力钢管安装单元节按 6m 进行制作,钢管平管段及支管段安装按 18m/个安装循环计,即每完成 18m 钢管安装后进行混凝土回填施工;引水隧洞下斜段钢管安装按 60m/个安装循环计,即每完成 60m 钢管安装后进行混凝土回填施工。压力钢管安装时采用无内支撑形式,引水隧道混凝土灌浆采用埋管方式进行。调整后的工艺流程见图 4-38。

2)辅助措施。

原投标阶段引水下斜井部位压力钢管安装工期为 360d,为满足 1# 引水下半段具备充水试验条件节点工期目标要求,斜井部位压力钢管安装工期仅有 200d。

为满足斜井与靠 3# 施工支洞上游侧钢管同步施工,减少卷扬机安装位置的扩挖,将 JM350kN 卷扬机放置在 3# 施工支洞尽头与 1# 引水隧洞交叉原扩挖位置。

为满足钢丝绳出绳要求,须对 1# 引水隧洞靠 3# 施工支洞下游侧约 10m 长度范围内扩挖,扩挖深度最大 2.4m,扩挖高度最高 1m,最低 0.5m,扩挖工程量约为 $50m^3$。

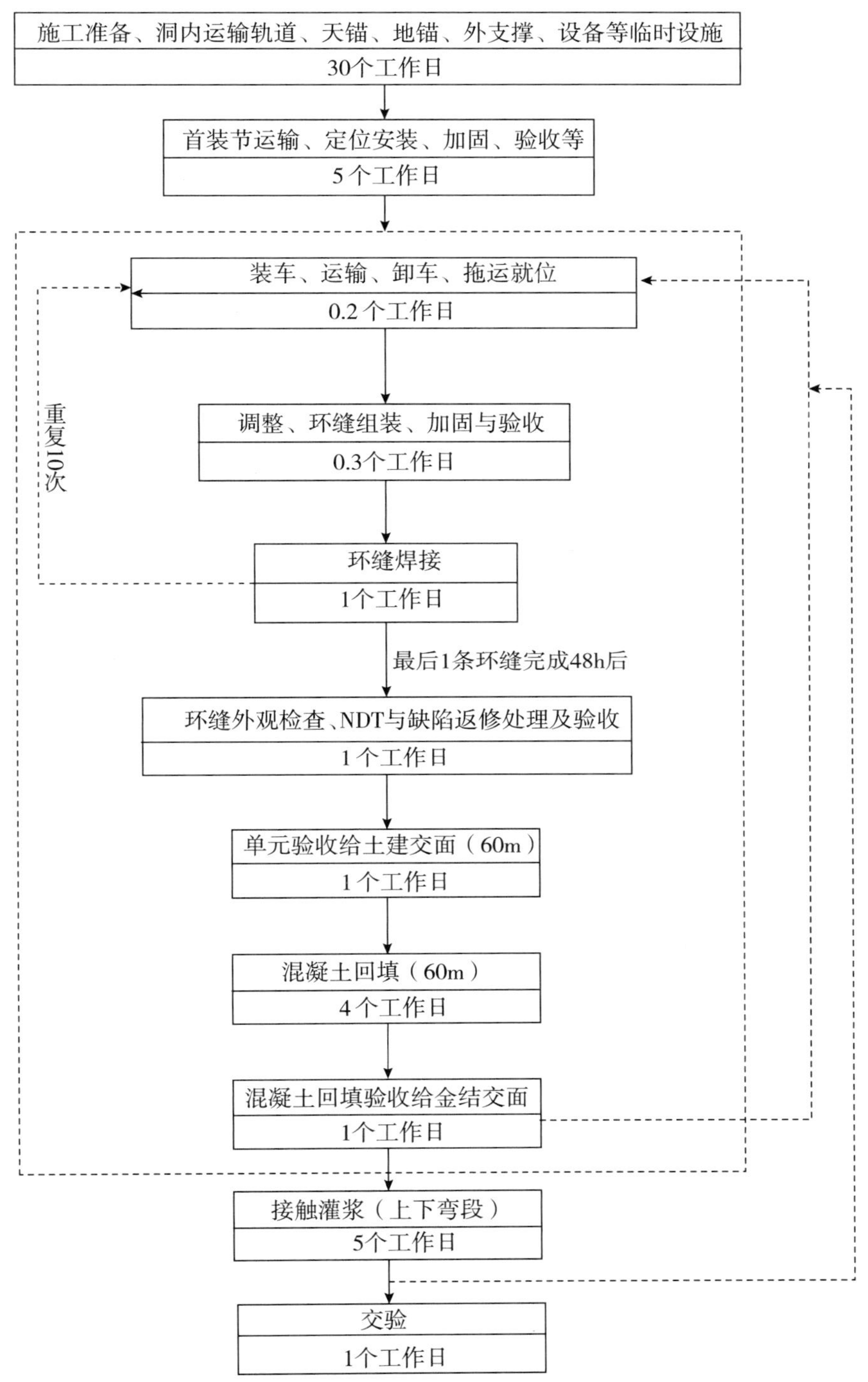

图 4-38　下斜段钢管安装按 60m 的安装段工艺流程

3)通风措施及注意事项。

受洞内外气压影响，斜井内空气难以流通，导致工作面旱烟不能及时排出，空气质量较差。在1#引水下弯段增设1台AVH-R125轴流通风机，用钢架焊接固定，以改善焊接作业环境，后续根据2#、3#施工支洞现场情况，采取相同方式进行供风排烟。根据压力钢管焊接作业要求，洞内风速应不大于8m/s，风机工作时应合理控制风速。

(2)回填混凝土浇筑措施

钢管外回填混凝土标号为C20W8F100(二级配)，坍落度为16～18cm。根据现场实际情况，采用二级配、坍落度为16～18cm混凝土浇筑容易发生溜管堵管情况，经业主、监理工程师同意，调整采用自密实混凝土进行浇筑，但仍需进行振捣。

回填长度调整为60m后，浇筑难度相对增大，为保证浇筑顺利，主要采取以下措施：

1)经业主、监理工程师同意，继续采用自密实混凝土进行浇筑，混凝土扩展度600～700mm；后续随着下料长度的缩短，可采用一级配泵送混凝土、二级配泵送混凝土进行试验，若不出现堵管则可继续使用，否则及时调整为自密实混凝土浇筑。

2)开仓前提前做好混凝土拌制原材料准备，保证混凝土连续供应；仓内照明充足，振捣设备、供电线路正常；仓内对外通信信号保持畅通。

3)浇筑过程中安排专人持续检查溜管，发现破损及时修补，避免由于水泥浆流失导致堵管和影响浇筑质量。

4)经理论计算，回填混凝土浇筑上升速度控制在2.87m/h以内，不会发生钢衬位移和变形。在现场施工过程中，实际浇筑速度最快为27m^3/h，换算为上升速度约2.4m/h，小于2.87m/h。为确保不发生钢衬位移和变形，在钢管顶部、两侧与围岩之间设置型钢顶撑对钢衬进行加固，同时对钢衬进行应力监测，均未出现超标应力。

4.6.2.3 资源配置

(1)施工机械配置

回填混凝土施工主要机械设备配置情况见表4-38。

表4-38 回填混凝土施工主要机械设备配置情况

序号	设备名称	型号	单位	数量
1	泵机	HTB60	台	2
2	混凝土搅拌运输车	6～9m^3	台	6
3	电焊机	BX6/20kW	台	6
4	插入式振捣器	Φ50	台	10
5	附着式振捣器	800W	台	4
6	平板车	8t	台	1
7	鸡公吊	0.5t	个	1
8	全站仪	LeiCa TCR1102	套	1

续表

序号	设备名称	型号	单位	数量
9	手风钻	YT-28	台	1
10	高压冲毛机	CM-45/160	台	1
11	变频机	—	台	5

压力钢管安装主要机械设备配置情况见表 4-39。

表 4-39　　压力钢管安装主要机械设备配置情况

序号	设备名称	型号	单位	数量
1	特制改装运管车	40t	辆	1
2	小型普通客车	7 座	辆	1
3	汽车吊	55t	台	1
4	卷扬机	35t	台	2
5	卷扬机	10t	台	2
6	空压机	$7m^3/min$	台	2
7	装载机	50	台	2
8	钢管台车	50t	台	1
9	逆变式电焊机	400A	台	20
10	焊条烘箱	YGGH-200	台	2
11	焊条烘箱	YGGH-100	台	2
12	焊条保温筒	5kg	台	30
13	轴流风机	AVH-R125	台	1
14	履带加热板	1400mm，10kW	块	60
15	斜井施工平台		套	2
16	超声波探伤仪	数字式	台	1
17	TOFD 超声波探伤仪	HS810	台	1
18	磁粉检测仪		台	1
19	喷丸机	PBS-028R	套	2
20	喷涂机	GBQ9C	套	2

(2)施工人员配置

回填混凝土主要施工作业人员配置情况见表 4-40。

表 4-40　　回填混凝土主要施工作业人员配置情况　　(单位：人)

序号	工种	人数	备注	序号	工种	人数	备注
1	模板工	10	含预埋工	7	测量工	2	
2	电工	4		8	抽水工	2	

续表

序号	工种	人数	备注	序号	工种	人数	备注
3	泵机操作工	4		9	试验员	2	
4	混凝土工	10		10	普工	6	清基等人员
5	混凝土搅拌运输车司机	8		11	管理人员	6	施工、安全、质量、技术
6	木工	4		合计		58	

引水斜井压力钢管安装主要施工作业人员配置情况见表 4-41。

表 4-41　　引水斜井压力钢管安装主要施工作业人员配置情况

序号	工种	人数	备注	序号	工种	人数	备注
1	铆工	15		7	防腐工	2	
2	电焊工	30		8	技术员(含质检)	4	
3	起重工	2		9	安全员	3	
4	电工	2		10	普工	6	
5	吊车司机	2		11	卷扬机操作工	3	
6	汽车司机	2		合计		71	

4.6.3 引水隧道平段衬砌混凝土施工

4.6.3.1 施工工艺流程

尾水主洞主要采用针梁台车衬砌，其施工工艺流程见图 4-39。

4.6.3.2 施工方法

(1)施工分段

尾水主洞水平段总体按照 9～12m 分段，6# 施工支洞与 1#、2# 及 3# 尾水主洞相交部分分别按 12.78m、12.00m 及 13.77m 分段。施工时主要采用针梁台车全断面一次性浇筑，部分交叉口及转弯段采取搭设排架分底弧 120°和边顶拱 240°两仓施工。

(2)测量放样

施工前专业测量人员根据施工图纸采用全站仪进行测量验收及放样。对主洞开挖体型断面进行验收，明确体型是否满足设计要求，对有欠挖(超设计要求)部位进行处理，地质缺陷超挖部位进行认证。体型确认完成后再对施工部位的主要结构控制点进行放样，并标识在可靠明显位置，测量队出示测量放样单，现场根据测量放样单进行结构控制。衬砌结构利用锚杆焊接样架筋放出结构边线，台车就位后进行复测，确保误差控制在设计范围内。

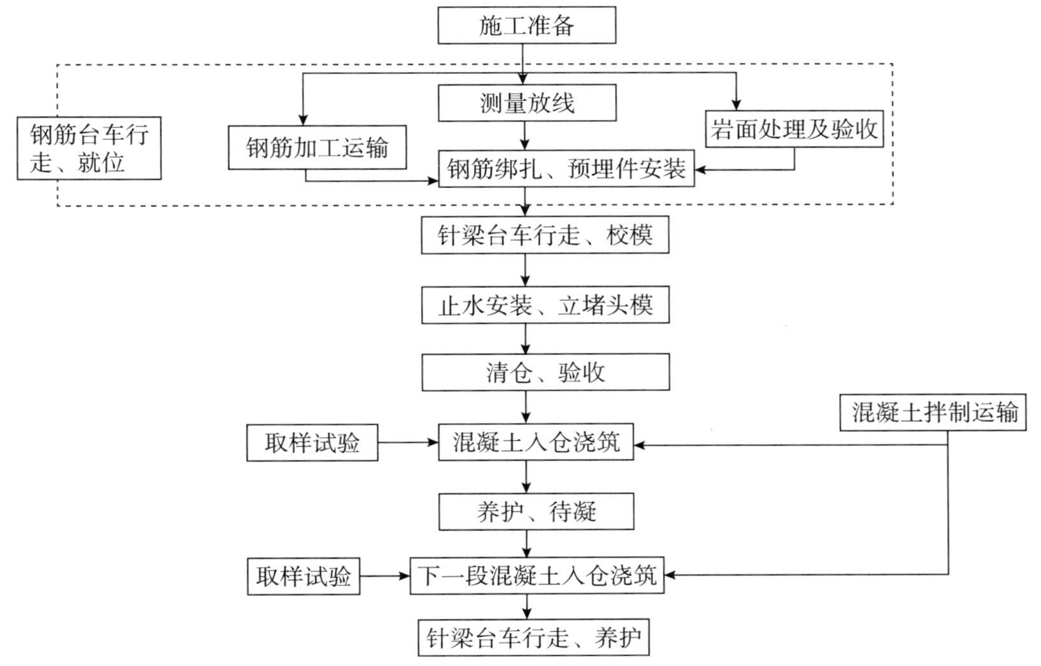

图 4-39　针梁台车浇筑混凝土施工工艺流程

(3)缝面处理

1)基岩面。

利用钢筋台车或专用可升降平台配合人工清除混凝土浇筑范围内的浮渣、松动岩石及松散软弱夹层等,对局部欠挖地段利用人工配合风镐进行处理直至合格,对岩面进行冲洗,使岩面清洁、无欠挖、无松动岩石,最后进行地质编录及基础验收。

2)施工缝。

施工缝在混凝土浇筑完成 12～14h 后采用人工或高压水进行冲毛处理,具体冲毛时间要根据混凝土初凝和终凝时间而定,缝面确保混凝土表面乳皮、浮浆清除干净,具体以粗砂外露、小石微露为准。

3)结构缝。

结构缝在混凝土终凝后拆除封头模板,将缝面清理干净后粘贴 2cm 厚的聚乙烯泡沫板。

(4)钢筋制作安装

主洞设置有单层钢筋,采用 6m 钢筋台车作为平台,现场应严格按照设计图纸及钢筋配料单进行施工,钢筋保护层厚度为 5cm,严格控制钢筋间排距、保护层及钢筋连接质量。

1)钢筋制作。

钢筋配料员根据设计图纸、施工技术文件及相关规范要求进行配料设计,并将编制的加工配料单下发到钢筋加工厂。钢筋加工厂按照加工配料单的要求进行加工制作、归类堆放、标识清楚,由相关人员联合进行检查、验收,符合要求后方可出厂。

2)钢筋领料及转运。

现场作业队伍领料人员凭钢筋配料单到钢筋加工厂办理该施工部位钢筋领料手续,采用8t随车吊运输至施工部位。

3)钢筋安装。

①测量队放出结构边线控制点,利用沿洞壁插筋设置测量控制点和样架铁,样架铁采用⌀22钢筋,水平布置,间距按2m/道控制,相邻钢筋长短对应配筋,随针梁台车行走完成。施工时,由人工在钢筋台车上按照设计要求进行绑扎、焊接等。

②钢筋绑扎要求。

a. 钢筋样架铁设置须牢固可靠,所有样架铁与锚杆焊接长度须满足规范要求,测量放样过程中严格控制钢筋保护层厚度。

b. 钢筋可采取焊接(单面焊10D,双面焊5D)或搭接(搭接长度不小于40D)的方式连接。

c. 钢筋接头焊接长度控制在−0.5D范围内,咬边控制在0.05D且小于1mm范围内,气孔夹渣在2D长度内少于2个,直径小于3mm,接头外观无明显咬边、凹陷、气孔、烧伤等现象,不允许有裂缝、脱焊点和漏焊点。

d. 钢筋绑扎采用双股扎丝,严格按梅花形逐点绑扎牢固,并将绑扎钢筋多余的扎丝头向结构边线内侧弯折,以免因外露形成锈斑,影响混凝土外观观感质量。

(5)预埋件施工

1)混凝土浇筑每9～12m设置一道施工缝,与6#施工支洞交叉口设置结构缝。施工前,在施工缝内设置PVC止水带,止水带宽300mm、厚8mm;结构缝内设置宽500mm,厚1.2mm止水铜片,缝宽2cm,缝内铺设2cm厚的低发泡聚乙烯板。

2)灌浆施工包括固结灌浆、回填灌浆,其中固结灌浆每排12个孔,入岩3.5m,排距2.5m,埋设Φ32钢管;顶拱120°范围兼作回填灌浆孔,埋设Φ32钢管(进浆管和排气管)。预埋管回填灌浆时,要求每隔12m(或调整后分段长度)进行一个单元灌浆,每个单元原则上按进浆管编号,其中顶拱共设置4个进浆管、3个排气管兼进浆管。灌浆台车采用钢筋台车改装或搭设简易钢管排架,方案另行报送。预埋灌浆管须采取加固和密封措施,确保浇筑过程中点位不发生偏移和堵管。

(6)针梁台车安装、就位

针梁台车由专业公司制作,经检验合格后运往现场拼装。模板拼装严格按施工规范进行，做到准确，支撑固定可靠，以确保混凝土体型尺寸及浇筑质量符合设计及规范要求。每次浇筑前进行除锈清理，并涂刷一层脱模剂。为了保证导向机构出绳高度与卷扬机出绳高度基本平行，前后两台卷扬机的钢丝绳都必须从卷筒下方引出。模板移动到一端极限位置时，收钢丝绳的卷筒保证只布满一层钢丝绳，放钢丝绳的卷筒保证只留下3圈，多余的钢丝绳切除。针梁台车在准备移动行走时，前后两台卷扬机的钢丝绳都必须保证在张紧状态。为确保卷扬机同时启动、钢丝绳一收一放，两台卷扬机电机运行旋转方向必须保持1台正转、1台反转。端头封堵装置采用木模封堵，角钢固定。若针梁台车要远距离行走，且底部有水或其他原因无法在模板下部垫辅助弧形支座或枕木时，须在台车梁框端部增设结构支座及4件竖向油缸（GE 180/100—600）等部件。

(7)排架支撑搭设、拆除

1)支撑体系规划。

①顶部衬砌混凝土采用Φ48×3.5mm钢管排架进行支撑，排架搭设间排距75cm×75cm进行控制，步距100cm。

②采用整体固定式排架的方式施工，立杆底部采用底部模板，不平整位置采用木楔块垫平，模板上焊接7cm长的ϕ25钢筋，排架立杆插在ϕ25钢筋上搭设。

③排架横向剪刀撑（顺水流方向）每隔3跨布置1道，纵向剪刀撑每隔2跨垂直水流方向布置1道，排架剪刀撑与立杆采用万向扣件相接。

2)支撑体系搭设拆除。

支撑体系采用Φ48×3.5mm钢管排架搭设，排架搭设拆除按相关要求执行。

(8)模板安装

1)模板规划。

①本段分为两次施工，采用定型钢模板，模板面板及筋板全部采用3mm板材。第一次施工下部120°部分，第二次施工剩余240°部分，第二次施工时模板两端各搭接15cm。

②封头模板主要采用散装钢模板和木模板施工。

2)模板加固。

底弧衬砌混凝土模板主要采用内撑内拉方式加固，模板采用钢筋围檩进行加固，底部施工采用分段Φ16圆弧钢筋样架定位施工，ϕ8钢筋围檩加固，样架及围檩长度以方便拆除抹面为宜。

边顶拱衬砌混凝土模板主要采用外撑方式加固。

封头模板主要采用内撑内拉方式加固，钢管围檩和钢管瓦斯进行加固。

3)控制要求。

相邻两面板错台保证在 2mm 以内;局部不平整保证在 5mm 以内(2m 靠尺进行检查);板面间缝隙保证在 2mm 以内;模板与设计结构边线控制在 −10～0mm;承重模板标高 0～5mm。

每仓模板在安装前采用冲毛机冲洗干净,涂刷清质的色拉油或脱模剂。要求模板在安装前对先浇混凝土进行取直处理,粘贴双面胶,保证模板与老混凝土面接缝严密,模板压先浇筑混凝土面以 3～5cm 为宜。

(9)混凝土浇筑

1)标号及级配。

衬砌混凝土采用 C25W8F100(二级配)混凝土进行浇筑,坍落度为 16～18cm,顶拱可采用自密实混凝土;在采用排架支撑时,顶部人员无法振捣部分则采用 C25W8F100 自密实混凝土进行浇筑,扩散度为 65±5cm。

2)浇筑手段。

1[#] 和 2[#] 尾水主洞同时进行混凝土浇筑,各采用 1 台泵机进行浇筑(20m^3/h)、3 台混凝土搅拌运输车进行运输混凝土,控制混凝土浇筑上升速度小于 50cm/h。

3)浇筑方法。

①针梁台车浇筑。

尾水主洞主要采用针梁台车全断面一次性浇筑,从下游向上游进行,施工时把混凝土输送泵的输送管接入针梁台车,并利用混凝土搅拌机、混凝土运输车和混凝土输送泵配合作业进行混凝土浇筑。施工通过工作窗先对模板下部混凝土进行浇筑和振捣,在浇筑过程中陆续关闭工作窗。最后将输送管与模板顶部的注浆口对接,进行最后少量顶部空间浇筑,完成后,将剁尖管中的多余混凝土掏掉,关闭注浆口。浇筑泵送混凝土速度必须控制在 1.0m/h 以内,每边上升高度不得大于 1.0m/h。针梁台车最大浇筑混凝土厚度不得大于设计厚度加上 0.2m 的超挖量。

采用 Φ50cm 或 Φ30cm 软轴振捣棒进行振捣和复振,混凝土下料时注意避开结构钢筋等预埋件,下料全过程循环进行,每次下料过程中严格控制坯层厚度,混凝土浇筑必须保持连续性,对已开仓段必须一次性连续浇筑完成,不得出现冷缝或隐形冷缝。人工平仓后采用插入式振捣棒振捣,快插慢拔,振捣棒插入混凝土的间距不超过振捣棒有效半径的 1.5 倍,与模板的距离不小于振捣棒有效半径的 50%,尽量避免触动钢筋和预埋件,必要时辅以人工捣固密实。振捣宜按顺序垂直插入混凝土,如略有倾斜,倾斜方向应保持一致,以免漏振。单个位置的振捣时间以 15～30s 为宜,以混凝土不再下沉,不出现气泡,并开始泛浆为止,严禁过振、欠振。振捣完成 20min 后进行复振,充分排除混凝土内部气泡。顶拱采用附着式振捣器配软轴振捣棒振捣。顶拱混凝土在最顶部设置泵管下料口，采用 Φ125 钢管制作并与台车上封拱器连接。

②排架支撑浇筑。

底部浇筑泵送混凝土，采用 Φ50mm 或 Φ30mm 软轴振捣棒进行振捣和复振。当顶部人员无法振捣时，采用自密实混凝土浇筑。

顶部两侧采用平浇法进行浇筑，坯层厚度按照 30～50cm 控制，两侧对称上升，高差不得超过 0.5m。混凝土下料时注意避开结构钢筋等预埋件，下料全过程循环进行，每次下料过程中严格控制坯层厚度，混凝土浇筑必须保持连续性，对已开仓段必须一次性连续浇筑完成，不得出现冷缝或隐形冷缝。

人工平仓后采用插入式振捣棒振捣，快插慢拔，振捣棒插入混凝土的间距不超过振捣棒有效半径的 1.5 倍，与模板的距离不小于振捣棒有效半径的 50%，尽量避免触动钢筋和预埋件，必要时辅以人工捣固密实。振捣宜按顺序垂直插入混凝土，如略有倾斜，倾斜方向应保持一致，以免漏振。单个位置的振捣时间以 15～30s 为宜，以混凝土不再下沉，不出现气泡，并开始泛浆为止，严禁过振、欠振。振捣完成 20min 进行复振，充分排除混凝土内部气泡。

顶拱自密实混凝土在最顶部设置封拱器接泵管下料，采用 Φ125 钢管制作。泵管分段 5m 顶拱处可设置 DN50 排气管（排气管须固定牢固），避免顶部混凝土产生架空。

泵管水平段要求与排架隔离，竖直段底部不得与排架连接。

（10）养护

混凝土浇筑结束后 12～18h，洒水养护，养护时间不少于 28d。为避免养护水污染尾水支管作业面，混凝土浇筑结束后可使用养护剂进行养护。此外，考虑尾水主洞混凝土部分在冬季施工，若尾水主洞衬砌时温度较低，应按要求进行保温。

（11）针梁台车脱模、移位

混凝土达到规定养护龄期后，调节液压油缸，使针梁台车脱离混凝土表面，收拢、前移。在下一块待浇筑仓面上游侧 1.0～2.0m 钢筋网上人工使用钢刷等工具清除针梁台车上附着的砂浆，喷刷脱模剂。针梁台车行走至下一块待浇筑仓位，就位后继续下一块浇筑。

4.6.3.3　主要资源配置

（1）主要机械设备配置

施工主要机械设备配置情况见表 4-42。

表 4-42　　引水隧道平段衬砌混凝土施工主要机械设备配置情况

序号	设备名称	型号规格	单位	数量	备注
1	针梁台车	液压式	套	2	
2	钢筋台车	—	套	2	
3	随车吊	8t	辆	1	
4	混凝土搅拌运输车	6～9m^3	辆	6	
5	附着式振捣器		套	4	
6	软轴振捣棒	Φ50	套	12	
7	软轴振捣棒	Φ30	套	8	
8	焊机	—	台	4	
9	高压冲毛机	CM-45/160	台	2	
10	变频机	—	台	4	
11	全站仪	LeiCa TCR1102	套	1	
12	泵机	HTB60	台	3	2 用 1 备
13	手风钻	YT-28	台	1	插筋孔等打取
14	装载机	3m^3	台	1	50 装载机
15	四轮拖拉机运输车	5～10t	台	1	
16	电钻	—	台	6	

(2)主要人员投入

施工主要人员投入情况见表 4-43。

表 4-43　　引水隧道平段衬砌混凝土主要人员投入情况　　(单位:人)

序号	工种	人数	序号	工种	人数
1	针梁台车操作工	6	9	泵机操作工	2
2	随车吊司机	1	10	钻工	2
3	混凝土搅拌运输车司机	6	11	浇筑工	20
4	预埋工	2	12	抽水工	1
5	木工	4	13	试验员	2
6	钢筋工	20	14	测量工	2
7	电工	2	15	普工	6
8	架子工	10	16	管理人员	4

注:合计总人数为 90 人,以上人员按照一个班进行配置。

4.6.4　引水隧道斜段衬砌混凝土施工

引水隧道斜段衬砌混凝土施工范围包括尾水斜井等部位。

4.6.4.1 施工程序

斜井衬砌在斜井全断面扩挖完成后进行。斜井采用滑模衬砌，其施工工艺流程见图 4-40。

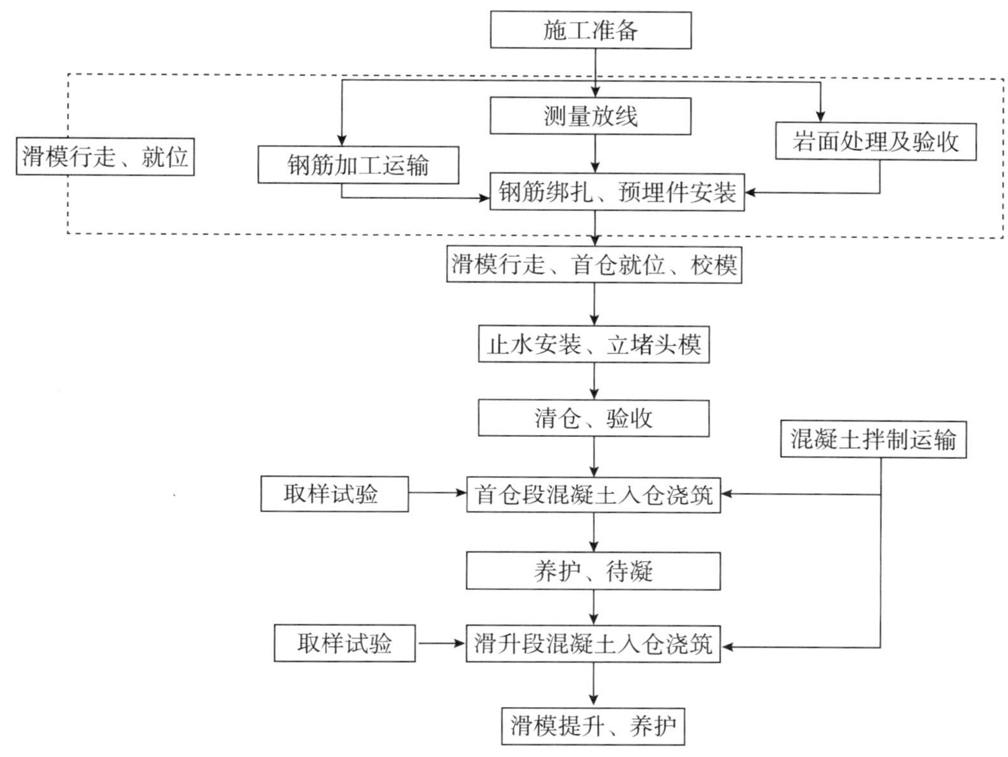

图 4-40 滑模浇筑混凝土施工工艺流程

4.6.4.2 施工方法

斜井衬砌采用滑模提升进行，滑模采用液压提升系统滑升，下部设置轨道。材料采用 8t 卷扬机配钢丝绳牵引小车至作业面，人员采用开挖期间成品爬梯上下。整个斜井混凝土浇筑分为下部首仓段和上部滑升段两部分，下部斜长约 1.5m，上部斜长约 73m，下部斜井剩余长度（约 5.3m）与下弯段一起浇筑，上部斜井剩余长度（约 6.37m）与上弯段一起浇筑。

（1）测量放样

施工前专业测量人员根据施工图纸采用全站仪进行测量验收及放样。对斜井开挖体型断面进行验收，明确体型是否满足设计要求，对有欠挖（超设计要求）部位进行处理，地质缺陷超挖部位进行认证。体型确认完成后再对施工部位的主要结构控制点进行放样，并标识在可靠明显位置，测量队出示测量放样单，现场根据测量放样单进行结构控制。衬砌结构利用锚杆焊接样架筋放出结构边线，钢模台车就位后进行复测，确保滑模误差控制在设计范围内。

滑模施工时，为满足测量需要，每个井配置4台激光指向仪。施工前由测量人员制定详细措施。由于斜井在混凝土施工时，洞内施工人员很难准确地把握轴线正确走向，而斜井地方狭小，观测高差大，对全站仪的测量有诸多限制，因此在这两个部位进行施工放样时，采用配置激光(需要蓝光)指向仪配合施工放样。激光指向仪安装在起拱、顶拱、底板处，并调试好与斜井平行且测出与模板的距离，然后利用全站仪对模板进行检查、校正，过程中抽测并对激光进行校核。控制后视点用做好的地标进行支点到侧墙锚杆上，并贴反光条，具备条件可以进行焊接加工后的棱镜做成固定点。

运用全站仪＋手机CGGC软件进行放样，手机直接显示与模板的距离，放样结束后直接将成果进行下载打印，或者直接以电子版形式传输施工员，方便现场控制。放样点位根据现场情况及施工需要，一般距离设计立模点20～70cm，方便校核模板，特征点及拐点都相应放出点位。放样测站点位限差平面±15mm，高程±15mm，混凝土建筑物轮廓放样点点位限差平面±20mm，高程±20mm。混凝土建筑物轮廓放样点点位限差见表4-44。

表4-44　混凝土建筑物轮廓放样点点位限差　(单位:mm)

建筑物名称	点位限差	
	平面	高程
主坝、厂房、船闸泄水建筑物主体结构	±20	±20
面板堆石坝的面板、各种导墙、坝体内的重要结构物(井、孔洞、正垂孔、倒垂孔)及洞衬砌等	±25	±20
副坝、围堰、心墙、护坦、护坡、挡墙及附属建筑物	±30	±30

(2)缝面处理

1)基岩面。

采用滑模配合、人工清除混凝土浇筑范围内的浮渣、松动岩石及松散软弱夹层等，对局部欠挖地段利用人工配合风镐进行处理直至合格，对岩面进行冲洗，使岩面清洁、无欠挖、无松动，最后进行地质编录及基础验收。

2)施工缝。

首仓混凝土完成后施工缝在混凝土浇筑完成12～14h后，采用人工或高压水进行冲毛处理，具体冲毛时间根据混凝土初凝和终凝时间而定，确保混凝土表面乳皮、浮浆清除干净，具体以粗砂外露、小石微露为准。

(3)钢筋制作安装

斜井设置有单层钢筋，现场严格按照设计图纸及钢筋配料单进行施工，钢筋保护层厚度为5cm，严格控制钢筋间排距、保护层及钢筋连接质量。

1)钢筋制作。

钢筋配料员根据设计图纸、施工技术文件及相关规范要求进行配料设计，并编制加工配料单下发到钢筋加工厂。钢筋加工厂按照加工配料单的要求进行加工制作、归类堆放、标识清楚，由相关人员联合进行检查、验收，符合要求后方可出厂。

2)钢筋领料及转运。

现场作业队伍领料人员凭钢筋配料单到钢筋加工厂办理该施工部位钢筋领料手续，采用8t随车吊运输至斜井上弯段，最后由物料小车转运至具体施工仓位。

3)钢筋安装。

①测量队放出结构边线控制点，利用沿井壁锚杆设置测量控制点和样架铁，样架铁采用⏀22钢筋，水平布置，间距按照2m/道控制，按相邻钢筋长短对应配筋，随滑模滑升完成。施工时，由人工在滑模钢筋平台上按照设计要求进行绑扎、焊接等。

②钢筋绑扎要求。

a.钢筋样架铁设置须牢固可靠，所有样架铁与锚杆焊接长度须满足规范要求，测量放样过程中严格控制钢筋保护层厚度。

b.钢筋可采取焊接(单面焊$10D$，双面焊$5D$)或搭接(搭接长度不小于$40D$)方式连接。

c.钢筋接头焊接长度控制在$-0.5D$范围内，咬边控制在$0.05D$且小于1mm范围内，气孔夹渣在$2D$长度内少于2个，直径小于3mm，接头外观无明显咬边、凹陷、气孔、烧伤等现象，不允许有裂缝、脱焊点和漏焊点。

d.钢筋绑扎采用双股扎丝严格按梅花形逐点绑扎牢固，并将绑扎钢筋多余的扎丝头向结构边线内侧弯折，以免因外露形成锈斑，影响混凝土外观观感质量。

(4)预埋件施工

首仓混凝土部位上下各两道施工缝，浇筑前在施工缝内设置PVC止水带，止水带宽300mm，厚8mm。

(5)滑模施工

1)斜井滑模工作原理。

在陡倾角、大直径斜井混凝土衬砌滑模模体上安装液压提升系统，该系统由2台连续拉伸式液压千斤顶、液压泵站、控制台、安全夹持器等组成。液压泵站通过高压油管与液压千斤顶连接。通过控制台操作液压泵站及液压千斤顶进行工作。液压泵站设有截流阀，可控制液压千斤顶的出力，防止过载。通过两台连续拉伸式液压千斤顶抽拔锚固在上弯段顶拱的两组钢绞线，牵引模体爬升。模体受力方向与斜井轴线平行。整个滑模

采用两组钢绞线(每组 3 束钢绞线),钢绞线固定端锚固在上弯段顶拱围岩中。安全夹持器可防止钢绞线回缩。

2)斜井滑模设计。

本 LSD 斜井滑模主要由滑模模体系统、牵引系统、运料小车系统 3 大部分组成,用 LSD 连续拉伸式液压千斤顶沿钢绞线爬升来提升滑模模体,钢绞线与斜洞段的洞轴线平行。

①滑模模体装置。

滑模模体主要由模架中主梁、上操作平台、钢筋平台、模板平台、抹面平台、后吊平台、滑模模板、前行走支撑及滚轮、后行走支撑及滚轮、抗浮花蓝螺杆、受力花蓝螺杆、中心框架等部件组成。

②牵引机具及设施。

牵引机具及设施主要由预应力钢绞线及连接器、前卡式穿心液压千斤顶、液压控制站、P24 行走轨道组成。

预应力钢绞线直径为 15.24mm,规格为 1×7－Φ15.24。整个滑模采用两组钢绞线(每组 3 束钢绞线)进行提升作业,钢绞线固定端锚深为 8.8m(2 ⌽ 32 螺纹钢,共两组),锚固水泥浆水灰比为 0.4。通过受力计算,滑模最大提升拉力为 700kN,钢绞线强度满足滑模混凝土施工规范要求。

滑模轨道采用 P24 型钢轨,测量员采用全站仪全程放线和监控,轨道支撑为“人”字形普通桁架,施工速度较快,整体结构可靠、稳定。

滑模提升采用两台三孔前卡式穿心千斤顶,型号为 YCQ250 型(额定油压 50MPa),配置 1 台 JZMB1000 液压泵站(主顶油路 31.5MPa,夹持油路 10MPa)、1 套 JZKC-6 控制系统及高压油管组成。

③运料小车系统。

混凝土下料采取运料小车或溜管,运料小车系统主要由 8t 变频单筒双出绳卷扬机、钢丝绳、限载装置、平衡油缸及钢结构小车组成。

8t 变频单筒双出绳卷扬机配 6×19－1700MPa、Φ30mm 麻芯钢丝绳牵引钢结构小车,卷扬机布置在斜井的上平段。

混凝土采用存料斗集中下料,由 8 个溜槽分料。滑模提升滑动沿轨道向上爬行,轨道采用开挖时的轨道。轨道随滑随拆,滑模前行走机构滑过轨道连接节点后,拆除下边的一节。

3)滑模安装。

斜井滑模在加工制造厂经预组装并验收后,由载重汽车运输至施工现场斜井下平段,利用提前安装好的天锚或铲车组装。尾水斜井底部基础模板施工见图 4-41,尾水斜井混凝土施工见图 4-42。

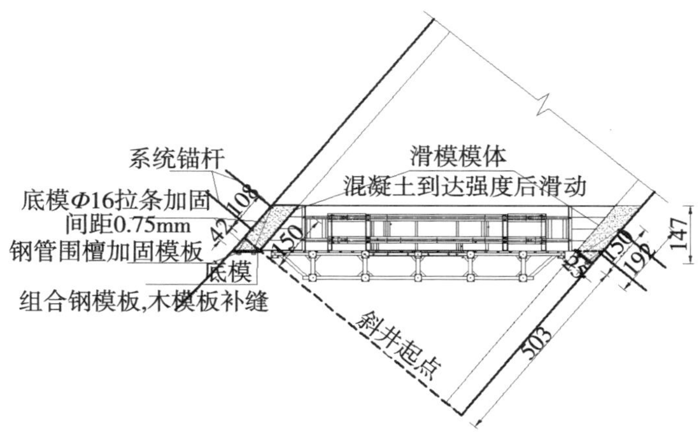

图 4-41　尾水斜井底部基础模板施工

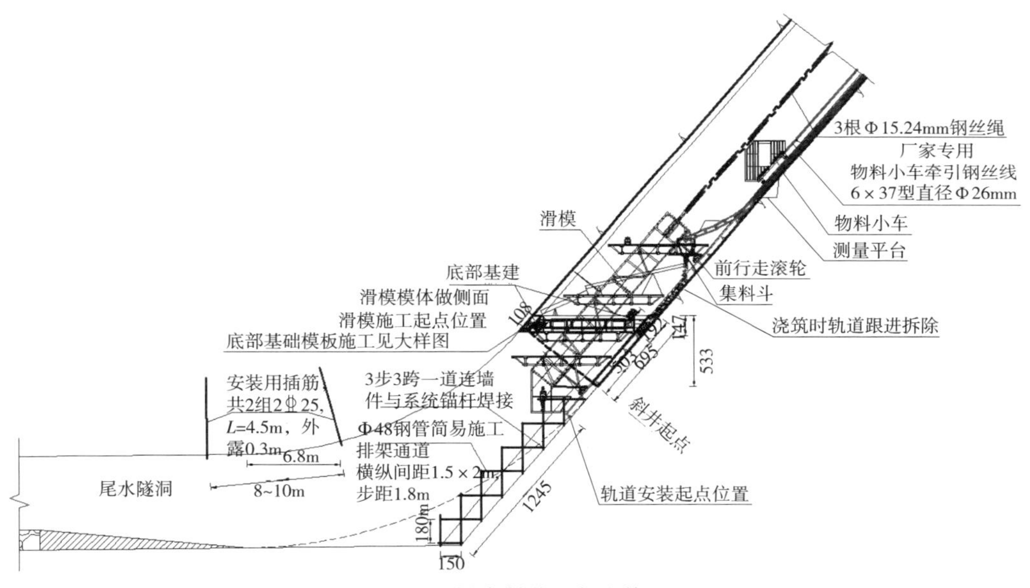

图 4-42　尾水斜井混凝土施工

在开挖岩壁底面铺设两根 P24 轨道，轨道间距 3.2m，轨道顶面与斜井中心线(面)的垂直距离为 2.4m→在下平段组装中主梁(4.8m 节在前，10.8m 节在后)→将前行走滚轮支架(前支腿)安装在中主梁前端→将后行走滚轮支架(后支腿)安装在中主梁后端→将后吊平台安装在中主梁后端→将 8 榀成对的“平台主桁架”两两组对安装在中主梁上，分别形成抹面平台、模板平台和上操作平台的受力骨架→将最后的抹面平台挑架安装在“抹面平台主桁架”上→将各横撑杆连接在抹面平台挑架上→将中心框架的各零件搁在模板平台上，然后连接在中主梁上→利用上平段的卷扬机拽拉中主梁连同模板一起进入斜井混凝土浇筑施工位置下约 2m 处→安装抹面平台的“方管龙骨”和“花纹钢板面板”→安装上操作平台的“平台挑架”和“横撑杆”→安装上操作平台的“方管龙骨”和

“花纹钢板面板”→安装钢绞线→在中主梁上端安装钢绞线千斤顶→安装液压控制系统和油路→调试液压控制系统，使钢绞线受力并拽紧受力→安装钢筋平台的“平台挑架”和“横撑杆”→安装钢筋平台的“方管龙骨”和“花纹钢板面板”→安装模板平台的“平台挑架”和“横撑杆”→安装模板平台的“方管龙骨”和“花纹钢板面板”→利用铲车和倒链手拉葫芦等提升机具将模板吊装到模板平台上→在模板平台上拼装模板→通过受力花篮螺杆调整模板的中心位置，使模板中心线与斜井中心线重合→安装集料斗、分料装置和溜槽→安装后吊平台架→安装后吊平台的“方管龙骨”和“花纹板平台”→安装水电配套设施→调试液压电气系统→试爬升模板至已绑完钢筋的浇筑位置→在模板下口安装堵头板，堵头板采用现场制作木模板→模板验收→浇筑第 1 层厚 30cm 混凝土→停歇 30min 左右→浇筑第 2 层厚 30cm 混凝土→停歇 30min 左右→操作 LSD 液压提升机构提升模板 5mm 左右→浇筑第 3 层厚 30cm 混凝土→停歇 30min 左右→操作 LSD 液压提升机构提升模板 5mm 左右→浇筑第 4 层厚 30cm 混凝土→停歇 30min 左右→操作 LSD 液压提升机构提升模板 300mm 左右→浇筑第 5 层厚 30cm 混凝土→停歇 30min 左右→操作 LSD 液压提升机构提升模板 300mm 左右→斜井滑模进入正式施工循环阶段。

4)混凝土浇筑施工。

混凝土采用 C25W8F100(二级配)混凝土进行浇筑，坍落度为 16～18cm。混凝土运输采用 6～9m^3 混凝土搅拌运输车运输至尾水上平洞，在尾水上平洞适当位置布置受料斗和溜槽，再采用 DN219 溜管布置在轨道附近接引至滑模下料系统入仓方式。首仓混凝土侧模采用滑模模体作为侧模，底模采用组合钢模板施工，木模板补缝，钢管围檩加固，Φ16@75cm 拉条与井壁系统锚杆焊接固定。滑模底部可搭设简易施工排架通道，排架采用 Φ48 钢管，间排距为 1.5m×2m，步距 1.8m，供人员上下使用。在首仓混凝土强度达到设计要求后方可进行后续滑模滑升浇筑。

①溜管搭设。

考虑溜管每 7 节(21m)顶部为开口型，尾水斜井衬砌混凝土料安装 1 排溜管输送、溜管至上弯段接引至斜井底部，溜管布置在轨道附近，若溜管存在堵管，可通过 7 节顶部开口进行疏通。混凝土浇筑时利用滑模的上平台的储料斗储存混凝土料，以浇筑平台作为分料平台，混凝土搅拌运输车运输混凝土至下料斗。若钢筋安装完时，入料口处可以将主筋适当拉大间距，撤除溜筒后及时将其恢复。当入仓下料垂直高度大于 1.5m 时，应加挂溜筒以减少混凝土骨料分离。溜筒敷设完毕后用铁丝绑扎牢固。为保证溜管使用安全，需对溜管进行加固，相关要求如下：

a. 混凝土料输送钢管布置在轨道侧，每节泵管(3m/节)底部用钢筋与插筋焊接。

b. 每 6m(2 节)采用 2 根 Φ14mm 拉条与现有插筋焊接加固。

c. 每 21m(7 节)增加 1 根 Φ15mm 钢丝绳与现有插筋连接。

为防止溜管冲量过大，溜管每隔 21m 设置 1 个缓冲器，每个缓冲器设置 1 个微型附着式振捣器便于下料（振捣器在下料时开启，下料停止时关闭）。

②混凝土浇筑。

浇筑前应做好以下检查、准备工作：

a. 仓内照明及动力用电线路、设备正常；

b. 混凝土振捣器就位；

c. 仓内外联络信号用的电铃试用正常；

d. 检查溜筒的可靠性；

e. 卷扬系统正常。

仓面验收之后，混凝土下料前先用水泥砂浆湿润溜筒。混凝土入仓时应尽量使混凝土按先低后高进行，应考虑仓面的大小，使混凝土均匀上升，并注意分料不要过分集中，每次浇筑高度不得超过 30cm。下料时应及时分料，严禁局部堆积过高，防止一侧受力过大而使模板、支架发生侧向位移。

下料时对混凝土的坍落度应严格控制，一般掌握在 10～14cm，但也要根据气温等外部因素的变化而作调整。对坍落度过大或过小的混凝土应严禁下料，既要保证混凝土输送不堵塞，又不因料太稀而使模板受力过大变形也延长起滑时间。

混凝土浇筑开始阶段，须认真检测斜井下部堵头模板是否正常。为保证混凝土成型质量，混凝土浇筑过程中若仓内有渗水时应安排专人及时将水排出，以免影响混凝土质量及模板滑升速度。严格控制好第一次滑升时间。滑模进入正常滑升阶段后，可利用台车下部的修补平台对出模混凝土面进行抹面及压光处理，同时将灌浆管管口找出。

振捣器选用变频插入式或软轴式振捣器。振捣应避免直接接触止水片、钢筋、模板，对有止水的地方应适当延长振捣时间。振捣棒的插入深度：在振捣第一层混凝土时，以振捣器头部不碰到基岩或老混凝土面，但相距不超过 5cm 为宜；振捣上层混凝土时，则应插入下层混凝土 5cm 左右，使上下两层结合良好。振捣时间以混凝土不再显著下沉、水分和气泡不再逸出并开始泛浆为准。振捣器的插入间距控制在振捣器有效作用半径的 1.5 倍以内。振捣混凝土时应严防漏振现象的发生，模板滑升时严禁振捣混凝土。

③混凝土连续浇筑保证措施。

a. 建立以项目经理为首的生产责任制度，由其统一组织现场工作；

b. 拌和系统混凝土供应量保证能够满足斜井连续浇筑；

c. 混凝土搅拌运输车、振动设备必须保证充足；

d. 为防止交接班时因人员变动导致滑模浇筑停仓或混凝土振捣不及时等问题，施工前应建立交接班制度，保证施工正常进行。

5)模板滑升。

①在首仓混凝土浇筑时,应在混凝土达到强度后再进行模体移动,以保证混凝土后续滑升受力满足要求。被混凝土粘牢的模体则根据需要进行分块拆除后重新组装。

②在首次进行混凝土浇筑时,当浇筑时间接近混凝土初凝时间(用手指按压混凝土面,已失去塑性且有一定强度,同时根据混凝土配合比试验数据,结合现场混凝土料和易性和现场环境温度等进行判断)时,进行模体初滑,滑升2~3cm,防止模体被混凝土粘牢。直至模体浇满混凝土后,进入正常滑升。正常浇筑每次模体滑升为5cm左右,浇筑速度必须满足模体滑升速度要求。

根据获取混凝土不同时间的强度试验数据决定滑升时间。由于初始脱模时间不易掌握,必须在现场进行取样试验来确定。脱模强度0.3~0.5MPa,一般模板平均滑升速度不得大于12.5cm/h,遵循"多动少滑"的原则(每1h不少于5次,每次滑升约25mm)。脱模混凝土须达到初凝强度,最好能采用原浆抹面。模板连续爬升12m为一个循环,当爬升至中梁上锁定架时,停止混凝土入仓,准备提升中主梁。

入仓混凝土应摊铺均匀,摊铺厚度差应控制在±15cm范围内,以保证模板不发生偏移。混凝土添加剂的掺量,以保证在模板爬升时模板底沿以上20cm处的混凝土达到初凝强度(0.5MPa)为宜。混凝土的振捣及钢筋的绑扎都在滑模平台上进行。

滑升过程中,设有滑模施工经验的专人观察和分析混凝土表面,确定合适的滑升速度和滑升时间。滑升过程中能听到"沙沙"声,出模的混凝土无流淌和拉裂现象;混凝土表面湿润不变形,手按有硬的感觉,若指印过深应停止滑升,以免有流淌现象;若过硬则要加快滑升速度。滑升过后,再用抹子将不良脱模面抹平压光。

6)混凝土抹面及保温养护。

模板滑升后应及时进行抹面,滑后拉裂、坍塌部位(大面积按照混凝土缺陷处理)要仔细处理,多压几遍,保证接触良好。为避免养护水污染尾水支管作业面,根据相关会议精神,明确该部位滑模浇筑结束后使用养护剂进行养护。此外,考虑尾水斜井混凝土在冬季施工,若斜井段衬砌时温度较低,按照要求进行保温。

7)滑模及测量纠偏措施。

①滑模纠偏措施。

轨道及模板制作安装的精度是斜井全断面滑模施工的关键。模板滑升时,应指派专人检测模板及牵引系统的情况,出现问题及时发现并报告,认真分析其原因并找出对应的处理措施。

在斜井滑模滑升过程中,应通过模板下的管式水平仪或激光扫平仪随时检查模板整体水平度和中主梁的倾斜度(50°),一旦模体的水平偏差超过2cm,应立即采取措施:对千斤顶分动方式进行调整;通过调整混凝土入仓顺序并借助手拉葫芦或10t手动千斤顶纠正。

垂向偏差依靠精确的轨道铺设来控制，施工过程中可采用增设样架、加强爬升过程控制等措施，保证形体质量。

纠偏措施具体如下：

a. 滑模多动少滑。技术员经常检查中主梁及模板组相对于中心线是否有偏移，始终控制好中主梁及模板组不发生偏移。

b. 保证下料均匀，两侧高差不得大于40cm。当由下料导致模板出现偏移时，可适当改变入仓顺序，并借助手拉葫芦对模板进行调整。

c. 在模体中梁设一个水准管，当模体发生偏移时，可通过观察水准管判断模板偏移方向，并采取措施调整偏差。

②测量纠偏措施。

a. 每滑升6m对模板进行一次全面测量检查，发现偏移及时纠正；

b. 若滑模作业出现偏移时，纠偏后进行测量，保证滑升正常。

8)抗浮处理。

在下三角体混凝土浇筑过程中，因先浇筑底板部位，混凝土浮托力较大，模体上浮。为了确保衬砌后尺寸满足设计要求，在斜洞滑模就位时采用两条5t导链将后支腿锁在轨道上，滑模提升前将导链松开，提升结束后再将导链锁紧，如此反复直至进入全断面。全断面混凝土浇筑过程中，下料顺序为先顶拱和两侧，再底板。下料不应过于集中，高度须小于40cm。

9)停滑措施。

模板停滑时应确保混凝土的浇筑高度控制在同一水平面上。每隔一定时间提升一次千斤顶，确保混凝土与模板不黏结，同时控制模板的滑升量小于模板全高的3/4，以便在具备混凝土浇筑条件时继续进行滑模施工。

10)滑模拆除。

斜井滑模模体滑升至上弯段起点后，进行滑模拆除。具体施工工艺是：延长轨道至上平段，在上平段安装1台1t卷扬机，并配置1台简易钢结构小车，负责运输设备和拆除模体的材料。由下而上拆除各层平台和模板等零部件，即由尾部后吊平台开始逐层向上进行。当斜井滑模拆至总质量小于8t时，利用上平段的8t卷扬机将斜井滑模锁住后，将原提升系统设备拆除并运至上平段。最后，将剩余的模体全部拆除并运至上平段。

11)堵管预防及处理措施。

①混凝土材料。

为减少混凝土坍落度损失影响其流动性，建议采用自密实混凝土浇筑。

②下料及溜管堵管预防措施。

a. 为减少混凝土车辆现场下料时间，采用 $6m^3$ 混凝土搅拌运输车运输；

b. 下料点、仓内、巡视人员均配备对讲机进行联系；

c. 根据现场浇筑入仓强度和混凝土初凝时间，控制好尾斜滑模拉升速度，尽可能加快滑升速度；

d. 下料点喇叭口设置钢筋网，防止超径石和混凝土结块进入管内导致堵管；

e. 浇筑过程中定时使用少量水湿润溜管；

f. 浇筑过程中如出现缓冲器处破口漏浆问题，可采用橡胶皮包裹等临时措施处置，待收仓后进行补焊；

g. 每仓次浇筑完后对溜管进行彻底清洗，清除管壁灰浆结块；

h. 实际施工中，可根据现场情况新增一套溜管或将溜管规格调整为 DN300mm。

③浇筑过程中管理措施。

每条井安排 1 个巡视员，负责检查下料情况，同时定时对缓冲器处附着混凝土砂浆进行清理。

④堵管处理措施。

配置应急人员，出现堵管后迅速进行检查、割刀开口、管道疏通等处置。

4.6.4.3 主要资源配置

(1)主要机械设备配置

施工主要机械设备配置情况见表 4-45。

表 4-45　　引水隧道斜段衬砌混凝施工主要机械设备配置情况

序号	设备名称	型号规格	单位	数量	备注
1	单筒卷扬机	8t	台	3	
2	物料小车	—	套	3	
3	滑模提升系统	LSD	套	3	
4	随车吊	8t	辆	1	
5	混凝土搅拌运输车	$6\sim9m^3$	辆	4	
6	软轴振捣棒	Φ50	套	6	
7	软轴振捣棒	Φ30	套	4	
8	附着式振捣器	0.25kW	个	9	
9	焊机	—	台	5	
10	高压冲毛机	CM-45/160	台	1	
11	变频机	—	台	5	

续表

序号	设备名称	型号规格	单位	数量	备注
12	全站仪	LeiCa TCR1102	套	1	
13	激光指向仪	—	台	4	
14	柴油发电机	50kW	台	2	备用电源
15	进口发电机	400kVA 康明斯	台	1	备用电源
16	电动葫芦	20t	个	2	钢丝绳保险提升

(2)主要人员投入

施工主要人员投入情况见表 4-46。

表 4-46 引水隧道斜段衬砌混凝施工主要人员投入情况 (单位:人)

序号	工种	人数	序号	工种	人数
1	卷扬机操作工	3	8	滑模运行管理人员	6
2	汽车司机	2	9	浇筑工(含抹面工)	12
3	混凝土搅拌运输车司机	4	10	抽水工	1
4	预埋工	2	11	试验员	2
5	木工	4	12	测量工	2
6	钢筋工	10	13	普工	6
7	电工	2	14	管理人员	4

注:合计总人数 60 人,以上人员按照一个班进行配置。

4.6.5 尾水隧道岔管段衬砌混凝土施工

4.6.5.1 工程概况

尾水系统采用 1 洞 2 机布置,共设 3 个尾水岔管。尾水岔管采用非对称“Y”形钢筋混凝土岔管,共 3 个。3 个岔管布置及体型相同,岔管中心点在尾闸室中心下游约 68.18m,分岔角 50°。主管开挖管径为 7.6m,衬砌净断面为 $D=6$m 圆形,衬砌厚度为 80cm;分管开挖断面渐变为马蹄形,支管衬砌净断面为 $D=4.5$m 圆形。衬砌混凝土采用 C25W8F100(二级配)。

4.6.5.2 施工工艺流程

测量放样→处理缝面→安装底弧钢筋、预埋件→安装底弧模板、封头模板→排架搭设→安装边顶拱剩余钢筋、预埋件→安装边顶拱模板→封头模板施工→安装浇筑泵管→尾工处理、验收→浇筑混凝土→拆模养护→拆除排架。

4.6.5.3 施工方法

(1)施工分段

尾水岔管段约 15m 不分段,采用全断面不分层浇筑。

(2)测量放样

施工前专业测量人员根据施工图纸采用全站仪进行测量验收及放样。对岔洞开挖体型断面进行验收,明确体型是否满足设计要求,对有欠挖(超设计要求)部位进行处理,地质缺陷超挖部位进行认证。体型确认完成后再对施工部位的主要结构控制点进行放样,并标识在可靠明显位置,测量队出示测量放样单,现场根据测量放样单进行结构控制。衬砌结构利用锚杆焊接样架筋放出结构边线,排架搭设后进行复测,确保误差控制在设计范围内。

(3)缝面处理

1)基岩面。

采用装载机配合,人工清除混凝土浇筑范围内的浮渣、松动岩石及松散软弱夹层等,对局部欠挖地段利用人工配合风镐进行处理直至合格,对岩面进行冲洗,使岩面清洁、无欠挖、无松动,最后进行地质编录及基础验收。

2)结构缝。

结构缝在混凝土终凝后拆除封头模板,将缝面清理干净后粘贴 2cm 厚的聚乙烯泡沫板。

(4)钢筋制作安装

尾水岔管设置双层钢筋,采用排架作为平台,现场应严格按照设计图纸及钢筋配料单进行施工,钢筋保护层厚 8cm,严格控制钢筋间排距、保护层及钢筋连接质量。

1)钢筋制作。

钢筋配料员根据设计图纸、施工技术文件及相关规范要求进行配料设计,并编制加工配料单下发到钢筋加工厂。钢筋加工厂按照加工配料单的要求进行加工制作、归类堆放、标识清楚,由相关人员联合进行检查、验收,符合要求后方可出厂。

2)钢筋领料及转运。

现场作业队伍领料人员凭钢筋配料单到钢筋加工厂办理该施工部位钢筋领料手续,采用 8t 随车吊运输至施工部位。

3)钢筋安装。

①测量队放出结构边线控制点,利用沿洞壁插筋设置测量控制点和样架铁,样架铁采用⏀22 钢筋,水平布置,间距按照 2m/道控制,按相邻钢筋长短对应配筋,并随排架行走完成。施工时,由人工在排架上按照设计要求进行绑扎、焊接等。

②钢筋绑扎要求。

a. 钢筋样架铁设置须牢固可靠，所有样架铁与锚杆焊接长度须满足规范要求，测量放样过程中严格控制钢筋保护层厚度。

b. 钢筋可采取焊接（单面焊 10D，双面焊 5D）或搭接（搭接长度不小于 40D）方式连接，锚筋与插筋双面焊接，焊接长度 15cm。

c. 钢筋接头焊接长度控制在 $-0.5D$ 范围内，咬边控制在 $0.05D$ 且小于 1mm 范围内，气孔夹渣长度在 2D 内且少于 2 个，直径小于 3mm，接头外观无明显咬边、凹陷、气孔、烧伤等现象，不允许有裂缝、脱焊点和漏焊点。

d. 钢筋绑扎采用双股扎丝严格按梅花形逐点绑扎牢固，并将绑扎钢筋多余的扎丝头向结构边线内侧弯折，以免因外露形成锈斑，影响混凝土外观观感质量。

(5)预埋件施工

1)每条岔管与尾水支管相交处设置有 1 道结构缝，与尾水主管相交处设置 1 道结构缝，结构缝内铺设 2cm 厚的低发泡聚乙烯板。

2)灌浆施工包括固结灌浆、回填灌浆和帷幕灌浆，灌浆采取搭设简易钢管排架，方案另行报送。预埋灌浆管须进行加固和密封措施，确保浇筑过程中点位不发生偏移和堵管。

(6)排架支撑搭设、拆除

1)支撑体系规划。

①衬砌混凝土采用 Φ48.3×3.6mm 钢管排架进行支撑，排架搭设间排距 750mm×750mm 进行控制，步距 1000mm。

②岔管采取不分层 1 次浇筑施工，立杆底部支撑在底部模板和底板上，模板和底板不平整位置采用木楔块垫平。

③岔管分岔部位排架纵向与洞壁连接，两侧增加 1 排间距为 750mm 排架，模板纵向增加拉条来固定模板，步距 1m。

④排架横向剪刀撑（沿顺水流方向）隔 3 跨布置 1 道，纵向剪刀撑内外各布置 1 道，排架剪刀撑与立杆采用万向扣件相接。

⑤在岔管主管 6m 左右布置 1 个封拱器，2 个分管各布置 1 个封拱器，整个岔管共设 3 个。

⑥底模板水平间距按@2m 开孔，底弧 120°两侧模板水平距按@3m 开孔。

⑦在岔管分岔接缝处顶部设置 2 根排气管，沿洞壁用弯头引向主管外侧。

2)支撑体系搭设拆除。

支撑体系采用 Φ48×3.5mm 钢管排架搭设，排架拆除按相关要求执行。

(7)模板安装

1)模板规划。

①岔管按1次施工,采用定型钢模板,模板面板及筋板全部采用8mm厚的板材。

②封头模板主要采用木模板施工。

2)模板加固。

底弧衬砌混凝土模板主要采用内撑内拉方式加固,模板采用钢筋围檩进行加固,底部施工采用砂浆垫块沿结构面设置定位施工,底模底部增加底部支撑,顶拱衬砌混凝土模板主要采用外撑方式加固。两侧边衬砌混凝土横板采用外撑内拉方式加固。

封头模板主要采用内撑内拉方式加固,钢管围檩和钢管瓦斯进行加固。

3)为保证岔管底部振捣及排气,提高浇筑质量,在模板底部开20cm×40cm孔(窗口)、两侧开20cm×50cm孔(窗口),采取梅花形布置,孔间距2~3m,底部混凝土浇筑密实后及时封闭窗口,并利用楔块筋板加木楔进行固定,根据现场实际情况可作适当调整。

4)控制要求。

相邻两面板错台保证在2mm以内;局部不平整度保证在5mm以内(2m靠尺进行检查);板面间缝隙保证在2mm以内;模板与设计结构边线控制在−10~0mm;承重模板标高0~5mm。

模板在安装前采用冲毛机冲洗干净,涂刷一层清质的色拉油或脱模剂。要求模板安装前对先浇筑混凝土进行取直处理,粘贴双面胶,保证模板与老混凝土面接缝严密,模板与先浇混凝土面搭接长度按3~5cm为宜。

(8)混凝土浇筑

1)标号及级配。

衬砌混凝土采用C25W8F100(二级配)混凝土进行浇筑,坍落度为16~18cm,底弧采用一级配混凝土。顶拱采用C25W8F100自密实混凝土进行浇筑,扩散度为65±5cm。

2)浇筑手段。

1#、2#、3#尾水岔管仅有一套模板,须依次进行混凝土浇筑,采用2台泵机对称进行浇筑($20m^3/h$)、2台混凝土搅拌运输车进行运输混凝土,混凝土浇筑上升速度小于50cm/h。

3)浇筑方法。

底弧浇筑泵送混凝土,采用Φ50mm或Φ30mm软轴振捣棒进行振捣和复振,底弧顶部浇筑胚层下料应从一侧下料向另一侧赶料,同时加强振捣,保证浇筑密实,必要时经监理同意可全部采用自密实混凝土浇筑,但也应振捣到位。为保证岔管底部振捣及排气，提高浇筑质量，在底部模板增加浇筑窗口，用于底部混凝土浇筑密实后再封闭，并利用楔块筋板加木楔进行固定。

施工人员无法对边顶拱振捣时，采用自密实混凝土浇筑。

底弧 120°以上至腰线可在模板上安装附着式振捣器。

边顶拱两侧采用平浇法进行浇筑，坯层厚度按 30～50cm 控制，两侧对称上升，高差不得超过 0.5m。混凝土下料时注意避开结构钢筋等预埋件，下料全过程循环进行，每次下料过程中严格控制坯层厚度，混凝土浇筑必须一次连续浇筑完成，不得出现冷缝或隐形冷缝。

采用插入式振捣棒振捣，快插慢拔，振捣棒插入混凝土的间距按不超过振捣棒有效半径的 1.5 倍，与模板的距离不小于振捣棒有效半径的 50%，尽量避免触动钢筋和预埋件，必要时辅以人工振捣密实。振捣宜按顺序垂直插入混凝土，如略有倾斜，倾斜方向应保持一致，以免漏振。单个位置的振捣时间以 15～30s 为宜，以混凝土不再下沉，不出现气泡，并开始泛浆为止，严禁过振、欠振。振捣完成 20min 后进行复振，充分排除混凝土内部气泡。

边顶拱自密实混凝土在最顶部设置封拱器接泵管下料，采用 Φ125mm 钢管制作。泵管在 5m 分段的顶拱中间处设置 DN50 排气管（排气管须固定牢固），避免顶部混凝土产生架空。泵管水平段要求与排架隔离，竖直段底部不得与排架连接。

(9)拆模及养护

边顶拱模板在混凝土收仓完成 3d 后进行拆除。

承重模板及承重排架拆除时注意按照"先安装的后拆，后安装的先拆；非承重构件先拆除，承重构件后拆除"的原则进行自上而下的一次性拆除。混凝土浇筑完成结束后的 12～18h，采取洒水对混凝土进行养护，养护时间按照不小于 28d 龄期进行控制。

4.6.5.4　主要资源配置

(1)主要机械设备配置

施工主要机械设备配置见表 4-47。

表 4-47　　引水隧道岔管段衬砌混凝土施工主要机械设备配置

序号	设备名称	型号规格	单位	数量	备注
1	随车吊	12t	辆	1	
2	混凝土搅拌运输车	9～12m^3	辆	3	
3	附着式振捣器	1.5kW	套	4	
4	软轴振捣棒	Φ50mm	套	6	
5	软轴振捣棒	Φ30mm	套	4	

续表

序号	设备名称	型号规格	单位	数量	备注
6	焊机	400A	台	4	
7	高压冲毛机	CM-45/160	台	2	
8	全站仪	LeiCa TCR1102	套	1	
9	泵机	HTB60	台	2	
10	手风钻	YT-28	台	1	插筋孔等打取
11	装载机	$3m^3$	台	1	50装载机
12	电钻	—	台	6	

(2)主要人员投入

施工主要人员投入见表4-48。

表4-48　引水隧道岔管段衬砌混凝土施工主要人员投入　(单位:人)

序号	工种	人数	序号	工种	人数
1	随车吊司机	1	9	钻工	2
2	混凝土搅拌运输车司机	4	10	浇筑工	20
3	预埋工	2	11	抽水工	1
4	木工	4	12	试验员	2
5	钢筋工	20	13	测量工	2
6	电工	2	14	普工	6
7	架子工	10	15	管理人员	4
8	泵机操作工	2			

注:合计总人数为82人,以上人员按照一个班进行配置。

4.6.6　桥机岩锚梁混凝土施工

4.6.6.1　浇筑前准备工作

1)根据主厂房第Ⅲ、Ⅳ层的开挖顺序和岩壁梁混凝土浇筑顺序,在岩壁梁混凝土浇筑前应完成主厂房第Ⅳ层保护层施工预裂爆破,以及岩壁梁锚杆施工,方可对岩壁梁进行混凝土施工。

2)母线洞上层开挖进入厂房段,减少后续开挖对岩壁梁变形的影响。

3)钢筋加工厂建成并完成不少于12仓的钢筋加工;完成多卡模板整修和酚醛模板加工不少于12仓配置量;完成三角架加工不少于12仓配置量。

4)施工风、水、电配置到位,所有施工机械、材料及人员配置到位,并完成技术交底和施工人员相关培训。

4.6.6.2　施工程序

根据现场施工通道布置情况并结合设计要求，岩壁梁浇筑总体自右向左跳仓浇筑，先进行凹块键槽段浇筑，再进行凸块键槽段浇筑，并保持上下游同步推进。

吊顶牛腿施工滞后岩壁梁浇筑跟进施工，仓次安排与岩壁梁对应，在岩壁梁浇筑完成7d后，开始吊顶牛腿对应仓位排架搭设及备仓。

混凝土仓位施工程序：测量放样→排架搭设→岩面清理→底模安装→钢筋绑扎→预埋件安装→侧模及封头模板安装→仓位验收→混凝土浇筑→养护。

4.6.6.3　施工方法

(1)测量放样

采用全站仪进行测量放样，将岩壁梁和吊顶牛腿控制点线标示在明显的固定位置，确定钢筋绑扎、立模边线和梁顶高程，并做好标记。

(2)排架搭设

岩壁梁及吊顶牛腿混凝土施工支撑体系由排架和型钢三角架两部分组成。

岩壁梁施工排架采用Φ48钢管进行搭设，钢管壁厚应达到3.5mm(根据前期调查情况，该工程所在地区尚无壁厚达到3.5mm钢管，最大为3.0mm，受力验算按照壁厚3.0mm取值)，共布设5排钢管，靠边墙侧3排为承重排架，靠厂房中心线侧2排为施工排架，承重排架立杆间排距75cm×50(60)cm，步距72.7cm，操作排架间排距150cm×150cm，步距170cm。附壁混凝土底模排架立杆间排距50cm，步距50cm。排架均采用纵横向剪刀撑和两排斜撑确保其侧向稳定。

承重排架立杆底部浮渣清理干净，确保立杆落在基岩面上。承重排架顶部支撑底模型钢三角架则采用调节顶托配合工字钢(Ⅰ10a)的形式，顶部在安放型钢三角架前利用测量放线精确控制高程，调平工字钢，然后安装型钢三角架。型钢三角架沿厂房中心线方向布置间距为75cm，采用Φ48架管与下部承重架相连，利用可调节顶托进行调平。

在施工排架高程152.4m以上搭设施工平台，宽1.5m，施工平台上铺满竹跳板，并用铅丝将竹跳板与钢管脚手架绑扎连接，以防竹跳板发生滑动。搭设排架的同时在平行于洞轴线方向采用Φ48钢管搭设施工爬梯，并根据现场实际情况进行布设，且对高程152.4m以上排架和爬梯外侧挂密目网和安全网，保证施工作业人员安全。

吊顶牛腿排架在岩壁梁顶部搭设，亦采用Φ48×3.5mm钢管进行搭设，共布设3排钢管，靠边墙侧两排立杆间排距75cm×75cm，步距85cm，靠外侧1排立杆纵距1.5m，步距1.7m。因岩壁梁顶部靠侧墙设1斜坡，为保证内侧1排立杆稳定，预先在斜坡上凿出小平台以满足立杆安装需要；排架内侧岩壁设置1排⏀22，$L=0.5$m@1.5m的连墙插

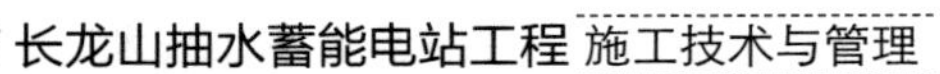

筋，与排架横杆焊接加固；排架内侧及外侧设剪刀撑保证整体稳定，排架内侧剪刀撑按照 3.0m 间距设置。

(3)基面清理及验收

人工清除岩壁梁及吊顶牛腿混凝土浇筑范围内的浮石、喷射混凝土、拐角石渣和堆积物等。对局部欠挖地段利用人工配合风镐或钢钎进行处理直至合格，对局部光滑岩面进行凿毛及补打插筋处理。岩面采用高压风(水)冲洗干净，保证岩面清洁湿润、无欠挖、无松动后方能进行基础验收。

(4)钢筋安装

1)钢筋加工制作、运输。

钢筋的加工制作在潘村钢筋加工厂内完成。钢筋加工厂按照加工配料单的要求进行加工制作、堆放、编号挂牌，由质量人员进行检查、验收，符合质量要求后才能出厂，采用 15t 平板车运输至现场。

2)钢筋现场安装。

钢筋运至现场后主要采用人工运输至工作面，按照相关规范及施工图纸要求人工绑扎成型。根据设计图纸文件放样配置钢筋，严格控制保护层，当钢筋与金结埋件相干扰时，可适当调整钢筋间距进行避让。

为确保钢筋定位准确、支撑牢固不移位，采取以下措施：

①先安装大部分环形筋，在一端或两端适当位置预留进人口，然后将纵向钢筋穿入环形筋内侧进行安装，再安装水平箍筋，保证水平箍筋间距满足设计要求，并在纵向钢筋上做好剩余环形筋安装标记，最后进行剩余环形筋的安装，钢筋间距及钢筋保护层均须满足设计要求。

②钢筋绑扎采用细铁丝严格按梅花形逐点绑扎牢固，并将绑扎钢筋多余的扎丝头向墙内侧弯折，以免因外露形成锈斑，影响混凝土外观观感质量。

③纵向钢筋采用绑扎搭接，搭接长度满足规范要求，接头错开 50cm 以上。

④进人口部位的环形筋须截断，间隔在侧面和水平面设置接头，采用帮条焊接，或正反丝套筒连接。

3)施工缝及结构缝处理。

岩壁梁纵向钢筋通长布设，即钢筋通过施工缝时不截断。施工缝按照设计图纸设置键槽，并布设插筋；先浇块键槽缝面凿毛处理。

岩壁梁在桩号厂右 0+089.0m 位置处设置伸缩缝(伸缩缝缝宽 2.0cm，采用聚乙烯闭孔泡沫板填充)，岩壁梁纵向钢筋在伸缩缝处预留 5cm 厚的保护层。

(5)预埋件安装

岩壁梁内设有桥机轨道一期预埋件、桥机滑线埋件、桥机电源埋管、排水系统埋管、安全监测设备及照明、火灾报警、观测埋管等。在安装前，先精确测量定出点位，再确定安装位置及高程。安装完成并经土建、金结、监测等多专业联合验收合格后才能进行混凝土的浇筑，混凝土浇筑过程中要注意对预埋件进行保护。各种埋件安装时，应按照相关规程或要求及制造厂的说明书进行。若布置有冲突，埋管应避让锚杆和梁体钢筋、梁体钢筋避让锚杆。岩壁梁内预埋管在底模可以不外露，预埋管下部管口段填塞塑料袋等合适材料，管内采用干砂灌满，上口木塞堵口，待底模拆除后找到管口，将管内干砂排出。

(6)模板安装

1)底模安装。

岩壁梁底模采用由钢模板＋酚醛模板＋型钢三角架支撑组合的形式，底模与岩面之间的不规则处用木条或砂浆补缝。酚醛模板按照方案图中要求的尺寸组拼接(122cm＋15cm)，也可直接定制(137cm)，铺设在组合钢模板上，斜面模板自身不设拉筋，完全支撑在下部型钢三角架上，型钢三角架支撑间距75cm。

排架及工字钢主梁安装完成后，依次进行型钢三角架、组合钢模板及酚醛模板的安装，吊车配合人工吊装就位，安装时注意按照测量放线桩号进行纵向就位，同时利用测量仪器复核高程及水平位置。

单榀型钢三角架分别进行安装，待三角架及底模按设计要求调整到位后，采用角钢(∠70×5)以4～6榀为一组进行焊接，确保型钢三角架及模板的整体稳定。

底模安装完成后，将岩台下拐点空隙处用木条或砂浆补缝。模板要求组装紧密，拼缝之间不允许有错台，整个板面平整光滑。底模全部安装完成后，测量检查模板是否符合设计要求。

吊顶牛腿底模安装基本与岩壁梁底模安装相同。

2)侧模安装。

岩壁梁侧模采用多卡模板(2.1m×3.0m×12cm)配多卡大围檩施工。多卡模板底部布置在型钢三角架的角钢支撑上，防止侧模整体下滑。采用D22多卡背架＋槽钢瓦斯＋双螺帽和双Φ16mm拉条与拉模锚杆焊接进行加固。

模板校正时，如果相邻两块体混凝土面变形均在允许范围内时，一定要与相邻两块体混凝土面紧密贴合。模板要保证有足够的搭接长度，搭接部位采用5t手拉葫芦进行加强，严防连接部位出现错台、挂帘等现象。模板校正后，最大允许误差必须控制在设计允许范围以内。

3)封头模板安装。

封头模板及仓位分缝处均采用木模板施工。

封头模板采用内拉内撑的形式进行固定，模板外侧采用钢管围檩作为支撑，采用

Φ16mm 拉条焊接在仓内系统锚杆进行加固。

(7)清仓验收

在混凝土浇筑前清理仓内的杂物，并冲洗干净，排出积水，检查钢筋、埋件是否符合设计和规范要求，施工缝缝面及键槽槽面在混凝土浇筑时应凿毛处理并用水冲洗干净，自检合格后申请验收，经现场监理工程师验收合格后进行混凝土入仓准备。

(8)混凝土浇筑

岩壁梁混凝土主要有以下两种：

一期混凝土为 C30W8F100(二配级)，坍落度 7～9cm、11～13cm 和 16～18cm(泵送)。

岩壁梁混凝土采用吊车配 1m³ 吊罐入仓为主要入仓手段，地泵或天泵作为备用入仓手段。布置 3 台 25t 吊车，确保岩壁梁上下游能够同时进行 4 仓混凝土的浇筑。吊顶牛腿主要采用天泵浇筑，地泵作为备用入仓手段。

混凝土下料时应尽量避开岩壁梁锚杆、结构钢筋及混凝土梁体内预埋件，下料全过程循环进行，按照单方向依次均匀下料，且每次下料摊铺厚度严格控制在 30～40cm，混凝土浇筑对已开仓段必须一次性浇筑完成，不得出现冷缝。

人工平仓后采用插入式软轴振捣器振捣，2 台振捣器一前一后交叉两次按梅花形插入振捣，快插慢拔，振捣器插入混凝土的间距按不超过振捣器有效半径的 1.5 倍，与模板的距离不小于振捣器有效半径的 50%，尽量避免触动钢筋和预埋件，必要时辅以人工捣固密实。振捣宜按顺序垂直插入混凝土，如略有倾斜，倾斜方向应保持一致，以免漏振。单个位置的振捣时间以 15～30s 为宜，以混凝土不再下沉，不出现气泡，并开始泛浆为止，严禁过振、欠振。因岩壁梁结构钢筋密集，若现场实施振捣困难，在取得监理设计同意后，可适当预留振捣口，待浇筑完成后振捣口及时封闭，焊接须满足规范要求。

当混凝土浇筑结束后及时组织人工进行收仓抹面(二期混凝土浇筑部位不需要抹面，要进行凿毛)。抹面时严格对岩壁梁顶面高程进行控制，要求岩壁梁顶部平整、高程准确，并注意预埋件应露出混凝土面。

(9)混凝土养护及脱模

混凝土浇筑收仓后不迟于 12h 开始进行保湿养护，低温季节浇筑 12h 后采用塑料薄膜覆盖顶面，拆模后立即在混凝土表面涂刷养护剂，然后依次覆盖塑料薄膜→棉被→塑料薄膜包裹养护 21～28d，不能采用洒水养护；靠近两端的仓位宜加强保温措施。

根据相关规范要求，结合类似工程施工经验，混凝土浇筑 24h 后对封头模板进行拆除，36h 后侧模拆除，7d 后(达到 100%设计强度后)开始拆除排架和底模的组合钢模板，底模酚醛模板仅需要脱模，不需要拆除，作为后续岩壁梁保护措施。

酚醛模板固定可采取以下方式，具体方式根据现场情况选择：

1)在底模安装时,底部钢筋与底模之间安放混凝土垫块,混凝土垫块内预埋铅丝或扎丝,穿过事先在酚醛模板上采用铁钉打穿的小孔,组合钢模板拆除、酚醛模板脱模后利用外露的铅丝或扎丝绑扎铁钉,防止酚醛模板掉落。

2)在岩壁梁顶面临边设置ф 22 插筋,拆模后利用下部系统锚杆或插筋和顶面插筋绑扎钢筋固定酚醛模板。

(10)成型混凝土保护

1)爆破飞石防护。

为防止岩壁梁成型混凝土不受下层开挖爆破飞石的撞击破坏,岩壁梁斜面及直立面须进行防护,采取在侧模拆除后设置竹跳板进行保护(侧面在竹跳板与混凝土面间铺设一层土工布),竹跳板采用 10# 铅丝连成整体后与岩壁梁上下的系统锚杆进行连接。斜面在组合钢模板拆除后,胶合板脱模不拆除,利用底部系统锚杆加固作为防护措施。爆破后将被砸坏的竹跳板及时进行修复,斜面损坏的酚醛模板采用保温被(或者土工布)配合竹跳板替代进行防护,确保岩壁梁混凝土不被砸坏。

2)爆破质点振动速度控制。

为控制爆破振动对新浇岩壁梁混凝土的破坏,岩壁梁浇筑时,不得进行Ⅳa 层围岩的开挖爆破,其Ⅳa 层围岩的开挖,须待岩壁梁混凝土强度达到 28d 龄期设计强度后方可进行,且开挖的震动速度应小于 7cm/s。

(11)温度控制措施

根据招投标文件及设计技术要求,岩壁梁混凝土浇筑温度要求见表 4-49;同时控制混凝土内外温差低于 20℃。

表 4-49　岩壁梁混凝土浇筑温度控制标准

部位		6—9 月	10 月至次年 5 月	备注
地下厂房	岩壁吊车梁	18℃	18℃	低于环境温度 3℃

为了保证岩壁梁混凝土浇筑温度及内外温差控制在设计允许范围之内,主要采取以下温控措施:

1)混凝土浇筑温度控制。

根据设计要求,岩壁梁混凝土浇筑温度应控制在 18℃以内,该工程岩壁梁混凝土浇筑在低温季节进行。按照相关专题会议纪要,该工程赤坞拌和系统取消制冷工艺,因此不能生产制冷混凝土,混凝土浇筑为自然温度入仓。主要采取尽量缩短运输时间、必要时使用遮阳棚等方式控制混凝土运输过程中的温度回升,使浇筑温度不大于 18℃。

2)通水冷却。

若上述措施不能满足要求,则采取埋设冷却水管进行通水冷却方式,控制混凝土内外温差低于 20℃。

①冷却水管埋设。

在混凝土中埋设冷却水管，水管采用 A32、$\delta=2.0$mm 的高密度聚乙烯冷却水管，分两层布置，上层埋设 2 排，下层埋设 1 排，均顺轴线方向蛇形布置，进水口及出水口均布置在岩壁梁顶部，埋设要求：PVC 水管内壁应光滑平整，没有气泡、裂口、分解变色、凹陷及影响使用的成分，PVC 水管两端应切割平整，并与轴线垂直。塑料管不得受到重物挤压、阳光暴晒，严禁使用已严重变形或老化的管材。

开仓前，将冷却水管在混凝土仓面弯曲成蛇形铺设，同时进行通水测试。对漏水处采用接头连接后重新测试，直至滴水不漏。混凝土浇筑过程中，PVC 水管必须一直保持通水。严禁直接在冷却水管上振捣。

②通水冷却。

埋设冷却水管属于初期通水冷却，初期通水冷却为了削减最高温升，通水在混凝土浇筑完成后立即进行，根据混凝土内部温度情况。采用常温水、河水或制冷水，通水时间 7～10d。冷却时混凝土日降温幅度不超过 1℃，水流方向每天改变一次，使混凝土块体均匀冷却。做好详细的通水冷却温度记录，并上报质量保证部(每周报监理)备查。

③冷却水管回填。

冷却通水 7～10d 结束后，可进行冷却水管回填灌浆施工。回填时，为尽快使浓浆充填管道，开灌时应保持出浆管畅通，用 0.5∶1 的水泥浓浆赶水，待出浆密度达到 0.5∶1 时，先扎死回浆管，再采用纯压式封堵，直至不进浆时，扎紧进浆管，结束灌浆。屏浆 24h 后，割除外露管口。

3)温度监测。

①在混凝土施工过程中，至少每 4h 测量 1 次出机口混凝土温度、入仓温度、浇筑温度和浇筑体冷却水的温度，并做好记录。

②按照设计要求，每个浇筑仓内埋设 3 支温度计，必要时经“四方”协商同意后增加埋设数量，一般在浇筑断面上、中、下各埋设 1 支温度计。温度计埋设 24h 以内，每隔 4h 测 1 次(必要时可加密)，之后每天观测 3 次，直至混凝土达到最高温度为止；以后每天观测 1 次，持续一旬；之后每 2 天观测 1 次，持续 1 月，其余时段每月观测 1 次。温度监测具体频次和持续时间根据现场实际情况经监理同意后执行。

4)低温季节混凝土浇筑措施。

日平均气温连续 5d 在 5℃以下或连续 5d 最低气温在－3℃以下时，岩壁梁混凝土浇筑按《水工混凝土施工规范》(DL/T 5144—2015)相关要求施工。

①可采用热水搅拌混凝土料；

②水泥须在暖棚内预热，骨料搭设暖棚防止下雨雪导致骨料结冰，必要时采用设备对混凝土骨料进行加热；

③混凝土搅拌时间应通过试验适当延长，同时应控制并及时调整混凝土出机口温度且不低于5℃；

④混凝土运输车辆应采取保温措施，采用帆布等合适材料包裹或其他措施；

⑤模板拆除时间适当延后，并采取棉被等材料覆盖，拆模后及时采取保温措施。

4.6.6.4　主要资源配置

岩壁梁及吊顶牛腿混凝土施工主要资源、机械设备配置见表4-50。

表4-50　　岩壁梁及吊顶牛腿混凝土施工主要资源、机械设备配置

序号	设备名称	规格型号	单位	数量	备注
1	吊车	16t	台	2	
2	吊车	25t	台	2	岩壁梁浇筑；备1台
3	混凝土地泵	HTB60	台	2	或天泵
4	混凝土泵车		台	1	吊顶牛腿浇筑
5	混凝土搅拌运输车	$9m^3$	台	10	
6	自卸汽车	20t	台	4	
7	电焊机	AX3-300-1	台	8	
8	型钢三角架	128.3cm×79cm	榀	288	岩壁梁(按仓位总数50%配置)
9	型钢三角架	76cm×31.7cm	榀	272	吊顶牛腿(按仓位总数50%配置)
10	酚醛模板	2440mm×1370mm×15mm	m^2	600	岩壁梁底模(未计损耗)
11		3000mm×2100mm×15mm	m^2	305	岩壁梁侧模(未计损耗)
12		2440mm×827.6mm×18mm	m^2	345	吊顶牛腿底模(未计损耗)
13		2440mm×915mm×18mm	m^2	380	吊顶牛腿侧模(未计损耗)
14	组合钢模板	P6015	块	288	岩壁梁
15		P1515	块	144	岩壁梁
16		P1515	块	64	吊顶牛腿排水沟
17	多卡模板	300cm×210cm×12cm	块	32	岩壁梁
18	振捣器	Φ50	套	12	
19	钢管	Φ48	t	36	排架，具体根据现场情况准备
20	安全网		m^2	1800	排架
21	安全密目网		m^2	3600	排架
22	灭火器	2kg	个	24	手提式干粉
23	反光贴		m	100	
24	竹跳板		m^2	660	操作平台
25	钢板	厚度2～3mm	m^2	260	踢脚板
26	钢管	Φ48	m	5500	防护栏杆

岩壁梁及吊顶牛腿混凝土施工人员情况见表 4-51。

表 4-51　　岩壁梁及吊顶牛腿混凝土施工人员情况　　(单位:人)

序号	工种	数量	备注
1	架子工	24	
2	混凝土工	30	
3	木工	10	
4	钢筋工	40	
5	电焊工	12	
6	预埋工	10	
7	振捣工	12	
8	司机	16	
9	管理人员	12	技术、施工、质量及安全环保
10	辅工	30	
合计		196	

4.6.7　母线洞混凝土施工

4.6.7.1　施工方法

(1)施工分段分层

母线洞分 4 段施工,其中第一、四段与第二、三段按结构缝分段,第二段与第三段间增加 1 条结构缝,两仓长度均为 1016.5cm。

第一段施工分层高程 135.15m(高程 134.20m)→高程 140.80m→高程 142.85m(高程 144.85m)。

第二段至第四段施工分层高程 135.15m(高程 134.20m)→高程 142.25m→高程 144.85m。

(2)施工程序

按照从下至上的施工原则,先施工母线洞边墙后,再施工顶拱。具体每个部位施工程序如下:

边墙:测量放样→排架搭设→处理缝面→安装边墙钢筋、预埋件→安装边墙模板、封头模板→安装浇筑泵管→尾工处理、验收→浇筑边墙混凝土→拆模养护。

顶拱:测量放样→排架搭设→处理缝面→安装顶拱钢筋、预埋件→安装顶拱模板→封头模板施工→安装浇筑泵管→尾工处理、验收→浇筑顶拱混凝土→拆模养护→拆除排架。

(3)测量放样

施工前专业测量人员根据施工图纸采用全站仪进行测量验收及放样。对母线洞开挖体型断面进行验收,明确体型是否满足设计要求,对有欠挖(超设计要求)部位进行处理,地质缺陷超挖部位进行认证。体型确认完成后,再对施工部位的主要结构控制点进行放样,并标识在可靠明显位置,测量队出示测量放样单,现场根据测量放样单进行结构控制。衬砌结构利用锚杆焊接样架筋放出结构边线,模板安装好后进行复测,确保模板安装误差控制在设计范围内。

(4)缝面处理

1)基岩面。

人工清除混凝土浇筑范围内的浮渣、松动岩石及松散软弱夹层等,对局部欠挖地段利用人工配合风镐进行处理直至合格,对岩面进行冲洗,使岩面清洁、无欠挖、无松动,最后进行地质编录及基础验收。

2)施工缝。

水平施工缝在混凝土浇筑完成12～14h后,采用人工或高压水进行冲毛处理,具体冲毛时间根据混凝土初凝和终凝时间而定,缝面确保混凝土表面乳皮、浮浆清除干净,具体以粗砂外露、小石微露为准。

3)结构缝。

结构缝在混凝土终凝后拆除封头模板,将缝面清理干净后粘贴1cm厚的聚乙烯泡沫板。

(5)钢筋制安

母线洞设置有单层钢筋,现场应严格按照设计图纸及钢筋配料单进行施工,钢筋保护尾为3cm,严格控制钢筋间排距、保护层及钢筋连接质量。

1)钢筋制作。

钢筋配料员根据设计图纸、施工技术文件及相关规范要求进行配料设计,并编制加工配料单下发到钢筋加工厂。钢筋加工厂按照加工配料单的要求进行加工制作、归类堆放、标识清楚,由相关人员联合进行检查、验收,符合要求后方可出厂。

2)钢筋领料及转运。

现场作业队伍领料人员凭钢筋配料单到钢筋加工厂办理该施工部位钢筋领料手续,采用8t随车吊运输至母线洞底板上,人工转运至具体施工仓位进行钢筋绑扎。

3)钢筋安装。

①边墙钢筋。

测量队放出结构边线控制点,利用沿墙锚杆设置测量控制点和样架铁,样架铁采用

Φ22 钢筋，水平布置，间距按照 3m/道控制，竖向筋按相邻钢筋长短对应配筋，一次竖立完成，顶拱主筋垂直于边墙方向，错开接头。

②顶拱钢筋。

搭设顶拱衬砌支撑系统后，将支撑系统作为操作平台绑扎钢筋，利用顶拱锚杆设置测量控制点，并用红色油漆标识清楚，利用弧形钢筋按照间距 2m/道设置Φ2 钢筋样架，铺设顶拱钢筋的同时加密Φ22 锚杆拉筋，以保证顶拱钢筋安装完成后的稳定。由人工按照设计要求进行绑扎、焊接等。

③钢筋绑扎要求。

a. 钢筋样架铁设置须牢固可靠，所有样架铁与锚杆焊接长度须满足规范要求，测量放样过程中严格控制钢筋保护层厚度。

b. 钢筋可采取焊接（单面焊 10D，双面焊 5D）或搭接（搭接长度不小于 40D）方式连接。

c. 钢筋接头焊接长度控制在−0.5D 范围内，咬边控制在 0.05D 且小于 1mm 范围内，气孔夹渣在 2D 长度内且数量少于 2 个，直径小于 3mm，接头外观无明显咬边、凹陷、气孔、烧伤等现象，不允许有裂缝、脱焊点和漏焊点。

d. 钢筋绑扎采用双股扎丝，严格按梅花形逐点绑扎牢固，并将绑扎钢筋多余的扎丝头向结构边线内侧弯折，以免因外露形成锈斑，影响混凝土外观观感质量。

(6)预埋件施工

1)止水。

母线洞结构缝设置有紫铜止水，止水环形布置一圈，与衬砌面外露面距离 20cm，止水槽内填入沥青麻丝，止水在施工过程中要采用止水夹或止水围檩进行加固，保证止水中心与缝面垂直相交。

2)排水管。

母线洞在开挖过程中，沿洞壁布置有排水孔，排水孔按照 3m×3m 进行布置，排水孔采用 DN50 软式透水管进行串联，DN50 软式透水管洞室环形间距 6m，最后采用 DN50 硬质 PVC 排水管将渗水引出排至母线洞排水沟内。排水管外侧设有 1 层 EVA 复合防水板。

在衬砌混凝土施工过程中预埋 DN50 硬质 PVC 排水管，DN50 硬质 PVC 排水管一端与软式透水管连接，另一端与模板紧贴，在混凝土施工完成后找出、疏通。

3)回填灌浆管。

母线洞顶拱设置有回填灌浆系统，在衬砌混凝土施工过程中预埋 DN50 钢管作为回填灌浆导向管，导向管在顶拱中心线及两侧 15°位置各预埋 1 排 DN50 回填灌浆钢管，纵向间距按照 3m 进行控制，利用结构钢筋和 Φ12 钢筋进行加固，管口紧贴模板并做明显标识，模板拆除后须全部找出。

回填灌浆时通过回填灌浆管向基岩钻孔10cm后灌浆，灌浆压力0.2～0.3MPa，水灰比0.5∶1。

4)机电、照明灯仪埋设施。

母线洞设置有接地、照明等仪埋设施，按照施工图纸要求，对每个部位进行详细检查、安装，做好土建与相关单位的配合工作，确保不漏项、错项。

(7)模板安装

1)模板规划。

母线洞侧墙主要采用竹夹板配合10×5cm方木施工。

平洞段顶拱主要采用竹夹板配合横向圆弧方木肋板做模板施工，采用钢管和ф36钢筋骨架支撑，钢筋围檩间距30cm；渐变段部位顶拱采用竹夹板＋纵向10×5cm方木肋板施工，方木肋板平铺，采用钢管和ф36钢筋圆弧骨架支撑，间距30cm。

封头模板主要采用散装钢模板和木模板施工。

2)模板加固。

母线洞衬砌混凝土侧墙模板采用内撑外撑或内拉内撑的方式加固。内撑采用ф22钢筋进行，内撑间距按照200×200cm进行控制；外撑采用排架进行，竖向支撑采用[10槽钢，间距75cm，横向支撑为模板10×5cm肋板，间距40cm；内拉采用Φ12mm拉条进行，间排距按75cm×75cm进行控制，采用钢管瓦斯进行加固，拉条采用锚杆进行加固，无锚杆的位置采用外撑方式加固。

母线洞衬砌混凝土顶拱模板采用钢管排架配合钢筋骨架方式进行支撑，模板放置在钢筋骨架或钢筋骨架的钢管上，采用铁丝与骨架绑扎牢固，每块模板至少在两端各设置两个加固点。

3)控制要求。

相邻两面板错台保证在2mm以内；局部不平整度保证在5mm以内(2m靠尺进行检查)；板面间缝隙保证在2mm以内；模板与设计结构边线控制在－10～0mm；承重模板标高0～5mm。

每仓模板在安装前采用冲毛机冲洗干净，涂刷一层清质的色拉油或脱模剂。要求在模板安装前对先浇混凝土进行取直处理，粘贴双面胶，保证模板与老混凝土面接缝严密，模板压先浇混凝土面3～5cm为宜。

(8)顶拱支撑体系搭设及拆除

1)支撑体系规划。

①母线洞顶拱衬砌混凝土采用Φ48×3.5mm钢管排架进行支撑，排架搭设间排距

按 75×75cm 进行控制，步距 120cm。

②母线洞第一段部分及第二段至第四段为整体移动式排架的方式施工，在流向立杆底部设置[10 槽钢，槽钢上焊有 7cm 长的Φ 25 钢筋，排架立杆插在Φ 25 钢筋上搭设。槽钢下部放有横向钢管，以便拉动排架减小阻力；排架支撑施工时，在每根立杆对应的槽钢下插入木楔子，使排架受力全部传到地面。

排架在移动过程中须断开与墙面的所有连接，排架移动后须对排架进行检查，保证其结构的完整及安全。须将排架移动到地面处理平整，无起伏。

③排架横向剪刀撑(沿顺水流方向)每 4.5m 布置 1 道，纵向间距 3.75m，共布置 2～3 道，水平剪刀撑设置 2 层，排架剪刀撑与立杆采用万向扣件相接。

④排架顶部设置 T32 支撑头，上部放置Ⅰ10 工字钢，槽钢上部按 30cm 间距布置钢筋骨架，钢筋骨架采用Φ 36 钢筋和Φ 28 钢筋加工而成。

⑤排架通道按规范搭设，通道底部设置安全网；施工部位设置 1.2m 标准栏杆。

2)支撑体系搭设拆除。

支撑体系采用 Φ48×3.5mm 钢管排架搭设，排架搭设拆除需要按相关要求执行。

(9)混凝土浇筑

1)标号及级配。

母线洞衬砌混凝土采用 C25W8F100(二级配)混凝土进行浇筑，坍落度 16～18cm；顶拱人员无法振捣，采用 C25W8F100 自密实混凝土进行浇筑，扩散度 65±5cm。

2)浇筑手段。

母线洞边墙采用 1 台泵机进行浇筑($20m^3/h$)、2 台混凝土搅拌运输车运输混凝土，控制混凝土浇筑上升速度小于 50cm/h。

母线洞顶拱采用 2 台泵机进行浇筑、4 台混凝土搅拌运输车运输混凝土，控制混凝土浇筑上升速度小于 50cm/h。

3)浇筑方法。

母线洞边墙浇筑泵送混凝土，采用 Φ50mm 或 Φ30mm 软轴振捣棒进行振捣和复振。

母线洞顶拱人员无法振捣，采用自密实混凝土浇筑。

母线洞边墙采用平浇法进行浇筑，坯层厚度按 30～50cm 控制。两侧对称上升，高差不得超过 0.5m。混凝土下料时注意避开结构钢筋等预埋件，下料全过程循环进行，每次下料过程应严格控制坯层厚度，混凝土浇筑必须保持连续性，对已开仓段必须一次性连续浇筑完成，不得出现冷缝或隐形冷缝。

人工平仓后采用插入式振捣棒振捣，快插慢拔，振捣棒插入混凝土的间距按不超过振捣棒有效半径的 1.5 倍，与模板的距离不小于振捣棒有效半径的 50%，尽量避免触动钢筋和预埋件，必要时辅以人工捣固密实。振捣宜按顺序垂直插入混凝土，如略有倾斜，倾斜方向应保持一致，以免漏振。单个位置的振捣时间以15～30s为宜，以混凝土不再下沉，不出现气泡，并开始泛浆为止，严禁过振、欠振。振捣完成20min后进行复振，充分排除混凝土内部气泡。

顶拱自密实混凝土在最顶部设置泵管下料口，采用Φ125钢管制作。母线洞每段顶拱埋设2根自制泵管，其中第一段2根泵管分别埋设在上游3m处及下游封头处，第二段至第四段2根泵管均匀布置，间距为6m。自密实混凝土直接从顶部Φ125钢管入仓。

泵管水平段要求与排架隔离，竖直段底部不得与排架连接。

(10)拆模及养护

母线洞边墙模板拆除时间控制在20h后进行，混凝土强度要达到3.5MPa，具体以保证混凝土结构不变形、棱角不被破坏为原则。

母线洞顶拱混凝土在混凝土收仓完成3d后进行拆除。

承重模板及承重排架拆除时注意按照“先安装的后拆，后安装的先拆；非承重构件先拆除，承重构件后拆除”的原则进行自上自下的一次性拆除。混凝土浇筑完成后，采取洒水对混凝土进行养护，养护时间按照不小于28d龄期进行控制。

4.6.7.2　施工资源配置

母线洞混凝土施工机械设备配置情况见表4-52，母线洞混凝土施工人员情况见表4-53。

表4-52　　母线洞混凝土施工机械设备配置情况

序号	设备材料名称	规格型号	单位	数量	备注
1	随车吊	8t	辆	1	运输钢筋、材料
2	汽车吊	16t	台	1	浇筑设备、调运材料
3	混凝土搅拌运输车	$9m^3$	辆	4	混凝土运输
4	泵机	—	台	2	混凝土输送
5	软轴振捣棒	Φ50mm	根	6	混凝土振捣
6	软轴振捣棒	Φ30mm	根	4	混凝土振捣
7	手风钻	YT-28	台	1	钻插筋孔
8	高压冲毛机	CM-45/160	台	1	冲洗缝面
9	变频机	—	台	5	
10	焊机	—	台	5	钢筋焊接
11	注浆机	BW-250/50	台	1	插筋注浆
12	钢管	Φ48×3.5mm	T	20	1个仓
13	对接扣件	Φ48	个	216	1个仓

续表

序号	设备材料名称	规格型号	单位	数量	备注
14	旋转扣件	Φ48	个	1410	1个仓
15	直角扣件	Φ48	个	3710	1个仓
16	槽钢	[10	m	140	1个移动排架
17	槽钢	[10	m	210	侧墙围檩1仓
18	工字钢	I10	m	150	1个仓
19	钢筋骨架	Φ32	t	3.1	1个仓
20	渐变段工字钢	Φ10	t	0.5	1个仓

表 4-53　　母线洞混凝土施工人员情况　　(单位:人)

序号	工种	数量	备注
1	汽车驾驶员	6	混凝土搅拌运输车、随车吊等驾驶
2	预埋工	2	排水管、止水等预埋
3	木工	10	模板安装
4	钢筋工	8	钢筋绑扎,接头焊接
5	架子工	8	排架搭设
6	浇筑工	5	混凝土浇筑
7	电工	1	照明电路管理
8	起重工	1	起重指挥
9	普工	6	清基等人员
10	管理人员	2	—
11	泵机操作工	2	—
合计		51	

4.6.8　尾闸洞混凝土施工

4.6.8.1　边墙及牛腿混凝土施工方法

(1)施工程序

桥机牛腿及边墙按照从下至上的施工原则进行,桥机牛腿以下边墙→桥机牛腿→桥机牛腿以上边墙。施工程序如下:

1)桥机牛腿以下边墙混凝土施工工艺:测量放样→岩面清理→钢筋绑扎→预埋件安装→模板安装→仓位验收→混凝土浇筑→养护。

2)桥机牛腿混凝土施工工艺:测量放样→岩面清理→底模安装→钢筋绑扎→预埋件安装→侧模及封头模板安装→仓位验收→混凝土浇筑→养护。

3)桥机牛腿以上边墙混凝土施工工艺:测量放样→排架搭设→岩面清理→钢筋绑扎→预埋件安装→侧模及封头模板安装→仓位验收→混凝土浇筑→养护。

(2)分层分块

尾闸洞桥机牛腿及边墙混凝土浇筑总高度为17.85m,自下而上分7层施工完成,上、下游混凝土浇筑长度为157.5m,根据施工需要分70块施工,每层12条分缝为结构缝。

(3)测量放样

采用全站仪进行测量放样,将桥机牛腿和边墙控制点线标示在明显位置固定,确定钢筋绑扎、立模边线及梁顶高程,并做好标记。

(4)排架搭设

桥机牛腿上部边墙混凝土施工平台由排架搭设而成。排架采用Φ48mm钢管进行搭设,钢管壁厚应达到3.5mm(根据前期调查情况,该工程所在地区尚无壁厚达到3.5mm钢管,最大为3.0mm,受力验算按照壁厚3.0mm取值),共布设2排钢管,排架立杆间排距为70(140)cm×150cm,步距为150(135)cm。排架均采用纵横向剪刀撑和斜撑确保其侧向稳定。

桥机牛腿及上部边墙排架立杆坐落在操作平台上,底部设置[10槽钢垫板。排架内侧设置连墙件固定(2步3跨),与排架横杆进行焊接加固;排架内侧及外侧设剪刀撑来保证整体的稳定,排架内侧剪刀撑按照3.0m间距设置。

(5)基面清理及验收

人工清除混凝土浇筑范围内的浮石、喷射混凝土、拐角石渣和堆积物等,对局部欠挖地段利用人工配合风镐或钢钎进行处理直至合格,对局部光滑岩面进行凿毛及补打插筋处理,岩面采用高压风(水)冲洗干净,保证岩面清洁湿润、无欠挖、无松动方能进行基础验收。

(6)钢筋安装

1)钢筋加工制作、运输。

钢筋的加工制作在潘村钢筋加工厂内完成。钢筋加工厂按照加工配料单的要求进行加工制作、堆放、编号挂牌,由质量人员进行检查、验收,符合质量要求才能出厂,采用8t平板车运输至现场。

2)钢筋现场安装。

钢筋运至现场后主要采用人工运输至工作面,按相关规范及施工图纸要求人工绑扎成型。按照设计图纸文件放样配置钢筋,严格控制保护层,钢筋与金结埋件相干扰时,可适当调整钢筋间距进行避让。

为确保钢筋定位准确、支撑牢固不移位，采取以下措施：

①先安装大部分环形（竖向）筋，在一端或两端适当位置预留进人口；然后将纵向钢筋穿入环形（竖向）筋内侧进行安装；再安装水平箍筋，保证水平箍筋间距满足设计要求，并在纵向钢筋上做好剩余环形筋安装标记；最后对剩余环形筋进行安装，钢筋间距及钢筋保护层均须满足设计要求。

②钢筋绑扎采用细铁丝，严格按梅花形逐点绑扎牢固，并将绑扎钢筋多余的扎丝头向墙内侧弯折，以免因外露形成锈斑，影响混凝土外观观感质量。

③纵向钢筋采用绑扎搭接，搭接长度满足规范要求，接头错开 50cm 以上。

④进人口部位的环形（竖向）筋须截断，间隔在侧面和水平面设置接头，采用帮条焊连接，或采用正反丝套筒连接。

3）施工缝及结构缝处理。

岩壁梁纵向钢筋通长布设，即钢筋过施工缝时不截断。施工缝按照设计图纸设置键槽，并布设插筋；先浇块键槽缝面凿毛处理。

岩壁梁在中间位置处（桩号厂右 0+089.0m）设置伸缩（缩宽 2.0cm，采用聚乙烯闭孔泡沫板填充），岩壁梁纵向钢筋在伸缩缝处断开，保护层厚度 5cm。

（7）预埋件安装

桥机牛腿及边墙浇筑设有桥机轨道埋件、止水铜片及大模板定位锥等。在安装前，先精确测量定出点位，确定安装位置及高程。埋件安装时，应按照有关的专门规程要求，以及制造厂的说明书进行。若布置有冲突时，埋管应避让锚杆和梁体钢筋，梁体钢筋应避让锚杆和止水。安装完成并经土建、金结等多专业联合验收合格后，才能进行混凝土的浇筑，混凝土浇筑过程中要注意对预埋件进行保护。

上、下游桥机牛腿及边墙各设置 6 道结构缝（结构缝缝宽 1.0cm，采用聚乙烯闭孔泡沫板填充），两面涂刷沥青，每条施工缝处均设置 1cm 厚止水铜片。

（8）模板安装

1）桥机牛腿下部边墙大型模板施工。

桥机牛腿下部边墙采用 3.1m×3m 无支腿大型模板施工，中间不设置拉条孔，该模板采用底口打插筋外撑＋背架中间外撑＋背架顶口拉拉条方式固定，有支腿大型模板上部及底部采用 B7 螺栓（Φ30mm）＋预埋定位锥＋Φ12mm 蛇形筋＋⌀25 钢筋弯钩固定。模板在使用前须认真对其表面进行清理打磨，模板上残留的灰浆、铁锈须彻底清除，并冲洗干净，最后均匀涂抹脱模剂，以减小振捣过程中模板表面对“水汽泡”的阻滞作用。采用散装清油（机油）、色拉油或色拉油与机油的混合物作为脱模剂，严禁采用废机油作为脱模剂，以免影响混凝土外观质量。

施工平台采用大模板背架平台，施工通道采用大型转梯或施工排架至施工平台处进行施工。

2)桥机牛腿组合钢模板施工。

桥机牛腿采用组合散装钢模板施工，木模板补缺，模板采用内拉的方式固定，模板围檩采用⌀28钢筋支架@75cm加固，拉条采用Φ14钢筋，拉条间距75cm。

施工平台利用原主厂房岩壁梁型钢三角架形成，上部及下部采用预埋⌀25钢筋+套筒+钢筋与三角架焊接，施工通道采用大型转梯或施工排架至型钢三角架平台处。

3)桥机牛腿上部边墙组合钢模板施工。

桥机牛腿上部边墙采用组合钢模板施工，模板采用内拉内撑的方式进行固定，模板围檩采用Φ48mm钢管，拉条采用Φ14钢筋，拉条间距为75cm×70cm，内撑采用⌀25钢筋，间距为2m。

施工平台在型钢三角平台上搭设简易施工排架，施工通道采用大型转梯或施工排架至型钢三角平台处。

4)封头模板安装。

封头模板及仓位分缝处均采用木模板施工，模板采用内拉内撑的形式进行固定，模板外侧采用钢管围檩作为支撑，采用Φ14mm拉条焊接在仓内系统锚杆进行加固。

(9)清仓验收

在混凝土浇筑前清理仓内的杂物，并冲洗干净，排出积水，检查钢筋、埋件是否符合设计和规范要求，施工缝缝面在混凝土浇筑时，应进行凿毛处理并用水冲洗干净，自检合格后申请验收，经现场监理工程师验收合格后进行混凝土入仓准备。

(10)混凝土浇筑

桥机牛腿及边墙采用混凝土C25W8F100(二级配)。混凝土采用2台地泵作为混凝土主要入仓手段，另外配置1台泵机作为备用入仓手段，确保上下游能够同时进行2仓混凝土的浇筑。

混凝土采用平浇法进行浇筑，坯层厚度按照30～40cm控制，按照单方向依次均匀下料；混凝土下料时应尽量避开桥机牛腿锚杆、结构钢筋及混凝土梁体内预埋件。混凝土浇筑对已开仓段必须一次性浇筑完成，不得出现冷缝。

当桥机牛腿混凝土浇筑结束后及时组织人工进行收仓抹面(二期混凝土浇筑部位不需要抹面，要进行凿毛处理)。抹面时严格对桥机牛腿顶面高程进行控制，要求桥机牛腿顶部平整光滑、高程准确，并注意预埋件应露出混凝土面。

(11)混凝土养护及脱模

混凝土浇筑收仓后不迟于12h开始进行保湿养护，低温季节浇筑12h后，采用塑料薄膜覆盖顶面。拆模后立即在混凝土表面涂刷养护剂，然后覆盖棉被包裹养护 21～28d，不能采用洒水养护。靠近两端的仓位宜加强保温措施。

根据相关规范要求，结合类似工程施工经验，混凝土浇筑 24h 后进行封头模板拆除，浇筑 36h 后进行边墙侧模拆除，桥机牛腿模板在混凝土浇筑 7d 后或同条件下养护试块达到设计要求，经项目技术部负责人批准后拆除。

4.6.8.2 顶拱混凝土施工方法

(1)施工程序

尾闸洞顶拱混凝土浇筑顺序整体为自左岸向右岸方向。尾闸洞桥机牛腿以上 3.05m 高边墙根据现场实际情况，采用钢筋台车作为模板固定架，底部采用木楔块顶紧，中间设置拉条固定浇筑。

尾闸洞顶拱采用钢模台车衬砌，施工工艺流程见图 4-43。

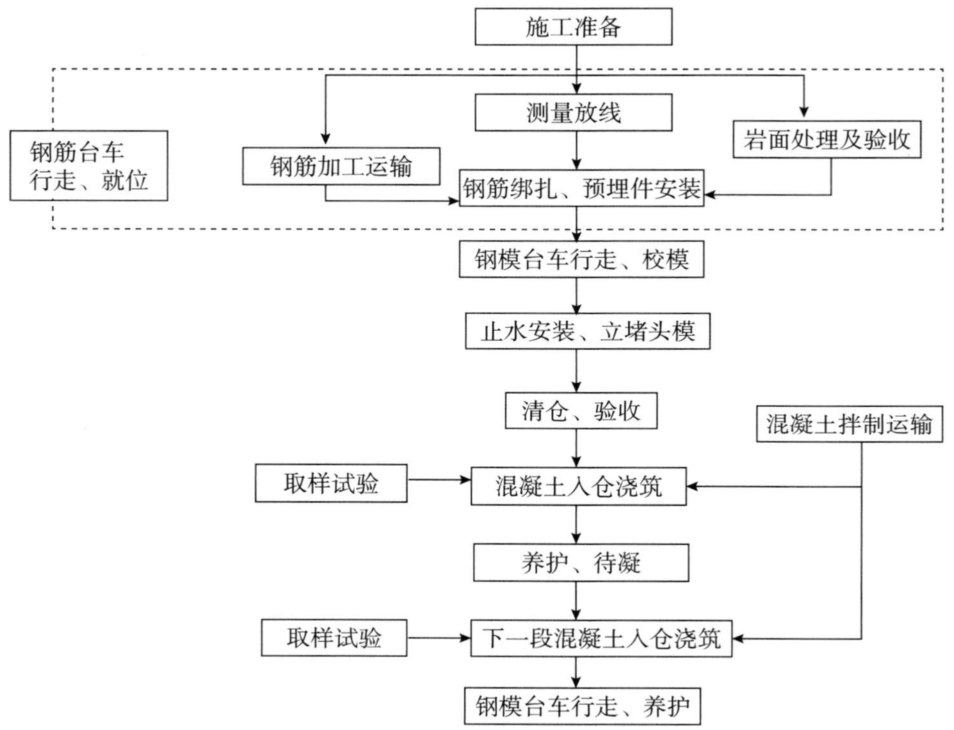

图 4-43 钢模台车浇筑混凝土施工工艺流程

(2)施工分段

尾闸洞顶拱采用钢模台车全断面一次性浇筑，水平段总体按照 12.75m 分段，结合洞室特征，其他分段长度分别为 7.95m(含端墙)、8.0m、11.3m、9.3m 及 6.0m(含端墙)，共 14 仓。

(3)测量放样

施工前专业测量人员根据施工图纸采用全站仪进行测量验收及放样。对尾闸洞开挖体型断面进行验收，明确体型是否满足设计要求，对有欠挖(超设计要求)部位进行处理，地质缺陷超挖部位进行认证。体型确认完成后再对施工部位的主要结构控制点进行放样，并标识在可靠明显的位置，测量队出示测量放样单后，现场根据测量放样单进行结构控制。衬砌结构利用锚杆焊接样架筋放出结构边线，台车就位后进行复测，确保误差控制在设计范围内。

(4)缝面处理

1)基岩面。

采用钢筋台车配合、人工清除混凝土浇筑范围内的浮渣、松动岩石及松散软弱夹层等，对局部欠挖地段利用人工配合风镐进行处理直至合格，对岩面进行冲洗，使岩面清洁、无欠挖、无松动，最后进行地质编录及基础验收。

2)施工缝。

施工缝在混凝土浇筑完成12～14h后采用人工或高压水进行冲毛处理，具体冲毛时间要根据混凝土初凝和终凝时间而定，缝面确保混凝土表面乳皮、浮浆清除干净，具体以粗砂外露、小石微露为准。

3)结构缝。

结构缝在混凝土终凝后拆除封头模板，将缝面清理干净后粘贴2cm厚的聚乙烯泡沫板即可。

(5)钢筋台车安装、就位及钢筋制安

尾闸洞顶拱设有单层钢筋，钢筋采用钢筋台车吊装并用钢筋台车作为平台，现场应严格按照设计图纸及钢筋配料单进行施工，钢筋保护层厚度为3cm，严格控制钢筋间排距、保护层及钢筋连接质量。后期灌浆时钢筋台车作为灌浆台车使用。

钢筋台车由专业公司制作，经检验合格后运往现场拼装。钢筋台车由门架总成、行走系统、卷扬提升机构、操作平台、工作梯装置等部件组成，钢筋台车设计长度为12m，单台总质量约14t。钢筋台车施工见图4-44。

1)钢筋制作。

钢筋配料员根据设计图纸、施工技术文件及加工相关规范要求进行配料设计，并编制加工配料单下发到钢筋加工厂。钢筋加工厂按照加工配料单的要求进行加工制作、归类堆放、标识清楚，由相关人员联合进行检查、验收，符合要求后方可出厂。

2)钢筋领料及转运。

现场作业队伍领料人员凭钢筋配料单到钢筋加工厂办理该施工部位钢筋领料手

续，采用25t吊车运输至施工部位。

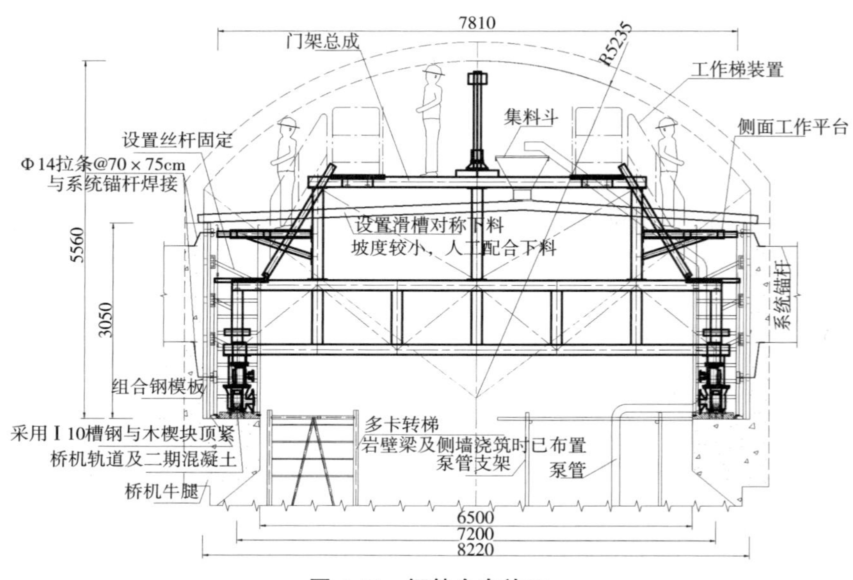

图4-44 钢筋台车施工

3)钢筋安装。

①测量队放出结构边线控制点，利用沿洞壁插筋设置测量控制点和样架铁，样架铁采用⌀22钢筋，水平布置，间距按照2m/道控制，按相邻钢筋长短对应配筋，随针梁台车行走完成。施工时，由人工在钢筋台车上按照设计要求进行绑扎、焊接等。

②钢筋绑扎要求。

a.钢筋样架铁设置须牢固可靠，所有样架铁与锚杆焊接长度须满足规范要求，测量放样过程中严格控制钢筋保护层厚度。

b.钢筋可采取焊接(单面焊10D，双面焊5D)或搭接(搭接长度不小于40D)方式连接。

c.钢筋接头焊接长度控制在−0.5D范围内，咬边控制在0.05D且小于1mm范围内，气孔夹渣在2D长度内且数量少于2个，直径小于3mm，接头外观无明显咬边、凹陷、气孔、烧伤等现象，不允许有裂缝、脱焊点和漏焊点。

d.钢筋绑扎采用双股扎丝，严格按梅花形逐点绑扎牢固，并将绑扎钢筋多余的扎丝头向结构边线内侧弯折，以免因外露形成锈斑，影响混凝土外观观感质量。

(6)预埋件施工

1)顶拱设置6道结构缝，缝宽1cm，每条缝设置宽500mm，厚1.2mm止水铜片，内置聚乙烯闭孔泡沫板；设置7道施工缝，每条缝新增宽500mm，厚1.2mm止水铜片，且止水铜片入下部边墙混凝土面至少50cm。

2)灌浆施工包括回填灌浆,顶拱中部与顶拱中心线夹角成20°布置3个回填灌浆孔(孔径50mm,可采取预埋Φ50mm钢管),纵向间距3m,入岩100mm,灌浆压力0.2MPa,水灰比0.5∶1,灌浆采用钢筋台车或钢模台车作为平台,方案另行报送。

(7)钢模台车安装、就位

台车由专业公司制作,经检验合格后运往现场拼装。门架式边顶拱衬砌钢模台车由底梁、门架、模板总成、顶模架、平移机构、支撑系统、行走系统以及电控系统等部分组成,台车设计长度12.75m。顶拱衬砌钢模台车小洞段总质量约60t,大洞段总质量约65t,理论混凝土衬砌长度12.75m。后期小洞段衬砌完成后将桥机移动至最左端,并将钢模台车由小洞段改为大洞段。

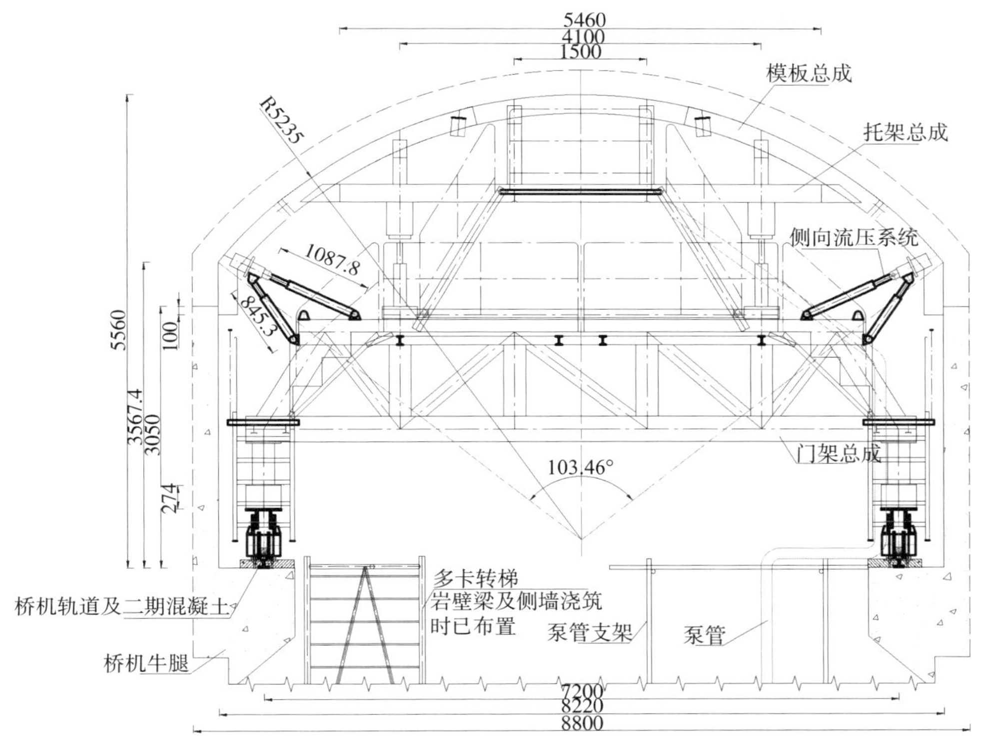

图4-45 钢模台车施工

(8)混凝土浇筑

1)标号及级配。

桥机牛腿以上边墙(含端墙)衬砌混凝土采用C25W8F100(二级配)混凝土进行浇筑,坍落度16~18cm,若采用一级配应经业主、监理同意后实施;顶拱衬砌混凝土采用C25W8F100自密实混凝土进行浇筑,扩散度65±5cm。

2)浇筑手段。

采用1台泵机进行浇筑($20m^3/h$)、3台混凝土搅拌运输车运输混凝土,控制混凝土浇筑上升速度小于50cm/h。

3)泵管固定。

泵管支撑采用岩边墙布置临时施工排架固定,排架间排距为2.0m×1.8m,步距1.8m,每6m为一节加工成一个整体。拼接时采用吊车吊装就位,对接扣件连接固定至桥机牛腿,排架安装完成后采用定位锥或新增⌀22、$L=0.5m$、外露0.2m插筋固定。泵机接引至桥机牛腿后沿钢模台车接引至浇筑部位。

4)浇筑方法。

尾闸洞桥机牛腿以上3.05m高边墙根据现场实际情况,采用钢筋台车作为模板固定架,底部采用木楔块顶紧,中间设置拉条固定。

顶拱采用钢模台车全断面一次性浇筑,端墙采用组合钢模板立模随边顶拱一仓浇筑,施工时将混凝土输送泵的输送管接入钢模台车,并利用混凝土搅拌机、混凝土运输车和混凝土输送泵配合作业进行混凝土浇筑。施工通过工作窗先对模板下部混凝土进行浇筑和振捣,在浇筑过程中陆续关闭工作窗。最后将输送管与模板顶部的注浆口对接,进行最后少量顶部空间浇筑,完成后,将刹尖管中多余混凝土掏掉,并关闭注浆口。浇筑泵输送混凝土速度必须控制在1.0m/h以内,即每边上升高度不得大于1.0m/h。钢模台车最大浇筑混凝土厚度不得大于设计厚度加上0.2m的超挖量。

顶拱端墙采用Φ50或Φ30软轴振捣棒进行振捣和复振,混凝土下料时注意避开结构钢筋等预埋件,下料全过程循环进行,每次下料过程中严格控制坯层厚度,混凝土浇筑必须保持连续性,对已开仓段必须一次性连续浇筑完成,不得出现冷缝或隐形冷缝。人工平仓后采用插入式振捣棒振捣,快插慢拔,振捣棒插入混凝土的间距按不超过振捣棒有效半径的1.5倍,与模板的距离不小于振捣棒有效半径的50%,尽量避免触动钢筋和预埋件,必要时辅以人工捣固密实。振捣宜按顺序垂直插入混凝土,如略有倾斜,倾斜方向应保持一致,以免漏振。单个位置的振捣时间以15~30s为宜,以混凝土不再下沉,不出现气泡,并开始泛浆为止,严禁过振、欠振。振捣完成20min后进行复振,充分排除混凝土内部气泡。顶拱采用附着式振捣器配软轴振捣棒振捣。顶拱混凝土在最顶部设置泵管下料口,采用Φ125钢管制作与钢模台车上封拱器连接。

(9)养护

混凝土浇筑结束后的12~18h,洒水养护,养护时间不少于28d。

(10)台车脱模、移位、拆除

混凝土达到规定养护龄期后,调节液压油缸,使钢模台车脱离混凝土表面,收拢、前移。在下一块待浇仓面上游侧 1.0～2.0m 钢筋网上，人工使用钢刷等工具清除钢模台车上附着的砂浆，喷刷脱模剂。钢模台车行走至下一块待浇筑仓位，就位后继续下一块浇筑。

按照混凝土施工工序，钢筋台车使用完毕后在厂右 0＋127.5～0＋147.5 段进行拆除。拆除汽车吊停放在 5#、6# 闸门井之间的岩台上，高程 129.5m 浇筑底板面。拆除前对台车平台上杂物进行清理，检查结构件焊缝，连接螺栓有无断裂、松动。依次拆除提升机构→上层平台→上层工作梯装置→下层平台→上层门架→下层工作梯装置→固定底梁→下层门架→行走底梁。拆除设备为 1 台 25t 汽车吊及 1 台 12t 随车吊。拆除过程同步利用随车吊将拆除构件转至 66 亩地堆存场。

按照混凝土施工工序，钢模台车使用完毕后在厂右 0＋127.5～0＋147.5 段进行拆除。拆除汽车吊停放在 5#、6# 闸门井之间的岩台上，高程 129.5m 浇筑底板面。钢模台车使用完毕后，对台车平台上杂物、废弃混凝土进行清理，检查结构件焊缝，连接螺栓有无断裂、松动。将钢模台车模板降至最低位置后，依次拆除液压系统→悬挑平台→拐角模板及侧向油缸→顶模模板→顶模架→顶升油缸→平移机构→下层工作梯装置→固定底梁→主门架→行走底梁。拆除设备为 1 台 25t 汽车吊及 1 台 12t 随车吊。拆除过程同步利用随车吊将拆除构件转至 66 亩地堆存场。

(11)堵管预防及应急处理措施

1)混凝土材料。

为减少混凝土坍落度损失影响其流动性，顶拱采用自密实混凝土浇筑。

2)下料及泵管堵管预防措施。

①为减少混凝土车辆现场下料时间，采用 6m^3 混凝土搅拌运输车运输；

②下料点、仓内、巡视人员均配备对讲机进行联系；

③根据现场浇筑入仓强度和混凝土初凝时间，控制好浇筑速度；

④下料点喇叭口设置钢筋网，防止超径石和混凝土结块进入管内导致堵管；

⑤浇筑过程中定时采用少量水湿润泵管；

⑦每仓次浇筑完成后对泵管进行清洗，清除管壁灰浆结块；

⑧实际施工中，根据现场情况将泵管直径改为 150mm。

3)浇筑过程中管理措施。

安排 1 个巡视人员，负责检查下料情况。

4)堵管处理措施。

①配置应急人员，出现堵管后迅速进行检查、疏通或更换管道等处置。

②设置 1 台泵机作为备用，防止泵管堵管。

4.6.8.3 资源配置

(1)主要设备配置

尾闸洞混凝土施工主要机械设备投入情况见表 4-54。

表 4-54 尾闸洞混凝土施工主要机械设备投入情况

序号	设备名称	规格型号	单位	数量	备注
1	随车吊	16t	台	1	
2	混凝土地泵	HTB60	台	2	另备 1 台
3	混凝土搅拌运输车	6～9m^3	台	6	
4	平板拖车	8t	台	1	
5	手风钻	YT-28	台	1	插筋孔等打取
6	高压冲毛机	CM-45/160	台	1	冲洗缝面
7	变频机	—	台	5	
8	全站仪	LeiCa TCR1102	套	1	
9	电焊机	AX3-300-1	台	8	
10	振捣器	Φ50、Φ30	套	12	
11	搅拌机	JJS-2B	台	1	
12	附着式振捣器	—	套	4	

(2)主要人员配置

尾闸洞混凝土施工主要人员投入情况见表 4-55。

表 4-55 尾闸洞混凝土施工主要人员投入情况 (单位:人)

序号	工种	数量	备注
1	架子工	12	
2	混凝土工	15	
3	木工	10	
4	钢筋工	20	
5	电焊工	4	
6	预埋工	6	
7	振捣工	6	
8	司机	8	
9	台车操作工	6	2 台车
10	管理人员	4	技术、施工、质量及安全环保
11	辅工	15	

续表

序号	工种	数量	备注
12	测量工	2	
13	实验员	2	
合计		110	

4.6.9　进/出水口混凝土施工

4.6.9.1　进/出水口混凝土施工方法

(1)施工分段分层

1)渐变段分 2 层施工:第一层浇筑 120°圆弧及底板范围高度 2.5m、第二层一次性浇筑边顶拱高度 5.5m。

2)检修闸门井流道分段共 5 层:底板层高 2.0m、侧墙层高 5.5m、顶拱层高 1.0m、竖井基础一层层高 3.4m、竖井基础二层层高 1.5m。

3)平方段分 4 段每段 3 层:底板层高 1.5m、边墙层高 5.5m、顶拱层高 1.0m。

4)扩散段第一、二段分 4 层:底板层高 1.5m、边墙层高 3.0m、中隔墩层高 3.0m、顶拱层高 1.0m。

5)扩散段第三段分 6 层:底板层高 2.0m、边墙和中隔墩 3 层层高 3.0m、顶拱层高 1.0m、上部结构层高 2.7m。

6)拦污栅段分 6 层:底板层高 2.0m、边墙和中隔墩 3 层层高 3.0m、防涡梁层层高 1.5m、上部结构层高 2.0m。

7)护坦及挡渣坎为 1 层施工,具体分块根据设计要求执行。

(2)施工程序

按照从下至上的施工原则进行,先施工底板再施工边墙和顶拱。主要施工程序如下:

底板:测量放样→处理缝面→安装钢筋、预埋件→安装吊空模板、封头模板→安装浇筑泵管→尾工处理、验收→浇筑底板混凝土→拆模养护。

边墙:测量放样→操作平台搭设→处理缝面→安装边墙钢筋、预埋件→安装边墙模板、封头模板→安装浇筑泵管→尾工处理、验收→浇筑边墙混凝土→拆模养护。

顶拱:测量放样→支撑系统搭设→处理缝面→安装顶拱钢筋、预埋件→安装顶拱模板→封头模板施工→安装浇筑泵管→尾工处理、验收→浇筑顶拱混凝土→拆模养护→拆除排架。

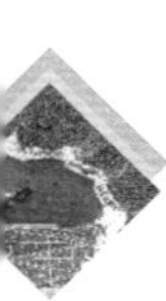

(3)测量放样

施工前专业测量人员根据施工图纸采用全站仪进行测量验收及放样。对进/出水口平方段、扩散段及拦污栅段开挖体型断面进行验收,明确体型是否满足设计要求,对有欠挖(超设计要求)部位进行处理,地质缺陷超挖部位进行认证。体型确认完成后再对施工部位的主要结构控制点进行放样,并标识在可靠明显的位置,测量队出示测量放样单后,现场根据测量放样单进行结构控制。衬砌结构利用锚杆焊接样架筋放出结构边线,模板安装好后进行复测,确保模板安装误差控制在设计范围内。

(4)缝面处理

1)基岩面。

人工清除混凝土浇筑范围内的浮渣、松动岩石及松散软弱夹层等,对局部欠挖地段利用人工配合风镐进行处理直至合格,对岩面进行冲洗,使岩面清洁、无欠挖、无松动,最后进行地质编录及基础验收。

2)施工缝。

水平施工缝在混凝土浇筑完成12~14h后,采用人工或高压水进行冲毛处理,具体冲毛时间根据混凝土初凝和终凝时间而定,缝面确保混凝土表面乳皮、浮浆清除干净,具体以粗砂外露、小石微露为准。

3)结构缝。

结构缝在混凝土终凝后拆除封头模板,将缝面清理干净后,下一仓相邻混凝土施工验仓前粘贴2cm厚的聚乙烯泡沫板。

(5)钢筋制作安装

进/出水口渐变段、检修闸门井流道段、平方段、扩散段及拦污栅段均设置有双层钢筋,现场应严格按照设计图纸及钢筋配料单进行施工,钢筋保护层为5cm,严格控制钢筋间排距、保护层及钢筋连接质量。

1)钢筋制作。

钢筋配料员根据设计图纸、施工技术文件及相关规范要求进行配料设计,并编制加工配料单下发到钢筋加工厂。钢筋加工厂按照加工配料单要求进行加工制作、归类堆放、标识清楚,由施工质检人员联合进行检查、验收,符合要求后方可出厂。

2)钢筋领料及转运。

现场作业队伍领料人员凭钢筋配料单到钢筋加工厂办理该施工部位钢筋领料手续,采用8t随车吊运输到施工部位相邻底板上,然后由人工转运至具体施工仓位进行钢筋绑扎。

3)钢筋安装。

①样架钢筋。

测量队放出结构边线控制点,采用手风钻钻Φ32孔,孔深10cm,采用Φ28钢筋作为架立筋,间距按2m×2m布置。架立筋上焊接与结构钢筋相同规格的钢筋作为样架钢筋。

②钢筋绑扎要求。

a. 钢筋样架铁设置须牢固可靠,所有样架铁与锚杆焊接长度须满足规范要求,测量放样过程中严格控制钢筋保护层厚度。

b. 钢筋可采取焊接(单面焊10D,双面焊5D)或搭接(搭接长度不小于40D)方式连接。

c. 钢筋接头焊接咬边控制在0.05D且小于1mm范围内,气孔夹渣在2D长度内且数量小于2个,直径小于3mm,接头外观无明显咬边、凹陷、气孔、烧伤等现象,不允许有裂缝、脱焊点和漏焊点。

d. 钢筋绑扎采用双股扎丝,严格按梅花形逐点绑扎牢固,并将绑扎钢筋多余的扎丝头向结构边线内侧弯折,以免因外露形成锈斑,影响混凝土外观观感质量。

③预留钢筋要求。

扩散段第一段预留车道时,底板混凝土浇筑时中隔墩部位预留钢筋,竖向钢筋1根钢筋超出流道底板5cm,后期采用加强双面焊接接长钢筋。

扩散段第二段预留车道时,中隔墩钢筋可通过第一段预留,中隔墩靠边墙侧钢筋按规范要求外露钢筋按5cm和125cm错接头,中隔墩另外一侧钢筋竖向钢筋1根钢筋超出流道底板5cm,后期采用加强双面焊接接长钢筋。

(6)预埋件施工

1)止水。

结构缝有A型和C型两种,A型结构缝为2cm厚的低发泡聚乙烯泡沫板;C型结构缝设置有紫铜止水,缝内铺设2cm厚的低发泡聚乙烯泡沫板。紫铜止水环形布置一圈,与衬砌面外露面距离为30cm,止水槽内填沥青麻丝,鼻子外缘薄刷一层沥青漆。止水在施工过程中要采用止水夹或止水围檩进行加固,保证止水中心与缝面垂直相交。

2)排水管。

扩散段第二、三段及拦污栅段底板布置有排水孔,扩散段第二、三段排水孔按照1.6m×1.6m进行布置,拦污栅段排水孔按照2m×2m进行布置。排水孔采用DN100硬质PVC排水管,入岩10cm。混凝土浇筑前管内填充砂,在混凝土施工完成后找出、疏通。

3)固结灌浆管。

进/出水口底板设有固结灌浆系统,在衬砌混凝土施工过程中预埋 DN50 PVC 作为固结灌浆导向管,纵向间距按照 3m 进行控制,利用结构钢筋和 Φ12 钢筋进行加固,管口紧贴模板并做明显标识,模板拆除后须全部找出。固结灌浆时通过固结灌浆导向管向基岩钻孔 400cm 后灌浆,灌浆压力 1.5MPa,水灰比 0.6∶1~1∶1。

4)回填灌浆管。

渐变段、平方段和扩散段第一段顶拱设有回填灌浆系统,在衬砌混凝土施工过程中预埋 DN50 PVC 管作为回填灌浆导向管,纵向间距按照 3m 进行控制,利用结构钢筋和 Φ12 钢筋进行加固,管口紧贴模板并做明显标识,模板拆除后须全部找出。回填灌浆时通过回填灌浆管向基岩钻孔 10cm 后灌浆,灌浆压力 0.4MPa,水灰比 0.5∶1。

5)机电仪埋设施。

底板设有接地等仪埋设施,拦污栅门槽设有门槽轨道安装预埋件,侧墙埋设水位测量埋管。按照施工图纸要求,对每一个部位进行详细检查、安装,做好土建与相关单位的配合工作,确保不漏项、错项。

(7)模板安装

1)模板规划。

渐变段模板采用定型钢模板施工;检修闸门井过流段采用组合钢模板+木模板施工;平方段模板采用组合钢模板施工;扩散段第一段侧墙采用组合钢模板,顶拱采用组合钢模板配合木模板补缝;扩散段第二段侧墙采用无腿支架多卡模板和木模板补缝,顶拱采用组合钢模板配合木模板补缝;扩散段第三段侧墙采用无腿支架多卡模板,顶拱上部结构采用组合钢模板,顶拱采用组合钢模板配合木模板补缝,封头模板主要采用散装钢模板和木模板施工。

2)模板加固。

混凝土侧墙及隔流墩模板采用内拉内撑或内撑外撑方式加固,或者采用内撑对拉的方式进行加固。内撑采用 Φ20 钢筋进行,内撑间距按照 150cm 进行控制,拉条采用 Φ12mm 圆钢。封头模板采用 Φ16mm 圆钢拉条配合内撑加固。边坡组合钢模板采用内拉内撑加固。边墙衬砌高度大于 3m 且采用组合钢模板一层浇筑,拉条加固采用 Φ16@75×75cm,围檩采用 $10^{\#}$ 槽钢背架,加固采用双螺帽。

3)控制要求。

相邻两面板错台保证在 2mm 以内;局部不平整度保证在 5mm 以内(2m 靠尺进行检查);板面间缝隙保证在 2mm 以内;模板与设计结构边线控制在 0~10mm;承重模板标高 0~5mm。

每仓模板在安装前须对表面杂物进行清理,涂刷一层清质的色拉油或脱模剂。要求模板安装前对先浇混凝土顶口粘贴双面胶，保证模板与老混凝土面接缝严密，模板底口压边在先浇混凝土外侧 3～5cm 为宜。

(8)顶拱支撑体系搭设及拆除

1)支撑体系规划。

①渐变段顶拱衬砌混凝土采用 Φ48×3.5mm 钢管排架进行支撑，排架搭设间排距 75cm×64cm 进行控制，步距 90cm。

②检修闸门井段顶拱衬砌混凝土采用 Φ48×3.5mm 钢管排架进行支撑，排架搭设间排距 75cm×65cm 进行控制，步距 90cm。

③平方段顶拱衬砌混凝土采用 Φ48×3.5mm 钢管排架进行支撑，排架搭设间排距 75cm×52cm 进行控制，步距 90cm。

④1# 和 3# 尾水洞平方段顶拱施工在 2# 检修闸门井施工期间，采用型钢支撑架＋脚手架支撑。

⑤扩散段顶拱衬砌混凝土采用 Φ48×3.5mm 钢管排架进行支撑，排架搭设间排距 75cm×60cm 进行控制，步距 90cm。扩散段第三段顶拱施工时，在 1#、3# 尾水洞预留车道部位，采用钢牛腿＋工字钢＋脚手架支撑。

⑥拦污栅段防涡梁采用 Φ48×3.5mm 钢管排架进行支撑，排架搭设间排距 80×65cm 进行控制，步距 105cm。拦污栅段防涡梁顶拱施工时，在 1#、3# 尾水洞预留车道部位，采用钢牛腿＋工字钢＋脚手架支撑。

⑦平方段顶拱施工排架可使用整体移动式排架的方式施工，在流向立杆底部设置[10 槽钢，槽钢上焊有 7cm 长的Φ25 钢筋，排架立杆在Φ25 钢筋上搭设；槽钢下部放有横向钢管，以便拉动排架减小阻力，排架支撑施工时在每根立杆对应的槽钢下插入木楔子，使排架受力全部传到地面。

排架在移动过程中须断开与墙面的所有连接，排架移动后须对排架进行检查，保证其结构完整及安全。须将移动排架移动的地面处理平整，无起伏。

⑧排架横向剪刀撑(沿顺水流方向)4.5m 布置 1 道，纵向间距 2.25m，共布置 2～3 道，水平剪刀撑设置 2 层，排架剪刀撑与立杆采用万向扣件相接。

⑨排架顶部设置 T32 支撑头，上部放置 I 10 工字钢，槽钢上部按照 30cm 间距布置钢筋骨架，钢筋骨架由Φ36 钢筋和Φ28 钢筋加工而成。

⑩排架通道按规范搭设，通道底部设置安全网，施工部位设置 1.2m 标准栏杆。

2)支撑体系的搭设与拆除。

支撑体系采用 Φ48×3.5mm 钢管排架搭设，排架搭设拆除按相关要求执行。

(9)混凝土浇筑

1)标号及级配。

进/出水口混凝土采用 C25W8F100(二级配)混凝土进行浇筑；前池底板及挡渣坎混

凝土采用 C25W8F100(二级配)混凝土进行浇筑;渐变段、平方段及扩散段第一段顶拱分为两个批层浇筑,第一批层(过流面)采用附着式或长轴振捣器浇筑泵送混凝土,第二批层人员无法振捣,采用 C25W8F100 自密实混凝土进行浇筑,扩散度为 60±5cm。

2)浇筑手段。

底板及侧墙采用 2 台(1 用 1 备)泵机进行浇筑($60m^3/h$)、4 台混凝土搅拌运输车进行运输混凝土。

洞内顶拱混凝土采用 2 台泵机进行浇筑,控制混凝土浇筑上升速度小于 50cm/h。

洞外支墩侧墙及顶拱混凝土采用泵机进行浇筑,C7050 塔辅助。

3)浇筑方法。

底板混凝土浇筑采用泵送混凝土配合混凝土搅拌运输车直接入仓,采用 Φ50 或 Φ70 软轴振捣棒进行振捣和复振,边墙、隔墩及顶拱采用泵机供料。

采用平浇法进行浇筑,坯层厚度按照 30~50cm 控制。混凝土下料时注意避开结构钢筋等预埋件,下料全过程循环进行,每次下料过程中严格控制坯层厚度,混凝土浇筑对已开仓段必须一次性连续浇筑完成,不得出现冷缝或隐形冷缝。

人工平仓后采用插入式振捣棒振捣,快插慢拔,振捣棒插入混凝土的间距按不超过振捣棒有效半径的 1.5 倍,与模板的距离不小于振捣棒有效半径的 50%,尽量避免触动钢筋和预埋件,必要时辅以人工捣固密实。振捣宜按顺序垂直插入混凝土,如略有倾斜,倾斜方向应保持一致,以免漏振。单个位置的振捣时间以 15~30s 为宜,以混凝土不再下沉,不出现气泡,并开始泛浆为止,严禁过振、欠振。振捣完成 20min 后,进行复振,充分排除混凝土内部气泡。

顶拱自密实混凝土设置泵管下料口,自制泵管 Φ125 钢管制作。每段顶拱均须埋设自制泵管,顶拱浇筑宜采用跳仓浇筑。若浇筑仓位两端存在操作空间,则将两根泵管分别埋设在上游 3m 处及下游封头处,两根泵管均匀布置,间距为 6m,自密实混凝土直接从顶部 Φ125 钢管入仓;浇筑仓位两端不存在操作空间的,在顶拱最高位置埋设两个封孔器平均布置,仓内泵管向上延伸 0.7m。

泵管水平段要求与排架隔离,竖直段底部不得与排架连接。底板永久面采用收仓样架配合刮尺,人工进行抹面收光处理。

(10)拆模及养护

侧墙及封头模板拆除时间控制在 20h 后进行,混凝土强度要达到 3.5MPa,具体以保证混凝土结构不变形和棱角不被破坏为原则。

洞内顶拱混凝土在混凝土收仓完成 5d 后进行拆除。

承重模板及承重排架拆除时注意按照“先安装的后拆,后安装的先拆;非承重构件先拆除,承重构件后拆除”的原则,自上而下的一次性拆除。混凝土浇筑完成后,采取洒水对混凝土进行养护，养护时间按照不小于28d龄期进行控制。

4.6.9.2 联系洞封堵

(1)主要施工程序

断面测量验收→路面、侧墙和顶拱碎石清除→裸岩灌浆→回填灌浆管路预埋件安装→模板施工→混凝土浇筑→回填灌浆施工→锥式固结灌浆施工→灌浆质量检查。

(2)裸岩固结灌浆

联系洞封堵裸岩灌浆参照PDX1封堵体进行布置，裸岩固结灌浆每环8个孔，梅花形布置，排距离2.5m，孔深入岩2.5m，钻孔方向垂直于开挖断面。

1)固结灌浆工艺控制。

①灌浆采用纯压式灌浆法，按环间分序、环内加密的原则进行。

②固结灌浆宜采用单孔灌浆的方法，裸岩固结灌浆孔深入岩2.5m，可全孔一次性灌浆；当地质条件不良或有特殊要求时，可分段灌浆。

③灌浆压力1.5MPa，可根据实际情况尽可能提高灌浆压力。

④灌浆水泥强度等级不低于42.5，裸岩固结灌浆压力1.5MPa灌浆水灰比可采用3∶1、2∶1、1∶1、0.8∶1、0.6∶1。当灌浆压力保持不变，注入率持续减少时，或当注入率保持不变而灌浆压力持续升高时，不得改变水灰比。

⑤当某一级浆液注入量达到300L以上，或灌注时间达到1h，而灌浆压力和注入率均无显著改变时，换浓一级水灰比浆液灌注；当注入率大于30L/min时，根据施工具体情况，可越级变浓。

⑥固结灌浆在规定压力下，当灌入率不大于1L/min，继续灌注30min，灌浆即结束。

2)裸岩固结灌浆质量检查。

①固结灌浆质量检查采用压水检查进行综合评定。

②压水试验检查应在该部位灌浆结束3～7d后进行。压水试验采用“单点法”进行，检查压力为灌浆压力的80%，但灌浆压力超过1MPa时则采用1MPa。压围岩透水率小于0.5Lu，检查结束后应进行灌浆和封孔。灌前5%单点压水检查，灌后5%单点压水检查。

(3)回填灌浆预埋件施工

回填灌浆管采用DN40钢管。拱顶进浆主管布置6根(1管3孔)，拱顶排气管兼出浆管布置2根(1管3孔)，灌浆管用Φ16锚杆固定，锚杆水平间距为1.0m，深入岩石0.2m，外露30cm，弯直钩15cm，以保证预埋管路牢固。

灌浆主管每隔2.5m布置1根灌浆支管(DN40钢管)，支管与主管采用弯头、三通连接，灌浆支管要求入岩0.1m，采用手风钻钻孔，孔径Φ42mm，孔深0.15m，待每段浇筑

施工完成，封堵混凝土达70%的设计强度后进行回填灌浆。

(4)封堵混凝土浇筑

为满足混凝土浇筑施工需要，须在混凝土浇筑仓内搭设工作平台，并且埋入封堵段内，工作平台采用Φ25钢筋搭设，Φ25钢筋搭设的横纵间距为1.5m×2.0m，步距1.0m，节点处采用焊接进行加固，工作平台横向每隔3跨布置1道剪刀撑，纵向两侧各设1道剪刀撑，平台上铺设竹跳板并用铁丝绑扎牢靠，所形成的竹跳板平台作为泵管安装、拆除和人工振捣平台。

封堵混凝土两端模板采用3015及1015散装组合钢模板施工，局部与基岩结合部位使用木模板补缺。散装组合钢模板采用内拉内撑的方式进行固定，横竖围檩均采用38mm钢管，内支撑采用Φ25钢筋。内拉拉条采用Φ16mm圆钢，利用基岩面钻孔埋设Φ25锚筋固定，插筋锚入基岩50cm，灌注砂浆，孔口铁楔固定。拉条外侧采用方钢瓦斯、双螺帽固定，拉条间排距70cm×75cm。封堵体顶部(上层)采用自密实混凝土施工，待混凝土浇筑到入仓口高程后再将缺口立模封堵。预留缺口处模板拉条固定Φ25插筋，须提前在顶部基岩钻孔埋设，埋设要求同底板插筋。

混凝土采用6～9m^{3}混凝土搅拌运输车运输，由混凝土泵管泵送入仓。为满足混凝土泵送施工要求，采用C25二级配混凝土泵送，坍落度16～18cm，顶拱约1.0m范围，人员无法振捣的部位采用C25一级配自密实混凝土，扩散度60±5cm。

混凝土浇筑前检查泵管架设是否牢固，泵管连接是否可靠。混凝土泵机启动后，应先泵送适量水以湿润混凝土泵的料斗、活塞及输送管的内壁等直接与混凝土接触部位，然后采用砂浆润滑泵管。

顶部混凝土浇筑时，在泵机打不进料后，泵机可停止供料，保持压力30min。利用氧气乙炔焊枪对外露管口进行加热，使管内混凝土尽早凝固封闭管口，再倒换至另一根泵管，直至封头模板顶部砂浆溢出时.最后按照上述操作程序，直至泵管拆除。

回填混凝土均采用平浇法浇筑，每坯层厚度为40～50cm。混凝土采用Φ70mm软轴振捣棒进行振捣，直至无气泡泛起为止，振捣时振捣棒需要直上直下，快插慢拔。振捣器与模板的垂直距离不应小于振捣器有效半径的1/2，并不得触动拉条及预埋锚筋，以免锚筋松动。

此外，由于联系洞封堵顶拱处存在人员无法振捣部位，采用自密实混凝土浇筑。浇筑前在洞内预埋Φ150mm钢管(钢管直径应与泵机泵管接口吻合)，预埋管布置及出料口位置设置结合封堵长度，出料口距基岩15～20cm。

混凝土浇筑12～18h后进行拆模。拆卸下来的材料妥善保存，不得损坏，模板要及时清理维修，将表面杂物清理干净，表面涂刷一层脱模剂保护。

混凝土浇筑12～18h内对混凝土表面进行洒水养护，养护期为28d，养护期内保持混凝土表面始终处于湿润状态。

(5)回填灌浆

封堵回填灌浆按图纸分为一个区段进行灌浆，回填灌浆管路系统在回填混凝土浇筑前埋设。回填灌浆须在混凝土回填完毕，且间隔不少于7d方可施工。灌浆时先从进浆管进浆，灌浆过程中，当高处灌浆管出浆，且浆液密度达到或接近进浆密度时，将出浆管口扎死(出浆管视为与灌浆管一同结束，不再另行灌浆)，然后继续灌注至正常结束；当低处灌浆管出浆时，高处管口未出浆或出浆密度未达到进浆密度且不再出浆时，则所灌低处管应灌注达到结束标准后，再对高处未出浆或出浆不畅的管口进行灌注。以此类推，直至该单元灌浆结束，回填灌浆施工采用三参数灌浆记录仪进行记录。

灌浆压力：回填灌浆压力0.3～0.5MPa，水灰比0.5∶1，空隙大的部位宜采用水泥砂浆进行灌注，掺砂量不宜大于水泥量的200%。

灌浆浆液：回填灌浆浆液的水灰比应为0.6∶1或0.5∶1。空腔大的部位应灌注水泥砂浆，掺砂量不应大于水泥质量的200%。

结束标准：回填灌浆在规定的压力下，灌浆孔停止吸浆，并继续灌注10min后即可结束；若回浆管出浆不畅或灌浆过程中被堵塞时，在顺灌结束后，立即对回浆管进行倒灌，结束标准同上。所有灌浆管灌浆结束后，待灌浆管内水泥凝固后将露出混凝土表面的埋管割除，然后人工进行抹平。

质量检查：在该部位回填灌浆结束7d后进行。检查孔布置在脱空较大，可在回填灌浆预埋管施工时埋1根DN40钢管作为回填灌浆检查孔，回填灌浆检查孔钻孔孔径42mm，回填灌浆检查孔预埋管支管深入基岩30cm。

回填灌浆检查孔向预埋管内注入水灰比2∶1水泥浆液，在设计规定的压力下，初始10min内注入量不超过10L即为合格。

封孔：灌浆孔灌浆及检查孔检查结束后，排出预埋管内2∶1水泥浆液，采用0.6∶1或0.5∶1浓浆高压封孔，待浆液达到初凝状态即可结束封孔，待灌浆管内水泥凝固后将露出混凝土表面的埋管割除，然后人工进行抹平。

(6)锥形固结灌浆

封堵体两端堵头各两环锥形固结，第一、四环锥形固结灌浆孔钻孔角度30°，孔深9m。第二、三环锥形固结灌浆钻孔角度50°，孔深8m。

锥形固结灌浆施工程序：锥形固结灌浆应在回填灌浆完成至少7d后进行，并在锥形固结灌浆的同时兼作围岩与混凝土之间的接缝灌浆，具体施工程序：测量放样→锥形固结灌浆孔钻孔→冲洗(压水试验)→灌浆→封孔→灌浆质量检查。

1)灌浆工艺控制。

①灌浆采用纯压式灌浆法,按环间分序、环内加密的原则进行。

②锥形固结灌浆宜采用单孔卡塞灌浆的方法,全孔分为两段自上而下灌浆,灌浆孔第一段段长入岩 3m,第二段段长入岩不大于 6m。

③灌浆压力 1.5MPa,根据实际情况尽可能提高灌浆压力。

④锥形固结灌浆压力 1.5MPa,灌浆水灰比可采用 3∶1、2∶1、1∶1、0.8∶1、0.6∶1。当灌浆压力保持不变,注入率持续减少时,或当注入率保持不变而灌浆压力持续升高时,不得改变水灰比。

⑤当某一级浆液注入量已达 300L 以上,或灌注时间达 1h,而灌浆压力和注入率均无显著改变时,换浓一级水灰比浆液灌注;当注入率大于 30L/min 时,根据施工具体情况,可越级变浓。

⑥锥形固结灌浆在规定压力下,当灌入率不大于 1L/min,继续灌注 30min,灌浆即结束。

2)锥形固结灌浆质量检查。

①锥形固结灌浆质量检查采用压水检查进行综合评定。

②压水试验检查应在该部位灌浆结束 3d 后进行。压水试验采用"单点法"进行,检查孔压水压力为灌浆压力的 80%,若该值大于 1MPa 时,则采用 1MPa,围岩透水率小于 0.5Lu,检查结束后应进行灌浆和封孔。灌前 5%单点压水检查,灌后 5%单点压水检查。

4.6.9.3 施工资源配置

进/出水口混凝土施工机械设备配置情况见表 4-56,进/出水口混凝土施工人员配置情况见表 4-57。

表 4-56　　进/出水口混凝土施工机械设备配置情况

序号	设备材料名称	规格型号	单位	数量	备注
1	建筑塔吊	C7050	台	1	材料运输、吊装模板、辅助浇筑混凝土
2	随车吊	8t	辆	1	运输钢筋、材料
3	汽车吊	16t	台	1	浇筑设备、调运材料
4	汽车吊	25t	台	1	边坡高程 236.0m 以上辅助手段
5	自卸汽车	10t	辆	2	材料及混凝土运输
6	混凝土搅拌运输车	$6m^3$	辆	6	混凝土运输
7	泵机	—	台	2	混凝土输送

续表

序号	设备材料名称	规格型号	单位	数量	备注
8	装载机	Z50	台	1	整体移动排架和型钢支撑系统
9	软轴振捣棒	Φ50mm	根	10	混凝土振捣
10	软轴振捣棒	Φ70mm	根	10	混凝土振捣
11	空压机	$20m^3/min$	台	1	—
12	空压机	$9m^3/min$	台	2	—
13	手风钻	YT-28	台	2	插筋孔等打取
14	高压冲毛机	CM～45/160	台	1	冲洗缝面
15	变频机	—	台	10	—
16	焊机	—	台	10	钢筋焊接
17	注浆机	BW～250/50	台	1	插筋注浆
18	型钢	—	t	48	1条尾水洞
19	钢管	Φ48×3.5mm	t	160	4个仓
20	水泵	QW50～20	台	4	排水
21	无腿支架多卡模板	3.0m×3.1m	块	74	3段扩散段、拦污栅段满配1套
22	组合钢模板	P6015	块	484	单洞1套模板
23	组合钢模板	P3015	块	40	单洞1套模板
24	组合钢模板	P1015	块	488	单洞1套模板
25	中墩圆弧定型钢模板	升层3.0m	套	4	1套(两对)
26	渐变段定型钢模板	—	套	1	转移使用

表4-57　　进/出水口混凝土施工人员配置情况　　(单位:人)

序号	工种	数量	备注
1	汽车驾驶员	22	混凝土搅拌运输车、随车吊等驾驶
2	预埋工	5	排水管、止水等预埋
3	木工	40	模板安装
4	钢筋工	30	钢筋绑扎,接头焊接
5	浇筑工	20	混凝土浇筑
6	电工	4	照明电路管理
7	起重工	4	起重指挥
8	普工	30	清基等人员
9	试验人员	4	—
10	测量人员	6	—

续表

序号	工种	数量	备注
11	管理人员	24	—
12	泵机操作工	4	—
合计		193	

4.6.10 启闭机房混凝土施工

4.6.10.1 施工程序

启闭机房混凝土按照柱基础→柱→梁、板顺序施工，通气道、雨棚、楼梯施工跟进。

混凝土施工主要包括基岩面清理、排架施工、模板及预埋件安装、钢筋绑扎、混凝土浇筑及养护等。

(1)柱施工工艺流程

测量放样→施工排架搭设→钢筋绑扎→预埋件施工→模板安装→混凝土浇筑→养护。

(2)梁、板施工工艺流程

测量放样→承重排架搭设→模板安装→钢筋绑扎→预埋件施工→混凝土浇筑→养护。

4.6.10.2 施工方法

(1)施工分层

根据启闭机房混凝土体型结构及特点，启闭机房层以下分 5 个浇筑层：

1)高程 250.00～256.60m 为第 1 层，层高 6.5m；

2)高程 256.60～263.45m 为第 2 层，层高 6.85m；

3)高程 263.45～269.80m 为第 3 层，层高 6.35m；

4)高程 269.80～272.40m 为第 4 层，层高 2.6m；

5)高程 272.40～276.35m 为第 5 层，层高 3.95m。

(2)测量放样

采用全站仪进行测量放样，专业人员将控制点线标示在明显的固定位置，确定柱、梁、板混凝土浇筑顶部高程，并做好明显标记。

(3)缝面处理

施工缝在混凝土浇筑完成 12～14h 后采用人工或高压水进行冲毛处理，具体冲毛时间根据混凝土初凝和终凝时间而定，确保缝面混凝土表面乳皮、浮浆清除干净，具体以粗砂外露、小石微露为准。

(4)钢筋制作安装

1)钢筋加工。

钢筋在钢筋加工厂集中加工制作，下料前编制钢筋下料单，按钢筋下料单加工制作，制作钢筋时按设计钢筋形式放样，制作完成后挂牌堆放。加工制作时，要注意钢筋的尺寸以设计图纸上的钢筋外径尺寸为准，并适当扣减钢筋弯曲拉长后的伸长部分；标牌时注明安装部位及梁、板、柱的编号，以免错乱，便于使用。使用时按柱、梁、板的安装顺序运输至现场绑扎。

2)钢筋连接。

框架梁的纵筋接头按设计图纸要求采用焊接的形式。受力钢筋接头位置相互错开并布置在受力较小处，梁上部钢筋的焊接位置在跨中 1/3 跨度内，梁下部钢筋的接头位置在支座处，在同一搭接区段内钢筋搭接接头面积不得超过 50%，箍筋必须为封闭式，非焊接箍筋的末端应做成 135°弯钩，梁上层钢筋及柱钢筋不得在距支座 1/4 梁净跨范围内断接，梁下层钢筋不得在跨中 1/3 梁净跨范围内断接。

3)钢筋绑扎。

板钢筋的绑扎在板面模板安装加固结束后进行。板钢筋绑扎直接在楼面模板上按设计间排距进行，并依据需要采用等标号预制混凝土垫块垫出保护层。板钢筋网交点按跳空扎牢，并与梁钢筋绑扎牢固，保证受力钢筋不偏移，防止浇筑混凝土时发生移位。

梁、柱绑扎时，重点在于梁、柱接头处的钢筋安放，安装时按设计图纸中要求的规格、数量和位置准确、间距均匀地排放主筋。为保证柱主筋位置的准确，在钢筋绑扎操作面上进行定位放线，按照轴线尺寸进行绑扎并拉通线校正柱筋，在柱钢筋脚部设置锁脚箍筋。电焊点焊固定于基梁钢筋上，防止混凝土浇筑时发生竖钢筋移位、偏移。

箍筋在柱、梁主筋上分别标注出图纸所要求的间距，柱箍要同时控制箍筋是否水平，梁箍要同时控制箍筋是否垂直。箍筋垂直于梁受力筋，其弯钩错开且弯钩的朝向摆放正确。特别注意梁、柱节点核心区的箍筋绑扎，确保核心箍的数量及绑扎质量。

(5)预埋件施工

启闭机房层预埋 4 个 62×62×2cm 钢板，每块钢板采用⌀ 20 锚筋固定，中间开 Φ10mm 孔。

启闭机房层以上预埋主要为吊车梁、钢爬梯、钢板凳和相应接地埋件。预埋件按照设计图纸要求进行厂内加工，经检查验收合格后运至现场施工。现场按照设计图纸标示的高程、位置埋设，埋设时焊接加固，接地埋件预留端和引出端做油漆标识。

(6)模板安装

模板支撑采用 Φ48.3×3.6mm 钢管脚手架支撑体系，梁、柱、板模板以组合 1.5cm

胶合板为主(或组合钢模板),木模配合使用。模板具有足够的强度、刚度和稳定性,能承受浇筑、振捣混凝土时所产生的侧压力;支撑或支架保证有足够的支撑面以保证浇筑混凝土时不致发生下沉而影响轴线、标高。模板安装时,尽量构造简单、装拆方便利于钢筋绑扎和混凝土的浇筑养护。模板安装拼缝严密,不得漏浆。

1)柱模板。

柱模板采用1.5cm胶合板或组合钢模,在钢筋安装完成验收后开始安装模板。模板与钢筋间用预制混凝土垫块垫出钢筋保护层,模板竖向采用5×10木方@0.2~0.3m,水平采用Φ48钢管围檩@75cm固定,用Φ16拉筋对拉加固。为增加模板的稳定性,模板系统必须与施工平台或梁、板支撑满堂架牢固连接。柱模板的安装顺序:复核轴线、标高→凿毛柱脚混凝土表面并冲洗干净→搭安装架→模板拼装→检查对角线、拉通线校正垂直度→安装柱箍、固定柱身→加固安装架→清除柱内杂物→封闭清渣口→浇筑混凝土。

2)楼板模板。

楼板为现浇楼板,支撑采用Φ48.3×3.6mm钢管搭设满堂脚手架,脚手架间排距为90cm×90cm,步距120cm,横纵向每4跨布置1道剪刀撑,立杆间设双向水平撑。满堂脚手架搭设结束后,按设计高程设置顶托T32支撑头,上铺[10槽钢,并采用Φ48.3×3.6mm钢管按30cm的间距找平,最后直接在找平层上铺设1.5cm胶合板或组合钢模,局部采用木模补缝,用铅丝将模板牢固绑在找平层钢管上。

3)梁模板。

梁的支撑体系与板的支撑体系相结合,在梁底支撑部位把钢管间排距加密为40(45、50、90)×50cm作为梁的支撑体系,并与板的支撑体系紧密连接。梁底模板的安装与板底模板的安装方法相同。梁体钢筋安装结束验收后开始安装侧模,侧模的加固根据现场条件可采用钢管对撑或Φ12、Φ14拉筋对拉加固。梁的底模摆放好,拉通线校直固定,梁侧模拉通线校直固定,以保证垂直、通顺。梁模板安装顺序:复核轴线→搭设支架→引测标高→安装梁的底模→拉通线校直、固定→钢筋安装验收→立梁侧模→拉通线校正、支撑模板。

4)楼梯模板。

楼梯支撑体系与板的支撑体系相结合,在楼梯底支撑部位把钢管间排距加密为60cm,并与板的支撑体系紧密连接。楼梯模板采用1.5cm厚的胶合板或组合钢模板,模板的安装与板底模板的安装方法相同。楼梯钢筋安装结束验收后开始安装侧模,侧模的加固根据现场条件可采用钢管对撑或Φ14拉筋对拉加固。楼梯的底模摆放好,拉通线校直固定,梁侧模拉通线校直固定,以保证垂直、通顺。楼梯模板安装顺序:复核轴线→搭设支架→引测标高→楼梯的底模安装→拉通线校直、固定→钢筋安装验收→立楼梯侧模→拉通线校正、支撑模板。

5)防漏浆措施。

柱、梁模板采用1.5cm厚的胶合板或组合钢模板拼装,其水平缝、竖缝在拼装过程中均夹入海绵条将模板缝堵严。楼板模板使用1.5cm厚的胶合板或组合钢模板拼接,接缝贴胶带纸。

(7)排架搭设、拆除及模板安装

1)排架体系规划。

①楼板混凝土采用Φ48.3×3.6mm钢管排架进行支撑,排架搭设间排距90cm×90cm进行控制,步距120cm,搭设高度13.45m。

②梁混凝土采用Φ48.3×3.6mm钢管排架进行支撑,排架搭设间排距40(50、90)cm×50cm进行控制,步距120cm。柱施工排架随浇筑面上升。

③楼梯混凝土采用Φ48.3×3.6mm钢管排架进行支撑,排架搭设间排距60cm×80cm进行控制,步距120cm(根据实际情况调整)。施工排架随浇筑面上升。

④顶板混凝土采用Φ48.3×3.6mm钢管脚手架进行支撑,脚手架结合梁板柱位置进行布设,最大间排距105cm×100cm,最小间排距70cm×90cm,步距120cm。脚手架横纵向剪刀撑每隔3跨布置1道,纵横向各布置4道。水平剪刀撑垂直每隔3步设置1道,共布置3层。

⑤启闭机房启闭机已经安装投用情况下,启闭机影响范围利用吊车梁设置Ⅰ25a工字钢主梁,间距34.5cm。主梁上铺设Ⅰ10工字钢次梁,次梁间距85～100cm。Ⅰ10工字钢顶面对应脚手架钢管立杆的位置焊接长10cmΦ25钢筋对排架立杆限位,排架立杆安装时插在Φ25钢筋上,工字钢范围混凝土支撑满堂脚手架在次梁上部进行搭设施工。

⑥启闭机房外侧采用Φ48.3×3.6mm钢管搭设安全操作脚手架,脚手架搭设间排距按100cm×150cm进行控制,步距180cm,安全操作脚手架随浇筑面上升逐层搭设,并利用Φ48.3×3.6mm钢管设置抱箍与立柱加固,垂直间距3.6m。外立面全布置剪刀撑,脚手架剪刀撑与立杆采用万向扣件相接。

⑦排架剪刀撑横纵向每隔3跨布置1道,外立面全布置剪刀撑,排架剪刀撑与立杆采用万向扣件相接。

⑧启闭机房以下闸门井口采用Ⅰ25工字钢＋钢跳板＋铁皮防护封闭,通气孔采用Ⅰ16工字钢＋钢跳板＋铁皮防护封闭。导流泄放洞启闭机采用Ⅰ16工字钢支架＋钢跳板＋铁皮防护封闭,配电柜采用Φ48mm钢管＋钢跳板＋铁皮防护。

2)支撑体系搭设拆除。

支撑体系采用Φ48×3.5mm钢管排架搭设,排架搭设拆除按相关要求执行。

3)工字钢梁安装与拆除。

①工字钢梁安装。

启闭机房高程 263.45～269.80m 梁、板、柱施工前先采用Ⅰ16 工字钢支架＋钢跳板＋铁皮对启闭机及配电柜进行防护。该层梁、板、柱浇筑完成后，利用 50t 吊车将检修单梁电动小车吊装就位。电动小车调试完成后，移动至启闭机影响区域外。再利用 25t 吊车逐根进行吊车梁上部 18 根Ⅰ25a 工字钢主梁安装，Ⅰ25a 工字钢主梁按照施工图纸要求位置进行架设，间距 34.5cm。架设完成后，对工字钢主梁高程位置进行调整并利用 Φ25 钢筋加固。Ⅰ25a 工字钢主梁安装调整完成后，按照施工图纸技术要求进行上部Ⅰ10 工字钢次梁安装，Ⅰ10 工字钢与Ⅰ25a 工字钢主梁通过点焊固定。Ⅰ25a 工字钢主梁底部两端利用支撑排架设置 Φ48mm 钢管斜撑，间距 1m。

②工字钢梁拆除。

工字钢梁拆除顺序：工字钢梁上部脚手架拆除→工字钢梁下部辅助拆除脚手架搭设→Ⅰ10 工字钢次梁拆除→Ⅰ25 工字钢主梁拆除。

a. 工字钢梁上部脚手架拆除。

启闭机房高程 263.45～276.35m 梁板柱及屋顶浇筑完成后，先进行高程 269.8m 以上屋顶及墙面结构装修工程。待相应装修施工完成，启闭机房工字钢梁上部脚手架不需要辅助施工后，启动工字钢梁上部脚手架拆除，保留高程 269.8m 平台以下支撑体系及外围操作脚手架平台，便于后续 25t 吊车转运材料。脚手架拆除按照从上至下原则逐层进行，拆除的钢管材料及时转运回收。

b. 工字钢梁下部辅助拆除脚手架搭设。

在高程 263.45m 启闭机防护钢平台上部设置 3 根[10 槽钢垫梁，间距 1.5m。在垫梁上部搭设操作脚手架，脚手架间排距 1.5m，步距 1.5m。脚手架顶部铺设钢跳板形成人员作业平台。

c. Ⅰ10 工字钢次梁拆除。

施工人员站在辅助拆除脚手架上部作业平台，从一端逐一进行Ⅰ10 工字钢次梁拆除，拆除的Ⅰ10 工字钢人工转运至高程 269.80m 平台临边范围，再利用 25t 吊车转运回收。

d. Ⅰ25 工字钢次梁拆除。

Ⅰ25 工字钢拆除须配备 1 个 1t 手拉葫芦、4 名作业人员。Ⅰ25 工字钢主梁拆除按照从一侧向另一侧逐一进行，拆除步骤如下：

Ⅰ. 施工人员站在辅助拆除脚手架上部作业平台上，将待拆除的单根Ⅰ25 工字钢 Φ25 加固钢筋割除。

Ⅱ. 在Ⅰ25 工字钢转运水平移动侧端部及 1/2 处焊接 Φ12 拉环，转运水平移动侧利用 1t 手拉葫芦分别与高程 269.8m 平台固定点及 Φ12 吊环连接，牵引Ⅰ25 工字钢向高程 269.8m 外围脚手架平台移动。

Ⅲ.Ⅰ25 工字钢通过水平移动至高程 269.8m 外围脚手架平台，再通过 25t 吊车起吊转运至高程 250.0m 平台回收。

Ⅳ.按照上述步骤重复，逐一进行后续Ⅰ25 工字钢拆除。

(8)混凝土浇筑

1)标号及级配。

混凝土标号为 C30F100。天泵浇筑为一级配混凝土，地泵浇筑为二级配混凝土，坍落度 16～18cm。

2)浇筑手段。

主要采用 1 台天泵入仓($20m^3/h$)、2 台(1 用 1 备)HTB60 泵机接泵管至工作面进行混凝土浇筑、3 台混凝土搅拌运输车运输混凝土，控制混凝土浇筑上升速度小于 50cm/h。

3)板、梁、柱浇筑。

混凝土在现场操作过程中，严格按照操作规程振捣密实。柱子底脚设清扫口，混凝土浇筑前，浇筑部位不准有杂物，模内清扫干净，缝隙和孔洞堵严。模板不得受施工影响产生变形，浇筑前须对钢筋、预埋件的规格、数量、位置和埋放是否牢固等进行隐蔽验收，经验收合格签证后方可施工。柱体混凝土自由落差不得超过 2m，超出高度时，采用溜筒或溜管下落。

柱混凝土用 Φ30mm、Φ50mm 插入式振动棒振捣，梁、板混凝土分别用 Φ30mm、Φ50mm 插入式振动棒及平板振动器振捣密实。使用插入式振动棒对混凝土进行振捣时，在操作中，振动棒插入间距保持一致，不得忽远忽近。振动棒振动时，严禁振捣棒撬动钢筋、钢模板，操作时一般快插慢拔。分层次浇筑时，振动棒要插进下层未初凝的混凝土中 5cm 左右，使上、下层混凝土结合密实。振捣时间从混凝土不再下沉、不再冒气泡，混凝土表面呈水平并出现水泥砂浆(翻浆)为合适。振捣断面较小或钢筋较密的柱子和梁等构件时，采用附着式振动器，其振捣以混凝土骨料下沉翻浆为准。

4)屋顶浇筑。

启闭机房屋顶板梁结构设计有 1∶2 坡比，顶板铺设及钢筋施工完成后，利用 Φ14 钢筋设置浇筑收仓样架，间距 1m，样架与钢筋网点焊连成整体。在屋顶模板铺设时按照规划的样架位置设置小孔，间距 1m×1m，便于利用铁丝将钢筋网与下部模板支撑绑扎固定，防止浇筑过程中钢筋变形位移。

浇筑过程中准备 2 排 P3015 模板作为压浆板，P3015 模板利用 2 根 Φ18 钢筋作为横围檩，单排 P3015 模板扣压在 Φ14 钢筋收仓样架上，并用铁丝与绑扎加固，2 排 P3015 压浆板在浇筑过程中翻转上移。屋顶浇筑应整体均匀上升，适当放慢浇筑速度，按照 2～3h 上升 30cm，确保屋顶整体体型。

5)支撑体系变形监测。

在启闭机房屋顶梁板浇筑前，利用立柱沿顺流向及垂直水流方向设置监测水平线，水平线对应支撑脚手架立杆设置初始标识。启闭机屋顶梁板浇筑过程中，安排专人对支撑体系变形情况进行监测。起始阶段每浇筑 1 个坯层，人工就要检查量测 1 次。变形超过 5mm，每浇筑 1 个坯层，人工就要检查量测两次；变形超过 10mm，暂停浇筑，对顶板支撑变形点进行检查排查、加固，并降低浇筑强度，控制浇筑上升速度不超过 20cm/h。

(9)养护及保温

混凝土浇筑结束后 6～12h，洒水养护，养护时间不少于 28d，养护期内保持混凝土表面始终处于湿润状态。低温季节已浇筑完成混凝土表面采用保温棉固定覆盖保温。

4.6.10.3 主要资源配置

(1)主要机械设备配置

启闭机房混凝土施工主要机械设备配置情况见表 4-58。

表 4-58 启闭机房混凝土施工主要机械配置情况

序号	设备名称	型号规格	单位	数量	备注
1	天泵	—	台	1	
2	泵机	HTB60	台	2	1 用 1 备
3	随车吊	8t	辆	1	
4	混凝土搅拌运输车	6～9m^3	辆	6	
5	附着式振捣器	—	套	4	
6	软轴振捣棒	Φ50mm	套	12	
7	软轴振捣棒	Φ30mm	套	8	
8	焊机	—	台	4	
9	高压冲毛机	CM-45/160	台	2	
10	变频机	—	台	4	
11	全站仪	LeiCa TCR1102	套	1	
12	手风钻	YT-28	台	1	插筋孔等打取
13	钢筋切割机	—	台	2	
14	钢筋弯曲机	—	台	2	
15	钢筋调直机	—	台	1	
16	钢管	Φ48.3×3.6	t	28	
17	工字钢	I 25	m	144	18 根
18	工字钢	I 16	m	90	15 根
19	工字钢	I 10	m	84	

(2)主要人员投入

启闭机房混凝土施工主要人员投入情况见表4-59。

表4-59　启闭机房混凝土施工主要人员投入情况　(单位:人)

序号	工种	人数	序号	工种	人数
1	天泵司机	1	9	泵机操作工	2
2	随车吊司机	1	10	钻工	2
3	混凝土搅拌运输车司机	6	11	浇筑工	20
4	预埋工	2	12	抽水工	1
5	木工	4	13	试验员	2
6	钢筋工	20	14	测量工	2
7	电工	2	15	普工	6
8	架子工	20	16	管理人员	4

注:合计总人数为95人,以上人员按照一个班进行配置。

4.6.11　溢洪道混凝土施工

4.6.11.1　混凝土设备布置

混凝土浇筑分别投入1台K80塔机和1台C7050塔机。塔机的主要技术参数见表4-60。

表4-60　K80塔机和C7050塔机主要技术参数

参数	K80塔机	C7050塔机
工作级别(中国标准)	A7	A7
混凝土吊罐容量/m^3	1.5、3、6	1.5、3、6
工作幅度/m	65	60
高度/m	78.5	60
起重量/工作幅度/(t/m)	32/20	20.0/23
	21.7/40	10.1/40
	16.5/50	7.9/50
	13.5/60	6.2/60
	12.2/65	—

K80塔机臂长60m,布置在侧堰高程230.0m平台,主要浇筑侧堰段及控制段等混凝土。待大坝填筑至高程245.0m、侧堰导墙浇筑至高程245.0m、完成侧堰段、控制段混凝土施工后,利用侧堰导墙平台进行塔机拆除。

C7050 塔机臂长 60m，布置在坝后道路溢 0＋164.00 附近的高程 178.0m 平台，主要浇筑泄槽段溢 0＋101.00～0＋188.70、挑流鼻坎与下游护坦段混凝土。

两处塔机拆除较快者转运至低线上坝道路高程 225.0m 平台，进行二期进行布置。主要浇筑泄槽段溢 0＋026.00～0＋116.00 混凝土（除开泄槽段溢 0＋026.00～0＋071.00 右挡墙）及零星等混凝土。待侧堰段覆盖范围内混凝土施工完成后，利用汽车吊在低线上坝道路进行塔机拆除。

4.6.11.2　施工流程

（1）浇筑分层分块

1）侧堰段。

根据设计蓝图，侧堰长 60m，设置 2 条结构缝，分为 3 段，单段长 20m，每段分 6 层浇筑，层厚 1.63～3.00m，共 18 仓。

侧槽底板混凝土与侧堰前池护底混凝土根据设计结构缝均分为 3 仓浇筑。

侧槽左侧导墙高 20m，在侧堰轴线处设置 1 条竖向结构缝，分为 2 段，每段分 7 层浇筑，首层 2.0m，其余每层层高 3.0m，共 14 仓；侧槽右侧导墙高 20m，分 8 仓浇筑。

侧槽贴坡高 16.02～19.00m，根据设计结构缝均分为 3 段，层高 3.0m，共 19 仓。

2）控制段。

控制段全长 36m，在桩号溢 0＋000.00 和溢 0＋013.00 处分设置结构缝，分为 3 段浇筑，每段长度分别为 10m、13m、13m。每段分 15 仓浇筑（底板 1 仓、两边挡墙各 7 仓），层高 2.51～3.00m。

交通桥长 16m，分 1 仓浇筑；齿墙高 9m，分 3 层浇筑，层高 3m。

3）泄槽段。

泄槽段底板根据设计预设的结构缝分为 11 段，每段 1 仓浇筑。

泄槽段左右挡墙根据设计预设的结构缝分为 11 段，单段长度以 15m 为主。挡墙浇筑水平分层，层高 3m。左右挡墙 123 仓，底板 11 仓。

4）泄槽挑流鼻坎段。

挑流鼻坎段底板以高程 161.50m 为分层线，分为 2 仓浇筑；左右边墙各分为 5 仓，层高不大于 3.0m；面层混凝土分 1 仓。共 13 仓。

5）下游护坦段。

下游护坦段长 11.51～17.54m，1 仓浇筑。

6）出水渠尾坎段。

出水渠尾坎段宽 54m，根据设计图纸，2 条结构缝分为 3 段，每段分 5 仓浇筑（尾坎 4 仓、护坦 1 仓）。左贴坡分 6 仓浇筑，右贴坡分 8 仓浇筑，层高 3.0m。共 29 仓。

(2)施工工艺流程

溢洪道混凝土施工工艺流程见图4-46。

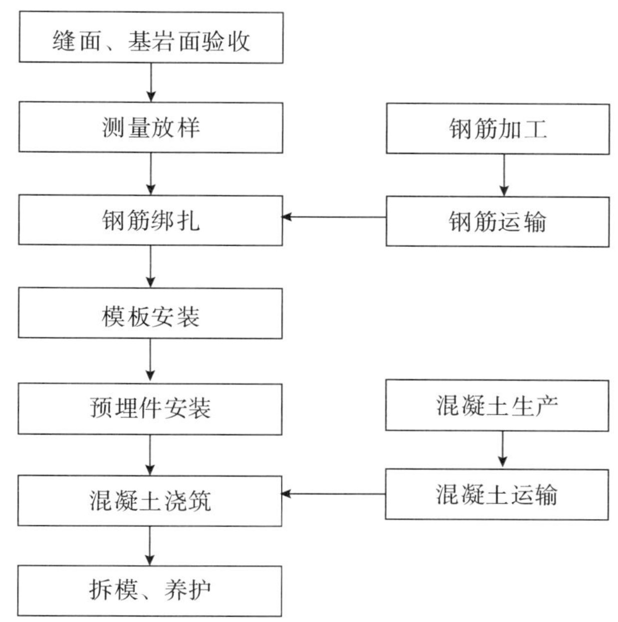

图4-46 溢洪道混凝土施工工艺流程

4.6.11.3 施工方法

(1)缝面处理

缝面处理包括基岩面、施工缝等处理。

1)基岩面处理。

采用高压风水将基岩面的浮渣、泥土、松动岩石及松散软弱夹层等清理、干净,并排出仓内积水。

2)施工缝(或结构缝)处理。

对于结构缝,只须冲洗干净可以不凿毛,结构缝面涂刷3mm厚的沥青乳胶。水平施工缝则必须进行冲毛处理,将老混凝土面的软弱乳皮清除干净,形成石子半露而不松动的清洁表面,以利于新老混凝土结合。施工缝面采用高压水冲毛,局部采取人工凿毛处理。处理标准为清除混凝土表面乳皮,粗砂小石微露。冲毛时间一般为收仓后24~36h,先局部试冲毛,达到标准后再进行整个仓冲毛。冲毛枪角度要求控制在70°~75°,冲毛压力控制在30~50MPa。

3)底板过流面处理

溢洪道底板为过流面,混凝土收仓后须及时进行抹面收光。在过流面底板上设置

Φ48 钢管样架，钢管上表面与设计混凝土收仓线齐平，钢管样架布设间距为 2.0m。样架在抹面收光过程中进行拆除，样架所留凹槽，采用同标号混凝土进行回填，再进行抹面收光。

（2）测量放样

测量放样由专业测量人员进行作业，施工前根据施工图纸采用全站仪进行测量放样，测出仓位中线、边线、高程控制线等，并用红色油漆准确明显地在现场标示。模板安装好后进行复核测量，保证模板安装的误差控制在设计范围内。

（3）钢筋施工

1）钢筋加工制作。

专业技术人员根据施工图纸和技术文件进行加工配料设计，并编制加工配料单下发到钢筋加工厂。钢筋加工厂按照加工配料单的要求进行加工制作、堆放、标识，由质量人员进行检查、验收，符合质量要求后才能出厂。

2）钢筋运输。

由现场作业人员凭钢筋配料单到钢筋加工厂办理该施工部位钢筋领料手续，8t 平板车运到现场。钢筋主要采用塔机吊至仓内，再由人工搬运至钢筋绑扎部位。

3）钢筋绑扎。

绑扎时先根据设计图纸，测放出中线、高程等控制点，再根据控制点，对照设计图纸，利用预埋锚筋，布设好钢筋网骨架。钢筋网骨架设置核对无误后，铺设分布钢筋。人工绑扎的钢筋时使用扎丝梅花形间隔扎结，钢筋接头根据设计图纸及施工规范要求错开，按同截面接头百分率不大于 50% 布置。钢筋结构和保护层调整好后垫设预制混凝土块，并用电焊加固骨架确保牢固。焊工必须持证上岗，严格按操作规程运作。

焊接：采用钢筋直径 $10D$ 单面焊接，焊缝高度 $0.25D$，且不小于 4mm；焊缝宽度 $0.7D$，且不小于 10mm。

套接：为满足混凝土高强度施工需要，施工中采用钢筋直螺纹套筒连接工艺将直径不小于 25mm 的钢筋连接，提高钢筋安装速度。

钢筋安装完成后进行自检、互检和复检，合格后移交下道工序施工。

（4）模板安装

第二、三段侧堰的第②③⑤层右侧（迎水面）采用 3.1m×3.0m 大模板，其余均采用 P3015 和 P1015 散装钢模板拼装，局部用木模板拼缝，第⑥层样架筋采用散装模板拼装，组合钢模板均内拉内撑固定。第一段侧堰采用散装模板。侧堰模板用 25t 汽车吊提入仓内。

侧堰段左右导墙与贴坡、控制段挡墙和挑流鼻坎边墙均以大模板施工为主，P3015、

P1015 散装钢模板辅助施工。泄槽段挡墙模板采用 P3015 和 P1015 散装模板拼装,散装模板通过 Φ12mm 拉条与插筋或结构钢筋固定,也可采用大模板施工。

泄槽掺气槽、挑流鼻坎底板与面层施工采用散装模板,散装模板采用内拉内撑方式固定。

尾坎施工采用大模板,除第一仓外其余采用定位锥固定,用 25t 汽车吊提升。对于孔洞、边角等细小部位,采用木模板补缝。模板使用前必须清理干净,并涂刷一层脱模剂。

(5)排架施工

溢洪道最大浇筑高度为 20m,须搭设双排施工排架。排架高度随浇筑高度上升逐层搭设,排架底部均铺垫[10 槽钢,排架采用 Φ48 钢管架设,纵横向间距 150m×150cm,步距 180cm。排架上铺设双层竹跳板与排架绑扎作为施工平台,外侧由底至顶设置连续竖向剪刀撑,并用安全绿网防护。随混凝土浇筑高度上升,按 2 步 3 跨间距采用 Φ48 的钢管与已浇筑的混凝土外露的拉筋或预埋的插筋焊接作为连墙件。

交通桥下部搭设碗扣式钢管承重脚手架,排架 13.5m×9m×17.8m(长×宽×高),搭设参数为 0.9m×0.9m×1.0m。

(6)预埋件施工

混凝土浇筑预埋件主要包括止水铜片、降温水管与温度计、透水网管与铸铁排水管、灌浆埋件等相关专业埋件。

1)止水铜片。

根据设计蓝图,在结构缝处设止水铜片,止水铜片由加工厂自制,止水铜片加工前材料总宽度为 50cm,厚度为 1.2mm,鼻子内填塞沥青麻绳,并在外缘薄涂一层沥青漆。止水铜片在模板安装过程中,利用模板系统进行加固。

施工时尽量减少止水铜片的接头,止水铜片要求采用卷材在现场加工轧制。止水铜片的连接采用铜焊双面焊接,焊接保证质量,焊接接头表面平整光滑、无孔洞、缝隙、不渗水。

侧堰结构缝的止水铜片伸入止水嵌固坑,止水嵌固坑采用微膨胀 C25 混凝土回填。

2)降温水管与温度计。

为满足温控要求,须对大体积混凝土布设降温水管进行通水降温。

降温水管根据浇筑进行分层,每层布置 1 层降温水管,降温水管采用 Φ28mmHDPE 塑料水管,壁厚 2mm,按照仓位情况,蛇形布置在每一浇筑层中间部位,转弯半径为 0.75m,降温水管与四周距离为 1m 左右。降温水管埋设要求如下:

①降温水管内壁应光滑平整,没有气泡、裂口、分解变色、凹陷及影响使用的成分,水

管两端应切割平整，并与轴线垂直。塑料管不得受到重物挤压、暴晒，严禁使用已严重变形或老化的管材。

②混凝土开仓前，将降温水管在混凝土仓内弯曲成蛇形铺设，同时进行通水测试，检查水管和接头有无漏水。若水管漏水，则将漏水处截断，并用接头连接；若接头漏水，则须重新连接紧密，直至滴水不漏。

③降温水管单根长度不宜大于300m，管口外露长度不小于1.0m。

④为不影响平仓，降温水管采取预埋的方式，利用底板插筋或Φ25钢筋样架作为水管敷设架立筋，并在架立筋上焊接Φ8mm圆钢，降温水管敷设在圆钢上，8[#]铁丝进行绑扎固定。

⑤降温水管与临空面、结构缝距离不宜小于1.5m，最近不应小于1.0m。相邻降温水管间距离宜为1.2～1.5m，最近不应小于1.0m。

降温水管通水采用消力池河水；降温水流量暂定为1.0～1.5m^3/h，在通水过程中根据混凝土内部温度变化情况对流量进行调整；水流方向每24h变换一次。混凝土降温速度每日不大于1.0℃，降温水管进口水温与混凝土温度之间不宜超过25℃。混凝土通水结束标准：混凝土达到最高温度后，继续通水3～7d。

通水结束后需要对降温水管进行封堵，封堵采用P.O42.5普通水泥，进行纯水泥浆灌浆封堵，确保封堵密实，水灰比建议为0.5∶1；浆液中掺入4%的MgO(掺量为与水泥质量比)；灌浆压力不少于1.0MPa，在确保安全的前提下可适当提高；闭浆时间60min；灌浆过程中应加强观测，若发现异常时，应立即采取相应措施并及时报告监理。

为及时掌控混凝土内部温度和观测温度变化规律，应在混凝土每层中心位置埋设温度计，温度计采用Pt-100型温度计，温度计利用底板插筋或样架筋进行埋设固定。

温度计埋设完成后5d内(或最高温度出现之前)，每隔4h测量1次，其次每隔8h测量1次，直至混凝土内部温度趋于稳定，最后绘制温升曲线。温度计电缆宜牵引至临时集中观测点(方便观测人员通行的地方)，并做好电缆端头保护措施。

3)透水网管、铸铁排水管等排水埋件。

透水网管、铸铁排水管等排水埋件按照设计图纸要求在混凝土浇筑前提前埋设。半圆瓦管采用C10无砂混凝土预制，节长1m；接缝处采用M10砂浆封堵。施工期注意对排水孔孔口进行保护，避免排水孔被堵塞。

4)灌浆埋件。

侧堰浇筑过程中，见缝插针进行固结灌浆施工。并预留帷幕灌浆孔，管径80mm，方向竖直向下。在侧堰浇筑完成后，再搭设操作平台进行帷幕灌浆施工，灌浆完成后采用C30混凝土进行封孔。灌浆方案另行报送。

5)定位锥埋设。

由于侧堰、尾坎等部位浇筑采用大模板,大模板应搁置在边墙的钢牛腿上,对此在进行边墙浇筑时,须在仓内提前预埋定位锥,定位锥埋应设在收仓线下35cm处。定位锥数量及具体位置应严格按施工图纸要求,埋设前后都应进行定位基准放样,定位基准一定要在仓内固定,与结构钢筋相连接,避免浇筑过程发生移位。

预埋件施工质量保证措施:预埋件应严格按照设计图纸及相关技术质量标准进行安装,不得少埋或随意改变埋设位置。预埋件安装完成后,由质检人员组织检查验收,重点检查预埋位置、数量、尺寸、规格是否符合设计要求。自检合格后,报请监理工程师检查验收,并办理签证手续,签认后,方能进行下道工序施工。

(7)混凝土施工

溢洪道混凝土标号为C20W8F100(二级配)、C25W8F100(二级配)、C25W8F100(三级配)、C30W8F100(二级配)和C9040W8F100(二级配)5种。混凝土由赤坞砂拌和系统集中拌制供应,采用6m^{3}混凝土搅拌运输车运至现场,采用塔机入仓,HBT60泵机辅助入仓。

仓面较大时,采用台阶法浇筑,台阶长度控制在1～2m,每层铺料厚度控制在0.5m左右;仓面较小时,采用平层通仓法浇筑,每层厚度约0.5m。

混凝土入仓浇筑时,控制好下料高度(混凝土自由下落高度不超过2.0m)和下料位置(确保平仓后料堆与料堆之间衔接紧密、分层厚度50cm);下料时,按仓面施工人员指定位置指挥塔机下料,下料要均匀、合理、恰到好处,严禁正对模板下料;下料结束后,采用人工铁锹与振动棒配合的方式平仓;平仓时,先启动Φ100mm振捣棒,插入堆料较多的部位,通过人工调整将混凝土向堆料较少的部位振捣,利用混凝土的流动性使混凝土在振捣过程中流动,达到面层平整、均匀,局部下料欠料或过多时,采用人工铁锹补充混凝土料。

边墙混凝土采用手持式振捣器振捣;底板混凝土采用手持式振捣器和平板振捣器振捣,抹面机抹平,人工收仓。混凝土浇筑应先平仓后振捣,严禁以振捣代替平仓。振捣时间以粗骨料不再显著下沉,并开始泛浆为准,应避免欠振或过振。主要采用的振捣设备为Φ100mm、Φ70mm插入式振捣器。振捣时,振捣器插入混凝土的间距应根据实验确定,且间距不超过振捣器有效半径的1.5倍。振捣器宜垂直按顺序插入混凝土,如略有倾斜,则倾斜方向应保持一致,以免漏振。振捣时,应将振捣器插入下层混凝土5cm左右。在钢筋密集部位、有预埋件部位、模板附近应细心振捣。严禁振捣器直接碰撞模板、钢筋及预埋件。

在浇筑过程中,严禁在仓内加水,混凝土和易性较差时,必须采取加强振捣等措施。仓内的泌水必须及时排除,应避免外来水进入仓内,严禁在模板上开孔排水,带走灰浆。

应随时清除黏附在模板、钢筋和预埋件表面的砂浆。在浇筑过程中，因某种原因暂停浇筑，暂停时间超过混凝土初凝时间，则按施工缝处理。现场判断初凝的标准为：用振捣器振捣 30s，周围 10cm 范围能泛浆且不留孔洞，则还是重塑性，如未初凝，则可以继续浇筑，否则须停下处理缝面，待处理合格后，方可重新开仓浇筑。

在浇筑过程中，必须保护好各种预埋件，严禁浇筑人员踩踏预埋件。发现有未加固好的预埋件须及时处理。

混凝土施工须对侧堰顶部溢流面、溢洪道底板等永久结构面进行抹面，操作中待混凝土面用手指按触，指头下陷、有潮湿感但无浆体黏附时，用小木搓板将其表面石子按压下去并搓出原浆后用铁抹子压实抹光。抹面时可用 Φ48 钢管搭设简易操作架，与仓内钢筋焊接固定。侧堰第 6 层顶部溢流面采用人工在搭设的施工平台上，根据样架曲线进行抹面收仓。

混凝土浇筑 24h 后拆模，拆模时不能用铁质硬具撬打混凝土，防止破坏混凝土棱角，只能用木质器具接触混凝土。在模板拆除过程中，损坏的混凝土应按设计要求予以修补。拆卸下来的材料要妥善保存，不得损坏，以备后用，模板要及时清理、维修，将表面砂浆等清洗干净，表面涂刷一层保护剂，堆放要整齐，不能随意乱放。

(8)混凝土养护

混凝土浇筑完 6～18h 后及时对混凝土表面进行养护，养护时间不少于 28d，混凝土养护分为水平面养护、侧立面养护两部分。

水平面在冲毛完成后进行洒水养护，养护至上层混凝土浇筑为止，早期混凝土为避免太阳光直接暴晒，混凝土表面应及时覆盖保温被。

侧立面拆模后立即进行养护，养护利用 Φ32 塑料花管接降温水出口流水养护，花管每隔 20～30cm 钻 1mm 左右的小孔，流水花管与外露的拉筋用 12# 铁丝绑扎紧贴墙面固定，无外露拉筋时采用 M16 膨胀螺栓固定在墙面，拆除时膨胀螺栓孔采用 M3.0 预缩砂浆回填。

养护期内始终保持混凝土面湿润，不得出现干湿交替，严禁出现混凝土面发白甚至干裂，夏季高温时段养护应从严控制。

(9)温控措施

1)浇筑温度控制措施。

①严格控制混凝土出机口的温度，采用骨料降温的方式进行混凝土拌制。

②缩短混凝土运输及等待时间，入仓后及时进行平仓振捣，加快覆盖速度，缩短混凝土暴露时间。

③在工作面温度较高时，为降低工作面温度，对工作面采用喷雾机或喷雾管进行喷

雾降温。

④在高温季节，混凝土浇筑时间段尽量选择在16:00至第二天上午10:00。

⑤混凝土平仓振捣后，及时对混凝土采用彩条布或隔热材料进行覆盖，并洒水进行养护。

2)内部温度控制措施。

①采用低热水泥进行浇筑。

②在混凝土中掺入适量的一级粉煤灰和高效的外加剂，减少水泥的用量。

③尽量采用低坍落度、低流速的常态混凝土浇筑，减少水化热的产生。

④降温水管通水采用消力池河水；降温水流量暂定为1.0～1.5m^3/h，在通水过程中根据混凝土内部温度变化情况对流量进行调整；水流方向每24h变换一次。

⑤混凝土每日降温速度不大于1.0℃，降温水管进口水温与混凝土温度之间不宜超过25℃。

⑥混凝土通水结束标准：混凝土到达最高温度后，继续通水3～7d。

3)温度测量。

①在混凝土浇筑施工过程中，每4h测量1次混凝土原材料温度、出机口混凝土温度、入仓温度及冷却水温度，并做记录。

②温度计安装完成后，应对设备进行校正、观测，并记录仪器在工作状态下的初始读数，温度计埋设完成的5d内(或最高温度出现前)，每隔4h测量1次，其次每隔8h测量1次，直至混凝土内部温度趋于稳定，最后绘制温升曲线。

4)表面保温措施。

①28d龄期内的混凝土，应在气温骤降前进行表面保温，必要时应进行长期保温。浇筑面顶面保温至气温骤降结束或上层混凝土开始浇筑前。

②保温材料采用2～3cm厚且导热系数λ<0.16kJ/(m·h·℃)的聚苯乙烯板。

(10)防雨措施

长龙山工区每年的5—11月为多雨季节，为保障混凝土的顺利浇筑和浇筑质量，应采取以下防雨措施：

1)混凝土备仓期间，及时了解近3d的天气预报，根据天气情况合理安排开仓时间。

2)当降小雨，可持续浇筑时，加强接头部位混凝土的振捣，混凝土入仓后及时振捣密实，并及时采用彩条布覆盖。有条件时可在混凝土浇筑部位上方搭设临时防雨棚。

3)在雨中浇筑时，派专人对仓面的积水及时进行清除。

4)在雨中浇筑时，可适当减少混凝土拌和用水和出机口混凝土的坍落度，必要时适当减小混凝土的水胶比。

5)中雨及以上的雨天，严禁新开室外混凝土仓面。

6)当施工中遇降中雨、大雨和暴雨时，停止混凝土入仓，对已入仓的混凝土进行平仓振捣密实，对已振捣密实的混凝土采用彩条布进行覆盖。

7)降雨过程中，若条件允许，采用污水泵将仓内积水及时排出仓外。

8)雨停后，及时排出仓内积水，对仓内混凝土进行检查，若混凝土还能重塑且满足继续浇筑要求，则加铺砂浆后继续浇筑，否则按施工缝进行处理。

9)有抹面要求的混凝土不应在雨天施工，若在雨天施工，须搭设防雨棚对收光面进行遮挡，防止雨水破坏混凝土面。

4.6.11.4 资源配置

(1)主要设备配置

溢洪道混凝土施工主要机械设备投入情况见表4-61。

表4-61 溢洪道混凝土施工主要机械设备投入情况

序号	机械名称	规格	单位	数量	备注
1	塔机	k80	台	1	材料运输、吊装模板、辅助浇筑混凝土
2	塔机	C7050	台	1	材料运输、吊装模板、辅助浇筑混凝土
3	泵机或天泵	HBT	台	2	浇筑混凝土
4	吊罐	$6m^3$	台	1	—
5	吊罐	$3m^3$	台	2	—
6	吊罐	$1.5m^3$	台	2	—
7	降温机组	$100m^3$	台	1	通水降温
8	空压机	$24m^3/min$	台	3	锚筋造孔
9	混凝土搅拌运输车	$6m^3$	辆	12	混凝土运输
10	汽车吊	25t	台	1	提升模板及垂直运输材料
11	汽车吊	75t	台	1	塔吊安装
12	平板车	8t	台	3	转运物资
13	电焊机	BX6、20kW	台	12	钢筋焊接
14	平板振捣器	—	台	2	混凝土振捣
15	插入式振捣器	Φ100mm	台	6	混凝土振捣
16	插入式振捣器	Φ70mm	台	12	混凝土振捣
17	高压冲毛机	—	台	6	缝面处理
18	全站仪	莱卡	台	3	测量定位
19	变压器	400kVA	台	2	以机物部门核算用电后进行配置

(2)主要人员配置

溢洪道混凝土施工主要人员投入情况见表4-62。

表 4-62 溢洪道混凝土施工主要人员投入情况 （单位：人）

序号	工种	人数
1	钢筋工	48
2	模板工	48
3	架子工	24
4	电焊工	24
5	振捣工	24
6	汽车司机	34
7	塔机操作工	4
8	降温机组运行人员	2
9	测量人员	6
10	试验人员	4
11	普工	40
12	管理人员	20
总计		278

4.6.12 导流泄放洞出口混凝土施工

导流泄放洞改建段混凝土施工主要包括改建段渐变段混凝土施工、钢衬回填混凝土施工、改建段出口混凝土施工。

4.6.12.1 泄放洞改建段渐变段施工

泄放洞改建段渐变段位于改建段最上游，顺流向轴线长 10m，上游起点桩号泄 0＋387.500，下游桩号泄 0＋397.500。结构体型为直径 5m 的圆形渐变为直径 3.2m 的圆形，衬砌厚 0.65～1.15m，衬砌混凝土标号 C20。

（1）施工程序

泄放洞改建段渐变段轴线长 10m，下游与二期钢衬衔接。下游施工缝按照设计要求，设置在钢衬止水环下游，距钢衬与渐变段分界处 3m，渐变段浇筑长 13m，按照一段整体浇筑。

具体施工程序：缝面处理→测量放样→首段钢衬安装验收→安装底弧钢筋→安装底弧模板→排架搭设→安装边顶拱剩余钢筋→安装边顶拱模板→封头模板施工→安装浇筑泵管→尾工处理、验收→浇筑混凝土→拆模养护→拆除排架。

（2）缝面处理

改建段施工范围一期衬砌混凝土表面建议采用高压水进行冲毛处理，确保混凝土表面乳皮、浮浆清除干净，具体以粗砂外露为准。

(3)测量放样

施工前专业测量人员根据施工图纸采用全站仪进行测量验收及放样。对施工部位的主要结构控制点进行放样，并标识在可靠且明显的位置。测量队出示测量放样单，现场根据测量放样单进行结构控制。衬砌结构利用锚杆焊接样架筋放出结构边线，排架就位后进行复测，确保误差控制在设计范围内。

(4)钢筋制安

渐变段设置有双层钢筋，现场应严格按照设计图纸及钢筋配料单进行施工，钢筋保护层厚5cm，严格控制钢筋间排距、保护层及钢筋连接质量。

1)钢筋制作。

钢筋配料员根据设计图纸、施工技术文件及相关规范要求进行配料设计，并编制加工配料单下发到钢筋加工厂。钢筋加工厂按照加工配料单要求进行加工制作、归类堆放、标识清楚，由相关人员联合进行检查、验收，符合要求后方可出厂。

2)钢筋领料及转运。

现场作业队伍领料人员凭钢筋配料单到钢筋加工厂办理该施工部位钢筋领料手续，采用随车吊运输至泄放洞出口，人工转运至泄放洞渐变段施工部位。

3)钢筋安装。

①测量队放出结构边线控制点，利用沿洞壁Φ25插筋设置测量控制点和样架铁，样架铁采用Φ22钢筋，环向布置，间距按照2m/道控制，按相邻钢筋长短对应配筋，随排架行走完成。施工时，由人工在排架上按照设计要求进行绑扎、焊接等。

②钢筋绑扎要求。

钢筋样架铁设置须牢固可靠，所有样架铁与插筋焊接长度须满足规范要求，测量放样过程中严格控制钢筋保护层厚度。

钢筋可采取焊接(单面焊10D，双面焊5D)或搭接(搭接长度不小于40D)方式连接，锚筋与插筋双面焊接，焊接长度15cm。

钢筋接头焊接长度控制在$-0.5D$范围内，咬边控制在$0.05D$且小于1mm范围内，气孔夹渣在2D长度内且数量少于2个，直径小于3mm，接头外观无明显咬边、凹陷、气孔、烧伤等现象，不允许有裂缝、脱焊点和漏焊点。

钢筋绑扎采用双股扎丝，严格按梅花形逐点绑扎牢固，并将绑扎钢筋多余的扎丝头向结构边线内侧弯折，以免因外露形成锈斑，影响混凝土外观观感质量。

(5)排架支撑搭设、拆除

1)支撑体系规划。

衬砌混凝土采用Φ48.3×3.6mm钢管排架进行支撑，排架搭设间排距按75cm×

75cm进行控制，步距90cm。采用整体固定式排架的方式施工，立杆底部采用底部模板，不平整位置采用木楔块垫平，模板上焊7cm长的⌀25钢筋，排架立杆插在⌀25钢筋上搭设。排架横向剪刀撑(沿顺水流方向)每隔3跨布置1道，纵向剪刀撑内外各布置1道，排架剪刀撑与立杆采用万向扣件相接。

2)支撑体系搭设拆除。

支撑体系采用Φ48×3.5mm钢管排架搭设，排架搭设拆除按相关要求执行。

(6)模板安装

1)模板规划。

采用定型钢模板，模板面板及筋板全部采用3mm厚板材。封头模板主要采用散装钢模板和木模板施工。

2)模板加固。

底弧衬砌混凝土模板主要采用内撑内拉方式加固，模板采用钢筋围檩进行加固，底部施工采用分段⌀22圆弧钢筋样架定位施工，采用⌀28钢筋围檩加固，样架及围檩长度以方便拆除抹面为宜。

边顶拱衬砌混凝土模板主要采用外撑方式加固。

封头模板主要采用内撑内拉方式加固，钢管围檩和钢管瓦斯进行加固。

3)控制要求。

相邻两面板错台保证在2mm以内；局部不平整度保证在5mm以内(2m靠尺进行检查)；板面间缝隙保证在2mm以内；模板与设计结构边线控制在－1～0mm；承重模板标高0～5mm。

每仓模板在安装前采用冲毛机冲洗干净，涂刷一层清质的色拉油或脱模剂。要求模板在安装前对先浇混凝土接合处粘贴双面胶，保证模板与老混凝土面接缝严密。

(7)混凝土浇筑

渐变段衬砌混凝土采用C20、一级配自密实混凝土进行浇筑，扩散度为65±5cm。

采用1台泵机进行浇筑($20m^3/h$)，泵机布置在泄放洞出口底板，泵管沿泄放洞底板接引至渐变段，3台混凝土搅拌运输车运输混凝土，混凝土通过溜筒或溜槽给泵机供料。

边顶拱两侧采用平浇法进行浇筑，坯层厚度按30～50cm控制；两侧对称上升，高差不得超过0.5m。混凝土下料时注意避开结构钢筋等预埋件，下料全过程循环进行，每次下料过程中严格控制坯层厚度，混凝土对已开仓段浇筑必须一次性连续浇筑完成，不得出现冷缝或隐形冷缝。

边顶拱自密实混凝土在最顶部设置封拱器接泵管下料，采用Φ125mm钢管制作；泵管5m分段的顶拱中间处可设置DN50排气管(排气管须固定牢固)，避免顶部混凝土产生架空。

泵管水平段要求与排架隔离，竖直段底部不得与排架连接。

(8)拆模及养护

边顶拱模板在混凝土收仓完成3d后进行拆除。

承重模板及承重排架拆除时注意按照“先安装的后拆，后安装的先拆；非承重构件先拆除，承重构件后拆除”的原则，进行从上至下的一次拆除。混凝土模板拆除后建议采取喷涂养护剂封闭的方式对混凝土进行养护。

4.6.12.2 泄放洞改建段钢衬、钢管回填混凝土施工

泄放洞改建段钢管安装段总长132.285m，起点桩号泄0+397.500，终点桩号泄0+529.785，其中与防水管在泄0+453.289处交汇，放水管总长94.157m。改建段钢衬及放水管安装加固验收后，钢衬与一期衬砌混凝土间采用C20混凝土回填。

(1)分仓规划及施工程序

泄放洞改建段钢管及放水钢管回填混凝土均按照6节钢管18m进行分仓，单仓混凝土一次性浇筑完成。其中改建段钢管回填混凝土分为9仓，放水钢管回填混凝土分为6仓。

钢衬回填混凝土施工程序：缝面处理→钢衬安装验收→封头模板施工→安装浇筑泵管→尾工处理、验收→浇筑混凝土→拆模养护。

(2)主要施工方法

1)缝面处理。

改建段施工范围一期衬砌混凝土表面采用人工凿毛处理，在改建段内搭设简易移动钢管操作平台。施工人员在平台上利用电镐对一期衬砌混凝土表面进行人工凿毛，凿毛施工在钢衬安装前施工完成。

2)封头模板施工。

封头模板主要选用散装钢模板和木模板施工，采用内撑内拉方式加固，钢管围檩和钢管瓦斯进行加固。每仓模板在安装前采用冲毛机冲洗干净，涂刷一层清质的色拉油或脱模剂。要求模板安装前对先浇混凝土接合处粘贴双面胶，保证模板与老混凝土面接缝严密。

3)混凝土浇筑。

回填混凝土采用C20、一级配自密实混凝土进行浇筑，扩散度65±5cm。

泄放洞钢衬回填和放水管回填混凝土均采用1台泵机进行浇筑($20m^3/h$)，泵机布置在泄放洞出口底板及放水管出口底板，3台混凝土搅拌运输车运输混凝土，混凝土通过溜筒或溜槽给泵机供料。

回填混凝土采用平浇法进行浇筑，坯层厚度按30～50cm控制；钢衬两侧对称上升，

高差不得超过0.5m,控制混凝土浇筑上升速度小于50cm/h。混凝土对已开仓段浇筑必须一次性连续浇筑完成,不得出现冷缝或隐形冷缝。

在顶拱最顶部可设置DN50排气管(排气管须固定牢固),避免顶部混凝土产生架空。

4.6.12.3 泄放洞改建段出口混凝土

泄放洞改建段出口底板高程152.72m,工作弧门支铰大梁底部高程156.5m,工作弧门启闭机平台高程166.5m,启闭机平台上部设计有启闭机房结构。泄放洞改建段出口混凝土包括改建段出口一期混凝土、工作弧门及启闭机二期混凝土、启闭机房结构混凝土3部分。

(1)施工规划

泄放洞改建段出口一期混凝土从底板至工作弧门启闭机平台,总共分5层浇筑。其中,工作弧门支铰大梁以下分2层施工,分层高度3m;工作弧门支铰大梁至工作弧门启闭机平台分3层施工,分层高度2~4m。

混凝土施工程序:缝面处理→钢筋施工→预埋件施工→模板施工→浇筑混凝土。

(2)主要施工方法

1)缝面处理。

基岩面采用装载机配合、人工清除混凝土浇筑范围内的浮渣、松动岩石及松散软弱夹层等,对局部欠挖地段利用人工配合风镐进行处理直至合格,对岩面进行冲洗,使岩面清洁、无欠挖、无松动,最后进行地质编录及基础验收。

施工缝面在混凝土浇筑完成12~14h后,采用人工或高压水进行冲毛处理,具体冲毛时间根据混凝土初凝和终凝时间而定,缝面确保混凝土表面乳皮、浮浆清除干净,具体以粗砂外露、小石微露为准。

2)模板施工。

出口混凝土主要选用散装钢模板和木模板施工,采用内撑内拉方式加固,钢管围檩和钢管瓦斯进行加固。每仓模板在安装前采用冲毛机冲洗干净,涂刷一层清质的色拉油或脱模剂。要求模板安装前对先浇混凝土接合处粘贴双面胶,保证模板与老混凝土面接缝严密。

启闭机房为钢筋混凝土框架结构,也可选用散装钢模板和木模板施工,采用内撑内拉方式加固,钢管围檩和钢管瓦斯进行加固。

3)支撑体系规划。

工作弧门支铰大梁及门楣混凝土采用Φ48.3×3.6mm钢管排架进行支撑,排架搭设间排距按75cm×75cm进行控制,步距90cm。采用整体固定式排架的方式施工,立杆

底部与底板混凝土面设置[10 槽钢保护。排架横向剪刀撑(沿顺水流方向)每隔 3 跨布置 1 道,纵向剪刀撑内外各布置 1 道,排架剪刀撑与立杆采用万向扣件相接。具体排架搭设要求参照《建筑施工扣件式钢管脚手架安全技术规范》(JGJ 130—2011)执行。

工作弧门启闭机平台混凝土采用钢牛腿＋钢桁架＋木骨架的方式进行支撑,边墙混凝土浇筑时埋设高强度定位锥,后续通过高强度螺栓将钢牛腿固定在混凝土壁面。钢牛腿上部设置Ⅰ16 工字钢垫梁,钢桁架与钢牛腿一一对应设置跨洞,钢桁架通过 Φ16 固定钢筋与钢牛腿、垫梁固定成整体。钢桁架上部铺设 I16 工字钢次梁,次梁上部根据结构体型采用 5×10cm 方木设置木骨架,骨架上部铺设散装钢模板及木模板。

启闭机房施工采用 Φ48.3×3.6mm 钢管排架搭设形成施工作业平台及板梁的承重支撑体系,承重结构排架搭设间排距按 75cm×75cm 进行控制,步距 100cm。操作排架搭设间排距按 150cm×150cm 进行控制,步距 180cm。

4)混凝土浇筑。

启闭机房以下出口混凝土采用混凝土搅拌运输车运输,混凝土通过溜筒或溜槽直接入仓。启闭机房混凝土采用混凝土搅拌运输车运输,25t 吊车挂 $1m^3$ 罐配合浇筑。

混凝土采用平浇法进行浇筑,坯层厚度按照 50cm 控制,控制混凝土浇筑上升速度小于 50cm/h。混凝土浇筑对已开仓段必须一次性连续浇筑完成,不得出现冷缝或隐形冷缝。

4.6.12.4 灌浆施工

(1)灌浆施工材料与设备

1)水泥。

灌浆采用普通硅酸盐水泥,强度等级不低于 42.5MPa。所用水泥的细度要求通过 80μm 方孔筛的筛余量不大于 5%,性能满足《通用硅酸盐水泥》(GB 175—2007)的有关要求。同一灌浆孔必须使用同一厂家、同一品种、同一强度等级的水泥。灌浆水泥应妥善保存,严格防潮并缩短存放时间,散装水泥超过 3 个月、快硬水泥超过 1 个月的不得使用。袋装水泥的堆放高度不得超过 15 袋。

2)拌和用水。

灌浆用水应符合拌制水工混凝土用水要求,拌和用水温度不得高于 40℃。

3)灌浆设备。

灌浆所使用各项配套设备,包括搅拌机、注浆泵、注浆管路和压力表等应相互匹配,各性能应均能满足工作要求。灌注纯水泥浆应使用 3 缸柱塞式注浆泵,以使压力稳定,压力波动范围应控制在灌浆压力的±10%,排浆量能满足灌浆最大注入率要求。

灌浆管路应保证浆液流动畅通,并能承受 1.5 倍的最大灌浆压力,注浆泵和灌浆孔口处均应安设压力表，进浆管路亦应安装压力表，所选用的压力表在使用前应进行率定，使用压力宜为压力表最大标值的1/4～3/4。

（2）帷幕灌浆

1）主要施工程序。

泄放洞改建段首段设计有2环帷幕灌浆，灌浆孔沿洞身布置，第一环孔与第二环孔孔环向间距为1.5m，设计孔深入岩6m。先施工下游环帷幕灌浆，再施工上游环帷幕灌浆，每环分两序进行灌浆施工。灌浆施工顺序：下游环Ⅰ序孔帷幕灌浆→下游环Ⅱ序孔帷幕灌浆→上游环Ⅰ序孔帷幕灌浆→上游环Ⅱ序孔帷幕灌浆。

泄放洞改建段首段帷幕灌浆共划分1个单元，帷幕灌浆采用孔内循环全孔一次性灌浆法。具体施工程序见图4-47。

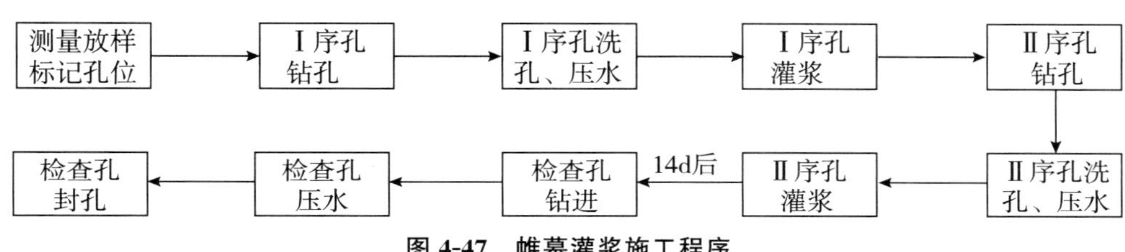

图4-47　帷幕灌浆施工程序

2）钻孔。

帷幕灌浆钻孔在钢衬预留孔中钻孔，应在回填混凝土强度达到设计强度的75%以上后再施工。

①钻孔方法：帷幕灌浆孔钻孔采用电动潜孔钻机（100B）钻孔。

②钻孔孔径：钻孔直径为75mm。

③钻孔孔深：帷幕灌浆设计孔深入岩6m。

④钻孔孔向：帷幕灌浆孔孔向为垂直洞身方向。

⑤孔底偏差：设计孔底偏差不大于25cm。

⑥钻孔测斜：开孔前使用罗盘校正钻机立轴，轻压慢转开孔。帷幕灌浆孔孔底允许偏差要求见表4-63。

表4-63　　帷幕灌浆孔孔底允许偏差　　（单位：m）

孔深	≤20
最大允许偏差值	0.25

⑦钻孔次序：灌浆按照两序加密的原则进行，施工顺序上游排Ⅰ序孔→Ⅱ序孔，再施工顺序下游排Ⅰ序孔→Ⅱ序孔。

⑧钻孔冲洗：钻孔完成后采用大水流（或高压空气）冲洗钻孔，排除孔内岩粉、渣屑，

孔底沉积厚度应不大于 20cm。

⑨特殊情况:遇岩层破碎无法成孔的情况,应立即提钻并进行灌浆,灌浆后再进行后续灌浆段的钻孔灌浆施工。

⑩钻孔过程中应详细记录卡钻、返水、出水、掉钻等特殊情况。

3)洗孔、压水。

①冲洗压力:冲洗压力为该灌段灌浆压力的 80%,大于 1MPa 时采用 1MPa。

②冲孔、洗孔结束标准:冲洗至回水清澈为止,孔底岩粉沉淀不大于 20cm。

③压水压力为该灌段灌浆压力的 80%,大于 1MPa 时采用 1MPa。

④压水在裂隙冲洗后进行。非黄泥夹层须进行钻孔的裂隙冲洗,黄泥夹层不做裂隙冲洗,根据设计要求或试验确定。

⑤单点法压水试验稳定标准。

在稳定压力下,每 5min 测读 1 次压入流量,连续 4 次读数中最大值与最小值之差小于最终值的 10%,或最大值与最小值之差小于 1L/min 时,即可结束,取最终值作为计算岩体透水率 q 值的计算值。

⑥简易压水试验稳定标准。

在稳定压力下,每 5min 测读 1 次压入流量,压水 20min,取最终值作为计算岩体透水率 q 值的计算值。

⑦洗孔、压水注意事项:临近孔正在灌浆或灌浆结束不足 24h 时,不得进行裂隙冲洗;同一孔段的裂隙冲洗和灌浆作业宜连续进行,若因故中断时间超过 24h 时,该孔段应重新进行钻孔裂隙冲洗;在断层破碎带、泥质充填物、遇水后性能易恶化的岩层中进行灌浆时,不得用压力水冲洗,可采用 0.5MPa 高压风冲洗。

4)孔口保护。

灌浆前或闭浆后未及时进行封孔,均在孔口采取堵塞措施加以保护,以防孔内掉入杂物造成堵孔或封孔不实。

5)制浆。

高速搅拌机搅拌时间应大于 30s,普通搅拌机搅拌时间大于 3min,配制的浆液密度与标准密度差控制在±0.01 以内,制浆所用水泥的质量误差小于 5%。

6)灌浆。

①灌浆段长及压力。

帷幕灌浆段长及相应的最大灌浆压力见表 4-64。

表4-64　帷幕灌浆段长及相应的最大灌浆压力

段次	段长	Ⅰ序孔压力值/MPa	Ⅱ序孔压力值/MPa
1	6	1.5	1.5

②水灰比及变浆原则。

帷幕灌浆采用水灰比为3∶1、2∶1、1∶1、0.8∶1、0.5∶1等五级纯水泥浆液灌注，开灌水灰比3∶1，灌浆浆液由稀到浓变换。

浆液变换标准：①当灌浆压力保持不变，注入率持续减少，或注入率不变而压力持续升高时，不得改变水灰比；②当某级浆液注入量达到300L以上或灌浆时间大于30min，而灌浆压力和注入率均无变化或变化不显著时，应改为浓一级水灰比；③当注入率大于30L/min时，可根据具体情况越级变浓；④灌浆过程中，当灌浆压力或注入率突然变化较大时，应立即查明原因，并及时通报监理人采取相应的处理措施。

灌浆过程中，若发现回浆返浓，则采用回浓前的水灰比拌制新浆进行灌注；若继续回浓，则继续灌注30min即可结束。

③结束标准。

在设计压力下，灌浆孔注入率不大于1L/min，继续灌注30min即可结束。

7)封孔。

灌浆工作完成后，必须及时做好封孔工作。具体要求如下：

①采用全孔压力灌浆封孔法；

②封孔压力为该段孔最大设计灌浆压力；

③封孔闭浆结束时间的标准不低于30min；

④封孔采用水灰比0.5∶1。

8)孔口处理。

当孔口有空洞时选用预缩砂浆回填并抹平，孔口有浆液凝结突出时选用磨光机磨平即可。

9)质量检查。

①帷幕灌浆质量检查在以分析检查孔压水试验成果为主，结合灌浆记录和物探测试成果等进行综合评定，必要时辅以孔内电视检查。

②检查孔压水试验采用一级压力的单点法压水试验。

③检查孔位置：a.帷幕灌浆中心线上；b.岩石破碎、断层、大孔隙等地质条件复杂的部位；c.末序孔注入量大的孔段附近；d.钻孔偏斜过大、灌浆过程不正常等经分析资料认为可能对帷幕质量有影响的部位；e.灌浆情况不正常及分析认为帷幕灌浆质量有问题的

部位。

④帷幕灌浆检查孔的数量不少于灌浆孔总数的10%,一个单元内至少布置一个检查孔。在该部位灌浆结束14d后进行压水试验。

⑤帷幕灌浆检查合格标准为透水率小于0.5Lu。

⑥帷幕灌浆检查孔在压水试验结束后,采用3∶1浆液全孔灌浆,灌浆结束后采用0.5∶1的浆液置换孔内稀浆,采用全孔灌浆法封孔,封孔压力为该孔段帷幕灌浆最大设计压力。

10)特殊情况处理。

①钻孔特殊情况处理。

a. 当钻孔穿过软弱破碎岩体发现塌孔和集中漏水时,应先进行灌浆,待凝8h后再钻进,若再塌孔,则再次灌浆,如此循环,直至达到灌浆要求后再进行下一段造孔。

b. 当钻孔遇到断层、溶洞、涌水、塌孔、掉块时,详细做好记录,及时通知质检人员、监理工程师,采用先行灌浆(浆液为0.5∶1纯水泥浆液),待凝8h后再扫孔钻进。

②灌浆过程中冒浆处理。

灌浆过程中发现冒浆,应视具体情况采用嵌缝、表面封堵、低压、浓浆、限流、限量、间歇、待凝等方法进行处理。

③灌浆过程中串浆处理。

a. 如果被串孔正在钻孔,应立即停钻,并将孔口堵塞。

b. 如果钻孔与已终孔的孔发生串浆,可采用一孔一泵对被串浆孔同时进行灌浆。要求被串孔与施灌孔在同一段位。

c. 若不具备对被串浆孔进行同时灌浆时,则应塞住被串浆孔,待灌浆孔结束后,对被串浆孔进行重新扫孔、冲洗,然后继续钻进、灌浆。

④灌浆中断处理。

a. 灌浆作业必须连续进行,若因故中断,应尽快及时恢复灌注;若中断时间小于30min,可按中断前相关指标继续复灌。

b. 若中断时间较长或超过30min,应立即冲洗,若冲洗无效,则应在重新灌浆前进行扫孔,再恢复灌浆。复灌开始时应使用该段中断前的开灌水灰比进行灌注。若注入率与中断前相近时,可采用中断前的水灰比继续灌注;若注入率较中断前减少较多时,应逐级加浓继续灌注;若注入率较中断前减少很多,且在短时间内停止吸浆时,应采取补救措施。

⑤注浆量大难以结束的情况处理。

如遇到注入率大、灌浆难以正常结束孔段时(当孔段单位耗灰量达300kg/m或0.5∶1浓浆单位耗灰量超过70kg/m),应暂停灌浆作业。对灌浆影响范围内的地下洞井、结构分缝等应进行彻底检查，如有串通，应采取措施后再恢复灌浆，灌浆时可采用低压(取20%的灌浆压力)、0.5∶1浓浆、限流(5～10L/min)、限量(0.5∶1浓浆单位耗灰量不超过70kg/m)、间歇30min灌浆法灌注，必要时亦可掺入适量的速凝剂、砂或其他掺合料进行灌注，如因加入掺合料而使吸浆量突然减少，则应停止使用掺合料。经处理后应待凝，再重新扫孔、补灌。灌浆资料应及时提交监理人，以便根据灌浆情况及该部位的地质条件，分析研究是否须进行补充钻灌处理。孔口掺砂可按照以下方法操作，并在灌浆过程中进行调整：往孔口掺砂，加到10min时，停灌30min，然后用0.5∶1的浆液灌注20min，停灌10min后加砂，再灌注20min，循环3～4次。对此段须进行复灌。

⑥孔口有涌水的灌浆孔段，灌浆前应测记涌水压力和涌水量，根据涌水情况，选用缩短灌浆长度、提高灌浆压力、提高浆液水灰比、灌注速凝浆液、屏浆、闭浆、待凝等措施综合处理。

⑦灌浆过程中其他特殊情况处理，均按规范或设计要求并结合现场实际情况进行处理。

(3)回填灌浆

泄放洞改建段钢管首端15m范围布置回填灌浆，在顶拱90°范围预埋回填灌浆管，其中顶拱90°处左右各布置2根进浆管，正顶拱布置5根排气管兼进浆管。回填灌浆在衬砌混凝土达到70%的设计强度后进行。回填灌浆压力0.4MPa。

1)主要施工程序。

灌浆按照先灌低处再灌高处，即从边顶拱到顶拱的原则进行。回填灌浆施工参照设计要求的埋管灌浆顺序。

2)回填灌浆施工。

回填灌浆浆液水灰比为0.5∶1，内掺4%的MgO(掺量为与水泥重量比)，回填灌浆水泥强度等级不低于42.5，空隙较大时可采用水泥砂浆，掺砂量不宜大于水泥总量的200%，砂浆强度不小于M2.0。应先灌低处再灌高处，由低处管道开始进浆，当高处管道排出浓浆(出浆密度接近或等于进浆密度)后，进浆管扎管，改从高处管进浆，如此类推，直至全部灌完。灌浆必须连续进行，若因故中止灌浆的灌浆孔，应及早恢复灌浆。回填灌浆在规定的压力下，灌浆孔停止吸浆后，继续灌注10min结束灌浆。

4.6.12.5 资源配置

(1)设备及工器具投入

根据各专业总体施工需求，主要施工设备配置情况见表4-65。

表 4-65　　导流泄放洞出口混凝土主要施工设备配置情况

序号	名称	规格	单位	数量
1	100B 快速钻		台	2
2	双层搅拌机	2×200L 双式	台	1
3	高速制浆机	400L	台	1
4	注浆泵	3SNS	台	2
5	自动记录仪	GJY-Ⅶ	套	1
6	储浆桶	400L	台	1
7	泵机		台	2
8	汽车吊	50t	台	1
9	汽车吊	25t	台	1
10	随车吊	16t	台	1
11	混凝土搅拌运输车	$6m^3$	台	3
12	自卸汽车	20t	辆	2
13	双排座汽车		辆	1
14	空压机	$20m^3$	台	1
15	吊罐	$1m^3$	个	1
16	box 管		m	30
17	电焊机	ZX7-400S	台	5
18	经纬仪		台	2
19	测斜仪	KXP-3AI	台	1

(2)人员投入

根据各专业施工总体安排,主要施工人员情况见表 4-66。

表 4-66　　导流泄放洞出口混凝土主要施工人员情况　　(单位:人)

序号	工种	人员数量
1	模板工	16
2	钢筋工	12
3	混凝土工	12
4	架子工	12
5	钻工	8
6	空压工	2
7	灌浆工	6
8	焊工	4

续表

序号	工种	人员数量
9	起重工	2
10	维护电工	2
11	吊车司机	3
12	汽车司机	8
13	管理人员	8
14	记录员	2
15	辅工	12
合计		109

4.6.13 回车道衬砌混凝土施工

4.6.13.1 施工方法

(1)分层分块

进厂交通洞回车道顶拱衬砌混凝土分两仓施工,采用自密实混凝土浇筑。

(2)施工程序

测量放样→排架搭设→缝面处理→安装钢筋、预埋件→安装顶拱模板→封头模板施工→安装浇筑泵管→尾工处理、验收→浇筑顶拱混凝土→拆模养护→灌浆→拆除排架。

(3)测量放样

施工前专业测量人员根据施工图纸采用全站仪进行测量验收及放样。对洞室开挖体型断面进行验收,明确体型是否满足设计要求,对有欠挖(超设计要求)部位进行处理,地质缺陷超挖部位进行认证,超挖部位进行标识。体型确认完成后再对施工部位的主要结构控制点进行放样,并标识在可靠明显位置,测量队出示测量放样单,现场根据测量放样单进行结构控制。衬砌结构利用锚杆焊接样架筋放出结构边线,模板安装好后进行复测,确保模板安装误差控制在设计范围内。

(4)缝面处理

1)基岩面。

人工清除混凝土浇筑范围内的浮渣、松动岩石及松散软弱夹层等,对局部欠挖地段利用人工配合风镐进行处理直至合格,对岩面进行冲洗,使岩面清洁、无欠挖、无松动,最后进行地质编录及基础验收。

2)施工缝。

水平施工缝在混凝土浇筑完成12～14h后，采用人工凿毛或高压水进行冲毛处理，具体冲毛时间根据混凝土初凝和终凝时间而定，缝面确保混凝土表面乳皮、浮浆清除干净，具体以粗砂外露、小石微露为准。

(5)钢筋制作安装

洞室设置有单层钢筋，现场严格按照设计图纸及钢筋配料单进行施工，钢筋保护层基岩侧5cm，流道侧3cm，严格控制钢筋间排距、保护层及钢筋连接质量。

1)钢筋制作。

钢筋配料员根据设计图纸、施工技术文件及相关规范要求进行配料设计，并编制加工配料单下发到钢筋加工厂。钢筋加工厂按照加工配料单的要求进行加工制作、归类堆放、标识清楚，由相关人员联合进行检查、验收，符合要求后方可出厂。

2)钢筋领料及转运。

现场作业队伍领料人员凭钢筋配料单到钢筋加工厂办理该施工部位钢筋领料手续，采用8t随车吊运输到进厂交通洞，人工转运至施工部位进行钢筋绑扎。

3)钢筋安装。

①边墙钢筋。

测量队放出结构边线控制点，利用沿墙锚杆设置测量控制点和样架铁，样架铁采用⌽22钢筋，水平布置，间距按照2m/道控制，竖向筋按相邻钢筋长短对应配筋，一次竖立完成。

②顶拱钢筋。

搭设顶拱衬砌支撑系统后，将支撑系统作为操作平台绑扎钢筋，利用顶拱锚杆设置测量控制点，并用红色油漆标识清楚，利用锚杆和弧形钢筋按照间距2m/道设置钢筋样架，铺设顶拱钢筋的同时加密⌽22锚杆拉筋，以保证顶拱钢筋安装完成后的稳定。由人工按照设计要求进行绑扎、焊接等。

③钢筋绑扎要求。

a.钢筋样架铁设置须牢固可靠，所有样架铁与锚杆焊接长度须满足规范要求，测量放样过程中严格控制钢筋保护层厚度。

b.钢筋可采取焊接(单面焊10D，双面焊5D)或搭接(搭接长度不小于40D)方式连接。

c.钢筋接头焊接长度控制在－0.5mm/D范围内，咬边控制在0.05mm/D且小于1mm范围内，气孔夹渣在2D长度内且数量少于2个，直径小于3mm，接头外观无明显咬边、凹陷、气孔、烧伤等现象，不允许有裂缝、脱焊点和漏焊点。

d. 钢筋绑扎采用双股扎丝，严格按梅花形逐点绑扎牢固，并将绑扎钢筋多余的扎丝头向结构边线内侧弯折，以免因外露形成锈斑，影响混凝土外观观感质量。

(6)预埋件施工

1)排水管。

在开挖过程中，沿洞壁布置有排水孔，排水孔按照 3×6m 进行布置，排水孔采用 DN50 软式透水管进行串联，DN50 软式透水管洞室环形间距 6m，最后采用 DN50 硬质 PVC 排水管将渗水引排至洞室排水沟内。

在衬砌混凝土施工过程中预埋 DN50 硬质 PVC 排水管，DN50 硬质 PVC 排水管一端与软式透水管连接，另一端与模板紧贴，在混凝土施工完成后找出、疏通。

2)回填灌浆管。

洞室顶拱设置有回填灌浆系统，在衬砌混凝土施工过程中预埋 DN40 钢管作为回填灌浆导向管，导向管布置在顶拱中心线两侧各 1m 处，纵向间距 3m，利用结构钢筋和 Φ12 钢筋进行加固，管口紧贴模板并做明显标识，模板拆除后须将标识全部找出。

其他埋管埋件按照施工图纸要求，对每个部位进行详细检查、安装，做好土建与相关单位的配合工作，确保不漏项、错项。

(7)模板安装

1)模板规划。

①侧墙采用 P3015(P6015)和 P1015 钢模板施工，顶拱采用 P3015 和 P1015 钢模板施工，木模板补缝。

②封头模板主要采用散装钢模板和木模板施工。

2)模板加固。

①顶拱中间采用排架支撑，顶拱两侧采用 Φ14mm 拉条内拉，间距按 70cm×75cm 进行控制；模板采用 2 根⏀ 36@75cm 钢筋围檩和钢管瓦斯进行加固。

②顶拱混凝土超挖超过 20cm 处增加 Φ14mm 拉条加固，按每根 Φ14mm 拉条承受 0.5m^3 混凝土增加拉条。

3)控制要求。

①相邻两面板错台保证在 2mm 以内；局部不平整度保证在 5mm 以内(2m 靠尺进行检查)；板面间缝隙保证在 2mm 以内；模板与设计结构边线控制在－10～0mm；承重模板标高 0～5mm。

②每仓模板在安装前采用冲毛机冲洗干净，涂刷清质的色拉油或脱模剂。要求模

板安装前对先浇混凝土进行取直处理，粘贴双面胶，保证模板与老混凝土面接缝严密，模板搭接先浇混凝土面 3～5cm 为宜。

(8)顶拱支撑体系搭设及拆除

1)支撑体系规划。

箱变由 EM3 标防护完成后，施工部位移交相应部门后搭设衬砌混凝土支撑体系。

在 EM3 标箱式变压器防护外侧搭设施工支撑体系，采用在十四局箱变防护内外两侧搭设间距 1.5m 的 Φ150mm 钢管（钢管间设置剪刀撑），顶部架设Ⅰ20 工字钢帽梁，帽梁顶部架设间距 75cm 的Ⅰ20 工字钢主梁（主梁顶部铺设跳板和 0.6mm 厚的钢板），支撑体系各构件间点焊加固，并在靠墙立杆设置连墙，顶部帽梁与侧墙拉条焊接加固，顶部搭设间距按 75cm×75cm×120cm 排架。

顶拱衬砌混凝土厚度 35cm，允许超挖 20cm，两侧采用 Φ14mm 拉条反拉加固，间距 70cm×75cm，中间采用 Φ48×3.5mm 钢管排架进行支撑，排架间距 75cm×75cm×120cm；超挖超过 20cm 处增加 Φ14mm 拉条加固。

顶拱衬砌混凝土采用 Φ48×3.5mm 钢管排架进行支撑，排架搭设间排距按 75cm×75cm 进行控制，步距 120cm，排架顶部安装支撑头。

顶拱衬砌排架底部采用四管柱支撑工字钢组预留车道门洞，工字钢组由 2 根Ⅰ25a 或 4 根Ⅰ20a 组成，每根长 7.6m。

四管柱布置 2 排，排距 7.2m，每排的四管柱间距 2.025m。

四管柱底部加方木垫平，顶部加木楔调平后，安装Ⅱ50 箱梁帽梁，帽梁布置在四管柱中间，帽梁与四管柱顶部使用短拉条焊接。

帽梁顶部架设工字钢组主梁，工字钢组间距 75cm。

工字钢组主梁顶部布置 I10 工字钢垫梁，间距 75cm，垫梁与主梁点焊 1cm 加固，垫梁顶部安装承重排架，垫梁上按照排架立杆安装位置焊接 10cm 长的⌀20 短钢筋。

工字钢垫梁顶面用 14# 铁丝绑扎竹跳板搭设操作平台，竹跳板底部铺满安全网，顶部铺满铁皮。

四管柱和排架立杆底部清理干净，严禁有浮土、碎石和混凝土块等，四管柱安装后必须校正铅锤。

排架搭设过程中须按图示跟进设置纵横向剪刀撑，排架剪刀撑与立杆采用万向扣件相接。

排架上部通道按规范搭设，通道底部设置安全网；施工部位设置高 1.2m 标准栏杆。

四管柱及钢桁架、工字钢均采用 16t 随车吊进行安装拆除，16t 随车吊施工时必须按设备操作规程施工、超负荷作业、歪拉斜吊。

2)排架体系搭设。

支撑体系采用Φ48×3.5mm钢管排架搭设，排架搭设按相关要求执行。

3)支撑体系拆除。

顶板混凝土强度达到设计要求后，方可准备拆除，排架拆除前须检查是否完整，不完整必须补充完整后方可拆除。拆除作业过程中注意保护箱变。

支撑系统拆除时应先清除型钢上置放的所有工具、机具及杂物，拆下的材料严禁往下抛掷，应用绳索捆牢，慢慢放下来，集中堆放在指定地点，分类堆放整齐。

拆除时要严格遵守拆除原则：在统一指挥下，上下呼应，动作协调，从上至下逐层拆除，后安装的先拆，先安装的后拆。严禁采用将支撑体系整体推倒的方式拆除。

(9)混凝土浇筑及拆模养护

1)标号及级配。

侧墙及两侧顶拱衬砌混凝土采用C25W8F100(二级配)混凝土进行浇筑，坍落度16～18cm；顶拱因人员无法振捣区域，而采用C25W8F100自密实混凝土进行浇筑，扩散度65±5cm。

2)浇筑手段。

顶拱采用2台泵机进行浇筑，3～4台混凝土搅拌运输车进行运输混凝土，控制混凝土浇筑上升速度小于50cm/h。

3)浇筑方法。

边墙及两侧顶拱浇筑泵送混凝土，采用Φ50mm或Φ30mm软轴振捣棒进行振捣和复振。顶拱因人员无法振捣区域，而采用自密实混凝土浇筑。

采用平浇法进行浇筑，坯层厚度按照30～50cm控制；两侧对称上升，高差不得超过0.5m。混凝土下料时注意避开结构钢筋等预埋件，下料全过程循环进行，每次下料过程中严格控制坯层厚度，混凝土浇筑已开仓段必须一次性连续浇筑完成，不得出现冷缝或隐形冷缝。

人工平仓后采用插入式振捣棒振捣，快插慢拔，振捣棒插入混凝土的间距按不超过振捣棒有效半径的1.5倍，与模板的距离不小于振捣棒有效半径的50%，尽量避免触动钢筋和预埋件，必要时辅以人工捣固密实。振捣宜按顺序垂直插入混凝土，如略有倾斜，倾斜方向应保持一致，以免漏振。单个位置的振捣时间以15～30s为宜，以混凝土不再下沉，不出现气泡，并开始泛浆为止，严禁过振、欠振。振捣完成20min后进行复振，充分排除混凝土内部气泡。

自密实混凝土在最顶部设置封拱器下料口、两侧设置混凝土进料口，最顶部的封拱器采用Φ125钢管制作，两侧进料口开30cm×60cm窗口；顶拱最高处设置1根DN48排气管，避免顶部混凝土产生架空。

混凝土浇筑时搭设1.2m×1.2m×1.2m间距的简易排架安装泵管，要求泵管排架与承重排架隔离。

(10)拆模及养护

边墙模板拆除时间控制在24h后进行，混凝土强度要达到3.5MPa，具体以保证混凝土结构不变形和棱角不被破坏为原则。

顶拱模板在混凝土满足规范要求的强度后进行拆除。

承重模板及承重排架拆除时，注意按照“先安装的后拆，后安装的先拆；非承重构件先拆除，承重构件后拆除”的原则进行从上至下的一次拆除。混凝土浇筑完成后，采取洒水对混凝土进行养护，养护时间按照不小于28d龄期进行控制。

(11)回填灌浆

在混凝土浇筑完成7d后进行回填灌浆，回填灌浆时用手风钻通过回填灌浆管向基岩钻孔10cm后灌浆，灌浆压力0.2MPa，水灰比0.5∶1。

4.6.13.2 资源配置

回车道衬砌混凝土施工机械设备配置情况见表4-67，回车道衬砌混凝土主要施工人员配置情况见表4-68。

表4-67 回车道衬砌混凝土施工机械设备配置情况

序号	设备材料名称	规格型号	单位	数量	备注
1	随车吊	16t	台	1	浇筑设备、调运材料
2	混凝土搅拌运输车	6～9m^3	辆	3	混凝土运输
3	泵机	—	台	2	1用1备
4	软轴振捣棒	Φ50	根	6	混凝土振捣
5	软轴振捣棒	Φ30	根	4	混凝土振捣
6	平板振捣器		套	1	平板振捣器
7	手风钻	YT-28	台	1	插筋孔等打取
8	电动空压机		台	1	
9	高压冲毛机	CM-45/160	台	1	冲洗缝面
10	变频机	—	台	5	
11	焊机	—	台	5	钢筋焊接

续表

序号	设备材料名称	规格型号	单位	数量	备注
12	注浆机	BW-250/50	台	1	插筋注浆
13	全站仪	LeiCa TCR1102	套	1	瑞士
14	搅拌机	JJS-2B	台	1	
15	四轮拖拉机运输车	5～10t	台	1	电动,碎石运渣

表 4-68　回车道衬砌混凝土施工主要施工人员配置情况　(单位:人)

序号	工种	数量	备注
1	汽车驾驶员	6	混凝土搅拌运输车、随车吊等驾驶
2	预埋工	2	排水管、止水等预埋
3	木工	10	模板安装
4	钢筋工	8	钢筋绑扎,接头焊接
5	架子工	8	排架搭设
6	浇筑工	10	混凝土浇筑
7	电工	1	照明电路管理
8	起重工	1	起重指挥
9	普工	6	清基等人员
10	测量工	2	—
11	试验员	2	—
12	泵机操作工	2	
13	管理人员	4	
合计		62	

4.6.14　隧道衬砌混凝土施工

4.6.14.1　施工程序

长龙山勘探道路工程隧道衬砌混凝土主要为仰拱混凝土、回填混凝土和衬砌混凝土。其施工顺序为先进行仰拱混凝土浇筑及回填施工,然后进行边墙矮墩混凝土和边顶拱衬砌混凝土施工,最后进行路面混凝土施工。

施工前于隧道边墙每隔 5m 施放测量控制点,作为仰拱开挖及混凝土施工控制点。为不影响机械车辆通行,仰拱、仰拱填充利用栈桥平台进行混凝土施工。混凝土在洞外采用拌和站集中拌和,混凝土搅拌运输车运至洞内进行浇筑。衬砌混凝土施工工艺流程见图 4-48,仰拱、仰拱填充施工工艺流程见图 4-49。

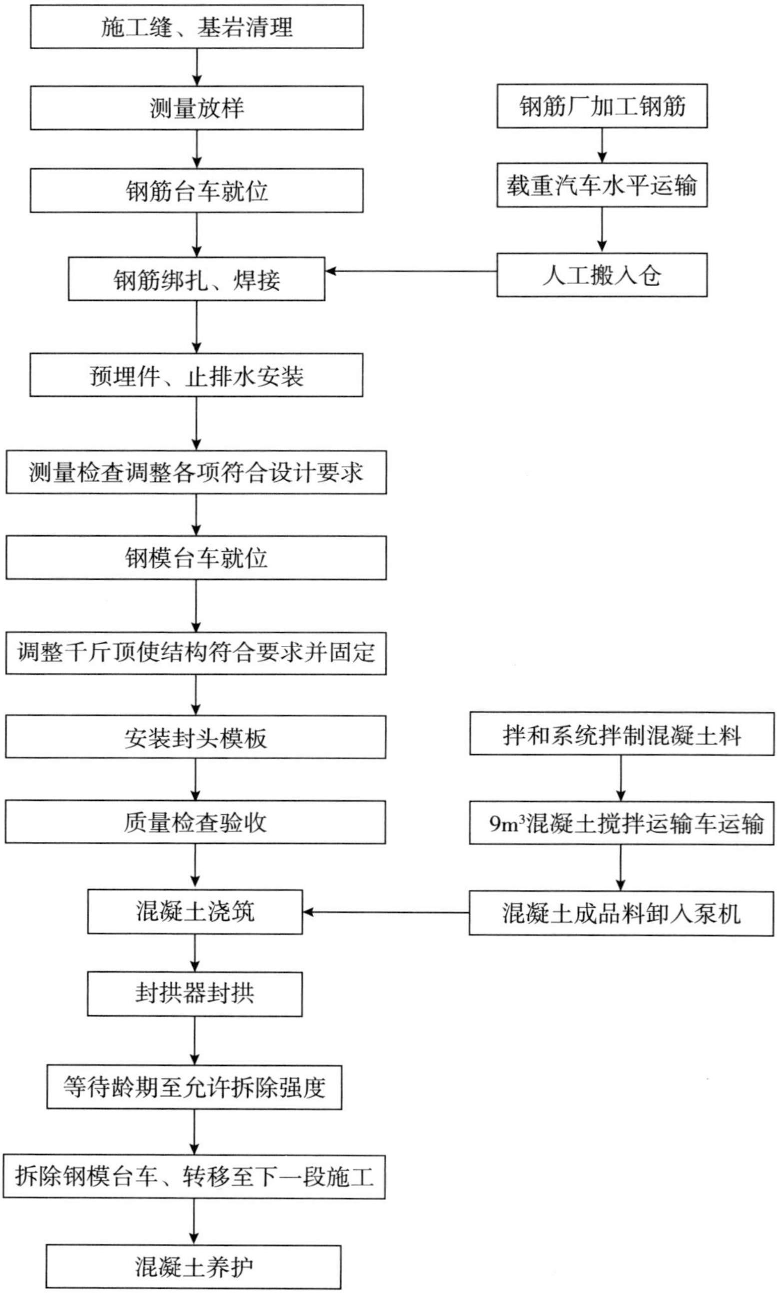

施工缝、基岩清理

测量放样

钢筋台车就位

钢筋厂加工钢筋

载重汽车水平运输

人工搬入仓

钢筋绑扎、焊接

预埋件、止排水安装

测量检查调整各项符合设计要求

钢模台车就位

调整千斤顶使结构符合要求并固定

安装封头模板

质量检查验收

拌和系统拌制混凝土料

9m³混凝土搅拌运输车运输

混凝土成品料卸入泵机

混凝土浇筑

封拱器封拱

等待龄期至允许拆除强度

拆除钢模台车、转移至下一段施工

混凝土养护

图 4-48　衬砌混凝土施工工艺流程

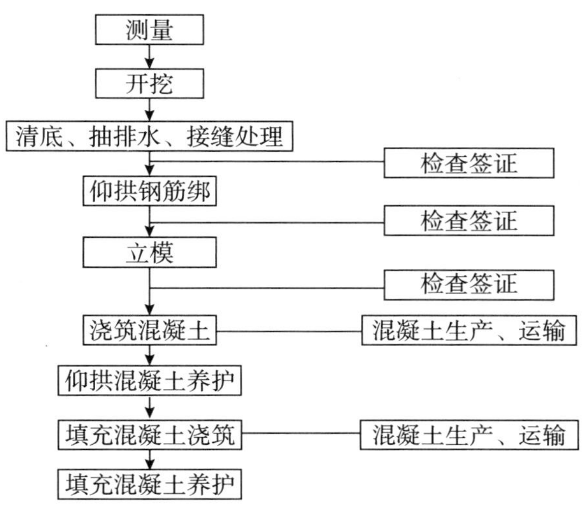

图 4-49　仰拱、仰拱填充施工工艺流程

4.6.14.2　主要施工方法

(1)衬砌混凝土施工

1)衬砌混凝土施工方案。

洞脸及明洞段:洞脸混凝土分两次浇筑,先浇筑拱圈衬砌混凝土,最后浇筑顶拱以上部分。洞口部分拱圈与洞身进出口第一段衬砌一起浇筑,衬砌采用钢模台车,洞脸拱圈以上部分包括截水沟的混凝土,采用组合钢模板一次性浇筑完成。明洞段衬砌分为两部分施工,先浇筑侧墙混凝土,再浇筑顶拱混凝土,顶拱混凝土采用钢模台车、组合钢模板盖模(内撑内拉)施工。

洞身:衬砌混凝土边顶拱一次性浇筑,衬砌混凝土分段长度为 6m。采用一部穿行式边顶拱钢模台车施工,台车设计满足隧道施工通车及管线要求。

2)主要施工方法。

①缝面处理。

缝面处理包括基岩面、施工缝等处理。

基岩面处理方法:基岩面松动岩石采用人工清撬的方式清理,已支护过的基岩面用高压水冲洗的方式清理,清洗后的建基面在混凝土浇筑前保持洁净湿润。每次清理 2 个施工仓位长度。

施工缝处理方法:混凝土浇筑前,对隧道环向及纵向施工缝,均进行冲毛或凿毛处理。

②模板工程。

勘探道路隧道衬砌主要采用钢模台车一次衬砌成型,钢模台车模板长 6m,在银坑和外长龙工区隧道进口外侧安装。

钢模台车主要由桁架式支撑系统、收分模板系统和卷扬机牵引系统组成，台车安装在轨道上，由牵引装置将台车沿轨道向前移动，移动至混凝土浇筑部位定位调整，用液压装置支撑模板定位，然后上紧预埋螺栓加固模，最后安装封头模板，封头模板用定型小型组合式拼装模板或木模板，与基岩面交界处辅以木模嵌缝。

钢模台车工作方式：钢模板衬砌台车外轮廓与隧道衬砌理论内轮廓一致，先通过封堵模板两端的开挖仓面，与已开挖面形成封闭的环形仓，然后浇筑混凝土而实现隧道的衬砌施工。此台车动力为电机驱动，轨道式行走系统；模板动作采用液压缸活塞运动方式，完成立模、脱模及模板中心偏差的调整等动作；台车立模后，需要通过丝杠将模板与架体连成整体，以承受混凝土浇筑过程中的施工荷载。钢模台车施工见图 4-50。

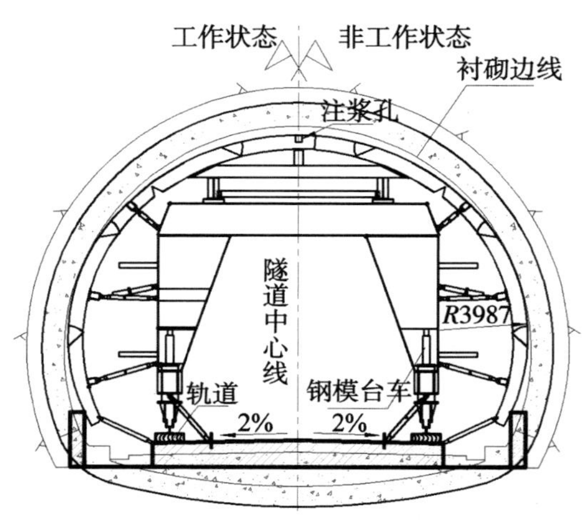

图 4-50　钢模台车施工

所有模板变形量控制在设计允许值以内，模板表面光滑平整，确保衬砌后结构尺寸和平整度满足设计及规范要求。模板安装牢固可靠，缝洞嵌补严密，模板面作刮灰、刷油处理。模板的制作与安装严格按照技术要求，模板安装前，检查标高及轴线；模板安装后，进行加固和保证支撑牢靠。混凝土浇筑时派专人值班，防止混凝土在浇筑过程中模板发生移位和变形。

③钢筋制作安装。

钢筋加工：专业技术人员根据施工图纸和技术规范进行加工配料设计，并编制加工配料单下发到钢筋加工厂。钢筋加工厂按照加工配料单的要求进行加工制作、堆放、标识，由质量人员进行检查、验收，符合质量要求才能出厂。根据施工进度安排及时运到现场安装。钢筋台车加工见图 4-51。

钢筋现场安装：采用钢筋台车（钻爆台车改建）进行，安装时根据设计图纸测量放出交通隧道洞轴中心线、高程点等控制点，利用预埋锚筋布设钢筋网骨架，经核对无误后铺设钢筋。钢筋采用人工绑扎，绑扎时使用扎丝和电焊加固，接头采用搭接焊施工。

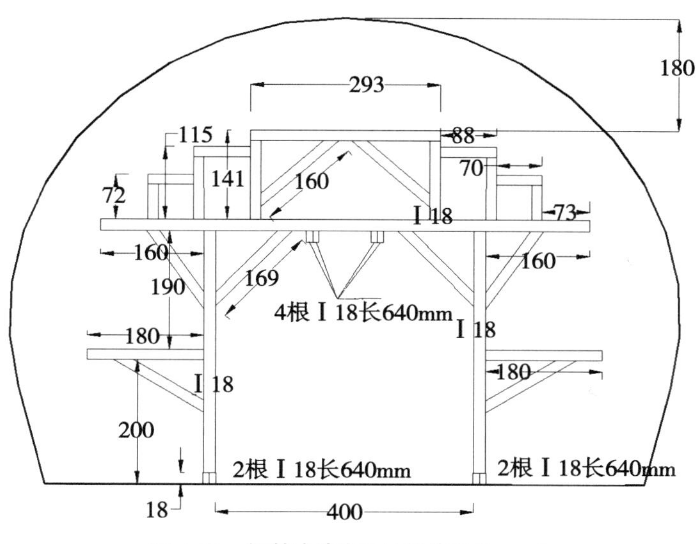

图 4-51　钢筋台车加工(其他单位:cm)

钢筋台车加工要求:

a. 制作加工台车工字钢必须使用进厂合格的材料。

b. 焊工必须持证进行焊接工作。

c. 焊缝不得有裂纹、焊瘤、烧穿、弧坑等缺陷。

d. 焊缝外观:焊缝外形均匀,焊道与焊道、焊道与基本金属之间过渡平滑,焊渣和飞溅物清除干净。

e. 焊后不准撞砸接头,不准往刚焊完的钢材上浇水。低温环境下应采取缓冷措施。

f. 尺寸超出允许偏差:对焊缝长度、宽度、厚度不足,中心线偏移,弯折等偏差,应严格控制焊接部位的相对位置尺寸,合格后方可焊接,焊接时精心操作。

g. 焊缝裂纹:为防止裂纹产生,应选择适合的焊接工艺参数和施焊程序,避免用大电流,不要突然熄火,焊缝接头应达 10～15mm,焊接中不允许搬动、敲击焊件。

④防水层的铺设。

隧道在初期支护与二次衬砌间设由无纺布和防水板组成的柔性复合防水层,其作业程序如下:

a. 准备工作。

Ⅰ. 检查防水卷材的质量是否符合设计标准;

Ⅱ. 按设计长度绘制出防水板搭接线;

Ⅲ. 洞外预制成大幅,并对称卷起备用;

Ⅳ. 工作台车就位,检查铺设面的光滑平整度,切断影响铺设的钢筋头,凿除尖凸物体,对超挖空洞挂网回填。

b.固定和铺设防水板。

Ⅰ.画出固定点,固定点间距:拱部间距0.7m,边墙1.2m。

Ⅱ.用射钉枪固定托垫并安装牢固,用热合枪将防水板与固定托垫连接,以拱顶向两侧铺焊,使防水卷材有一定的舒松度。

Ⅲ.用热楔法焊接防水板接头,接头用两道焊接缝,搭接宽度不少于10cm,单条焊缝的有效焊缝宽度不少于1.0cm。

Ⅳ.搭接质量检查与保护:先堵住空气道的一端,然后用空气检测器从另一端打气加压,直至压力达到0.2～0.5MPa,说明完全黏合。否则,须用检测液(如肥皂水)找出漏气部位,用手动热熔器焊接修补后再次检测,直到完全黏合。铺设防水层后要加强保护措施,不得在附近从事爆破、开挖等工作,严禁损坏防水层。

⑤预埋件施工。

预埋件主要包括止水带、PVC泄水管、软管盲沟和监理工程师指示埋设的其他埋设件。

橡胶止水带的施工是与模板施工同时穿插进行。

止水片的安装:安排在钢筋网绑扎成型、顶拱模板调整定位后进行,施工时应对照设计图纸测放控制点,利用加工成型的封头模板固定止水片。

埋管施工:混凝土浇筑时,须在混凝土中埋设PVC泄水管及软管盲沟。在混凝土的钢筋绑扎完毕后,按规定位置安装固定,并采取封闭措施。埋管安装前,应检查是否破损;套管安装后,应防止碰撞变位。

⑥混凝土浇筑。

为满足勘探道路隧道衬砌混凝土施工要求,洞内衬砌混凝土前期采用外购商品混凝土,待外长龙工区砂石拌和系统建成使用后,供后期隧道衬砌混凝土。混凝土采用9m^{3}混凝土搅拌运输车运输,由HBT60混凝土泵泵送入仓,采用D125泵管。钢模台车配附着式振捣器,以确保混凝土振捣密实。

洞身浇筑施工顺序:两底角混凝土浇筑→边墙和顶拱→底板。两底角混凝土采用组合钢模立模浇筑;边顶拱混凝土采用钢模台车一次性浇筑成型;底板混凝土采用组合小钢模立堵头模板浇筑。边顶拱混凝土衬砌时,混凝土自模板窗口灌入,由下向上,对称分层,倾落自由高度不超过2.0m。两侧对称下料,均匀上升;混凝土入仓采取自一端向另一端进料的方式浇筑,每层浇筑厚30～40cm。

在混凝土浇筑过程中加强对模板、支架、钢筋、预埋件和预留孔洞等观察,发现变形、移位时,及时采取措施进行处理。混凝土输送管道安装要求平直、转弯缓,浇筑先远后近;泵送前用同标号的水泥砂浆湿润导管;换接管时先湿润再连接;泵送过程中严禁加水、空泵运行。如因故中止且超过允许间歇时间,则按冷缝处理。同时,要注意顶拱超挖部分混凝土回填，不得出现架空现象。混凝土浇筑时通过分料器自模板预留进料窗口灌入，封拱器封拱。封拱(顶)时，混凝土泵在一定时间内保持一定压力，使其混凝土充填密实。

⑦拆模及混凝土养护。

衬砌混凝土拆模时间应符合下列规定：

a. 在初期支护变形稳定后施工，二次衬砌混凝土强度应达到8.0MPa以上。

b. 初期支护未稳定，二次衬砌提前施作时混凝土强度应达到设计强度的100%以上。

c. 特殊情况下，应根据试验及监控量测结果确定拆模时间。

混凝土浇筑后12～18h内对混凝土表面进行洒水养护，养护期为28d或以下一层混凝土浇筑为止。混凝土养护期间，混凝土内部温度与表面温度之差、表面温度与环境温度之差不宜大于20℃，养护用水温度与混凝土表面温度之差不得大于15℃。养护期内保持混凝土表面始终处于湿润状态；当环境气温低于5℃时，不应浇水。

(2)隧道防排水施工

1)根据公路隧道规范要求，防排水设计原则：衬砌内壁不滴水，路面不积水。

2)在衬砌背面设置隧道专用复合卷材，土工布设置在防水卷材与喷射混凝土之间，其作用兼作衬背排水层及缓冲层。

3)在二次衬砌施工缝、伸缩缝、沉降缝处均设置背贴式橡胶止水带，另外在施工缝处设置遇水膨胀止水条，在伸缩缝、沉降缝处设置中埋式橡胶止水带。

4)在防水层与喷射混凝土之间设置400g/m^2土工布，使漏水能从衬砌背面通过排水滤层排至墙角，再由墙角处衬背纵向盲沟排出，通过Φ100mm软式透水管、Φ100mm横向PVC排水管引至路侧排水沟排出洞外。盲沟应设置在防水层外面，固定在混凝土面上，而且要求防水板“U”形包裹纵向盲沟。

5)在衬背土工布排水层与喷射混凝土之间设置环向盲沟，环向盲沟采用Φ50mm软式透水管，并与纵向盲沟采用三通连接，环向透水盲管布置间距：富水区段300～500cm，贫水区段500～800cm。

6)衬砌在浇筑固定时，应防止橡胶止水带偏离中心，以免因单向透径缩短，影响止水效果；在衬砌施工过程中，必须充分振捣混凝土，使之与止水带结合良好。

(3)混凝土衬砌施工注意事项

1)衬砌不得侵入隧道建筑限界，衬砌施工放样时将设计的轮廓线扩大5cm。

2)在混凝土灌注前及灌注过程中，应对模板、支架、钢筋骨架、预埋件等进行检查，发现问题应及时处理，并做好记录。

3)混凝土振捣时不应破坏防水层。

4)衬砌施工缝端头必须进行凿毛处理,用高压水冲洗干净。

5)按设计要求预留沟、槽、管、线及预埋件,并同时施作附属洞室混凝土衬砌。

6)混凝土衬砌灌注自下而上,先墙后拱,对称浇筑。在施工过程中,如发生停电应立即启动备用电源,确保混凝土浇筑作业连续进行。

7)仰拱钢栈桥不能及时到位,需要分幅浇筑时,中间分缝部分要设置限裂钢筋,防止仰拱开裂。

8)混凝土振捣时,不得碰撞模板、钢筋和预埋件。

9)泵送混凝土结束时,应对管道进行清洗,但不得将洗管残浆灌入到已浇筑好的混凝土上。

10)钢筋混凝土衬砌地段,必须用与衬砌混凝土相同配合比的细石混凝土或砂浆制作垫块,确保钢筋保护层的厚度,主筋保护层厚度不小于 30mm、迎水面主筋保护层不小于 50mm。

4.6.14.3 资源配置

(1)施工设备配置

隧道衬砌混凝土施工设备配置情况见表 4-69。

表 4-69 隧道衬砌混凝土施工设备配置情况

序号	设备名称	型号	单位	数量	备注
1	挖掘机	CAT320	台	1	
2	装载机	小松	台	1	
3	混凝土搅拌运输车	$6m^3$	辆	4	
4	混凝土泵机	HBT60	台	2	
5	自卸汽车	15t	辆	4	
6	平板车	8t	辆	2	
7	插入式振捣器	Φ80	个	8	
8	插入式振捣器	Φ50	个	8	
9	平板振捣器		个	2	
10	附着式振捣器	1200W	台	20	
11	边顶拱钢模台车	自制	台	2	
12	钢筋台车	自制	台	2	
13	汽车吊	QY16	台	1	材料装卸
14	电焊机	BX1-500	台	4	
15	切缝机		台	2	

(2)施工人员配置

隧道衬砌混凝土施工人员配置情况见表 4-70。

表 4-70　隧道衬砌混凝土施工人员配置情况　(单位:人)

序号	专业或工种	人数
1	汽车司机	20
2	电工	4
3	钢筋工	15
4	电焊工	10
5	模板工	10
6	架子工	8
7	混凝土工	30
8	预埋工	8
9	杂工	20
10	施管人员	5
合计		130

4.6.15　混凝土缺陷处理

4.6.15.1　混凝土表面缺陷处理

(1)混凝土表面缺陷处理范围

混凝土表面缺陷处理主要包括尾水隧洞、大坝、溢洪道、导流泄放洞和进/出水口等部位混凝土工程。混凝土表面外露钢筋头、管件头、表面蜂窝、麻面、气泡密集区、错台、挂帘,表面缺损、裂缝等缺陷,均应修补和处理。

(2)混凝土表面缺陷处理程序

普查→缺陷详查及分析→制定处理方案→缺陷处理施工→处理效果检查→验收备案。

(3)混凝土表面缺陷检查

在进行处理前,组织相关部门及作业人员,对混凝土表面的各种处理项目进行认真检查,查明表面缺陷的部位、类型、程度和规模,详细记录分类整理后将检查资料和修补实施方案报送监理人,经监理人批准后进行修补施工。

(4)混凝土表面普通缺陷处理方法

1)错台修补。

错台主要由模板搭接部位移位而引起,对错台大于 2cm 的部位,用扁平凿按规范允许的坡度凿平顺，并预留0.5～1.0cm的保护层用电动砂轮打磨平整，与周边混凝土保持平顺过渡连接；对错台小于2.0cm的部位，直接用电动砂轮按相同坡度打磨平整。在混凝土强度达到70%后对错台进行处理。

2)蜂窝、麻面及挂帘修补。

对蜂窝、麻面，先进行凿除，然后将填补面冲洗干净，回填预缩砂浆或者混凝土，最后压实填平；挂帘用扁平凿和砂轮凿除、磨平、磨光。

3)对较大的缺陷按设计或监理人的指示另行处理。

4)外露钢筋头、管件头处理。

外露钢筋头、管件头全部采用电动砂轮进行切割，并切除至混凝土表面以内20～30mm，采用预缩砂浆或环氧砂浆填补。严禁用电焊或气焊进行切割，防止损坏表层混凝土。

5)不平整表面处理。

超出设计结构面规定的不平整表面用凿子凿除和砂轮打磨。凹入表面以下的不平整表面先用凿子除掉缺陷的混凝土，形成供填充和修补用的足够深的坑、槽，再进行清洗、填补和抹平。采用砂浆或混凝土修补时，在待修补处和周围至少1.5m范围内用水使之湿润，以防附近混凝土区域从新填补的砂浆或混凝土中吸水份。在准备的部位湿润后，先用干净水泥浆在该区域涂刷一遍，再用预缩砂浆或混凝土进行回填修补。如果使用的是环氧砂浆，则在修补区涂刷一层环氧树脂。

(5)主要修补材料及工艺

主要修补材料为水泥材料和化学材料，水泥材料主要为预缩砂浆、细骨料混凝土、喷射混凝土和水泥浆等；化学材料主要为环氧树脂类和聚氨酯类，其中环氧树脂类根据修补功能主要分为环氧砂浆、环氧胶泥和环氧浆材。

1)预缩砂浆。

①水泥宜选用与原混凝土相同品种的新鲜水泥，强度等级不低于42.5。

②砂宜选用质地坚硬并经过1.6mm孔径筛过的砂，细度模数宜控制在1.8～2.2。

③水灰比宜为0.30～0.35，灰砂比宜为1∶1.8～1∶2.2。

④为提高砂浆强度及抗裂性能和改善和易性，可掺入适量的外加剂。

⑤预缩砂浆主要力学性能指标(试验指标)：28d龄期抗压强度不低于45MPa，抗拉强度不低于2.0MPa，与混凝土面黏结强度不低于1.5MPa。

⑥材料称量后加适量的水拌和，拌出的砂浆用手握成团，手上有湿痕而无水膜。砂浆拌匀后用塑料布遮盖并存放0.5～1.0h，然后分层铺料捣实，每层捣实厚度不超过4cm。捣实用硬木棒或锤头进行，以每层捣实到表面出现少量浆液为准，顶层用抹刀反复抹压至平整光滑，最后覆盖养护6～8d。修补后砂浆强度达5MPa以上时(施工时抽

样成型决定强度),用小锤敲击表面,声音清脆者合格,声音发哑者凿除重修。

2)细骨料混凝土。

①细骨料混凝土为一级配混凝土,其强度等级比原结构混凝土高一级。

②水泥采用强度等级 42.5MPa 以上的普通硅酸盐水泥。

③水灰比 0.25～0.32,灰砂比 1∶1.8～1∶2.6。

④宜选用质地坚硬并经过 2.5mm 孔径筛过的砂,细度模数宜控制 2.4～2.5。

⑤细骨料采用 0.5～1.5cm 干净的骨料,必要时可采用特种骨料或另增钢纤维。

⑥较大缺陷部位采用细骨料混凝土回填。修补时使用新模板支托,以保证修补后表面平整度满足要求,修补后在一周内保持连续潮湿养护,温度不低于 10℃。

⑦对于有美观要求的混凝土修补,在水泥里混入一定比例的白水泥使修补后混凝土的颜色与周围混凝土相协调。填料与周围混凝土齐平,在表面上不留有材料和粉粒。用于修补的水泥与被修补的混凝土所用的水泥来源于同一厂家,并且型号相同。

3)喷射混凝土。

①喷射混凝土主要力学性能指标(试验指标):28d 龄期抗压强度指标不低于 30MPa,抗拉强度不低于 1.5MPa。

②水泥采用强度等级 42.5 以上的硅酸盐水泥或普通硅酸盐水泥。

③水灰比 0.3～0.4,灰砂比 1∶1.8～1∶2.6。

④宜选用质地坚硬并经过 2.5mm 孔径筛过的砂,细度模数宜大于 2.5。

⑤细骨料采用 0.5～1.5cm 干净的骨料。

4)水泥浆。

①水泥采用强度等级不低于 42.5 的普通硅酸盐水泥。

②水泥细度宜为通过 80μm 方孔筛的筛余量不宜大于 5%。

③水灰比 1∶1～0.5∶1。

④水灰比 0.5∶1 的水泥浆液 28d 的强度须大于 25MPa。

5)环氧砂浆。

①环氧砂浆主要力学性能指标(试验指标):7d 龄期抗压强度指标不低于 60MPa,抗拉强度不低于 10MPa,与混凝土面黏结强度不低于 2.5MPa。

②砂浆的外加剂和填料包括水泥、砂、石棉、生石灰等,宜根据不同性能要求,不同环境类别分别采用。

③过流面的修补使用环氧砂浆。气温和混凝土表面温度均在 5℃以上时才使用。修补部位混凝土表面必须清洁、干燥,在涂刷环氧砂浆前先刷一薄层环氧基液,用手触摸有显著的拉丝现象时(约 30min)再填补环氧砂浆。当修补厚度大于 2cm 时,分层涂抹,每层厚度为 1.0～1.5cm,表面平整度和环氧砂浆容许偏差必须符合施工技术要求。

环氧砂浆的最终凝固时间在2～4h。养护期5～7d，养护温度控制在20℃左右，养护期内不得受水浸泡和外力冲击。

6)环氧胶泥。

环氧胶泥既可用于混凝土表面不平整、麻面、气泡等缺陷处理，也可用于裂缝灌浆的表面封缝处理。主要力学性能指标(试验指标)：7d龄期抗压强度指标不低于50MPa，抗拉强度不低于12MPa，与混凝土面黏结强度不低于3.5MPa，其详细物理力学性能指标见表4-71。

表4-71　环氧胶泥主要性能指标

项目		指标
黏结强度/MPa		≥3.5
抗压强度/MPa		≥50
抗拉强度/MPa		≥12
抗冲磨强度/[(h·m^2)/kg]		7.0
抗冲击性能/(kJ/m^2)		11
耐腐蚀性能	耐介酸(1%NH_2SO_4)	>6个月
	碱(1%NaOH)	>6个月
	盐(3%NaCl)	>6个月

7)环氧浆材。

环氧浆材是对混凝土结构中的微细裂缝、施工缝、冷接缝等缺陷进行灌浆处理，以此恢复结构整体性达到防渗、补强、加固的目的，工程常用环氧类灌浆材料有HK-WG、HK-G、Sikadur、LPL等，其主要物理力学性能见表4-72。

表4-72　环氧浆材主要性能指标

项目	抗压强度/MPa	抗拉强度/MPa	与混凝土黏接强度/MPa干(湿)	可操作时间/min	黏度/(MPa·s,25℃)	备注
HK-G	≥60	≥10	≥3.0(≥2)	≥180	≤30	28d强度
HK-WG-21	≥60	≥10	≥4(干)	≥180	150～250	7d强度
HK-WG-23	≥70	≥20	≥4(干)	≥60	30～50	
Sikadur752	≥60	≥20	≥3(干)	—	150	
LPL	≥50	≥12	6(干)	—	350	28d强度

8)聚氨酯类。

聚氨酯类修补材料主要为灌浆材料，多用于混凝土缺陷的防渗处理，包括HW、LW水溶性聚氨酯灌浆材料和油溶性聚氨酯等。HW强度较高，主要用于裂缝灌浆，对结构有一定的补强作用，LW弹性好，且固结体可遇水膨胀，主要用于防渗堵漏，两者可按任意比例互溶，以满足不同工程的需要。若以强度为主，则HW的比例较高；若以弹性和遇水膨胀性能为主，则LW的比例要增加。HW和LW浆材的物理力学性能分别见表4-73和表4-74。

表4-73 HW浆材的主要物理力学性能

项目	指标
黏度/(MPa·s)	40～70
密度/(g/cm^3)	1.10±0.05
凝胶时间/(min,浆液：水=100：3)	≤30
潮湿面黏结强度/MPa	≥2.0
7d抗压破坏强度/MPa	≥20
不挥发物含量/%	≥75

表4-74 LW浆材的主要物理力学性能

项目	指标
黏度/(MPa·s)	150～400
密度/(g/cm^3)	1.05±0.05
凝胶时间/(min,浆液：水=1：10)	≤1.5
包水量/倍	≥25
固结体遇水膨胀率/%	≥100
7d拉伸强度/MPa	≥1.8
扯断伸长率/%	≥80
不挥发物含量/%	≥75

4.6.15.2 混凝土裂缝处理

(1)一般要求

1)认真对待被发现的每一条裂缝，分析其产生裂缝的原因，严格按要求进行补强处理。

2)裂缝处理后应恢复结构的整体性，限制裂缝扩展，满足结构的强度、防渗、安全性及混凝土抗冲耐磨要求。

3)裂缝处理方案的选择，应先通过裂缝调查获得必要的数据资料，再根据裂缝所在部位、发生原因、裂缝大小及危害性等，进行分析确定，综合提出合理的处理措施。

4)根据裂缝开裂原因分析认为构件的承载能力可能下降时，必须通过计算确定构件开裂后的承载能力，判断是否需要补强加固。

5)混凝土表面有防风化、防渗、抗冲、耐磨要求部位的裂缝应进行表面处理。

6)削弱结构的整体性、强度、防渗性和造成钢筋锈蚀的裂缝,应进行灌浆处理。

7)危及建筑物安全运行的裂缝,除采取灌浆处理外,必要时应采取结构加固处理措施,如锚固和预应力锚固,以及额外支撑结构等。

8)对荷载反应敏感的裂缝,一般应在减荷后再进行处理。

9)对温度反应敏感的活动裂缝,应在低温季节裂缝开度较大时处理。

10)对于发展裂缝,应首先查明导致裂缝发展的原因,再消除影响因素,最后待裂缝稳定后方可进行修补。

11)修补施工宜在低温季节裂缝开度最大时进行,不应在雨雪或大风等恶劣气候条件的露天环境下进行。

12)树脂类修补材料宜干燥养护不少于 3d;水泥类修补材料应潮湿养护不少于 14d;聚合物水泥类材料应先湿养护 7d,再干燥养护不少于 14d。

13)裂缝修补程序:裂缝调查→裂缝素描图确定→基面打磨或凿挖→基面确认→修补及养护检测→质量检查及验收。

(2)裂缝分类

参照《水工混凝土建筑物缺陷检测和评估技术规程》(DL/T 5251—2010),将衬砌混凝土裂缝分为 4 类,裂缝分类标准见表 4-75。

表 4-75　　裂缝分类标准　　(单位:mm)

项目 混凝土	裂缝类型	特性	分类标准	
			缝宽	缝深
钢筋混凝土	A 类裂缝	龟裂或细微裂缝	$\delta<0.2$	$h\leqslant300$
	B 类裂缝	表面或浅层裂缝	$0.2\leqslant\delta<0.3$	$300<h\leqslant1000$ 或不超过结构厚度的 1/4
	C 类裂缝	深层裂缝	$0.3\leqslant\delta<0.4$	$1000<h\leqslant2000$ 或大于结构厚度的 1/4
	D 类裂缝	贯穿性裂缝	$\delta\geqslant0.4$	$h>2000$ 或大于结构厚度的 2/3

A 类裂缝主要表现为龟裂或呈细微不规则状,多由干缩所产生,对结构应力、耐久性和安全无太大影响。

B 类裂缝一般呈规则状,多由气温骤降且保温不善等形成,视裂缝所在部位对结构应力、耐久性和安全运行有轻微影响。

C 类裂缝呈规则状,多由内外温差过大或较大的气温骤降冲击且保温不善等因素形成,对结构应力、耐久性有一定影响,一旦进一步发展,危害性更大。

D 类裂缝为贯穿性裂缝,主要由基础温差超过设计标准或在基础约束区受较大气温骤降冲击产生的裂缝在后期降温中继续发展等因素形成。它使结构受力、耐久性和安全系数降到临界值或以下，结构物的整体性、稳定性受到破坏。

(3)裂缝检查

裂缝检查是为裂缝分类、补强处理提供基本资料。裂缝检查项目包括缝宽(表面缝宽)、缝深、缝长、裂缝方位、所在部位、高程、数量、缝面是否有渗水或溶出物等。

1)表面裂缝检查。

对表面裂缝缝宽、条数以人工目测现场普查为主，所用工具有读数放大镜、塞尺和米尺等。对细裂缝可用先洒水，再用风吹干或晒干，最后进行检查。对高部位的裂缝搭架后人工靠近检查。

2)缝深检查。

①钻孔压水(压气)法：沿裂缝一侧或两侧打斜孔穿过缝面(过缝≥0.5m)，然后在孔口安装压水(气)设备[压水(气)管、手摇泵]和阻塞器，进行压水(气)。若压水缝表面出水(气)，说明钻孔过缝深大于钻孔过缝的垂直深度，这需要再打少量斜孔检查，直至表面无水(气)冒出，此时斜孔与缝的交点至混凝土表面的垂直距离为裂缝深度。

②超声波法：对平面上混凝土裂缝，在其两侧(距 1m 左右)打垂直孔，孔径不小于 60mm，但应在缝的一侧打一个对比孔，先进行无缝的声波测试，然后进行跨缝测试。

③对重要或危害性大的缝，必要时可沿缝钻直径 91～150mm 孔，采用孔内电视和录像方法探测缝深。

(4)裂缝数量统计

按照裂缝分类评判标准，对大体积混凝土和钢筋混凝土的裂缝的缝宽、缝长、缝深、所在部位、高程作详细记录和分类统计，并附产状图。

(5)裂缝修补

1)A 类裂缝：原则上不做专门处理，但缝口破碎宽度大于 0.3mm 的裂缝，须采取缝口涂刷宽度为 15～20cm、涂刷厚度为 1mm 的 HK 增厚环氧涂料。

2)B 类裂缝：进行表面直接封闭处理。

①清理缝面：对裂缝表面进行清理，去除表面的钙质、析出物、水泥浮浆和其他污物，并冲洗干净。

②封缝：先用低黏度环氧对裂缝表面进行封闭，要求涂刷均匀；待环氧表干后再在缝面涂刷二道增厚环氧涂料，涂刷宽度为 15～20cm，涂刷厚度为 1mm。

3)C 类裂缝：采用先封缝再钻孔化学灌浆处理。

①清洗缝面：对缝表面进行打磨，打磨宽度 15～20cm，去除缝面的钙质、析出物及其他杂物，并冲洗干净。

②布设灌浆嘴:缝深小于 30cm,间距 30～50cm,采用磁力钻骑缝布设灌浆孔,埋设灌浆嘴并再次冲洗干净;缝深大于 30cm,沿缝两侧 5～10cm,间距 30～50cm,采用磁力钻在裂缝两侧斜向穿缝布设灌浆孔,然后埋设灌浆嘴,并再次冲洗干净。

③封缝:表面涂刷环氧底胶,再涂刷两道,涂刷宽度为 15～20cm、厚度 1mm 的 HK 增厚环氧涂料。

④灌浆:待封缝材料有一定强度后进行化学灌浆,化学灌浆材料采用环氧浆材。灌浆压力为 0.3～0.5MPa,从最低端向高端进行,待邻孔出浆后,关闭并结扎出浆管,继续压浆;也可在邻孔出浆后,关闭原灌浆管,移至其他邻孔继续灌浆,一直到整条裂缝都灌满浆液并稳压 5～10min 为结束标准。

⑤表面修复处理:待浆液固化后,凿除灌浆管,并用钢丝刷清理缝面两侧,清理完后再在缝面涂刷两道涂刷宽度为 15～20cm、厚度 1mm 的 HK 增厚环氧涂料。

4)D 类裂缝:凿槽封缝然后化学灌浆处理。

①裂缝无渗水情况。

a. 清洗缝面:对缝表面进行打磨,打磨宽度 15～20cm,去除缝面的钙质、析出物及其他杂物,并冲洗干净。

b. 凿槽:骑缝凿"V"或"U"形槽,槽深 3～5cm,槽宽 5～6cm,并将槽清洗干净。

c. 埋管:用快硬水泥封缝,每 30～50cm 埋设灌浆嘴或采用磁力钻骑缝布设灌浆孔。

d. 封缝:表面涂刷环氧底胶,再涂刷两道涂刷宽度为 15～20cm、厚度 1mm 的 HK 增厚环氧涂料。

e. 灌浆:待封缝材料有一定强度后进行化学灌浆,化学灌浆材料采用环氧浆材。灌浆压力为 0.3～0.5MPa,从最低端向高端进行,待邻孔出浆后,关闭并结扎出浆管,继续压浆;也可在邻孔出浆后,关闭原灌浆管,移至其他邻孔继续灌浆,一直到整条裂缝都灌满浆液并稳压 5～10min 为结束标准。

f. 表面修复处理:待浆液固化后,凿除灌浆管,并用钢丝刷清理缝面两侧,清理完后再在缝面涂刷两道涂刷宽度为 15～20cm、厚度 1mm 的 HK 增厚环氧涂料。

②若裂缝渗水出现在需要固结灌浆防渗的钢筋混凝土衬砌段,则在裂缝处理前须先进行堵水:沿渗水或渗浆裂缝两侧各 4m 范围按间排距 2m 布设化学灌浆孔(裂缝密集部位可视现场吸浆和堵水情况,由监理人现场确定),钻孔垂直入岩 2m,并按一定比例灌注 LW、HW 水溶性聚氨酯的混合浆液。灌浆压力为 0.8～1.0MPa;以在设计压力下小于 0.2L/min 为灌浆结束标准;钻封孔应采用与钻孔周围原材料一致将其填密实,并将孔口压抹平整。

4.7　灌浆与基础处理

4.7.1　制浆系统与设备

(1)制浆站布置

根据该工程的钻孔灌浆工作面、工程量的特点布置集中制浆站。制浆站内均配置 1 台 ZJ-400 高速制浆机、1 台(套)送浆设备系统,满足施工进度要求。水泥材料堆放平台 6.0m×1.0m×6.0m(长×宽×高),均采用 Φ48mm 钢管搭设,最大储灰量约 50t。

(2)施工排水、浆

灌浆作业施工废水排放较大,为满足施工废水零排放标准,在大坝趾板上游侧布置小型沉淀池,面积约 5m^2。根据现场实际情况,施工过程中产生的废水先集中排至趾板集污坑,再经水泵抽至沉淀池,最后沉淀后清水回用于施工。施工所产生的钻渣、废浆结石等固体废渣,集中收集、装袋,采用自卸汽车运至渣场处理。

(3)灌浆设备

灌浆所使用各项配套设备,包括搅拌机、灌浆泵、灌浆管路和压力表等应相互匹配,各性能应均能满足工作要求。灌注纯水泥浆,应使用 3 缸柱塞式灌浆泵,以使压力稳定,压力波动范围应控制在灌浆压力的±10%,排浆量能满足灌浆最大注入率的要求。

灌浆管路应保证浆液流动畅通,并应能承受 1.5 倍的最大灌浆压力,灌浆泵和灌浆孔口处均应安装压力表,进浆管路亦应安装压力表,所选用的压力表在使用前应进行率定,使用压力宜在压力表最大标值的 1/4～3/4。

(4)钻灌平台车布置

隧洞平洞段钻灌平台车布置示意图见图 4-52。

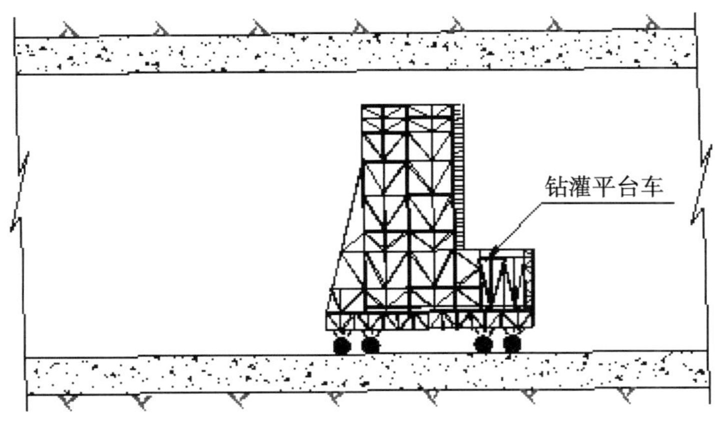

图 4-52　隧洞平洞段钻灌平台车布置示意图

1)趾板钻灌平台。

该工程下水库大坝的左、右岸趾板坡度较陡,为确保趾板固结灌浆、帷幕灌浆安全顺利进行,制作的滑动钻灌平台因安装在上部的卷扬机牵引。其滑动钻灌平台布置示意图见图 4-53。

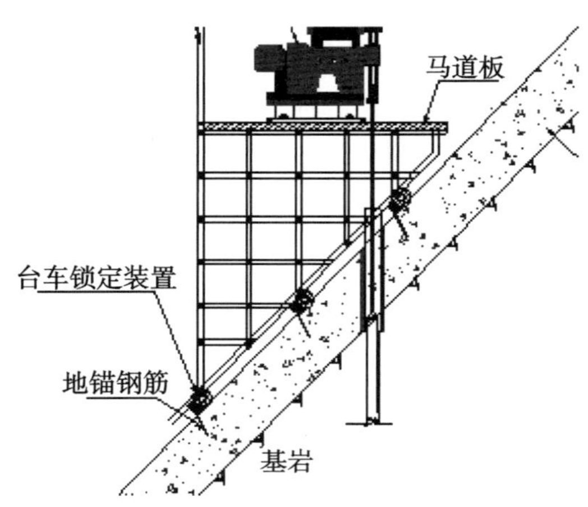

图 4-53　滑动钻灌平台布置示意图

2)隧洞斜井钻灌平台。

斜井固结灌浆采用裸岩灌浆的方式,其滑动钻灌平台布置示意图见图 4-54。

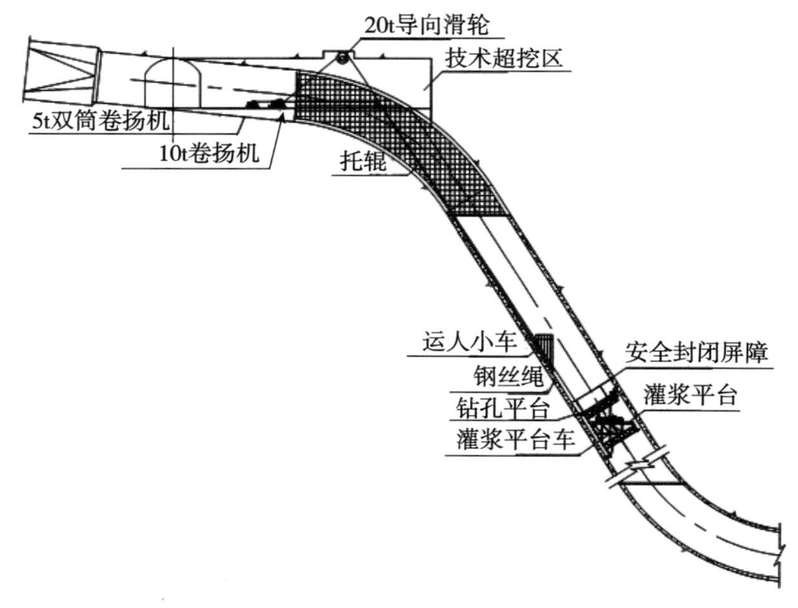

图 4-54　斜井裸岩灌浆平台布置示意图

4.7.2 施工方法

4.7.2.1 回填灌浆

回填灌浆按照灌浆方式可分为预埋管式灌浆和钻孔法灌浆，完成工程量38592.25m^2。其中，采用预埋管式灌浆的部位有1$^\#$～3$^\#$引水隧洞下半段、4$^\#$施工支洞、尾水支管、尾闸洞、PDX1探硐、导流泄放洞、进厂交通洞、尾闸运输洞、交通电缆洞等部位，采用钻孔法灌浆的部位有6$^\#$施工支洞、500kV出线洞、尾水隧洞、尾水岔管、进/出水口等，其中6$^\#$施工支洞及500kV出线洞含有两种灌浆方法。回填灌浆预埋管示意图见图4-55。

顶拱在106.26°～120.00°进行回填灌浆，回填灌浆在该部位衬砌混凝土设计强度达到70%后方可进行，回填灌浆预埋管采用Φ32mm PE管，灌浆施工前采用系统风进行管内冲洗；灌浆顺序自较低一段开始，向较高一段推进，先灌Ⅰ序再灌Ⅱ序，灌浆压力0.3～0.5MPa。

钻孔采用YT-28手风钻进行，灌浆孔孔径均不小于Φ38mm，须结合现场实际情况而定，如500kV出线洞回填灌浆采用YT-28气腿钻进行钻孔；钻孔孔深均入岩0.1m，并侧记混凝土厚度及空腔尺寸，以确定是否采用水泥砂浆；钻孔按照孔序进行钻灌施工，先钻Ⅰ序再钻Ⅱ序；回填灌浆孔间排距、钻孔深度严格按照设计图纸执行，顶拱在106.26°～120.00°进行钻孔施工。

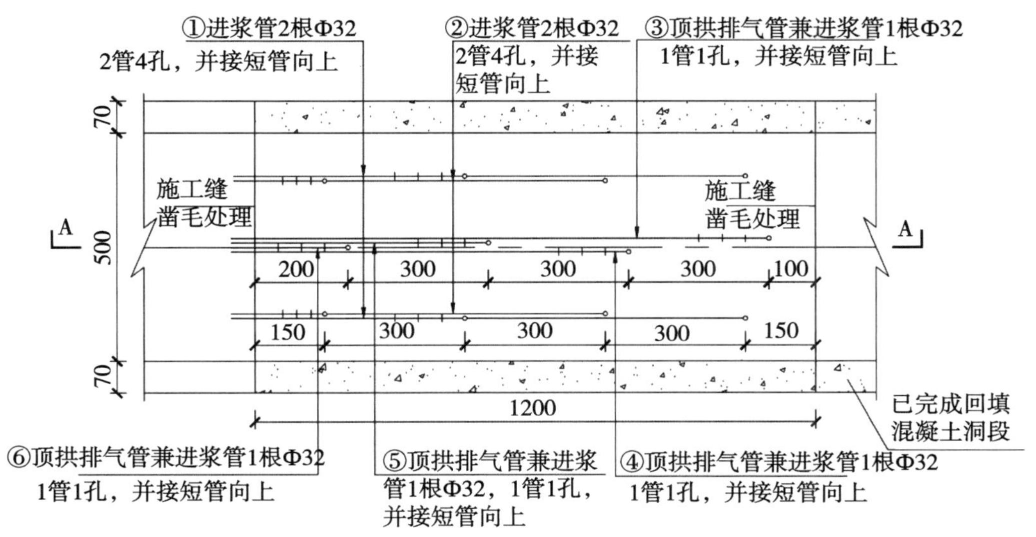

图4-55 回填灌浆预埋管示意图(单位:cm)

回填灌浆水灰比均采用0.5：1的水泥浆液，回填灌浆水泥强度等级不低于42.5，

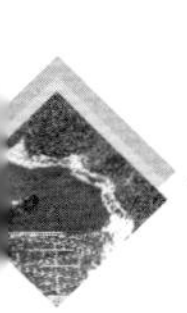

灌浆时采用机械式灌浆塞对孔口进行封闭，采用纯压式灌浆法进行灌浆。灌浆施工由低处孔开始进浆，当高处孔排出浓浆（出浆密度接近或者等于进浆密度）后，进浆孔扎管，改从高处孔进浆，如此类推，直至同序孔全部灌完。

灌浆必须连续进行，因故终止灌浆的灌浆孔，应及早恢复灌浆，中断时间大于30min，重新扫孔、清洗至原孔深后恢复灌浆；回填灌浆需要在规定压力下，灌浆孔停止吸浆后，继续灌注10min后结束灌浆；回填灌浆压浆检查合格标准：采用2∶1浆初始10min内注入率小于10L。

4.7.2.2　接触灌浆

接触灌浆按照灌浆方式钢衬段可分为预埋管式灌浆和钻孔法灌浆，完成工程量15185.74m²。其中，预埋管式灌浆的部位有1#～3#引水隧洞、尾水支管、尾闸洞底板、导流泄放洞等部位，钻孔法灌浆的部位有尾闸洞四周接触灌浆。钢衬接触灌浆预埋管示意图见图4-56。

1）底部120°范围进行接触灌浆；接触灌浆预埋管采用Φ32mm无缝镀锌钢管，灌浆施工前采用系统水、风对预埋管进行管内冲洗，风压应小于灌浆压力；灌浆结束后可割除外漏的钢管；灌浆压力0.1MPa；尾闸洞四周接触灌浆采用地质钻孔（XY-2）在混凝土内进行钻孔，造孔孔径60mm。钻孔完成后应进行孔壁冲洗，冲洗至回水清澈为止。采用孔内卡塞方式灌注，钻孔设计灌浆压力0.3MPa。

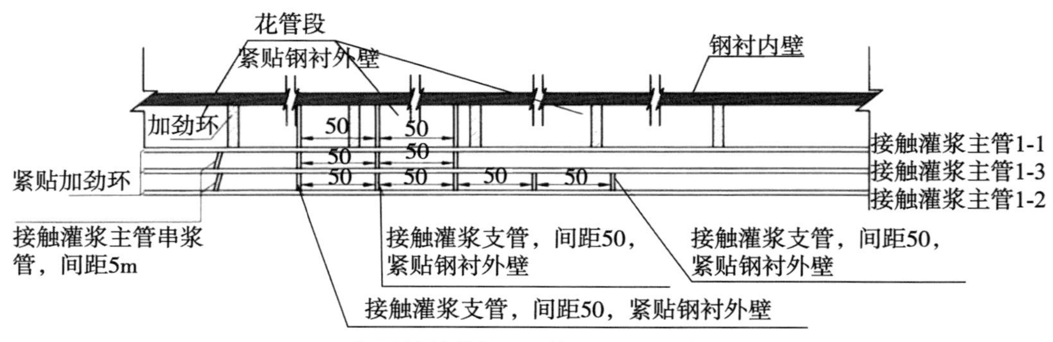

图4-56　钢衬接触灌浆预埋管示意图（其他单位：cm）

2）接触灌浆水灰比均采用0.5∶1的水泥浆液，接触灌浆水泥强度等级不低于42.5，灌浆施工由低处孔开始进浆，当高处孔排出浓浆（出浆密度接近或者等于进浆密度）后，进浆孔扎管，改从高处孔进浆，如此类推，直至同序孔全部灌完。

3）在规定压力下，灌浆孔停止吸浆后，继续灌注5min后结束灌浆。预埋管式接触灌浆质量检查采用敲击法，灌浆7d后对该部位进行敲击检查，引水系统接触灌浆灌后敲击面积不大于0.5m²为合格，尾水支管接触灌浆灌后敲击面积不大于为1.0m²合格；钻孔法在完成灌浆28d后进行接触灌浆质量检查，采用直接钻孔灌浆法进行接触灌浆时，压水压力以接触灌浆Ⅱ序孔压力 80%MPa 控制，透水率小于 1Lu 为合格，压水检查结束后全孔采用 3：1 浆进行灌浆，压力采用接触灌浆最大压力，全孔灌浆结束后采用 0.5：1 的浓浆置换，以最大灌浆压力进行 30min 全孔密封。

4.7.2.3　固结灌浆

岩石地质条件复杂时，一般先进行现场固结灌浆试验，确定技术参数(孔距、排距、孔深、布孔形式、灌浆次序、压力等)，按照灌浆孔深度，固结灌浆可分为浅层固结灌浆和深孔固结灌浆。其中，浅层固结灌浆部位有 1#～3# 引水隧洞、4# 施工支洞、6# 施工支洞、尾水隧洞、尾水支、岔管、进/出水口及排风排烟竖井；深孔固结灌浆部位有大坝趾板、溢洪道、进/出水口闸门井、尾闸洞等。完成工程量 49070.71m；固结灌浆施工程序见图 4-57。

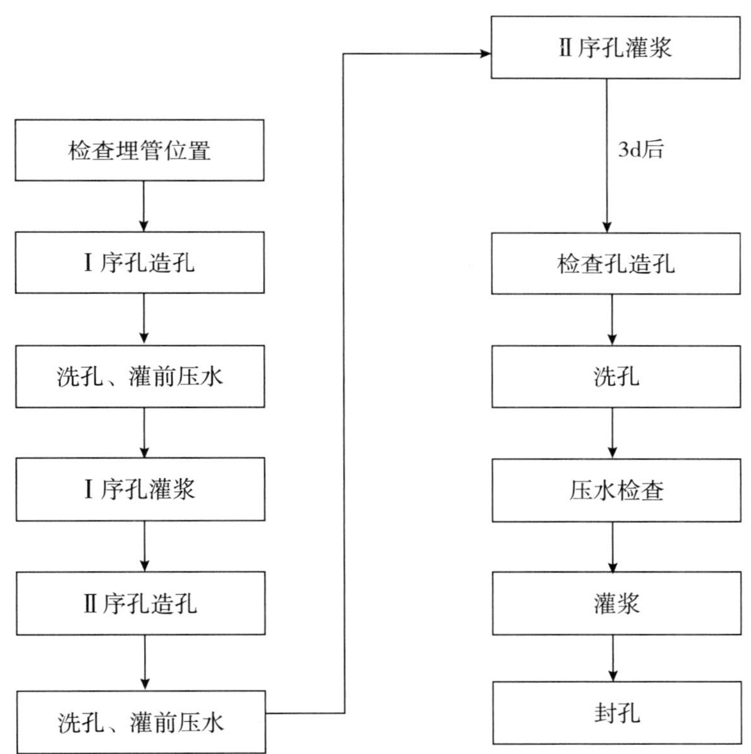

图 4-57　固结灌浆施工程序

1)浅层固结灌浆孔多用 YT-28 手风钻进行(尾水支、岔管固结灌浆钻孔在预埋管内进行)，灌浆孔孔径均不小于 42mm，设计孔深入岩 3.0～5.0m，采用全孔一次灌注的方式，灌浆孔均按Ⅰ序、Ⅱ序进行钻灌施工。水泥一般采用普通硅酸盐水泥，尾水支管新增固结灌浆采用超细水泥，灌浆压力 1.0～2.5MPa。分两序施工，灌浆孔在同环内可进行并灌，孔数不宜多于 3 个，并应控制压力。

2)深孔固结灌浆：如在大坝趾板及溢洪道固结灌浆施工前，完成抬动观测孔的钻孔及抬动变形观测装置的安装。抬动孔深度深入基岩为10m，固结灌浆孔多用电动潜孔钻(100B)在预埋Φ75mm的钢管内进行，施工灌浆孔孔径75mm，设计孔深入岩8.0～36.5m，设计灌浆压力0.2～2.0MPa，钻孔后均须采用压力水对孔壁进行冲洗，冲洗压力为灌浆压力的80%。固结灌浆采用自下而上孔内卡塞、分段灌浆，按两序逐渐加密的原则施工。

3)固结灌浆完成钻孔及清洗后，选择不少于本单元孔数的5%进行灌前压水试验，选择不少于本单元孔数的10%进行灌前声波检测。开灌水灰比采用3：1，灌浆封孔水灰比采用0.5：1。在规定压力下，灌浆孔注入率不大于1.0L/min时，继续灌注30min后结束灌浆，封孔采用全孔灌浆封孔法，封孔压力采用最大灌浆压力。当封孔压力结束并符合设计要求后，再采用预缩砂浆对孔口段范围进行人工封孔。

4)固结灌浆质量检测：采用压水试验检查，在该部位灌浆结束3d后进行，压水试验采用单点法，检查孔压力为灌浆压力的80%且不大于1.0MPa，检查孔结束后进行灌浆封孔。围岩固结灌浆合格标准：尾水支管等浅层固结灌浆透水率小于1.0Lu，尾水岔管固结灌浆透水率小于0.5Lu，深层固结大坝、溢洪道固结透水率小于5.0Lu，其他固结灌浆透水率小于1.0Lu。灌浆结束14d后采用测量岩体弹性波的方法对固结灌浆进行检查，灌后波速提高率按不小于5%控制。

4.7.2.4 帷幕灌浆

帷幕灌浆按防渗帷幕的灌浆孔排数分为单排帷幕和双排帷幕。单排帷幕灌浆部位为厂房排水廊道、通风兼安全竖井、排风排烟竖井、大坝帷幕、溢洪道、量水堰等；双排帷幕部位为尾水支管、岔管、导流泄放洞、引水隧洞、通风兼安全竖井，总计完成工程量43296.09m。帷幕灌浆施工程序见图4-58。

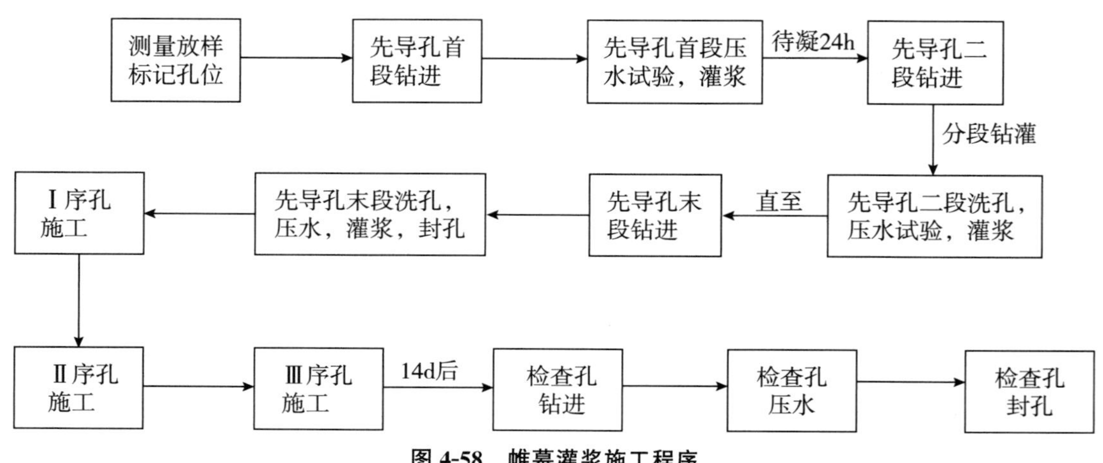

图4-58 帷幕灌浆施工程序

1)帷幕灌浆施工前，完成抬动观测孔的钻孔及抬动变形观测装置的安装。抬动观测孔深入基岩 10～20m，帷幕灌浆孔在预埋的钢管内采用电动潜孔钻(100B)及地质钻机(XY-2)进行钻孔，灌浆孔孔径 75mm(A3 排水廊道及补强帷幕灌浆第 1 段钻孔孔径 91mm，第 2 段及以下钻孔孔径 75～76mm)；钻孔孔深参照设计孔深，大坝帷幕、溢洪道至终孔段后若透水率大于 3.0Lu 则加深 1 段，直至透水率小于 3.0Lu；A3 排水廊道至终孔段若透水率大于 0.5Lu 则加深 1 段，直至透水率小于 0.5Lu；量水堰至终孔段后若透水率大于 10.0Lu，则加深 1 段，直至小于 5.0Lu。

2)帷幕灌浆应该在相应固结灌浆完成并检查合格后施工，帷幕灌浆采用自上而下分段循环灌浆，灌浆塞应塞在已灌段段底以上 0.5m 处，防止漏灌。先导孔要求取芯保存并进行分段钻孔和分段压水，分段压水采用单点法。全孔压水结束后采用自下而上孔内循环的方式进行灌浆，其他帷幕灌浆孔段全部采用简易压水。先导孔间距按 16～24m 或按该排孔数的 10%进行布置。先导孔取芯获得率应在 80%以上，如果取芯获得率低于 80%，应该缩短回次钻孔至 0.5m。且须按取芯次序统一编号、填牌装箱，并绘制钻孔柱状图、描述岩芯、拍照记录。

3)钻孔次序按照相应部位次序进行，按Ⅱ序加密或Ⅲ序加密的原则进行，施工顺序为先导孔—Ⅰ序—Ⅱ序—Ⅲ序，采用自上而下分段钻灌的方法，设计孔深入岩 6.0～80.0m(尾水支、岔管及导流洞入岩 6.0m，A3 排水廊道孔深 80.0m 等)。设计灌浆压力 0.2～6.0MPa；灌浆段长，第一段入岩段长 2.0m，第二段段长 5.0m，其余孔段段长 5.0m，遇到岩层破碎而导致塌孔等情况时可适当缩减或加长，但不得大于 70m。

4)灌浆水灰比一般采用 3∶1 开灌(厂房上层排水廊道试验段采用 5∶1 开灌)，灌浆浆液由稀到浓变换。灌浆过程中，若发现回浆返浓，则采用回浓前的水灰比拌制新浆进行灌注；若继续回浓，则继续灌注 30min 后即可结束。在设计压力下，灌浆孔注入率不大于 1L/min，继续灌注 30min 后即可结束。

5)帷幕灌浆质量检查在以分析检查孔压水试验成果为主，结合钻孔岩芯、灌浆记录和物探测试成果等进行综合评定，必要时辅以孔内电视检查。帷幕灌浆检查孔的数量不少于灌浆孔总数的 10%，1 个单元内应至少布置一个检查孔。在该部位灌浆结束 14d 后进行压水试验。帷幕灌浆检查孔应提取并保留岩芯，绘制钻孔柱状图。压水试验合格标准为：下水库大坝、溢洪道透水率小于 3.0Lu；量水堰透水率小于 5.0Lu；尾水支管、导流洞等透水率小于 1.0Lu；尾水岔管、A3 排水廊道等透水率小于 0.5Lu。

4.7.2.5　化学灌浆

化学灌浆包含部位有 1#～3#引水隧洞、尾水岔管、尾闸洞、尾水支管及 6#施工支洞、8#施工支洞，合计完成工程量 2971m，设计孔深入岩 4.0～8.0m(引水隧洞及尾水岔管)，设计灌浆压力 0.5～6.0MPa；钻孔采用电动潜孔钻机(100B)和手风钻(YT-28)钻

进，全孔一次钻孔到位，钻孔孔径 75mm 或 60mm。

1）化学固结及回填灌浆孔钻孔采用电动潜孔钻机（100B）结合冲击式合金钻头钻进，全孔一次钻孔到位，钻孔孔径 75mm 或 60mm，钻孔按照Ⅱ序进行，施工顺序为Ⅰ序孔→Ⅱ序孔。钻孔结束后采用高压水进行孔壁冲洗，冲净孔内岩粉、泥渣，直至回水清净为止，冲洗后用风管对孔内吹净。

2）采用 Φ15mm 无缝镀锌钢管和阀门配套使用进行试验，待孔内冲洗干净和埋管制作验收合格后，方可埋管作业；采用速凝材料对注浆管和排气管嵌填牢固。短管入岩不小于 50cm，也不宜过长，长管管底与孔底距离不得小于 30cm。钢管外露比混凝土面要高 10～15cm，便于接管、拆卸等；埋管封孔 24h 后先采用高压水检查埋管质量及埋管畅通性，保证灌浆孔口不渗水，再采用风压将孔内水清理干净，并做好通水通风质量检查记录。

3）在每排埋管速凝材料待凝后，随机对 1～2 个孔进行压水试验。压水试验选择简易压力（1MPa）进行。压水完成后，在高压化学灌浆前，将空压机的风管与注浆管连接。孔内积水应用压风尽量排干，若排不尽水，采用浆液排赶水。若孔内有涌水则不需要用风赶水，采用浆液排赶水。

4）HK-G-2 环氧灌浆材料由 A、B 两个组分组成，常规包装质量分别为 A 组分 25kg、B 组分 5kg，配置过程中，开灌时第一次配制浆液不超过 15kg，按照配制比例（A 组分：B 组分＝5：1），采用人工搅拌，搅拌时间不少于 3min，配浆桶要放入冷却水槽进行配制浆液。混合顺序：先称量 A 组分，再称量 B 组分，将 B 组分缓慢注入 A 组分中，边注入边搅拌 3～5min，注意控制注入速度。每次配量完后应在 3h 内施工完毕。对已搅拌化学浆液超过 6h，而未能灌注使用的做废料处理。

5）采用纯压式全孔一次灌浆法，逐环灌注。每环环内由底孔灌至顶孔，为提高灌浆进度，每一环内最多同时灌注 3 个孔。当第 1 环腰线以下的所有孔化学灌浆结束后，对第 2 环底部开始化学灌浆，以此类推。灌浆压力的控制采用逐级升压的方法，严格控制升压速度，每次灌浆压力提升控制在 0.1～0.5MPa。每级压力在单位注入率小于 0.2L/min 时，即可进行升压。逐级升压达到设计最大压力，升压速度结合现场实际灌浆情况调整。化学灌浆施工记录采用人工记录，正常情况每 5min 记录一次数据。化学灌浆过程中，灌浆压力达到设计压力值后，化学灌浆注入率不大于 0.05L/(min·m)，继续灌注 30min 进行闭浆待凝，即可结束灌浆。

6）化学灌浆质量检查采用压水试验，应在灌浆结束 7d 后进行检查，检查孔数量不少于灌浆孔总数的 10%，压水压力为设计压力的 80%。

检查合格标准为 85%以上孔段透水率不小于 0.2Lu，其余孔段透水率小于 0.5Lu 且分布不集中。

4.7.2.6　抬动孔施工

为准确掌握抬动临界压力，并为后续灌浆防止出现有害抬动提供数据支撑，在灌浆施工时布置两种抬动报警装置，对趾板混凝土的变形进行观测。

抬动变形观测装置见图 4-59，抬动观测孔孔深入岩 10～20m，后期兼做帷幕灌浆抬动观测使用，待抬动观测仪器装置安装完毕，并检测合格后，方可进行灌浆作业。

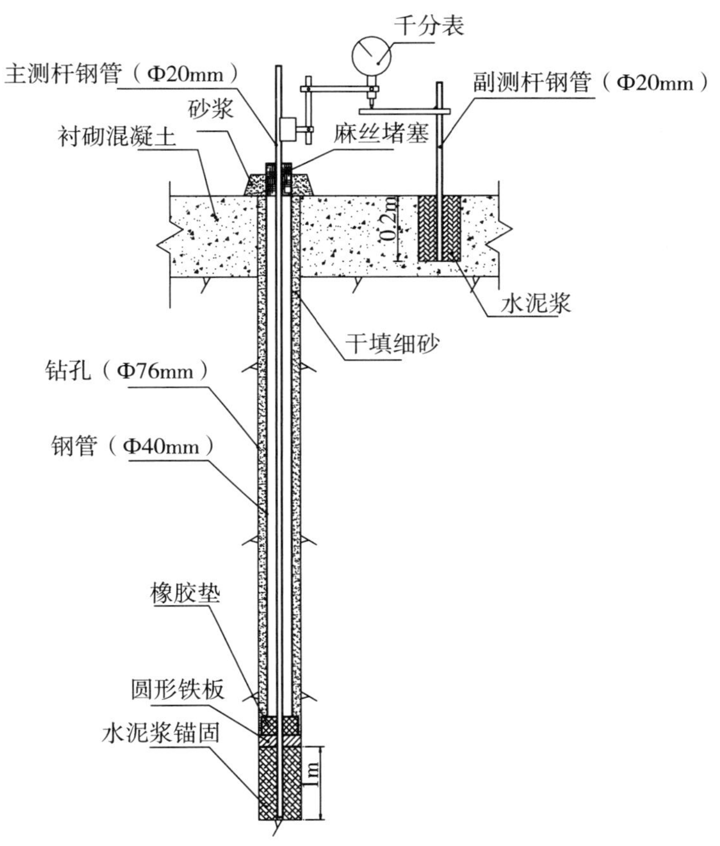

图 4-59　抬动变形观测装置

(1)抬动变形观测装置的安装

1)灌浆前，完成抬动观测孔的钻孔和抬动变形观测装置的安装。抬动孔深度深入基岩为 10m，杆件最底部埋设在稳定的基岩中，确保灌浆时不受灌浆影响。

2)抬动观测孔施工工艺：钻孔→埋设抬动变形观测装置→安装千分表→观测→封孔。钻孔采用电动潜孔钻机(100B)，孔径 75mm，钻孔结束后用锚固砂浆将测杆进行固定。千分表安装固定完毕后，采取妥善的保护措施。灌浆过程中派专人不间断进行抬动变形观测，做到一孔一表，一表一人，同时配备备用表一支。

3)抬动变形观测装置采用千分表观测，该千分表经过率定合格后方可使用。

(2)抬动变形观测

1)单元施工前完成抬动安装。单元灌浆施工时在压水试验(裂隙冲洗)、灌浆、封孔等过程都要进行抬动观测。

2)人工抬动观测每 10min 记录一次,千分表应经常检查,确保其灵敏性和准确性,报警装置连接自动记录仪。

3)抬动变形控制值小于 0.1mm,当抬动值达到 50μm 时采取降压、停泵等措施进行处理,如果施工中发现千分表上升数值超过 200μm 时,停止灌浆,并报告质检员,由质检员报告监理,协商后续处理方式。

4)施工过程中加强对抬动观测装置的保护工作,严防人为碰撞、损坏。

4.7.2.7 特殊情况处理

(1)钻孔特殊情况处理

1)当钻孔穿过软弱破碎岩体发现塌孔和集中漏水时,应先进行灌浆,待凝 8h 后再钻进,若再次出现塌孔,则再次灌浆,如此循环,直至灌浆达到要求后再进行下一段造孔。

2)当钻孔遇到断层、溶洞、涌水、塌孔、掉块时详细做好记录,及时通知质检人员、监理工程师,采用先行灌浆(浆液为 0.5∶1 纯水泥浆液),待凝 8h 后再扫孔钻进。

(2)灌浆过程中特殊情况处理

1)冒浆处理。

灌浆过程中发现冒浆,应视具体情况采用嵌缝、表面封堵、低压、浓浆、限流、限量、间歇、待凝等方法进行处理。

2)串浆处理。

a. 如果被串孔正在钻孔,应立即停钻,并将孔口堵塞。

b. 如果已终孔的孔发生串浆,可采用一孔一泵对被串浆孔同时进行灌浆。要求被串孔与施灌孔在同一段位。

c. 若不具备对被串浆孔进行同时灌浆的条件,则应先塞住被串浆孔,待灌浆孔结束后,对被串浆孔进行重新扫孔、冲洗,再继续钻进、灌浆。

3)灌浆中断处理。

a. 灌浆作业必须连续进行,若因故中断,应尽快及时恢复灌注,若中断时间小于 30min,可按中断前相关指标继续复灌。

b. 若中断时间超过 30min,应立即冲洗,若冲洗无效,则应在重新灌浆前进行扫孔,再恢复灌浆。复灌开始时应使用该段中断前的开灌水灰比进行灌注。若注入率与中断前相近,即可采用中断前的水灰比继续灌注;如注入率较中断前减少较多时,应逐级加浓继续灌注;若注入率较中断前减少很多,且在短时间内停止吸浆时,应采取补救措施。

4)注浆量大难以结束情况处理。

如果遇到注入率大、灌浆难以正常结束的孔段时(当孔段单位耗灰量达300kg/m或0.5∶1浓浆单位耗灰量超过70kg/m),应暂停灌浆作业。对灌浆影响范围内的地下洞井、岸坡、结构分缝等应进行彻底检查,如有串通,应采取措施后再恢复灌浆。灌浆时可采用低压(取20%的灌浆压力)、0.5∶1浓浆、限流(5～10L/min)、限量(0.5∶1浓浆单位耗灰量不超过70kg/m)、间歇30min灌浆法灌注,必要时亦可掺加适量速凝剂、砂或其他掺合料进行灌注,如因加入的掺合料而使吸浆量突然减少则应停止使用掺合料。先经处理后应待凝,再重新扫孔、补灌。灌浆资料应及时提交监理,以便根据灌浆情况及该部位的地质条件,分析、研究是否需要进行补充钻灌处理。孔口掺砂可按照以下方法操作:先往孔口掺砂,加到10min时,停灌30min,然后用0.5∶1的浆液灌注20min,停灌10min后加砂,最后灌注20min,循环3～4次;在灌浆过程中可根据实际情况调整。

5)孔口有涌水的灌浆孔段,灌浆前应记录涌水压力和涌水量,根据涌水情况,采取缩短灌浆长度、提高灌浆压力、提高浆液水灰比、灌注速凝浆液、屏浆、闭浆、待凝等措施进行综合处理。

6)灌浆过程其他特殊情况处理,均按规范或设计要求并结合现场实际情况进行处理。

4.7.3 主要施工机械及劳动力配置

(1)主要机械设备(表4-76)

表4-76　　灌浆与基础处理主要机械设备

序号	设备名称	型号及规格	数量	备注
1	高速制浆机	ZJ-800	7台	制浆
2	双层搅拌机	JJS-10	14台	制浆
3	灌浆泵	3SNS	14台	
4	高压灌浆泵	3SNS	4台	
5	手风钻	YT-28	10台	
6	地质钻机	XY2	16台	
7	空压机	$24m^3$	3台	
8	测斜仪	KXP-1	4台	
9	自动记录仪		8台	
10	载重汽车		2辆	
11	集中制浆系统		1套	

(2)投入的劳动力

根据工程施工高峰期的施工工程量及工期要求，高峰期配置施工人员 80 人，具体情况见表 4-77。

表 4-77　　灌浆与基础处理投入劳动力配置情况　　(单位:人)

序号	工种	人数	备注
1	管理人员	6	负责灌浆工程的生产、质量、安全管理
2	风钻工	22	回填孔、固结孔、排水孔造孔
3	钻工	20	帷幕孔造孔
4	灌浆工	12	制浆及灌浆施工
5	电焊工	3	修理设备及焊接灌浆管
6	修理工	2	保养和修理钻灌设备
7	架子工	5	施工钢管架和其他临设的搭设
8	普工	10	运输水泥及配合钻灌施工
合计		80	

4.8 压力钢管制安

4.8.1 压力钢管制作

4.8.1.1 钢管下料、坡口加工、卷制

(1)工艺设计

仔细阅读设计文件及施工图纸，按主要施工工序(如钢管加工、焊接、防腐等)编制工艺流程及工艺设计，设计钢管加工图，组织相关人员会审后，报送监理审批。

(2)材料采购及存放

1)材料采购。

材料采购前根据压力钢管厂投产计划编制材料采购计划，所有采购的材料均符合设计图纸、技术文件及有关国家标准的规定，并具备出厂材质证明书及检验合格证书，焊接材料及防腐材料需要有厂家的使用说明书等资料。

2)材料存放。

①钢板存放在钢管加工厂材料存放区，存放时钢板底部垫垫木。钢板按钢种、厚度等分类存放，设置标识牌，并采取防水措施，防止钢板锈蚀变形。

②焊接材料设专库存放，具体存放条件、焊材抽样检验、烘焙、发放等见本章焊接条

款的有关说明。

③防腐材料设专库存放，存放条件及要求按厂家说明书和有关国家标准的规定。

(3)钢板检验及表面预处理

1)钢板检验。

用于钢管制作的钢板按合同文件及有关国家标准进行抽样检验，其性能要求须符合合同文件及有关国家标准的规定。

2)钢板的表面预处理。

钢板到货验收合格后，在使用前应将表面油污、溶渣及氧化铁皮等杂质清除干净。

(4)钢板排料、划线

根据设计图纸要求，绘制钢板排料图，并用数控切割机下料。

钢板排料、划线时要综合考虑卷制延伸率、加工余量、焊缝间隙、焊缝收缩量后进行。高强钢板禁止锯、锉及使用钢印做记号，不得在卷板外侧表面做标记、打冲眼。

1)对数控切割机编好的下料切割程序，要经过自检审查程序，确认无误后方可投入下料。

2)对采用半自动切割机下料的钢板，直接在钢板上划线，划线后要对长度、宽度、对角线进行检查。

检查合格后，用红色或白色铅油漆标出钢管分段、分节、分块的编号和水流方向、水平和垂直中心线、灌浆孔位置，以及坡口加工角度、切割线等符号。不得在钢板表面打冲眼。

钢板划线应满足表4-78中的尺寸及极限偏差。

表4-78　钢板划线尺寸及极限偏差

序号	项目	尺寸或极限偏差/mm
1	宽度和长度	±1.0
2	对角线相对差	2.0
3	对应边相对差	1.0
4	矢高(曲线部分)	±0.5
5	直管环缝间距	>500
6	相邻管节纵缝间距	>5倍的板厚，且>300
7	同一管节上相邻纵缝间距	>500
8	钢板划线标记	符合《水电水利工程压力钢管制造安装及验收规范》(DL/T 5017—2007)

(5)切割

1)钢板采用数控切割机或半自动切割机切割。

2)切割后边缘不得有裂纹,表面熔渣、毛刺、缺口用砂轮机打磨。

直管采用半自动切割机进行下料、坡口加工等,弯管、异形管、加劲环采用数控切割机进行下料,坡口采用半自动切割机进行加工。

(6)钢管坡口形式

钢管纵缝坡口采用非对称"X"形坡口,其形式参数应符合设计要求和国家标准,满足施工的需要。坡口形式可在焊接工艺试验后,与监理单位协商后进行合理的修订。

(7)钢板、坡口边部加工

钢管坡口加工均采用半自动切割机进行切割。加工时要了解坡口线的方向,除检查控制线外,切割的过程中还常用角度样板或角尺控制切割角度,使其坡口位置尺寸、坡口尺寸、坡口表面粗糙度等都符合要求。所有板材加工后的边缘不得有裂纹、夹层和夹渣等缺陷。

在对厚度差大于4mm的钢板进行对接焊时,将较厚的钢板边部以1∶3的坡度加工至较薄钢板的厚度。斜坡布置在管的外壁,以保持内径不变。

(8)钢板纵缝端头预弯

钢板纵缝端头预弯采用压力机预弯,预弯后的钢板纵缝端头弧度用样板检查应达到设计要求。

(9)瓦片卷制

1)直管、弯管瓦片卷制:采用卷板机卷制卷板。

2)在卷板机上利用厂房内配置的20t门式起重机配合卷板。

3)钢板卷制方向和钢板压延方向一致,钢板经多次卷制,直至达到设计弧度。

4)瓦片卷制过程中采用弧长不小于1.0m的内弧样板检查。瓦片卷制、矫正合格后,在直立状态下检查样板与瓦片之间的间隙,其间隙应符合设计图纸或《水电水利工程压力钢管制造安装及验收规范》(DL/T 5017—2007)要求。

样板与瓦片极限间隙见表4-79。

表4-79　样板与瓦片极限间隙

序号	钢管内径 D/m	样板弦长/m	样板与瓦片的极限间隙/mm
1	$D\leqslant 2$	0.5D(且不大于500mm)	1.5
2	$2<D\leqslant 5$	1.0	2.0

5)瓦片卷制成型后应在平台上检查管口平面度,其平面度应符合《水电水利工程压力钢管制造安装及验收规范》(DL/T 5017—2007)的规定。

6)施工时检查氧化皮、铁锈等是否清除,卷制过程中发现有拉痕、毛刺等现象,应停止卷制,用抛光机磨平后再进行卷制,严重时应按焊接规范进行补焊,且进行渗透探伤检查,合格后方可进行下一道工序。

7)卷板时,不允许锤击钢板,防止在钢板上出现任何伤痕。高强钢卷板后严禁使用火焰校正弧度。

8)渐变管瓦片卷制:在卷板机上利用厂房内配置的20t门式起重机配合卷板。卷板前,首先按计算好的尺寸调整卷板机下辊,然后在待卷制的瓦片上按工艺文件规定的尺寸划出卷板等分素线,最后在卷板机上将上辊对正分素线多次卷制而成。

9)瓦片卷制合格后转运到组圆平台上进行组圆焊接。

4.8.1.2　钢管拼装、组圆

(1)管节拼装

根据设计图纸尺寸,在已经垫平的对圆平台上(平面度不大于1.5mm,且定期检查)组圆,组圆前应检查钢管管节编号、水流方向等标识及主要尺寸。严禁使用火焰校形,不允许在母材点焊楔铁压缝。点焊时,严禁在母材上引弧和熄弧。拼装完后进行检查,合格后转入纵逢焊接工序。单节组装时,应使用门式起重机将瓦片摆放到专用组装平台上进行组装。

钢管瓦片采用专用工具进行纵缝对装,不得使用锤击或其他损坏钢板的器具校正。

钢管组圆时,钢管下部吻合地样,中部及上部用弦长为1.0m的样板检测,样板和瓦片的间隙不大于2.0mm。组圆时要控制上下管口的平面度。管口平面度直接影响环缝的组对质量。钢管管口平面度应符合表4-80规定。

表4-80　压力钢管制作形体允许偏差

序号	项目	极限偏差/mm	备注
1	管口平面度	2	$D\leqslant5$
2	相邻管节周长差	10	$\delta\geqslant10$
3	实测周长与设计周长差	$\pm3D/1000$,且$\leqslant\pm24$	
4	纵缝处弧度	4	样板弦长1000mm
5	纵缝处对口径向错边量	$10\%\delta$,且$\leqslant2$	任意厚度
6	环缝处对口径向错边量	$15\%\delta$,且$\leqslant3$	$\delta\leqslant30$
7		$10\%\delta$,且$\leqslant6$	$30<\delta\leqslant60$
8	钢管圆度	$3D/1000$,且不超过30	每端管口至少测两对
9	长度与设计值差	±5	

钢管组圆完成后进行纵缝焊接,先焊接一边,然后用电弧气刨清根,接着用砂轮机

打磨坡口直到漏出金属光泽，最后进行焊接。纵缝焊接采用手工焊或自动焊，以保证焊接质量。

纵缝校圆完成后，用弦长 0.5m 的样板检查，样板与瓦片之间的间隙不能大于 4.0mm。

纵缝校圆后，检查钢管的弧度、椭圆度（两管口至少测量两对相互垂直直径，其椭圆度应小于 0.3D%）、管口不平度、周长。

(2)加劲环、阻水环制造加工

1)加劲环、阻水环下料采用数控切割机下料。

2)加劲环、阻水环在安装时，用调圆架配合进行组装。

3)加劲环、阻水环先用调圆架调圆，其内边与钢管外壁之间的间隙不能大于 3mm，然后在滚焊台车上焊接加劲环、阻水环的角焊缝，待角焊缝焊接完成后再将调圆架拿掉。

加劲环组装允许偏差见表 4-81。

表 4-81　加劲环组装允许偏差

序号	项目	极限偏差	备注
1	加劲环与管壁垂直度	≤0.02H 且≤5mm	
2	加劲环组成平面与管轴线垂直度	≤4D/1000 且≤12mm	
3	相邻两环的间距偏差	±30	

(3)灌浆孔与补强板制造

灌浆孔在管节制成后划出加工位置并采用电钻钻孔的制孔工艺。钢管灌浆孔补强板和丝塞用数控切割机下料，然后委托外加工厂在车床上加工。

(4)环缝对接

环缝对接在液压组装平台上进行，采用调圆架、千斤顶、手拉葫芦等辅助设备进行环缝的对接。环缝在对接前应对单节钢管的弧度、椭圆度、管口不平度、周长等进行复核，复核合格后方可进行环缝对接。对装后，管段的不直度应符合设计要求。

4.8.1.3　钢管焊接

(1)焊接准备

从事钢管一、二类焊缝焊接的焊工，必须持有由劳动人事部门颁发的锅炉、压力容器焊工考试合格证书或通过建设部、水利部颁发的适用于水利水电工程压力钢管制造、安装的焊工考试规程的考试，并持有有效的合格证书。

(2)焊接材料选用

按母材的抗拉强度选用焊接材料，焊接材料必须符合国标的相关要求，其熔敷金属力学性能和化学成分等各项指标，须符合图纸技术要求和相关的标准。

根据已经完成的焊接工艺评定结果及焊接工艺规程的要求，钢管制作时的焊接材料选用如下：

1)500MPa 钢手工电弧焊选用 XY-J507 型焊条，埋弧自动焊选用 H10Mn2 焊丝和 XY-AF101 焊剂。

2)600MPa 钢手工电弧焊选用 J607RH 型焊条，埋弧自动焊选用 JQ-H08MnA 焊丝和 JQ-SJ101 焊剂。

3)800MPa 钢手工电弧焊选用 XY-J80SD 型焊条，埋弧自动焊选用 XY-S80A 焊丝和 XY-AF80SD 焊剂。

(3)焊接方法

在钢管制造施焊时，直管纵缝及对接环缝、弯管纵缝采用埋弧自动焊，弯管环缝采用手工电弧焊，定位焊及加劲环、止水环等附件的焊接采用 CO_2 气体保护焊，严格按照焊接工艺指导书进行焊接。

4.8.2 压力钢管安装

4.8.2.1 钢管运输

中平段、下斜井及其相应弯段钢管洞外运输途经上下水库连接公路，压力钢管主要采用双节(两个设计单元节组焊为一个大节)运输。先使用汽车将钢管运输至施工支洞天锚卸车吊点后，再利用天锚卷扬系统将钢管吊起并放置在运输台车上，用倒链加固，最后利用运输台车将钢管运输至安装部位。

4.8.2.2 钢管定位加固

定位节利用千斤顶和拉紧器进行调整，结果应满足表4-82要求。调整结束后进行定位节加固。定位节加固应对称进行，防止定位节变形，加固后须进行复测，合格后方能进行混凝土浇筑，浇筑时须控制浇筑速度，采用对称下料的方法。同时应有专人进行监控，发现有变形时立刻停止浇筑，并进行处理，同时调整浇筑方法。

表4-82 定位节安装偏差 (单位：mm)

中心偏差	里程偏差	垂直度偏差	圆度偏差
5	±5	±3	22

为便于钢管在洞内对接，当安装节通过轨道运输至安装位置时，将安装节与轨道车之间加装楔铁，使安装节倾斜2°，钢管的顶部上缘先接触到已安装节，便于定位和轨道车撤离。当定位节混凝土强度达到75%以上时，开始中间节的安装。中间节安装的极

限偏差应满足表 4-83 要求。

表 4-83　　中间节安装的极限偏差　　(单位:mm)

中心偏差	圆度偏差	垂直度偏差	错边量	间隙
20	22	±3	3	0~3

4.8.2.3　接地及外排水安装

压力钢管两侧沿隧洞中心轴线高程,敷设有 Φ18 镀铜圆钢接地体,每隔 25m 与压力钢管加劲环相连。每个单元压力钢管安装完成并完成自检后,报监理验收,对接地埋件数量、规格、尺寸、安装位置及焊接质量进行严格把控。

引水压力钢管外排水系统每隔 30m 布置 1 道环向集水槽钢,角钢沿钢管外壁纵向布置,槽钢及角钢布置时避开灌浆孔。环向集水槽钢及排水角钢与钢管外壁均采用跳焊,跳焊长度 20mm,间隔 200mm。为防止混凝土回填时浆液进入排水管路,环向集水槽钢、排水角钢与钢管非焊接部位先用工业肥皂封涂(封涂厚度不小于 30mm),然后在工业肥皂上部覆盖无纺土工布($150kg/m^2$,透水),无纺土工布与钢管外壁采用 101 工业胶黏接,胶水宽度 20mm,胶水距离环向集水槽钢、排水角钢与钢管接触部位 20~30mm。环向集水槽钢和排水角钢在钢管加工厂内制作并安装在钢管外壁上。工业肥皂、无纺土工布的安装在钢管安装完毕后进行。环向集水槽钢、排水角钢在封涂工业肥皂前要确保非焊接部位能够顺畅透水,否则处理后再封涂工业肥皂及后续工作。在封涂工业肥皂之前对环向集水槽钢、排水角钢非焊接部位进行清理。

4.9　金结设备安装

4.9.1　门槽安装

4.9.1.1　安装流程

下水库进/出水口检修闸门门槽与拦污栅栅槽安装流程:安装准备→安装基点布置→安装底槛→二期混凝土浇筑→安装主(反)轨→门楣安装→二期混凝土浇筑→埋件复测→防腐→验收。

机组尾水事故闸门封闭式门槽安装流程:安装准备→安装基点布置→底槛背面栅格混凝土反浇→安装底槛→底槛二期混凝土浇筑→安装侧板、顶板,焊接,防腐→侧板、顶板混凝土浇筑→安装侧槽板、腰箱,焊接,防腐→侧槽板、腰箱混凝土浇筑→门槽清理、混凝土后复测→待门叶下放后安装顶盖及充水排气系统。

泄放洞弧形工作闸门门槽安装流程:门槽主止水座及侧轨安装前先完成底钢衬、侧面钢衬及顶钢衬的安装，然后将主止水座、侧轨支座、侧轨、转铰止水装置逐一吊装就位，完成调整并临时固定。

4.9.1.2　安装基准点布置

为控制构件的高程和坐标，在门槽底槛高程、孔口及门槽中心线应设置控制点。由测量队将门槽的底槛高程、孔口、门槽中心线控制点引至底槛附近的线架上，用钢锯条切割并用白色油漆在切割处做标记。

4.9.1.3　安装施工

(1)底槛安装

将底槛预留在槽内的积水、杂物清除干净，先用型钢焊接底槛的支撑托架(注意控制托架的高程和位置)，再将底槛依次吊装至托架上，用千斤顶和拉紧器进行调整，使得底槛各项尺寸达到表4-84要求后，对称安装和焊接底部锚筋，焊接时注意控制底槛尺寸变化。待底槛验收合格后方能进行混凝土浇筑。

表4-84　　底槛允许偏差

序号	构件	项目	允许偏差/mm
1	门槽	门槽中心线	±5
2		孔口中心线	±5
3		高程	±5
4		平面度	2
5		组合出错位	1

(2)主轨、反轨安装

底槛混凝土浇筑后，在底槛上放置主、反轨安装控制样点。将主、反轨各一节用塔机或汽车吊吊装至门槽孔内，在主、反轨中心线位置悬挂细钢丝，再用拉紧器、千斤顶、手拉葫芦等设备调整主、反轨位置和垂直度，相互之间的跨度、尺寸均要满足《水力发电厂供暖通风与空气调节设计规范》(NB/T 35045—2014)和门槽图纸要求，合格后方能搭接钢筋加固焊接(用同样的方法安装剩下的主、反轨)。主、反轨调整时在门轨顶部位置的一期插筋上焊接线架，在门轨的正面和侧面距离钢板面100mm位置悬挂细钢丝，先使用线锤测量门槽的垂直度，最后使用钢板尺进行尺寸检验。垂直度检测时每个测点间距为1m，保证各项尺寸达到规范要求。

(3)门楣埋件安装

主、反轨调整完后，用塔机或汽车吊将门楣吊入门槽内，调整门楣位置和止水面平面度及高程偏差并与主轨错牙，在止水面悬挂细钢丝来检查门楣平面度，符合表4-85要

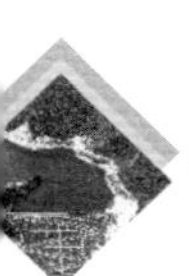

求后加固门楣。

表 4-85　　门楣尺寸允许偏差

序号	项目	允许偏差/mm
1	对应门槽中心线	−1～2
2	门楣中心线与底槛距离	±3
3	工作面扭曲	1.5
4	平面度	2

门楣安装到位后，复测主、反轨数据，数据合格后方能进行二期混凝土浇筑。最后进行门楣和轨道焊缝焊接，焊接完成后复检。

(4)接头焊接

门槽材料材质均为 Q355B，采用手工电弧焊焊接，焊条选用 ER50-6，不锈钢止水面选用不锈钢焊条。

焊接前将坡口及附近 100mm 范围内的铁锈、水泥、油污等杂质处理干净。

焊接时根据不同位置调节好焊接电流、焊接速度，严格控制线能量。加固焊接时保证搭接长度不小于 100mm，焊接时采用对称焊接以减少焊接变形。门槽对接焊须封底焊，外漏部分需要打磨平整。

(5)防腐处理

打磨所有轨道接头部位，按照要求进行防腐处理。防腐工艺以厂家的防腐工艺为准。

1)表面预处理。

涂装前清除焊缝两侧底漆，将涂装部位的底漆、氧化皮、油污、焊渣、水分等清理干净。

2)涂装施工。

采用手工涂漆，涂装时严格按照厂家说明书要求进行涂装。

3)涂装环境要求。

相对湿度不大于 85%。

4)质量检验。

涂装完成后进行外观检查。

4.9.2　平面闸门安装

4.9.2.1　安装流程

进水口检修门门体及导流泄放洞事故闸门分 3 节制造并运输至安装现场，节间采用焊接连接，安装程序：安装准备→第一节门叶吊装加固→施工平台搭设→第二节门叶吊装加固→第三节门叶吊装加固→节间焊接、焊缝检测→焊缝防腐→其他配件安装→临时防护。

机组尾水事故闸门分两节制造并运输至安装现场，节间采用螺栓连接，门体安装流程：安装准备→门叶支墩制作安装→门叶吊装组拼→门叶节间连接→防腐→水封、滑块等附件安装→闸门翻身下放→待门槽顶盖、液压启闭机安装完成后进行相关试验及整体验收。

4.9.2.2　安装过程控制

（1）门叶竖拼

进水口检修门门体及导流泄放洞事故闸门采用竖拼，门叶运输至安装部位后，检查门槽、底坎上是否有水泥和杂物，并及时清理干净。待门槽、底坎清理干净，现场满足安装条件后，先使用汽车吊将第一节门叶吊装至孔口部位的托梁上，再调整门叶的垂直度，使其满足要求后用型钢将其临时固定，最后搭设施工平台，使其满足吊装下一节门叶的条件。

第一节门叶临时加固完成使施工平台具备吊装第二节门叶能力后，用汽车吊将第二节门叶吊装至第一节门叶上方500mm处，缓慢下降将第二节门叶放置在第一节门叶上。第二节门叶与第一节门叶的定位板定位加固后，汽车吊松钩，防止门叶倾倒，门叶吊装就位后在每一节门叶上、下游两侧各加固两个斜支撑，斜支撑用Φ114×4.0无缝钢管。第三节门叶的吊装方法与第二节门叶相同。

（2）门叶水平拼装

机组尾水事故闸门采用水平拼装，每扇门叶拼装时，在闸门孔口设置6个支墩，支墩固定在尾闸洞底板上，其上表面须调平以便调整门叶平面度。门叶吊装至两门槽孔口中间放置的门叶支墩上，两节门叶水平放置在支墩上，利用千斤顶、楔铁等工具进行对接、调平。

（3）附件安装

闸门防腐涂料施工完成后安装闸门附件，充水阀结构在制造厂内已经进行了封水试验，整体运输至施工现场。闸门具备安装附件条件后，将充水阀结构整体吊装至安装部位，安装就位后进行充水阀试验，充水阀启闭行程应符合以下设计要求：①充水阀安装后，阀体上下运动应灵活可靠，无卡阻现象，阀体关闭后，应封闭不漏水；②侧向滑块、反向滑块、支承滑块在制造厂内已经安装就位，到现场后根据实际测量进行滑块的微量调整，确保滑块平面度满足要求。

(4)水封装配

闸门滑块安装完成后即可安装水封结构,先安装顶水封和侧水封,安装完成后再进行验收,底水封在下闸之前进行安装,安装完成即下放至工作部位。

1)水封到货后,平直存放,不得盘折存放。

2)水封钻孔时,与水封压板进行配钻,水封螺孔位置应与闸门上水封座板及水封压板上螺孔位置一致,孔径比螺栓小 1.0mm。水封钻孔采用专用空心钻头掏孔,严禁烫孔。

3)水封螺栓拧紧时,从中间分别向两边进行紧固,且螺栓端部至少低于水封自由表面 8mm。

4)水封接头处用水封橡皮制造厂推荐的胶黏剂黏合,橡胶水封接头处不得有错位、凹凸不平和疏松等现象。

5)水封安装完成后,检测两侧止水中心距离和顶止水至底止水底缘距离,其偏差不大于±3.0mm,止水橡皮平面度偏差不大于 2mm。

6)水封压板与门叶结构的水封螺孔同时钻制,水封螺孔位置与门叶及水封压板上的螺孔位置一致,孔径为 15mm,采用专用空心钻头掏孔。

7)水封在安装前胶合成整体,其胶合工艺应符合水封制造厂规定的技术要求,接头处不准有错位、凹凸不平和疏松等现象。

8)图纸中水封螺孔间距为理论值,若划线与门叶梁格有矛盾而影响螺栓就位时,螺孔位置可作适当调整,但螺孔最大间距应小于 150mm。

9)顶水封、侧水封采用整体安装,闸门拼装完成后,施工人员站立在焊接平台上安装水封,安装水封螺栓时,按从中间分别向两边、从下至上的顺序进行对称紧固,且螺栓端部至少低于水封自由表面 8mm。

10)底水封安装时,须使用启闭机将闸门吊起 1.0m 左右,便于安装底水封,底水封安装完成并经验收合格后,才具备下放闸门至工作部位条件。

4.9.3 固定卷扬式启闭机安装

4.9.3.1 安装流程

固定卷扬式启闭机(此节简称“启闭机”)基础埋板安装→基础混凝土浇筑及埋板复测→启闭机安装放线→启闭机定位→电气部分安装→启闭机单独运行→钢丝绳缠绕→启闭机与闸门连接→闸门启闭机试运行→整体验收。

4.9.3.2 启闭机基础埋板安装

启闭机基础埋板由钢板和锚筋焊接而成,启闭机埋件安装前,先根据测量放样,在已安装就位的钢筋上制作临时托架，埋件吊装放置于托架上，再利用螺栓进行调节，使各控制尺寸符合设计图纸及规范的要求；埋件安装高程允许偏差±5.0mm，水平度偏差尺寸为$L/1000$，纵、横向中心线允许偏差±5.0mm，合格后对埋件进行焊接加固；加固后对尺寸复测并记录，报请监理验收；验收合格后，移交土建单位进行该部位的混凝土浇筑。

4.9.3.3 启闭机安装

启闭机吊装之前，在埋件上做好启闭机安装控制线，启闭机安装控制点的设置应根据起吊中心找正，其纵、横向中心线允许偏差为±3mm，在启闭机安装层的混凝土表面做好启闭机的安装纵、横控制线。在吊装启闭机之前，在启闭机上相应位置做好纵、横控制线，先用汽车吊将固定卷扬式启闭机吊装至安装部位进行初步定位，然后用千斤顶根据就位情况微调启闭机，使启闭机上的控制线与混凝土表面的控制线重合即可，最后检查启闭机平台高程，其偏差不应超过±5mm，水平偏差不大于0.5/1000。

按设计图纸和技术说明书要求进行安装、调试和试运转，安装好的启闭机，其机械和电气设备等各项性能应符合施工图纸及技术说明书的要求。

启闭机机械设备的安装，①产品运输至现场后对启闭机进行全面检查，检查合格后方可进行安装。②减速机应进行清洗，机内润滑油的油位应与油标尺的刻度相符，减速机应转动灵活，其油封和结合面不得漏油。③检查基础螺栓埋设位置，螺栓埋入及露出部分的长度是否准确。④检查启闭机平台高程，其偏差不应超过±5mm，水平偏差不大于0.5/1000。⑤启闭机安装根据起吊中心线找正，其纵、横中心线偏差不超过±3mm。⑥缠绕在卷筒上的钢丝绳长度，当吊点在下限位置时，留在卷筒上的圈数不小于5圈，其中2圈为固定圈，另外3圈为安全圈；当吊点在上限位置时，钢丝绳不得缠绕卷筒的光筒部分。

每台启闭机安装完毕后，应对启闭机进行清理，修补已损坏的涂装部位，并根据制造技术说明书的要求灌注润滑脂。

4.9.3.4 附件安装

启闭机机架吊装、就位、调整、验收合格后，将定滑轮装置吊装至启闭机安装部位，初步定位后用螺栓将定滑轮装置固定就位。

(1)电气设备的安装

将电控系统整体吊装至安装部位，按照要求固定就位，根据设计图纸安装电路系统及电器控制系统。

(2)启闭机空运转实验

电气设备安装完毕经检验无误后进行空运转实验。

(3)缠绕钢丝绳

吊装前先在地面上放置雨布，防止钢丝绳与地面直接接触污染钢丝绳，动滑轮装置放置在铺好的雨布上，将到货的钢丝绳按照钢丝绳缠绕示意图进行钢丝绳缠绕，当吊点在下限位置时，留在卷筒上的圈数一般不小于5圈，其中2圈作为固定用，另外3圈为安全圈，当吊点在上限位置时，钢丝绳不得缠绕到卷筒的光筒部分。吊距误差一般不超过±3mm。

启闭机安装完毕后，应对启闭机进行清理，修补已损坏的涂装部位，并依据制造厂技术说明书的要求及实际使用工况和气温条件，选用合适的润滑油(脂)。

(4)试运转

1)电气设备的试验要求。

接电试验前应认真检查全部接线并应符合图样规定，整个线路的绝缘电阻必须大于0.5MΩ才能开始接电试验。试验中各电动机和电气元件温升不能超过各自的允许值，试验应采用该机自身的电气设备。试验中若触头等元件有烧灼现象应予以更换。

2)空载试验。

空载试验是在启闭机不与闸门连接的情况下进行的无负荷运行试验，应根据施工图纸及设计要求进行。空载试验为启闭机在上下全行程往返3次，应检查并调整下列电气和机械部分：电动机运行应平稳，三相电流不平衡度不超过±10%，并测出电流值；电气设备应无异常发热现象；检查和调试限位开关(包括充水平压开度接点)，使其动作准确可靠；高度指示器和荷重指示器能准确反映行程和重量，到达上下极限位置后，主令开关能发出信号并自动切断电源，使启闭机停止运转；所有机械部件运转时，均不应有冲击声和其他异常声音，钢丝绳在任何部位，均不得与其他部件相互摩擦；制动闸瓦松闸时应全部打开，间隙应符合相关要求，并测出松闸电流值。

3)负荷试验。

负荷试验是在启闭机与闸门连接后，在设计操作水头的情况下进行的启闭试验。一般应在设计水头工况下先将闸门在门槽内无水情况下全行程升降两次，然后在设计操作水头动水工况下全行程升降两次，最后检查下列电气和机械部分：电动机运行应平稳，三相电流不平衡度不超过±10%，并测出电流值；电气设备应无异常发热现象；所有保护装置和信号应准确可靠；所有机械部件在运转中不应有冲击声，开放式齿轮啮合工况应符合要求；制动器应无打滑、无焦味和冒烟等现象；荷重指示器与高度指示器的读数能准确反映闸门在不同开度下的启闭力值和启闭高度，误差不得超过±5%。

在上述试验结束后，机构各部分不得有破裂、永久变形、连接松动或损坏，电气部分应无异常发热等影响启闭机安全和正常使用的现象。

(5)闸门下放

启闭机未安装之前，防止启闭机房混凝土浇筑损坏闸门，在闸门上搭设防雨布，用于遮盖闸门。闸门底水封装配完成验收合格后，将启闭机钢丝绳下放，使启闭机与闸门充水阀结构连接系统下放至闸门充水阀结构处，将启闭机与闸门充水阀结构连接，待连接处检查合格后，用启闭机将闸门吊离托梁，人工将托梁搬离闸门部位，不得影响闸门下闸，用启闭机将闸门下放至工作部位，做后续的相关调试试验。

4.9.4 液压启闭机安装

4.9.4.1 机架安装

安装前对一期预埋板上表面进行清理，采用机油清洗机架推力支座与油缸的组合面，通过水准仪检测埋板高程及表面平面度，确定各个连接位置调整垫铁厚度。用螺栓将垫板、调整垫板与机架连接。机架吊装精确调整就位后再将垫板与一期预埋锚板点焊牢固。安装要求按《水电工程启闭机制造安装及验收规范》(NB/T 35051—2015)执行，液压启闭机机架横向中心线与实际起吊中心线的偏差应不大于 2mm，液压启闭机机架纵向中心线与实际起吊中心线的偏差不应超过±2mm(以门槽安装偏差为参考)，高程偏差不应超过±5mm。拆下机架，先将机架垫板与水工一期埋板四面焊接牢固，再将机架吊装就位并用螺栓将其与焊接好的机架垫板拧紧。抗剪板待液压启闭机安装调试好且与机架顶紧后现场焊接。主、副油缸机架安装方式相同。

4.9.4.2 油缸安装

采用机油清洗油缸与机架推力支座的组合面。液压缸活塞杆吊头、上部支撑及机架支座处应采用机油擦洗干净，并在机架支座球面上一次均匀加足润滑脂。油缸出厂时，为防止在吊装过程中吊头滑动，使用钢丝绳将吊头固定在油缸下部吊耳上；为防止钢丝绳对缸体造成刮蹭，钢丝绳外套有橡胶软管。为保证油缸吊装时钢丝绳不与其发生剐蹭，油缸吊装时采用平衡梁进行吊装。

4.9.4.3 泵站安装

液压泵站运抵安装位置后应根据设计图要求将其固定在基础上，不得松动。泵站安装配管完毕后，应按液压系统电气接线图或液压系统设计图上电气元件、辅件的编号进行正确电气接线。采用整体吊装至安装部位，调整完成后将其与混凝土固定牢固。

4.9.4.4 控制柜安装

安装电气控制柜时须确保控制柜盘面及盘内清洁无损伤，漆层完好，标志齐全、正确、清晰。接地方式应符合设计要求，固定牢固，接触良好，排列整齐。信号装置完好，指示色符合要求，附加电阻符合规定。保护装置整定值符合设计要求，熔断器熔体规格正

确。电气设备和电缆固定牢固，排列整齐，接线正确，动作正常。保护装置安装符合规范要求，联锁装置动作灵敏可靠。敷设在控制柜外的电缆绑扎整齐，横平竖直，柜内的电缆按照指定的线槽布线，从相对应的橡胶管中穿入并在控制柜内固定，根据电缆的粗细剪切橡胶套管的开口，以保证密封性能。

4.9.4.5 液压管路安装

1）液压管路配置前，油缸总成、油泵总成已安装就位并检验合格。

2）管路初装：检查油管的弯制角度、直线度等，对不合格的应进行处理。

3）根据油缸总成、油泵总成接口管路高程在混凝土墙面放出不同种类管路安装高程检查线。先安装厂家配好的管路及法兰，再进行凑合段管路配置。根据高程线先布置管夹垫，再将管夹点焊在管夹垫上，装上管路。

4）液压管路先安装直管，再安装弯管，最后安装直管凑合节，管道布局应清晰合理。安装中液压油管应先配管切除多余长度并清除毛刺后焊接，焊接不允许有气孔、夹渣、未焊透等缺陷。凑合节焊接完成后先进行酸洗、钝化，再进行打压试验。

5）对配置完成后管路按总布置图中的序号进行编号。

6）管路酸洗、钝化。

①清洗前，首先用高压空气对管路进行反复吹风，要求将管道内悬浮、粘贴的铁屑、异物等清除干净。

②管路冲洗范围：现场制作管路和焊接法兰，不含设备已安装管路。

③油管焊接完成检验合格后按要求对管路进行酸洗、净水冲洗、钝化、净水冲洗、干燥。

④由于到货的油管，制造厂已进行了酸洗、钝化处理，在施工现场油管配置、焊接完成后采用酸洗膏、钝化膏对油管管口及法兰进行清洗。

a. 酸洗膏的使用要求：在室温下将酸洗膏均匀涂刷在油管管口及法兰焊接部位（厚2～3mm），停留1h后用洁净水或不锈钢丝刷轻轻刷，直至呈现出均匀的白色酸蚀的光洁度为止。

b. 钝化膏的使用要求：在室温下将钝化膏均匀涂刷在酸洗完的油管管口及法兰焊接部位（2～3mm），1h后检查，直至表面生成均匀的钝化膜为止。

c. 酸洗、钝化后的管道必须先用洁净水（水中氯离子含量不超过25mg/L）冲洗干净，再用酸性石蕊试纸测试清洗部位的pH值，应为6.5～7.5，最后采用洁净的高压空气吹干。

⑤采用多层白绸布和塑料膜将管口两端包扎牢固，留待管路二次清洗使用。

7）管路循环清洗。

①液压管路在凑合节安装后，酸洗、钝化并经打压试验合格后进行循环冲洗。

②管路循环冲洗采用专用高压冲洗设备（型号 JLDL-600/Y），粗滤芯过滤精度 10μm，精滤芯过滤精度 5μm，冲洗用油经过过滤器送入被冲洗管道，沿回油总管经回油过滤器流至内置磁钢的油箱，油液在油箱内沉淀、消泡后进行下一次循环。冲洗设备安装及相应阀门操作方式按照使用说明书进行操作。

③根据管路现场摆放位置配制冲洗连接管道。将酸洗、钝化处理后的管路通过冲洗设备与现场配制的管道连接后进行反复清洗。冲洗速度宜达到紊流状态，冲洗时间不少于 24h，检测其油液清洁度，直到油液清洁度达到 NAS1638 标准 8 级要求后停止清洗。冲洗合格的管路在倒出油液后立即使用塑料膜和白绸布对管口进行包扎待装。

④油液清洁度采用油品监测分析仪进行检验。

⑤清洗用油要和最终系统运行用油一致（清洗用油及最终系统用油由业主提供）。

4.9.4.6　滤油与注油

液压油的过滤采用滤油机型号为 LYCB-100×5，其预过滤精度为 10μm，精过滤精度 5μm，滤油后，对油液质量进行化验检测，清洁度应达到规范的要求[不应高于《液压传动 油液 固体颗粒污染等级代号》（GB/T 14039—2002）的规定]，即可注入油箱。

注油前应打开油箱检查孔盖板，检查油箱内是否存在异物，残余油液是否清除干净。油缸及泵组连接后，启动高压油泵向油缸有杆腔注油，注满后（在油箱液位计上可以计算油量）停止注油，先将与有杆腔连接的截止阀关闭，再向油缸无杆腔注油，同时将排气阀打开。当排气阀出油时将排气阀拧紧，同时关闭与无杆腔相连通的截止阀。此时工作油缸与高压油管内都充满了油液并基本排除空气。

4.9.4.7　液压系统耐压试验

管路安装完成，且已经过循环冲洗并已完成回装，液压油缸已完成注油排气，在管路与油缸和泵组连接的情况下，对高、低压油管分别独立进行耐压试验，以检验各个接头部位是否存在漏油或渗油情况。试验压力为设计工作压力的 1.5 倍，启动高压油泵自高压向低压逐级进行系统的耐压试验。耐压试验时间为 15min，无渗漏即可认为合格。

4.9.4.8　液压启闭机试验

（1）液压启闭机调试条件

1）油缸组件完成现场安装验收合格，达到调试和试验要求；

2）液压系统完成现场安装验收合格，达到调试和试验要求；

3）电气系统完成现场安装验收合格，达到调试和试验要求；

4）确认液压系统与油缸的连接正确；

5）确认电控系统与液压系统的连接正确；

6）确认机、电、液接口关系正确；

7)确认系统经过循环冲洗后的介质清洁度达到要求。

(2)调试前检查与准备

1)门槽内的一切杂物应清除干净,保证闸门不受卡阻。

2)检查电气线路及接线,应符合电气接线图的要求。

3)安装人员必须熟悉和了解油缸总成、液压系统、电气原理、管道布置等。

4)油箱内部不得有锈蚀,安装前应仔细检查油箱、油管内壁是否清洁,油箱内的油量是否在允许范围内。

5)检查电动机的旋转方向与油泵的进油口和出油口方向是否符合。

6)装入油箱和液压油必须经过过滤,过滤精度不低于 10μm。

7)油泵和电动机连接应牢固,泵内空气应排净,泵的吸油管应不漏气,油泵壳体内应充满液压油。

8)检查各压力表、压力继电器、行程开关、电磁阀等动作应可靠。所有手动球阀、截止节流阀应按液压系统图安装到位。

9)检查泵站与油缸之间所有管道接口应准确无泄漏。

(3)单机调试

1)先进行电气控制系统模拟试验(电机不给电),待控制系统动作正常后,电机才能送电。

2)液压泵第一次启动时,应将液压泵站上的溢流阀全部打开,连续空转 30~40min,液压泵不应有异常现象。

3)空转正常后,在监视压力表的同时,将溢流阀逐渐拧紧充油和排气,使液压泵在其工作力为 25%、50%、75%、100%情况下分别连续运转 15min。应无异常,油升应不大于 25kPa。

4)试验完成后,调整液压泵站上的溢流阀,使其压力达到工作压力的 1.1 倍时动作排油。

5)全行程空载往复动作试验以排除液压系统中的空气避免活塞杆爬行。验证油压系统工作的可靠性及电气系统、阀组、泵组的工作性能,油缸运动阻力。一切工作正常后方可将活塞杆吊头与闸门进行连接。

(4)联门调试

1)在联门后(无水工况下)进行全行程启闭试验,完成闸门开度传感器(检测长度 8m)、行程开关、限位开关的调试工作,测定全行程启闭时间,以及系统各级压力值。

2)在闸门承受设计水头工况下进行启闭试验,测定系统各级压力值及相应的电机电流值。全程开启和关闭时间,液压系统应无异常振动或压力冲击。上述试验结果符合设计要求后,做好记录,并报监理单位确认。

3)启闭机的过电流保护、失电压保护、零位保护、相序保护、限位保护、过载保护、超速保护、联锁保护等须符合设计要求。

4.9.5　检修单梁电动小车安装

4.9.5.1　埋件安装

在进/出水口检修闸门、导流泄放洞事故闸门及导流泄放洞工作弧门配备了检修单梁电动小车，为便于单梁电动小车的安装，在单梁电动小车安装部位设置了吊车梁埋件。吊车梁埋件安装前，首先测量放样出吊车梁埋件安装所需要的高程、里程及中心线控制基准点，并标示清晰、牢固，经监理人验收合格后，然后根据基准点焊接所需要的线架，悬挂钢丝线，为安装做好准备工作。在已安装就位的钢筋上制作临时托架，埋件吊装放置于托架上，通过调节螺栓进行调节，使各控制尺寸符合设计图纸及规范要求；埋件安装高程允许偏差±5.0mm，水平度偏差尺寸为 $L/1000$，纵、横向中心线允许偏差±5.0mm，合格后对埋件进行焊接加固；加固后对尺寸复测并记录，报请监理人验收；验收合格后，移交土建单位对该部位进行混凝土浇筑。

4.9.5.2　单梁电动小车安装

单梁电动小车轨道长度约 10m，单根整体吊装至安装部位安装，在按图纸设计的位置、高程安装轨道、钢轨铺设前，应对钢轨的端面、直线度和扭曲进行检查，合格后方可铺设。安装前应确定轨道的安装基准线，轨道的安装基准线宜为吊车梁的定位轴线。轨道铺设在埋件上，轨道底面应与埋件顶面贴紧。当有间隙且长度超过 200mm 时，应加垫板垫实，垫板长度不应小于 100mm，宽度应大于轨道底面 10～20mm，每组垫板不应超过 3 层，垫好后与钢梁焊接固定。对于通用的桥式起重机轨道的实际中心线与安装基准线水平位置的偏差不应大于 2mm，起重机跨度 8.6m 偏差不应超过±3mm。通用桥式起重机轨道顶面对其设计位置的纵向倾斜度不应大于 1/1000，每 2m 测一点，全行程内高低差不应大于 10mm。轨道安装完毕后，在一根轨道的两端先装上车挡，另一根轨道上的车挡待起重机安装完后再安装。

单梁电动小车在制造厂家已进行整机运行试验，整机质量约为 3t，整体运输至施工现场交货，具备安装条件后用平板车将单梁电动小车运输至检修闸门井平台，使用 55t 汽车吊将单梁电动小车吊装至安装部位，调整单梁电动小车行走机构，使单梁电动小车直接就位至轨道上，将单梁电动小车供电电缆接至设计指定供电位置，调试单梁电动小车，分别启动单梁电动小车各运行机构电动机，确认电动机运转正常。

4.9.5.3　试运转

(1)试验前准备

1)各类人员及安全措施落实到位，防护装置齐全；

2)切断全部电源；

3)检查所有连接部位应坚固无松动，钢丝绳缠绕正确，绳端固定可靠；

4)连接电源，分别启动各运行机构电动机，确认电动机运转正常。

(2)空载试验

1)大车、电动葫芦沿轨道全场运行无啃轨现象，限位器、电气安全装置动作灵敏可靠；

2)测试起升机构上升限位和吊钩下降至最低位置时卷筒上钢丝绳安全圈数是否满足规范要求。

(3)载荷试验

1)各机构运转正常，无啃轨和三条腿现象；

2)静态刚度应不大于 $S/700$；

3)试验后检查起重机无裂纹、连接松动、构件损坏等影响起重机性能和安全的缺陷。

(4)静载试验

1)起升额定载荷，再逐步加载到额定载荷的 1.25 倍，制动应平稳、可靠；

2)静载试验最多重复 3 次后主梁无永久变形，静载试验后主梁上拱度不小于 $0.9S/1000$；

3)试验后检查起重机无裂纹、连接松动、构件损坏等影响起重机性能和安全的缺陷。

(5)动载试验

1)以额定载荷的 110%，依次进行启动、起升运行，反复运转，试验时间应大于 1h；

2)各限位开关和电气安全装置作用可靠、准确；

3)各机构无损坏，动作灵敏、平稳、可靠，性能满足使用要求；

4)起重机油漆无剥落现象；

5)试验后检查起重机无裂纹、连接松动、构件损坏等影响起重机性能和安全的缺陷。

4.9.6 桥机安装

4.9.6.1 大车行走机构、大车架安装

尾闸洞在厂右 0+005.400～厂左 0+010.000 区域内进行扩挖，扩挖断面开挖宽度为 10.2m，支护后宽度仅有 10m，其他断面开挖宽度为 9m。桥机大车架吊装至轨道面高度后须进行转向，故桥机大车架仅能在扩挖区进行安装，在桥机出厂前已完成主梁和端梁的焊接，安装时将大车的行走装置安装到车架上，组装后单榀梁质量约 6t，用 55t 汽车吊将单榀组装梁吊至安装面，找正后缓慢放至大车轨道上。

吊装时，在梁的两端栓两组缆绳，以便调整吊装时的旋转方向，当升高超过轨顶

200mm 时调整桥架方向和水平，找正后缓慢降落就位于轨道上。

大车架组装时应检查下列尺寸，大车架结构对角线差($|D_1-D_2|$)应不大于 5mm；当桥机大车跨度 $S_1(S_2)$不大于 10m 时，其跨度允许偏差为±3mm，相对差($|S_1-S_2|$)应不大于 3mm。

桥架组装以螺栓孔或止口板为定位基准，按起重机安装连接部位标号图，将起重机组装起来，拧紧螺栓。高强度螺栓紧固时需要注意：

1)高强度螺栓的安装应能自由穿入孔，严禁强行穿入。

2)高强度螺栓终拧后，螺栓丝扣外露应为 2～3 扣，其中允许有 10%的螺栓丝扣外露 1 扣或 4 扣。

3)紧固：高强度螺栓紧固程度用扭矩扳手进行控制，拧紧方法用两次拧紧方法，初拧不得小于终拧扭矩值的 30%。终拧扭矩值应符合设计要求并按“$M=(P+\Delta P)\times K\times D$”进行计算，初拧、终拧完成后分别在螺母上涂上标记，以免漏拧。高强度螺栓在初拧、复拧和终拧原则上应按接头刚度较大的部位向约束较小的方向、螺栓群中央向四周的顺序进行。

4.9.6.2 小车安装

小车质量约 14.2t，在制造厂内已组装完成，在桥机梁完成吊装后运输至尾闸洞。尾闸洞侧墙混凝土浇筑后宽度仅有 7.2m，吊车吊装重物后无法旋转支臂，故小车安装吊装位置与大车架安装吊装位置不同。大车架安装完成后，先用 5t 手拉葫芦将大车架移动至 2# 尾水事故闸门井与 3# 尾水事故闸门井之间的正上方，然后将 55t 汽车吊开进 1# 尾水事故闸门井孔口至 2# 尾水事故闸门井孔口中间部位的岩石上进行小车吊装。此时运输桥机小车的车辆倒车进去，停放在 2# 尾水事故闸门井孔口的栈桥上，小车垂直吊起。待小车底部高程高于桥机大车架约 100mm 时，用 5t 手拉葫芦将桥机大车架移动至小车正下方，缓慢下放小车，将其放置在桥机大车架上的小车轨道上。

4.9.6.3 其他附件安装

按设计图纸要求安装爬梯、平台、走道、扶梯栏杆、制动器、缓冲器及其他设备。电机和限位开关安装后做相应的试验，对焊接部位进行局部防腐处理。

4.9.6.4 电气设备安装

尾闸洞检修桥机供电装置包含大车供电装置和小车供电装置。尾闸洞上游侧牛腿已预埋桥机滑线埋件，滑触线安装支架与轨道梁中预埋钢板，采用角焊缝方式进行现场焊接。滑触线安装调整后，全线水平、垂直误差应小于 10mm，每米误差应小于 1mm。

小车电缆滑道架安装：根据图纸，先在大车主梁外侧安装小车电缆滑道支架，然后安装钢滑道。电缆型钢滑道与小车轨道中心线平行，连接后应有足够的机构强度，无明显变形，接头处触面应平整光滑，高低差不大于 0.5mm，以保证悬挂电缆滑车能灵活移动。软电缆安装前应把电缆理顺，消除阻力，按图纸要求的顺序排列电缆夹，调整电缆使每段电缆悬长基本相同，每隔 500～700mm 用铁皮编制并夹紧，应保证每根电缆都夹紧，要在电缆夹板上垫以胶皮，然后安装牵引钢绳，调整钢绳长度保证运行时由牵引绳受力，最后电缆两端分别接至桥架小车的接线盒中。起重机所有带电设备的外壳、电线管等均应可靠接地。

4.9.6.5 钢丝绳缠绕

桥机电气调试基本完成，起升机构可以带电运行后，开始缠绕钢丝绳。钢丝绳缠绕前对钢丝绳进行放劲处理，安装钢丝绳时，要求安装场地面应洁净。

将钢丝绳运至尾闸洞后吊放到托架上，在拖放钢丝绳的地面上铺设塑料布，防止钢丝绳沾染污物。在小车顶部合适位置悬挂 5t 导链；将动滑轮固定在主起升机构下方，用槽钢固定牢固；用导链配合将钢丝绳头抽出，提至卷筒用压绳器固定，缓慢开动起升机构将所有钢丝绳缠绕在卷筒上。

根据图纸要求用导链配合完成钢丝绳的全部缠绕工作后，将其绳头固定在桥机上，用钢丝绳绳卡卡牢固。绳头应留出 3～4 圈备用圈长度。

按厂家说明书要求对钢丝绳缠绕方向进行检查，并对长度进行测量检查。

4.9.6.6 桥机试验

(1)目测检查

起重机的外观无缺陷，重要部件的规格和状态符合要求。

(2)空载试验

试运转前的检查工作：桥机电源全部断开，检查机械设备装配是否正确；检查所有润滑点和减速器所加的油(脂)的性能、规格和数量是否符合设备技术文件的规定；桥机及其轨道处的所有障碍物是否清除；检查电气系统是否接线正确，接地可靠，绝缘理澡符合有关电力规程要求；检查各电器元件、仪表及回路是否处于正常工作状态。

1)合上电源控制箱总电源开关，按下启动按钮，电路立即接通进入运转预备状态。

2)开动机构，操作方向应与指定运动方向一致。机构运转应平稳，无冲击、振动等现象。

3)桥机主、副钩的起升机构各升降 3 次，检查升降限制器的动作是否可靠，检查轴承是否润滑良好，机箱是否无渗油，轴承温度是否不大于 80℃。

4)开动桥机沿全行程往返 2 次，以检查轨道安装是否正确；检查桥机运行机构的工作质量，此时启动或制动时，车轮不应打滑，应运行平稳；检查限位开关的位置是否准确、是否先断电后碰车挡，缓冲器及撞头安装是否正确。

5)检查卷筒上钢丝绳压板螺栓拧紧情况，钢丝绳末端是否牢固(以后每月检查 2

次);将吊钩放到最低位置,检查卷筒上钢丝绳除固定绳尾的圈数外,圈数还必须不少于2圈,且在任何情况下钢丝绳不得与其他部件碰刮,定动滑轮转动灵活。

6)空载运转时,各机构应传动平稳,无杂音、冲击、振动、跳动等现象,电气设备无异常发热,滑线无冒火花,电机运行平稳,三相电流平衡,控制器接头无烧损。

7)车轮应同时与轨道面接触,不得出现三点着轨现象,移动时,桥机无歪斜及与轨道摩擦现象。

8)模拟电源消失,检查制动器抱闸,检查制动装置能否能刹住卷筒,检查运转声音、制动瓦与制动轮接触面积是否不小于70%。

(3)静载试验

桥式起重机空载试验合格后,进行桥式起重机额定载荷试验。静载试验的目的是检验桥式起重机及其各部分的结构承载能力。静载试验按额定载荷的75%、100%、125%逐级递增进行,低一级试验合格后进行高一级试验。在桥架跨中定出测量基准点,将小车停在跨中位置,试验载荷由75%逐步升至125%的额定载荷,试验配重添加完成后,启动起升机构,将试验托架吊离地面100～200mm,悬空时间不小于10min,应无失稳现象。然后卸去载荷,检查门架有无永久变形。如此重复3次,门架不应产生永久变形,跨中挠度不大于$L/700$(即不大于29mm)。将小车开至桥架跨端,检查主梁实际上拱度应不小于$0.7L/1000$(L为跨度,即上拱度不小于14mm)。

(4)110%额定负荷动载试验

125%静载试验合格后,进行110%的额定负荷(69.3t)动载荷试验,以验证桥机各机构和制动器的功能。将负荷加至110%额定负荷(69.3t),将试验块提升到离地200mm处停止,起落3次,观察桥机运行情况,正常后起升到满足高度要求。小车和大车分别在全程范围内各往返行走3次。

4.9.7 拦污栅安装

4.9.7.1 安装准备

1)对到货的每节栅叶进行清点,检查每节栅叶并进行标记,按照安装时的顺序进行堆放及运输安装。

2)施工前进行详尽的技术交底和安全交底,使车组人员、施工人员,特别是吊车司机、门机司机、班组长、起重工清晰地了解方案的意图、思路、实施要求,并把各项工作落实到人。防止违章指挥,违章作业,专门向吊车司机、门机司机、信号指挥人员明确指挥信号,做到人员统一调配、统一安排、统一指挥。

3)吊装前检查所需的钢丝绳和卡环等工器具,检查合格后方可投入使用。

4)对栅叶上的吊轴、支承滑块、垫块、螺栓等附件进行清点归类，发现问题及时与制造厂家进行联系。

4.9.7.2 吊装手段

现场采用C7050塔机进行卸车、吊装至安装部位进行安装。拦污栅工作栅槽二期混凝土浇筑并清理完成复测验收合格后，且具备下放拦污栅栅叶结构的条件，先用C7050塔机将拦污栅栅叶从运输平板车上吊装至拦污栅栅槽孔口位置处，再继续使用C7050塔机将拦污栅栅叶下放至安装部位。

4.10 施工测量及试验检测

4.10.1 施工测量

4.10.1.1 施工测量范围

依据长龙山抽水蓄能电站输水、地下厂房系统及下水库工程招标文件规定的主要工程项目，主要的施工测量任务包括：

1)施工测量控制网的复核及加密；

2)引水系统下半段工程施工测量及验收测量；

3)地下厂房工程等洞室开挖支护测量、混凝土浇筑测量；

4)尾水系统工程施工测量及验收测量；

5)下水库检修闸门井工程施工测量及验收测量；

6)下水库进/出水口工程施工测量及验收测量；

7)开关站工程施工测量及验收测量；

8)下水库大坝工程、库盆工程、溢洪道工程、导流泄放洞工程施工测量；

9)下水库右岸公路等道路施工测量；

10)金属结构及其埋设安装的测量与验收；

11)原始地形图、建基面地形图、断面图测绘及工程量计算；

12)竣工测量和竣工资料的整编；

13)永久安全监测配合测量；

14)为长龙山电站信息化、数字化建设提供测量配合服务。

4.10.1.2 技术标准和规范

1)《工程测量规范》(GB 50026—2007)；

2)《国家三角测量规范》(GB/T 17942—2000)；

3)《国家一、二等水准测量规范》(GB/T 12897—2006)；

4)《国家三、四等水准测量规范》(GB/T 12898—2009)；

5)《水电水利工程施工测量规范》(DL/T 5173—2012)；

6)《全球定位系统(GPS)测量规范》(GB/T 18314—2009)；

7)《测绘技术总结编写规定》(CH/T 1001—2005)；

8)《测绘成果质量检查与验收》(GB/T 24356—2009)；

9)《长龙山抽水蓄能电站工程施工测量管理办法(试行)》及招标文件相关要求等。

4.10.1.3　施工测量实施流程

施工测量作业流程见图 4-60。

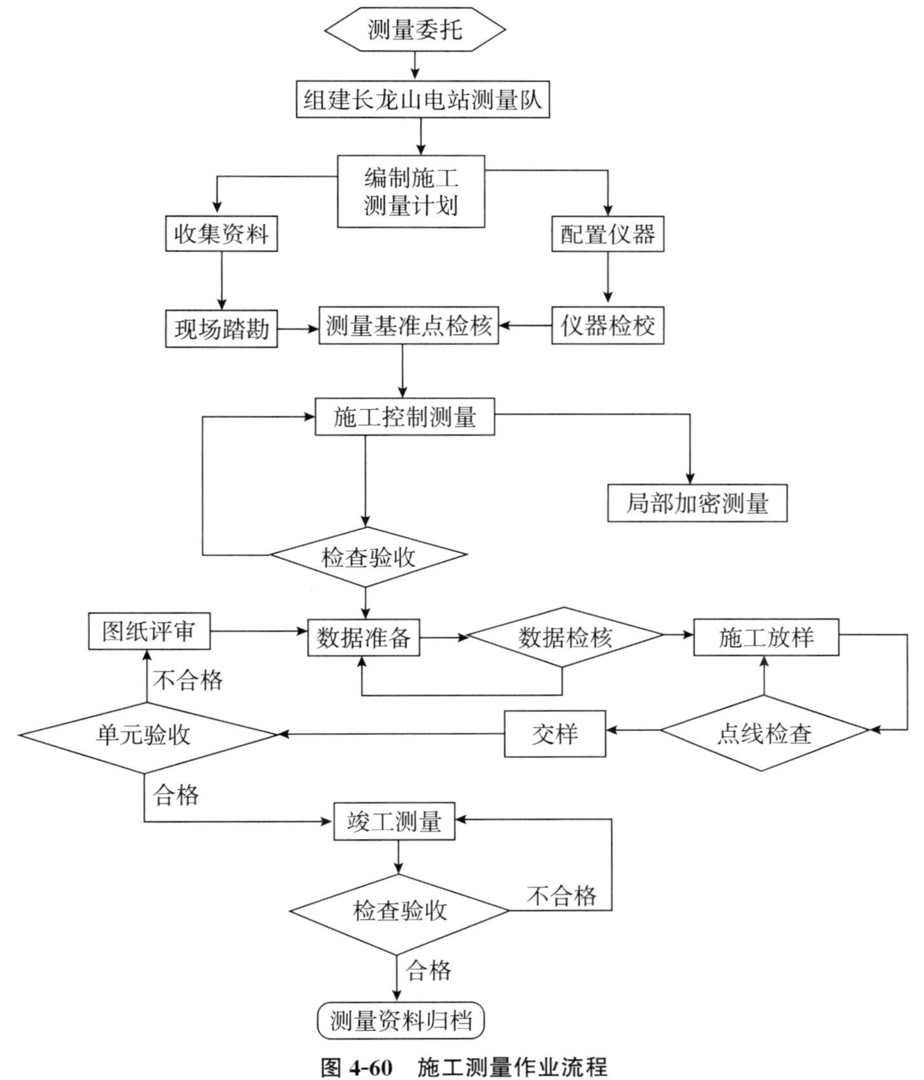

图 4-60　施工测量作业流程

4.10.1.4 施工测量技术方案

(1)加密施工控制网的布设与测量

1)施工控制网的复核。

本工程由发包人负责向本合同的承包人提供测区范围内首级施工测量控制网及二级施工测量控制网成果,包括平面和高程控制网成果及其网图。监理人在承包人进场后的15d内,按工程施工进度的要求,向承包人提供施工期平面控制网坐标系统与高程控制网的基本资料。发包人对其提供的施工控制网资料的准确性负责。承包人在收到以上施工测量控制网成果后应进行校核,如对发包人提供的成果有异议,在收到成果后7d内以书面形式报告发包人进行复核,复核后的成果由发包人重新以书面形式提供。

承包人根据现场情况实施加密控制网测量,增设的控制点必须满足规范的精度要求,并经监理人审核。加密控制网测量按不同的施工部位和时段分阶段进行,包括施工测量控制网的加密、洞内控制测量和金结安装专用控制网测量。

2)加密施工控制网测量。

接收监理人提供的测量基准点、基准线后,按《水电水利工程施工测量规范》(DL/T 5173—2012)要求采用高精度全站仪[标称测角精度±0.5″,测边精度±(1mm+1mm/km×D)]对平面基准点进行检测。TM30自动跟踪型全站仪又称测量机器人,通过内置的自动目标识别装置ATR发射出的激光束经棱镜反射后由CCD相机接收,实现自动寻找和精确照准目标,自动正倒镜测量、自动完成数据采录。采用LeicaDNA03数字水准仪配铟瓦条码尺(标称精度±0.3mm/km),按《国家一、二等水准测量规范》(GB/T 12897—2006)的规定对高程基准点进行检测。主要校核监理人提供的控制网基准点的测量精度,复核其资料和数据的准确性,并及时将校测结果报送监理人。

以基准点线为本标段施工区域施工控制网的起算点,测设施工测量加密控制网。通过现场踏勘选点,了解长龙山抽水蓄能电站工程施工区域的地形、地貌和工程施工进度情况,初步确定网点的大致点位。并检查网点之间是否通视,是否符合建标条件,选定后实地测量网点坐标,根据所测各网点坐标进行精度估算、网形优化调整及可靠性评价。按照测绘规程规范和工程施工精度要求,布设施工测量加密控制网。

平面施工控制网点和高程控制网点均为钢筋混凝土观测墩(或可靠地标),顶部埋设不锈钢强制对中标盘,标盘对中误差小于±0.1mm。测墩形式参见《水电水利工程施工测量规范》(DL/T 5173—2012)。按施工图纸要求进行基础开挖、基础混凝土浇筑、观测墩混凝土浇筑,以及标盘安装、水准标点埋设。

平面施工控制网点可采用静态GPS与传统三角形网组合的形式进行布设,通过数据处理将观测边长投影到指定的高程面上,其点位中误差满足设计和规范要求。

控制网点的高程及整个区域的高程控制网按相应等级水准测量精度技术要求，采用 LeicaDNA03 数字水准仪配合铟瓦水准标尺施测，水准测量实施困难的部位可采用同精度的光电测距三角高程方法施测。重要施工部位附近至少留 2 个高程控制点，并布设成环线或附合路线。

控制网检测及加密控制网完成观测及平差计算后及时将资料报送监理人审批。上述测量控制网点在工程完工后的规定期限内完好无损地移交给业主。

穿越两个项目结构物平面位置、高程等均需要认真测量、复核。复测所选用的测量基准点必须是经监理人批准的基准点。

3)洞挖工程控制测量。

洞内平面控制采用光电测距导线形式实施。随着洞室的开挖，由洞口控制点向洞内测设导线，考虑到便于导线点的保存，导线点尽量沿洞壁两侧布设。导线分两种形式布设，即基本导线和施工导线。施工导线点的布设应尽量满足施工放样与验收的需要，大约 50m 埋设一点，每隔 200m 左右与基本导线附合，确保足够的精度；基本导线和施工导线的平面测设采用全站仪测角进行，高程运用三角高程测量进行，并定期对基本导线点进行复测检查。

贯通测量限差应遵照下述规定：

①相向开挖长度在 10km 以内时，贯通测量限差应满足表 4-86 要求。

②计算贯通中误差时，可取表中限差的 50%作为贯通中误差，并按表 4-86 的原则分配。

表 4-86　　贯通测量限差

相向开挖长度/km	限差/mm	
	横向	高程
<5	±100	±80
5～9	±150	
9～14	±300	
14～20	±400	

③控制测量对贯通中误差的影响值不大于表 4-87 要求的误差。

表 4-87　　控制测量对贯通中误差的影响值的限差

相向开挖长度/km	中误差/mm			
	横向		高程	
	地面	地下	地面	地下

续表

相向开挖长度/km	中误差/mm			
	横向		高程	
	地面	地下	地面	地下
<5	±25	±40	±20	±30
5～9	±37	±60		
9～14	±75	±120		
14～20	±100	±170		

④地下工程洞内平面控制测量的等级根据洞室相向开挖长度按表 4-88 选取。

表 4-88　　地下工程洞内平面控制测量技术要求

测量方法	控制网等级	测角中误差/″	洞室相向开挖长度/(L/km)
导线测量	二	1.0	9～20
	三	1.8	4～9
	四	2.5	2～4
	一	5.0	<2

⑤洞内高程控制测量可采用水准测量或电磁波测距三角高程测量等方法，其测量等级按表 4-89 选取。

表 4-89　　地下工程洞内高程控制测量技术要求

部位	等级	每千米高差中误差/mm	洞室相向开挖长度/(L/km)
洞内	三	≤4.5	8～20
	四	≤5.5	2～8
	等外	≤15	<2

⑥基本导线的边长宜近似相等，直线段不宜短于 200m，曲线段不宜短于 50m，导线边视线距离设施宜不小于 0.2m。

⑦洞内的高程控制点与基本导线点合一，按国家四等水准或同等精度要求的光电测距三角高程测量的方式进行。

4)贯通测量控制措施。

长龙山抽水蓄能电站地下洞室多，各地下洞室之间精确贯通，使贯通误差能满足《水电水利工程施工测量规范》(DL/T 5173—2012)的要求，这是施工测量的关键，地下工程施工测量要确保长距离地下厂房洞室群的准确贯通。隧洞控制测量分为高程控制测量和平面控制测量，其误差会对隧洞贯通产生竖向误差、横向误差和纵向误差。由于高程控制测量对竖向误差影响的规律相对简单，纵向误差并不直接影响隧洞的贯通。

因此，隧洞平面控制测量对隧洞贯通起着决定性作用。隧洞控制测量可分为洞外控制测量、洞口控制测量、洞内控制测量。

洞外控制测量一般采用GPS结合大地测量方法，洞内控制测量采用传统光电测距导线的方法。一般而言，洞内基本控制网可布设成单导线、双导线和导线网等各种形式。布设洞内基本控制网时，一定要使基本导线网具有足够的检核条件。不仅要有精度检核条件，还要有可靠性检核条件，并注意减弱诸如旁折光之类的系统误差影响。洞内基本导线网的网形通常为直伸形导线网、线形交叉导线网。采用高精度施工测量控制网作为首级控制，使工程施工处于科学合理的测量精度控制之下。选取合适的归算高程面及投影带，综合考虑地球曲率变化对隧洞贯通误差的影响，确保不出现轴线纠偏和贯通面误差超限处理等现象。

5)金结安装专用测量控制网。

金结安装测量精度要求高，因此必须建立专用的测量放样与验收控制网。金结安装工程实施前，根据现场条件，测设专门的金结安装施工测量控制网。该控制网一经确定，不得更改。在局部范围内，保持相对高精度，从开始实施金结安装直至竣工，保持基准的一致性。

6)施工测量控制点的检测。

施工测量控制网建成后，承包人制定措施保护好测量基准点、基准线、水准点及自行增设的控制网点，必要时修筑通向网点的道路和防护栏杆。测量网点的缺失和损坏应及时上报监理工程师并根据具体情况予以补充修复。以下情况应进行检测：

①平面控制网建成一年以后；

②开挖工程基本结束进入混凝土浇筑和金结、机电安装工程开始之前；

③处于高边坡部位或离开挖区较近的控制点应适当增加检测次数；

④发现网点有被撞击的迹象、在其周围有裂缝或有新的工程施工时；

⑤遇到明显有感地震；

⑥利用控制网点作为起算数据进行布设局部专用控制网时。

(2)施工区原始地形测绘及建基面地形测绘

1)施工区原始地形测绘。

根据工程施工范围，在单项工程开工前按规范要求复测原始地形图，测图比例尺依据规范及招标文件规定，并报监理人复核，或与监理人共同测量。在地面开挖作业前的14d，向监理人提交原始地形线复测资料，并在发包人委托的测量中心完成相关复测后进行开挖作业。原始地形图经监理工程师认可后，及时按照单项工程结构特征和地形变化情况按5～20m间距绘制横断面图。

2)建基面地形测绘。

根据工程施工范围,在第一仓混凝土浇筑之前,按规范要求测绘建筑基础面地形图,测图比例尺依据规范及招标文件规定。测图点位中误差相对邻近控制点不应超过图上±0.1mm;高程中误差不应超过测图基本等高距的±1/10;地形点的间距根据地形、地物变化的复杂程度确定,图上一般为1～3cm。测图方法主要采用全站仪用后方交会法或极坐标法等进行测量,人员无法到达的高陡边坡地段可采用免棱镜全站仪[标称精度测角为±2″,测距为±(3mm+2mm/km×D)]测量。测量作业前,通知监理工程师,以利于监理工程师安排现场作业监督、检查。

(3)测量放样的方法与要求

1)承包人应在施测前的14d将有关施工测量的测绘设计技术报告(一式8份,同时报送4份给发包人)报送监理人审批,报告内容包括施测和计算方法、操作规程、测量仪器设备的配置和测量专业人员的设置等。

2)施工测量放样的精度应满足《水电水利工程施工测量规范》(DL/T 5173—2012)、招标文件和设计文件的有关规定。测量放样方法的选择应根据放样点位的精度要求、测区周围控制点可利用情况、施工现场作业条件和使用的仪器设备而定。全部测量数据和放样参数应经监理人的检查,必要时可在监理人的直接监督下进行对照测量。作业时严格按照《工程测量规范》(GB 50026—2007)、《水电水利工程施工测量规范》(DL/T 5173—2012)、施工测量控制程序和施工测量作业指导书执行。施工测量放样作业的流程见图4-61。

3)洞内工程施工测量。

洞室的放样利用全站仪后方交会法或极坐标法进行,可采用TMS隧道量测系统或Leica系统、索佳系统、拓普康系统等全站仪(带无棱镜反射功能),直接将仪器架设在施工导线控制点上或自由设站等进行放样。开挖放样以设计蓝图洞轴线为依据,洞内开挖放样应在开挖掌子面上标定中线和腰线,必要时放样出开挖轮廓线。在施工前、施工中及施工后,根据需要对地下洞室轴线、点位高程和开挖断面进行测量和放样。放样点的限差控制为:洞内开挖轮廓放样点相对于洞室轴线的限差为±50mm,混凝土衬砌立模放样点相对于洞室轴线的限差为±20mm。

隧洞放样误差偏差不大于10cm。对于两端相向开挖的平洞,其贯通极限误差、横向误差不大于10cm,竖向误差不大于5cm,纵向误差不大于20cm。

同时,激光准直技术在地下洞室开挖放样中应用越来成熟,尤其是指导大型竖井及直线型隧洞的开挖,可以有效地避免或减小交叉作业的影响,实时指明洞挖方向,减少观测时间,提高工作效率。随着测绘科学技术的发展,PDA掌上电脑、新型自动化全站仪、三维激光扫描仪等新技术、新工艺在洞室测绘领域得到更广泛的应用。对测量新技术进行灵活运用，不断优化新的作业方法，在满足施工放样要求的同时，也可提高测绘成果的质量和工作效率，降低劳动强度。

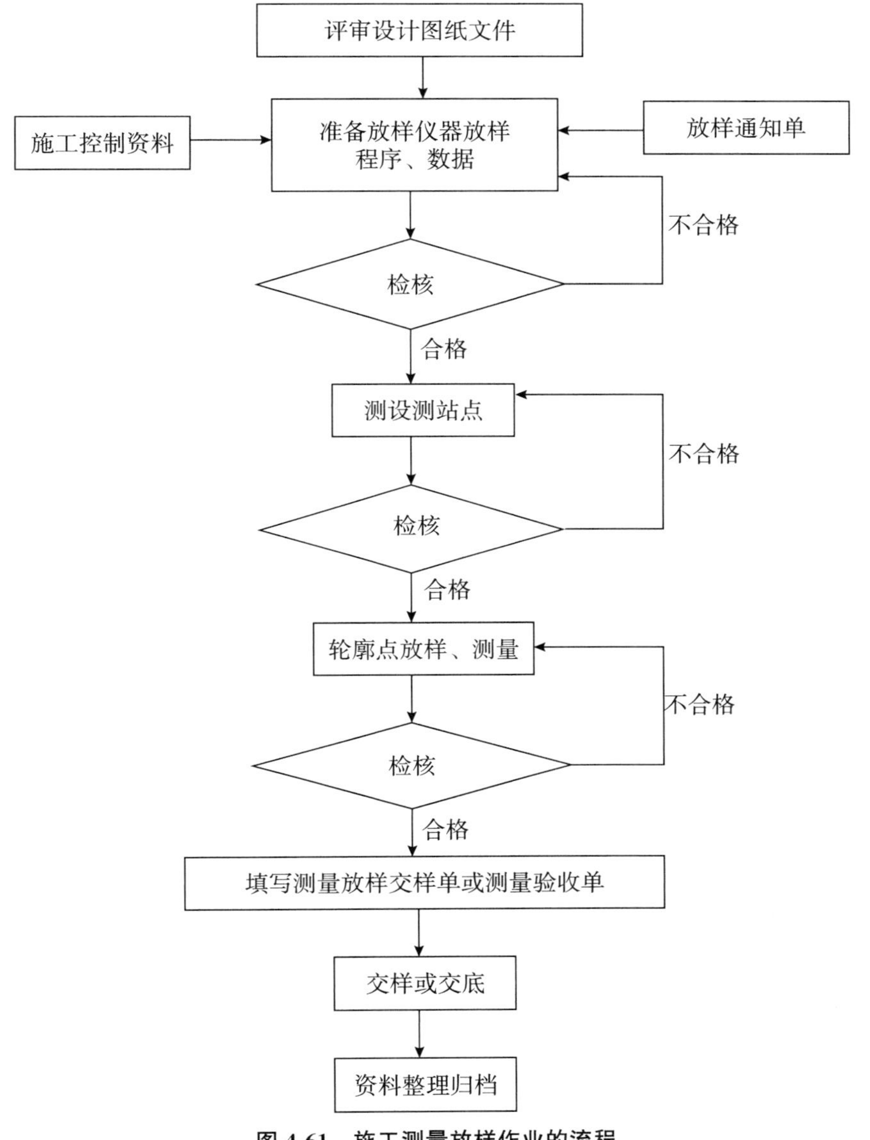

图 4-61　施工测量放样作业的流程

4）洞室开挖竣工断面测绘及开挖、浇筑或喷锚工程量的计算。

随着工程的进展及时测绘开挖和混凝土浇筑（或喷锚支护）竣工断面。断面检测、验收及竣工断面的测量既可采用 Leica 系列全站仪自带软件进行测量，也可采用 Leica 高精度全站仪（测角精度±1"，测距精度 2mm＋2ppm，无反射棱镜测距 300m，带马达驱动、自动目标识别与照准等功能）配合断面测量机载程序。实测开挖断面（5m/个剖面）和各种测量成果，断面测点相对于洞室轴线的测量限差为：开挖竣工断面±50mm，混凝

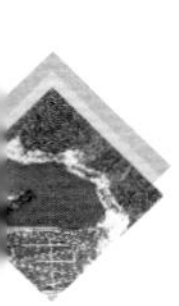

土衬砌竣工断面±20mm。测量前及时通知监理工程师，以便监理工程师旁站或以其他方式进行检测。

断面资料收集完后，及时整理好资料，绘制竣工断面图，并计算出各断面点超、欠挖值，以便最后计算开挖或超填混工程量。施工过程中，在每月下旬合同要求的工程量报送时间之前，完成各部位的开挖计算工作，并将所有的断面图和工程量计算表进行200%的检查后，按合同要求及时将各类工程量计算表及有关资料报送监理工程师审核。

5)土石方明挖工程施工测量。

①土方开挖施工前的14d和土方开挖结束后，承包人应将初始及开挖后的测量成果提交监理人。在土方开挖过程中，承包人应定期测量校正开挖平面的尺寸和标高，以及按施工图纸的要求检查开挖边坡的坡度和平整度，并将测量资料提交监理人。

②土石方明挖工程主要采用全站仪后方交会法或极坐标法进行施工测量，石方开挖放样点精度满足招标文件和规范的要求。根据施工图纸和有关设计通知、施工控制网和控制点进行测量定线，测放开口轮廓位置，开口轮廓位置的放线最大误差应控制在±15cm以内。

③石方开挖应有专门的放样计划，测量放样应与开挖进度相适应，放样时应放出轮廓点(包括坡顶点、转角点及坡脚点等)，当轮廓线较长时，应视工程情况按5～10m加密。放样轮廓点的点位线误差和高程线误差不大于±15cm(相对于邻近控制点)。

施工过程中每开挖一个平台，应沿开挖轮廓测绘平、剖面图和主要点的高程以及土石分界线，作为竣工资料和计算工程量的依据，平面图、剖面图的比例、施测程序，以及施测精度按《水电水利工程施工测量规范》(DL/T 5173—2012)执行。

④每一排炮均应放样，并测量上一排炮爆破后的开挖面的超、欠挖情况及开挖范围，并把资料及时报送监理人，以便确定对超、欠挖的处理。

⑤随着开挖高程的下降，及时对坡面进行测量检查，防止偏离设计开挖线，避免在形成高边坡后再进行处理，并为地质测绘和编录提供方便。

6)填筑施工放样。

填筑工程测量内容包括施工区原始地形图或断面图测绘、放样测站点的测设、填筑工程轮廓点的放样、各种物料铺料厚度的测量、竣工地形图及断面图测绘、工程量计算及验收测量等。

①土石方填筑工程开工前的14d，承包人应将填筑区基础开挖验收后实测的平面、剖面地形测量资料提交给监理人，经监理人签认后的地形测量资料作为填筑工程量计量的原始依据。

②填筑区放样测站点是填筑工程放样的工作基点。放样测站点要随着坝体填筑的上升，按高程分层布设，以方便施工测量放样为原则。可采用各种交会法、导线测量法或

GPS定位方法进行测设。放样测站点平面和高程的点位限差均小于±35mm。

③建筑物轮廓点放样可根据其精度要求采用各种交会法、极坐标法、直角坐标法、正倒镜投点法或GPS实时动态定位(RTK)等方法进行。

④坝体填筑物的上下游边线、心墙、填料分界线、防渗墙轴线及坝内各种设施的平面高程点位限差均应小于±50mm。

⑤大坝填筑时,在其上游坡面按测量放样支立特制的钢模板,保证其安装精度。

⑥每次测量放样作业结束后,及时对放样点进行检查。确认无误后填写测量放样交样单。

7)混凝土浇筑施工放样。

平面位置放样采用全站仪极坐标法,高程放样采用光电测距三角高程测量或几何水准测量方法进行。建筑物轮廓点相对于邻近基本控制点平面点位中误差小于±20mm,高程放样中误差小于±20mm。

①各建筑物轮廓点测量放样点点位中误差及平面位置误差分配按表4-90控制。

表4-90　建筑物轮廓点测量放样点点位中误差及平面位置误差分配　(单位:mm)

点位中误差		平面位置误差分配	
平面	高程	轴线点(测站点)	测量放样
20	20	17	10

②各建筑物混凝土一般结构竖向偏差按表4-91控制。高速水流的过流面及特殊部位的尺寸偏差和表面要求按施工图纸和有关技术要求。

表4-91　建筑物竖向偏差限制　(单位:mm)

建筑物	相邻两层对接中心线相对偏差	相对基础中心线偏差	累计偏差
一般结构	±5	$H/1000$	±30

注:H——总高度,mm。

③一般模板混凝土浇筑的成型偏差不得超过《水电水利工程模板施工规范》(DL/T 5110—2013)规定的数据,滑动模板混凝土浇筑的成型偏差不得超过《水工建筑物滑动模板施工技术规范》(DL/T 5400—2007)规定的数据。

(4)金属结构与机电设备安装测量

安装轴线点及高程基点由等级控制点进行测设,相对于邻近等级控制点的平面和高程点位限差为±10mm;埋设稳定的测量标志,一经确定在整个施工过程中不再变动。安装轴线点间相对点位限差不超过±2mm,高程基点间的测量限差不超过±2mm。

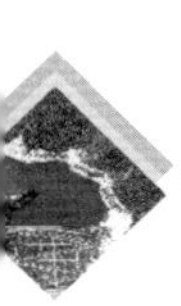

独立安装单元点线的测放以安装轴线和高程基点为基准，组成相对严密的局部控制系统，采用高精度光学经纬仪配合钢带尺量距的方法进行放样，按规范和设计要求的精度测放安装点线。对于无法分段丈量的水平距离采取高精度测距仪或全站仪用“差分法”进行量距。每次放样完成后，对放样点之间的相对尺寸关系进行检核，并与前一次的放样点进行比对。单项安装工程竣工之后整理安装测量竣工资料。

安装测量放样与验收必须以安装轴线和高程基点为基准，对于每个施工单元，高程以引入的水准基准点群为基准，方位和平面定位均以轴线控制系统为基准。方向线测量使用经纬仪或全站仪正倒镜投点两次取其平均值，并确保后视距离大于前视距离。采用具有细、直、尖特点的铅笔等工具作为照准目标。钢带尺量距时，保证检定拉力，每次读数估读至 0.1mm，并进行倾斜、尺长、温度等各项参数改正。不便用钢带尺量距或量距超过 30m 时，采用全站仪“差分法”施测，测量放样与验收时必须保证足够的精度。

(5)竣工测量及工程量计算

对于需要竣工测量的部位，事先与设计、监理、施工单位协商，确定测量项目，防止漏测。对于各类竣工测量图纸和资料、高程平面图、纵横断面图、形体测量(建筑物过流部位、隐蔽部位、重要孔洞等)、竣工平面图等进行准确测量，确保竣工资料的真实性和可靠性。

竣工测量原始数据的采集工作随着施工的进展，按竣工测量的要求，逐渐累积采集竣工资料，或待单项工程完工后，进行一次全面的竣工测量。在 Cass、AutoCAD 软件平台上利用原始数据绘制地形图或断面图，图上画出设计线、标明每个测点的偏差值，并对所有测点的偏差值进行统计、分析。主体工程部位提供比例尺为 1∶500(1∶200、1∶100)的竣工地形图或断面图。

主体工程开挖至建基面时，及时实测建基面地形图，比例尺为 1∶200，图上应标有工程开挖设计线或分块线。在大坝的浇筑过程中，每上升一层，进行一次边线测量并绘成图表为竣工备用；过流部位的形体测量，应重点进行测量。测量时采用断面法，用光电测距仪极坐标法或免棱镜全站仪坐标法测量断面上各点的三维坐标，用解析法建立断面数据文件，并与设计数据进行比较，计算尺寸差值，绘制断面图。提供成果时，除提供竣工图纸外，还必须提供坐标实测值。在金属结构、机电设备安装工程中，定期严格检测布设的安装基准点，每个单项工程完工后都要对安装基准点进行复测，严格按照规范的技术要求进行操作，形成完整的施工测量竣工资料。

测量竣工资料应及时归档，所有资料都要建立电子文档或刻录光盘保存。竣工资料的整编要符合规范要求。对竣工资料要严格把关，保证质量。

工程量计量测量，各单项工程施工过程中，依据要求进行工程量验收测量，并将现场测量资料和工程量计算资料及时报送监理工程师审核，作为施工阶段结算的基础资料。

(6)测量差异的处理

参照《水电水利工程施工测量规范》(DL/T 5173—2012)的规定，工程量差异调整为土方量差异不超过5%、石方差异不超过3%、混凝土量差异不超过1%。在比较差异量时应分段、分部位进行。

1)当承包人、监理人、发包人三方测量成果的差异量不满足上述规定时，由监理人组织，对各方提供的实测数据进行核对，找出原因，甚至可以重新进行外业测量。

2)当差异量满足上述评判标准时，由监理人主持，在经三方协商的基础上可采用以下方法确定最终工程量。

①选择可靠性、精确度较好的某方测量成果。

②取承包人、监理人、发包人三方测量成果的平均值。

③选择三方中某两方可靠性、精确度较高的测量成果的平均值；在最后工程量被确定后，由发包人、监理人、承包人实行会签；会签后由发包人行文确定。

④三方中选择精确度较好的部位(单项或单元)测量成果，综合后重新计算工程量，其成果作为最终工程量，并由发包人、监理人、承包人实行会签。

(7)永久安全监测配合测量

根据招标文件的要求，在监理工程师的指示下，为永久安全监测的顺利实施提供便利，提高效率和加快整体施工进度，可以在现场提供局部测量放样的服务。

永久安全监测需要埋设安装的仪器设备种类繁多，含外部变形监测、内部变形监测、应力应变、渗流渗压、水力学等各类监测项目。主体工程施工测量积极配合、及时准确提供监测实施部位的平面坐标、高程、桩号等信息，避免造成漏埋或错埋。

4.10.1.5 施工测量成果检测

1)组织措施：建立质量保障体系，从测绘公司到项目测量队形成一套完整的测量成果监控体系，测绘公司由总工牵头，抽调公司质量管理部门分成员组建公司测量成果检测组，项目测量队以队技术负责人为首，抽调2～3名技术骨干组建队测量成果检测组，全面负责施工测量成果检测。

2)公司测量成果检测组工程开工前，对工程施工测量技术方案进行审核；工程进行过程中，每年对工程施工测量成果进行二次抽检审查；工程完工时，对竣工测量成果进行审核检查。

3)作业组在施工现场每完成一项施工测量外业工作，先必须独立自检一次，再由测量队检测组抽检，抽检数不低于施工测量成果数的1/3。

4)作业组每次内业资料成果必须先达到200%的检查，再由队测量成果检测组抽检，结果上报之前，由队技术负责人检查审核。

5）自觉主动接受监理工程师的监督，及时获取监理工程师的指导、审核、认可。

4.10.1.6 测量仪器设备配置

工程开工前提交仪器设备清单及其检定证书和计量认证文件，报送监理人审核。主要配备以下性能稳定、质量可靠耐用、精度符合要求的测量仪器设备（表 4-92）。

表 4-92　　测量仪器设备

序号	设备名称	规格、型号	单位	数量	产地	功率	用于施工部位
1	Leica 全站仪	TS06 2″2+2ppm	台（套）	2	瑞士	5W	普通施工测量
2	Leica 全站仪	TS02 2″2+2ppm	台（套）	2	瑞士	5W	普通施工测量
3	Leica 数字水准仪	DNA03 ±0.3mm/km	台（套）	1	瑞士	0	水准测量、金属结构安装测量
4	GPS 接收机	SouthS86 ±3mm+1ppm	台（套）	3	中国	5W	控制测量、施工放样
5	激光指向仪	JZY-41 1/40000	台（套）	6	中国	5W	洞室施工放样
6	复印机	惠普	台	1	美国	500W	办公、资料整编
7	计算机	联想	台（套）	6	中国	400W	办公（含打印机）
8	对讲机	海伦达	个	7	中国	5W	通信
9	汽车	依维柯	辆	1	中国	70kW	交通

4.10.1.7 技术力量编制

工程开工前提交测量人员资格报送监理人审核。该工程项目部测量队员工编制：施工高峰期编制 13 名员工，4～5 个测量作业组，其中工程师及技师 3 名、助理工程师 6 名，其余为测量高、中级工。设测量队长 1 名，负责测量队全面工作；设测量副队长 1 名，协助测量队长工作；设测量技术负责人 1 名，负责技术和质量安全工作。该工程每组协作队伍配备 1 台测量仪器及 1 名测量员，要求测量仪器在检定期内，人员具有助理，测量高、中级职称。以上人员均有多年从事水利水电工程施工测量的经历，专业知识全面，经验丰富，完全能胜任该项目施工测量工作。

4.10.2 试验检验

4.10.2.1 试验目标和任务

根据长龙山抽水蓄能电站输水、地下厂房系统及下水库工程招标文件的相关规定，设立常规试验检测试验室，配置常规试验设备，独立完成常规试验检测任务，其主要职责如下：

1)负责按本合同要求配置满足工作内容的试验人员和设立常规试验室。

2)负责对工程所用的水泥、粉煤灰、外加剂、钢筋、钢筋连接材料、止水材料和混凝土性能试验等检测任务的委托送检。接受监理人试验室的监督、见证。

3)负责对砂石骨料进行质量检测(一般项目委托送检)。

4)负责对混凝土拌和系统及现场质量控制、混凝土面板堆石坝碾压施工质量控制等任务进行试验检测。

5)负责混凝土施工配合比的设计试验(必要时委托具有相应资质的试验室完成)及报告报送工作。

6)负责编制试验检测月报、季报、年报及相应专题检测报告(含委托送检报告资料)。

根据检测参数表配置常规的检测仪器设备和试验人员，完成常规检测(主要包括砂石系统、拌和系统的砂石骨料主控项目检测，混凝土拌和物性能检测和坝体压实检验项目等)和试件成型、养护，委托发包人土建试验中心检测任务的委托送检等，负责常规检测和委托检测试验任务的检测数据统计分析工作。长龙山抽水蓄能电站土建试验检测参数见表4-93。

表4-93　　长龙山抽水蓄能电站土建试验检测参数

<table>
<tr><th>材料种类</th><th colspan="2">试验检测项目</th><th>第三方土建试验中心任务</th><th>承包人试验室任务</th></tr>
<tr><td>水泥</td><td colspan="2">胶砂强度、标准稠度、凝结时间、安定性、细度、烧失量、比表面积、密度、氯离子、三氧化硫含量、碱含量、氧化镁含量、氧化钙、二氧化硅、氧化铁、氧化铝</td><td>全部检测</td><td>委托送样</td></tr>
<tr><td>粉煤灰</td><td colspan="2">密度、细度、烧失量、需水量比、含水量、三氧化硫含量、抗压强度比、碱含量、游离氧化钙</td><td>全部检测</td><td>委托送样</td></tr>
<tr><td rowspan="3">骨料</td><td>主控项目</td><td>含水率、细度模数、表观密度、吸水率、堆积密度、空隙率、石粉含量、含泥量、泥块含量、针片状含量、超径、逊径、中径筛余</td><td rowspan="2">监督抽检及全分析检测</td><td>全部检测</td></tr>
<tr><td>一般项目</td><td>云母含量、轻物质含量、压碎指标、硫化物和硫酸盐含量、砂中氯离子含量、有机物含量、坚固性</td><td>委托送样</td></tr>
<tr><td colspan="2">岩石抗压强度</td><td>全部检测</td><td>不开展</td></tr>
<tr><td rowspan="2">外加剂</td><td colspan="2">固形物含量、含水率、液体密度、细度、溶液pH值、水泥净浆流动度、水泥砂浆工作性、减水率、坍落度1h经时变化值、含气量1h经时变化值、硫酸钠含量、碱含量、相对耐久性、抗压强度比、凝结时间差、28d收缩率比</td><td>全部检测</td><td>委托送样</td></tr>
<tr><td colspan="2">拌和系统外加剂配制溶液含固量</td><td>监督抽检</td><td>全部检测</td></tr>
</table>

续表

材料种类	试验检测项目	第三方土建试验中心任务	承包人试验室任务
混凝土拌和用水	pH 值、不溶物、可溶物、硫酸盐、氯化物、碱含量	全部检测	委托送样
混凝土、砂浆	坍落度、含气量、砂浆稠度、泌水率、拌和物密度、凝结时间	监督抽检	全部检测
	配合比设计、抗压强度、轴心抗压强度、劈裂抗拉强度、抗折强度、极限拉伸值、轴向抗拉强度、抗拉弹性模量、抗压弹性模量、抗折弹性模量、干缩与收缩率及湿胀、自生体积变形、抗渗、抗冻、动弹性模量、相对耐久性指标	全部检测	负责成型、养护、委托送样
钢材	外形尺寸、质量偏差、屈服强度、极限抗拉强度、断后伸长率、弯曲性能、钢筋机械连接接头强度、焊接接头强度	全部检测	委托送样
止水铜片	延伸率、拉伸强度、弯曲性能、焊接拉伸强度	全部检测	委托送样
钢绞线	规定非比例延伸力、最大力、最大力总伸长率、弹性模量	全部检测	委托送样
橡胶止水	拉伸强度、断裂延伸率、撕裂强度	全部检测	委托送样
砖、砌块	外形尺寸、抗压强度、抗折强度、吸水率	全部检测	委托送样
土工	土的含水率、密度、颗粒级配、界限含水率	监督抽检	全部检测
现场检测	含水率、相对密度(孔隙率)、颗粒级配	监督抽检	全部检测
	混凝土强度、混凝土芯样强度、喷射混凝土抗压强度	全部检测	委托送样
合计	124 项(包括但不限于)		

表 4-94 中没有包含的检测项目,根据需要对外实施委托,相关程序报监理人审批。

试验检测目标:严格按照国家法律法规及设计要求进行检测和试验,计量、检测、试验器具完好率 100%;检测数据真实可靠,检测数据准确率 100%;检测频率满足规范和招标文件的要求;检测事故率 0;检测人员持证上岗率 100%;原始资料数据完整准确,资料归档率 100%。

4.10.2.2 检测大纲编制依据

(1)技术标准和规程规范使用原则

1)除本技术条款规定外,承包人施工所用的材料、设备、施工工艺和工程质量的检验和验收,应符合本技术条款中引用的国家和行业颁布的技术标准和规程规范规定的技术要求,并以电力标准体系(GB、DL)优先。

2)当本技术条款的内容与所引用的标准和规程规范有矛盾时,应以要求更高更严为准。

3)技术条款中有关工程等级、防洪标准和工程安全鉴定标准等涉及工程安全的规定,必须严格遵守国家和行业的标准,如遇有矛盾时应由监理人按国家和行业标准的规定进行修正,涉及变更的应按本合同条款有关规定办理。

4)在施工过程中,监理人为保证工程质量和施工进度的要求,指示承包人或批准承包人采用新技术和新工艺,并增补和修改技术条款的内容,其增补和修改的内容涉及变更时,按本合同条款有关规定办理。

5)所有标准和规程规范都会被修订,在本合同执行过程中,如某标准和规程规范更新时,应执行其最新版本。

(2)技术标准和规程规范清单

技术标准和规程规范清单见表4-94。

表4-94 技术标准和规程规范清单

序号	检验类别	技术标准或规程规范名称	编号
1	砂	《水工混凝土砂石骨料试验规程》	DL/T 5151—2014
		《建设用砂》	GB/T 14684—2011
2	碎石或卵石	《建设用卵石、碎石》	GB/T 14685—2011
		《普通混凝土用砂、石质量及检验方法标准》	JGJ 52—2006
3	外加剂	《混凝土外加剂》	GB 8076—2008
		《混凝土外加剂匀质性试验方法》	GB/T 8077—2012
		《混凝土外加剂应用技术规范》	GB 50119—2013
		《水工混凝土外加剂技术规程》	DL/T 5100—2014
4	混凝土	《普通混凝土配合比设计规程》	JGJ 55—2011
		《混凝土质量控制标准》	GB 50164—2011
		《普通混凝土拌和物性能试验方法标准》	GB/T 50080—2011
		《混凝土结构工程施工质量验收规范》	GB 50204—2015
		《水工混凝土配合比设计规程》	DL/T 5330—2015
		《水工混凝土耐久性技术规程》	DL/T 5241—2010
		《水工混凝土试验规程》	DL/T 5150—2001
		《混凝土强度检验评定标准》	GB/T 50107—2010
		《水工混凝土施工规范》	DL/T 5144—2015
5	砌筑砂浆	《砌筑砂浆配合比设计规程》	JGJ/T 98—2010
		《建筑砂浆基本性能试验方法标准》	JGJ/T 70—2009
		《电力建设施工质量验收及评价规程第1部分:土建工程》	DL/T 5210.1—2012
		《砌体结构工程施工质量验收规范》	GB 50203—2011

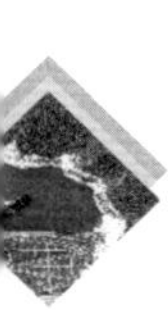

续表

序号	检验类别	技术标准或规程规范名称	编号
6	土工	《土工试验规程》	SL 237—1999
		《公路土工试验规程》	JTGE 40—2007
		《水电水利工程土工试验规程》	DL/T 5355—2006
		《水电水利工程粗粒土试验规程》	DL/T 5356—2006
		《建筑地基基础工程施工质量验收规范》	GB 50202—2002
		《碾压式土石坝施工规范》	DL/T 5129—2013
		《混凝土面板堆石坝施工规范》	DL/T 5128—2009
		《电力建设施工质量验收及评价规程第 1 部分：土建工程》	DL/T 5210. 1—2012
7	金属材料及接头	《钢筋混凝土用钢第 1 部分：热轧光圆钢筋》	GB/T 1499. 1—2008
		《钢筋混凝土用钢第 2 部分：热轧带肋钢筋》	GB/T 1499. 2—2007
		《金属材料拉伸试验第 1 部分：室温试验方法》	GB/T 228. 1—2010
		《金属材料弯曲试验方法》	GB/T 232—2010
		《钢筋焊接及验收规程》	JGJ 18—2012
		《钢筋焊接接头试验方法标准》	JGJ/T 27—2014
		《钢筋机械连接技术规程》	JGJ 107—2016

4. 10. 2. 3　试验室机构设置及人员配置

(1)机构设置

现场试验室建筑面积约 410m^2，其中试验工作间包括物砂石间、拌和间、预养间、标准养护室、样品存放间、办公室等，具体安排见表 4-95。为保证各试验间温度及稳固性，采用砖—预制板结构。

表 4-95　　试验室房屋布置情况

序号	名称	建筑面积/m^2	用途	备注
1	混凝土拌和间	2×30	混凝土成型，配合比试验等	空调挂机各 1 台
2	预养间		混凝土凝结时间、试件预养护、拆模	
3	标准养护室	2×30	混凝土试件养护	配混凝土养护系统
4	样品存放间	20	胶凝材料、外加剂等样品存放间	通风、防潮
5	力学间	30	混凝土抗压试验、钢筋拉伸弯曲试验等	—
6	土工间	20	土颗粒分析、界限含水率、击实试验、渗透、含水率、密度等	空调挂机 1 台
7	水泥间	30	水泥、粉煤灰试验等	空调挂机 1 台

续表

序号	名称	建筑面积/m^2	用途	备注
8	砂石间	30	砂石骨料检测等	—
9	办公室	30	用于办公、资料存放等	空调挂机各 1 台
10	值班室	30	拌和楼质控值班	空调挂机 1 台
11	职工宿舍	4×25	职工生活住宿	空调挂机各 1 台
合计		410		

(2)人员设置

试验室投入人员统计见表 4-96。

表 4-96　　**试验室投入人员统计**　　(单位:人)

岗位	人数	职责
管理岗	1	含试验室主任、技术负责人、质量负责人
资料员	1	资料的收录、归档、保管,文件资料的收发等
司机	1	车辆驾驶、保养,接送检测人员至现场
土工检测岗	1	室内试验检测
混凝土生产质控岗	5	拌和楼混凝土生产质量控制
施工现场检测岗	2	现场土工试验及生产性试验检测
内业检测岗	2	各种原材料、混凝土成品、半成品检测
合计	13	—

4.10.2.4　配备本标段的试验和检测仪器设备

主要试验和检测仪器设备见表 4-97。

表 4-97　　**主要试验和检测仪器设备**

序号	设备名称	规格型号	量程或规格	准确度	单位	数量
1	电液压力试验机	TSY-2000	0～2000kN	±1%	台	2
2	全自动压力试验机	YAW-300D	0～300kN	±1%	台	1
3	混凝土搅拌机	80			台	1
4	混凝土振动台	HZJ-1			台	1
5	混凝土贯入阻力仪	1200			台	1
6	混凝土回弹仪	HT-225			台	1
7	钢砧	HB-59			个	1
8	混凝土渗透仪	HS-4	0～4MPa	0.1MPa	台	1

续表

序号	设备名称	规格型号	量程或规格	准确度	单位	数量
9	坍落度仪	标准			只	2
10	砂浆稠度仪	—	0～145mm	1mm	台	1
11	砂浆分层度	—			台	1
12	摇筛机	ZBSX-92			台	1
13	砂石筛	Φ300			套	1
14	石子筛	Φ300 双冲			套	1
15	容积升	1～30L			套	1
16	针片状规准仪	不锈钢			只	1
17	电子静水天平	TD-A	0～5000g	0.1g	台	1
18	新标准石子压碎值仪	Φ150×125mm			台	1
19	砂子漏斗	—			台	1
20	石子漏斗	—			台	1
21	电热鼓风干燥箱(数显)	101-2A			台	2
22	分析电子天平	JF-1004	0～200g	0.1mg	台	1
23	土壤筛	Φ300mm			套	1
24	液塑限测定仪	FG-Ⅲ型			台	1
25	灌砂桶	Φ150mm			只	1
26	灌砂桶	Φ200mm			只	1
27	电子天平	JY	1000g	0.01g	台	1
28	电子天平	JY	2000g	0.01g	台	1
29	百分表	0～10mm	0～10mm		只	4
30	恒温水浴	HHW21.420 型			台	1
31	电子秤	ACS-A	30kg		台	1
32	脱模机	LD-3 型			台	1
33	电子秤	TCS-100	100kg		台	1
34	量筒	1000mL			套	2
35	土壤密度瓶	50mL			套	2
36	表盘式干湿温度计	WS-A2			只	6
37	李氏密度瓶	250mL			只	10
38	游标卡尺	0～150mm	0～150mm		只	2
39	混凝土试模	150×150×150			只	300
40	混凝土试模	150×150×300			只	30
41	砂浆试模	70.7×70.7×70.7			只	60

续表

序号	设备名称	规格型号	量程或规格	准确度	单位	数量
42	铁环	—	—	—	—	—
43	磅秤	100kg			台	1
44	混凝土含气量测定仪	7L			台	1

注：进行较为复杂的试验时，现场试验室需要委托有资质的母体机构进行试验。

4.10.2.5　现场试验

(1)材料试验

1)砂石骨料。

砂石骨料的品质应符合《水工混凝土施工规范》(DL/T 5144—2015)要求。生产的细骨料应质地坚硬、清洁、级配良好，粗骨料表面应洁净，超径、逊径含量应合格。

砂石骨料生产过程中每 8h 检测 1 次，检验项目有细骨料的细度模数、石粉含量、含泥量、泥块含量，粗骨料的超径、逊径、含泥量和泥块含量。

细骨料的细度模数应在 2.4～2.8。细骨料使用前应有足够的堆存脱水时间，施工中严格控制细骨料的含水量不超过 6%，以保证混凝土的施工质量。

拌和楼生产过程中每 4h 检测 1 次砂子的含水量，雨天增加检测次数。砂子的细度模数、石粉含量每班检测 1 次，并根据细度模数调整配料单的砂率；粗骨料的超径、逊径、含泥量每班检测 1 次。每月按《水工混凝土施工规范》(DL/T 5144—2015)所列项目进行 1 次检测。

2)外加剂。

外加剂品质应符合《水工混凝土外加剂技术规程》(DL/T 5100—2014)要求。外加剂每批产品应有出厂检验报告和合格证，工地使用应进行验收检验。当外加剂贮存时间超过 6 个月或对其质量有怀疑时应进行取样检测，经检验合格后方可使用，严禁使用变质的外加剂。

外加剂的分批以掺量划分，掺量不小于 1%的外加剂以 100t 为 1 批，掺量小于 1%的外加剂以 50t 为 1 批，掺料小于 0.01%的外加剂以 1～2t 为 1 批，当 1 批进场的外加剂不足 1 个批号数量时，应视为 1 批进行检验。

现场掺用的减水剂每 50t 为 1 批(不足 1 批时，按 1 批计)，引气剂每 2t 为 1 批(不足 1 批时，按 1 批计)。

(2)现场质量检测

1)混凝土质量检测。

①为满足工程施工对混凝土生产质量的要求，在拌和设备投入混凝土生产前，按经

批准的混凝土施工配合比进行最佳投料顺序和拌和时间试验。

②要求拌和设备投入运行前对搅拌设备的称量装置进行检定，确认达到要求的精度后才能投入使用。在正式生产过程中，水泥、粉煤灰、水、冰、外加剂每月校称1次，骨料每2个月校称1次。

③试验室现场值班人员先根据开仓证要求的混凝土种类、标号、级配，对照技术部门每月下达的混凝土标号、级配表进行核对，然后根据审批的配合比、原材料情况及环境条件对原配合比进行调整，开具配料单并送交拌和楼。

④每班开始拌和混凝土前先进行衡器零点校核和配料单的检查。下料时，应严格按经批准的投料顺序卸料并按规定的拌和时间拌和，最初拌和的几罐混凝土按规定调整到正常状态。拌和过程中，试验室值班人员每隔2h检查1次衡量误差及拌和时间，并做好记录。需要改换配料单或调整配合比时，必须经试验室人员监督重新定秤。

⑤为控制混凝土施工质量，现场试验人员在拌和机口及混凝土施工仓面对混凝土拌和物随机抽样。

a. 混凝土均匀检测。

定时在出机口对一盘混凝土按出料的先后顺序各取1个试样（每个试样不少于30kg），以测定砂浆密度，其差值不大于30kg/m^3。用筛分法分析测定粗骨料在混凝土中所占比例，其差值不大于10%。

b. 坍落度检测。

坍落度每4h检查1～2次；坍落度允许偏差按《水工混凝土施工规范》（DL/T 5144—2015）要求控制。在取样成型时同时测定坍落度，混凝土坍落度应控制在规定范围内。

c. 混凝土温度检测。

混凝土拌和物温度、气温，每4h检测1次。

d. 强度检测。

Ⅰ. 普通混凝土：现场混凝土质量检验以抗压强度为主，并以边长为150mm立方体试件的抗压强度为准。混凝土试件以机口随机取样为主，每组混凝土的3个试件应在同一储料斗或运输车箱内的混凝土中取样制作。浇筑地点试件取样数量宜为机口取样数量的10%，同一强度等级的混凝土试件取样数量符合以下规定：

i. 抗压强度：大体积混凝土28d龄期每500m^3 成型1组，设计龄期每1000m^3 成型1组；非大体积混凝土28d龄期每100m^3 成型1组，设计龄期每200m^3 成型1组。

ii. 抗拉强度：28d龄期每2000m^3 成型1组，设计龄期每3000m^3 成型1组。

iii. 全面性能检测：抗冻、抗渗或其他主要特殊要求应在施工中适当取样检测，其数量可按每季度施工的主要部位取样成型1组，不论仓面大小均要保证每个仓号应至少有

1 组试件。

Ⅱ. 喷射混凝土：按照《水电水利工程锚喷支护施工规范》(DL/T 5181—2003)和《岩土锚杆与喷射混凝土支护技术规范》(GB 50086—2015)有关规定进行喷射混凝土施工质量抽样试验，并将抽样试验报告报送监理人。

检查喷射混凝土抗压强度所需要的试块应在工程施工中抽样制取。取样数量符合以下规定：试块数量，每喷射 50～100m^3 混合料或混合料小于 50m^3 的独立工程，不得少于 1 组，每组试块不得少于 3 个；材料或配合比变更时，应另作 1 组。

2)水泥砂浆质量检验。

①按监理人指示定期检查砂浆材料和小骨料混凝土的配合比。

②水泥砂浆的均匀性检查，应根据监理人的指示，定期在拌和机口出料时间的始末各取 1 个试样，测定其湿容重，其前后差值不得大于 35kg/m^3。

③水泥砂浆的抗压强度检查：同一标号砂浆试件的数量，28d 龄期的每 200m^3 砌体取成型试件 1 组 3 个。

3)土工检测。

对土的含水率、密度、颗粒级配、界限含水率等物理指标进行试验，现场对含水率、相对密度(孔隙率)、颗粒级配进行试验。

4)路基检测。

①填方材料的试验。

在路堤填筑前，填方材料以每 5000m^3 或在土质变化时取样，按《公路土工试验规程》(JTGE 40—2007)规定的方法进行颗粒分析、含水量、密实度、液限、塑限、承载比(CBR)试验和击实试验。

②填方试验路段。

a. 在开工前 28d，用路堤填料铺筑长度不小于 100m(全幅路基)的试验路段，并将试验结果报监理人审批。

b. 现场试验进行到能有效使该种填料达到规定的压实度为止。试验时应记录压实设备的类型、最佳组合方式，碾压遍数及碾压速度、工序，每层材料的松铺厚度、材料的含水量等。试验结果报经监理人批准后，即可作为该种填料施工时控制的依据。试验结束时，试验段若达到质量检验标准，可作为路基的一部分，否则，应予挖除，重新进行试验。

c. 用于填方(包括回填)的每种类型的材料，都应进行现场压实试验。试验段所用的填料和机具应与施工所用材料和机具相同。

d. 水泥稳定混合料的设计应考虑气候、水文条件等因素，按《公路工程无机结合料稳定材料试验规程》(JTGE 51—2009)规定进行试验，通过试验选取最稳定的材料，确定最佳水泥剂量和最佳含水量。

5)堆石坝的填筑质量检测。

①填筑材料料源控制。

填筑材料料源控制包括爆破参数的优化和选择、开挖掌子面的控制。施工前应进行现场施工试验,确定施工工艺,优化设备配置、工艺流程及施工参数。爆破试验前根据料场的条件、设计要求进行爆破孔网参数、装药量与装药结构、起爆方式设计,测量每场次爆堆石料数量、级配与最大块径,描绘堆积情况及检验爆破效果。料源控制要保证开采的石料符合设计包络线要求及碾压后的干密度达到设计要求,含泥量超标或夹杂有害物的石料严禁上坝,尽量挖掘和充分利用开挖料直接上坝,对料源性能满足要求但当前不需要的开挖料则中转后上坝,对开采料场的料源精细控制,做到级配最优,提高开挖料直接上坝率,减少弃料量和料场开采量。

②填筑施工过程质量检测。

填筑施工过程的主要控制环节主要包括填筑方式、铺层厚度、施工碾压参数、含水率的调整(或加、洒水方式)、超径的处理、填筑层面的平整等方面。确保填筑碾压施工工艺和碾压试验确定的参数一致性。

铺料时,在填筑前沿设置移动式标杆,推土机操作人员根据标杆控制填料层厚,避免超厚或过薄,推土机平料后,对影响碾压质量暴露于表面的大块石尖角,及时用冲击锤处理。垫层与过渡层同时填筑时,必须保证垫层的宽度,严格按设计分区铺料,单元(分块)间相邻高差原则上不超过一层。

洒水时定点加水站及坝面上加水设专人专职负责,严格控制加水时机(卸料,平料碾压时)、加水时间和加水量。

碾压时,振动碾的滚筒重量、激振频率、激振力满足设计要求,控制振动碾行走的工作速度,按规定的错距宽度进行碾压,错距宽度宁小勿大,在垫层料边缘,需要用小型振动碾仔细碾压密实,不能漏碾。

填筑施工过程尽量减少超径石上坝,超径石应在料场放解炮处理,不允许在坝面进行防炮处理,对极个别已经运至坝面的超径石宜采用机械方法处理。

填筑层面完成一层卸土后,先用推土机进行初平,再用平地机进行终平,做到填铺面在纵向和横向平顺均匀,控制层面无显著的局部凹凸,以保证压路机压轮表面能基本均匀地接触地面进行碾压,达到碾压效果。

③碾压后的质量检测。

主要包括压实程度的检测、颗粒级配的变化、渗透性能等方面,在每层填筑碾压完成后,及时进行试验检测,经检测合格后方可进行下道工序施工。

对坝体压实质量以压实参数和指标检测相结合进行控制,不同坝料采用不同方法检测密(密实)度、含水率。堆石料、过渡料采用挖坑灌水法测密度,试坑直径不小于坝料最大粒径的2～3倍，且不超过2m，试坑深度为碾压层厚，试坑尺寸根据试样最大粒径确定。

对垫层料、过渡料和堆石料的干密度、孔隙率和颗粒级配等碾压参数进行检验。各种坝料的压实指标抽样检查次数见表4-98，并按照《混凝土面板堆石坝施工规范》(DL/T 5128—2009)有关内容和办法执行。

表4-98　　坝体压实检验项目及取样次数

部位(代号)	检验项目	工程量达到下列数量取样1个
垫层区	干容重、孔隙率、颗分	$800m^3$(若一层不足$800m^3$，则按一层取样)
特殊垫层区	渗透系数	$7000m^3$
过渡层区、基础反滤层区、基础过渡区、库岸排水层区、库岸反滤层	干容重、颗分、渗透系数	$3000m^3$
主堆石	干容重、颗分	$7000m^3$
下游堆石	干容重、颗分	$10000m^3$

对堆石料，取样所测定的干密度平均值应不小于设计值，标准差应不大于$0.1g/cm^3$。当样本数小于20组时，应按合格率不小于90%，不合格率的干密度不得低于设计干密度的95%控制。填筑过程中质量检查内容、方法和程序按照《混凝土面板堆石坝施工规范》(DL/T 5129—2013)的有关规定执行。

4.10.2.6 混凝土生产质量检测

1)为满足工程施工对混凝土生产质量的要求，在拌和设备投入混凝土生产前，按经批准的混凝土施工配合比进行最佳投料顺序和拌和时间试验。

2)要求拌和设备投入运行前对搅拌设备的称量装置进行检定，确认达到要求的精度后才能投入使用。在正式生产过程中，水泥、粉煤灰、骨料、水、冰、外加剂每月校称1次。

3)试验室现场值班人员先根据开仓证要求的混凝土种类、标号、级配，对照技术部门每月下达的混凝土标号、级配表进行核对，再根据经审批的配合比、原材料情况及环境条件对原配合比进行调整，才能开具配料单并送交拌和楼。

4)每班开始拌和混凝土前先进行衡器零点校核和配料单的检查。下料时，应严格按经批准的投料顺序卸料并按规定的拌和时间拌和。最初拌和的几罐混凝土按规定调整到正常状态。拌和过程中，试验室值班人员每班检测各项配料称量误差2～4次；净拌和时间每班检测1～2次，并做好记录。当需要改换配料单或调整配合比时，必须经试验室人员监督重新定秤。

5)为控制混凝土施工质量，现场试验人员在混凝土出机口及混凝土施工仓面对混凝土原材料及拌和物进行随机抽样检测。

①原材料质量检测。

砂细度模数、石粉含量每日检测2～3次，表面含水率每班检测2～4次；粗骨料超径、逊径、中径含量每日检测1～2次，表面含水率每班检测2次；外加剂溶液配制、使用浓度每班检测1～2次；必要时要对水泥、粉煤灰进行下料口取样检测。

②混凝土均匀性检测。

定期在拌和机机口分别取出最先出机口和最后出机口的混凝土试样各1份(取样数量能满足试验要求)，将所取试样分别拌和均匀，各取一部分进行立方体试件的成型、养护及28d龄期抗压强度测定；将另一部分试样分别用5mm筛筛取砂浆并搅拌均匀，按规定测定砂浆的密度。拌和物的均匀性以出机取样混凝土的28d抗压强度的差值Δfcc和砂浆密度的差值Δp评定。

③坍落度检测。

坍落度每4h应检测1～2次。坍落度允许偏差按《水工混凝土施工规范》(DL/T 5144—2001)要求控制。在取样成型时同时测定坍落度，混凝土坍落度应控制在规定范围内。

④混凝土温度检测。

尤其是对有温控要求的混凝土，在施工过程中应控制出机口温度满足设计要求，混凝土拌和物温度、气温和原材料温度，每4h应检测1次。

⑤砂浆试验。

对施工缝铺筑用砂浆，每个浇筑块进行1次稠度检测。

⑥强度检测。

现场混凝土质量检验以抗压强度为主，并测试不同龄期混凝土的容重，同一强度等级的混凝土取样数量应符合以下规定：

a. 抗压强度：大体积混凝土28d龄期每500m^3成型试件1组(3个试件、以下同)，设计龄期每1000m^3成型试件1组；非大体积混凝土28d龄期每100m^3成型试件1组，设计龄期每200m^3成型试件1组。

b. 抗拉强度：28d龄期每2000m^3成型试件1组，设计龄期每3000m^3成型试件1组。

c. 全面性能检测：施工主要部位的主要配合比每季度检测1～2次。

d. 仓面取样：取样数为机口数量的1/10，在混凝土强度成型时，要测定混凝土的含气量、坍落度和温度。

e. 砂浆：7d、设计龄期抗压强度每月1～2次。

其他未尽事宜参照招标文件执行。

4.10.3　生产性试验

4.10.3.1　常规混凝土配合比试验

1)采用施工现场所用的原材料，根据招文件、《水工混凝土施工规范》(DL/T 5144—2015)、《水工混凝土试验规程》(DL/T 5150—2001)等相关规程规范的要求，充分考虑施工要求和现场环境条件，制定不同种类、不同级配、不同设计要求的混凝土配合比试验计划。

2)根据设计要求和规程规范的要求对配合比试验中使用的水泥、掺和料、骨料、外加剂等原材料进行检测，通过优先选择性能最优、价格最经济的原材料。

3)根据设计要求，按照试验计划中选定的配合比参数进行试拌、调整，确保拌和物的坍落度、含气量、容重、泌水率、凝结时间等各项指标满足设计和规程规范要求以及现场施工的需要。同时配合比参数的确定应遵循经济合理的原则，在满足施工要求的情况下，尽量采用小的坍落度。

4)根据设计要求，在试拌成果的基础上进行混凝土抗压、劈拉、抗渗等项目的试验，对路面混凝土进行混凝土抗折、抗压强度试验。

5)对试验成果进行整理、分析，绘制不同水胶比和不同龄期的混凝土各项指标曲线，根据不同部位对各项指标的不同要求推荐施工配合比，并报监理工程师审批，批准后方可用于施工。

6)施工过程中若需要改变配合比，则重新进行室内试验并报监理人批准后施行。

7)喷射混凝土配合比应通过室内试验和现场试验选定，并应符合施工图纸要求，在保证喷层性能指标和相关规范要求的前提下，尽量减少水泥和水的用量。速凝剂的掺量应通过现场试验确定，喷射混凝土的初凝和终凝时间，应满足施工图纸和现场喷射工艺的要求，喷射混凝土的强度将符合施工图纸要求，配合比试验成果报送监理人。

4.10.3.2　混凝土配合比优化

1)对经监理人审批同意使用的大坝混凝土配合比，按规范及合同的相关规定，严格进行现场生产质控和取样工作，并对现场取样试件养护至规定龄期后，再进行各种设计指标的检测工作。

2)根据检测成果和现场生产的实际情况、原材料的品种及波动情况，本着科学、可靠、节约的原则，分析配合比优化的可能性及优化空间，及时制定配合比优化试验方案，并报监理、业主审批；工地试验室根据监理、业主的批复意见进行配合比优化试验，报送相关优化试验成果及优化后的配合比。

3)优化试验成果经监理、业主审批后，施工方用优化后的配合比进行现场混凝土生

产和浇筑工作，试验人员严格进行现场生产质控，并对现场混凝土取样成型各种性能检测试件，养护至规定龄期后，进行各种混凝土设计指标的检测工作，记录、统计、及时分析检测成果，以验证配合比优化的合理性，并报送相关数据及结论。

4.11 施工期安全监测

4.11.1 概述

4.11.1.1 工作内容

(1)施工期临时安全监测

施工期临时安全监测主要包括(但不限于)爆破开挖质点振动速度监测、洞室施工期收敛变形监测、边坡稳定监测、混凝土温度监测、表面裂缝监测，以及对有施工安全风险部位设置的临时监测。

(2)永久安全监测的配合和协调工作

发包人将长龙山抽水蓄能电站安全监测(永久安全监测)工程项目另行(单独)委托，授予专业安全监测承包人承担。给予永久安全监测工程承包人全面的配合，以确保安全监测工作的顺利实施。配合工作包括与监测仪器埋设和安装相关的观测房、观测道路、水平位移观测条带开挖、仪器设备安装回填保护料、位移计、锚杆应力计钻孔及回填、地下水位孔、测压管钻孔等工作。

(3)工程物探检测施工的配合和协调工作

发包人将本合同工程范围中的物探检测工程项目另行(单独)委托，授予专业物探检测单位承担。施工方与物探检测单位密切配合，以确保物探检测工作的顺利实施。配合工作包括总体协调土建和工程物探检测进度，为工程物探检测单位提供施工工作面，工作平台，检测孔的造孔，登高设施，风、水、电、照明，以及施工交通和施工机械等方面配合，并执行监理人指定的其他工作。

4.11.1.2 引用标准和规程规范

在该工程实施过程中，施工所用的材料、设备、施工工艺和工程质量的检验和验收、监测仪器设备的采购、率定、埋设施工、施工期监测、监测资料的整编分析和安全评价，以及与监测有关的土建施工，严格执行国家、部、行业颁发的有关技术标准和规程规范。本项目执行的有关建筑物安全监测的现行技术要求、规程规范和标准主要有(但不限于)：

1)《国家一、二等水准测量规范》(GB/T 12897—2006)；

2)《国家三角测量规范》(GB/T 17942—2000)；

3)《水位观测标准》(GB/T 50138—2010);

4)《国家三、四等水准测量规范》(GB 12898—2009);

5)《水电水利工程岩体观测规程》(DL/T 5006—2007);

6)《大坝安全监测自动化技术规范》(DL/T 5211—2005);

7)《混凝土坝安全监测资料整编规程》(DL/T 5209—2005);

8)《混凝土坝安全监测技术规范》(DL/T 5178—2016);

9)《土石坝安全监测技术规范》(DL/T 5259—2010);

10)《水利水电工程施工测量规范》(DL/T 5173—2012);

11)《水利水电工程岩石试验规程》(DL/T 5368—2007)。

4.11.2 施工期安全监测

4.11.2.1 监测项目和工作内容

承包人为满足工程明挖、洞挖等施工安全需要、施工管理需要而开展的施工期临时安全监测工作,如表面裂缝监测、洞室的收敛监测等。

(1)施工期临时安全监测主要内容

1)必测项目:现场巡视检查、表面裂缝监测、洞室施工期收敛监测。

2)选测项目:围岩内部变形、围岩压力及两层支护间接触应力、锚杆应力等。

(2)主要监测项目

1)爆破开挖质点振动速度监测;

2)边坡及地下洞室开挖期变形与稳定监测;

3)混凝土施工期温控监测;

4)表面裂缝监测;

5)地下工程粉尘、噪声和有害气体检测;

6)现场巡视检查;

7)永久安全监测及工程物探检测施工配合工作;

8)施工期临时安全监测的资料整理和分析;

9)监理人认为有必要的其他临时安全监测。

施工期临时监测工作的主要内容包括仪器设备的采购、运输、检验率定、安装、现场巡视检查,以及施工期观测和监测资料整理分析等。

4.11.2.2 监测方法和布置

(1)爆破质点振动速度监测

1)监测方案。

在进行石方明挖和地下洞室开挖时，必须进行爆破振动监测，主要监测爆破质点振动速度。新浇混凝土、新灌浆区、新预应力锚固区、新喷锚支护区和已建建筑物附近爆破，以及有特殊要求部位的爆破作业的质点振动速度不得大于质点安全振动速度。结合该工程的特点，确定进行爆破试验测试和施工过程中的爆破控制测试，保证施工安全。

2)爆破试验测试。

爆破质点振动速度衰减规律测试结合爆破试验进行，振动测点布置在爆区起爆的后冲方向。现场采用遥测法测量，采用爆破振动信号自记仪、水平速度传感器和垂直速度传感器进行现场的监控。为了较为准确地了解爆破地震效应，每组测试均布置4～5个测点，每个测点设置垂直向、水平径向和水平切向3个分量。

经过爆破质点振动速度测试取得的一系列试验数据和振动波型，利用配套数据分析软件进行分析。通过采集系统采集并存储的振动时波形图进行时域信号的极值分析，便可得到各测点爆破振动的最大振动速度 V_{max}。将各测点的最大振动速度 V_{max}、测点与爆源的距离 R，以及爆破单响最大药量 Q 进行回归分析，求得爆破振动质点振动速度公式系数 K、a，便可得出各类岩体地上、地下的爆破振动质点振速公式：

$$V=K(Q^{1/3}/R)^{\alpha} \tag{4-1}$$

式中，V——质点振动速度，cm/s；

Q——最大一段起爆药量(齐发爆破时为总药量)，kg；

R——爆源与建筑物、保护对象的距离，m；

K、α——与爆破点地形、地质等有关的系数和衰减指数。

经过多次测试和回归计算后，求得式(4-4)，施工时结合爆破点附近围岩或混凝土的允许质点振动速度，反验算出最大一段起爆药量(齐发爆破时为总药量)，为爆破施工服务。

该类测试针对石方明挖和地下洞室开挖分别进行5组测试，每组测试均布置5个测点，每个测点设置垂直向、水平径向和水平切向3个分量。

3)爆破振动监控测试。

开挖爆破动态监测应密切配合开挖爆破程序，并与同次钻爆参数密切配合，每次爆破后应及时整理、分析监测成果。在对新浇混凝土、新灌浆区、新预应力锚固区、新喷锚支护区和已建建筑物附近监测当天、其他部位于监测次日报送业主、设计及监理单位，以便及时采取工程措施。

爆破振动控制以质点安全振动速度为控制标准，根据《水电水利工程爆破施工技术规范》(DL/T 5135—2013)、《爆破安全规程》(GB 6722—2014)和《水电水利工程爆破安全监测规程》(DL/T 5333—2021)要求，并结合其他工程实践，各个监测部位的最大质点振动速度安全控制标准见表4-99。

表4-99　　爆破质点振动速度安全控制标准　　(其他单位:cm/s)

混凝土龄期/d	0～3	3～7	7～28	>28
新浇混凝土	2～3	3～7	7～12	<12
喷射混凝土	1～2	2～5	5～10	<10
锚索、锚杆	1～2	2～5	5～10	<10
灌浆	禁止放炮	0.5～1.5	2.0～5	≤5
软弱破碎基岩层	2.5～5			
精密控制仪器	<0.5			
紧邻边坡的开挖区上一级边坡马道	<15			
隧洞,竖、斜井	5～12			
已开挖的地下洞室洞壁	≤10.0			
变电站和通信机房	≤2.5			
土石坝坝体	≤5			
高压线路铁塔	≤5			

注:1. 非挡水大体积混凝土的质点安全振动速度,可根据本表给出的上限值选取。

2. 控制点位于距爆区最近的大体积混凝土基础上。

3. 地质缺陷部位一般先进行临时支护后再进行爆破,或适当降低控制标准值。

4. 隧洞、竖井岩石条件差取低值,岩石条件好取高值。

5. 在现场爆破试验未取得正式结论前,以本表标准控制;试验结果出来后,以监理批准的标准控制。

本标段石方明挖的部位主要包括本标范围内的下水库大坝坝基及库岸、下水库库盆处理、下水库进/出水口、开关站工程、溢洪道工程、下水库右岸高线公路延伸段边坡的石方开挖，以及施工道路、房屋基础等项目的石方明挖工程，在这些部位进行爆破开挖时，进行100点次爆破振动测试。爆破质点振动速度测点距离按照“近小远大”的原则布置，用于监测新浇混凝土、新灌浆区、新预应力锚固区、新喷锚支护区和已建建筑物的质点振动速度是否超过安全允许振动速度。

本标段的地下洞室开挖主要包括本标范围内的引水隧洞下半段(中平洞钢衬起始点往下水库方向)、地下厂房工程、主变洞工程、尾水系统工程、溢洪道工程、交通洞、施工支洞等地下洞室的开挖，以及监理人指示的其他地下洞室开挖。进行120点次爆破振动测试，根据上述质点振动速度的允许限制，判断围岩、岩锚梁、喷射混凝土、锚索等构造物

受到的影响是否在允许范围之内，以便对爆破参数进行调整。

(2)边坡及地下洞室开挖期变形与稳定监测

该工程实施过程中，基坑、边坡、不稳定体、地下洞室开挖期变形与稳定监测结合永久安全监测的仪器布置，监测仪器的布置需要在现场根据情况与监理工程师协商确定。

施工期临时安全监测主要采取加强现场巡视检查的方法，必要时可采取收敛观测，掌握围岩表面的变形情况。根据开挖后隧洞地质条件，适时布置收敛测点，作为施工期的临时观测，测点布置时尽量紧贴掌子面，要求与掌子面距离不超过 2m。收敛断面一般每间隔 100m 布置 1 个，每个断面布置 3 个测点，采用收敛计或全站仪进行观测。共布置收敛监测点 200 个，具体监测点数量须根据现场情况而定。

在基坑、边坡未布设永久监测设施的关键部位布置施工期临时监测仪器设施，在下水库库盆及库岸高度超过 30m 的边坡、下水库进/出水口边坡等部位布置锚杆应力计 5 支、多点位移计 5 套、锚索测力计 5 台，外观临时变形监测点 20 个，用于监测基坑及边坡开挖期变形与稳定监测；在地下洞室Ⅴ类围岩未布设永久监测设施处布置锚杆应力计 10 支、多点位移计 10 套、锚索测力计 5 台，用于监测地下洞室开挖期变形与稳定监测。监测仪器具体布置位置及数量以监理人确认为准。

(3)混凝土施工期温控监测

在下水库进/出水口、引水隧洞下半段衬砌、厂房岩壁吊车梁、尾水管衬砌、尾水隧洞衬砌、堵头混凝土等部位混凝土浇筑期间，每 10 个浇筑仓选 1 个仓，每个浇筑仓内埋设 3 支温度计，且各个建筑物每月至少选择 1 个浇筑仓埋设施工期温度计，必要时增设测温计。共计布置约 210 支温度计，温度计具体数量以监理人确认为准。

(4)表面裂缝监测

表面裂缝监测须根据现场裂缝检查情况而布置，并与监理工程师及设计单位协商确定，布置 5 支表面裂缝计，具体布置位置及数量以监理人确认为准。

(5)地下工程粉尘、噪声和有害气体检测

空气质量监测的主要指标包括一氧化碳、二氧化碳、二氧化氮、一氧化氮、硫化氢、甲烷、氧气等浓度，空气中粉尘负荷容量及粉尘中游离二氧化硅浓度等。施工中配置监测气体浓度所必需的仪器仪表，在爆破后及时进行监测，并及时向监理人报告监测数据。

(6)巡视检查

巡视检查是监测大坝安全运行的重要方法，不仅可以及时发现险情，而且能系统地记录、描述各个部位及周边环境变化等过程，及时发现意外的不利地质条件等，这些都是建筑物稳定分析时的重要原始资料。

巡视检查分日常巡视检查、年度巡视检查和特别巡视检查。

4.11.2.3 仪器设备的采购、验收和率定

(1)仪器设备采购计划

在监测仪器设备安装前,按本合同工程量清单所列项目和施工图纸的要求,提交监测仪器设备采购计划报监理审批,其内容应包括:

1)监测仪器设备采购清单;

2)监测仪器设备采购招标程序;

3)各项仪器设备的计划到货时间;

4)主要仪器设备的暂估价及其产品样本和询价资料;

5)根据工程进度,每半年编制一份下半年的仪器设备使用计划,并提交业主和监理;

6)监理要求提交的其他资料。

(2)仪器设备的采购

1)在业主及监理工程师的监督下,按本合同工程量清单所列项目,对所有监测仪器设备进行采购。并按本技术条款和施工图纸的规定,采购性能稳定、质量可靠、耐用、维护方便,技术参数(量程、精度等)符合本合同要求的仪器设备,并包括电缆及其套管、支架、导管等附属设施。

2)监测仪器使用的电缆是能负重、防水、防酸、防碱、耐腐蚀、质地柔软的水工观测专用电缆,其芯线应为镀锡铜丝,适应温度范围在-20～60℃。电缆芯线应在100m内无接头。

3)在监测仪器设备安装前,将采购仪器设备的详细资料提交监理审核,经监理审核认为仪器设备不能满足合同要求时,按监理指示立即更换。并按要求提供更换后的仪器设备资料,提交的仪器设备资料包括:

①仪器型号、规格、技术参数及工作原理;

②仪器设备制造厂名称和生产许可证;

③仪器设备使用说明书;

④测量方法、精度和范围;

⑤检验、校正、率定、测试方法和程序;

⑥仪器设备安装和埋设方法及技术规程;

⑦制造厂提供的其他资料。

4)要求生产厂家在仪器设备出厂前,检验全部仪器设备,并提供检验合格证书。监理认为有必要时,派代表赴厂家参加主要设备的检验和验收。

5)仪器运至现场后,会同监理对厂家提供的全部仪器设备进行检查和验收,并按规程规范、国家标准和产品说明书对全部仪器进行全面测试、校正、率定(检验),测试报告

及时报送监理和业主，验收、率定检验合格后仪器方可使用。

(3)仪器设备的验收、储存

采购仪器设备的验收、储存全过程，须邀请监理工程师参加，接受监理工程师监督。按照设计文件和有关规程规范的规定，对采购的仪器和材料进行验收，对某些材料进行抽样试验和工程设备的开箱检查或检验测试，并将检验结果提交监理工程师，接受监理的检验。

确认仪器存在缺陷应立即与厂家联系更换事宜。验收合格的仪器设备，按照制造厂规定的设备、材料保管仓储条件储存在干燥、通风、防盗的仓库内，避免相互挤压、碰撞，等待对仪器按规程规范进行率定检验。

(4)监测仪器设备率定及检验

1)检验和率定的目的。

监测仪器大多在隐蔽的环境下长期工作，一旦安装埋设后，一般无法再进行检修和更换，因此，必须对所有要埋设的监测仪器进行全面的检验和率定。监测使用的二次仪器仪表由于长时间的重复使用，受环境和使用操作的影响，其精度必然会受到影响，从而产生系统误差，因此必须定期进行检验校正。检验和率定的主要任务为：

①校核仪器出厂参数的可靠性；

②检验仪器工作的稳定性，以保证仪器能长期稳定工作；

③检验仪器在搬运过程中是否损坏；

④仪器设备的精度和系统误差。

2)监测仪器检验。

监测仪器运到现场必须检验，具体检验的内容为：

①仪器有无出厂合格证；

②出厂时仪器资料参数卡片是否齐全，仪器数量与发货单是否一致；

③外观检查，仔细查看仪器外部有无损伤痕迹、锈斑等；

④用万用表测量仪器线路有无断线；

⑤用兆欧表测量仪器本身的绝缘是否达到出厂值；

⑥用二次仪表测试仪器测值是否正常。

经检验，若发现存在上述缺陷的仪器将退货或向厂商交涉处理。

3)监测仪器率定。

为了校核仪器出厂参数的可靠性、检验仪器工作的稳定性，严格按照有关技术规范、国家标准、厂家提供的方法要求对全部仪器设备进行测试、校正和率定。

进行率定的仪器设备严格按技术要求和标准规范进行控制，对于不符合要求的仪器设备坚决剔除，不予采用，检验和率定应在监理在场的情况下进行。率定合格的仪器存放在干燥的仓库中暂时妥善保管。

根据率定检验的结果编写监测仪器设备检验报告，报告应在仪器设备开始安装前28d 提交监理审查。所有仪器设备应在调试、检验合格并经监理批准后才可进行安装、埋设。率定检验的项目及指标分别见表 4-100 至表 4-102。

表 4-100　　仪器率定检验参数

序号	仪器设备名称	执行标准（规范）	率定参数
1	差动电阻式仪器	GB/T 3408.1—2008 GB/T 3409.1—2008 GB/T 3410.1—2008 GB/T 3411—1994 GB/T 3413—1994	力学性能：端基线性度、非线性度、不重复性误差、最小读数和相对误差的检验。 温度性能：0℃电阻、温度系数和温度绝缘度的检验。 密封绝缘性能
2	振弦式仪器	GB/T 13606—2007	力学性能：分辨率、非线形度、额定输出、灵敏系数、不重复度、相关系数、滞后误差、综合误差。 温度性能：温度系数和温度绝缘度的检验。 密封性能检验
3	其他仪器	—	由厂家提供出厂合格证及有关参数
4	电缆	DL/T 5178—2003	包括电缆、接头防水密封性检验和电缆芯线电阻的检验
5	压力表	—	示值误差检验
6	差动电阻式读数仪	GB/T 3412—1994	示值误差检验
7	振弦式读数仪	GB/T 3412.1—2009	示值误差检验

表 4-101　　差阻式仪器力学性能的率定检验标准

项目	端基线性度（$\alpha 1$）	非线性度（$\alpha 2$）	不重复性误差（$\alpha 3$）	相对误差（αf）
限差/%	2	1	1	3

表 4-102　　差阻式仪器温度性能的率定检验标准

项目	R_0'/Ω	$R_0'\alpha'/℃$	T/℃		R_x/MΩ
			温度计	差动电阻式仪器	绝缘电阻绝对值
限差	≤0.1	≤1	≤0.3	≤0.5	≥50

振弦式仪器率定检验标准在《混凝土坝安全监测技术规范》（DL/T 5178—2003）中仅明确提出仪器的相对误差≤1%，其余参数的率定检验指标参照《土工试验仪器、岩土

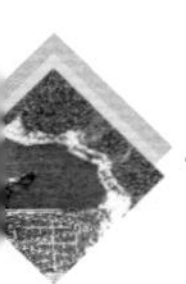

工程仪器振弦式传感器通用技术条件》(GB/T 13606—2007)，具体的要求见表4-103。

表4-103 岩土工程振弦式传感器性能参数检验标准

分辨率	≤满量程的0.2%
滞后	≤满量程的1.0%
不重复性	≤满量程的0.5%
非线性度、不符合度	≤满量程的2.0%
综合误差	≤满量程的2.5%

4)仪器设备的检定。

经监理批准用于施工期监测的所有仪器和设备第一次使用前应进行检验和校正，使用过程中应定期进行检验和校正，这种检验和校正应在具有相关国家资质的单位或部门进行，检验和校正完成后，出具相关合格凭证给监理。

所有二次仪表，用于检验、率定计量的设备与仪表，包括用于仪器率定的标准器具均应按检定周期和技术要求送国家计量行政主管部门授权的计量检定机构进行检定或校验。并且检验结果应在有效期内，逾期必须重新送检。在检定前向监理上报检定申请，监理批准后，在不影响正常安全监测或有替代仪器监测的前提下，及时送到经监理批准的国家计量部门或国家认可的检验单位进行检定、率定。

5)电缆检验。

电缆采取抽检的方式进行检验，抽样的数量为本批的10%。其余所有电缆线进行监测和绝缘性测试。

进行率定的仪器严格按技术要求和标准规范进行控制，对于不符合要求的仪器设备坚决剔除，不予采用。率定合格的仪器存放在干燥的仓库中妥善保管。

6)仪器设备率定设备。

用于本合同监测仪器设备率定、检验的仪器设备信息见表4-104。

表4-104 仪器设备率定、检验的仪器设备信息

序号	设备名称	型号及规格	数量	备注
1	大、小校正仪	JZ	2台	力学性能率定
2	千分表	0级	1台	
3	百分表	0级	1台	
4	大量程位移计校准架	JZ	1台	
5	压力罐	2.94MPa/400×760mm	1个	耐水压试验或渗压计力学性能率定
6	手动式压水泵	S-SY型　31.5MPa	1台	

续表

序号	设备名称	型号及规格	数量	备注
7	恒温水箱	100×65×55cm	1台	温度性能率定
8	冰点箱	100×65×55cm	1台	
9	标准温度计	二等精度0.1℃	1套	
10	兆欧表	500V、100V	2台	绝缘电阻测量

4.11.2.4 仪器设备的安装埋设实施方案

(1)一般规定

1)安装埋设前。

①在监测仪器设备安装埋设前,提交1份监测仪器设备安装埋设和维护技术措施,并经监理审批。其内容应包括:

a. 监测仪器设备编码及其电缆标识规则;

b. 监测仪器设备安装埋设计划、方法、程序;

c. 监测仪器设备安装埋设详图;

d. 施工期监测仪器设备的维护措施;

e. 质量、安全、文明保证措施;

f. 监测仪器设备安装埋设与工程建筑物施工的协调安排和要求;

g. 保证仪器设备成活率的措施。

②将监测仪器设备的埋设计划列入建筑物的施工进度计划中,以便及时为监测仪器设备的安装埋设提供工作面,解决好建筑物施工与监测仪器设备埋设的相互干扰。

③所有仪器设备在调试、率定后并经监理批准后方可进行安装埋设。在仪器设备安装埋设前,向监理提供经检验、率定合格仪器的有关性能参数。

④在仪器设备安装埋设前48h,将其安装埋设仪器设备的意向通知监理,埋设仪器的钻孔及待装的仪器设备和材料应经监理验收合格。

2)安装埋设。

①严格按批准的监测仪器设备布置与制造厂提供的仪器设备使用说明书进行仪器设备的安装和埋设。在安装埋设过程中,及时向监理提供有关质量检查记录。在施工期内负责保护监测仪器设备和辅助设施。

②在施工过程中,及时向监理提交仪器设备安装埋设的施工记录和质量检查表,其内容应包括:

a. 监测仪器设备安装埋设前、后测试和调试记录;

b. 仪器设备安装、埋设和调试记录;安装埋设质量检查表,及其监理签证表,并报监

理审批；

c. 施工期监测记录；

d. 质量检查报表和事故处理记录。

③仪器设备和电缆在安装埋设之后应进行检查和校验，读取初始值并经监理检查合格后，方可进行下一道工序的施工。

④仪器电缆的敷设应尽可能减少接头，拼接和连接接头应按设计和生产厂家要求进行。未经监理批准，电缆不允许截短和拼接。施工过程中在所有仪器的电缆上加设至少3个间距为20m耐久、防水的标签，以保证识别不同仪器所使用的电缆。

⑤从仪器设备埋设地点至观测站之间的电缆埋设走向，以及电缆沟、电缆保护管的布置应按施工图纸和监理的指示进行，若需要变更其布置，应及时将变更申请提交监理审批。

3）安装埋设后。

①仪器设备安装埋设中应使用经过批准的编码系统，对各种仪器设备、电缆、监测断面、控制坐标等进行统一编号，每支仪器均须建立档案卡、基本资料表，并将仪器资料按业主指定的格式录入计算机仪器档案库中。

②仪器设备及电缆安装埋设后，会同监理立即在规定的时间内进行检查，并提交检查报告。经监理验收合格后，测读初始值提交监理。

③每支仪器安装埋设后，及时记录已安装埋设的仪器编号、位置、电缆走向（电缆走线的误差应控制在0.2m范围内）、埋设时间及埋设前后的观测数据等资料，并绘制竣工图、填写考证表，28d内将仪器的安装埋设考证表提交监理。

④在建筑物施工过程中，所有仪器设备（包括电缆）和设施应予保护，监理要求保护的部位应提供保护罩、保护标志和路障。所有未完成的管道和套管的开口端应及时加盖，以避免异物进入管道和套管内。

⑤根据各施工进度及本技术条款和施工图纸要求，及时将监测仪器设备安装完毕，并保证正常观测使用。

⑥根据施工图纸要求和监理的指示在观测站安装避雷针等设施。

（2）安全监测设施实施方案

1）收敛监测。

观测断面尽可能及早设置，埋设收敛测桩（点）并采用钢尺式收敛计或全站仪活动站法进行观测。收敛测桩（点）均应稳固不受开挖爆破影响，加以保护防止施工过程中损坏，若因施工爆破等因素使测桩（点）无法观测时，应尽量恢复测桩（点）。

若采用钢尺式收敛计观测的断面，收敛测桩可采用Φ25螺纹钢筋自制加工，前端为“O”形圈并进行防锈处理，在预定埋设位置钻孔后灌浆固定。

2)多点位移计。

①钻孔以及描述。

首先进行测点位置的放样,严格按设计图纸放样和施钻。

在设计埋设位置先钻孔径 150mm、深 1.0m 的孔,再在孔内钻孔径为 90mm 的孔,钻孔深度应比最深锚头深 0.5m,孔向朝上的监测孔,造孔深度须比最深锚头的设计深度深 1.5~2.0m,以确保回填灌浆后最深锚头与孔壁岩石的完全黏结。钻孔时应注意避免与锚杆钻孔相互交错贯通。

钻孔过程中应记录钻进深度,对岩芯进行描述,作出钻孔岩芯柱状图。也可采用钻孔电视替代钻孔取芯,以了解围岩地质情况,便于准确地确定多点变位计锚头位置。

钻孔结束后应冲洗干净,检查钻孔通畅情况,测量钻孔深度、方位、倾角。

②仪器设备的装配。

依据钻孔岩芯柱状图情况按设计要求或监理人的指示确定锚头的位置。依据孔深、孔位倾角及灌浆方向标出灌浆管(DN10 PVC 管)及排气管位置。

按照确定的测点深度,将锚头、传递杆、护管、灌浆管、排气管与传感器严格按照厂家说明书的步骤进行组装,传递系统的杆件护管应胶接密封,将组装好的多点位移计整体托起,并逐段向孔内送进。注意在放入过程中,杆系既不能有过大的弯曲,也不能用力牵拉,以防传递杆折断,根据监理工程师要求调整传感器工作点,并记录每支传感器的出厂编号,以及对应的测杆编号和锚头位置,盖上保护罩。

③封孔灌浆。

封孔灌浆时,在孔口 50cm 的范围内用锚固剂进行封孔,注意将电缆保护管也必须埋设在孔内,通过灌浆管用浆液配比试验确定的水泥浆回填钻孔,应保证钻孔灌浆饱满(排气管出浆)。

④观测初始数据。

钻孔内水泥砂浆凝固 24h 后,剪去外露的灌浆管和排气管,采用读数仪测读初始读数。

⑤标识和电缆牵引。

安装完毕后,电缆用保护管保护牵引,并使用红色油漆在测点附近和电缆牵引的线路上做好标识。

3)锚杆应力计。

①锚杆应力计的施工安装应和边坡锚固或地下洞室支护施工结合进行,按设计要求钻孔,孔径应大于传感器外径,以免损坏传感器,钻孔平直,其轴线弯曲度应小于钻孔半径,钻孔结束后应冲洗干净,防止孔壁沾油污。

②按锚杆直径选配相应规格的锚杆应力计。

③将锚杆在设计位置断开，将仪器安装在断开的位置，仪器两端的连接杆可以分别与锚杆采用焊接或螺纹连接的形式，若选用焊接，焊接方式可采用对焊、豁口焊或熔槽焊，焊接过程中应避免温升过高而损伤仪器。连接后锚杆整体强度不低于锚杆原设计强度，且仪器的中心线和钢筋的中心线保持在同一根轴线上。

④在已焊接锚杆应力计的观测锚杆上安装排气管，将组装检测合格后的观测锚杆送入钻孔内，引出电缆和排气管，插入灌浆管，用锚固剂封闭孔口。

⑤对安装入孔内的仪器进行检查、测试，经监理人批准后进行灌浆。

4)锚索测力计。

锚索测力计的安装应在监理人、监测专业人员与锚索施工相关人员的共同协调下进行。锚索施工所需材料的提供与制作、钻孔、安装、张拉和回填等工作由土建承包人负责实施。

安装方法和要求如下：

①锚索测力计安装前，应对测力计、千斤顶、压力表进行现场配套联合标定。

②锚索施工时，观测锚索应在对其有影响的周围其他锚索张拉之前进行张拉。

③待锚索内锚固段与承压垫座混凝土的承载强度达到设计要求后，在锚索张拉前，先将锚索测力计表面清理干净，抹上适当润滑油后，再将锚索测力计安装在孔口垫板上，并将测力计专用的传力板安装在孔口垫板上，要求垫板与锚板平整光滑，并与测力计上下面紧密接触，测力计或传力板与孔轴线垂直，其倾斜度应小于 0.5°，偏心不大于 5mm。

④安装锚具和张拉机具，并对测力计的位置进行检验，检验合格后进行预紧。

⑤测力计安装就位后，加荷张拉前，应准确测量其初始值和环境温度，连续测量 3 次，当 3 次读数的最大值与最小值之差小于 1%F.S 时，取其平均值作为监测的基准值。

⑥基准值确定后，应按设计技术要求分级加荷张拉，逐级进行张拉监测：每级荷载应测读 1 次，最后一级荷载应进行稳定监测。每 5min 测读 1 次，连续测读 3 次，最大值与最小值之差小于 1%F.S 时，则认为稳定。

⑦张拉荷载稳定后，应先及时测读锁定荷载，待张拉结束后再根据荷载变化速率确定监测时间间隔，最后进行锁定后的稳定监测。

⑧锚索测力计及其电缆应设置保护装置。

5)温度计。

①按设计要求，先测量放样，再确定温度计的高程、埋设位置。

②预埋 2 根 Φ12 的插筋，并将其中 1 根水平向的 Φ12 钢筋点焊在预埋插筋上以固定温度计。

③当混凝土浇筑面与埋设点距离约 20cm 时，用黑胶布将温度计密缠 3 层，以防仪

器受碰损坏，并用黑胶布将其固定在水平钢筋上。

④混凝土下料时应距离仪器 1.5m 以上，振捣器不得接近 1.0m 范围以内。仪器周围人工回填剔除粒径 8cm 以上的混凝土，用人工捣实且不得触及仪器。

⑤仪器埋设过程中及混凝土振捣密实后应进行监测，如发现不正常应立即处理或更换仪器重埋。

6)表面测缝计。

测缝计固定测杆须在混凝土浇筑后两周内完成安装，标距应依据表面测缝计型号规格确定，垂直于坝面安装牢固；安装表面测缝计及电缆，注意保持仪器的同心度，装上保护罩，并将电缆集中牵引至坝后栈桥便于观测的部位。

7)爆破质点振动速度测试。

①仪器选型。

爆破质点振动速度监测仪器设备应符合以下要求：

a. 传感器频带线性范围应覆盖被测物理量的频率，对被测物理量的频率范围预估可参照表 4-105。

表 4-105　被测物理量的频率范围预估　（单位：Hz）

爆破类型	洞室爆破	深孔爆破		地下开挖爆破
质点振动速度	2～50	近区	30～500	20～500
		中区	10～200	
		远区	2～100	

b. 记录设备的采样频率应以 10～12 倍被测物理量为上限。

c. 传感器和记录设备的测量幅值范围应满足被测物理量的预估幅值要求。

d. 测试仪器设备应定期到省级以上计量部门率定。

e. 测试仪器设备应满足温度、湿度、防水、防潮等方面的要求。

②测点布置。

爆破振动监测测点布置原则如下：

a. 应按监测设计要求布置测点，并根据总体布置情况进行统一编号；

b. 每一测点一般宜布置垂直向、水平径向和水平切向 3 个方向的传感器，经论证并有相关经历或经验，也可只布置垂直向、水平径向两个方向的传感器；

c. 获取爆破振动传播规律经验公式时，测点与爆源的距离可根据爆破规模参考已有经验公式进行估算，按“近密远疏”的对数布置，测点数一般不少于 5 个；

d. 测点与爆区的相互位置关系应进行测量制图。

③传感器安装。

a. 安装前应根据测点布置情况对测点及其传感器进行统一编号；

b. 在岩石介质或基础上安装传感器时，应对安装传感器部位的岩石介质或基础表面进行清理、清洗，用石膏、螺栓、水泥砂浆或水玻璃等材料，将速度传感器安装在监测部位，使传感器与被测目标的表面形成刚性连接；

c. 土质、砂质介质及其基础上安装传感器时，应将传感器上的长螺杆插入被测介质内，使传感器与被测介质形成整体；

d. 传感器安装过程中应严格控制每一测点不同方向传感器的安装角度；

e. 传感器安装完毕并检验合格后，对易受爆破测点影响处的传感器进行保护。

④数据采集。

a. 应收集与测试有关的爆破规模、爆破方式、爆破参数及起爆网络等资料；

b. 采用有线方式测试时应在爆破前启动数据记录设备，设置的量程、记录时间及采样频率等应满足被测物理量的要求；

c. 测试前应制定操作规程，并向爆破工作人员交底。

8)其他仪器设备。

其他仪器设备的安装埋设应根据相关规程规范、设计文件要求、仪器的使用说明书、施工图纸等要求和监理人的指示进行。

(3)仪器设备安装埋设的质量检查

仪器设备安装埋设过程中，会同监理工程师对仪器设备安装埋设的每道工序进行检查和验收，经监理工程师确认其质量合格后，方可进行下一道工序的施工。

仪器设备安装埋设完毕后，会同监理按照施工图纸、仪器埋设的一般要求和仪器埋设方案要求的规定，对仪器设备的安装埋设进行检查和验收。及时提交仪器设备安装和埋设的详细施工记录和质量报表，其内容应包括：

1)仪器设备生产厂家出厂的检验和率定资料、合格证、安装使用说明书等；

2)仪器设备施工现场检验、率定记录；

3)电缆连接和仪器组装记录；

4)仪器设备埋设考证表、安装埋设质量评定表；

5)安装期周围施工状况；

6)安装期间的检测记录；

7)质量事故处理记录。

4.11.2.5 施工期观测

(1)一般规定

1)隧洞开挖后应立即进行围岩状况的观察和记录，并对地质特征进行描述。支护完成后应进行喷层表面观察和记录。

2)各类测点应在距开挖面2m范围之内,并在工作面开挖后12h内和下一次开挖之前测读读数。

3)监测项目的量测间隔时间应根据该项目量测数据的稳定程度进行确定和调整。

4)各类监测仪器和工具的性能应准确可靠、长期稳定、保证精度。

(2)施工期观测

1)合同期的监测数据采集工作必须按照规定的监测项目、测次和时间进行,并做到"四无"(无缺测、无漏测、无不符合精度、无违时)。必要时,还应根据实际情况和监理人的指示,适当调整监测测次,以保证监测资料的精度和连续性。

2)经监理批准用于施工期监测的所有仪器和设备,在第一次使用前应进行检验和校正,使用过程中应定期进行检验和校正,这种检验和校正应在具有相关国家资质的单位或部门进行,检验和校正完成后,出具相关合格凭证给监理。

3)仪器设备安装就绪后,按业主和监理批准的方法对仪器设备进行测试,并记录其读数。

4)除进行正常的施工期监测外,还应对合同约定埋有监测仪器设备的工程建筑物进行巡视检查,并在施工期监测工作开始前,提交包括有检查项目和检查程序的巡视检查计划,提交监理审批。其巡检工作内容包括:

①日常巡检应做好记录,定期按指定的格式编制报表提交监理。

②年度巡检应在每年汛期进行,发现安全隐患应立即报告监理。巡检结束后应按监理指定的格式提交简要报告。

③如发生暴雨、大洪水、有感地震、库水位骤升骤降、持续高水位以及建筑物出现其他异常等情况时,须进行特别巡检,并应按监理指示增加测次。特别巡检结束后,应及时向监理提交特别巡检报告。

5)应在仪器设备安装完毕后及时观测,准确记录初始读数,直至向业主移交监测设施和监测资料为止。保留全部未经任何涂改的原始记录,便于监理随时查看。

(3)监测频次

1)温度观测。

温度计安装完毕后,按监理人批准的方法对设备进行校正、观测、记录仪器设备在工作状态下的初始读数。温度计埋设后24h以内,每隔4h观测1次,之后每天观测3次,直至混凝土达到最高温度为止。每天观测1次,持续1旬;每2d观测1次,持续1月,其余时段每月观测1次。在中、后期通水冷却期间,每3d观测1次。通水接近或达到设计要求的温度期间,每天观测3次。

2)在洞室开挖或支护后的7～15d内，每天应观测1～2次；之后每2d观测1次，持续半个月；之后每周观测1～2次，持续2个月；再之后每个月观测1～2次。但在下述情况中则应加强观测次数(每个监测断面不少于30测次)：

①在观测断面附近进行开挖时，爆破前后都应观测1次。

②在观测断面作支护和加固处理时，应增加观测次数。

③测值出现异常情况时，应增加测次，以便正确地进行险情预报和获得关键性资料。

④当掌子面推进到与观测断面距离大于2倍洞跨度后，每2d观测1次；变形稳定后，每周观测1次。

在施工监测断面支护完成后，收敛及速率变化较小，而且监测断面已大于30测次的情况下，可向监理请示报告，停止监测。

3)巡视检查。

配备专门人员和相应的巡视检查设备(如摄像机、照相机、望远镜、对讲机等)，依据《混凝土坝安全监测技术规范》(DL/T 5178—2003)、《土石坝安全监测技术规范》(DL/T 5259—2010)有关规定，并根据建筑物的具体情况和特点，按不同的项目制定相应的巡视检查措施报监理人批准后执行。在巡视检查中如发现建筑物、洞室等部位表面有损伤、塌陷、开裂、渗流或其他异常迹象时，应立即上报，并分析其原因。

检查的次数：在施工期，正在施工的部位每天检查1次，未进行施工的部位每周检查2次。在爆破、开挖前后应加密巡视。

4)如遇大暴雨、大洪水、库水位骤升骤降、强地震、大药量爆破、围岩变形或结构物受力状况发生突然变化等，根据规范和监理的要求增加测次。

4.11.2.6 监测资料整理分析与信息反馈

(1)一般规定

1)将监测仪器埋设的竣工图、各种原始数据和有关文字、图表(包括影像、图片)等资料，综合整理成安全监测成果，汇编刊印成册。

2)每次监测数据采集后，应随即检查、检验原始记录的可靠性、正确性和完整性。如有漏测、误读(记)或异常，应及时补(复)测、确认或更正。

3)在每次监测后立即进行原始数据记录的检验和分析、监测物理量的换算，以及异常值的判别等工作。如遇天气、施工等原因，造成监测数据突变时，应加以说明。

4)经检查、检验后，若判定监测数据不在限差内或含有粗差，应立即重测；若判定监测数据存在较大的系统误差时，应分析原因，并设法减少或消除其影响。

5)按监理指示进行监测资料的整编工作。整编资料的内容包括：

①工程建筑物安全监测工作总报告；

②工程建筑物安全监测要求和安全监测措施计划等有关文件；

③仪器资料：仪器型号、规格、技术参数、工作原理和使用说明，测点布置，仪器埋设的原始记录，仪器损坏、维护记录等；

④监测资料：日常监测和巡检的原始记录、报告，包括特征值汇总表、每个测点监测数据过程线、监测成果分析资料、物理量计算成果及各种图表等；

⑤其他相关资料：咨询会议记录、工程安全检查报告、事故处理报告、仪器设备管理档案，以及工程竣工安全鉴定的结论、意见和建议等；

⑥仪器设备出厂合格证明、使用说明书、仪器设备检验和率定记录；

⑦仪器设备安装埋设竣工图及电缆走线竣工图。

6)所有监测资料要求按业主指定的格式或《混凝土坝安全监测资料整编规程》(DL/T 5209—2005)指定的格式建立数据库，输入计算机。用磁盘或光盘备份保存并刊印成册。

7)保留全部未经过任何涂改的原始记录，以便监理随时查看。

8)随时进行各监测物理量的计(换)算，填写记录表格，绘制监测物理量过程线图或监测物理量与某些原因量的相关图，检查和判断测值的变化趋势。

9)每次巡视检查后，应随即对原始记录(含影像资料)进行整理。巡视检查的各种记录、影像和报告等均应按时间的先后顺序整理编排。

10)随时补充或修正有关监测设施的变动或检验、校测情况，以及各种考证表、图等，确保资料的衔接和连续性。

11)根据所绘制图表和有关资料及时作出简要分析，分析各监测物理量的变化规律和趋势，判断有无异常值。如有异常，应及时分析原因，先检查计算有无错误和监测仪器有无故障，经多方比较判断，若发现有不正常现象或确认的异常值，应立即口头上报监理，并在24h内提交书面报告。

12)按监理批准的编写目录(大纲)定期提交工程监测月报和工程监测年报；工程下闸蓄水前，提交施工期原型观测成果报告；工程竣工验收前，提交工程原型观测成果完工验收报告。

(2)监测资料的收集

监测资料的收集包括观测数据的采集、人工巡视检查的实施和记录、其他相关资料收集3个部分。主要包括以下内容：

1)详细的观测数据记录、观测的环境说明，与观测同步的气象、水文等环境资料；

2)监测仪器设备及安装的考证资料；

3)监测仪器附近的施工资料；

4)现场巡视检查资料；

5)有关的工程类比资料、规程、规范等。

(3)观测资料整编

1)观测数据的检验。

每次监测数据采集后,应随即检查、检验原始记录的可靠性、正确性和完整性。如有漏测、误读(记)或异常,应及时补(复)测、确认或更正。

原始监测数据检查、检验的主要内容:

①观测方法是否符合规定;

②监测仪器性能是否稳定、正常;

③监测记录是否正确、完整、清晰;

④各项检验结果是否在限差内;

⑤是否存在粗差;

⑥是否存在系统误差。

经检查、检验后,若判定监测数据不在限差内或存在粗差,应立即重测;若判定监测数据存在较大的系统误差时,应分析原因,并设法减少或消除其影响。

2)观测数据的计算。

在整个合同工期内,按照监理工程师批准的方法,以及观测频次定期观测和检验,记录全部原始观测和检验资料,及时将观测资料换算为相应的温度、应力、开度、位移、渗压水位、倾角及建筑物形变等物理量,进行资料整理,并分析各监测量的变化规律和趋势、判断有无异常的观测值。按照监理工程师的要求和规定的程序,以月报、年报表等方式报送监测成果资料。

3)观测数据的初步分析。

观测数据初步分析的重点是分析监测资料的准确性、可靠性和精度,判断监测物理量的异常值等,绘制观测物理量的过程线图,初步分析观测物理量的变化规律。

(4)观测资料分析

1)监测资料分析的方法。

监测资料分析的方法有比较法、作图法、特征值统计法、数学模型法。

①比较法。

通过巡视检查,比较各种异常现象的变化和发展趋势;通过各观测成果物理量数值的变化规律或发展趋势的比较,预计建筑物安全状况的变化;通过观测成果与设计或试验的成果比较,看其规律是否具有一致性和合理性。

②作图法。

通过绘制观测物理量的过程线图、特征过程线图、相关图和分布图等,直观地了解观测物理量的变化规律，判断有无异常。

③特征值统计法。

对观测物理量历年的最大和最小、变差、周期、年平均值及年变化率等进行统计分析，分析物理量之间在数据变化方面是否具有统一性和合理性。

④数学模型法。

建立表达观测物理量的原因量与效应量之间的关系数学模型。定量分析效应量对监测物理量的影响。

2)施工期监测资料综合分析。

①监测资料分析基础工作。

随时补充或修整有关监测设施的变动或检验、校测情况，以及各种考证表、图等，确保资料的衔接和连续性。

绘制监测物理量过程线图或监测物理量与某些原因量的相关图，检查和判断测值的变化趋势。

根据所绘制图表和有关资料及时作出初步分析，分析各监测物理量的变化规律和趋势，判断有无异常值。

②时空分布分析。

对监测量在时间和空间上进行检查和评判，主要包括本次监测量与前一次监测量，历史监测量和历史极限量，以及同一时间段周围同类或相关监测量进行比较分析，识别趋势值和异常值，从而发现测值在时间和空间分布的疑点或异常值。时空分析适用于所有监测量。

3)监测资料分析的内容。

观测资料的分析主要是针对观测物理量和巡视检查成果的分析。观测物理量的分析包括观测物理量随时间、空间变化的规律，统计有关特征值的变化规律，观测物理量之间相互关系的变化规律性。从分析中获得观测物理量变化稳定性、趋向性，以及与工程安全的关系等；将巡视检查成果、观测物理量的分析成果、设计计算复核成果进行比较，以判断坝体的工作状态、存在异常部位及对安全的影响程度与变化趋势等。

本标段监测资料初步分析以定性分析为主，结合巡视检查成果，对积累了一定数量、系列较长且具有较齐全的相应环境影响资料的监测效应量，可进行相应的定量分析。在各类物理量变化过程中寻找规律性的东西。通过及时对监测数据的整理分析，探寻各类物理量随环境影响因素的变化。变被动监测为主动监测，通过分析成果反过来指导现场监测，必要时可增加测次。对于一些比较重要、规律性较好的效应监测量根据相应环境量的变化建立统计分析模型，模型定量反映出施工期各环境量对相应效应量的影响程度，力求能对现场施工控制起到作用。

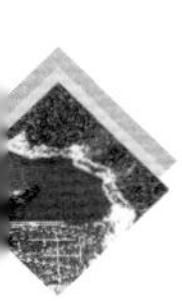

对不同监测效应量进行不同的具体分析和监测成果反馈。

(5)监测成果的信息反馈

1)在全部监测设施移交前,按监理指示的时限内,提交监测月报、年报,包括原始监测记录在内的监测资料整编报告及成果分析报告(包括软件)提交监理。

2)在下列时期应进行全面的监测资料整编,并提出监测报告(一式4份),报送监理和业主:

①每年的1月提交上一年度观测成果汇编报告;

②下闸蓄水前,提出施工期观测成果汇编报告;

③出现异常或险情时,随时提出资料汇编报告;

④竣工验收时,应提出观测成果综合汇编报告。

3)特殊情况下应提交监测快报。当监测数据出现异常,如边坡或围岩变形、混凝土内部温度超温、在进行接缝灌浆时等反映工程安全性状的监测数据发生显著变化或持续递增时,在测读数据后的6h内将经过整理分析的有关监测成果及相关资料报监理。

4)完工验收资料。

工程建筑物的全部监测仪器设备安装埋设完毕后,在进行工程建筑物完工验收的同时,申请对该工程安全监测项目进行完工验收,并向监理提交以下完工资料:

①监测仪器编号和说明书;

②监测仪器设备的检验和率定记录;

③监测仪器设备安装埋设施工记录、仪器设备电缆走线布置图;

④监测仪器设备安装埋设竣工图、仪器安装埋设完好情况统计表;

⑤监测仪器清单(包括部位、仪器名称、编号、高程、桩号、起测日期、目前状态等);

⑥施工期监测资料整编分析报告,包括监测仪器特征值汇总表、各测点的数据过程线。

本合同工程建筑物全部完成,并经验收合格后,全部监测仪器设备应完好地移交业主;全部监测原始数据及监测资料(包括电子文档)应同时移交业主。

全部监测仪器设备的保修期与工程保修期相同。应自该工程经业主完工验收日(工程移交)开始计算。保修期内按工程建筑物安全监测设计要求,负责维护全部仪器设备的应用性能,一旦因仪器自身或埋设原因发生仪器设备失效,及时更换。对无法更换的埋置设备,应及时报告监理,按监理指示,采取补救措施,设法满足安全监测数据的采集要求。

4.11.3 与永久安全监测工程配合

发包人将长龙山抽水蓄能电站安全监测工程(永久安全监测)项目另行(单独)委托,

授予永久安全监测承包人承担。施工方给予永久安全监测工程承包人全面的配合，以确保安全监测工作的顺利实施，与监测仪器埋设和安装相关的观测房、观测道路、水平位移观测条带开挖、仪器设备安装回填保护料、位移计、锚杆应力计钻孔及回填、地下水位孔、测压管钻孔等工作。

4.11.3.1　永久安全监测施工配合工作内容

永久安全监测施工配合工作的主要内容包括：为永久监测仪器设备安装及埋设留有必要的时间和工作面，并为安全监测工程承包人提供风、水、电、照明等条件，以保证监测仪器的安装、埋设及观测能顺利完成。同时配合、协调与管理在本合同范围内各工程部位的监测仪器安装、埋设及施工期观测，并做好职责范围内仪器设备的保护工作。

1)妥善协调好土建与永久安全监测的关系，并为永久安全监测承包人提供良好的施工条件；

2)永久安全监测造孔的孔径、孔深、垂直度等应满足相关要求；

3)为永久安全监测承包人有偿提供必要的交通便利、供风、供水、供电、照明等；

4)对永久安全监测工作区域安全环境预告知。

4.11.3.2　配合任务

1)向安全监测工程承包人提供项目的季、月和周施工进度计划。计划中要协调考虑所施工部位安全监测的施工时间，给安全监测工程现场施工等留出合理的施工时间。

2)在每个单元工程开工前，认真检查是否有安全监测项目在该单元工程中实施，并在安全监测项目实施部位开工前24h通知安全监测中心发包人和安全监测工程标承包人，并根据监理人的要求做好开仓会签工作。

3)参加安全监测工程项目的施工协调会。

4)妥善协调好开挖和混凝土施工与仪器埋设安装之间的关系，并为永久安全监测承包人提供仪器安装埋设的施工工作面，向永久安全监测承包人移交工作面，保证工作面干净、整洁，没有污泥、污水、废渣等，并创造必要的条件保证安装埋设工作顺利进行。在监测仪器未埋设就绪前不得进行下一道工序的施工。

5)按招标文件技术条款安全监测设施布置要求，完成各项仪器的安装配合工作，并完成监测锚杆扩孔，为永久安全监测承包人提供倒垂线、多点位移计、基岩变位计、滑动测微孔等钻孔所需要的登高设施及小型工作平台。

6)维护施工范围内监测仪器设备的安全，并采取保护措施。施工过程中不得撞击监测仪器设备和损坏仪器电缆。

7)在施工组织设计中应考虑安全监测工程实施所带来的工期影响。

8)为永久安全监测工程承包人进入场地、实施及其安装提供必要的便利、供风、供

电、供水、照明等。

9)在埋设有安全监测仪器设备部位进行钻孔等作业,应注意保证安全监测仪器设备不受到损伤、损坏,在钻孔等作业前应请安全监测实施单位会签,并由发包人安全监测中心认可。

10)在现场为分布式光纤监测单位建设监测房,监测房分为临时监测房和永久监测房。临时监测房采用活动板房,在左右岸边坡临近大坝混凝土马道上布置,配备防盗门锁、电源与空调设施,数量不少于2间,每间面积不小于$20m^2$,并随大坝浇筑上升搬迁移动;永久监测房采用厚钢板或砖混结构,布置于监测廊道内,配备门锁和电源,具体位置由监理人指定,数量不少于3间,每间面积不小于$4m^2$。

11)按监理人指示完成其他的配合工作。

4.11.4 与物探检测工程施工配合

发包人将本合同工程范围中的物探检测工程项目另行(单独)委托,授予专业物探检测单位承担,承包人应与物探检测单位密切配合,以确保物探检测工作的顺利实施;配合工作包括总体协调土建和工程物探检测进度,为工程物探检测单位提供施工工作面、工作平台、检测孔的造孔、登高设施及风、水、电、照明及施工交通和施工机械等方面配合,并执行监理人指定的其他工作;根据物探检测工程的工作范围、工作内容、工作布置来理解物探检测工程需要及时配合、协调的工作内容及工程量。

4.11.4.1 物探检测工程施工配合工作内容

本工程物探检测工程施工配合工作包括合同约定的单孔声波、孔内电视、地质雷达等的钻孔、扫孔、孔口保护、提供风水电、工作平台、登高检测与移动配合并按设计要求进行回填封孔等,并提供必要的物探检测条件和检测时间。

4.11.4.2 施工协调与配合

1)妥善协调好土建工程与工程物探检测之间的关系,并为工程物探检测承包人提供良好的施工工作面。

2)对物探检测工程中的物探造孔要满足工程物探检测的要求,包括孔径、孔深、垂直度等。

3)为物探检测工程承包人进入场地检测提供必要的交通便利、供电、供水、照明等。

4)对物探检测工作区域安全环境预告知。

第 5 章　施工组织与现场管理

5.1　概述

长龙山项目部施工组织与现场管理采用工点责任制，根据抽水蓄能电站建(构)筑物布置及施工总布置特点，同时考虑区域相对集中、便于管理，划分勘探道路(上下水库连接公路)、引水、下水库和厂房 4 个主要工点；各工点分别设立工点长，负责管理现场施工安全、质量、进度等；另设附企工点，负责赤坞砂石加工系统、拌和系统的运行管理，各部位混凝土及砂石骨料供应的统筹协调安排；同时设置大工点长，由项目部领导兼任，负责把控各工点施工管控的总体方向，以及重要任务和疑难杂症的处理。在建过程中，持续有效保障现场质量、安全和成本控制的管理工作成效，同时积极制定、编发适用的规章制度，确保现场管理有法可依、有章可循，既实现了各生产环节的高效运转，也促进了文明施工、环境管理的全面提高。

5.2　施工管理体系及制度

5.2.1　施工管理体系

工点制全面管理责任体系(图 5-1)：

组　长：大工点长(监管领导)

副组长：工点长、副工点长

成　员：施工管理人员、技术管理人员、质量管理人员、安全管理人员、商务管理人员、物资管理人员、各承(分)包单位现场负责人。

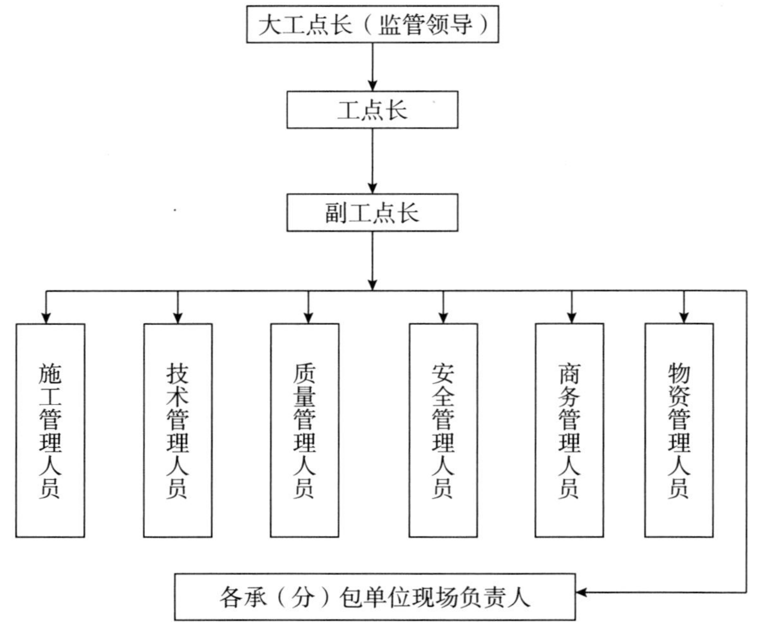

图 5-1　工点制管理责任体系

5.2.2　制度职责

1)认真贯彻执行国家相关法律法规，负责督促检查施工队伍的执行情况。

2)负责项目部施工生产的日常管理工作，对施工生产过程进行组织、协调、控制，保证施工按计划要求进行。

3)负责建立健全生产管理体系，制定并实施生产指挥协调管理(考核)办法。

4)负责施工生产中的内部和外部沟通，及时协调处理现场施工发生的问题，保证施工顺利进行。

5)负责记录当天所发生的施工状况，并分析、整理、汇总上报项目部领导。组织召开项目部生产例会或其他施工生产专题会。

6)以批准的施工组织设计和施工计划为依据，准确、及时、全面地掌握施工动态，分析施工形势，提出合理化建议，对施工中的各种问题进行综合分析，及时协调各方关系，促使施工生产的顺利进行。

7)负责管区范围内的任务分配、劳力布置、机械设备、施工物资的调配情况，定时、定期编制日、周、月、季、年度施工报表及施工情况综合分析，合理安排生产。掌握主要经济技术指标(工程任务总额、施工产值、主要实物工程量，工期、安全、质量等情况)的完成情况和施工情况。

8)负责本项目周、月度施工进度计划的编制。负责督促指导各队伍做好施工项目的申报工作。

9)负责与项目部工程技术人员及时沟通交流,总结施工技术经验,协助解决施工中的技术难题。参加技术交底、验收、竣工等工作。

10)负责参与图纸审核工作,收集整理现场地质编录的相关资料,及时提供施工依据给项目部相关管理部门。

11)负责新材料、新技术、新工艺、新设备的推广应用。

12)负责施工现场的签证工作。

13)负责项目部防汛防台、自然灾害等现场组织实施工作。

14)负责组织落实施工部位安全防护设施、措施,督促检查责任单位落实情况并及时纠正整改。

15)协助合同部开展变更、索赔工作。参加工程项目的接收和移交。

16)协助质保部开展质量管理、整改工作。参加工程项目的验收和评定。

5.2.3　施工组织管理规定

1)各施工单位应服从施工管理部统一组织、协调,对拒绝执行或无故推诿的单位,视情节轻重每次处 500～2000 元罚款。

2)各施工单位应每月、周、日按时派人参加各种生产会议和协调会;不得迟到、缺席或请假;及时传达会议精神并负责予以落实。对违反上述规定的单位和个人,按以下规定进行罚款:迟到 100 元/次、缺席 500 元/次。

3)各单位施工管理系统值班人员应保持 24h 通信畅通,对擅自离岗无法取得联系而影响生产的,每次处 200～1000 元罚款。

4)各单位、部位施工管理人员对现场发现的各类影响生产的紧急情况应及时通报。延迟通报超时 1h 的,处 100～500 元罚款;因漏报、瞒报严重影响现场生产的,处 500～2000 元罚款。

5)各施工单位必须在规定的工期内按期完成各个项目(部位)验收交面,并对完成的项目(部位)及验收情况做好统计和上报。对按期完成部位交面的单位,每次处 200～1000 元奖励,反之,对未按期完成交面、验收,影响后续施工的单位,视情节严重每次处 200～1000 元罚款。

6)各施工单位要求在规定的时间内上报各种正式资料,对执行不力的单位,视情节严重处 100～500 元罚款,并承担其带来的经济损失和责任。

7)施工单位应按照各类生产计划、会议安排和现场布置的要求,配备足够的资源,满足工程各项目、各工序施工的强度,保障节点目标的实现,对因自身原因未按要求完成的单位,每次处 500～3000 元罚款。

8)各施工单位应积极配合业主和监理、项目部组织的文明施工专项检查及迎检工作,对不积极配合的单位处200～1000元罚款。

9)各施工单位应本着实事求是、认真负责的原则,需要现场确认的完工项目及工程量应在7d内完成签字确认,若项目完工超过7d仍没报资料、虚报工程量和经审核与事实严重不符的项目均不予认可,并由各施工单位自己承担经济损失。

5.3 施工现场管理

5.3.1 资源调配与管理

1)各协作单位根据所承担项目配置相应资源,在个别单位出现资源不足情况,现场统一协调;资源报备,动态管理;建立微信群,资源进展情况及时通报检查。

2)由施工管理部统一调配施工人员和施工机械,商务部、机电部配合。

3)对于新增施工项目或合同漏项等施工队伍的选择,施工管理部应享有一定的话语权。

4)现场管理人员做好各施工队伍资源统计,根据施工生产需求,对资源进行合理调配。

5.3.2 施工班组管理

按专业、班组熟练程度进行划分管理,重点、专业化强、工期紧的部位,安排相应班组,实施动态管理。

1)进入施工项目工作的施工班组,必须服从现场管理人员安排;

2)每天上班所有工人须佩戴公司统一发放的安全帽和工作服,服从命令,听从安排;

3)工人与现场管理交流说话和气,不得辱骂他人,不得打架斗殴,与任何人发生纠纷分歧,及时上报,如发现打架现象,无论哪方责任,当事工人予以撤场;

4)上班时间严禁喝酒,特别是中午休息时间禁止喝酒,如发现喝酒处100元罚款;

5)严格遵守机械设备使用规定,非专业人员不得擅自操控使用机械设备;

6)施工现场做好防火、防盗安全工作;

7)施工中每天做到工完场清,对每天使用材料,特别是销钉、销片不得随意乱扔,材料须集中管理,集中发放,每天完工后,对现场剩余材料全部堆放到统一地点,码放整齐。

5.3.3 生产计划执行管理

1)实行年度、季度、月度、周计划分解,计划分解到每天,每天生产调度会检查考核;重点部位不定时召开专题会协调解决相应问题;根据计划执行情况,重点部位、重要节点及时同队伍签订责任书；每月进行计划实施对比分析，及时纠偏，通过资源优化调整，保障进度计划的实施。

2)每季度对分包商履约评价进行考核管理，及时上报公司。

5.4 施工管理信息系统

1)编写日生产完成及日计划清单，根据周计划细化至每天施工任务，重点工作进行奖惩考核；

2)编写周生产完成及周计划周报，根据月计划分解至每周工作计划，重点分析施工滞后项目影响因素并根据进度计划合理安排施工资源；

3)编写月完成及月计划工程量，根据季度计划分解为月计划，明确重点项目节点工期，根据实际进度计划完成情况分析影响因素并制定相应应对措施；

4)编写防汛项目清单和应急演练预案，结合实际施工项目，识别、分析、评价风险因素，针对高风险施工项目或部位制定相应的应急处置方案并组织演练；

5)编写施工日志及归纳，施工日志编写应分标段、分部位详细记录施工内容、完成工程量、资源投入，以及不利事件的影响后果、施工大事记等；

6)建立对外签证单台账，台账应包括签证项目、具体签证内容、报送及签回时间、现场监理、施工队伍等内容，以便签证过程中跟踪及后续查阅；

7)建立生产指令单及生产进度责任书考核奖惩；

8)建立施工技术交底台账；

9)收集重点施工项目照片及施工大事记时间数据；

10)编写尾工项目和节点项目梳理。

5.5 结语

5.5.1 管理亮点

1)引水斜井及下水库混凝土面板施工队伍经验丰富、管理团队成熟，有利于对施工进度的控制及施工安全风险的管控，后续项目建议选取有长龙山成功经验的队伍、班组相关管理团队施工。例如，引水斜井扩挖支护选用宜昌国友，压力钢管安装选用机船公司(符恒华团队)，混凝土面板选用开州诚信等。

2)引水斜井施工制定专门安全管理办法，井上与井下联络沟通人员及时明确责任，确保了引水斜井开挖及钢管安装、混凝土浇筑施工过程中的安全管控。同时，策划实施了引水中平洞现场文明施工标准化的创建，得到了业主、监理的一致好评。

3)实行清单式管理模式,日计划清单、周计划清单、重点工作项目清单的制定与检查,有利于现场施工管理目标的明确及目标实现过程中的监督并明确相关责任人,做到了责任细化分解到个人。

5.5.2 改进建议

1)下水库大坝填筑施工队伍管理团队相对不够成熟、各工序衔接及施工质量控制相对薄弱且施工队伍对班组管理失控,存在队伍内部班组阻工现象,影响施工进度及施工质量。建议队伍引进时应综合考虑队伍团队管理水平、专业班组作业水平、施工资源等因素。

2)前期对外签证工作管理相对不足,签证工作是后续变更索赔的基础,抽水蓄能电站设计与现场实际不符情况较多,所以对于合同外和设计变更项目签证繁多,是现场施工管理的重要工作,具体建议如下:

①现场施工管理人员应详细了解合同施工项目;

②现场施工管理人员应坚持无依据不施工的原则;

③及时办理新增项目施工依据如现场备忘,对成本不可控新增项目应提前与监理、业主商定签证计量原则;

④工程管理部部门及各工区明确专人负责对外签证工作,并要求各协作队伍安排专人配合签证,确保签证单编制的质量及签证项目无遗漏;

⑤新增项目或变更项目施工时段较长的,应在施工过程中分时段进行签证,若施工时段较短应在项目施工完成后一周内完成签证;

⑥工程管理部按施工单位、部位建立签证台账,并保存签证单电子版及一签完成后扫描件,以便后续发生签证单遗失情况有原始资料可查、可补。

3)资源管理未系统化,施工资源是施工项目安全、质量、进度可控的保障基础,合理科学的组织资源也是施工成本控制的重中之重,具体建议如下:

①各协作队伍根据项目部整体计划及分解的季、月度计划,编制资源投入计划报工程管理部审批后按计划组织资源,以确保满足现场施工安全、质量及进度要求;

②工程管理部建立各队伍、各部位施工投入资源电子版台账,以便后续成本分析及投入资源对进度完成情况影响分析;

③对未按计划要求配置资源导致施工进度滞后的协作队伍,工程管理部有权根据相关管理规定进行相应的处罚。

4)农民工管理前期未设置专门管理机构,应强化农民工管理,重点进行农民工实名制管理、农民工进退场管理、农民工考勤管理、农民工工资发放管理。制定相关管理措施及规定,严格执行落实,确保农民工工资发放到位,避免发生因工资发放问题农民工上访事件，具体建议如下：

①工程开工即设置民工办、统一管理农民工相关事宜；

②在队伍生活营地设置考勤打卡机，根据协作队伍数量及人数确定考勤打卡机配置数量，考勤打卡机管理由民工办负责，各协作队伍配合；

③民工办以考勤打卡记录为依据，核对各协作队伍每月上报农民工考勤表并将核对情况进行反馈，若存在较大差异由各协作队伍出具书面解释说明，民工办进行复审；

④民工办审核农民工考勤表，核对协作队伍上报的农民工工资报表，核查是否存在虚报或漏报情况，确保农民工工资正常发放。

第6章 施工质量管理与控制

6.1 概述

工程质量是建筑施工企业的生命，而要想获得好的工程质量，就必须要求各级管理人员具有创优工程的先进意识，同时应具备完善的质量管理体系和质量管理制度，并严格执行。

6.1.1 工程施工质量特点

该工程位于天荒坪风景名胜区核心景区——江南天池，场内公路和上下水库公路尚未建设完成，主要建筑物包括引水系统下半段、地下厂房工程、开关站、尾水系统、下水库工程等，涉及道路、土建、房建、金结等多专业、多领域施工，且施工质量标准高，全面实施标准化工艺和达标投产考核，特别是对于混凝土工程、大坝填筑工程、灌浆工程及压力钢管制作安装工程，必须按照业主要求采用标准化施工工艺施工，以确保工程质量创优，顺利实现工程达标投产。

6.1.2 工程主要质量控制点

该工程现场管理组织机构设置的各职能部门，按各自的职能，依据合同、质量计划、施工组织设计、施工图纸、技术规范等，对各专业施工过程进行质量控制。并通过设置质量控制点，对施工过程质量进行控制，以实现该工程的质量目标。该工程明确设置的主要质量控制点如下(不限于)：

(1)关键施工部位

1)三大洞室开挖支护施工；

2)引水隧洞下斜井施工；

3)下水库大坝填筑施工；

4)下水库大坝及厂房渗控施工；

5)输水系统过流面混凝土施工;

6)压力钢管制造安装与埋件安装施工。

(2)工艺有特殊要求,或对工程质量有影响的过程或部位

1)岩壁吊车梁清水混凝土施工;

2)进/出水口流道清水混凝土施工;

3)尾水系统斜井滑模混凝土施工;

4)下水库料场高边坡开挖施工。

(3)质量不稳定,一次性不易通过检查合格的单元工程

1)三大洞室锚喷支护单元工程;

2)现浇衬砌混凝土单元工程;

3)输水系统渗控灌浆单元工程。

(4)采用"四新"的过程或部位

1)引水下斜井精准定向导孔施工;

2)数字化智能大坝填筑施工;

3)下水库大坝抗裂防渗面板施工;

4)全钢衬超长斜井快速安装与回填施工。

6.2　质量目标

为实现该工程开挖完美收官,围岩整体稳定,金结制安无缺,灌浆智能阳光、浇筑内实外光,建设美丽长龙山工程,明确各级质量管理职责,落实各项质量管理措施,促进质量管理规范化、程序化、标准化,全面提高质量管理水平,该工程制定如下质量目标。

6.2.1　质量管理目标

1)"零违规、全闭合",确保不会由于管理问题而造成工程质量缺陷及工程质量事故。

2)相关方满意率达100%。不发生由于质量问题而引起的相关方批评或投诉,对各类质量问题举报或投诉的处理率达到100%;对质量管理体系检查、质量专家组及质量监督检查提出的问题,在规定期限内整改完成率达到100%。

3)不发生任何一般及以上质量事故,不出现严重质量缺陷;不会由于质量隐患问题而引发安全事故;质量不合格事件导致的直接经济损失不超过工程总投资的0.01%。

4)围绕长龙山"五大工程"创建要求,大力实施质量创新工作,建立标准工艺及样板工程。

6.2.2 质量控制目标

1)实现“双零”质量目标;

2)确保承建合同项目严格按照工程设计要求、技术标准和合同约定施工,满足质量标准要求;

3)开挖工程:不出现因放样、钻爆施工偏差等责任性因素导致的超挖,不出现欠挖,单元工程质量评定合格率达100%,优良率在90%以上;

4)支护工程:消除支护跟进不及时现象,力争消除Ⅲ级锚杆,杜绝出现Ⅳ级锚杆,单元工程质量评定合格率达100%,优良率在90%以上;

5)混凝土工程:内实外光,不出现危害性裂缝,不出现低强混凝土,有效遏制混凝土工艺质量的多发病、常见病,单元工程质量评定合格率达100%,优良率在90%以上;

6)灌浆工程:钻孔孔深、灌浆压力、灌浆结束条件均符合设计及规范要求,灌后检查孔压水透水率一次合格率100%,单元工程质量评定合格率达100%,优良率在95%以上;

7)金结设备安装工程:焊缝外观满足规范要求,成型美观,焊缝无损检测一次合格率在98%以上,单元工程质量评定合格率达100%,优良率在95%以上;

8)重要隐蔽工程和关键部位单元工程优良率在90%以上;

9)工序一次验收合格率不低于98%,优良率在90%以上。

6.3 质量体系建设

6.3.1 质量管理组织机构

该工程项目部成立质量管理委员会,即以质量第一责任人为主任,项目部领导、各部室负责人为成员的最高质量组织机构,质量管理委员会下设办公室,负责质量管理委员会的日常工作,并建立形成决策层、管理层、执行层的三层次四体系质量管理组织机构(图6-1)。质量管理委员会办公室设在质量环保部。

6.3.2 质量管理“四个责任体系”

为加强项目质量管理,明确各级质量职责,该工程项目部构建质量管理“四个责任体系”,即以项目经理为第一责任人的质量管理责任体系、以分管生产负责人为主要责任人的质量管理实施责任体系、以总工程师为主要责任人的质量技术保障责任体系、以分管质量负责人为主要责任人的质量管理监督检查责任体系。质量管理“四个责任”体系见图6-2,相关制度文件见图6-3。

在组织生产过程中,各体系之间自觉发挥各自体系的作用,以确保生产质量工作“责任到人、实施到底、保障有力、监督到位”。

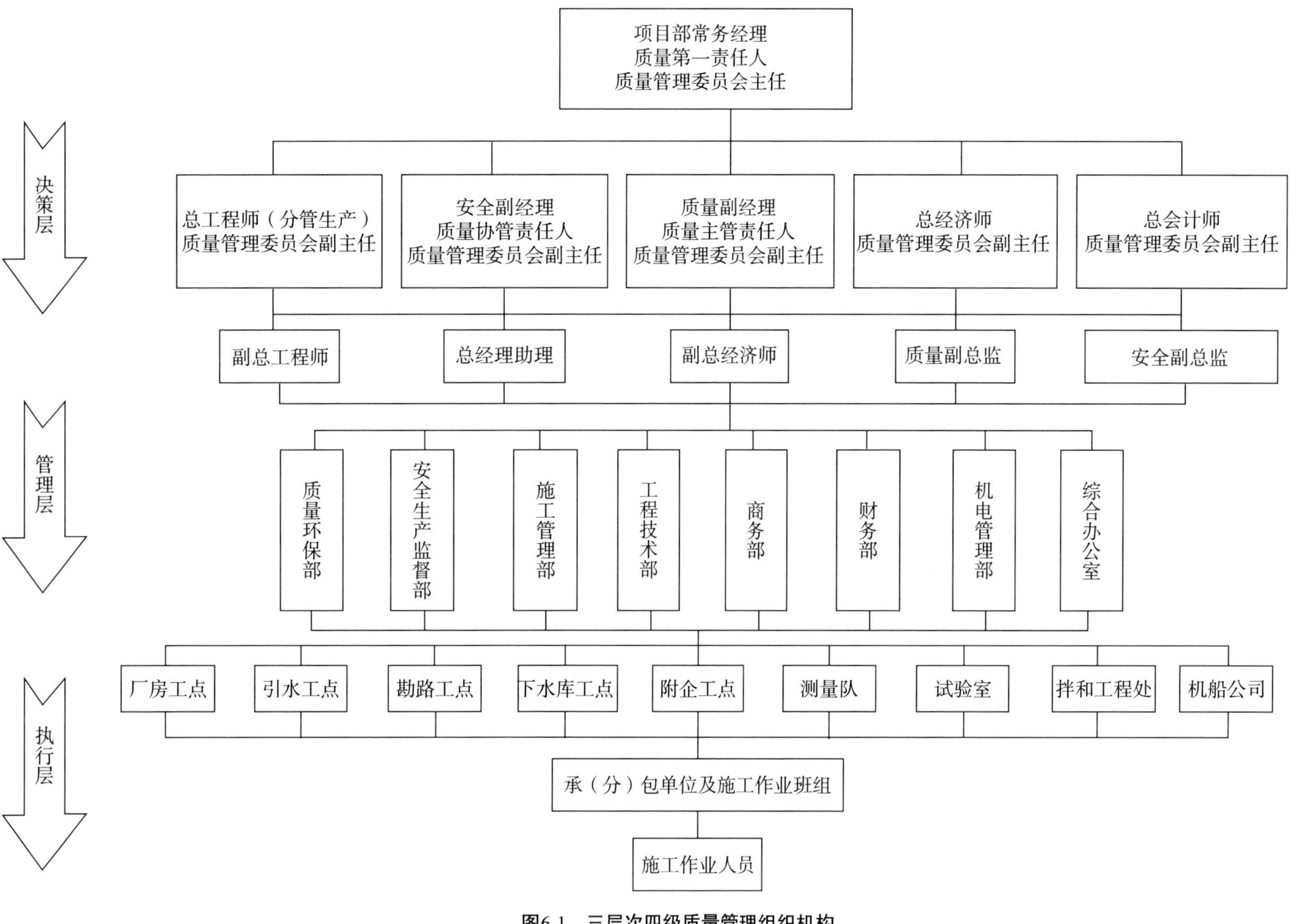

图6-1　三层次四级质量管理组织机构

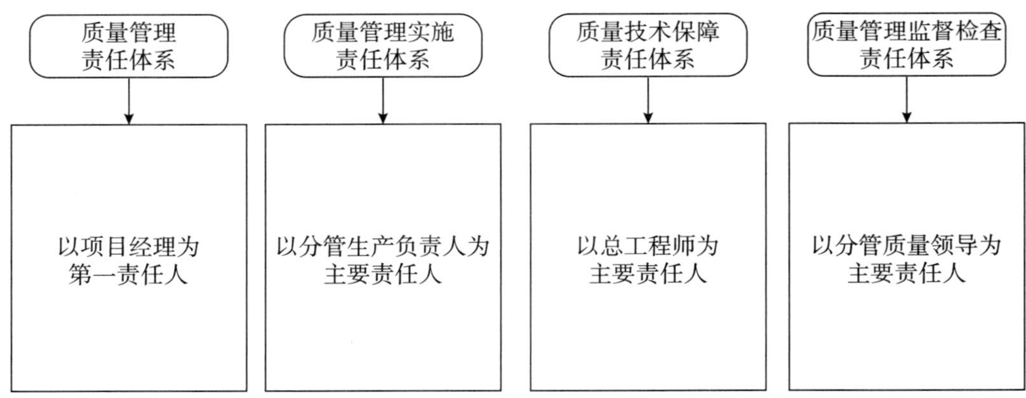

图 6-2 质量管理"四个责任"体系

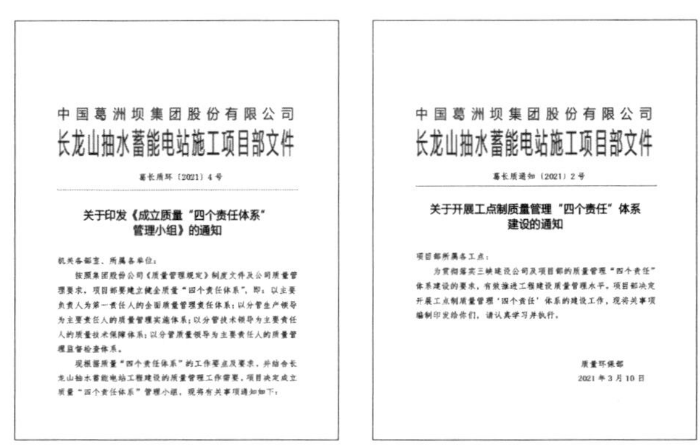

中国葛洲坝集团股份有限公司
长龙山抽水蓄能电站施工项目部文件

葛长质环〔2021〕4号

关于印发《成立质量"四个责任体系"管理小组》的通知

机关各部室、所属各单位：

按照集团股份公司《质量管理规定》制度文件及公司质量管理要求，项目部要建立健全质量"四个责任体系"，即：以主要负责人为第一责任人的全面质量管理责任体系；以分管生产领导为主要责任人的质量管理实施体系；以分管技术领导为主要责任人的质量技术保障体系；以分管质量领导为主要责任人的质量管理监督检查体系。

现根据质量"四个责任体系"的工作要点及要求，并结合长龙山抽水蓄能电站工程建设的质量管理工作需要，项目决定成立质量"四个责任体系"管理小组，现将有关事项通知如下：

中国葛洲坝集团股份有限公司
长龙山抽水蓄能电站施工项目部文件

葛长质通知〔2021〕2号

关于开展工点制质量管理"四个责任"体系建设的通知

项目部所属各工点：

为贯彻落实三峡建设公司及项目部的质量管理"四个责任"体系建设的要求，有效推进工程建设质量管理水平。项目部决定开展工点制质量管理'四个责任'体系的建设工作，现将关事项编制印发给你们，请认真学习并执行。

质量环保部

2021年3月10日

图 6-3 相关制度文件

6.4 质量控制重难点

该工程输水及地下厂房系统规模较大、地质条件复杂、技术难度大、工期紧张、施工强度高，是整个工程的关键项目。尤其是承建的三大洞室开挖跨度大，上、下游边墙高，引水下半段三条斜井角度大、斜度长，对于开挖精度要求高，且大坝填筑量较大、填筑料种类较多，又涉及开挖与支护、金结和机电设备安装与土建施工干扰大，与其他类似工程比较，工期紧、任务重，因此该工程明确制定出现场质量控制重难点部位，部位如下：

6.4.1 地下厂房洞室群施工质量

地下厂房洞室群地质条件复杂，工期紧张，顶拱及高边墙开挖成型质量、厂房岩锚梁混凝土浇筑质量及排水廊道灌浆施工质量对整个地下厂房的整体稳定性至关重要，既是质量管控的重点，也是质量管控的难点。

6.4.2　引水长斜井施工质量

引水下斜井位于高程 130m～480，高差约 350m，单条斜井扩挖工期 150d，且开挖断面小、工程量大、施工任务紧，因此导井开挖的精度、下斜井扩挖及支护质量、钢衬回填混凝土浇筑质量对整个下斜井施工来说是质量管控的重点，也是质量管控的难点。

6.4.3　下水库大坝施工质量

大坝填筑区集中于深山峡谷之间，作业面狭小且与溢洪道上下存在交叉干扰，填筑量较大、填筑料种类较多，且堆石面板坝混凝土面板的防裂控制要求高，因此大坝坝基处理质量、堆石体的填筑施工质量、趾板混凝土及灌浆质量、防渗面板浇筑质量对于整个下水库大坝的运行安全与稳定至关重要，既是质量管控的重点，也是质量管控的难点。

6.4.4　高水头压力钢管施工质量

长龙山抽水蓄能电站输水建筑物中平段中部之前采用钢筋混凝土、中平段中部以下游均采用钢衬设计方案，最大发电水头达到高程 755.9m 且高压钢岔管 HD 值 4800m×m，位居世界第一，压力钢管管节周长较长，现场焊缝较多，焊接变形较大，焊件焊后形体尺寸较难保证，因此压力钢管的制造精度、焊接及安装质量是质量管控的重点，也是质量管控的难点。

6.5　质量管理创新措施及成效

6.5.1　创新管理措施

(1)质量终身责任制

实施质量终身责任制：与分包商、质检员、作业人员层层签订质量终身责任承诺书和质量工作责任书，并制定印发《工程质量终身责任实施方案》(图 6-4 至图 6-9)，以明确各级管理人员质量职责，落实各层级质量责任到人。

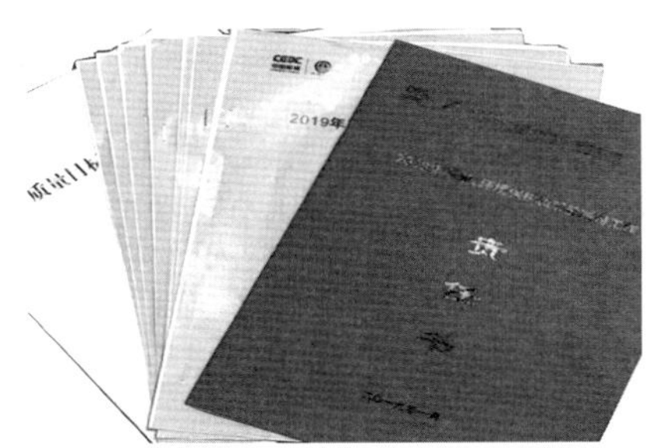

图 6-4　签订质量工作责任书

图 6-5　签订分包商质量承诺书

图 6-6　签订作业人员质量承诺书

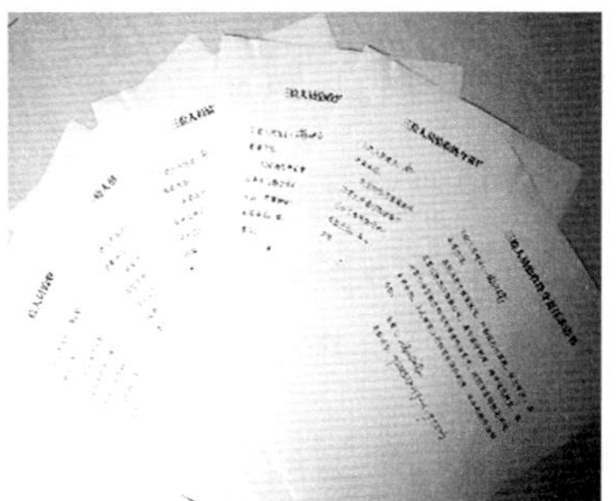

图 6-7　签订质检员质量承诺书

中国葛洲坝集团三峡建设工程有限公司
长龙山施工局质量保证部文件

葛长质保（2018）12号

关于印发《长龙山抽水蓄能电站工程质量终身责任实施方案（试行）》的通知

机关各部室、所属各单位：

为切实落实工程质量终身责任制，现将《长龙山抽水蓄能电站工程质量终身责任实施方案（试行）》印发给你们，请认真遵照执行。

质量保证部

2018年04月22日

图 6-8　印发制度文件

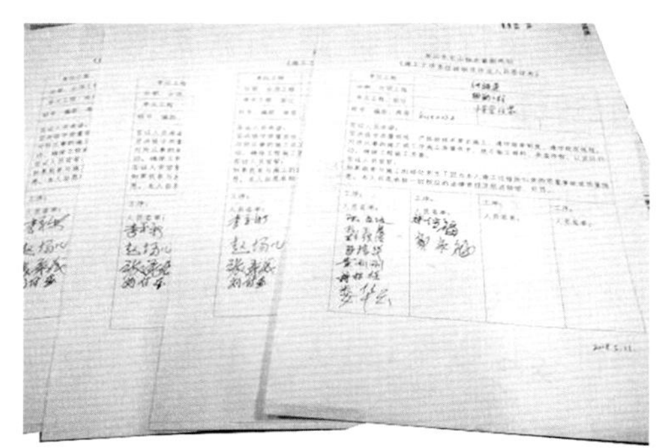

图 6-9　班组工序验收质量责任承诺表

(2)隐蔽工程验收制

实施隐蔽工程验收制：制定印发隐蔽工程验收制度文件，规范验收流程，强化关键及隐蔽工序施工质量检查和验收工作，同时做好过程影像及验收记录签证工作，以确保隐蔽工程质量受控、质量可追溯(图 6-10 至图 6-13)。

中国葛洲坝集团三峡建设工程有限公司
长龙山施工局质量保证部文件

葛长质保（2018）8号

关于印发长龙山抽水蓄能电站隐蔽工程验收流程的通知

施工局机关各部室、所属各单位：

为规范隐蔽工程验收制度及流程，确保隐蔽工程施工质量，现将《隐蔽工程质量验收制度及流程》印发给你们，请认真贯彻落实遵照执行。

图 6-10　印发制度文件

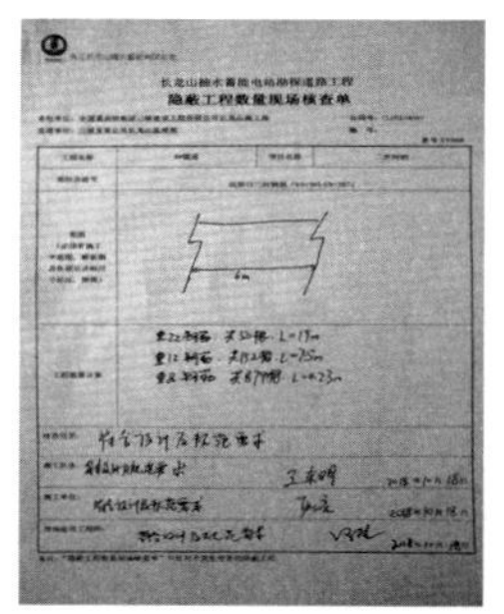

图 6-11　隐蔽工程数量现场检查单

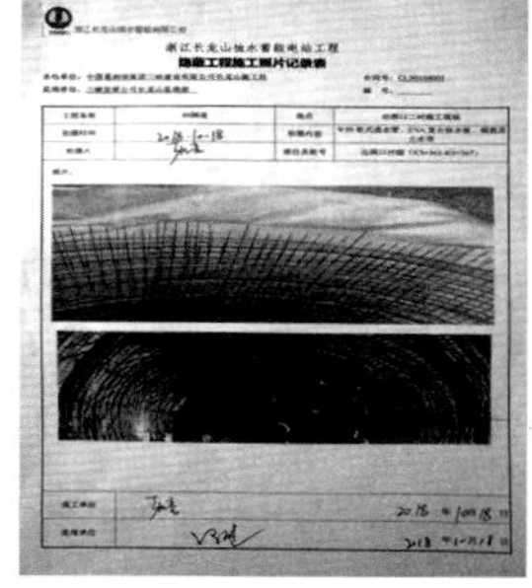

图 6-12　隐蔽工程照片记录表

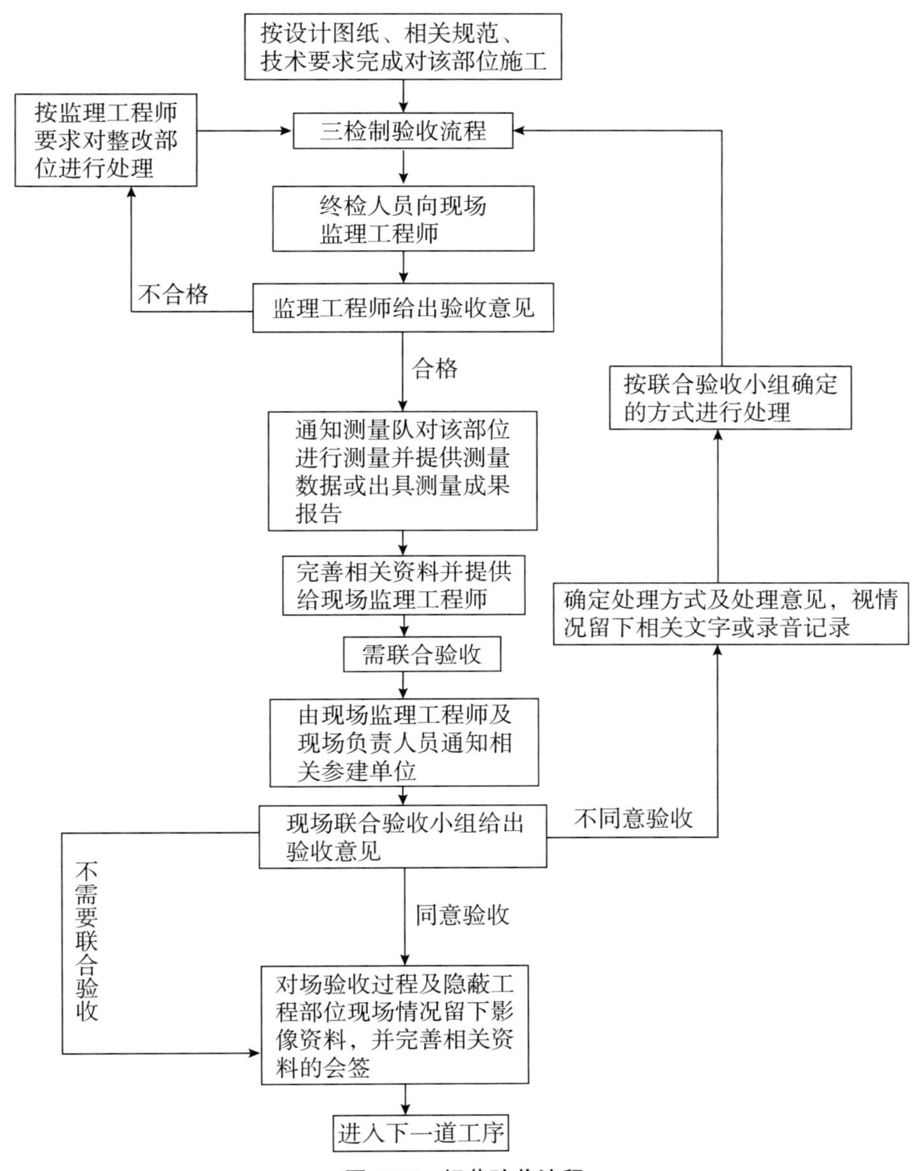

图 6-13　规范验收流程

(3)"质"与"量"同步验收制

实施"质"与"量"同步验收制：主体工程部位(混凝土仓位)验收必须执行挂牌及钢筋清量制度，落实"质"与"量"的同步验收工作，以确保工程质量验收的同时清楚地掌握实物工程量，杜绝偷工减料或弄虚作假的现象发生。仓位挂牌及钢筋清量验收见图 6-14。

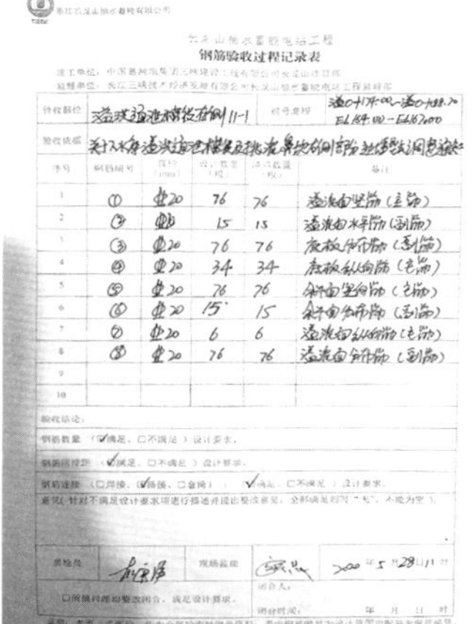

长龙山抽水蓄能电站工程

钢筋验收过程记录表

序号	钢筋编号	直径(mm)	设计数量(根)	清点数量(根)	备注
1	①	Φ20	76	76	溢流面竖筋（主筋）
2	②	[illegible]	15	15	溢流面水平筋（副筋）
3	③	Φ20	76	76	底板分布筋（副筋）
4	④	Φ20	34	34	底板纵向筋（主筋）
5	⑤	Φ20	76	76	斜面竖向筋（主筋）
6	⑥	Φ20	15	15	斜面分布筋（副筋）
7	⑦	Φ20	6	6	溢流面纵向筋（主筋）
8	⑧	Φ20	76	76	溢流面分布筋（副筋）
9					
10					

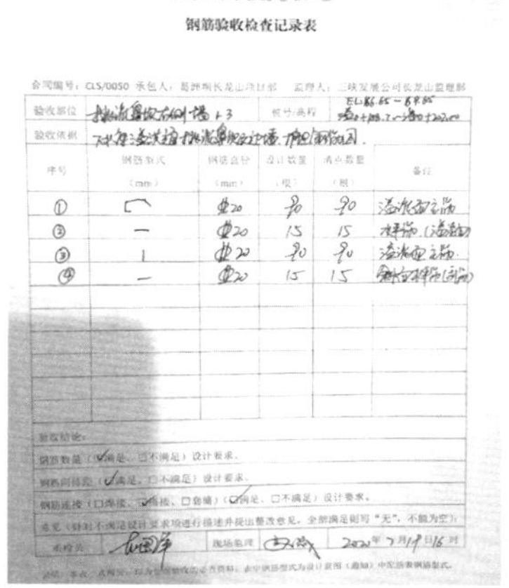

长龙山抽水蓄能电站工程

钢筋验收检查记录表

合同编号：CLS/0050 承包人：葛洲坝长龙山项目部 监理人：三峡发展公司长龙山监理部

序号	钢筋型式(mm)	钢筋直径(mm)	设计数量(根)	清点数量(根)	备注
①		Φ20	90	90	溢流面主筋
②	—	Φ20	15	15	水平筋（溢流面）
③	|	Φ20	90	90	溢流面主筋
④	—	Φ20	15	15	斜面水平筋（副筋）

图 6-14　仓位挂牌及钢筋清量验收

(4)质检挂牌公示制

实施质检挂牌公示制：实施质量责任到人，落实各级人员质量职责，现场公示质检人员信息，确保质检人员履职尽责到位。设置现场质检公示牌见图 6-15。

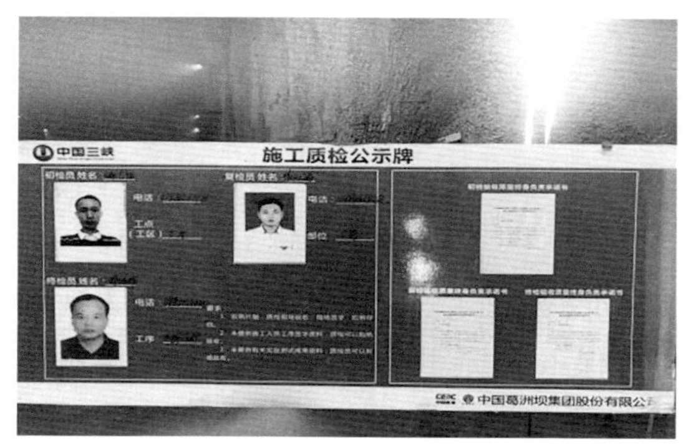

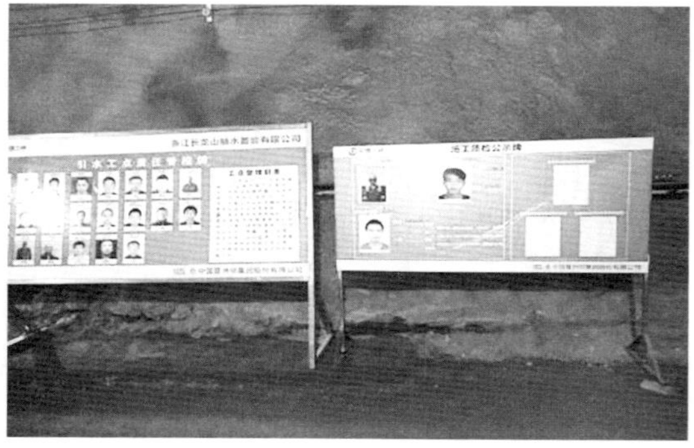

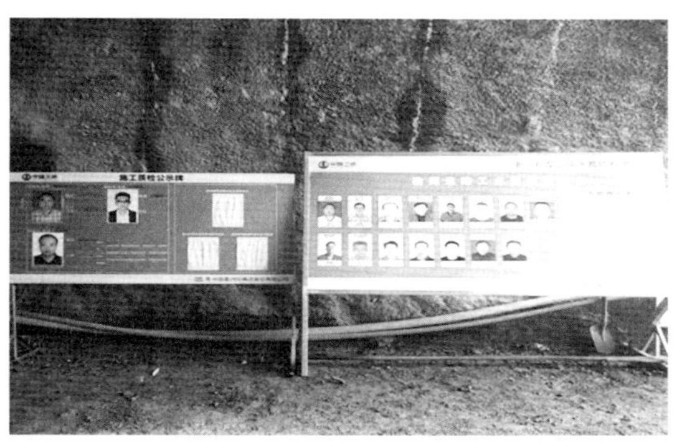

图 6-15　设置现场质检公示牌

(5)工艺质量标准化

实施工艺质量标准化:编制印发各类工艺质量明白卡、质量手册及质量标准图册,并实施开展质量培训及交底工作,以强化管理作业人员,提升其基础素质和技能水平(图 6-16 至图 6-19)。

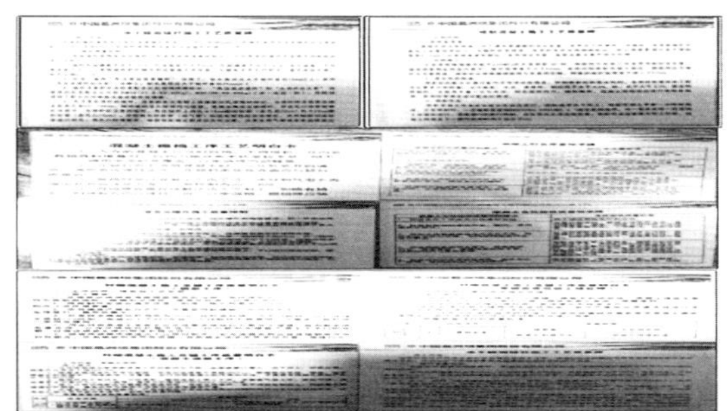

图 6-16　印制工艺质量明白卡

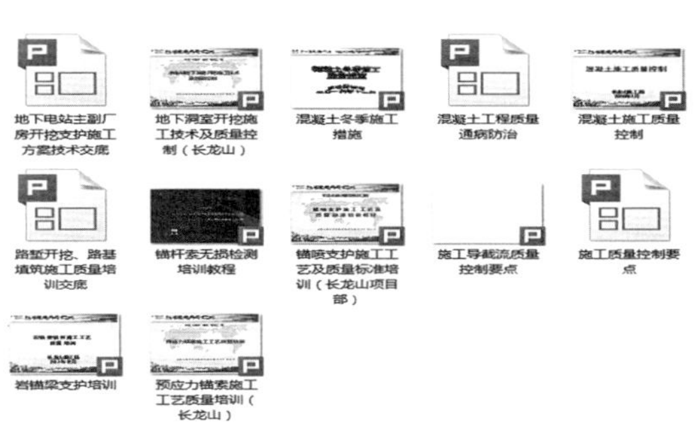

图 6-17　制作各类质量培训教材

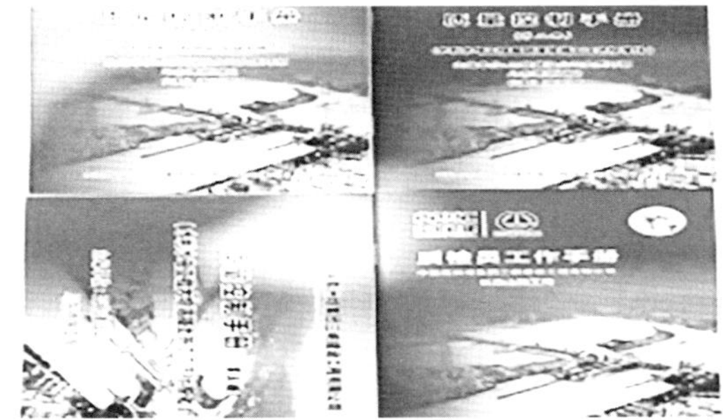

图 6-18　制作各类质量手册

图 6-19　质量交底、培训

(6)质量管理清单化

实施质量管理清单化:推行实施质量管理工作清单制、质量问题整改销号制、质量隐患排查清单制及质量验收评定台账清单化(图 6-20 至图 6-23)。

图 6-20　质量工作清单

图 6-21　质量整改闭合清单

长龙山抽水蓄能电站

下库工点 11 月份施工质量风险清单

序号	部位	施工任务	承（分）包商	计划时间	存在的施工质量风险	控制措施
1	进/出水口	边坡开挖、锚喷支护	湖北元邦	2018.11.01～2018.11.30	1、造孔质量差，超欠挖过大 2、锚杆注浆不密实，出现不合格锚杆 3、喷砼空鼓、脱落及厚度不足	1、严格按爆破设计测量放样造孔，过程采用角度仪控制造孔角度，严格终孔质量检查验收工作，并做好记录； 2、严格锚杆支护定制化管理，重点对砂浆拌制及注浆过程实施旁站监控施工质量，同时跟进锚杆无损检测，不合格锚杆及时补打补强处理。； 3、喷护前受喷面必须冲洗干净，提前埋设好厚度标识，针对厚度不足的地方及时督促进行补喷。
2	开关站	出线洞开挖、锚喷支护	湖北元邦	2018.11.01～2018.11.30	1、洞室开挖外观质量差 2、锚杆注浆不密实，出现不合格锚杆 3、喷砼空鼓、脱落及厚度不足	1、做好对钻工的质量交底工作，周边造孔实施过程检查质量管控，严格按爆破设计放样联网； 2、严格锚杆支护定制化管理，对砂浆拌制及注浆过程全程质控，跟进锚杆无损检测，不合格锚杆及时补打补强。 3、喷护前受喷面必须冲洗干净，提前埋设好厚度标识，针对厚度不足的地方及时督促进行补喷。
3	溢洪道	边坡开挖、锚杆支护	平原通宇	2018.11.01～2018.11.30	1、造孔质量差，超欠挖过大 2、锚杆注浆不密实，出现不合格锚杆 3、喷砼空鼓、脱落及厚度不足	1、严格按爆破设计测量放样造孔，过程采用角度仪控制造孔角度，严格终孔质量检查验收工作，并做好记录； 2、严格锚杆支护定制化管理，重点对砂浆拌制及注浆全程质控，跟进锚杆无损检测，不合格锚杆及时补打补强。 3、喷护前受喷面必须冲洗干净，提前埋设好厚度标识，针对厚度不足的地方及时督促进行补喷。

图 6-22　质量风险清单

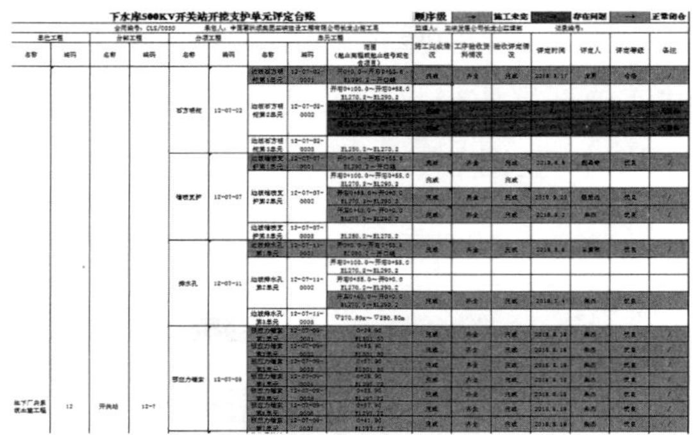

图 6-23　质量验评台账清单

6.5.2　质量管理成效

6.5.2.1　QC 小组活动成果

为提高该工程项目质量和管理水平，该工程成立了“绿水青山”“精益求精”及“银坑金结”3 个 QC 小组，围绕施工现场质量重难点及控制要点积极开展 QC 小组攻关活动，以解决影响施工质量的具体问题，全面提升质量管理水平及实体工程质量。

该工程共计完成 QC 小组活动成果 10 项，获得中国电力建设企业协会优秀质量管理 QC 成果奖一等奖 1 次、二等奖 2 次、三等奖 3 次，获得公司及集团公司级优秀 QC 小组奖项若干，充分发挥了 QC 小组潜能（图 6-24）。通过开展各项小组活动，全面提升了工程实体质量和项目质量管理水平。

证　书

奖项名称：2018 年度电力建设优秀质量管理 QC 成果奖一等奖

成果名称：提高厂房岩壁吊车梁开挖优良率

获奖单位：中国葛洲坝集团三峡建设工程有限公司

QC 小组名称：精益求精 QC 小组

完 成 人：李学平　蔡勇　齐界夷　邓森　周小洋　胡海洋　刘新波　李江涛　程林林

证书编号：2018-Y-016

中国电力建设企业协会

二零一八年五月

证　书

奖项名称：2017 年度电力建设优秀质量管理 QC 成果奖二等奖

成果名称：提高洞室开挖爆破界面外观质量

获奖单位：中国葛洲坝集团三峡建设工程有限公司

QC 小组名称：长龙山施工项目部 QC 活动小组

完 成 人：刘新清　李学平　蔡勇　李俊　詹书杰　仝飞　范华　伍杰　周小洋

证书编号：2017-E-023

中国电力建设企业协会

二零一七年五月

证　书

奖项名称：2018 年度电力建设优秀质量管理 QC 成果奖三等奖

成果名称：减少高边坡压覆盖

获奖单位：中国葛洲坝集团三峡建设工程有限公司

QC 小组名称：绿水青山 QC 小组

完 成 人：李学平　蔡勇　齐界夷　李纪虎　周小洋　詹书杰　伍杰　张亮

证书编号：2018-S-060

中国电力建设企业协会

二零一八年五月

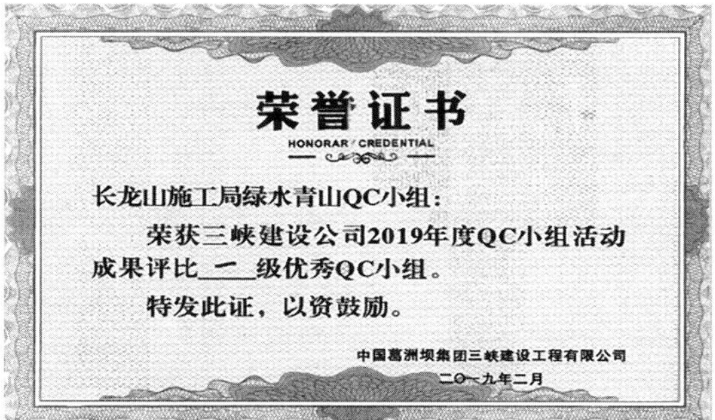

荣誉证书

HONORAR CREDENTIAL

长龙山施工局绿水青山QC小组：

荣获三峡建设公司2019年度QC小组活动成果评比 一 级优秀QC小组。

特发此证，以资鼓励。

中国葛洲坝集团三峡建设工程有限公司

二〇一九年二月

图 6-24　QC 成果荣誉证书

6. 5. 2. 2　样板工程创建

大力实施样板引路，提前策划实施方案、制定措施，严格落实现场工艺质量管控，以点带面推进质量标准化及样板工程创建工作。该工程共计完成样板工程创建实施申报 43 个，获评长龙山工程优质样板工程共计 43 个，有效地通过样板工程创建实施活动带动全员树立优质精品质量意识，规范工艺质量标准，较好地促进了实体工程质量和管理水平提升工作。长龙山项目样板工程统计见表 6-1，优质样板工程评审通报文件见图 6-25，样板工程荣誉证书见图 6-26。

表 6-1　　长龙山项目样板工程统计

序号	创建类型	创建部位	桩号/部位	施工单位	获评年份
1	洞室开挖	3# 施工支洞	支 30＋121～30＋222	宜昌华泰	2017
2		进厂交通洞	JT0＋870～0＋990	宜昌华泰	2017
3		主副厂房洞	厂右 0＋194.6～0＋089.25	岳阳君安	2018
4		5# 隧道	K9＋666～9＋796	宜昌华泰	2018
5		尾闸洞	高程 131.50～140.25m	岳阳君安	2019
6		厂房自流排水洞	PS1＋395.374～＋545.374	岳阳君安	2020

续表

序号	创建类型	创建部位	桩号/部位	施工单位	获评年份
7	洞室开挖	1#～6#闸门井	高程129.0～121.55m	岳阳君安	2020
8		3#引水下斜井	高程306.277～268.115m	宜昌国友	2020
9		3#引水下斜井	高程191.792～154.312m	宜昌国友	2020
10	大坝填筑	大坝主堆石区填筑	高程216.00～220.80m	平原涵宇	2019
11	边坡开挖	溢洪道	溢0+20～0+70	平原涵宇	2019
12		进/出水口	高程251.70～236.00m	湖北元邦	2019
13		下水库料场	高程269.00～249.00m	平原涵宇	2020
14	导井开挖	1#引水下斜井	高程481.95～130.00m	宜昌国友	2020
15		2#引水下斜井	高程481.95～130.00m	宜昌国友	2020
16		3#引水下斜井	高程481.95～130.00m	宜昌国友	2020
17	混凝土	9#隧道路面	K13+395～13+595	宜昌华泰	2020
18		3#母线洞衬砌	M3厂下0+011～0+051	湖北绪财	2020
19		开关站2#桥3#墩柱	高程243.40～248.50m	重庆联纳	2020
20		500kV开关站贴坡	高程250.20～254.20m	重庆联纳	2020
21		溢洪道控制段底板	溢0−010.00～0+026.00	重庆联纳	2020
22		溢洪道挑流鼻坎段底板	溢0+188.70～0+213.04	重庆联纳	2020
23		下水库面板	坝0+062.72～0+098.72	开州诚信	2020
24		尾闸洞顶拱衬砌	厂右0+016.70～0+139.45	湖北绪财	2020
25		2#进/出水口扩散段	尾20+010.00～20+044.50	重庆联纳	2020
26		2#进/出水口拦污栅段	尾20+000.00～20+010.00	重庆联纳	2020
27		2#进/出水口平方段	尾20+044.50～20+084.965	重庆联纳	2020
28		3#进/出水口拦污栅	尾30+000.00～30+010.00	重庆联纳	2020
29		开关站1#桥电缆沟	RK1+156.00～+234.00	重庆联纳	2020
30	混凝土	开关站1#桥桥面铺装	RK1+152.48～+237.52	重庆联纳	2020
31		开关站2#桥桥面铺装	RK1+262.47～+327.43	重庆联纳	2020
32		500kV出线洞平洞段	出线洞0+326.3～0+386.3	联纳二队	2020
33	混凝土	3#、4#尾水支管衬砌	尾20+485.787～0+451.910	联纳二队	2021
34		2#尾水斜井衬砌混凝土	尾20+196.912～0+124.612	联纳二队	2021
35		5#、6#尾水支管衬砌	尾30+500.853～0+466.556	联纳二队	2021
36		下水库大坝防浪墙	坝0+147.82～0+183.82	湖北绪财	2021
37		坝顶公路路面混凝土	坝0+301.890～0−003.500	平原涵宇	2021
38		溢洪道排水沟混凝土	溢0+190.05～0+276.27	湖北绪财	2021

续表

序号	创建类型	创建部位	桩号/部位	施工单位	获评年份
39	金结工程	3# 进/出水检修闸门	闸门启闭机及电气设备安装	机船公司	2021
40		引水隧洞压力钢管安装	引 21＋415.819～1＋511.205	机船公司	2021
41	灌浆工程	引水隧洞帷幕灌浆	A30＋000.00～30＋215.00m	四川优高	2021
42		上层排水廊道帷幕灌浆	厂左 0＋073.746～0＋214.600	四川优高	2021
43		中层排水廊道帷幕灌浆	厂左 0＋073.746～0＋214.600	四川优高	2021

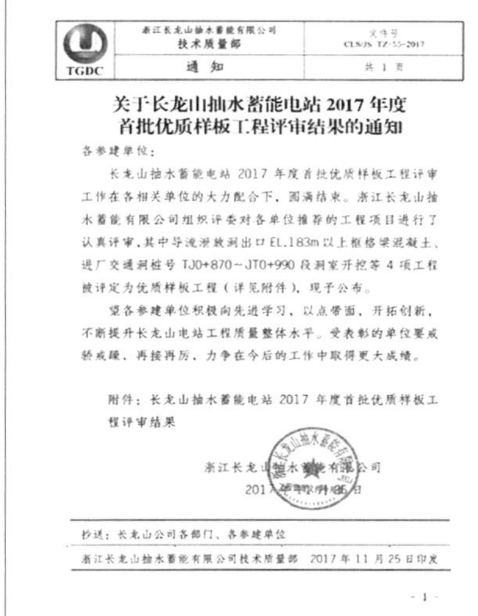

TGDC　浙江长龙山抽水蓄能有限公司 技术质量部　文件号 CLS/JS-TZ-55-2017
通　知　共 1 页

关于长龙山抽水蓄能电站 2017 年度首批优质样板工程评审结果的通知

各参建单位：

长龙山抽水蓄能电站 2017 年度首批优质样板工程评审工作在各相关单位的大力配合下，圆满结束。浙江长龙山抽水蓄能有限公司组织评委对各单位推荐的工程项目进行了认真评审，其中导流泄放洞出口 EL.183m 以上框格梁混凝土、进厂交通洞桩号 TJ0+870～JT0+990 段洞室开挖等 4 项工程被评定为优质样板工程（详见附件），现予公布。

望各参建单位积极向先进学习，以点带面，开拓创新，不断提升长龙山电站工程质量整体水平。受表彰的单位要戒骄戒躁、再接再厉，力争在今后的工作中取得更大成绩。

附件：长龙山抽水蓄能电站 2017 年度首批优质样板工程评审结果

浙江长龙山抽水蓄能有限公司
2017 年 11 月 25 日

抄送：长龙山公司各部门、各参建单位

浙江长龙山抽水蓄能有限公司技术质量部　2017 年 11 月 25 日印发

- 1 -

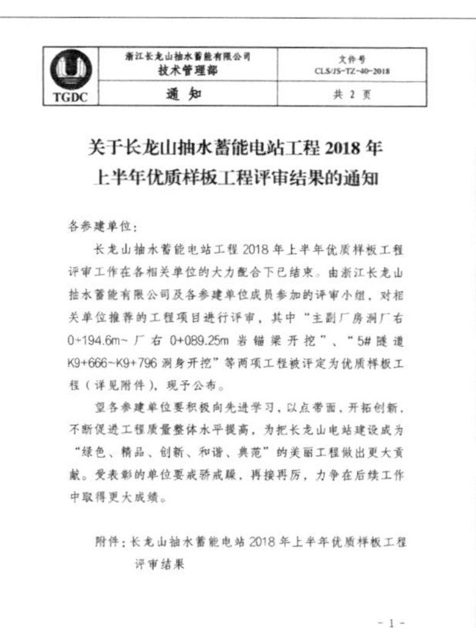

TGDC　浙江长龙山抽水蓄能有限公司 技术管理部　文件号 CLS/JS-TZ-40-2018
通　知　共 2 页

关于长龙山抽水蓄能电站工程 2018 年上半年优质样板工程评审结果的通知

各参建单位：

长龙山抽水蓄能电站工程 2018 年上半年优质样板工程评审工作在各相关单位的大力配合下已结束。由浙江长龙山抽水蓄能有限公司及各参建单位成员参加的评审小组，对相关单位推荐的工程项目进行评审，其中"主副厂房洞厂右 0+194.6m～厂右 0+089.25m 岩锚梁开挖"、"5# 隧道 K9+666～K9+796 洞身开挖"等两项工程被评定为优质样板工程（详见附件），现予公布。

望各参建单位要积极向先进学习，以点带面、开拓创新，不断促进工程质量整体水平提高，为把长龙山电站建设成为"绿色、精品、创新、和谐、典范"的美丽工程做出更大贡献。受表彰的单位要戒骄戒躁，再接再厉，力争在后续工作中取得更大成绩。

附件：长龙山抽水蓄能电站 2018 年上半年优质样板工程评审结果

- 1 -

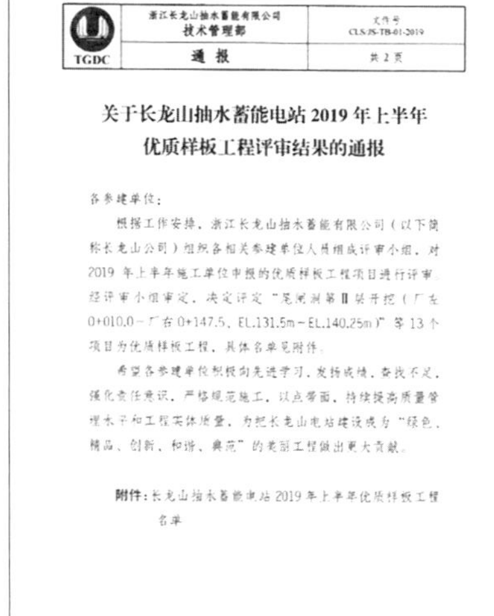

TGDC　浙江长龙山抽水蓄能有限公司 技术管理部　文件号 CLS/JS-TB-01-2019
通　报　共 2 页

关于长龙山抽水蓄能电站 2019 年上半年优质样板工程评审结果的通报

各参建单位：

根据工作安排，浙江长龙山抽水蓄能有限公司（以下简称长龙山公司）组织各相关参建单位人员组成评审小组，对 2019 年上半年施工单位申报的优质样板工程项目进行评审。经评审小组审定，决定评定"尾闸洞第Ⅱ层开挖（厂左 0+010.0～厂右 0+147.5、EL.131.5m～EL.140.25m）"等 13 个项目为优质样板工程，具体名单见附件。

希望各参建单位积极向先进学习，发扬成绩，查找不足，强化责任意识，严格规范施工，以点带面，持续提高质量管理水平和工程实体质量，为把长龙山电站建设成为"绿色、精品、创新、和谐、典范"的美丽工程做出更大贡献。

附件：长龙山抽水蓄能电站 2019 年上半年优质样板工程名单

- 1 -

TGDC　浙江长龙山抽水蓄能有限公司 技术管理部　文件号 CLS/JS-TB-1-2021
通　报　共 2 页

关于长龙山抽水蓄能电站 2020 年优质样板工程评审结果的通报

各参建单位：

根据工作安排，浙江长龙山抽水蓄能有限公司（以下简称长龙山公司）于 12 月 29 日组织召开了长龙山抽水蓄能电站 2020 年优质样板工程评审会，由各相关参建单位人员组成评审小组，对 2020 年施工单位申报的优质样板工程项目进行初审，初审结果于 2021 年 4 日～6 日进行公示，最终评审小组审定"1#机组段母线层混凝土第 1～2 单元（厂左 0+016.600～厂右 0+014.800/厂上 0+013.500～厂下 0+011.000、EL.135.750m～EL.142.250m）"等 53 个项目为优质样板工程，具体名单见附件。

希望各参建单位积极向先进学习，发扬成绩，查找不足，强化责任意识，严格规范施工，以点带面，持续提高质量管理水平和工程实体质量，为把长龙山电站建设成为"绿色、精品、创新、和谐、典范"的美丽工程做出更大贡献。

- 1 -

图 6-25　优质样板工程评审通报文件

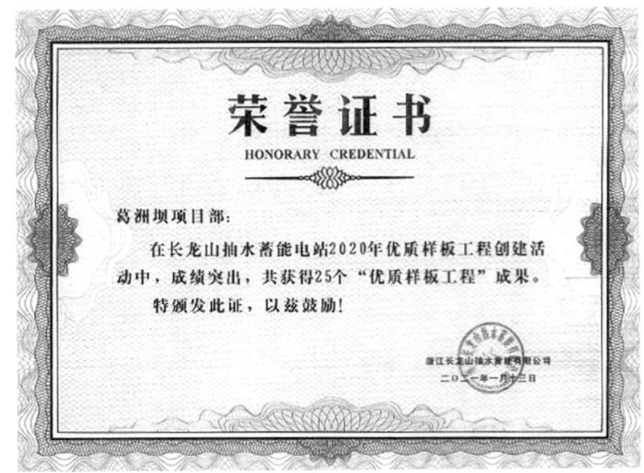

荣誉证书

HONORARY CREDENTIAL

葛洲坝项目部：

在长龙山抽水蓄能电站2020年优质样板工程创建活动中，成绩突出，共获得25个“优质样板工程”成果。

特颁发此证，以兹鼓励！

浙江长龙山抽水蓄能有限公司

二〇二一年一月十三日

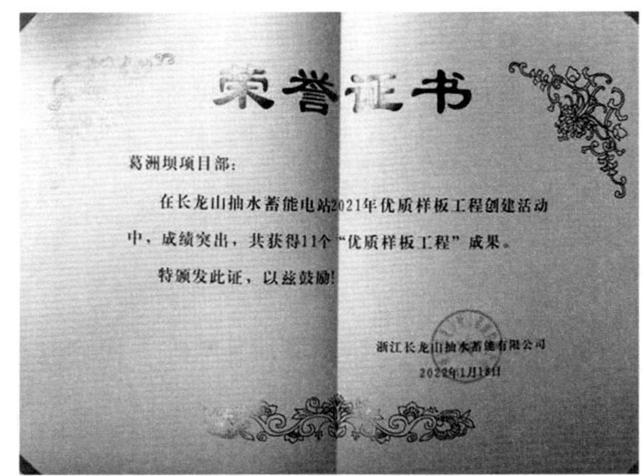

荣誉证书

葛洲坝项目部：

在长龙山抽水蓄能电站2021年优质样板工程创建活动中，成绩突出，共获得11个“优质样板工程”成果。

特颁发此证，以兹鼓励！

浙江长龙山抽水蓄能有限公司

2022年1月1[illegible]日

图 6-26　样板工程荣誉证书

6.6　主要工程质量控制措施

6.6.1　岩锚梁开挖质量控制

岩锚梁作为该工程主副厂房洞施工的重要组成部位，其施工质量的好坏直接决定着地下厂房系统的施工质量，在施工中引起了参建各方的高度重视，在每道工序施工之前均组织相关人员进行探讨分析，并结合其他项目的施工经验，采取了合理的施工组织措施，确保了整个岩锚梁的开挖施工质量均处于受控状态。

(1)质量标准

1)残留炮孔痕迹应在开挖轮廓上均匀分布，炮孔痕迹保存率：完整岩石在 80%以上，较完整和完整性差的岩石不小于 60%，较破碎和破碎岩石不小于 20%；

2)相邻两孔间的岩面应平整，孔壁不应有明显的爆震裂隙；

3)相邻两茬炮之间的台阶爆破孔的最大外斜值不应大于 15cm；

4)预裂爆破后应形成贯穿性连续裂缝。

(2)质量目标

1)零欠挖，超挖控制在 10cm 以内(除地质超挖外)；

2)光爆孔外偏角不大于 2°(孔底超挖不大于 10cm)；孔位偏差不大于 2cm，孔深应超深 2cm；排炮爆破台坎不大于 10cm，最大超挖值不大于 15cm，平均超挖值不大于 10cm，Ⅱ、Ⅲ类围岩光爆半孔率不小于 90%，两孔间平整度不大于 10cm；

3)爆破振动频率控制在规范范围内；

4)成型质量优良。

(3)质量控制措施

1)质量控制程序及验收程序(图 6-27)。

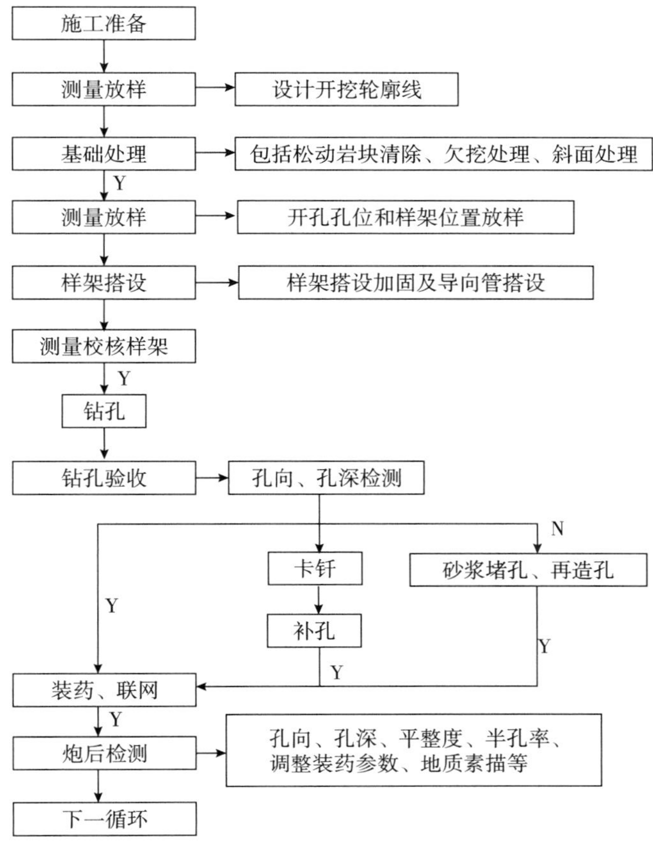

图 6-27 岩锚梁保护层开挖施工工艺流程

2）开挖爆破施工单循环严格落实“三检制”，各道工序必须经初检、复检、终检及监理检查验收合格后，方可进入下一道工序，重点检查孔位放样、钻孔及装药联网3道工序。爆破后及时调查爆破效果，再根据爆破效果和监测成果及时调整和优化爆破参数。

3）造孔控制程序。

①在钻孔前作业队必须在设计边线上用钢管搭设造孔样架，样架必须加固牢靠，保证在钻孔过程中不发生变形。样架搭设完毕后作业队必须申请进行验收，在验收合格并签发准钻证后方可进行下一道工序的施工。

②为保证孔向、垂直度及孔底均落在同一平面上并满足设计要求，在造孔前应由测量人员将孔位、高程标识在样架或岩面上。在开钻前由初检、复检、终检、测量队及监理共同进行验收，签发钻孔合格证后方可开钻。

③在开孔0.5m后，进行钻孔校核，开孔1.5m后至终孔时进行校核，并做好校孔记录。

4）装药控制程序。

①在孔位验收合格后，方可进行装药施工；

②在装药过程中，爆破技术员、质检人员必须旁站，并要求爆破人员严格按照审签的爆破设计控制线装药密度，做好装药连网记录；

③由初检、复检、终检、爆破监理及工程监理共同进行验收，签发准爆证后方可进行爆破施工。

5)工艺控制措施。

①样架搭设。采用钢管定位样架钻孔，周边垂直光爆。斜面样架采用导向钢管和定位横杆来保证钻孔精度(图 6-28、图 6-29)。

图 6-28　竖向光爆造孔样架搭设

图 6-29　斜台光爆造孔样架搭设

②造孔与装药。样架检查合格后进行造孔，造孔过程中严格实行过程检查、终孔检查；装药前检查，装药时进行装药参数检查(图 6-30、图 6-31)。

图 6-30　样架测量复核验收

图 6-31　光爆孔炸药绑扎

③爆后检查分析。根据已开挖爆破后效果进行平整度、半孔率及超欠挖等统计分析，确定本排炮不同围岩部位的爆破参数，以保证爆破开挖质量(图 6-32、图 6-33)。

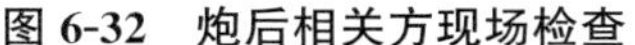

图 6-32　炮后相关方现场检查

图 6-33　召开炮后总结分析会议

6)爆破完毕后,及时通风散烟,进行安全处理,出渣清底。质检员会同监理检查开挖面质量,统计开挖面半孔率、平整度,通知测量人员及时进行断面超、欠挖检测。对于存在欠挖的部位,由质检人员督促作业队及时处理。根据开挖面质量检查结果,质检人员可对作业班组或钻工个人进行质量奖罚,并要提出问题,分析原因,督促作业人员及时整改。

7)岩爆防范施工技术措施。

①应力释放孔:打设超前钻孔,钻孔直径同爆破孔,按 2m 间距设置,孔深 5m,全孔装药(相当于应力解除爆破法)。

②进入地质预报可能发生岩爆洞段,应采取“短进尺、弱爆破、多循环”的施工工艺,每循环 2m 进尺。同时加强光面爆破施工控制,尽可能使开挖面平顺,避免由于开挖不平顺而引起的围岩局部应力高度集中,导致岩爆发生(图 6-34)。

③出渣、危石清理完成后采用压力水对掌子面 20m 范围内进行冲洗(充分洒水),以降低围岩表面张力和岩石脆性。

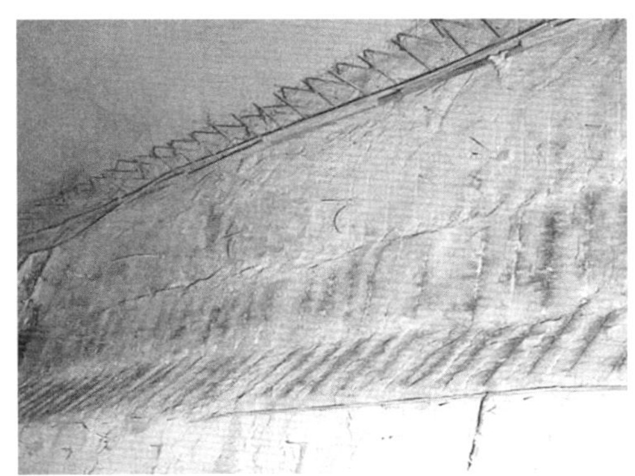

图 6-34　岩锚梁开挖效果

④若围岩较差,先快速确定随机支护参数,然后进行锚喷支护,及时封闭,必要时由地质小组采取加强支护措施。

6.6.2 岩锚梁混凝土质量控制

该工程地下厂房吊车梁采用锚着式岩壁梁，沿主副厂房轴线对称布置，全长211.2m，开挖及混凝土浇筑体型复杂，其施工质量关系到厂房桥吊的安全运行。预留岩壁不允许产生裂隙，质量要求高，因此岩壁吊车梁的混凝土质量控制可作为该工程的重点施工项目。

(1)质量标准(表6-2至表6-7)

表 6-2　　基础岩面或混凝土施工缝处理工序质量检查验收标准

项次	检查项目		质量标准
1	基础岩面	建基面	无松动岩块
2		地表水和地下水	妥善引排或封堵
3		岩面清洗	清洗洁净，无积水，无积渣杂物
1	混凝土施工缝	表面处理	无乳皮、成毛面
2		混凝土表面清洗	清洗洁净，无积水，无积渣杂物

表 6-3　　模板工序质量检查验收标准

项次	检查项目	质量标准		
1	稳定性、刚度和强度	符合设计要求		
2	模板表面	光洁、无污物		
项次	检测项目	允许偏差/mm		
		外露表面		隐蔽
		钢模	木模	内面
1	模板平整度，相邻两板面高差	2	3	—
2	局部不平(用2m靠尺检查)	2	5	—
3	板面缝隙	1	2	—
4	结构物边线与设计边线	10		—
5	结构物水平断面内部尺寸	±20		
6	承重模板标高	±5		
7	预留孔、洞尺寸及位置	±10		

表 6-4　　钢筋工序质量检查验收标准

项次	检查项目	质量标准
1	钢筋的数量、规格尺寸、安装位置	符合设计图纸
2	焊接接头和焊缝外观	不允许有裂缝

续表

<table>
<tr><td>项次</td><td colspan="4">检查项目</td><td>质量标准</td></tr>
<tr><td>3</td><td colspan="4">脱焊点和漏焊点</td><td>无</td></tr>
<tr><td>项次</td><td colspan="4">检测项目</td><td>允许偏差</td></tr>
<tr><td>1</td><td rowspan="8">点焊及电弧焊</td><td colspan="3">帮条对焊接头中心的纵向偏心</td><td>$0.5D$</td></tr>
<tr><td>2</td><td colspan="3">接头处钢筋轴线的曲折</td><td>4°</td></tr>
<tr><td rowspan="6">3</td><td rowspan="6">焊缝</td><td colspan="2">长度</td><td>$-0.5D$</td></tr>
<tr><td colspan="2">高度</td><td>$-0.05D$</td></tr>
<tr><td colspan="2">宽度</td><td>$-0.1D$</td></tr>
<tr><td colspan="2">咬边深度</td><td>$0.05D$，不大于 1mm</td></tr>
<tr><td rowspan="2">表面气孔夹渣</td><td>在 $2D$ 长度上</td><td>不多于 2 个</td></tr>
<tr><td>气孔夹渣直径</td><td>不大于 3mm</td></tr>
<tr><td rowspan="4">4</td><td rowspan="4">绑扎</td><td colspan="3" rowspan="2">缺扣、松扣</td><td><20%</td></tr>
<tr><td>且不集中</td></tr>
<tr><td colspan="3">弯钩朝向正确</td><td>符合设计图纸</td></tr>
<tr><td colspan="3">搭接长度</td><td>−0.05/设计值</td></tr>
<tr><td rowspan="2">5</td><td colspan="4" rowspan="2">钢筋长度方向的偏差</td><td>±1/2 净保护层厚</td></tr>
<tr><td>保护层厚</td></tr>
<tr><td rowspan="2">6</td><td colspan="2" rowspan="2">同一排受力钢筋间距的局部偏差</td><td colspan="2">柱及梁</td><td>±0.5D</td></tr>
<tr><td colspan="2">板、墙</td><td>±0.1 间距</td></tr>
<tr><td>7</td><td colspan="4">同一排分布钢筋间距的偏差</td><td>±0.1 间距</td></tr>
<tr><td>8</td><td colspan="4">双排钢筋，其排与排间距的局部偏差</td><td>±0.1 排距</td></tr>
<tr><td>9</td><td colspan="4">梁与柱中钢筋间距的偏差</td><td>±0.1 箍筋间距</td></tr>
<tr><td>10</td><td colspan="4">保护层厚度的局部偏差</td><td>±1/4 净保护层厚</td></tr>
</table>

表 6-5　　预埋工序质量检查验收标准

项次	检查项目	质量标准
1	冷却水管	符合设计要求，通畅
2	铺设沥青杉木板	混凝土表面清洁，蜂窝麻面处理并填平、外露施工铁件割除，铺设厚度均匀平整牢固，相邻块安装紧密平整无缝

表 6-6　　浇筑工序质量检查验收标准

项次	检查项目	质量标准
1	砂浆铺筑	厚度不大于 3cm，均匀平整、无漏铺
2	入仓混凝土料	无不合格料入仓
3	平仓分层	厚度不大于 40cm，铺设均匀，分层清楚，无骨料集中现象

续表

项次	检查项目	质量标准
4	混凝土振捣	垂直插入下层5cm,有次序,无漏振
5	铺料间歇时间	符合要求,无初疑现象
6	积水和泌水	无外部水流入,泌水排除及时
7	插筋、管路等埋设件保护	保护好,符合要求

表 6-7　　混凝土外观质量标准

项次	检查项目	质量标准
1	混凝土养护	混凝土表面保持湿润,无时干时湿现象
2	有表面平整要求的部位	符合设计规定
3	麻面	无
4	蜂窝狗洞	无
5	露筋	无
6	碰损掉角	无
7	表面裂缝	无
8	深层及贯穿裂缝	无

(2)质量目标

1)钢筋制作安装规范作业,间距均匀,螺纹丝扣外露满足要求,接头取样结果合格;

2)模板强度稳定,表面光滑平整,拼缝严密无错台;

3)埋件安装规范,固定牢靠,保护到位,不出现漏埋、错埋;

4)混凝土浇筑来料入仓有序,分层平仓振捣规范,不出现欠振、漏振、冷缝等;

5)通水养护连续受控,过程监测调整及时,养护长期湿润,不出现超温,不产生危害性裂缝。

(3)质量控制措施

1)基岩面及缝面工序。

①基岩面必须进行机械或人工清撬,确保无松动岩块。冲洗干净无浮渣、无灰尘。

②施工前申请四方提前检查验收基岩面,合格后方可施工,避免造成对后续工序的影响及返工。

③缝面采用人工凿毛,使用高压水冲洗,去掉混凝土表层乳皮,使粗砂微露,表面粗糙,无松渣污物。

④妥善引排仓内积水,必要时设置挡水坎阻拦外来水进入仓内。

2)排架施工。

①排架立杆底部必须坐落在坚实的基础上，必要时在基础上铺设细石辅以槽钢等垫撑，防止排架基础受力不稳、变形，导致混凝土形体偏差过大；

②排架间距、步距、剪刀撑、连墙件等严格按施工方案实施；

③排架搭设完成后须经过专项检查、验收合格后方可挂牌投入使用；

④模板承重排架的拆除时间必须满足施工规范的要求，其具体拆除时间根据试验室提供的数据确定。

3)模板工序。

①模板必须严格按照设计结构尺寸进行制作，应满足其强度、刚度、稳定性要求，以保证混凝土成型及外观质量。其加工尺寸偏差应满足《水电水利工程模板施工规范》(DL/T 5110—2013)的相关规定。模板进场前由监理验收，合格后方可使用。

a. 组合钢模板在转角部位尽量使用角模板，各板间“U”形卡全部上满，但不宜在同一方向卡紧。

b. 多卡模板定位锥必须紧贴模板，不得焊接在模板上，锚筋旋入深度应符合规范要求。

②底模安装。

岩壁梁底部模板采用钢模板＋酚醛模板＋型钢三角架支撑组合形式，底模与岩面之间的不规则处用木条或砂浆补缝。酚醛模板既可按照方案图示要求尺寸组拼(122cm＋15cm)，也可定制(137cm)，直接铺设在组合钢模板上，斜面模板自身不设拉筋，完全支撑在下部型钢三角架支撑上，型钢三角架支撑间距 75cm。

排架及工字钢主梁安装完成后，依次对型钢三角架、组合钢模板及酚醛模板进行安装，吊车配合人工吊装就位，安装时注意按照测量放线桩号进行纵向就位，同时利用测量仪器复核高程及水平位置。

单榀型钢三角架分别进行安装，待三角架及底模按设计要求调整到位后采用角钢 4～6 榀为一组(∠70×5)进行焊接，确保型钢三角架及模板的整体稳定。

底模安装完成后将岩台下拐点空隙处采用木条或砂浆补缝。模板要求组装紧密，拼缝之间不允许有错台，模板组装后要求整个板面平整光滑。底模全部安装完成后，测量检查模板是否符合设计要求。

③侧模安装。

岩壁梁侧模采用多卡模板(2.1cm×3.0cm×12cm)配多卡大围檩施工。多卡模板底部布置在型钢三角架的角钢支撑上，防止侧模整体下滑。采用 D22 多卡背架＋槽钢瓦丝＋双螺帽和双 Φ16mm 拉条与拉模锚杆焊接牢固。

模板校正时，如果相邻两块体混凝土面变形均在允许范围内时，一定要与相邻两块体混凝土面紧密贴合。模板应保证有足够的搭接长度，搭接部位采用 5t 手拉葫芦进行加强，严防连接部位出现错台、挂帘等现象。模板校正后，最大允许误差必须控制在设计允许范围内。

④封头模板安装。

封头模板及仓位分缝处均采用木模板施工，封头模板采用内拉内撑的形式进行固定，模板外侧采用钢管围檩作为支撑，采用 Φ16mm 拉条焊接在仓内系统锚杆进行加固。

4)钢筋工序。

①钢筋配料单根据开挖断面情况进行适当的调整，钢筋加工的精度满足设计要求，定期对钢筋加工厂进行检查，检查包括钢筋的尺寸、角度、丝扣、套筒等，钢筋加工完成后进行出厂验收，验收合格后方可使用。钢筋制作完成后采取编号的方式防止出现混乱，钢筋的接头位置应严格按照设计图纸要求进行施工。

②钢筋安装时，数量、规格、尺寸、安装位置必须完全符合设计图纸、设计通知和工程技术核定单等。

③钢筋安装时，应先依据测量点和施工详图焊接架立筋，然后在架立筋上标出钢筋安装的实际位置，根据放样标识进行钢筋绑扎，严格控制钢筋的间排距。

④钢筋安装时，间排距的偏差应在规范允许范围之内，并安装牢固，避免后期施工造成偏差。

⑤钢筋保护层应严格按设计要求进行控制，必要时采取加混凝土垫块等措施。

⑥拉筋只能焊在普通砂浆锚杆、预埋的插筋上，拉筋的搭接焊缝长度不得小于 $10D$，焊缝必须饱满连续。焊接时，焊缝不允许从上往下焊，必须从下往上焊。

⑦焊接后的拉筋必须平直，不允许有起弯和松脱现象。拉筋焊完后，应及时将蝶形卡上紧绷直；对于紧堵头模板的拉筋，以手感到受力为准，且不能使堵头模偏转移位。

⑧仓位验收时，钢筋表面应清洗干净，无杂物、黏浆、锈蚀等现象，焊缝药皮敲除干净。

⑨钢筋的绑扎、焊接及安装严格按照《水工混凝土钢筋施工规范》(DL/T 5169—2013)和设计技术要求执行。采用机械连接接头时，必须满足《钢筋机械连接技术规程》(JGJ 107—2016)。钢筋的绑扎应有足够的稳定性，在浇筑过程中，安排值班人员盯仓检查，发现问题及时处理。

⑩钢筋绑扎顺序：依据不同部位的结构要求，分别分序设计钢筋绑扎顺序，一般先施工样架筋，再根据仓位情况及钢筋结构绑扎后续钢筋。

5)预埋工序。

①根据施工图纸要求提前做好埋件提示表，重点、复杂部位编制专项埋件施工方案，施工过程中进行检查，防止埋件遗漏。

②安全监测仪器和电缆的安装，应按照设计图纸要求进行。混凝土下料时，应避开仪器、电缆 50cm 以上，在仪器四周均匀下料。

③混凝土施工中需要预埋轨道螺栓等埋件，在埋设前仔细检查和核定，并做好标记和记录，预埋件埋设时，加固牢靠并加以保护，并用黄油涂满螺牙，用薄膜或纸包裹。

④管路安装前需要测量后精确放样，按规定位置安装埋管并点焊固定，埋管端部采取木塞封闭。

⑤所有预埋件的制作、安装应符合要求，加工和安装偏差应符合规范要求，埋件固定牢靠。

⑥备仓施工过程中应避免模板、钢筋及其他杂物压住、砸断、砸伤埋件，焊接时不得烧伤。浇筑过程中，注意对埋件进行观察、保护，混凝土下料和振捣时，应避开埋件，防止碰撞埋件而导致变形。

⑦在仓位验收前，所有监测、机电或金结埋件必须由监测单位或机电管理部出具金结埋件合格证明，否则不予验收。

⑧重要埋件或易损坏埋件，在混凝土浇筑过程中，必须有专人进行监护和检查，一旦出现问题，及时进行恢复。

6)浇筑工序。

①开仓浇筑前，盯仓质检员依据仓面设计进行详细对照检查，检查内容：人员、材料、手段、机具、备用设施是否到位，至少配置两套泵管，配置 Φ50～100mm 的软轴式振捣器；模板、钢筋、缝面、预埋件等是否符合要求。

②混凝土浇筑严格实行挂牌上岗，每个仓都必须挂仓面设计。仓面管理人员均应认真履行岗位职责，并填写好施工记录。

③根据仓位的实际情况，合理布置下料点，安装泵管、下料漏斗和溜筒等，保证混凝土顺利入仓和下料高度。

④模板、钢筋、预埋值班工应在浇筑过程中经常巡视，不断进行维护和校正，切实避免在浇筑过程中出现跑模、钢筋变形和预埋件损坏等问题。当仓面出现跑模、钢筋变形、预埋件损坏时，应迅速通知有关值班人员进行修复或更换，并在修复后报请质检人员确认。

⑤仓面负责人严格执行现场交接班制度，采取书面形式将本班的生产情况及其他注意事项向下一班次交接清楚。

⑥仓面质检人员应对混凝土浇筑的全过程实行 24h 的跟班控制，及时解决现场有关的质量问题，如混凝土和易性、坍落度、泌水性及供料情况进行监控，对和易性较差的混凝土料督促加强振捣，并及时通知拌和楼进行调整，不得脱岗，并认真填写施工过程中质量检查记录。

⑦混凝土振捣应先平仓再振捣，平仓分层厚度不得超过设计要求，严禁用平仓代替振捣。在模板边、预埋件周围，宜适当减少插入间距，以加强振捣，但不宜小于振捣棒有效作业半径的1/2，并注意不能触碰钢筋、模板及预埋件等。对于模板边的混凝土，均应使用软轴式振捣器进行二次复振，复振间歇时间控制在25～30min内，及时排除混凝土的浮浆和泡沫，尽量避免混凝土表面产生水气泡的问题。

⑧严格按照技术要求采取合理浇筑方法，控制浇筑速度，坚决杜绝跑模、垮模事件发生。

⑨混凝土浇筑过程中表面泌水安排专人引排，不得在模板上随意开孔排水，引排时注意控制灰浆损失的面积，并及时进行补填。

⑩抹面采用刮尺、样架进行收平，并按找平、初平、精平进行人工收面，抹面过程使用靠尺检查仓面平整度，确保收面抹光效果。

⑪制定混凝土浇筑应急预案，当出现混凝土料供应不及时或运输设备故障等异常情况时，应及时向相关部门或领导汇报，并采取应急预案，坚决杜绝停仓事故发生。

7)温控要求及质量控制。

①成立温控养护小组，设置专人负责温控养护工作。

②施工前，技术部根据设计文件所示的温控混凝土依照有关温度控制要求，编制详细的温度控制措施，并报监理部审批。

③混凝土浇筑温度控制标准根据仓位及环境进行适当调整，确保混凝土内部温度与表面温度、表面温度与环境温度之差均不得超过25℃。

④混凝土浇筑过程中加强温度监测，按要求埋设温度计。

⑤尽量缩短运输时间，使混凝土快速入仓及时振捣，运输设备具有隔热遮阳设施。加强施工组织协调，科学统筹安排施工，减少混凝土转运次数，避免运输中的干扰和停滞，缩短运输时间，减少中间环节温度回升。

⑥控制浇筑层最大层高和间歇时间，合理安排施工程序及进度。

⑦及时检测混凝土入仓温度、浇筑温度，偏高或达到温度允许上限时，加大温度检测频率，并及时通知拌和楼降低出机口温度。超温混凝土做废料处理。

⑧合理布设冷却水管，混凝土浇筑完成6h后开始通水，混凝土内部升温过程中冷却通水流量不小于40L/min；混凝土内部降温时可适当调整通水流量，但必须保证日降温幅度不超过1℃，水流方向每24h改变1次，使混凝土均匀冷却。通水时间15d左右。

⑨冷却水管使用完后进行灌浆封堵，割掉露出的水管接头并用砂浆回填。

⑩对检测资料及时进行统计、整理、分析，通过对各个环节的温度控制，以达到最终控制混凝土温度在允许范围之内。并通过掌握混凝土温度情况，及时调整冷却水管的通水时间。

8)养护。

①为防止混凝土表面出现干缩裂缝,混凝土浇筑结束后及时(不迟于12h)采取覆盖湿润土工布、花管、流水等方式进行养护,持续保证混凝土表面湿润状态,养护时间不小于28d。

②混凝土收仓后,采用挂设养护牌、喷漆标明收仓时间,以明确养护时间。

9)裂缝检查。

定期对已浇筑完成的混凝土进行裂缝检查,分析裂缝产生原因及后续影响,并合理处置。

10)混凝土缺陷检查、处理。

①缺陷检查。

拆模后对混凝土外观质量进行检查并及时通报,可采用目检、量测、凿除、钻孔检查、钻孔压水、无损检测等方法,针对检查出来的缺陷,限定处理责任人及完成期限,严格按照规范要求实施处理。

②缺陷分类。

主要分为表面缺陷、内部缺陷和其他3个部分。

a.表面缺陷主要表现形式:蜂窝、麻面、气泡(气泡密集带和单独气泡)、裂缝、露筋、露石、错台、变形、挂帘、表面破损等。

b.内部缺陷主要表现形式:脱空、孔洞、裂缝、夹层等。

c.其他,即混凝土低强、止水、排水等。

③混凝土缺陷修补在满足设计技术要求及建筑物运行需要的前提下,处理时应遵循尽量少损伤母体混凝土的原则。

④处理程序。

混凝土缺陷处理工作程序一般为:混凝土质量普查→缺陷详查及原因分析→处理方案设计→缺陷处理施工及质量控制→处理效果检查鉴定等5个工作程序。

⑤处理要求。

a.成立混凝土质量缺陷处理工作组,组织专业修补人员成立缺陷修补队,严格按照设计技术要求、批复方案及现场生产性试验等实施混凝土缺陷处理。

b.对于混凝土表面缺陷的修补,应采用磨平和涂刷混凝土保护基液保护的方法,宜多磨少补、宁磨不凿,尽量不损坏建筑物表面混凝土的完整性,保证工程的质量。

c.深度在0.1~0.5cm的缺陷宜选用环氧胶泥进行修补;深度在0.5~2.0cm的缺陷宜选用环氧砂浆进行修补;深度在2~5cm的缺陷宜选用预缩砂浆进行修补;深度在5cm以上,且范围超过1.5m×3.0m(长×宽)的缺陷宜选用细骨料混凝土进行换填修补。

d. 深度在 2cm 以上的缺陷，在采用预缩砂浆或细骨料混凝土修补后，表层 2cm 用环氧砂浆进行修补。经监理工程师同意，允许采用环氧砂浆代替预缩砂浆或细骨料混凝土进行换填修补。

⑥质量标准。

a. 缺陷打磨干净，与周边混凝土衔接平顺，坡度符合设计要求。

b. 混凝土修补前应将不符合要求的混凝土彻底凿除；清除松动碎块、残渣；凿成陡坡后再用高压风水冲洗干净；采用至少比原混凝土高一级配的砂浆、混凝土或其他填料填补缺陷，并予抹平。

c. 缺陷处理深度及修补厚度应符合设计和批准措施要求。修补材料与周边混凝土结合紧密无空隙，表面光滑平整、无龟裂，与混凝土面齐平、色泽一致、无明显痕迹。

d. 根据缺陷确定类别后，采取相应的处理措施，缺陷修补后符合设计要求。

11）岩锚梁混凝土施工质量控制见图 6-35 至图 6-42。

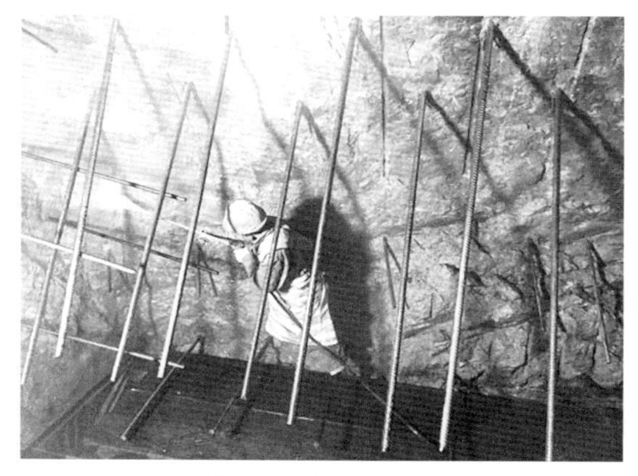

图 6-35　基岩面冲洗

图 6-36　底模安装平整度检测

图 6-37　钢筋安装质量检查验收

图 6-38　模板测量复核验收

图 6-39　旁站监控浇筑施工质量

图 6-40　混凝土覆盖洒水养护

图 6-41　岩锚梁浇筑外观质量

图 6-42　岩锚梁混凝土整体效果

6.6.3　下水库大坝填筑质量控制

该工程下水库大坝位于天荒坪电站下水库与潘村水库之间的山河港中下游河段，坝址地段谷底高程 150～180m，两岸山脊高程多在 800m 以上，地形陡，坡角一般在 30°～45°，局部形成陡崖和多级悬崖，高度可达数米至数十米。大坝结构形式为钢筋混凝土面板堆石坝，大坝整体填筑约 242 万 m^3，趾板建基面处坝高 95.5m，坝轴线处最大坝高 100m，坝顶长 300.0m，防浪墙顶高程 250.2m，坝顶高程 249.0m，宽 8.0m，上游坝坡 1∶1.4，下游设“之”字形宽 8m 的上坝公路，公路间局部坡度 1∶1.3，最低一级坡度为 1∶1.4。大坝填筑区集中于深山峡谷之间，作业面狭小且与溢洪道上下可能存在交叉干扰，总体施工难度大。为确保大坝施工过程中的填筑碾压质量，采取如下质量控制措施。

(1)质量标准

大坝填筑主要技术质量标准参数统计见表6-8，下水库大坝主要填筑材料颗分级配见表6-9。

表6-8 大坝填筑主要技术质量标准参数统计

项目	类别	技术质量标准
主堆石	原材料	①弱风化、强风化中下部石料； ②饱和抗压强度≥50MPa
	填筑碾压	①控制层厚：压实厚度80cm，松铺厚度95cm(允许偏差：±10%)； ②26t振动碾静碾2遍，激震8遍，行进速度1.5km/h，加水量10%； ③结合部石料无分离、架空现象； ④外观平整，无大粒径料集中现象，无漏压、欠压
	试验检测	①干密度≥20.86kN/m^3，孔隙率≤20%，渗透系数$K>1\times10^{-1}$； ②小于5mm颗粒含量不大于15%，小于0.075mm细粒含量小于5%
次堆石	原材料	①弱风化、微风化、新鲜石料，最大粒径应小于1000mm； ②饱和抗压强度≥40MPa
	填筑碾压	①控制层厚：压实厚度100cm，松铺厚度115cm(允许偏差：±10%)； ②26t振动碾静碾2遍，激震10遍，行进速度1.5km/h，加水量10%； ③结合部石料无分离、架空现象； ④外观平整，无大粒径料集中现象，无漏压、欠压
	试验检测	干密度≥20.16kN/m^3，孔隙率≤21%
细堆石	—	①主、次堆石料填筑区与岸坡接触2m范围，剔除粒径大于40cm块石的相应堆石料； ②其他控制指标同相应主、次堆石料
过渡料	原材料	①弱风化、微风化、新鲜石料； ②饱和抗压强度≥50MPa
	填筑碾压	①控制层厚：压实厚度40cm，松铺厚度50cm(允许偏差：±10%)； ②26t振动碾静碾2遍，激震6遍，行进速度1.5km/h，加水量12%； ③结合部石料无分离、架空现象； ④外观平整，无大粒径料集中现象，无漏压、欠压
	试验检测	①干密度≥21.16kN/m^3，孔隙率≤19%，渗透系数$K=1\times10^{-2}\sim1\times10^{-1}$； ②级配连续，最大粒径300mm，小于5mm颗粒含量控制在5%～20%

表 6-9　**下水库大坝主要填筑材料颗分级配**

材料分区		颗分级配/(粒径:mm)																			
		0.1	0.3	0.5	0.8	1.0	2.0	3.0	5.0	8.0	10	20	30	40	50	60	80	100	150	200	300
特殊垫层	上包线/%	10.0	1.1	24.8	30.9	34.0	44.0	50.8	60.0	70.7	75.6	90.4	100.0								
	下包线/%	7.0	13.0	17.0	21.4	23.6	31.1	36.5	45.0	54.5	59.9	78.7	91.0	100.0							
垫层	上包线/%	7.0	13.0	17.0	21.5	24.0	31.4	36.6	45.0	54.7	60.0	78.7	90.9	100.0							
	下包线/%		4.4	7.1	10.0	12.0	19.0	23.5	30.0	38.0	42.0	58.3	69.0	77.0	83.6	89.6	100.0				
过渡料	上包线/%				3.0	4.6	10.3	14.1	20.0	27.2	31.1	45.3	54.8	62.2	68.6	73.9	82.2	88.4	100.0		
	下包线/%								5.0	9.1	11.1	19.2	26.0	31.9	37.0	42.0	51.6	59.0	73.0	84.0	100.0
反滤料	上包线/%	10.9	20.9	27.1	34.3	38.2	52.8	63.0	77.7	92.6	100.0										
	下包线/%		7.0	11.0	15.5	18.0	27.7	35.0	46.7	59.4	66.0	90.0	100.0								

(2)质量目标

1)大坝填筑铺填、碾压及外观工序质量优良;

2)大坝填筑碾压检测指标一次验收合格率100%;

3)填筑单元工程全部满足质量"优良"标准。

(3)质量控制措施

1)资源保证措施。

①坝面处理固定投入1台破碎锤、1台洒水车、1台装载机、1台挖机、1台小型碾压夯实机具(或液压平板夯机),确保填筑块石粒径改小,岸坡结合部位的铺料,碾压、台阶的清理,层间面细石料的补料,坝面补水等工作顺利完成。

②坝面必须配置指挥卸料的现场专职管理人员,负责指挥卸料工作,保证机械设备有序施工并跟进补料处理工作,并确保两班倒机动人员充足;

③坝面必须配置专职质检人员,主要负责坝基清理,坝前填筑区和堆石体层间面填筑质控及验收工作;

④坝基及坝面清理等施工必须配置一组专班作业人员(按15人配置),以满足两岸同时清表施工,且跟进对填筑坝面的杂物清理、划线及人工洒水等需要。

2)施工工艺质量控制措施。

①坝体填筑采用液压反铲装车,自卸汽车运输至坝面,推土机推平,振动碾碾压密实。严禁在坝基、两侧岸坡处理验收及在趾板验收合格前填筑邻近的垫层料、过渡料。

坝体各分区的填筑应按设计断面进行,垫层料、过渡层料及邻近主堆石铺料顺序应是先粗后细,一层主堆石、两层过渡层和垫层平起施工,均衡上升。

填筑位置、尺寸、材料级配等均应符合设计要求,过渡料不得侵占垫层区,堆石料不得侵占过渡层区。过渡层上游面与垫层料接触部分1m范围内应剔除粒径大于20cm的大粒径料,主堆石上游面与过渡料接触部分2m范围内剔除粒径大于60cm的大粒径料。

②基础清理:岩面清理洁净,无积水、无杂物、无反坡、无倒角、无台阶(底基)、无松动零散碎石等,且地质缺陷应处理验收完成。

③测量放样:填筑施工前须通知测量人员将填筑结构边线及填筑厚度顶高程标出,标识应清晰、准确。

④岸坡接合处与山体接触部位应使用台阶法修筑不小于1.0m宽的台阶进行跨缝碾压施工。

⑤填筑料运输:填筑料开采后使用自卸汽车运至上坝待检区域,经现场质检人员检查其中无杂物,无不合格料后方可进入坝体填筑区接受卸料指挥,如有必要应要求对运

输车辆进行清洗，防止将泥、渣等带入坝体填筑区。

⑥摊铺：应采用进占法或后退法卸料，配合推土机进行摊铺。摊铺时应使填筑料超出设计线30～50cm，以方便压实。

⑦洒水：填筑料含水量控制应采用上坝前坝外加水方式进行控制，坝面按照5%含水量采用洒水车进行补水，其余根据现场情况采用人工洒水予以补水，另外还应根据天气情况严格控制填筑料含水量。

⑧碾压：填筑料的碾压采用平行于坝轴线错距法碾压，使用的机械设备型号及碾压参数必须按照《下水库大坝填筑施工方案》要求进行，局部碾压设备无法到达的零星填筑区应采用小型夯机分层压实。

⑨验收：主堆石料的填筑碾压等各项工序趋近完成时应及时通知现场质检人员，验收流程必须严格按“三检制”执行。

⑩试验检测：当现场监理工程师验收合格后，终检人员应及时通知试验室及试验监理工程师进行现场取样检测工作。

⑪层间面清理：试验检测工作完成后应对填筑层进行清理恢复，并在下层填筑作业开始前对层间面污染进行清理。

⑫修坡：原则上按每层填筑上升进行修坡处理，每次填筑上升不大于3层必须采用反铲由下而上及时进行削坡处理施工。

⑬坝面质量控制：坝面上由专人负责坝料检查，运料自卸汽车须张贴醒目的分区料标识。

a. 坝体填筑前须制定详细的坝体填筑施工技术措施及实施细则，并对施工相关人员进行技术交底，做到每道工序专人负责，实行标准化管理。

b. 石料场、堆料场与坝面之间派专人联络，负责坝料调配。

c. 铺料厚度按压实层厚加10%控制，在岸坡上设置层厚标志线，以控制各区铺料层厚不得超过设计要求。在铺料过程中，超径石用液压破碎锤解小，以利于控制铺料厚度和仓面平整度。

d. 现场要有施工技术、质检人员跟踪监控上坝料质量、碾压参数、施工程序及施工工艺，发现质量问题及时处理，纠正不符合要求的施工工艺。

⑭其他：坝体堆石区应采取大面积铺筑，减少接缝；当分块填筑时，纵横向接坡宜采用台阶收坡法施工，台阶宽度不小于3m。坝体正式填筑前，必须进行筑坝材料的现场填筑碾压生产试验，现场填筑碾压生产试验完成后应将全部试验成果进行整理，并编写成正式的现场碾压试验报告（必须包括施工中推荐采用的碾压参数）报送监理工程师，经监理工程师批准同意后，方能进行正式填筑施工。

⑮挤压式边墙施工质量控制。

a. 对垫层料高程进行复核后，确定挤压边墙结构边线，并根据底层已成型墙顶作适当调整，根据调整后的边线分段放出测量点线，对拉线或洒灰进行标识；

b. 采用人工配合补碾对边墙挤压机行走范围内的垫层料进行修整，并采用2m水平尺检测，直至满足随机连续10尺范围内平整度偏差不超过±2.5cm；

c. 首层挤压边墙长度宜大于15m，小于15m地段可采用现场立模，人工填筑夯实，分层厚度不大于20cm，轮廓尺寸与挤压边墙断面一致；

d. 采用混凝土搅拌运输车运至施工现场，待混凝土搅拌运输车就位后，开动挤压机，并开始卸料，卸料速度须均匀连续，挤压机行走速度控制在40～60m/h；

e. 在卸料行走的同时，根据水平尺、坡度尺校核挤压边墙结构的尺寸，不断调整内外侧调平螺栓，使上游坡比及挤压边墙高度满足要求；

f. 成型后的挤压边墙混凝土应采取保湿措施，养护时间一般不少于7d。

3)质量管理保证措施。

①成立以项目经理为第一责任人的质量管理组织机构，下设各专业质量责任组，如坝体填筑、料场挖装等责任组，分工明确，各负其责。

②加强专业知识培训学习，使施工人员、质检人员及现场管理人员熟练掌握质量控制标准、程序等，增强挖装、运输、平整设备人员的理性与感性认识。

③建立健全质量管理规章条例，建立相应的重奖重罚的激励机制。

④定期召开大坝填筑质量会议，不定时请发包人、设计、监理进行质量检查，及时分析出现的质量控制薄弱环节，严格按照质量体系制定纠正、预防措施。

⑤针对不同部位及阶段的施工特点，制定专项质量控制措施，对工艺、工序提出具体的质量控制要求。

⑥每隔一定时间，依据试验检测数据，及时采用数理统计分析，分析出现偏差原因并及时整改。

⑦成立QC小组，对难点、重点项目进行质量QC活动，做到预防及持续改进。

⑧加强夜班照明及施工、质检管理人员，以确保夜班施工质量。

⑨强化“数字化大坝系统”的应用，做好相关数据的整理分析工作，以指导现场持续改进及提升质量工作。

4)大坝填筑质量控制见图6-43至图6-52。

图 6-43　大坝填筑分区划线

图 6-44　标杆控制填料摊铺层厚

图 6-45　堆饼法控制填料摊铺层厚

图 6-46　采用洒水车进行坝体填筑层面补水

图 6-47　平行于坝轴线方向碾压施工

图 6-48　岸坡接触带处理施工

图 6-49　测量控制挤压边墙

图 6-50　水平仪控制摊铺平整度

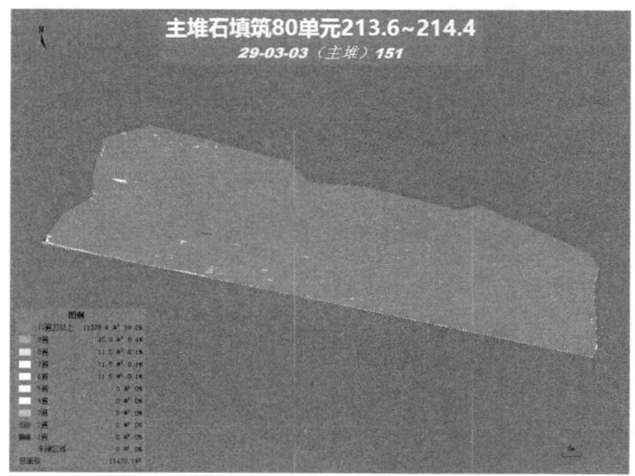

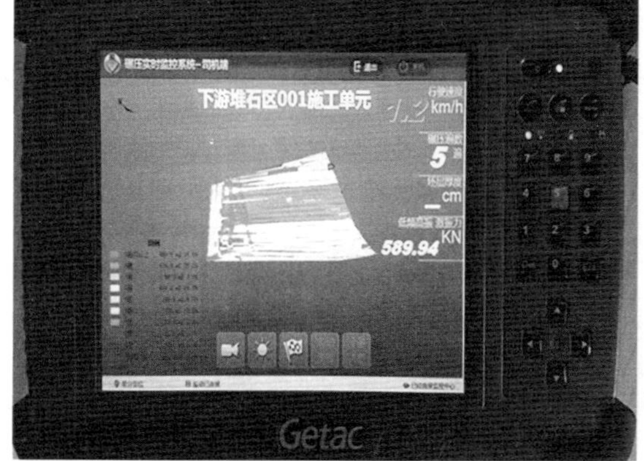

图 6-51　采用数字化大坝碾压监控系统

图 6-52　大坝填筑整体施工形象

6.6.4　下水库面板混凝土质量控制

该工程堆石坝混凝土面板是大坝防渗主体结构，受坝体沉降变形和库水压力的影响较大，运行工况复杂，地基和堆石体在自重、水荷载和其他动静荷载的作用下，均会产生较大变形。为使其具有优良的耐久性、较高的抗裂性和较低的渗透性，采取如下质量控制措施以保障面板混凝土的浇筑施工质量。

(1)质量标准(表 6-10 至表 6-16)

表 6-10　　基面清理工序质量检查验收标准

项类	检查项目	质量标准
主控项目	面板基面清理	洁净、无积水、无积渣杂物

表 6-11　　乳化沥青喷涂工序质量检查验收标准

项类	检查项目		质量标准
主控项目	1	乳化沥青材料	符合设计指标要求(G3 改性为乳化沥青)
	2	乳化沥青喷涂	喷涂均匀、充足，表面撒砂均匀
一般项目	1	沥青与砂的黏结层厚度	符合设计指标要求 (第一遍约 1.5kg/m^2，第二遍约 1.3kg/m^2)
	2	坡面清理	表面清扫干净，无浮渣

表 6-12　　钢筋安装工序质量检查验收标准

项类	检查项目		质量标准
主控项目	1	钢筋的材质、数量、规格尺寸、安装位置	符合产品质量标准和设计要求
	2	钢筋接头分布	满足规范及设计要求

续表

项类	检查项目		质量标准
一般项目	1	绑扎搭接长度	≥35D
	2	钢筋长度方向的偏差	±1/2 净保护层厚
	3	同一排受力钢筋间距的偏差	±10%间距
	4	同一排中分布筋间距的偏差	±10%间距
	5	双排钢筋，排与排间距的偏差	±10%排距
	6	保护层厚度偏差	±1/4 净保护层厚

表 6-13　　滑模制作与安装工序质量检查验收标准

项类	检查项目			质量标准
主控项目	1	滑模结构及牵引系统		应牢固可靠，便于施工，应设有安全装置
	2	模板及支架		满足设计稳定性、刚度和强度要求
一般项目	1	滑模表面		处理干净，无任何附着物，表面光滑
	2	脱模剂		涂抹均匀
	3	滑模制作与安装允许偏差	外形尺寸	±10mm
	4		对角线长度	±6mm
	5		扭曲	0～4mm
	6		面板平整度	0～3mm

表 6-14　　接缝止水制作与安装工序质量检查验收标准

项类		检查项目		质量标准
止水片、止水带	主控项目	1	止水铜片连(焊)接	表面光滑、无孔洞、无裂缝；对缝焊应为单面双层焊接，搭接焊应为双面焊接，长度不应小于 2cm；拼接处的抗拉强度不应小于母材强度，橡胶棒填充符合设计要求
		2	PVC(或橡胶)片止水带连接	PVC 片止水带采用热黏结或热焊接，搭接长度不小于 100mm；橡胶止水带硫化连接牢固；接头内不应有气泡、夹渣或渗水；拼接处的抗拉强度不应小于母材强度
		3	止水片(带)外观	表面浮皮、锈污等清理干净，无砂眼、钉孔、裂纹等，止水片(带)无变形、变位
		4	止水片(带)插入深度	符合设计要求

续表

项类		检查项目			质量标准
止水片、止水带	一般项目	1	PVC(或橡胶)垫片		平铺或黏结在砂浆垫(沥青砂)层上，中心线应与缝中心线重合；允许偏差±5mm
		2	制作成型及安装	宽度	止水铜片允许偏差±5mm；PVC 或橡胶止水带允许偏差±5mm
				鼻子或立腿高度	止水铜片允许偏差±2mm
				中心线部分直径	PVC 或橡胶止水带允许偏差±2mm
				两侧平段倾斜	止水铜片允许偏差±5mm；PVC 或橡胶止水带允许偏差±10mm
伸缩缝	主控项目	1	分缝材料		分缝材料的材质、外观尺寸、表面涂料及厚度均符合设计要求
		2	柔性填充料		满足设计断面，边缘允许偏差±10mm；面膜按设计结构设置，与混凝土面应黏结紧密，锚压牢固，形成密封腔
		3	无黏结型填料		填料填塞密实，保护罩外形尺寸符合设计要求，安装锚固用的角钢、膨胀螺栓等规格间距符合设计要求，并经防腐处理；位置偏差不大于 3mm，螺栓孔距偏差不大于 50mm，螺栓孔深偏差不大于 5mm
	一般项目	1	面板接缝顶部预留填塞柔性填料的“V”形槽		位置准确，规格、尺寸符合设计要求
		2	预留槽表面处理		清洁、干燥，黏结剂涂刷均匀、平整，不应漏涂，涂料应与混凝土面黏结紧密
		3	砂浆(沥青砂)垫层		平整度允许偏差±2mm，宽度允许偏差不大于 5mm
		4	柔性填料表面		混凝土表面应平整、密实；无松动混凝土块、无漏筋、蜂窝、麻面、起皮、起砂等现象

表 6-15　　面板混凝土浇筑工序质量检查验收标准

项类	检查项目		质量标准
主控项目	1	混凝土料	配合比及施工质量符合规范和设计要求
	2	滑模提升速度控制	滑模提升速度应由试验确定，混凝土连续浇筑，不允许仓面混凝土出现初凝现象；脱模后无膨胀及表面拉裂现象，外观光滑平整

续表

项类	检查项目		质量标准
主控项目	3	混凝土振捣	有序振捣均匀、密实
	4	施工缝处理	按规范要求处理
一般项目	1	铺筑厚度	符合规范要求
	2	混凝土养护	符合规范要求

表 6-16　面板混凝土外观质量检查验收标准

项类	检查项目		质量标准
主控项目	1	裂缝	经处理符合设计要求
一般项目	1	麻面、蜂窝、错台、跑模及掉角	经处理符合设计要求
	2	表面平整度	符合设计要求(≤5mm)

(2)质量目标

1)所含单元工程必须全部满足“优良”标准;

2)基础面(或混凝土施工缝)、模板安装、钢筋安装、预埋件、混凝土外观等 5 道工序均达到“优良”标准;

3)混凝土力学性能指标抽检质量满足设计要求,同时混凝土外观质量在浇筑 28d 后进行复评,无危害性裂缝;

4)无常见混凝土质量“顽症”现象。

(3)质量控制措施

1)混凝土拌和质量控制。

①原材料质量控制。

用于拌和混凝土的各种原材料必须经检验合格后方可使用,对不合格的原材料严禁进入拌和楼。工地试验室除对每批原材料进场进行进货检验外,每天还必须对砂石骨料的细度模数、含泥量、含水率,粗骨料的超逊径、含泥量、含水率至少抽检 1 次,在雨天等情况下含水率视具体情况增加检测次数。针对外加剂的配制浓度,水泥、粉煤灰的结块情况按每 4h 检查 1 次。

②原材料称量的质量控制。

各种原材料的称量,必须严格按照工地试验室签发的混凝土配料单执行,严禁擅自更改(对用水量则须根据测定的坍落度或检测的骨料含水率进行调整,使混凝土拌和物的坍落度控制在设计范围内)。各种原材料的称量值允许偏差如下:

a. 水泥、粉煤灰、水、外加剂称量值允许偏差为±1%;

b. 骨料称量值允许偏差为±2%。

拌和楼当班的质检人员每班对各种原材料称量值检查不得少于3次。对电子秤称量的原材料应检查其配料电脑的打印值，并与混凝土配料单中相应原材料的配料值进行比较，其偏差应满足上述的允许偏差范围。对发现的问题，要及时纠正，并向拌和楼当班负责人及试验室反映，使问题得到彻底解决，对得不到及时解决的问题，要及时向有关领导和部门反映，并对拌和人员按有关规定予以处罚。

③混凝土拌和物质量控制。

混凝土拌和物的拌和时间不得少于60s，出机口的坍落度、含气量等必须在《混凝土配料单》所要求的范围内。拌和楼当班试验员对拌和时间、坍落度、含气量每班至少检测4次，必要时增加检测次数。所测数据必须准确并做好记录，还需要将所测结果及时向拌和楼人员反映，便于其及时掌握混凝土拌和物的质量情况，对出现的问题及时解决（对反映的问题不及时解决的拌和人员，要及时向有关领导和部门反映，按有关规定予以处罚），以利于拌和物质量的控制。

④混凝土质量的抽样检查。

抗压强度每班每仓至少取样2组成型试件（7d、28d），抗渗检验试件每500～1000m^3成型1组，抗冻检验试件每1000～3000m^3成型1组。

2）面板混凝土各工序质量控制。

现场质量控制严格执行“三检制”及监理工程师验收程序制。面板混凝土的各工序必须严格执行“三检制”，即施工队自检，工点施工员复检，质保部专职质检人员终检制。质检人员在向监理工程师申请验收时必须提交填写完整的工序验收所需的相关质量验收资料，待监理工程师同意开仓并在开仓证上签字后，方可通知拌和楼拌制生产，进入混凝土浇筑工序的施工。

①基面清理。

基面清理必须符合设计及规范要求，表面应洁净、无积水积渣，平整度允许偏差不大于1cm，经监理检查验收合格后方可进入下一道工序施工。

②乳化沥青喷涂。

乳化沥青喷涂前对挤压边墙进行检查，发现脱空、局部损坏等应及时按设计规范要求进行处理。坡面乳化沥青喷涂须均匀，喷涂厚度应符合设计要求。喷涂完成，经监理工程师联合验收合格后方可进行后续施工。

③钢筋制作安装。

钢筋依据设计图纸在施工现场附近进行下料加工，分类挂牌标识堆放。钢筋的安装位置、间距、保护层及各部分钢筋尺寸的大小应符合施工图纸的规定，采用绑扎方式对钢筋进行连接，每一条带钢筋按照浇筑分块绑扎，施工缝钢筋露出长度应满足搭接长度，每条带钢筋一次绑扎完成。

④滑模制作安装。

滑模采用自制加工制作，施工完成后应由专业部门会同监理工程师检查验收合格后方可投入现场使用，模板表面应光洁、干净具有一定的刚度和强度。

⑤侧模安装。

侧模采用钢木结构，在垂直缝底止水安装完成后进行安装，模板材料用施工操作平台运送，按止水铜片结构需要，在模板底部内侧留缺口，安装时，木模紧贴在“W”形钢止水片鼻子，内侧面准确地对准止水铜片中央。侧模外侧采用角钢焊接成三角支架支撑固定，加固间距1m，内侧采用短钢筋将侧模与结构钢筋网焊接固定，人工从下至上安装。面板表层止水“V”形槽采用相应三角木条钉在侧模顶边。

侧模安装完成后对模板平面位置、顶高、顶面平整度按照设计要求进行检查。安设要确保面板厚度和止水片的牢固稳定，并注意保护止水片。安装好的模板要稳固、接缝严密，无错台现象。混凝土浇筑过程中，设置专人负责经常检查、调整模板的形状和位置。其允许安装偏差如下：

a. 偏离分缝设计线允许安装偏差为±3mm；

b. 垂直度允许安装偏差为±3mm；

c. 侧模的高度满足设计要求。

⑥接缝止水制作与安装。

止水的形式、品种规格、埋设位置应符合施工设计图纸的规定，安装时应避免扭曲变形，安装或浇筑前应对止水进行以下检查：止水铜片应平整，如其表面有浮土、锈斑、污渍等应及时清除；有砂眼、钉孔、缺口等应进行焊补或换置；止水铜片搭接长度不应小于2cm，要求双面焊接，焊接接头表面光滑、无砂眼或裂纹，不渗水，止水铜片安装准确、牢固；严禁使用变形、裂纹和撕裂的橡胶止水带；止水带连接不得有气泡、夹渣或假焊；止水片（带）接头抗拉强度不低于母材强度的75%；止水带安装应用模板夹紧定位，支撑牢固；水平止水片（带）上或下50cm范围内不宜设置水平施工缝。止水片（带）中心线与设计线的偏差不得超过5mm。

⑦混凝土浇筑。

混凝土浇筑是混凝土工程中的关键工序，其必须在基础、钢筋、模板及止水安装等工序经监理工程师验收合格，并在开仓证签字后方可进行。该工序的关键环节在于混凝土的入仓、平仓、振捣。

a. 混凝土现场质量控制。

混凝土检验由工地试验室在拌和楼进行取样检测，同时安排专人在仓面取样，进行坍落度、含气量、入仓温度等检测。混凝土入仓坍落度控制在3～5cm。

b. 混凝土平仓质量控制。

混凝土拌和物入仓后应及时平仓，严禁堆积，仓内如有粗骨料堆叠时，应将粗骨料均匀地分布到砂浆较多处，不得用砂浆覆盖，以免出现蜂窝和振捣不密实现象。浇筑时薄层均匀平起，每层布料厚度在20cm左右。止水片周围混凝土人工布料，不得分离。

c. 混凝土振捣质量控制。

混凝土浇筑时应在平仓完成后及时振捣，严禁以振捣代替平仓。振捣时振捣棒应垂直按次序插入混凝土中，并插入下层混凝土5cm左右，振捣棒必须快插慢拔。振捣时间以混凝土不再显著下沉，不出现气泡，并开始泛浆为准，要避免欠振或过振，严禁发生欠振现象。严禁振捣棒直接触及模板和止水，在止水周围，应细心振捣，必要时辅以人工捣固密实。

在混凝土平仓和振捣过程中，施工队质检员、工点施工员及质检员要坚守现场，对出现不符合上述操作要求的行为，及时制止并予以纠正。

d. 浇筑过程中必须注意的问题。

混凝土在浇筑过程中，严禁在仓内加水；混凝土和易性较差时，必须采取加强振捣等措施来解决；仓内的泌水必须及时排除；应避免外来水进入仓内，严禁在模板上开孔赶水，带走灰浆；在浇筑过程中，及时清除黏在模板、钢筋上的混凝土，每次提升前，清除前沿超填混凝土；混凝土浇筑滑升平均速度控制在1.0～1.2m/h，每次滑升的幅度控制在25～30cm，滑模提升后及时收面并覆盖塑料薄膜，防止混凝土表面因水分蒸发过快而产生干缩裂缝。

⑧混凝土抹面及养护。

a. 混凝土抹面。

脱模后的混凝土应立即进行人工表面修整和抹面压光，抹面分2～3次进行。

滑模滑升后，立即采用2m靠尺进行人工收面，其不平整度不大于5mm，确保面板平整度。对面板缺浆漏振处，在该部位混凝土能重塑前，及时用比面板混凝土强度高一级的砂浆嵌补抹平，并人工压面抹光，确保混凝土表面密实、平整，避免面板表面形成微通道或早期裂缝。收面时，拆除侧模板上的“V”形槽三角模板，并对缝面进行修整，使缝面平整度达到用2m靠尺检查不大于5mm的要求。接缝两侧各50cm范围内的混凝土表面用2m靠尺检查，其不平整度不大于5mm。

b. 混凝土养护。

二次抹面后的混凝土面，应及时覆盖塑料薄膜进行养护，防止混凝土表面因水分蒸发过快而产生干缩裂缝，待混凝土终凝后揭掉塑料薄膜，覆盖土工布并洒水养护至大坝蓄水。

施工期和施工完后混凝土养护采用定时开水养护的方式在二次抹面平台和条带顶部挂花管进行养护，保证养护土工布湿润。混凝土养护安排专人负责，并做好记录。

⑨面板混凝土成品质量控制。

混凝土在养护期间，要注意保护成品混凝土表面不受损伤。在后浇块施工时，滑模直接在其表面行走，防止表面磨损，如有损坏，应及时采用经设计或监理工程师批准的材料和方法进行处理。在上部坝体填筑时，沿下部已浇混凝土分期线采用竹跳板、木板等设置挡护板或拦渣埂，确保下部面板表面和养护材料不被破坏，以保证成品混凝土质量。

3)混凝土浇筑后的质量检查。

①混凝土表面检查。

a. 表面流水养护检查。

设专职人员检查面板混凝土养护工作，发现有遗漏之处及时处理，并加强监控、指导。

b. 混凝土保温检查。

Ⅰ. 不定期检查保温材料表面和底部的温度，做好记录，指导保温作业；

Ⅱ. 保温材料无破损、遮盖严实，自然温度下降时，还应加盖保温材料；

Ⅲ. 加强水位变化区面板混凝土保温，防止因介质或库水位变化对面板混凝土带来不利影响。

c. 混凝土表面缺陷检查。

主要检查混凝土表面的平整度、麻面、蜂窝狗洞、露筋、表面裂缝、深层及贯穿裂缝等（表 6-17）。

表 6-17　　面板混凝土浇筑质量检测项目和技术要求

项目	质量标准
混凝土表面的平整度	表面基本平整，局部凹凸不超过设计线±3mm
麻面	无
蜂窝狗洞	无
露筋	无
表面裂缝	无或有短小的表面裂缝已按要求处理
深层及贯穿裂缝	无或已要求处理

②混凝土内部检查。

通过埋设在混凝土内部的有关检测仪器，定期对混凝土内部进行检测，发现异常应立即查明原因，并及时采取处理措施。

4)止水材料质量检查与控制。

①止水材料质量检查。

每批止水材料到货后应检查是否有生产厂家的性能检测报告、出厂合格证明。应会同监理工程师进行取样检验或送至通过国家计量认证的单位检验,根据性能检验报告,确定材料质量是否合格。

②止水片加工成型和连接质量检查。

止水片加工成型、接头焊接后,均应进行仔细检查。止水铜片接头焊接可用煤油做渗透试验,检验是否有漏点,确认符合质量要求后再予以安装。对加工缺陷或焊接质量不符合要求的部位,应用红色油漆标出,及时补焊。

③安装前后或浇筑混凝土过程中检查。

止水片在安装前后或浇筑混凝土过程中,应指定专人检查和监督,若有损伤及时处理以满足止水片质量要求。

5)裂缝处理质量检查。

①预缩水泥砂浆配比应通过室内试验确定,性能应满足规定要求。

②已进行化学灌浆的混凝土裂缝,须进行压水检查,每条缝至少检查1组。平均宽度大于0.3mm的灌缝取两组检查孔。

③据灌浆情况,布置10%的钻孔取芯检查孔。对缝宽大于0.3mm的裂缝,每条缝均应取芯检查。

6)面板混凝土质量控制见图6-53至图6-61。

图6-53 面板基础面处理检查验收及处理外观质量

图 6-54 钢筋质量检查验收

图 6-55 止水质量检查验收

图 6-56 抹面及平整度质量检查

图 6-57 溜槽及抹面平台防雨措施

图 6-58　覆薄膜恒温保湿养护

图 6-59　土工布覆盖流水养护

图 6-60　布置花管长流水养护

图 6-61　下水库面板施工形象

6.6.5　引水下斜井扩挖质量控制

该工程引水下斜井开挖断面为 5.0m×5.9m(马蹄形),导井直径 2.0m,扩挖总长度约 409m。围岩总体稳定,类别以Ⅱ类为主,局部为Ⅲ～Ⅳ类,高差约 358.6m,轴线方向 N42°W,纵坡坡度 58°,高差约 350m,洞室埋深 200～600m。斜井自上而下穿越流纹质含砾晶屑熔结凝灰岩(J3L1-5)—火山角砾(集块)岩(J3L1-2)等,局部有 NW 向煌斑岩脉发育。沿线及附近通过的断层有 f(710)、f(734)及层间错动带 f(473)、f(238)、f(244)。节理发育以 NNE、NNW 至 NW 向中陡倾角为主,对洞室稳定影响较大。扩挖支护在溜渣井形成后进行,采取自上而下全断面爆破扩挖方法施工,为有效控制斜井扩挖质量制定措施如下:

(1)质量标准

1)残留炮孔痕迹应在开挖轮廓上均匀分布,炮孔痕迹保存率:完整岩石在 80%以上，较完整和完整性差的岩石不小于60%，较破碎和破碎岩石不小于20%；

2)相邻两孔间的岩面平整，孔壁不应有明显的爆震裂隙；

3)相邻两茬炮之间的台阶爆破孔的最大外斜值不应大于15cm；

4)预裂爆破后应形成贯穿性连续裂缝。

(2)质量目标

1)零欠挖，超挖控制在15cm以内(除地质超挖外)。

2)光爆孔外偏角不大于2°(孔底超挖不大于10cm)；孔位偏差不大于5cm，孔深应超深2cm；排炮爆破台坎不大于10cm，最大超挖值不大于20cm，平均超挖值不大于10cm，Ⅱ、Ⅲ类围岩光爆半孔率不小于85%，两孔间平整度不大于15cm。

3)爆破振动频率控制在规范范围内。

4)成型质量优良。

(3)质量控制措施

1)下斜井开挖施工程序。

引水下斜井扩挖施工流程见图6-62。

2)爆破开挖控制要求。

①实施爆破开挖工程及部位的爆破设计必须提前完成，将其提交爆破监理、工程建设监理审批后方可开始放样钻孔。爆破设计内容包括但不限于钻孔平面布置图、钻孔参数、爆破网络图、装药结构图等。

②测量人员必须按照审批的爆破设计孔位对实施爆破区域进行测量放样，完成测量放样工作后及时向质检人员提交测量放样成果，同时对作业队进行交底。

③开钻前，作业队需要对作业班组进行测量放线交底，由作业班组合理安排施工。符合开钻条件后，申请开钻。钻孔施工过程中，必须严格检查校正每一个周边孔的开孔偏差和孔向偏差，重点控制孔向偏差。钻孔作业完成后，必须对周边所有孔的孔深、孔距、与崩落孔的排距进行检查并填写相应验收表格，检查合格后必须按照“初检→复检→终检→监理”的验收程序申请验收。

④爆破后，质检人员对上一循环爆破效果进行检查，对岩面平整度、半孔率等进行检查统计，并填写开挖爆破界面质量检查相应统计表格。检测项目包括爆破半孔率、平整度、超欠挖、排炮间错台等。

⑤根据排炮检查结果，对前排炮钻工造孔质量进行分析评价，对不符合要求的钻工进行处理，并由工点技术人员对作业班组进行交底。

⑥依据爆破效果及爆破监测质点振动速度，工程技术部可对爆破参数进行调整，爆

破参数的调整要以书面形式通知爆破及土建监理，待监理审批后作为新的爆破设计进行现场质量控制。

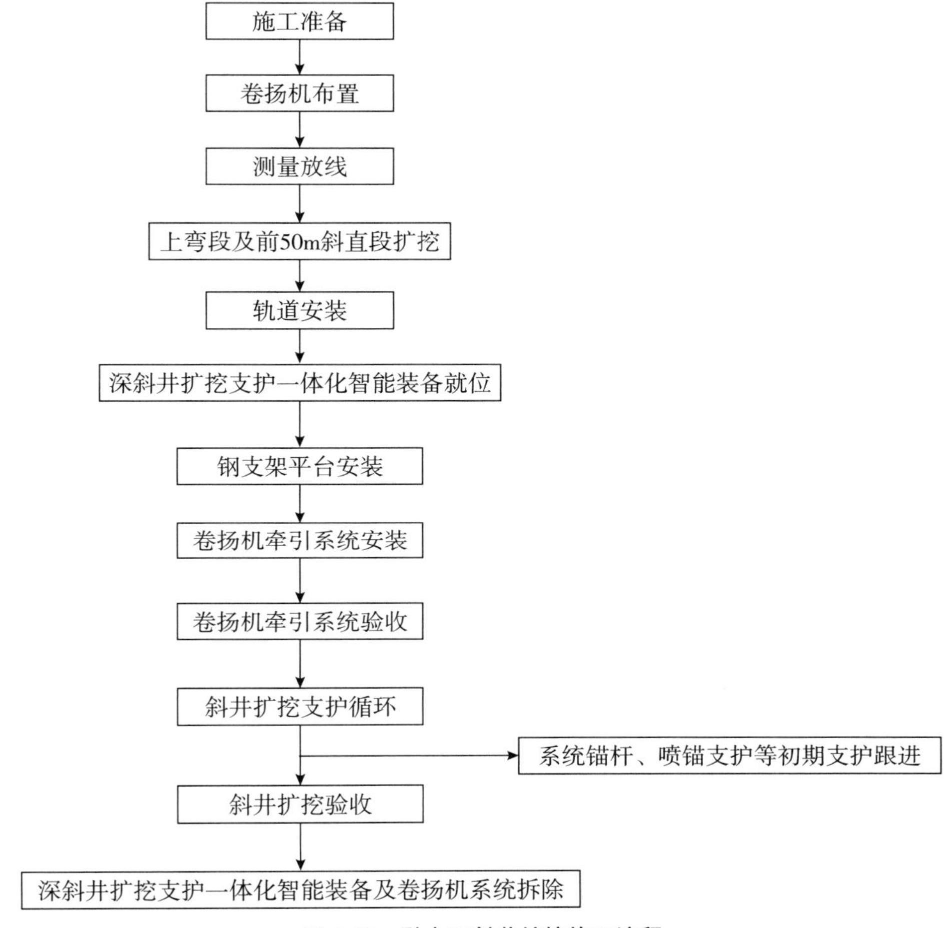

图 6-62 引水下斜井扩挖施工流程

3)爆破开挖质量控制措施。

①测量放样。

a. 测量放样应符合爆破施工要求，周边孔孔距和崩落孔与周边孔排距符合爆破设计要求，同时进行周边孔方向线放样。

b. 周边孔放样要求对每个周边孔位均进行放样，周边孔及中心线全部给予明显标识，孔位中心线与前一排炮残孔对齐，误差应±5cm。

c. 为保证扩挖断面尺寸控制精度，每隔 5～6 个扩挖循环，要利用全钻仪对激光指向仪和开挖面进行复核放样，重点加强对特殊的施工部位如变断面、变坡点、圆弧转弯段、拐点等的测量控制。

②钻孔。

a. 爆破钻孔严格按照设计钻爆图进行，每排炮由质检人员按“平、直、齐”的要求检查，做到炮孔的孔底落在爆破规定的同一桩号断面上(斜井为水平面)，周边光爆孔开孔与测量点位偏差不大于5cm。

b. 孔口位置、角度和孔深应符合爆破设计的规定，钻孔偏斜度应保证相邻两排炮间台坎不大于15cm。周边孔在断面轮廓线上开孔，沿轮廓线孔位调整的范围不得大于5cm，其他炮孔的孔位偏差不应大于10cm，孔深误差不宜大于10cm。

c. 光爆孔钻孔过程中，首先要严格控制基准孔，基准孔造好后，要插入略小于钻孔孔径的标杆作为标示杆；然后进行其余周边孔的造孔，在其余周边孔的造孔过程中，要以基准孔标杆为参照物，使用卷尺(或等孔距长度的铁丝)测量两孔口之间的距离，再对比开孔钻机杆与插入钻杆的距离，两距离保持相等，从而保证钻孔的平行。

d. 已钻完的钻孔，孔口应予以保护，对于因堵塞无法装药的钻孔应予以冲孔或补钻，经检验合格后方可装药。

③爆破。

a. 爆破孔装药前，必须吹孔，孔内干净后方可装药。

b. 光爆孔装药必须由质检人员对钻孔及装药结构检查后方可进行，周边孔按爆破设计要求用小药卷捆绑于竹片上，形成不连续装药，根据审批的钻爆设计线装药密度控制药卷长度和间距，插入药孔时还应注意小药卷的方向，竹片靠洞室轮廓线一侧，小药卷朝向最小抵抗线方向。

c. 爆破孔的堵塞必须严实可靠，用黏土或细砂袋进行炮孔的封堵，按照爆破设计要求进行堵塞，封堵长度不小于炸药的最小抵抗线。

d. 非电雷管段数检查符合爆破设计要求，雷管标签外露。

e. 使用导爆索起爆网络时其搭接长度不得小于15cm，支线要顺主线传爆方向连接，支线与主线传爆方向夹角应不大于90°。

④爆破后检查。

排炮检测标准：残留孔距偏差不大于5cm，两孔(间)平整度不大于10cm，完整岩石半孔率不小于85%(较完整和较破碎的岩石半孔率标准参照招标文件技术条款)，平均超挖值不大于10cm，最大超挖值不大于20cm，无欠挖，排炮爆破台坎不大于15cm。

每排炮爆破后应及时进行检查、整理、分析，并形成结论。分析原因、制定措施后及时对后续循环爆破进行改进，以确保开挖外观质量。

4)斜井扩挖质量控制见图 6-63 至图 6-68。

图 6-63　测量放样周边孔位复查

图 6-64　短钻杆开孔及气腿改装

图 6-65　底板平整度检查

图 6-66　全站仪测量放样检测

图 6-67　开挖半孔率、平整度质量检查

图 6-68 引水下斜井扩挖质量效果

6.6.6 输水系统灌浆施工质量控制

6.6.6.1 帷幕灌浆质量控制

(1)钻孔施工

1)孔位。

所有孔位进行测量放样,开孔位置与设计孔位误差一般不得大于 10cm,当因特殊情况需要调整孔位时,应报监理人批准,并记录实际孔位。

2)孔径。

孔口封闭法常规帷幕灌浆孔孔口管段为 Φ91mm,以下各段钻孔为 Φ56mm;先导孔孔口管段为 Φ110mm,以下各段为 Φ76mm。衔接帷幕灌浆孔径不小于 56mm,抬动变形观测孔孔径为 91mm,质量检查孔孔径为 76mm。

3)孔斜。

在钻孔过程中,应进行孔斜测量,并采取措施控制孔斜。孔口段 10m 内孔深至少测量一次孔斜,以下各段至少每 20m 孔深应测量一次孔斜,若发现孔斜超过允许值,应及时采取措施纠偏。当孔向为垂直的顶角小于 5°时,孔底偏差不得大于表 6-18 的规定。对顶角大于 5°且有测斜要求,其孔斜要求参照表 6-18 执行,但方位角的偏差不应大于 5°。

表 6-18 孔斜控制 (单位:m)

孔深	20	30	40	50	60	80	≥100
最大允许偏差值	0.25	0.50	0.80	1.15	1.50	2.00	≤2.50

4)取芯。

①先导孔、质量检查孔应进行取岩芯工作,按取岩芯次序统一编号,填牌装箱,并绘制钻孔柱状图和描述岩芯。

②单次取岩芯最大长度应限制在 3m 内。无论岩芯多长,一旦发现岩芯卡钻或被磨损则应立即取出岩芯。对于 1m 或大于 1m 的钻进循环,若岩芯采取率小于 80%时,则下次应减少循环深度 50%,之后依次减少 50%直到 50cm 为止或直到能达到满意的岩芯回收率为止。

③岩芯应放入合适尺寸的箱体内。岩芯的放置位置应便于标记和注释,在每一隔板处都应标有循环深度。一个循环的岩芯应平行放置于一个箱中,从左到右,从上到下递增。各次循环的岩芯应用木块进行分隔,并清楚标出循环次数。

④岩芯应用排笔及永久性标签或用镂刻的木板喷涂黑色油漆进行标记。标记内容应包括孔号、箱号、总箱数、孔顶高程及所在工程建筑物的部位。

⑤岩芯装入箱中后立即对每箱拍照两张。

5)钻孔记录。

钻孔记录应按照实际施工进尺如实记录,对钻孔过程中发现的(如涌水、漏水、塌孔、掉块、卡钻、断裂构造、岩层、岩性变化及混凝土段厚度等)各种情况均应做详细记录,并反映在钻孔综合成果表中,作为确定加强灌浆、分析灌浆效果或孔内保护措施及保护范围的基本依据。灌浆孔的施钻应按灌浆程序,分序分段进行。

(2)压水试验

1)洗孔。

①所有灌浆孔均应进行钻孔冲洗,冲洗方法可采用压力水脉动冲洗、风水联合冲洗或用导管通入大流量水流自孔底向孔外冲洗。

②钻孔冲洗要求冲洗后孔底残留物厚度不得大于 20cm。裂隙冲洗要求至回水澄清后 10min 为止,且总的冲洗时间要求单孔不少于 20min,串通孔不少于 30min。

③裂隙冲洗水压一般采用 80%的灌浆压力,若 80%的灌浆压力超过 1MPa 时,则采用 1MPa 裂隙;裂隙冲洗风压一般采用 50%的灌浆压力,若 50%的灌浆压力超过 0.5MPa 时,则采用 0.5MPa 裂隙。

2)压水。

①帷幕灌浆先导孔和检查孔一般采用单点法压水试验,特殊部位采用五点法压水试验;常规帷幕灌浆孔灌前采用简易压水法。

②灌前压水试验压力一般采用 80%的灌浆压力,该值若大于 1MPa 时,采用 1MPa。

③单点法及五点法压水试验：在稳定的压力下，每 5min 测读 1 次压入流量，连续 4 次读数的最大值与最小值之差小于最终值的 10%，或最大值与最小值之差小于 1L/min，以最终读数作为岩体透水率 q 的计算值。

④简易压水试验：在稳定压力下，压水 20min，每 5min 测读 1 次压入流量，取最终读数为岩体透水率 q 的计算值。

⑤岩体透水率的计算：$q=Q/PL$。

(3)灌浆施工

1)帷幕灌浆按分序加密原则进行，一般分Ⅲ序施工。帷幕灌浆同一排相邻两个次序孔之间以及后序排Ⅰ序孔与前序排Ⅲ序孔之间，在岩石中钻孔灌浆的间隔高差不小于 15m。对于双排孔组成的帷幕，一般先灌注下游排，再灌注上游排。

2)帷幕灌浆孔(含先导孔)的第 1 段采用常规“阻塞灌浆法”灌浆，止浆塞阻塞在灌浆平洞底板衬砌混凝土与基岩接触面处；第 2 段及以下各段采用“小口径钻孔、孔口封闭、自上而下分段、孔内循环法”灌注。衔接帷幕采用孔内阻塞法灌浆，止浆塞阻塞在已灌段段底以上 0.5m 处，以防漏灌。

3)帷幕设计底线处帷幕灌浆终孔段基岩透水率大于防渗标准，施工过程中应自动加深，当加深两段后仍达不到设计要求时，应报告监理、业主，按监理、业主指示进行处理。

4)达到防渗帷幕下限的灌浆，其先导孔深度较防渗帷幕设计底线加深 5～10m。

5)普通水泥浆液采用 3∶1、2∶1、1∶1、0.8∶1、0.5∶1(质量比)5 个比级，超细水泥浆液采用 3∶1、2∶1、1∶1、0.8∶1、0.5∶1(质量比)5 个比级。灌浆浆液应由稀到浓逐级变换。

6)帷幕灌浆压力应达到设计压力，段长第 1 段入岩 2m，第 2 段及以下段长不宜大于 6m。

7)抬动变形观测应采用自动记录超值自动报警装置与人工观测千分表相结合的方式进行，施工中发现超过规定的允许值，应立即停止施工。单孔段抬动变形允许值为 200μm。

8)灌浆段在最大设计压力下，注入率不大于 1L/min 后，继续灌注 30min 结束。

9)帷幕灌浆封孔应采用全孔灌浆封孔法。封孔灌浆时间不少于 30min，封孔灌浆压力采用该灌浆孔的最大灌浆压力。封孔必须使用新鲜的水泥浆液，水灰比采用 0.5∶1 的浓浆。已进行全孔灌浆封孔法的灌浆孔，待孔内水泥浆液凝固后，应清除孔内污水、浮浆。若灌浆孔上部空余孔段大于 3m 时，采用导管注浆封孔法进行封孔；小于 3m 时可使用水泥砂浆封填密实。

10)施工过程中的各项资料应保证真实、齐全、准确、清晰,严禁伪造。资料的各项数字应真实可靠,便于分析灌浆质量及评价灌浆效果。

(4)灌浆异常情况处理

1)帷幕灌浆孔的终孔段,其透水率或单位注灰量大于设计文件规定时,钻孔宜继续加深。

2)灌浆过程中发现冒浆、漏浆时,应根据具体情况采取嵌缝、表面封堵、低压、浓浆、限流、限量、间歇、待凝等方法进行处理。

3)帷幕灌浆中发生串浆时,应先阻塞串浆孔,待灌浆孔灌浆结束后,再对串浆孔进行扫孔、冲洗,最后继续钻进或灌浆。如注入率不大,且串浆孔具备灌浆条件,可一泵一孔同时灌浆。

4)灌浆必须连续进行,若因故中断,应按下列原则进行处理:

①尽快恢复灌浆,否则应先立即冲洗钻孔,再恢复灌浆。若无法冲洗或冲洗无效时,则应先进行扫孔,再恢复灌浆。

②复灌浆前,应使用开灌比级的水泥浆进行灌注。如注入率与中断前相近,应采用中断前水泥浆的比级继续灌注;如注入率较中断前减少很多,应逐级加浓浆液继续灌注;如注入率较中断前减少很多,且在短时间内停止吸浆,应采取扫孔复灌等其他补救。

5)孔口有涌水的灌浆孔段,灌浆前应测计涌水压力和涌水量。根据涌水情况,采取自上而下分段灌浆、缩短灌浆段长、提高灌浆压力、改用纯压式灌浆、灌注浓浆等措施综合处理。

6)灌浆段注入量大且难以结束时,可采用下列措施进行处理。

①低压、浓浆、限流、限量、间歇灌浆;

②注速凝浆液;

③灌注混合浆液或膏状浆液。

7)灌浆过程中如回浆变浓,可采取下列措施进行处理。

①适当加大灌浆压力;

②采用相同水灰比的新浆灌注,若效果不明显,则继续灌注30min后结束;

③改用分段卡塞法灌注;

④若回浆变浓现象普遍,应研究改用细水泥浆、水泥膨胀土浆或化学浆液灌注;

⑤灌浆孔段遇特殊情况时,无论采用何种处理措施,其复灌前均应进行扫孔,复灌后应达到规定的结束条件。

(5)帷幕灌浆质量控制(图 6-69 至图 6-74)

图 6-69 帷幕灌浆孔深检查

图 6-70 搭接帷幕检查孔压水

图 6-71 帷幕灌浆抬动观测

图 6-72 帷幕灌浆终孔测斜

图 6-73 帷幕灌浆终孔验收

图 6-74 帷幕灌浆压水下塞

6.6.6.2　固结灌浆质量控制

(1)施工分序及流程

1)施工分序。

灌浆施工按照环内加密原则进行,灌浆孔分为Ⅰ、Ⅱ两序施工。

2)施工流程。

施工放样→Ⅰ序孔钻灌→Ⅱ序孔钻灌→检查孔钻孔、压水→检查孔灌浆、封孔。

3)单孔工艺流程。

钻孔→钻孔冲孔→裂隙冲洗→压水试验→灌浆→封孔。

4)灌浆施工先后顺序。

底板→两侧边墙→顶拱。

(2)灌浆材料

1)水泥。

采用等级强度42.5的普通硅酸盐水泥,水泥质量应符合《通用硅酸盐水泥》(GB 175—2007)标准的规定,不得使用受潮结块的水泥。

2)水。

固结灌浆用水应采用系统供水,水质应符合《水工混凝土施工规范》(DL/T 5144—2015)拌制水工混凝土用水的要求。

3)浆液水灰比。

采用3∶1、2∶1、1∶1、0.8∶1、0.5∶1五级水灰比,开灌水灰比采用3∶1。

(3)钻孔

1)施工设备。

灌浆孔采用手风钻(YT-28)和电动潜孔钻(100B)造孔。

2)孔径。

灌浆孔不小于38mm,检查孔孔径均为50mm。

(4)钻孔冲洗、压水试验

1)所有钻孔在终孔后均应进行钻孔冲洗,钻孔冲洗后孔内残存的沉积物厚度不得超过20cm。

2)灌浆段在灌浆前应采用压力水进行裂隙冲洗,冲洗压力采用该段灌浆压力的80%,若该值大于1MPa时,采用1MPa。

裂隙冲洗方法:在孔壁冲洗完成后,采用栓塞进行阻塞后,首先用高压水连续冲洗

5min，然后将孔口压力在极短时间内降到0，形成反向脉冲流。当回水由浑变清后，再升到原来的冲洗压力，持续5min后，再次突然降到0，如此一升一降，一压一放，反复冲洗，直至回水洁净，冲洗时间不大于20min。

3）压水试验：在各序灌浆孔中选取5%的孔进行简易压水试验，压水压力采用灌浆压力的80%，并不大于1MPa。简易压水试验可结合裂隙冲洗进行（即前20min进行裂隙冲洗，后10min进行压水试验）。

简易压水：每5min测读1次压水流量，取最终的流量值作为计算流量，其结果用透水率表示。

$$q = Q/PL \tag{6-1}$$

式中，q——试段透水率，Lu；

Q——压入流量，L/min；

P——作用于试段内的全压力，MPa；

L——试段长度，m。

4）根据钻孔情况反映孔段所在区域岩体破碎时，在征求现场监理工程师同意后可不进行钻孔冲洗和压水试验。

（5）灌浆施工

1）固结灌浆均采用"循环式、全孔一次或自外而内分段灌浆法"进行施工，灌浆采用环内分序的方式，同灌孔的孔距不小于5m。

2）灌浆孔段长划分及压力控制：①灌浆段长大于6m时分两段灌注，第1段3m，第2段5m；②灌浆段长小于6m时，全孔一次性灌浆。灌浆压力一般情况下按给定值的上限进行控制，遇到岩体破碎区域时，在征求监理工程师同意后可按给定值的下限进行控制。

3）浆液变换原则：固结灌浆的浆液浓度由稀到浓逐级变换；当灌浆压力保持不变，注入率持续减少或注入率不变而压力持续升高时，不得改变水灰比；当某一级浆液的注入量达到300L或灌注时间达到30min，而灌浆压力和注入率均无改变或改变不显著时，则改浓一级水灰比浆液灌注。

4）灌浆段结束标准：在设计规定压力下，当注入率不大于1.0L/min时，继续灌注30min可结束灌浆。

（6）特殊情况处理

1）塌孔。

钻进过程中，因岩体破碎出现塌孔时，可采取以下措施。

①在塌孔位置先进行灌浆，再钻孔至设计深度后二次灌注；

②灌浆过程中严格控制压力，按照0.2MPa、0.5MPa、0.8MPa逐级升压进行。

2)串、漏浆。

该部位灌浆过程中应重点关注混凝土喷层面的串、漏浆现象。灌浆过程中发生串、漏浆时按如下原则进行。

①灌浆孔之间发生串浆时应将串通孔堵塞，待灌浆孔灌浆结束后，再对串通孔进行扫孔、冲洗后继续钻灌施工；

②混凝土表面发生冒浆、漏浆时，能够采取嵌缝、表面封堵措施的应优先考虑，表面封堵无效时，可根据漏量大小采取加浓浆液、降低压力、限流、限量、间歇、待凝等方法进行处理。综合处理多次后仍有串、漏浆现象的孔段，应报告监理人联合商量处理措施。

3)大注入量。

灌浆段注入量大，灌浆难以结束时，在查看无漏浆现象时可选用下列措施处理。

①低压、浓浆、限流、限量、间歇灌浆；

②浆液中掺加速凝剂；

③灌注稳定浆液或混合浆液。

4)中断。

按如下原则进行处理。

①尽可能缩短中断时间，及早恢复灌浆。

②如中断时间过长(超过30min)，则应先立即冲洗钻孔，再恢复灌浆；如无法冲洗或冲洗无效，则应先进行扫孔，再恢复灌浆。

③恢复灌浆时，应使用开灌比级的水泥浆灌注。如注入率与中断前相近(达到90%以上)，则可改用中断前比级的水泥浆继续灌注；如注入率较中断前减少较多(达到70%～90%)，则浆液应逐级加浓继续灌注。

④恢复灌浆后，如注入率较中断前减少很多(70%以下)，且在短时间内停止吸浆，应报告监理工程师作为事故孔进行补孔灌浆处理。

(7)封孔

固结灌浆孔灌浆结束经监理工程师验收合格后方可进行封孔。封孔采用全孔灌浆封孔法进行，即先采用导管注浆法将孔内余浆置换为0.5∶1的浓浆，若灌浆以0.5∶1浓浆结束，则不需要再置换孔内浆液；若灌浆以其他比级稀浆结束，则需要先对全孔采用0.5∶1浆液置换，然后将灌浆塞塞在孔口继续使用这种浆液进行纯压式灌浆封孔。封孔压力采用灌浆最大压力，结束时间30min。

(8)固结灌浆质量控制(图 6-75 至图 6-78)

图 6-75 固结灌浆钻孔检查

图 6-76 固结灌浆封孔检查

图 6-77 固结灌浆压水检查

图 6-78 固结灌浆埋管检查

6.6.6.3 回填灌浆质量控制

衬砌混凝土顶拱 104.82°～120.00°范围内进行回填灌浆施工,回填灌浆在该部位的衬砌混凝土达到设计强度的 70%后进行,浆液水灰比为 0.5∶1,内掺 4%的 MgO(掺量为与水泥质量比),回填灌浆水泥强度等级不低于 42.5,空隙较大时可现场采用水泥砂浆,掺砂量不宜大于水泥总量的 200%,砂浆强度不小于 M20,应先灌低处再灌高处。回填灌浆采用在混凝土中钻孔结合预埋管方式,预埋管采用 Φ32mm PE 管,钻孔孔深深入基岩 10cm,并测记混凝土厚度和空腔尺寸。

(1)钻孔

1)采用 YT-28 手风钻在混凝土中钻孔,孔深深入基岩 10cm,钻孔孔径不小于 38mm;

2)钻孔过程中测记混凝土厚度和空腔尺寸,以确定是否采用水泥砂浆;

3)造孔顺序:同一单元内分Ⅰ序孔和Ⅱ序孔,先进行Ⅰ序孔的钻孔灌浆工作,再进行Ⅱ序孔的钻孔灌浆工作。

(2)灌浆施工

回填灌浆根据混凝土每一个衬砌段作为一个灌浆单元。灌浆分为两个次序,后序孔中包含顶孔。灌浆施工自较低的一端开始,向较高的一端推进,同一区段内的同一次序孔可全部或部分钻出后再进行灌浆,也可单孔分序钻进和灌浆。

1)灌浆顺序。

回填灌浆自较低一端开始,向较高的一端推进,先灌Ⅰ序孔再灌Ⅱ序孔。

2)灌浆压力。

灌浆压力为 0.2～0.5MPa。

3)浆液水灰比。

灌浆浆液水灰比(质量比)均采用 0.5∶1 的水泥浆液。

4)灌浆方式。

采用纯压式灌浆法进行灌浆。回填灌浆施工自较低的一端开始,向较高的一端推进。灌浆由低处孔开始进浆,当高处孔排出浓浆(出浆密度接近或等于进浆密度)后,进浆孔扎管,改从高处孔进浆,如此类推,直至同序孔全部灌完。

预埋管灌浆在灌浆时如果其他进浆管内出现串浆且浆液浓度接近进浆浓度时,封闭被串管,待灌浆结束后,将被串管进行倒灌,直至达到结束标准。

5)特殊情况处理。

灌浆必须连续进行,因故中止灌浆的灌浆孔,及早恢复灌浆;中断时间大于 30min,重新扫孔、清洗至原孔深后恢复灌浆,此时若灌浆孔仍不吸浆,则重新就近钻孔进行灌浆。

6)灌浆结束。

回填灌浆在规定的压力下,灌浆孔停止吸浆后,继续灌注 10min 结束灌浆。

(3)封孔

采用预埋管引管方式回填灌浆,待浆液凝固后,割除外露 PE 管。采用混凝土钻孔方式回填灌浆孔,回填灌浆完成后,孔口采用预缩砂浆填密实。

(4)质量检查

质量检查在该部位回填灌浆结束 7d 后进行。检查孔布置在脱空较大,串浆孔集中及灌浆情况异常的部位。

检查孔合格标准,孔深达到设计要求后,向孔内注入水灰比 2∶1 水泥浆液,在设计规定的压力下,初始 10min 内注入量不超过 10L 即为合格。

(5)回填灌浆质量控制(图6-79至图6-81)

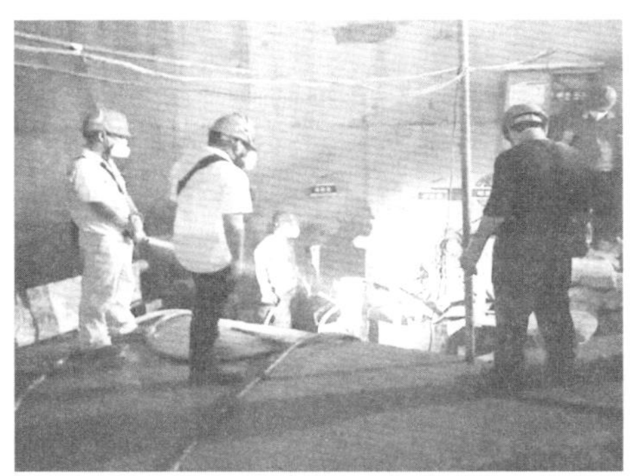

图6-79　回填灌浆过程巡查

图6-80　回填灌浆埋管检查

图6-81　回填灌浆压浆检查

6.6.6.4　接触灌浆质量控制

该工程输水系统压力钢管底部120°范围内进行接触灌浆施工，接触灌浆在该部位回填混凝土浇筑完成60d后进行，浆液水灰比为0.5∶1，接触灌浆水泥强度等级不低于42.5，接触灌浆采用预埋管方式，采用Φ32mm无缝镀锌钢管。

(1)冲洗

接触灌浆灌浆前使用洁净的高压空气检查预埋管串通情况，并吹除空隙内的污物和积水，风压应小于灌浆压力。

(2)灌浆

1)预埋管接触灌浆设计灌浆压力0.1MPa；

2)灌浆水灰比采用0.5∶1；

3)在设计规定压力下灌浆孔停止吸浆，延续灌浆5min，即可结束。

(3)质量检查

接触灌浆结束7d后采用锤击法进行灌浆质量检查，单处脱空面积引水系统不大于

0.5m^2，尾水支管面积不大于1.0m^2。

(4)接触灌浆质量控制(图 6-82 至图 6-84)

图 6-82　接触灌浆埋管检查

图 6-83　接触灌浆过程巡查

图 6-84　接触灌浆敲击检查

6.6.7　金结安装工程质量控制

(1)质量标准

压力钢管安装见表 6-19 至表 6-22。

表 6-19　压力钢管安装几何尺寸及位置质量标准

序号	检测项目		质量标准/mm	
			合格	优良
1	管口中心	始装节	5.0	4.0
		与蜗壳连接管节	10.0	8.0
		其他部位管节	20.0	16.0
2	里程	始装节	±5.0	±4.0

续表

序号	检测项目		质量标准/mm	
			合格	优良
3	管口垂直度	始装节	3.0	2.0
4	环缝对口错位	δ≤30	≤15%壁厚,且≤3.0	≤3.0
		30<δ≤60	≤10%壁厚,且≤4.0	≤4.0
		δ>60	≤6.0	≤4.0
5	安装管口圆度		≤40	≤35
6	环缝间隙		0~4	0~3

表 6-20　　压力钢管焊缝外观检验质量标准

序号	项目		允许缺陷尺寸/mm	
			一类、二类焊缝	三类焊缝
1	裂纹(包括弧坑裂纹)		不允许	
2	表面夹渣		不允许	深度不大于 0.1δ; 长度不大于 0.3δ; 且不大于 10
3	咬边		深度≤0.5	深度≤1
4	表面气孔		不允许	Φ1.5 气孔每米范围≤5 个,间距≥20
5	焊缝余高 Δh	手工焊	$\delta\leqslant25,\Delta h=0\sim2.5$; $25<\delta\leqslant50,\Delta h=0\sim3$; $\delta>50,\Delta h=0\sim4$	—
		全自动焊	0~4	—
6	对接接头焊缝宽度	手工焊	盖过每边坡口宽度 1~2.5,且平稳过渡	
		全自动焊	盖过每边坡口宽度 2~7,且平稳过渡	
7	角焊缝厚度不足(按设计焊缝厚度计)		一类焊缝不允许;二类焊缝不超过 0.3+0.05δ 且不超过 1mm,每 100mm 焊缝长度内缺欠总长度不大于 25mm	不超过 0.3+0.05δ 且不超过 2mm,每 100mm 焊缝长度内缺欠总长度不大于 25mm
8	角焊缝焊脚		$K\leqslant12$ 时,−1~2;$K>12$ 时,−1~3	
9	电弧擦伤		不允许	
10	焊瘤		不允许	
11	残留飞溅		不允许	
12	残留焊渣		不允许	

注:1. δ 代表钢板厚度,下同。

2. 管道及埋件安装。

表 6-21　　辅机管路安装质量标准

序号	检测项目	检测标准
1	埋件有无漏埋或错埋	埋件无漏埋或错埋
2	管路或照明线管通畅情况	所有管路通畅
3	管口封堵情况	所有管口已封堵
4	预埋暗盒清理情况	无
5	接地抽头位置及数量是否正确	正确
6	管路挂牌、标示情况	均已标示

表 6-22　　埋件安装质量标准

序号	检测项目	检测标准
1	埋件有无漏埋或错埋	埋件无漏埋或错埋
2	管路或照明线管通畅情况	所有管路通畅
3	管口封堵情况	所有管口已封堵
4	预埋暗盒清理情况	无
5	接地抽头位置及数量是否正确	正确
6	管路挂牌、标示情况	均已标示
7	接地埋件数量、规格、尺寸安装位	符合图纸及规范要求
8	焊接质量	无脱焊、漏焊点、表面无气孔、夹渣、裂纹等，焊接长度双面搭接>$2D$、单面搭焊为 $6D$ 并与钢筋网可靠焊接
9	过缝处理	符合图纸及规范要求
10	接地埋设位置	埋设位置及间距符合图纸要求，焊接牢固
11	接地保护与标识	焊接表面防腐处理到位，外露部分醒目标识

(2)质量目标

大型金结埋件制安无缺陷、安装精准无偏差；管道及埋件安装施工规范有序，不错埋、不漏埋；单元工程一次验收合格率 100%，优良率 96%以上。

(3)质量控制措施

1)压力钢管安装。

①下平段及下弯段安装采用安装压缝台车进行管节调整压缝安装；斜井段安装采用斜井安装平台进行管节调整压缝安装；上弯段及上平段搭设施工排架进行管节调整压缝安装。

②现场施工时由测量队放出控制点，先安装班用水准仪、经纬仪、钢丝线、重锤等进行管节调整，调整合格后进行加固，然后测量队进行测量验收。

③高强钢管节安装调整中，严禁在管节本体上焊接压码调节管节。管节加固只允许焊接在加劲环上，焊缝长度 80～100mm。环缝在运到工位前必须将坡口附近的油漆、铁锈、油污等对焊接有不良影响的污物清理干净。

压力钢管加固根据位置不同采用不同的加固方案，平段管节加固见图 6-85，斜井管节加固示意图见图 6-86。

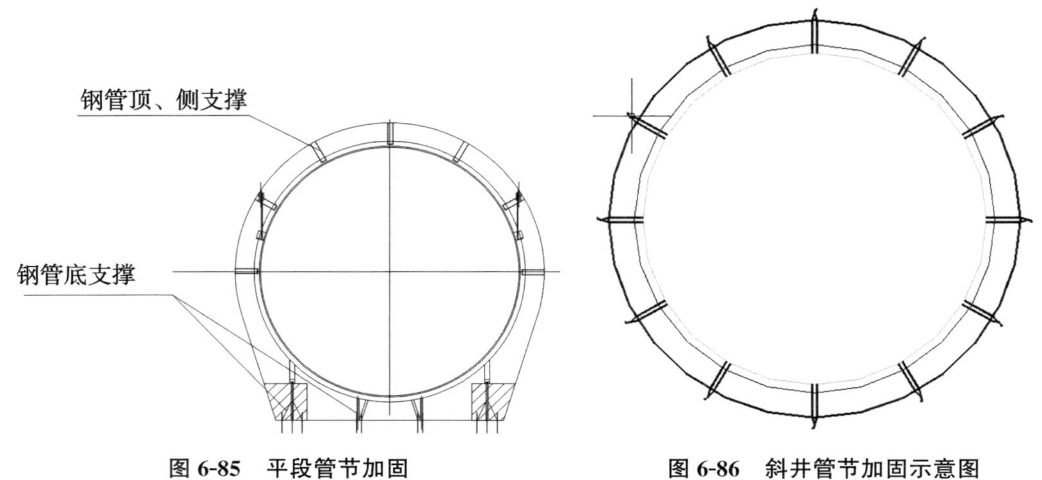

图 6-85 平段管节加固　　图 6-86 斜井管节加固示意图

④管节调整后先用定位焊将焊缝固定，方便正式焊施焊，定位焊必须严格按照给定工艺参数执行，定位焊给定工艺参数见表 6-23。

表 6-23 定位焊给定工艺参数

项目	工艺要求		备注
焊接方法	焊条电弧焊		
焊接位置	小坡口		
焊材选择	与正式焊相同		焊材领用、烘烤程序与正式焊相同
定位焊间距	100～400mm		
定位焊长度	Q345R	50mm 以上	
	600MPa、800MPa	80mm 以上	
定位焊厚度	8mm		
预热温度	Q345R	$\delta \geqslant 30$mm，60～80℃	
	600MPa	80～100℃	远红外履带加热板
	800MPa	100～120℃	远红外履带加热板

⑤定位焊采用焊条电弧焊。高强钢环缝焊接，不允许保留定位焊的焊缝，定位焊焊在背缝坡口内，背缝清根时，清除定位焊。定位焊严禁在坡口外引弧，必须在坡口内引弧、息弧，息弧处弧坑必须填满，避免产生裂纹。

⑥正式焊工艺参数见表 6-24。

表 6-24　　正式焊接工艺参数

手工电弧焊				
焊接母材	Q345R/Q345R	600MPa/600MPa	600MPa/800MPa	800MPa/800MPa
焊接电流/A	120～160	120～160	120～160	120～160
焊接电压/V	23～26	23～26	23～26	23～26
焊接速度/(cm/min)	6～10	7～9	6～9	6～9
线能量/(kJ/cm)	≤36	≤36	≤36	≤36
预热温度/℃	无预热	80～100	100～120	100～120
层间温度/℃	80～200	100～200	120～200	120～200
后热温度/℃	无后热	150～200	150～200	150～200
焊材牌号	XY-J507	J607RH	J607RH	XY-J80SD

埋弧自动焊(气保焊打底)				
焊接母材		Q345R/Q345R	600MPa/600MPa	800MPa/800MPa
焊接电流/A		540～650	530～600	540～600
焊接电压/V		28～32	28～32	28～32
焊接速度/(cm/min)		30～50	30～40	25～40
线能量/(kJ/cm)		≤36	≤36	≤36
预热温度/℃		无预热	50～80	100～120
层间温度/℃		80～200	80～200	120～200
后热温度/℃		无后热	150～200	150～200
焊材牌号	焊丝	XY-H10Mn2	JQ. H08Mn2MoA	XY-S80A
	焊剂	XY-AF101	JQ. SJ101	XY-AF80SD
保护气体类型		CO_2	CO_2	CO_2
保护气体流量/(L/min)		16～21	16～21	16～21
气保焊电流		240～270	240～270	240～270
气保焊电压		28～32	28～32	28～32

注:1. 环境气温低于 5℃应采用较高的预热温度。

2. 对不需要预热的焊缝,当环境相对湿度大于 90%或环境温度时,碳素钢和低合金钢低于－5℃,预热到 20℃以上时才能施焊。

⑦正式焊温度控制。

a. 预热:600MPa 高强钢焊前预热温度,SMAW 为 80～100℃;SAW 为 50～80℃;800MPa 高强钢焊前预热温度,SMAW 为 100～120℃,SAW 对接为 100～120℃,SAW 角焊缝为 50～80℃。

b. 层(道)间温度:焊接时,不低于预热温度且不超过 200℃。

c. 后热温度:高强钢后热温度控制在 150～200℃,保温时间视板厚而定,一般在 1.0～1.5h。后热在焊后立即进行,后热采用智能型温度控制箱及履带式加热器进行加热保温,保温时间达到后关闭电源缓慢冷却。

d. Q345R 板材与 Q345R 板材对接焊缝无须预热,Q345R 板材与 600MPa 级板材角焊接按 600MPa 高强钢焊接要求进行预热,Q345R 板材与 800MPa 级板材角接焊接按 800MPa 高强钢要求进行预热。

e. 焊接温度用红外线测温仪进行检测,班组长现场控制,质检人员进行巡检控制,保证温度合格。

⑧焊接顺序。

为减少焊接过程中的焊缝变形,环缝焊接先从大坡口侧焊接,焊缝填充厚度达到坡口深度一半时,再转到小坡口侧,碳弧气刨进行清根和打磨,小坡口侧焊缝打底、填充、盖面,完成小坡口焊接后,最后转大坡口侧,完成剩余焊缝填充盖面。压力钢管环缝焊接顺序见图 6-87。

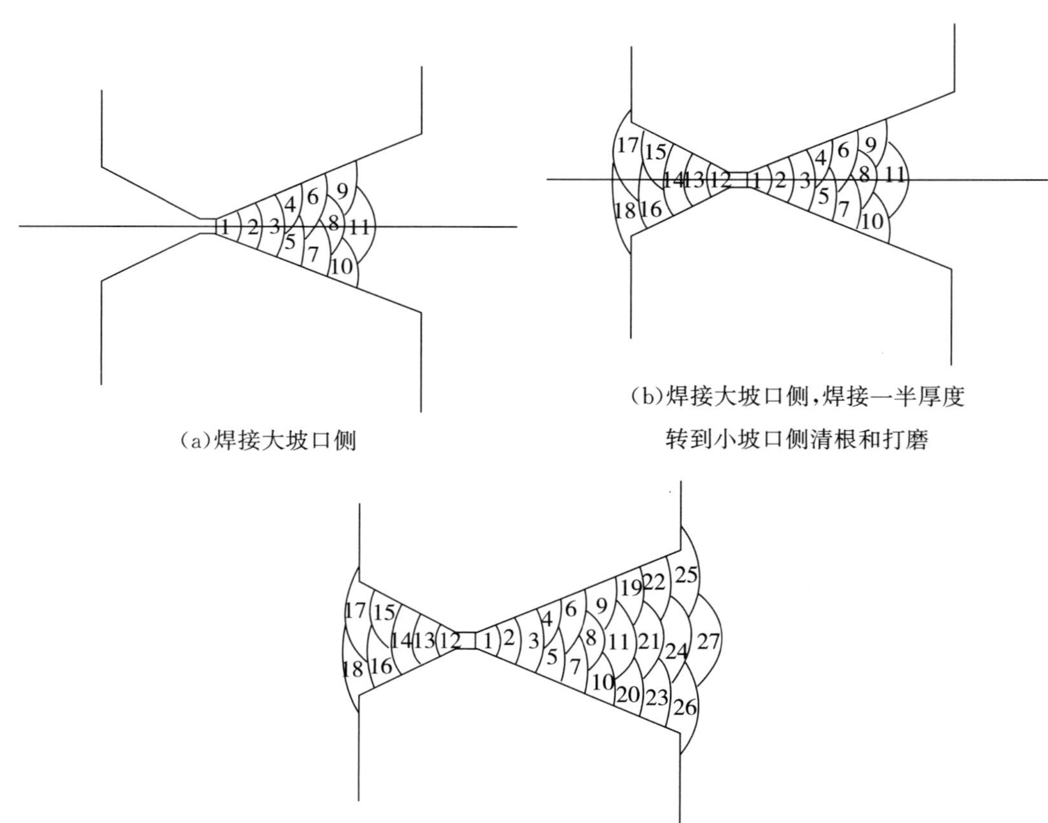

(a)焊接大坡口侧

(b)焊接大坡口侧,焊接一半厚度转到小坡口侧清根和打磨

(c)焊接完小坡口后,转到大坡口侧,完成剩余焊缝

图 6-87 压力钢管环缝焊接顺序

⑨管壁表面缺陷修整：管壁内表面的凸起处，应打磨清除；管壁表面的局部凹坑，若其深度不超过板厚的10%，且不超过2mm时，应使用砂轮打磨，使钢板厚度渐变过渡，剩余钢板厚度不得小于原厚度的90%；超过上述深度的凹坑，按焊接工艺评定结果进行补焊。

⑩无损检测。

600MPa、Q345R钢的无损探伤，在焊接完成24h后进行。800MPa在焊接完成48h后进行，进行探伤的焊缝表面的不平整度应不影响探伤评定。

焊缝无损检验检查率按照招标文件执行。抽查部位按监理工程师的指示选择在容易产生缺陷的部位，并抽查到每个焊工的施焊部位。环缝焊缝无损探伤抽（复）查率见表6-25。

表6-25　　环缝焊缝无损探伤抽（复）查率

钢种	Q345R		600MPa、800MPa高强钢	
焊缝类别	一类	二类	一类	二类
超声波探伤抽查率/%	100	80	100	100
TOFD探伤复查率/%	25	10	40	20
磁粉或渗透探伤/%	25	10	40	20

⑪压力钢管安装焊缝返工程序。

a. 外观缺陷返修：焊缝的外观检查发现有裂纹、未熔合等超过标准的表面缺陷时，必须先用砂轮机将缺陷磨去，检查确认缺陷已被完全清除后，再对缺陷处进行表面修补。修补的焊接工艺与正式焊缝焊接同部位的盖面层工艺相同。修补完毕后必须重新进行外观检查。

b. 内部缺陷返修：焊缝内部质量发现有超标准的缺陷时，严格按已制定的焊接工艺进行。如出现裂纹，则必须先找出裂纹产生的原因再进行修补。同一部位返修次数：Q345R板材不超过两次；600MPa、800MPa高强钢不超过一次。若超过上述规定，应找出原因，制定可靠的技术措施，经技术总负责人批准，并征得监理工程师同意后方可进行。

c. 返修工艺：采用碳弧气刨进行刨削，清除缺陷。刨为“U”形坡口，刨后用砂轮机抽样打磨，清除坡口内的渗碳层使其露出金属光泽。如缺陷性质属于产生裂纹或未熔合时，则经UT检查完全清除缺陷后方可施焊。施焊过程中同样须按评定进行预热及焊后消氢处理。返修焊接规范与正式焊接规范相同。

d. 焊缝返修程序：探伤人员根据探伤结果报质量部门，若探伤合格，应编制相应的探伤资料；若探伤不合格，则由探伤部门出具焊缝返修报告给质量部门。质量部门将返修报告报施管部门，由施管部门下达返修通知至焊工作业班组，同时质量部门对返修焊接作业过程进行实时监控。返修结束后由施管部门向质量部门报检，质量部门接到通知后，通知探伤人员对焊缝进行二次探伤，探伤合格则通过，探伤不合格则继续按照以上程序返修。

⑫压力钢管焊接注意事项。

a. 安装采用焊条电弧焊；施焊过程中严格按焊接工艺指导书施焊；焊条保温桶必须插上电源，处于使用状态，除取用焊条外，保温桶盖应盖好；焊条必须随取随用。

b. 正缝焊完后用碳弧气刨进行背缝清根。气刨后用砂轮机修整刨槽，磨除渗碳层，并仔细进行检查，确认无缺陷后，再进行背缝焊接。

c. 背缝清根时的保温要求与焊接时相同。

d. 严禁在高强度钢板上进行点焊、引弧、搭接等作业。

e. 大间隙封底焊的焊法：先堆焊至设计间隙时再正常施焊。堆焊工艺与焊接工艺相同。

f. 工卡具的去除：严禁采用锤击法。用气割或气刨在工卡具距离母材 2～4mm 处切割或气刨去除，然后用砂轮机打磨光滑。管壁若出现电弧擦伤或其他机械性损伤，应用砂轮打磨光滑，并进行 PT 检查，确认没有裂纹的存在。

g. 焊缝内部有严重缺陷时，应先进行分析，找出原因，再制定措施，最后进行返修处理。

h. 受安装施工工位限制，不可避免地会发生上下同时施焊的情况，这时对下方施工人员，设备要采取可靠措施，防止烫伤、设备损坏。同时时刻注意清理焊渣，防止火灾。

i. 焊接防风措施：焊接时利用施工平台设置临时风挡，如果竖井段的烟囱效应强烈，导致管内风速过大影响焊接的话，可在管节下弯段起始节(13 号)下管口搭设防风屏障。

j. 焊接过程中如遇到岩壁渗水情况，则在渗水部位用防水布遮挡，使渗水沿洞壁流下，而不是喷淋到焊接位置。渗水通过预埋排水管流到主厂污水排泄系统。

⑬压力钢管安装质量控制。

a. 施工过程中严格按施工图纸及设计文件进行，如遇到与设计图纸不相符时，应报告设计单位和监理工程师进行修正，待取得文字依据后再继续施工。

b. 施工过程中加强施工工序的衔接，每道工序按照“三检制”进行检查。隐蔽工程和关键部位的检查，在监理工程师终检后方可进行覆盖或进入下一道工序。施工中坚持工序质量传递卡制度，不合格的产品决不允许传入下一道工序。

c. 严格把好质量关，在施工过程中发生质量缺陷或事故时，坚持“三不放过”的原则，深入现场认真分析，严肃处理。

d. 设立专人负责质量资料保管、保存好原始记录、质量返修记录等，按规定格式如实填写施工质检报告，提供翔实的施工记录报告，竣工资料及时送监理工程师审定认可。

e. 由于在洞内安装会有滴水的现象，焊接过程中严格控制潮湿情况，因此要经常观察洞内滴水部位是否影响焊接，否则要在焊缝对应部位的管口布置防雨棚。

⑭施工变形监控。

在焊接环缝过程中，在管壁上均布置4个百分表由技术或测量人员检查钢管焊接变形情况，根据检查结果，微调后续环缝焊接工艺参数，保证后续管口的里程、中心、高程在允许的偏差范围内。

管节安装经验收合格后，在开始浇筑前钢管两端各布置4个百分表，对外包混凝土浇筑过程中，对钢管的变形进行监控，同时辅以全站仪全程监控，一旦发现变形达到2mm，立即停止浇筑，调整后续浇筑顺序，使浇筑对钢管的影响在可控范围。

⑮管节清理、补漆。

a. 防腐范围。

安装环缝两侧200mm的范围、灌浆孔部位，以及运输、安装过程中损坏的部位。

b. 防腐材料及涂装要求。

Ⅰ. 内壁防腐。

超厚浆型环氧沥青漆，底漆干膜厚度250μm，面漆干膜厚度250μm；

超厚浆型环氧耐磨，底漆干膜厚度400μm，面漆干膜厚度400μm。

Ⅱ. 钢管外侧。

水泥砂浆防腐，干膜厚度500μm。

c. 表面预处理。

压力钢管内外壁采用钢丸与钢丝段混合磨料喷射除锈。本工程压力钢管在管节或管段制作完成后，进行防腐涂装工作，在安装环缝两侧各200mm的部位，在表面预处理后，立即涂刷不影响焊接质量的车间底漆。在钢管整体涂装时，用薄膜或其他物品将环缝两侧遮住，以免被喷涂上面漆。在环缝安装后，先进行二次除锈，再进行人工涂刷或用小型高压喷漆机械喷涂着装。

d. 涂料涂装。

经过除锈后的钢材表面应尽快涂装，一般宜在4h内涂装，正常条件下，最长不应超过24h；使用的涂料涂装层数、每层厚度、逐层涂装间隔时间、涂料配料方法和涂装注意事项应按厂家说明书规定进行；用人工涂刷涂料时，应达到规定厚度；当空气中相对湿度超过85%，钢板表面温度低于大气露点以上3℃或高于60℃以及环境温度低于10℃时，均不得进行涂装。

e. 涂料涂层质量检查。

Ⅰ.涂层外观检查。

表面光滑，颜色一致，无皱皮、起泡、流挂、漏涂、空洞、杂质，不能出现离析现象。水泥浆涂层，厚度应基本一致，黏着牢固，不起粉。

Ⅱ.涂层内部质量检查。

漆膜厚度应达到设计要求的厚度，当达不到厚度的最小值时，应不低于设计厚度的85%；针孔检查按照设计规定的电压值检测针孔；附着力检查，涂层应无剥落现象。

2)管道及埋件安装。

①管道预埋施工前。

提前编制埋件提示表，据设计图纸的技术要求进行测量放点，采用水准仪、经纬仪、水平尺等测量器具进行测量放点工作，确保埋件安装的高程、坐标、水平度、垂直度等符合设计要求。对不锈钢管及内衬不锈钢管，采用等离子切割机、砂轮锯等机械进行切割。机械切割时使用不锈钢专用切割片。

②管道弯制。

管道的弯曲半径和角度应满足设计图纸的要求。除另有规定外，管道的弯制应按下列的要求实施：热弯时，管道弯头的弯曲半径一般不应小于管道直径的3.5倍；冷弯时，管道弯头的弯曲半径一般不应小于管道直径的4倍；采用弯管机进行弯制时一般不应小于管道直径的1.5倍；管道采用加热弯制时，加热应均匀，加热次数不应超过3次；弯制有缝钢管时，其纵缝应置于水平与垂直之间的45°处；管道弯制后，应无裂纹、分层、过烧等缺陷，并无明显的凹瘪。弯管内侧波纹褶皱高度应不大于管径的3%，波距不小于波纹高度的4倍。弯曲处管道截面的最大外径与最小外径之差，应不超过管径的8%。

③管件制作。

焊接弯头的曲率半径应满足设计图纸的要求，如无规定，则一般应不小于管径的1.5倍。90°的焊接弯头，其分节数应不少于4节。焊接后轴线角度应与样板相符，且其轴线应在同一个平面上，偏差不应大于2mm；焊接三通的支管垂直偏差应不大于其高度的2%，两管的轴线应正交；管道切口表面应平整，局部凸凹一般不应大于2mm，管端切口平面与中心线的垂直偏差应不大于管道外径的2%，且不大于3mm；管件的焊接应按要求进行。管件焊接后，焊接表面应修磨平整，除去内外表面的焊渣、焊皮、飞溅物、油渍等，并按要求进行内表面涂漆；焊接管件，在焊接完成后进行耐压试验，试验压力为1.5倍的额定工作压力，但最低压力不得小于0.4MPa，保持10min，应无渗漏、裂纹等异常现象；电气管道的弯曲半径，不得小于管道公称直径的15倍，弯头不应出现扭曲、凹瘪、裂纹或压扁表面；每根电缆管的弯曲最多不超过3个弯，直角弯头不得多于2个，不允许将管弯成“S”形。

④水机管道埋设。

根据设计图纸的要求进行管道的埋设，根据混凝土的分层分块情况及混凝土的浇筑进度，将管道按从下到上的顺序分段埋设。管道在埋设前，应检查、核实其材质、规格，应与设计图纸相符。管道表面应无明显的锈蚀，并对其表面进行清理，外表面无油漆、油渍，内表面无杂物；每段管道的端口应伸出混凝土面不小于300mm，其位置偏差应不大于10mm，埋设的穿墙套管的两端可与混凝土墙面平齐或略伸出混凝土墙面；管道对接时，应检查平直度，在距接口中心200mm处测量，允许偏差不大于1mm，全长允许偏差不大于10mm；管道对接的两道环缝及对接缝与焊接弯头起弯点之间的间距应不小100mm，对接管道的焊接应符合相应要求；除另有规定外，埋设的管道不宜采用法兰和螺纹连接。如测压管或其他规定的埋管需要用螺纹连接时，管螺纹接头的密封材料应用聚四氟乙烯或密封膏。拧紧螺纹时，不得将密封材料挤入管内；管道穿过混凝土伸缩缝时，其过缝措施应符合设计要求；管道在埋设前要支撑牢固并可靠固定，防止在浇筑混凝土期间发生位置偏离。管道的支撑和固定不允许与侧面的模板连接，除支撑和固定管道的需要，不允许在管道上搭焊钢筋用来支撑和固定模板或混凝土钢筋。施工期间，每段管道的端口应进行可靠的封堵。大口径管道应采用钢板或闷头进行封堵，小口径管道(如量测系统、高压空气系统管道)应采用螺纹旋塞进行封堵。不允许用木块或布质封堵物进行封堵。在管道的端口应进行标记。在施工期间应确保埋设的管道不受到损坏，如压弯、折断、管端封堵物破坏等。在施工期间埋设的管道不允许作为其他的用途；每段管道安装完成后，在浇筑混凝土覆盖前均应进行严密性水压试验检查，试验压力为额定工作压力的1.25倍，保持30min，应无渗漏现象。

⑤电气管道的埋设。

施工时应把埋设的电气管路及埋设件的终端引出，以便安装后续工序。在埋设直径小于D40的电气管路内穿一通长的直径不小于2mm的镀锌铁丝或钢丝，并露在管路的终端外，亦可按特殊规定的其他方式引出终端。装设终端和保护终端的位置应标记和记录，保证延伸的后续工序能顺利进行；在整个施工期间，为了确保管道不受损坏并保证其畅通，对管道系统应加以妥善保护，特别注意对管道管口进行封塞防止杂物进入，直至下一道工序开始；为了支撑埋设管道，需要用焊接固定时，不应烧伤管道内壁；金属管道线路上的预埋接头盒，应该采用镀锌钢板制作的接线盒。在有需要的情况下，应按施工详图设置混凝土接头盒，其金属框架及盖板应接地；如埋设管道的终端设置在将要明装的管道盒或设备上时，则应采用模板固定管道，以保证正确位置；埋设管道穿过建筑物沉降缝或伸缩缝时，应按设计图纸施工。管道需要延伸连接时，宜采用圆锥管螺纹或套管焊连接，不得采用圆柱管螺纹或对接焊连接。

⑥管道焊缝检验和缺陷处理。

全部焊缝均应进行外观检查，外观质量应符合施工图纸的要求。不得有熔化金属流到焊缝处未熔化的母材上，焊缝和热影响区表面不得有裂纹、气孔、弧坑和灰渣等缺陷；管缝表面光顺、均匀，焊道与母材应平缓过渡，并应焊满；不合格焊缝应及时返修，同一部位返修次数超过二次后，应重新制定返修措施，并提交监理人批准。

⑦接地埋件施工。

接地装置、接地线的连接，焊接的搭接长度及焊缝数量应符合规程要求。焊接前，先清除其表面的脏物和氧化层，并确定好搭接方法和长度，再点焊固定，经检查合格后再施焊。接地线的焊接采用搭接焊，其搭接长度将按如下规定：扁钢为其宽度的 2 倍（至少 3 个棱角边焊接）；圆钢为其直径的 6 倍；圆钢与扁钢连接时，其长度为圆钢直径的 6 倍；扁钢与钢管、扁钢与角钢焊接时，为了连接可靠，除在接触部位两侧进行焊接外，还应以钢带弯成的弧形（或直角形）卡子与钢管（或角钢）补强焊接。

⑧接地铜绞线及扁铁热熔焊工艺被焊接铜绞线必须保持洁净和干燥；切割铜绞线时，要注意保证切口平整，可用铜丝或胶布绑扎切割处后再切割，如果在焊接具有张力的铜绞线时，可使用线丝固定夹紧绷。模具及被焊接物应清洁、干燥。被焊接物表面的尘土、油脂、氧化物（锈）或其他附着物等必须完全清除，使其洁净光亮后才可进行焊接工作。如果模具内遗留的残渣不完全清除，将造成焊接面不平滑、不光亮。检查模具接触面的密合度，防止作业时铜液从缝隙处渗漏出来。如果被焊接物的尺寸小于模具铭牌所示，为避免铜液渗漏可用如下方法弥补：使用适当厚度的铜套管、密封剂、铜片、铜带、高温棉带。焊接完的质量检查，焊点质量的优劣可通过目测检查。检查项目为焊接物的大小、颜色、表面光洁度和气泡等外观检查。

（4）金结安装工程质量控制（图 6-88 至图 6-93）

图 6-88　焊缝第三方无损检测

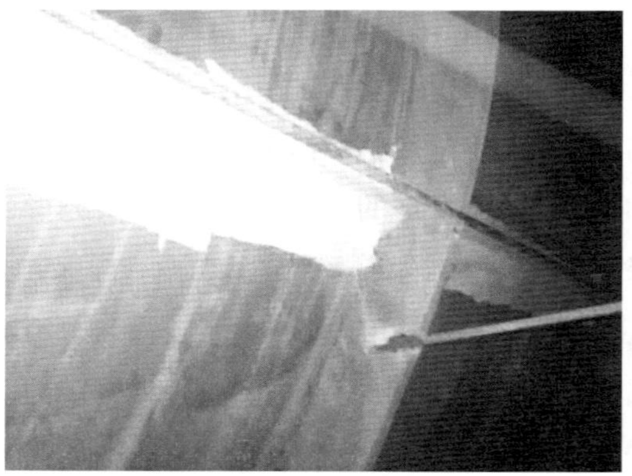

图 6-89　外排水及接地安装

图 6-90　安装环缝组对检查

图 6-91　焊接温度控制检查

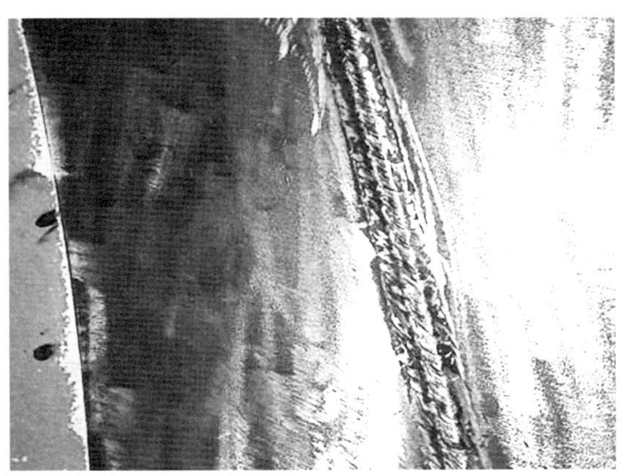

图 6-92　安装环缝外观质量

图 6-93　焊缝外观质量检查

6.7 结语

长龙山抽水蓄能电站工程施工内容横跨多个专业性较强的领域，涵盖公路、桥梁、大坝、隧道、斜井、地下厂房、营区房建等项目的施工建设，该工程在施工质量管理工作中虽然取得了一些成绩，创造了一些质量亮点，但是离国家优质工程还存在一定的差距，需要在后续施工中总结成功的质量管控措施和持续改进及提升项目质量管理水平，不断加强过程质量控制，方可实现“绿色、和谐、创新、精品、典范”的美丽长龙山优质工程目标。

6.7.1 管理亮点

如参建同类型项目，一是宜在开工时严格实施本项目推行成效较好的《质量终身责任制》，并借鉴该工程项目的会签、公示流程及存档管理办法，第一时间将质量责任的重要性灌输给各单位(部室)负责人；二是宜考虑将《质量挂牌公式制》《隐蔽工程验收制》纳入合同条款进行约束，有效发扬该项目对质量信息追溯手段的提炼；三是应严格推行实施《“质”与“量”同步验收制》，要从开工项目单元划分时就联合技术部门做好图纸工程量的计算、分割工作，完善对工程“量”的预控及终控工作；四是提前梳理工程重难点部位及具备打造亮点、样板面的工程部位，效仿该工程模式，不断优化《工艺质量标准化》工作施行，争取荣获更多质量相关奖项，提升公司品牌形象；五是对质量系统全体人员充分交底，宣传贯彻《质量管理清单化》管理工作的重要性及便捷性，督促质量管理人员对照阶段质量目标、质量工作任务做好拆解、形成清单，效仿“长龙山模式”进行逐条销项、每日反馈、按周考核，以持续提升质量管理效率，确保生产推进有条不紊。

6.7.2 存在的不足

1)该工程各工区现场质量管理人员长时间固定，彼此不了解各部位工作进展情况，在休假、出差、离职等替岗交接时出现一定的疏漏，虽在收尾期间已逐项查实、弥补、闭合，但还是给工程的质量管理工作带来了不利影响。

2)该工程受前期整体布局规划影响，在数次办公室搬迁过程中遗失较多质量验收管理资料，且同时存在因电脑故障、损坏造成电子文档丢失，此类声(像)、纸质、数据资料弥补代价高昂，易对工程竣工工作造成较大影响。

3)初次接触抽蓄工程，对其横跨多专业、涉及多领域、涵盖事项繁杂的特点认识不充分，前期未做好规划准备，在实际验收过程中多次出现缺少验收资料版式、缺少检测手段、缺少验收归属等问题，虽然单次影响周期小，但是最终累加后发现实际对工程进度造成较大影响。

6.7.3 改进建议及措施

1)在各工区、各专业设立现场质量负责人对下辖质检人员进行统管，由分管实体工程质量验收及检测的部门副职每周督促检查，做好纸质原始资料收集保存及电子声(像)资料的归档工作；

2)制定季度(半年)制轮岗调动计划及工作交接流程清单，并提前确定替岗人员安排，使各岗位质检员既对彼此工作进展具有一定了解，也可以熟悉交接事项，在日常工作中随时做好自查自纠；

3)利用质量经费购买大容量固态硬盘或互联网云盘，每周将重要电子声(像)资料文件进行整理并转存更新，同时提前向项目部申请纸质资料文件存放室，资料与部门办公室进行分离管理，避免遗失和损坏；

4)对本工程建设情况进行全面分析总结，留存具有继续使用价值的资料(表单)、检测手段、划分验收归属办法等质量工作成果，并进行扩展延伸和补充完善工作，以做好充分准备应对抽蓄工程的质量管理工作。

第7章 施工安全管理与控制

7.1 概述

长龙山抽水蓄能电站位于浙江省湖州市安吉县境内，地形、地质条件复杂，同时项目处于风景区，勘探道路与主体施工同时进行，交通条件复杂，不便管理，工程包含地下洞室开挖、斜、竖井作业、高边坡施工等危险性较大的施工项目，作业环境复杂，点多面广，同时施工作业队伍多，人员变化大，素质差异大，各方管理人员及作业人员均无抽水蓄能施工经验，教育培训和管理难度明显增大，施工安全管理成为工程顺利建设的保障条件。

7.2 施工安全管理体系

为确保长龙山抽水蓄能电站在施工过程中的全员、全面、全过程安全，项目部始终坚持"以人为本"的理念，坚持"安全第一、预防为主、综合治理"的方针，成立以项目经理为第一责任人的安全管理委员会，并分不同层次建立安全管理机构，配备专(兼)职的安全监督检查人员，及时研究处理施工过程中出现的危及施工安全问题。

7.2.1 安全管理机构

项目部成立以项目经理为主任，以项目部副职为副主任，由各职能部门、工点及各协作单位负责人组成的安全管理委员会。设立安全生产监督部作为项目部安全管理工作归口部门，配置的安全管理人员均持证上岗；同时设置项目部安全管理"四个责任体系"，分别以项目经理为责任人的全面安全生产责任体系，以安全副经理为责任人的安全生产监督体系，以项目总工程师为责任人的安全技术保障体系，以生产副经理为责任人的安全生产实施体系。项目部实行工点化管理，各工点均配置专职安全管理人员，同时将各协作单位专职、兼职安全管理人员纳入项目部统一管理，保障了整个安全管理体系有效运行。项目部安全生产管理网络见图7-1。

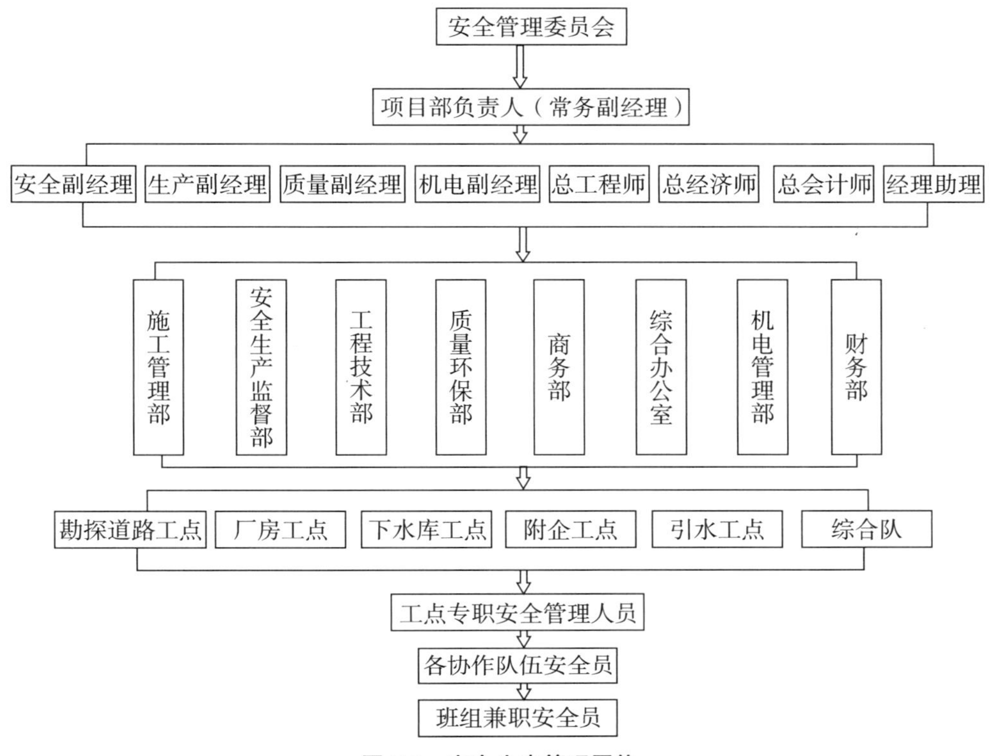

图 7-1 安全生产管理网络

7.2.2 安全管理制度

(1)安全生产责任制

项目部制定《安全生产管理办法》，制定各级管理人员安全生产责任清单，明确各级管理人员安全生产职责；同时与各协作单位、工点、部门签订安全生产责任书(图 7-2 至图 7-4)，作业人员与班组签订安全生产承诺书(图 7-5)，并于每月月底对责任书进行考核。

图 7-2 签订安全生产责任书

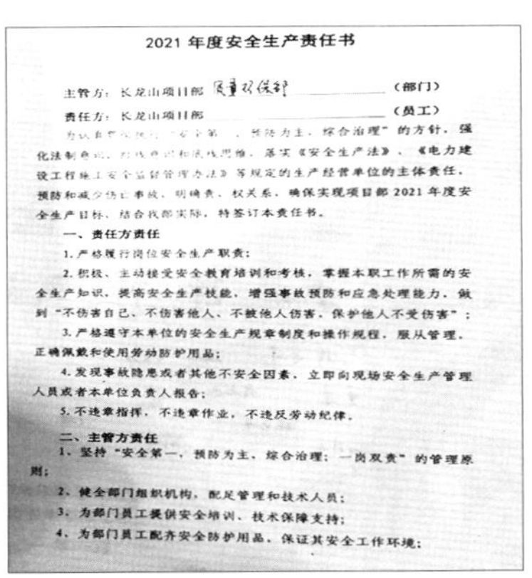

2021 年度安全生产责任书

主管方：长龙山项目部 质量环保部 （部门）

责任方：长龙山项目部 （员工）

为认真贯彻执行“安全第一、预防为主，综合治理”的方针，强化法制意识、[illegible]意识和底线思维，落实《安全生产法》、《电力建设工程施工安全监督管理办法》等规定的生产经营单位的主体责任，预防和减少伤亡事故，明确责、权关系，确保实现项目部 2021 年度安全生产目标，结合我部实际，特签订本责任书。

一、责任方责任

1. 严格履行岗位安全生产职责；

2. 积极、主动接受安全教育培训和考核，掌握本职工作所需的安全生产知识，提高安全生产技能，增强事故预防和应急处理能力，做到“不伤害自己、不伤害他人、不被他人伤害，保护他人不受伤害”；

3. 严格遵守本单位的安全生产规章制度和操作规程，服从管理，正确佩戴和使用劳动防护用品；

4. 发现事故隐患或者其他不安全因素，立即向现场安全生产管理人员或者本单位负责人报告；

5. 不违章指挥，不违章作业，不违反劳动纪律。

二、主管方责任

1、坚持“安全第一，预防为主，综合治理；一岗双责”的管理原则；

2、健全部门组织机构，配足管理和技术人员；

3、为部门员工提供安全培训、技术保障支持；

4、为部门员工配齐安全防护用品，保证其安全工作环境；

图 7-3 部门签订安全生产责任书

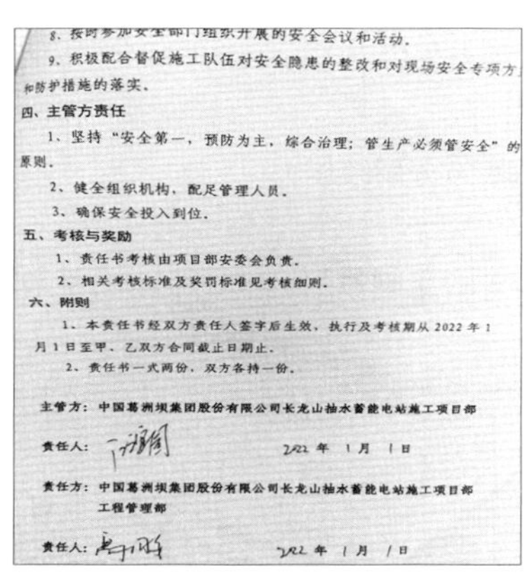

8、按时参加安全部门组织开展的安全会议和活动。

9、积极配合督促施工队伍对安全隐患的整改和对现场安全专项方案和防护措施的落实。

四、主管方责任

1、坚持“安全第一，预防为主，综合治理；管生产必须管安全”的原则。

2、健全组织机构，配足管理人员。

3、确保安全投入到位。

五、考核与奖励

1、责任书考核由项目部安委会负责。

2、相关考核标准及奖罚标准见考核细则。

六、附则

1、本责任书经双方责任人签字后生效，执行及考核期从 2022 年 1 月 1 日至甲、乙双方合同截止日期止。

2、责任书一式两份，双方各持一份。

主管方：中国葛洲坝集团股份有限公司长龙山抽水蓄能电站施工项目部

责任人：[签名] 2022 年 1 月 1 日

责任方：中国葛洲坝集团股份有限公司长龙山抽水蓄能电站施工项目部工程管理部

责任人：[签名] 2022 年 1 月 1 日

图 7-4　工点签订安全生产责任书

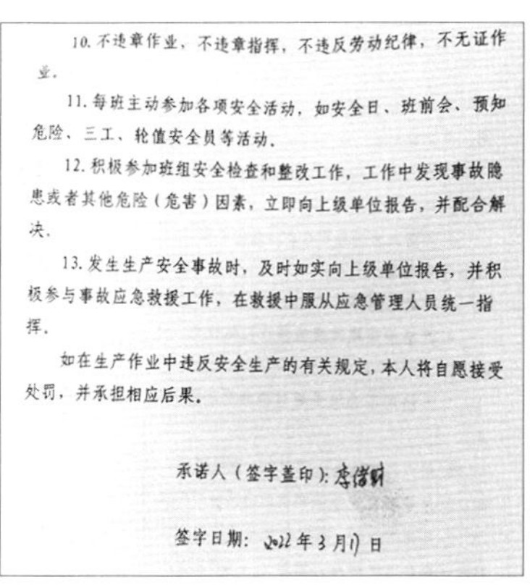

10. 不违章作业，不违章指挥，不违反劳动纪律，不无证作业。

11. 每班主动参加各项安全活动，如安全日、班前会、预知危险、三工、轮值安全员等活动。

12. 积极参加班组安全检查和整改工作，工作中发现事故隐患或者其他危险（危害）因素，立即向上级单位报告，并配合解决。

13. 发生生产安全事故时，及时如实向上级单位报告，并积极参与事故应急救援工作，在救援中服从应急管理人员统一指挥。

如在生产作业中违反安全生产的有关规定，本人将自愿接受处罚，并承担相应后果。

承诺人（签字盖印）：[签名]

签字日期：2022 年 3 月 1 日

图 7-5　班组签订安全生产承诺书

(2)安全教育培训制度

1)针对工程施工特点，对所有从事管理和生产的人员在施工前进行全面的安全教育，重点对专职安全员、班组长和从事特殊作业的操作人员进行培训教育(图 7-6、图 7-7)。

图 7-6　班组长安全培训

图 7-7　司驾人员安全培训

2)未经安全教育的施工管理人员和生产人员，不准上岗，未进行三级教育的新工人不准上岗(图 7-8、图 7-9)，变换工作或采用新技术、新工艺、新设备、新材料而没有进行培训的人员不准上岗。

图 7-8　返岗复工安全培训

图 7-9　新工人安全培训

3)特殊工种的操作人员需要进行安全教育、考核及复验，严格按照《特种作业人员安全技术考核管理规定》进行，考核合格获取操作证后方能持证上岗。对已取得上岗证的特种作业人员要进行登记，按期复审，并设专人管理。

4)不定期开展季节性、针对性专业培训(图7-10、图7-11)，提升现场管理人员、作业人员安全操作能力及安全意识。

图7-10　压力钢管安装运输安全培训

图7-11　防汛防台安全培训

(3)安全技术措施审查、交底、验收制度

在工程施工组织设计中，制定详细的施工安全技术措施，项目施工前，坚持每个单项工程都制定安全技术措施和审查、交底制度，确保施工生产中措施落实到位。对于危险性大、难度高的施工作业，均由工程技术部门制定详细施工方案，并经专家评审后在现场对管理人员及作业班组进行详细技术交底后才能组织施工。现场各项施工完毕后，必须经技术部、施工管理部、安全生产监督部等有关管理部门和作业单位联合验收合格后才能进入下一道工序。危大方案评审纪要见图7-12，监理方案审批表见图7-13，安全、技术交底见图7-14，现场安全交底表见图7-15，危大方案实施巡查表见图7-16，验收检查表见图7-17。

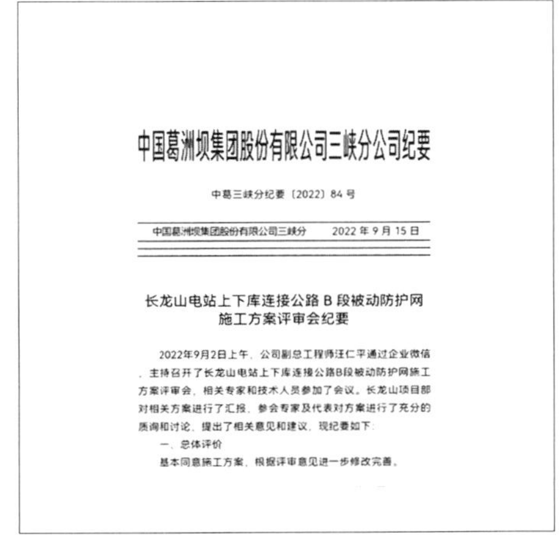

中国葛洲坝集团股份有限公司三峡分公司纪要

中葛三峡分纪要〔2022〕84号

中国葛洲坝集团股份有限公司三峡分　　2022年9月15日

长龙山电站上下库连接公路B段被动防护网施工方案评审会纪要

2022年9月2日上午，公司副总工程师汪仁平通过企业微信，主持召开了长龙山电站上下库连接公路B段被动防护网施工方案评审会，相关专家和技术人员参加了会议。长龙山项目部对相关方案进行了汇报，参会专家及代表对方案进行了充分的质询和讨论，提出了相关意见和建议，现纪要如下：

一、总体评价

基本同意施工方案，根据评审意见进一步修改完善。

图7-12　危大方案评审纪要

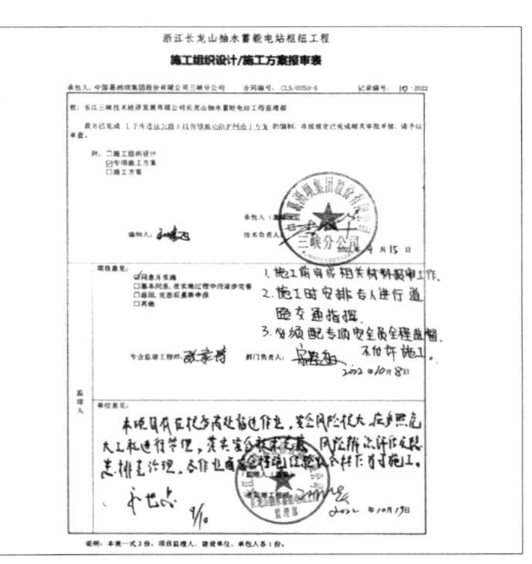

浙江长龙山抽水蓄能电站枢纽工程

施工组织设计/施工方案报审表

承包人：中国葛洲坝集团股份有限公司三峡分公司　　合同编号：CLS/0050-6　　记录编号：10-2022

附：□施工组织设计
☑专项施工方案
□施工方案

项目意见：
☑同意并实施
□基本同意，在实施过程中应逐步完善
□退回，完善后重新申报
□其他

1. 施工前完成相关材料报审工作。
2. 施工时安排专人进行道路交通指挥。
3. 必须配专职安全员全程监督。

2022年10月8日

监理人

单位意见：

2022年10月19日

说明：本表一式3份，项目监理人、建设单位、承包人各1份。

图7-13　监理方案审批表

图 7-14　安全、技术交底

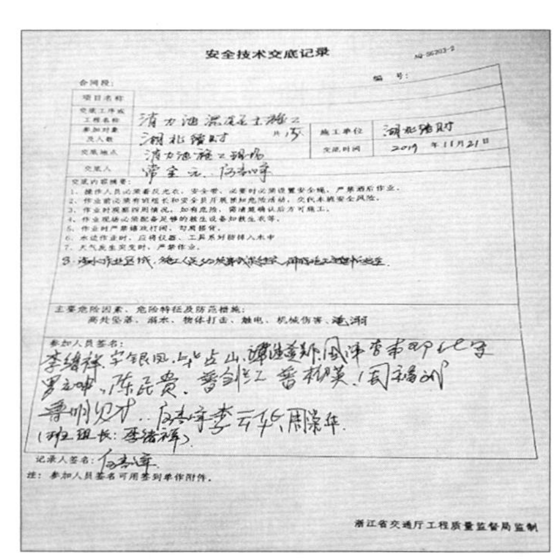

安全技术交底记录

合同段：　　编号：

项目名称			
交底工序或工程名称	清水池混凝土施工		
参加对象及人数	共15	施工单位	
交底地点		交底时间	2019年11月21日
交底人			

交底内容摘要：
1、操作人员必须着反光衣、安全帽，必要时必须设置安全绳，严禁酒后作业。
2、作业前必须有班组长和安全员开展班前危险活动，交代本班安全风险。
3、作业时观察四周情况，如有危险，需清楚确认后方可施工。
4、作业现场必须配备足够的救生设备和救生衣等。
5、作业时严禁嬉戏打闹、勾肩搭背。
6、水边作业时，应将仪器、工具系好防掉入水中
7、天气发生突变时，严禁作业。

主要危险因素、危险特征及防范措施：
高处坠落、溺水、物体打击、触电、机械伤害、淹溺

参加人员签名：

记录人签名：

注：参加人员签名可用签到单作附件。

浙江省交通厅工程质量监督局监制

图 7-15　现场安全交底表

危大工程安全专项施工方案实施巡查记录表

记录表编号：2022-11

巡查部位/方案名称	上下库连接公路被动防护网施工方案。		
巡查日期	2022.11.18.	技术负责人	
巡查人员			
方案实施情况、存在的问题及要求	起重吊装作业时，注意网端 设置警戒线，作业人员高处作业 应系好安全带。		
责任部门签字	施工管理部： 日期：2022.11.18	安全（质量）管理部： 日期：2022.11.18	

图 7-16　危大方案实施巡查表

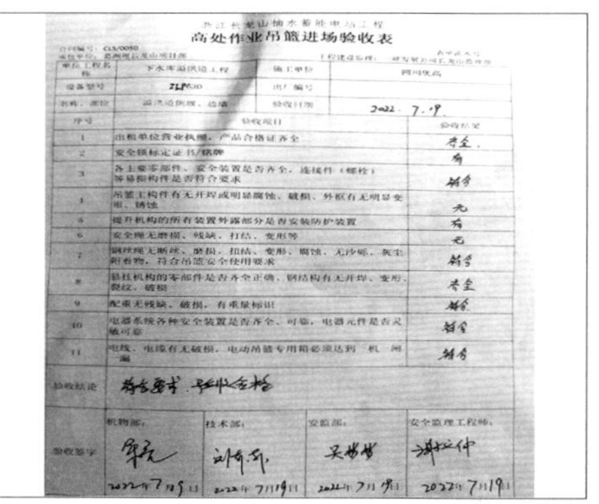

浙江长龙山抽水蓄能电站工程

高处作业吊篮进场验收表

合同编号：CLS/0050

单位工程名称	下水库溢洪道工程	施工单位	
设备型号	ZLP630	出厂编号	
名称、部位		验收日期	2022.7.19.

序号	验收项目	验收结果
1	出租单位营业执照、产品合格证齐全	齐全
2	安全锁标定证书/铭牌	有
3	各主要零部件、安全装置是否齐全，连接件（螺栓）等易损构件是否符合要求	符合
4	吊篮工构件有无开焊或明显腐蚀、破损，外框有无明显变形、锈蚀	无
5	提升机构的所有装置外露部分是否安装防护装置	有
6	安全绳无磨损、残缺、打结、变形等	无
7	钢丝绳无断丝、磨损、扭结、变形、腐蚀、无沙砾、灰尘附着物，符合吊篮安全使用要求	符合
8	悬挂机构的零部件是否齐全正确，钢结构有无开焊、变形、裂纹、破损	齐全
9	配重无残缺、破损，有重量标识	符合
10	电器系统各种安全装置是否齐全、可靠，电器元件是否灵敏可靠	符合
11	电线、电缆有无破损，电动吊篮专用箱必须达到一机一闸一漏	符合
验收结论	符合要求，验收合格	

验收签字	机物部： 2022年7月19日	技术部： 2022年7月19日	安监部： 2022年7月19日	安全监理工程师： 2022年7月19日

图 7-17　验收检查表

(4)安全风险辨识制度

按照《危险有害因素识别与评价管理制度》，项目部结合年度生产计划开展年度安全风险分析会，编制年度危险源辨识、风险评价及控制措施。每月坚持开展月度危险源动态辨识，并组织开展培训交底至作业班组，作业班组每班以开展班前会的形式对当班安全风险进行辨识交底。同时项目部大力开展应急能力建设工作，普及应急管理相关知识，组织应急管理知识考试，查找项目部应急管理上存在的隐患及不足，在巩固项目部安全生产基础的同时使应急管理能力更上一个台阶。安全风险分析纪要见图 7-18，安全风险分析会见图 7-19。

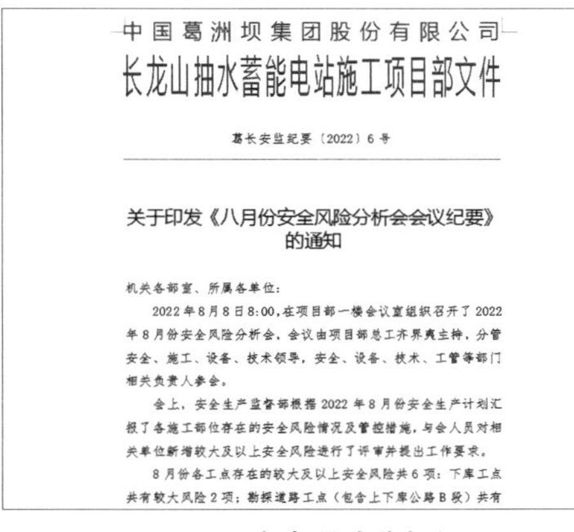

中国葛洲坝集团股份有限公司
长龙山抽水蓄能电站施工项目部文件

葛长安监纪要〔2022〕6号

关于印发《八月份安全风险分析会会议纪要》的通知

机关各部室、所属各单位：

2022年8月8日8:00，在项目部一楼会议室组织召开了2022年8月份安全风险分析会，会议由项目部总工齐界夷主持，分管安全、施工、设备、技术领导，安全、设备、技术、工管等部门相关负责人参会。

会上，安全生产监督部根据2022年8月份安全生产计划汇报了各施工部位存在的安全风险情况及管控措施，与会人员对相关单位新增较大及以上安全风险进行了评审并提出工作要求。

8月份各工点存在的较大及以上安全风险共6项：下库工点共有较大风险2项；勘探道路工点（包含上下库公路B段）共有

图7-18　安全风险分析纪要

图7-19　安全风险分析会

（5）隐患排查治理制度

项目部除按照日巡查、周专项检查、月综合检查、季体系检查的检查制度开展安全检查工作外，同时还全面启用高千及云建造安全隐患排查系统，实现了全覆盖、无遗漏，隐患治理定人、定时、定措施，切实做到“小隐患不过夜、大隐患限期改”。针对危大工程，各项施工均按要求编制施工方案及安全技术措施，严格按照既定的风险管控措施对各项风险进行管控，项目部定期由总工带队对方案现场执行情况进行检查，同时在现场设立危大工程安全生产责任公示牌，确保责任到人、措施到位，保证各项风险始终处于受控状态。隐患闭合验收表见图7-20安全月度综合检查见图7-21，项目总工安全检查见图7-22，安全隐患清单见图7-23。

附件1

隐患整改验收表

序号	隐患部位	隐患具体情况	整改要求	整改完成情况	隐患整改验收意见	
					施工（运行）单位	监理单位
1	葛洲坝营地	空调外机搭设拖把头，潮湿拖把容易引发触电事故	拆除空调外机异物	已按要求对外机异物清理	验收意见 已整改 实施部门：[illegible] 监督部门：[illegible]	验收意见 已整改 项目管理部门：[illegible] 安全监督部门：[illegible]
2	葛洲坝营地	办公区、楼梯、生活区等无消防应急疏散指示标志	按要求增设消防应急指示牌	已按要求增设消防应急指示牌	验收意见 已整改 实施部门：[illegible] 监督部门：[illegible]	验收意见 已整改 项目管理部门：[illegible] 安全监督部门：[illegible]
3	葛洲坝营地	办公区、住宿区部分灭火器压力不足	检查全部灭火器，不满足的及时更换	已对压力不足灭火器更换	验收意见 已整改 实施部门：[illegible] 监督部门：[illegible]	验收意见 已整改 项目管理部门：[illegible] 安全监督部门：[illegible]

图7-20　隐患闭合验收表

图7-21　安全月度综合检查

图7-22　项目总工安全检查

葛洲坝长龙山项目部隐患排查治理台账（2021年1月）							
检查时间	隐患分类	隐患部位	隐患内容	隐患等级	整改要求	整改情况	整改时间
2020.12.23	触电	赤坞砂拌系统	1、赤坞砂拌系统内配电箱未接地，使用空气开关，私搭乱接。 2、赤坞砂石系统配电室未关门上锁。 3、赤坞砂拌系统通道泥泞、积渣未清。	一般	1、严格落实“一机一闸一漏”用电要求，加强日常用电检查。 2、立即关门上锁，加强日常管理。 3、立即做好现场清理工作。	已加强用电检查、日常管理，现场已清理	2021.1.5
2020.12.23	文明施工	下库大坝	作业面工器具、线缆杂乱，安全文明施工情况较差。	一般	保持文明施工	保持文明施工	2021.1.5
2020.12.23	高处坠落	引水下平洞	排架施工临边无防护	一般	及时进行拦挡防护	已经进行拦挡防护	2021.1.5
2020.12.23	文明施工	勘探道路	3#隧道路面积水严重，文明施工情况较差	一般	及时排水垫渣，改善文明施工环境	已整改	2021.1.5
2020.11.19	文明施工	5#渣场	渣场存在通过渣体排水现象。	一般	加强管理，将水体引排至截排水沟内，严禁通过渣体排水。	已将水体引排至截排水沟内。	2021.1.5
2020.11.19	文明施工	上下库连接公路沿线	部分排水沟未顺接完成或破损。	一般	修补完善排水沟，保证排水通畅。	已修补完善排水沟，保证排水通畅。	2021.1.5
2020.12.22	物体打击	上下库连接公路B段	BK4+480段边坡挂渣未清理。	一般	及时清理边坡挂渣。	边坡挂渣已清理。	2021.1.5
2021.1.20	文明施工	赤坞渣场	废油洒漏、污染场地	一般	清除场地油污，加强管理。	现场已对油污场地进行清除，并加强管理。	2021.1.21
2021.1.20	文明施工	赤坞渣场	收集池清理不及时，运行维护不到位。	一般	及时清理，加强运行维护管理。	现场已对收集池进行清理，并加强运行维护。	2021.1.21
2021.1.20	文明施工	赤坞渣场	污泥堆存有外溢风险，隐患较大。	一般	立刻停止污泥堆存，及时将现存污泥进行运转，并加强日常检查。	现场停止了污泥堆放，已将现存污泥运转至专门场地堆存，并加强日常检查。	2021.1.21
2021.1.20	文明施工	上下库连接公路B段	存在洒水降尘频次不足，尤其是重载车通过该道路时，道路扬尘严重。	一般	尽量减少路面积水，保持路面湿润，尽可能减少道路扬尘。	现场已加强洒水降尘频次，确保洒水降尘效果。	2021.1.21
2021.1.25	环水保	上下库连接公路B段	BK4+800~BK4+900段边坡压覆盖迟迟未施工，进度严重滞后。	一般	要求增加人员设备，推进压覆盖治理	边坡干砌石和挂渣清理均已完成，年后气温回升开始覆土绿化。	2021.1.28
2021.1.25	高处坠落	下水库大坝	未按照方案要求设置临边防护。	一般	按照方案要求设置临边防护。	现场已按照要求设置了临边防护。	2021.1.28
2021.1.25	高处坠落	导流泄放洞启闭机房	闸门井上部未设置盖板，物件掉落可能影响闸门提升安全	一般	增设盖板，防止物件掉落。	现场已增设了盖板，防止物件掉落。	2021.1.28
			配电箱一闸多机，线路凌乱，模板等易燃				

图 7-23　安全隐患清单

（6）承（分）包安全管理制度

项目部在招标阶段，严格按主标合同和长龙山公司相关规定对分包方的相应资质和能力进行审核把关，均依法与分包方签订分包合同和安全生产协议书，明确双方安全生产责任和义务。同时项目部加强分包商人员、设备审核工作、队伍进场管理工作，主要对分包商营业执照、安全生产许可证、建筑施工资质、机构成立文件、人员资质、授权委托书等进行审查，再报送监理、业主进行审批；队伍进场提供现场主要管理人员、班组长、特殊工种等人员明细，与招投标文件进行核对，若存在现场管理人员与投标文件不符或人员不足的现象，要求队伍进行人员变更或补充人员后才能进场作业；项目部与协作单位签订代发工资协议，由项目部直接对作业人员发放工资，确保工资及时发放至作业人员。同时针对进场设备，严格开展进场验收工作，安全部门与机电部门联合对进场设备进行验收，对安全状况无法满足生产需求的设备应严禁进场。施工吊篮四方联合验收见图 7-24，验收签证表见图 7-25。

图 7-24　施工吊篮四方联合验收

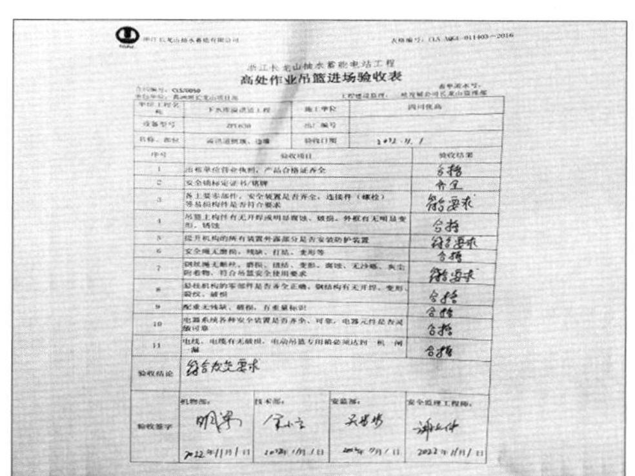

浙江长龙山抽水蓄能电站工程

高处作业吊篮进场验收表

序号	验收项目	验收结果
1	出租单位营业执照、产品合格证齐全	合格
2	安全锁标定证书/铭牌	齐全
3	各主要承部件、安全装置是否齐全、连接件（螺栓）等易损构件是否符合要求	符合要求
4	吊篮上构件有无开焊或明显腐蚀、破损，外框有无明显变形、锈蚀	合格
5	提升机构的所有装置外露部分是否安装防护装置	符合要求
6	安全绳无磨损、残缺、打结、变形等	合格
7	钢丝绳无断丝、磨损、扭结、变形、腐蚀、无沙眼、夹尘附着物，符合吊篮安全使用要求	符合要求
8	悬挂机构的零部件是否齐全正确，钢结构有无开焊、变形、裂纹、破损	合格
9	配重无残缺、破损，有重量标识	合格
10	电器系统各种安全装置是否齐全、可靠，电器元件是否灵敏可靠	合格
11	电线、电缆有无破损，电动吊篮专用箱必须达到一机一闸一漏	合格
验收结论	符合规定要求	

图 7-25　验收签证表

(7)安全事故责任追究制度

在工程施工过程中,按月进行安全工作的评定并通报,实行重奖重罚。严格执行建设部颁布的安全事故报告制度,按要求及时报送安全报表和事故调查报告书。对项目部发生的每一起险情、安全事故,都必须将事故责任追究到底,直到所有预防措施全部落实,所有责任人全部得到处理,所有职工都吸取了事故教训。月度安全卫士见图7-26。

图7-26　月度安全卫士

7.3　重点部位施工安全管理

7.3.1　洞室施工安全管理

长龙山抽水蓄能电站项目包含三大洞室开挖支护施工及勘探道路隧道施工,项目部利用工点制,安排洞室作业经验丰富的管理人员,同时每班设置专职安全管理人员对洞室施工进行全过程安全管理。洞室开挖过程中项目部严格按照"一炮一支护"原则进行支护,同时成立地质小组,对洞室地质条件进行监控检查,每周召开地质专题会,对可能出现的地质缺陷进行预判,确定预控措施,并予公布、执行,对存在岩爆易发洞段采取洒水、控制爆破参数等岩爆预防措施,并及时进行支护,同时加强日常巡查,存在掉块部位及时设置警戒区域和警示标志。

为规范项目部地下洞室群爆破管理,确保相邻洞室爆破作业安全,规范爆破管理程序和操作行为,项目部制定《洞室开挖安全管理规定》,同时成立爆破作业领导小组与爆破作业指挥小组,确保了爆破作业管理责任到人。对于相邻爆破作业,项目部成立相邻爆破洞室爆破联动小组,由项目部工点负责人、各作业部位负责人及安全员、各作业队伍现场负责人及安全员组成。以项目部工点负责人为组长、各作业部位负责人为副组长,其他为成员,实施爆破作业前填写"相邻洞室爆破通知单",提前5h以书面形式通知相邻作业单位,并由被通知人员签字确认。项目部于施工现场设置炸药车临时存放点,内部设置视频监控系统,并采用"双锁"制,保证爆炸的存储安全。爆破作业"四大员"均持证上岗,爆破作业过程中由各单位安排指定人员对各部位进行警戒,各作业部位负责人在确认各相邻部位人员、机械设备全部撤离的情况下方可进行爆破作业。同时项目部爆破作业实行作业票及爆破监理制度,所有爆破作业均由工程监理及爆破监理签字审批，并对炸药“领、用、退”整个过程实施全程视频监控。爆破完成后由爆破公司及项目部安全员联合对爆破作业部位安全状况进行检查，及时对盲炮进行处理，确认安全后方可解除警戒。保证了爆破作业各环节检查监控到位，确保人员、设备安全。爆破管理文件见图 7-27，爆破及安全检查表格见图 7-28。

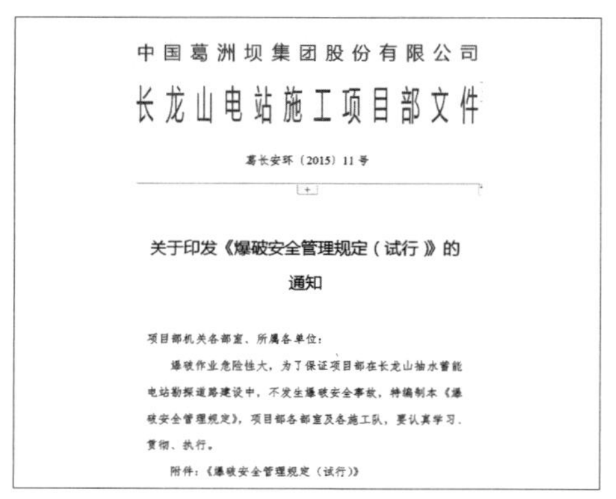
中国葛洲坝集团股份有限公司

长龙山电站施工项目部文件

葛长安环〔2015〕11 号

关于印发《爆破安全管理规定（试行）》的通知

项目部机关各部室、所属各单位：

爆破作业危险性大，为了保证项目部在长龙山抽水蓄能电站勘探道路建设中，不发生爆破安全事故，特编制本《爆破安全管理规定》，项目部各部室及各施工队，要认真学习、贯彻、执行。

附件：《爆破安全管理规定（试行）》

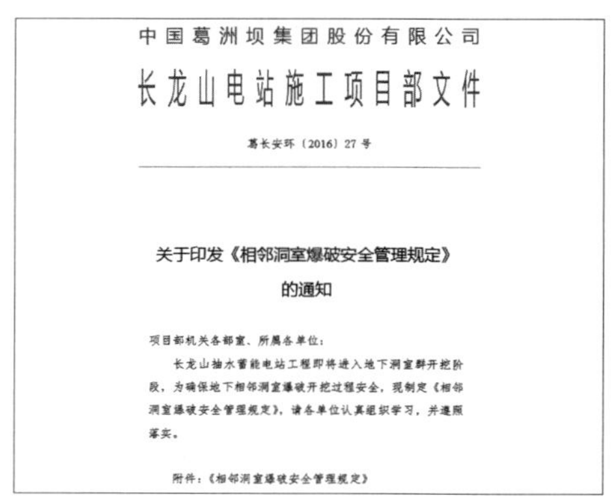
中国葛洲坝集团股份有限公司

长龙山电站施工项目部文件

葛长安环〔2016〕27 号

关于印发《相邻洞室爆破安全管理规定》的通知

项目部机关各部室、所属各单位：

长龙山抽水蓄能电站工程即将进入地下洞室群开挖阶段，为确保地下相邻洞室爆破开挖过程安全，现制定《相邻洞室爆破安全管理规定》，请各单位认真组织学习，并遵照落实。

附件：《相邻洞室爆破安全管理规定》

图 7-27　爆破管理文件

洞挖爆破作业申请表

合同编号：cls/0005　　单元工程编码：12-02-01-0001　　表单流水号：

承包单位：葛洲坝长龙山项目部　　工程建设监理：三峡发展公司三峡建设部长龙山项目监理部

爆破安全监理：浙江振冲岩土工程有限公司

单位工程名称	地下厂房系统土建工程	分部工程名称	通风兼安全洞
分项工程名称	土石方开挖	单元工程名称	土石方开挖第一单元
桩号		高程	
爆破类型	预裂爆破	总药量	kg
孔深	m	孔距	
炸药种类	乳化炸药	起爆方式	电雷管
经检查，符合以下爆破作业条件，方可进行爆破申请：1. 有爆破设计，包括孔深、孔距、钻孔角度等符合爆破设计要求；2. 炸药、雷管数量以及类别符合爆破设计要求；3. 已明确爆破防护措施；4. 已明确爆破对相邻洞室及相邻施工单位影响的控制措施。			
施工承包单位检查意见	施工部门意见	现场负责人：　年　月　日　时　分	
	技术部门意见	现场负责人：　年　月　日　时　分	
	安全部门意见	现场负责人：　年　月　日　时　分	
相邻方意见	现场负责人：　年　月　日　时　分		
工程建设监理安全许可意见	签字：　年　月　日　时　分		
爆破安全监理安全许可意见	签字：　年　月　日　时　分		

爆破作业过程控制安全检查表

合同编号：cls/0005　　表单流水号：

承包单位：葛洲坝长龙山项目部　　爆破安全监理：浙江振冲岩土工程有限公司

单位工程名称	地下厂房系统土建工程	分部工程名称	通风兼安全洞		
分项工程名称	土石方开挖	高程		桩号	

检查项目	检查要点	检查结果：符合	存在问题	整改要求	整改时限
A 落实规章制度	A1. 爆破作业应严格遵守爆破安全规程及爆破器材管理规定	□符合　□不符合			
	A2. 爆破作业过程是否按照爆破“四证”管理制度要求，进行安全检查确认签证许可	□符合　□不符合			
	A3. 爆破作业人员是否持有爆破作业许可证	□有　□无			
	A4. 作业前是否对全体作业人员进行安全技术交底	□已交底　□未交底			
	A5. 班前会、预知危险活动是否按要求开展	□开展　□未开展			
	A6. 遇到五级以上大风、雷雨、浓雾等恶劣天气，是否停止露天爆破作业	□是　□否			
B 钻孔作业	B1. 作业部位的危石、浮石是否已清撬处理彻底	□已处理　□未处理			
	B2. 残孔应经过检查处理，孔内无残留雷管、炸药	□符合　□不符合			
	B3. 边坡临边及作业平台防护是否符合安全要求	□符合　□不符合			
	B4. 作业人员是否按规定要求佩戴安全防护用品	□是　.□否			
	B5. 钻孔完工是否经过质量部门检查验收	□已验收　□未验收			
C 爆破器材现场领用	C1. 爆破器材现场设立专门存放点，设置警戒警示标志，炸药与雷管组分开存放，并有专人看护	□符合　□不符合			
	C2. 应建立“现场爆破器材领退台帐”，严格执行爆破员签字领用爆破器材制度，现场应做到谁签字谁负责，无爆破器材遗失或丢失现象	□符合　□不符合			
	C3. 现场应设置专门的保管人员，建有领取、退还登记账目，并符合相关规定要求	□符合　□不符合			
D 爆破器材加工	D1. 爆破器材加工作业人员是否按要求着装，不应穿戴易产生静电的衣服，禁止使用手机和携带电子打火机	□符合　□不符合			
	D2. 切割导爆索、拆包、捆扎炸药是否按要求使用专用工器具，防止产生火花	□是　□否			
	D3. 加工起爆药包严格按规定程序和要求操作	□符合　□不符合			
E 装药与 / E1 露天	E1-1. 装药前，工作面非爆破作业人员和机械设备是否撤离至指定安全地点或采取防护措施	□是　□否			

图 7-28　爆破及安全检查表格

7.3.2　引水系统施工安全管理

长龙山抽水蓄能电站引水下斜井直线段长为 389.3m，且斜井角度为 58°，施工难度及安全风险较大，按照“风险分级管控”要求，项目部将此项目作为重大风险管控项目。

项目部按照管理措施及技术措施两个方面对风险进行防控：①制定《斜井施工安全

管理规定》，明确卷扬系统、载人小车系统操作及检修维护人员的责任及义务；②制定《斜井施工特殊工序风险防控措施》，同时制定标识牌悬挂至作业部位明显位置，规范作业人员行为；③施工现场设置醒目的安全标识、警示和信号；④卷扬机提升系统由持证人员操作，并立定管理责任单位及责任人；⑤一体化台车、卷扬机提升系统、运输小车、人员上下梯道均经过验收后方可投入使用并明确载荷及使用注意事项，同时购置钢丝绳探伤仪，并由责任单位、责任人开展日常运行管理、检修、维护、保养；⑥制定并落实“钢丝绳周、月、季检查记录表”“定位和防撞装置周检查记录表”“人员上下斜井登记表”等安全专项表格；⑦井内设置视频监控系统，对井内安全状况进行实时监控。

除以上较大风险项目类型采取防控措施外，其他风险还包括上下立体交叉部位、堵井处理、人工扒渣、堵井封闭等，项目部均针对风险制定相对应的安全管理及技术措施，如针对不同工序与引水下平系统存在立体交叉（溜渣等），项目部建立微信群，实时对上下作业进行申报、监控；针对压力钢管下放过程，对安全管理人员全程进行监控，每下放1m，对整个提升系统进行全面检查；对于斜井作业人员（备仓、浇筑等），上下过程中人员配置安全绳及自锁器，确保各个环节管控到位。

项目部在保证施工安全的同时，大力开展引水一线文明施工及标准化建设，从作业人员管理、风水管线布设、标识标牌挂设、值班室建设、环境治理、材料堆放等方面入手，现场设置班前活动讲台，严格落实班前会制度；操作规程及制度上墙；现场设置员工休息区、文化灯箱、工序灯箱等；严格执行人员下井登记制度；现场设置材料堆放区，严格落实工完场清等。斜井安全文件见图 7-29，斜井安全批复见图 7-30，斜井卷扬机围挡见图 7-31，下井人员登记见图 7-32，钢丝绳三方检查见图 7-33，井下监控见图 7-34，安全交底见图 7-35，平台文明施工见图 7-36。

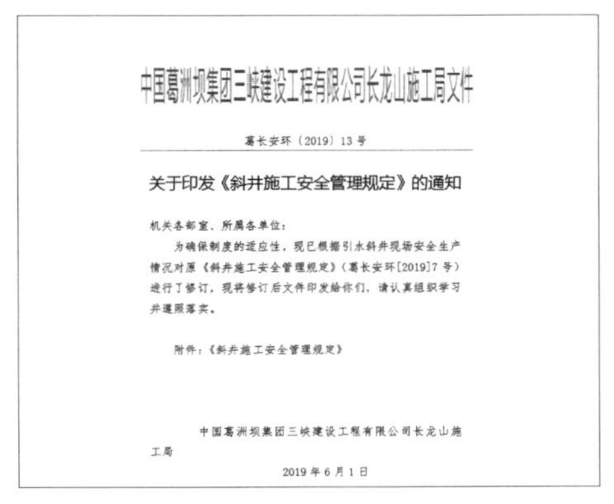

中国葛洲坝集团三峡建设工程有限公司长龙山施工局文件

葛长安环〔2019〕13 号

关于印发《斜井施工安全管理规定》的通知

机关各部室、所属各单位：

为确保制度的适应性，现已根据引水斜井现场安全生产情况对原《斜井施工安全管理规定》（葛长安环[2019]7 号）进行了修订，现将修订后文件印发给你们，请认真组织学习并遵照落实。

附件：《斜井施工安全管理规定》

中国葛洲坝集团三峡建设工程有限公司长龙山施工局

2019 年 6 月 1 日

图 7-29　斜井安全文件

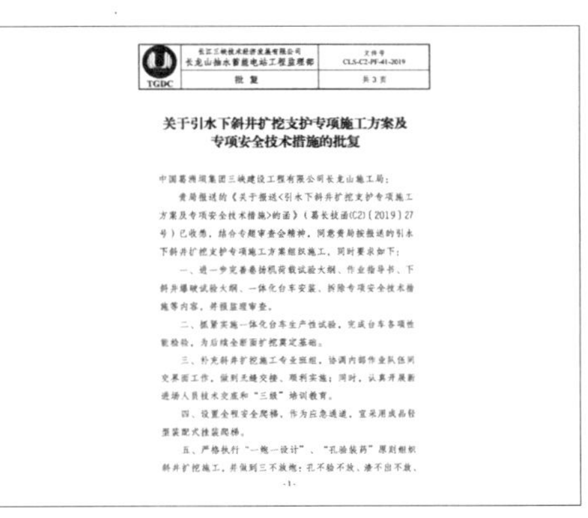

TGDC	长江三峡技术经济发展有限公司 长龙山抽水蓄能电站工程监理部	文件号 CLS-C2-PF-41-2019
	批　复	共 3 页

关于引水下斜井扩挖支护专项施工方案及专项安全技术措施的批复

中国葛洲坝集团三峡建设工程有限公司长龙山施工局：

贵局报送的《关于报送<引水下斜井扩挖支护专项施工方案及专项安全技术措施>的函》（葛长技函(C2)〔2019〕27 号）已收悉，结合专题审查会精神，同意贵局按报送的引水下斜井扩挖支护专项施工方案组织施工，同时要求如下：

一、进一步完善卷扬机荷载试验大纲、作业指导书、下斜井爆破试验大纲、一体化台车安装、拆除专项安全技术措施等内容，并报监理审查。

二、抓紧实施一体化台车生产性试验，完成台车各项性能检验，为后续全断面扩挖奠定基础。

三、补充斜井扩挖施工专业班组，协调内部作业队伍间交界面工作，做到无缝交接、顺利实施；同时，认真开展新进场人员技术交底和“三级”培训教育。

四、设置全程安全爬梯，作为应急通道，宜采用成品轻型装配式挂装爬梯。

五、严格执行“一炮一设计”、“孔验装药”原则组织斜井扩挖施工，并做到三不放炮：孔不验不放、渣不出不放、

-1-

图 7-30　斜井安全批复

图 7-31 斜井卷扬机围挡

图 7-32 下井人员登记

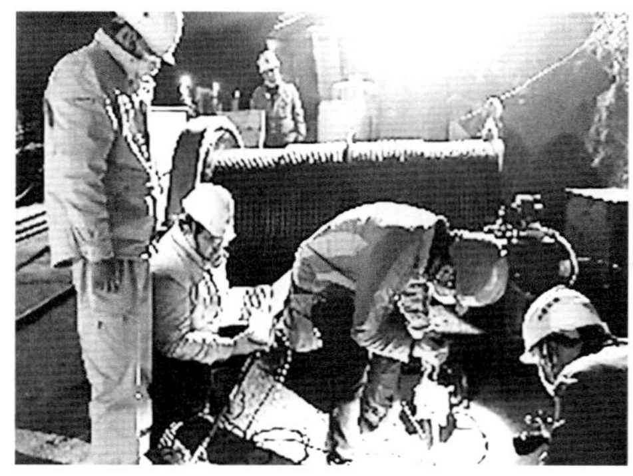

图 7-33 钢丝绳三方检查

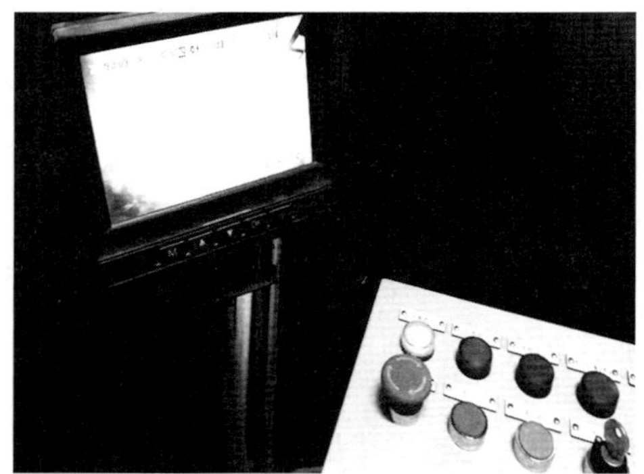

图 7-34 井下监控

图 7-35 安全交底

图 7-36 平台文明施工

7.3.3 下水库大坝面板施工安全管理

根据有关法规并结合面板、趾板混凝土施工等特点，项目部制定《混凝土面板堆石坝施工安全操作规程》，在此基础上针对面板等混凝土施工重点，对测量放样、坡面整修、挤压边墙施工、钢筋加工、钢筋运输及安装、铜止水加工及安装、滑模安装、溜槽安装、卷扬机安装、卷扬机操作等项目和工序的施工安全制定了相对应的安全操作规程。

1)混凝土面板浇筑前的材料下放、滑槽安装、坡面修整等大量准备工作均在大坝坝坡上进行，安全风险大，作业人员均按要求配置安全带及安全绳，施工期间项目部设置专门的安全检查和警戒人员，发现不安全因素，及时处理，以免在施工作业面上的机械和人员出现滑落和滚落而受到伤害。面板施工安全措施见图7-37，面板外观见图7-38。

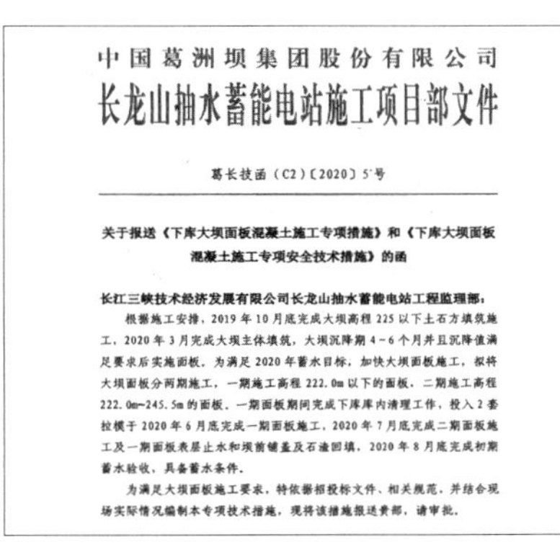

中国葛洲坝集团股份有限公司
长龙山抽水蓄能电站施工项目部文件

葛长技函（C2）〔2020〕5号

关于报送《下库大坝面板混凝土施工专项措施》和《下库大坝面板混凝土施工专项安全技术措施》的函

长江三峡技术经济发展有限公司长龙山抽水蓄能电站工程监理部：

根据施工安排，2019年10月底完成大坝高程225以下土石方填筑施工，2020年3月完成大坝主体填筑，大坝沉降期4~6个月并且沉降值满足要求后实施面板。为满足2020年蓄水目标，加快大坝面板施工，拟将大坝面板分两期施工，一期施工高程222.0m以下的面板，二期施工高程222.0m~245.5m的面板。一期面板期间完成下库库内清理工作，投入2套拉模于2020年6月底完成一期面板施工，2020年7月底完成二期面板施工及一期面板表层止水和坝前铺盖及石渣回填，2020年8月底完成初期蓄水验收，具备蓄水条件。

为满足大坝面板施工要求，特依据招投标文件、相关规范，并结合现场实际情况编制本专项技术措施，现将该措施报送贵部，请审批。

图7-37　面板施工安全措施

图7-38　面板外观

2)混凝土浇筑采用滑模、溜槽和卷扬机械等设施，也处于坝坡上，在吊装就位时，工作地段设专人监护，设备运行过程中下方人员和车辆不得穿行；施工设备上附属的小工作平台、踏板等，其承载量不得超过额定的要求，并在现场挂牌标明；同时，项目部每班安排专人对卷扬系统、混凝土管路、溜槽等进行检查，发现隐患及时进行处理。

大坝面板施工期间，处于高温季节时，项目部在大坝设立休息棚，配置各类防暑降温药品及酸梅汤等防暑凉茶，同时采取错峰施工等方式，保证防暑风险受控。

7.3.4　安全文明施工管理创新措施

1)为进一步提升违章人员的安全意识，于施工现场设置违章反省室(图7-39)，组织违章人员反省、学习。

2)项目部购置3台执法记录仪(图7-40)对现场安全管理情况进行全程记录，进一步提升管理人员履职能力的同时，也为安全管理留下原始影像。

3)利用无人机对安全检查人员难以到达及距离较远的部位进行拍摄检查，在确保安全检查人员自身安全的前提下极大地提高了事故隐患排查的效率(图7-41)。

4)建立安全体验馆通过各类培训提高了项目部各级人员安全意识，增强了安全操作技能(图7-42)。

5)实行清单化管理，制定周安全工作计划，定责任人、定时限完成，未完成工作实行汇报、考核制度，保证了工作完成率及完成成效(图7-43)。

图 7-39　违章反省室

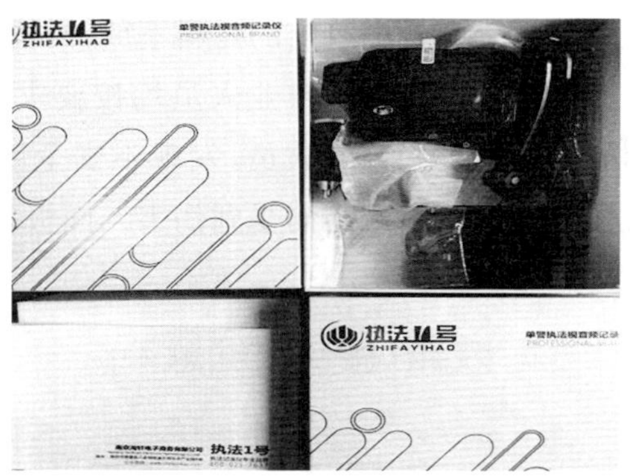

图 7-40　执法记录仪

图 7-41　无人机检查

图 7-42　安全体验馆

安全生产监督部一周重点工作完成情况
（3月21日——3月27日）

安全生产监督部一周重点工作安排
（3月28日——4月3日）

图 7-43　安全工作清单

7.4　结语

7.4.1　管理亮点

项目部在整个项目建设过程中始终坚持“安全第一、预防为主、综合治理”的方针，在建立有效的安全管理、监督体系的基础上，通过采用无人机检查，保证人员安全的同时大幅提升了检查效率；采用执法记录仪为安全管理留下原始影像；设置违章反省室、安全体验馆，进一步增强违章人员安全意识；实行清单化管理，制订周安全工作计划，定责任人、定时限完成，有效保证了工作完成率及完成成效，实现了最初制定的安全生产目标，未发生一般及以上生产安全事故，整体安全生产形式可控、受控。

7.4.2　存在的不足及改进建议

虽然在安全生产上取得了一定的成绩，但是安全生产的基础仍然薄弱、作业现场管控存在不足、安全生产激励和约束效果偏弱问题仍然存在。针对上述存在的问题，下一步重点围绕以下几个方面开展工作：

1)按照国家相关规范要求配备专(兼)职安全员；

2)深入开展作业人员参与的事故隐患排查工作，严格执行对施工现场违章、管理人员不作为等情况的连带问责机制；

3)加强人员安全培训，落实三级安全教育制度及安全承诺制度，做好培训档案收集管理。

第 8 章　施工环水保管理与控制

8.1　概述

自长龙山项目部成立以来，始终将环境保护与水土保持工作列为项目管理工作的重中之重，长龙山项目部结合地方特点，完善了环境保护与水土保持管理体系，加大了环境保护与水土保持投入，运用检查、培训、监测等多种管理措施及设置三级沉淀（沙）池、排水沟、挡墙、涵管、声屏障等工程措施，确保了长龙山项目部在全国环境要求最高的浙江省安吉县取得环境零投诉的好成绩。

8.2　施工环水保管理体系

为贯彻落实国家建设项目环境保护和水土保持的法律法规，以及浙江长龙山抽水蓄能有限公司关于环境保护与水土保持各项制度文件要求，长龙山项目部首先从体系建设及制度建立入手，成立了以项目经理为主任的项目部环境保护与水土保持管理委员会，设立质量环保部作为环境保护与水土保持归口管理部门，配置专职环境管理人员。长龙山项目部每年与各部门、工点、二级单位、协作队伍签订环境责任书，同时根据法律法规及业主相关要求，累计制定环境保护与水土保持制度文件 20 余份，各项环水保施工均编制有环境保护与水土保护方面施工（技术）方案，并经监理审批后实施，从制度及规范上使项目部环境保护与水土保持工作有章可循、有法可依。环境保护与水土保持管理体系网络见图 8-1，环水保文件见图 8-2，环水保法规文件见图 8-3，环境减排责任书见图 8-4。

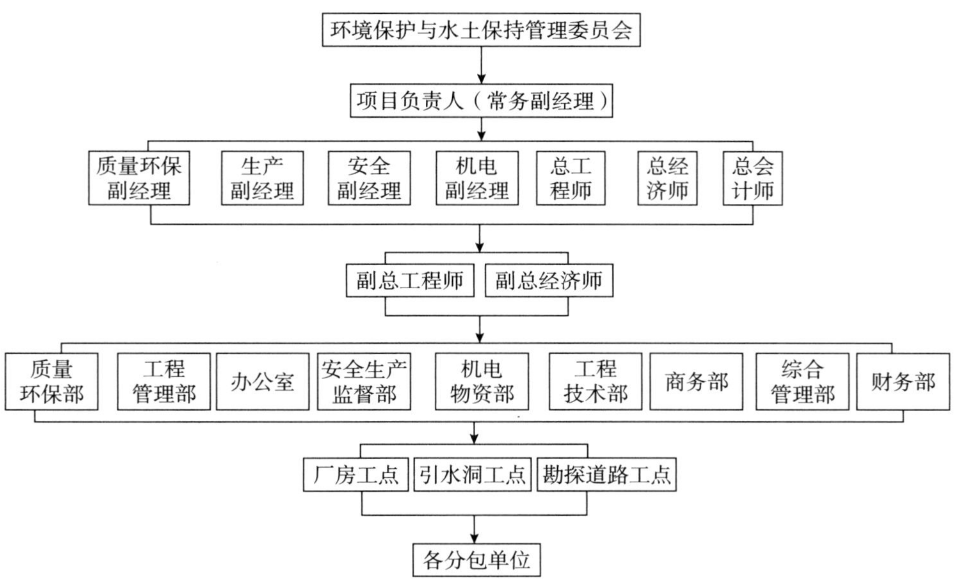

图 8-1　环境保护与水土保持管理体系网络

图 8-2　环水保文件

图 8-3　环水保法规文件

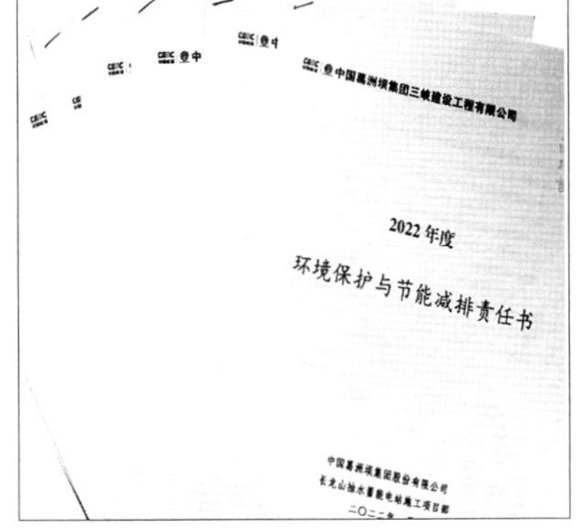

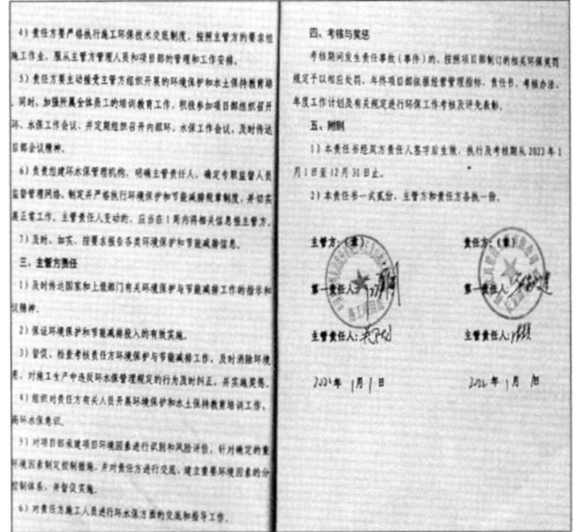

图 8-4　环境减排责任书

8.3 施工环水保管理

8.3.1 陆生生态保护措施

项目建设初期，不可避免对生态环境造成影响，项目部持续做好对陆生生态的保护工作。对于陆生生态保护，一方面对大型珍稀树木进行移栽，采取加装竹夹板保护，防止被滚落石块砸伤；另一方面对压覆盖部位撒草籽覆绿，渣场周围土质边坡铺种植草毯进行绿化。

8.3.2 水环境保护措施

项目部砂石料加工系统为赤坞砂石料加工系统。其废水处理采用细颗粒浓缩加带式压滤机，对废水进行净化处理后进行回用，废水回用率达到 100%(图 8-5)。

项目部为规范各洞室施工废水处理措施，各洞室统一采取三级沉淀池法和化学沉淀法对洞内废水进行沉淀，并对淤积物不定期清理，水质满足环保要求后二次利用及用于场内洒水降尘，保证废水不外排(图 8-6 至图 8-8)。

图 8-5　赤坞污水处理系统

图 8-6　三级沉淀池

图 8-7　压滤设备

图 8-8　净化后水质

8.3.3　环境空气保护措施

针对环境空气保护，施工期间项目部要求出渣车辆全部进行遮盖，定期对渣车遮盖情况进行检查，并于各施工部位主路段设置洗车平台，同时项目部配有洒水车 3 台(2 台为购置，1 台为租用)，分别对厂房及下水库一线道路、引水洞工点入场道路(银坑)进行洒水降尘，高峰期洒水频次为 4 次/天。同时在场内关键路段两侧装设喷淋装置，利用经砂石系统处理后的废水对其进行洒水降尘，确保道路扬尘得到控制。

混凝土系统中水泥罐采用顶部设置集尘器以收集粉尘，砂拌系统区域内路面硬化，以减少粉尘污染，砂拌系统内部采用封闭式车间构造减少粉尘外排，及时进行人工喷淋降尘或安装喷淋装置。

压力钢管厂除锈车间配备脉冲式除尘设备，及时对粉尘进行处理回收。

露天开挖钻孔施工采用“湿式”钻孔，减少钻孔扬尘产生，洞内钻孔及爆破作业产生的废气及粉尘采用排风机抽排，并配合洒水降尘(图 8-9、图 8-10)，且项目部每周开展洞内空气质量检测(包括有毒有害气体检测、氧气浓度检测)，确保环境空气满足规定标准。

图 8-9　道路喷淋降尘

图 8-10　场内洒水降尘

8.3.4　声环境保护措施

项目部承建的长龙山抽水蓄能电站工程部分标段距离居民区较近，施工中产生的噪声可能对周围居民生产生活带来不利影响，同时对施工作业人员职业健康造成危害。对此，项目部场内离村庄较近部位采取声屏障的方式以减少噪声的外排(图 8-11)，同时加强源头管控，压力钢管厂设置封闭式厂房、选择低噪声施工设备(低噪声进口风机或安装消音装置等)、监控爆破噪声优化爆破参数、合理安排施工作业时间，车辆在居民区行驶及夜间行驶禁止鸣笛等多项措施确保施工噪声达标排放。噪声监测见图 8-12。

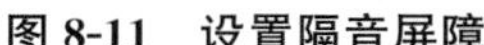
图 8-11　设置隔音屏障

图 8-12　噪声监测

8.3.5　固体废弃物处置措施

项目部于施工现场设置垃圾桶规范现场生活垃圾的收集，同时与天荒坪横路村垃圾回收站取得联系，不定期安排专用车辆对工区内垃圾进行回收(图 8-13)。为确保危险废物的安全处理，避免对周围环境带来恶劣影响，项目部与专业处理公司签订危险废物委托处置协议(图 8-14)，定期对危险废物进行处理(危险废物临时存放点，首个通过环保部门验收)。

图 8-13　固废物回收

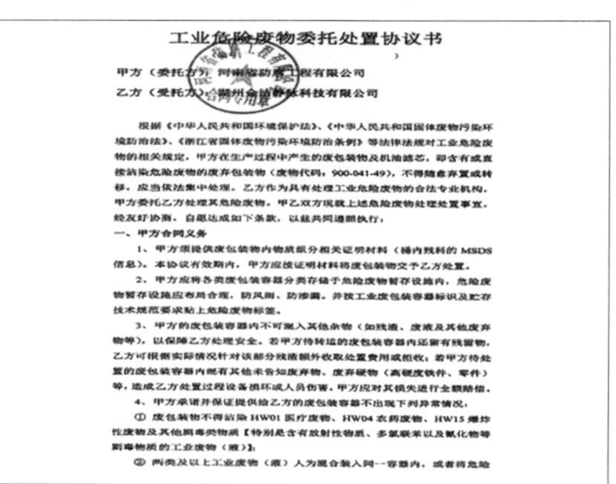

工业危险废物委托处置协议书

甲方（委托方）：河南省[illegible]工程有限公司

乙方（受托方）：湖州[illegible]科技有限公司

根据《中华人民共和国环境保护法》、《中华人民共和国固体废物污染环境防治法》、《浙江省固体废物污染环境防治条例》等法律法规对工业危险废物的相关规定，甲方在生产过程中产生的废包装物及机油滤芯，即含有或直接沾染危险废物的废弃包装物（废物代码：900-041-49），不得随意弃置或转移，应当依法集中处理。乙方作为具有处理工业危险废物的合法专业机构，甲方委托乙方处理其危险废物。甲乙双方现就上述危险废物处理处置事宜，经友好协商，自愿达成如下条款，以兹共同遵照执行：

一、甲方合同义务

1、甲方须提供废包装物内物质组分相关证明材料（桶内残料的 MSDS 信息）。本协议有效期内，甲方应按证明材料将废包装物交予乙方处置。

2、甲方应将各类废包装容器分类存储于危险废物暂存设施内，危险废物暂存设施应布局合理，防风雨、防渗漏，并按工业废包装容器标识及贮存技术规范要求贴上危险废物标签。

3、甲方的废包装容器内不可混入其他杂物（如残渣、废液及其他废弃物等），以保障乙方处理安全。若甲方待转运的废包装容器内还留有残留物，乙方可根据实际情况针对该部分残渣额外收取处置费用或拒收；若甲方待处置的废包装容器内混有其他未告知废弃物、废弃硬物（高硬度铁件、零件）等，造成乙方处置过程设备损坏或人员伤害，甲方应对其损失进行全额赔偿。

4、甲方承诺并保证提供给乙方的废包装容器不出现下列异常情况：

① 废包装物不得沾染 HW01 医疗废物、HW04 农药废物、HW15 爆炸性废物及其他剧毒类物质【特别是含有放射性物质、多氯联苯以及氰化物等剧毒物质的工业废物（液）】；

② 两类及以上工业废物（液）人为混合装入同一容器内，或者将危险

图 8-14　危险废物处理协议

8.3.6　人群健康保护措施

项目部将环境保护工作与职业健康工作相结合，定期为各作业人员发放职业健康防护用品，严格规范现场环境管理，于施工现场设置公共(移动)厕所，以便作业人员使用，并定期安排吸粪车对厕所粪便进行抽排，确保施工现场环境清洁干净(图 8-15)。同

时，项目部定期开展消杀工作，重点对办公室、食堂、宿舍、厕所等重要场所按要求消毒，并建立消杀台账（图 8-16）。同时项目部与安吉县人民医院签订体检协议，定期对项目部全体人员进行职业健康检查工作，使员工的职业健康得到有效保障（图 8-17）。

图 8-15　厕所清理

图 8-16　营地消杀

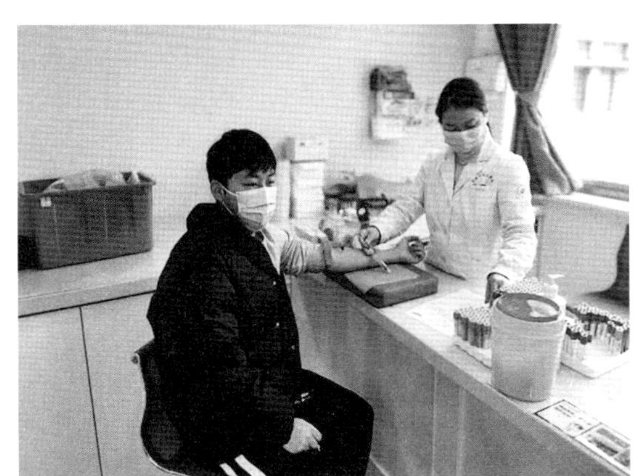

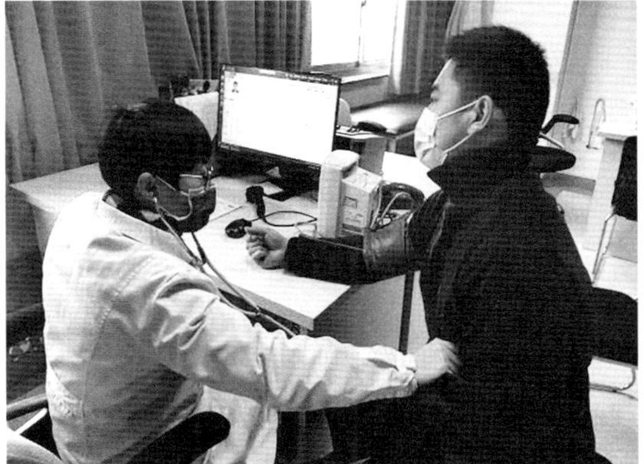

图 8-17　职工健康检查

8.3.7　水土保持工程措施

工程施工会不可避免地造成原始地貌植被破坏、岩石裸露等情况，项目部按照“三同时”原则，根据合同文件、环水保文件及批复要求、地方环保主管部门和技术文件中的环保要求，采用对裸露地表部分覆土植草绿化、堆存表土覆盖（图 8-18），设置挡墙、拦沙坝、排水沟、涵管等多项措施对场区进行水土治理，目前各项水土治理措施均满足相关要求。

图 8-18 边坡覆绿效果

8.3.8 创新型环水保管理措施

1)积极开展与监理、业主及地方人民政府的沟通工作,每月定期牵头组织监理、业主、地方环保部门及施工区周边居民召开环水保工作联络会,及时沟通商定解决相关环水保问题,有效防止矛盾升级,为项目部环水保工作的开展营造良好的外部环境。

2)项目部设立专业环水保施工队伍,保障了施工效率及其质量。

8.4 结语

8.4.1 管理亮点

在长龙山抽水蓄能电站施工过程中,项目部加强与地方人民政府沟通,深入贯彻"两山"理论,大力开展环境保护和节能减排意识、知识的培训教育,全面识别和评价环境影响因素,工程施工中加强开挖边坡治理,防止冲刷和水土流失,积极开展尘、毒、噪声治理,合理排放废渣、生活污水和施工废水,最大限度地减少施工活动给周围环境造成的不利影响,防止因工程施工造成的施工区附近地区的环境污染,使环境保护和节能减排工作取得较好的效果。

8.4.2 存在不足及改进建议

项目建设过程中,环保措施落实存在滞后,环保管理力量薄弱。针对上述存在的问题,下一步重点围绕以下几个方面开展工作:

1)按照相关要求配备专(兼)职环保管理员;

2)严格按照"三同时"要求,及时落实工程环保措施;

3)加强与地方人民政府沟通,建立良好企地环境。

第9章　商务管理

9.1　概述

9.1.1　主合同边界条件

9.1.1.1　履约担保

1)履约担保的形式:银行保函。

2)履约担保的金额:合同价的5%。

3)开具履约担保的银行:须招标人认可,否则视为投标人未按招标文件规定提交履约担保,投标保证金将不予退还。

9.1.1.2　工程预付款

(1)预付款额度和支付办法

1)启动预付款为签约合同价的1%,在承包人与发包人签订合同协议并提交履约保函后,发包人在30d内支付。

2)转序预付款为签约合同价的2%,主要用于在开挖工序向混凝土浇筑、大坝填筑工序转序时承包人进行有关的准备工作。经监理人确认后,发包人在30d内支付。

3)年度预付款为当年计划投资额的10%,发包人在当年1月和7月各支付预付款的50%。工程预付款采用现金或商业承兑汇票方式。

(2)预付款保函

本合同承包人不提交预付款保函。

(3)预付款的扣回与还清

1)启动预付款自支付后的次月起按月结算金额的2%扣回,直至全部扣回。

2)转序预付款自支付后的次月起按月结算金额的4%扣回,直至全部扣回。

3)年度预付款自支付后的次月起按月结算金额的15%扣回,当年未扣完的部分转

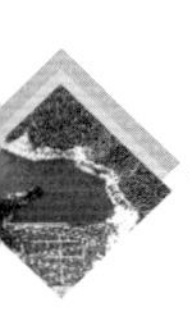

为下一年度预付款，最后一年的年度预付款按月结算金额的20%扣回，直至全部扣回。

9.1.1.3 合同生效条件

发包人和承包人的法定代表人或其委托代理人在合同协议书上签字并盖单位章，并在承包人向发包人提交了履约担保之日起合同生效。

9.1.1.4 发包人提供的材料

发包人向承包人免费供应钢筋、水泥、粉煤灰、外加剂（减水剂、引气剂）、铜止水、钢板（Q235、Q345R、600MPa、800MPa）、水溶性清水混凝土涂料、民爆物品等材料。发包人提供的材料在施工现场交货时，材料的卸车、短倒及临时仓储（除民爆物品外）等工作由承包人承担，承包人应在施工现场规划并建设满足直供条件的现场仓储设施。发包人负责提供的材料的名称、规格、单价、交货地点见表9-1。

表9-1 发包人提供的主要材料基础单价

序号	材料设备名称	规格型号	单位	基础单价	交货地点	备注
1	钢筋	综合	元/t	2400	承包人现场仓库或其他临时仓库	
2	水泥	综合	元/t	250	袋装水泥由发包人直供至承包人工区仓库；散装水泥、粉煤灰由发包人直供至承包人拌和系统	
3	粉煤灰	综合	元/t	150		
4	铜止水		元/t	45000	承包人现场仓库或其他临时仓库	
5	聚羧酸高性能减水剂		元/t	5000		含固量≥35%
6	引气剂		元/t	8500		含固量≥50%
7	钢板	Q235	元/t	2500		
8		Q345R	元/t	3000		
9		600MPa	元/t	4500		
10		800MPa	元/t	5500		
11	水溶性清水混凝土涂料	综合	元/t	100000		
12	炸药	综合	元/t	8000		
13	雷管		元/发	7		
14	导爆索		元/m	3.6		
15	导爆管		元/m	0.8		

9.1.1.5 业主供材核销处理

1)承包人编报主要材料核销报告,发包人会同监理人对核销材料形成核销意见。

2)当待核销量与按核销标准计算的可核销量不一致时,承包人应详细分析、实事求是地说明:欠耗部分是否有擅自自购、降低质量标准、工程量统计偏大或工艺水平如何提高等原因;超耗部分是否有损失浪费、挪用串项、材料外流或结算滞后等原因。

3)在承包人列明的损耗量(或损耗率)范围内,甲供材料免费提供,甲供材料的供应范围包括永久工程和临时工程项目。如承包人实际领用量高于按核销标准计算的可核销总量时,对超过可核销总量部分按式(9-1)计算的金额从工程结算款中扣回。

$$A=B\times(1+2.5\%)\times C \tag{9-1}$$

式中,A——超过按核销标准计算的可核销总量部分损耗量的扣款额;

B——超过按核销标准计算的可核销总量部分损耗量;

C——材料含税市场价格,按照施工期内承包人领用该类材料时发包人采购价格的加权平均值计算。

如承包人通过加强管理使实际领用量低于按核销标准计算的可核销总量,且实际损耗量在合理范围内时,发包人对低于可核销总量部分的节约耗量,按损耗量包干的原则,计算并支付甲供材料包干结余金额:

$$D=E\times F\times 100\% \tag{9-2}$$

式中,D——甲供材料包干结余额;

E——节约耗量;

F——甲供材料基础单价。

9.1.1.6 计量支付条款

(1)计量

1)工程量。

本合同工程项目除工程量清单备注栏内注明“固定总价承包”的项目,其余项目按单价承包。

工程量清单中所列的工程量数量系招标设计的工程量,作为投标报价的基础;用于支付的工程量应是承包人履行合同实际完成的、符合合同规定的经监理人签认且录入发包人提供的施工管理系统并经发包人审查确认的工程量。对于合同中“固定总价承包”项目以合同报价表的细项和规模计量。

2)已完工程量的计量。

①工程量计量确认。

承包人应按合同规定的计量方法上报已完成的合格数量并附工程量计算书等资料

（开挖工程等应有测量资料），由监理人按合同规定依据施工图纸计算工程量并审查复核承包人上报的工程量，监理人应对计量审核负责。

②承包人应对各项工程量做好台账，并逐月向发包人提供报表。当监理人要对已完工的工程量进行计量时，应适时地通知承包人，承包人应：

a. 参加或派合格代表协助监理人从事上述计量工作；

b. 提供监理人要求的一切详细资料。

如果承包人不参加，或因疏忽或遗忘而未派代表参加，则监理人进行的或由其他批准的计量应被认为是对该部分工程的正确计量。对需要采用记录和图纸来计算的永久工程量，监理人应在工程进行过程中做好记录并保存好图纸，而当承包人被书面要求进行该项工作时，应于14d内与监理人一起审查、认可有关记录和图纸，并在双方取得同意后，在上述文件上签名；如果承包人不出席此记录和图纸的审查、认可时，则认为这些记录和图纸是正确无误的。在对上述记录和图纸进行审查后，如果承包人对这些记录和图纸不同意，或不签字表示同意，则这些记录和图纸仍被认为是正确的，除非承包人在上述审查后14d内向监理人发出通知申明承包人认为上述记录和图纸不正确。在接到上述通知后，监理人应审阅记录和图纸，予以确认，或者修改。

监理人在审核计量（应复核计算书）后，登记签证的工程量台账，并报发包人。

只有经过上述计量程序计量和监理人审核且录入发包人提供的施工信息管理系统，并经发包人审查确认的已完工程量，才能支付相应价款。

3）全部工程量的最终核实。

承包人完成了工程量清单中每个项目的全部工程量后，监理人应要求承包人派员共同对每个项目的历次计量报表进行汇总和核实，并要求承包人提供补充计量资料，以确定该项目最终付款的工程量。若承包人未按监理人的要求派员参加，则监理人最终核实的工程量应被视为该项目完成的工程量。工程量以最终竣工图的工程量进行计量核定为准（其中开挖以最终测量资料为准）。

4）固定总价承包项目的分解与支付。

①承包人应将工程量清单中固定总价承包项目的明细项目进行分解，并按其标明的所属子项、规模、规格与标准、分阶段的工程量和需要支付的金额计算。发包人根据明细项目完成的实际进度进行支付。

②若承包人未按要求对工程量清单中的固定总价承包项目进行明细项目分解，则该项目费用在本合同完工后一次性支付。

③每个固定总价承包项目实施前，承包人应向监理人申报项目设计文件和实施计划，监理人批准后再实施。监理人负责验收、审核计量、登记台账，报发包人审核支付；未实施的项目，不予计量支付。

5)专项措施项目计量考核。

工程量清单中单列的环境保护和水土保持、劳动安全与工业卫生、验收及资料整编、保险费等专项项目,由监理人、发包人现场联合检查、考核合格后进行计量,才能办理支付。如检查、考核不合格,将从专项措施费中扣除。

9.1.1.7　质量保证金及质保期

1)监理人应从第一个付款周期开始,在发包人的进度付款中,按专用合同条款的约定扣留质量保证金,直至扣留的质量保证金总额达到专用合同条款约定的金额或比例为止。质量保证金的计算额度不包括预付款的支付、扣回和价格调整的金额。

2)在合同第44.1款约定的缺陷责任期满时,承包人向发包人申请到期应返还的剩余质量保证金,发包人应在28d内会同承包人按照合同约定的内容核实承包人是否完成缺陷责任。如无异议,发包人应当在核实后将剩余保证金返还承包人。如工程的不同部分有不同的缺陷责任期时,本款所说的缺陷责任期满是指最晚的那一个缺陷责任期的期满。

3)在合同第44.1款约定的缺陷责任期满时,承包人没有完成缺陷责任的,发包人有权扣留与未履行责任剩余工作所需金额相应的质量保证金余额,并有权根据第44.4款约定要求延长缺陷责任期,直至完成剩余工作为止。

4)承包人未按合同要求或监理人的指示向发包人提供工程完工档案资料或承包人完工清场撤退,视为承包人违约,保留金将不予支付。

9.1.1.8　工期延误

(1)发包人的工期延误

1)"增加已有项目的工程量"指当增加合同工程量清单中已有项目的工程量导致合同总价增加超过原合同总价的15%时,承包人可要求发包人按规定处理。

2)工程地质变化影响超过7d及以上的工期。

(2)承包人的工期延误

逾期竣工违约金的计算方法:30000元/d。

逾期竣工违约金最高限额:不超过合同总金额的5%。

(3)异常恶劣的气候条件

异常恶劣的气候条件范围和标准:项目所在地30年以上一遇的罕见气候现象(仅限于降水、降雪、大风)。

9.1.1.9　变更索赔

(1)合同变更的范围

在规定的权限内监理人认为有必要进行合同变更时,可以指示承包人进行下列变更工作，承包人应执行：

1)增加或减少合同的工程量；

2)取消合同中任何一项工作，但被取消的工作不能转由发包人或其他人实施；

3)改变合同中任何一项工作的质量或其他特性；

4)改变合同工程的基线、标高、位置或尺寸；

5)改变合同中任何一项工作的施工时间或改变已批准的施工工艺或顺序；

6)增加或减少合同中任何工作，或追加额外的工作；

7)特殊地质问题处理；

8)专用合同条款指明的其他情形。

(2)承包人的合理化建议

在合同实施过程中，承包人对发包人提供的施工图纸、技术条款及其他方面提出的合理化建议应以书面形式提交监理人，建议的内容应包括建议的价值，对其他工程的影响和必要的设计原则、标准、计算和图纸等。监理人收到承包人的合理化建议后将会同发包人与设计人及有关单位研究后确定。若建议被采纳，须监理人发出变更通知后方可实施，否则承包人仍按原合同规定执行，且不能为此拖延工期。承包人提出的合理化建议降低了合同价格、保障了工期，发包人将给予奖励，奖励额度参照国家有关规定。

(3)调价范围

1)调价范围为 P_j，即价格调整年内，按合同第 46.2 款、第 46.7 款和第 46.8 款规定范围内发包人支付给承包人的分类工程合同价款(含增值税)，不包括价格调整、不计质量保证金的扣留和支付、预付款的支付和扣回。

2)调价因子权数。

b_r——人工费权数。

b_c——柴油材料费权数。

b_q——汽油材料费权数。

b_z——机械折旧费(指承包人施工设备折旧费)权数。

b_x——机械修理费权数。

b_f——间接费权数。

各类工程的调价因子权数按表 9-2 填报。

表 9-2　　分类工程调价因子权数范围　　(单位:%)

工程类别	b_r	b_c	b_q	b_z	b_x	b_f
土石方工程(明挖)						
石方工程(洞挖)						

续表

工程类别	b_r	b_c	b_q	b_z	b_x	b_f
混凝土工程						
钢筋制安工程						
锚杆、锚索工程						
灌浆工程						
机电设备安装工程						
闸门及启闭机安装工程						
其他工程						

注:①若采用一般计税方法,权数计算时调价因子价格中不含增值税。

②若采用简易计税方法,权数计算时调价因子价格中含增值税。

3)调价因子价格指数。

K_i——上述调价因子 b_i 对应的价格指数,指数选取来源表9-3。

表9-3 **K_i 价格指数选取**

序号	调差因子	采用
1	K_r(人工费价格指数)	采用国家统计局发布的全国城市居民消费价格指数,并按照国家统计局发布的全国城镇单位在岗职工"平均实际工资指数"上涨率的20%计算实际工资增长
2	K_c(柴油材料费价格指数)	按国家发展和改革委员会价格监测中心发布的工程所在地中心城市价格计算
3	K_q(汽油材料费价格指数)	按国家发展和改革委员会价格监测中心发布的工程所在地中心城市价格计算
4	K_z(机械折旧费价格指数)	采用国家统计局发布的全国固定资产投资价格指数中的设备、工器具价格指数
5	K_x(机械修理费价格指数)	按25%人工费价格指数、50%全国工业生产者出厂价格指数、25%全国固定资产投资价格指数中的其他费用价格指数加权计算
6	K_f(间接费价格指数)	采用国家统计局发布的全国固定资产投资价格指数中的其他费用价格指数

4)价格指数计算方法。

以投标截止日当月为基期,价格指数为定基指数。

①对于按国家发展和改革委员会价格监测中心发布价格来计算的柴油和汽油价格指数,K_c 和 K_q 按式(9-3)计算:

$$K_i = \frac{\overline{p_i}}{p_{i1}} \tag{9-3}$$

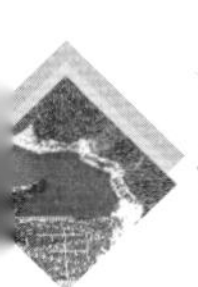

式中，$\overline{p_i}$——价格监测中心发布的价差结算当年材料价格算术平均值；

P_{i1}——投标截止月价格监测中心发布的材料价格。

②对于以国家统计局发布的指数为基础计算的价格指数，当年指数按式(9-4)计算：

$$K_i = (\sqrt[12]{e_1})^{(13-n)} e_2 \cdots e_{m-1} \left(1 + \frac{e_m - 1}{2}\right) \tag{9-4}$$

式中，e_1——投标截止月当年国家统计局发布的该指数(年度环比指数)；

n——投标截止月对应的数字，如 5 月对应的 $n=5$；

e_2——合同执行第二年国家统计局发布的该指数(年度环比指数)；

e_m——价差结算年国家统计局发布的该指数(年度环比指数)。

9.1.1.10 纳税

按照现行国家税法、地方税收规定和财税〔2016〕36 号文的规定，该项目采用简易计税方法计税，应由承包人缴纳的税金均含在合同总价中。

承包人在每次结算时应提供相应金额的增值税专用发票。如承包人开具的增值税专用发票不规范、不合法或涉嫌虚开，承包人承担相应的法律责任及赔偿责任，且应按发包人要求重新开具合法的增值税专用发票。

合同变更时如涉及增值税专用发票记载项目发生变化：①如果增值税专用发票尚未认证抵扣，则由承包人作废原发票，重新开具增值税专用发票；②如原增值税专用发票已经认证抵扣，则由承包人就合同增加金额补开增值税专用发票，就合同减少的金额开具红字增值税专用发票。

9.1.2 工程所在地的市场调查

长龙山抽水蓄能电站建设在天荒坪镇属省级风景名胜区，与周边各大城市距离较近，交通便利(与上海、南京、杭州的距离分别为 175km、180km、80km)，消费水平较高，当地村民维权意识较强，在享受经济发达地区商业信息便捷通畅的同时也给工程施工带来了不小的阻力，在施工借道、地材、爆破、环水保等方面成本高于其他同类型水电站。

1)当地对民爆物品有着极为严格的管控要求，而且由于民爆行业属于专营准入，存在区域垄断和定价不透明、不合理的特性，爆破作业只能高价委托给当地的第三方民爆施工单位。第三方民爆施工单位提供爆破服务(含技术员、安全员、保管员)，且分包单位自身配备的爆破装药人员需要在第三方民爆单位缴纳社保，无形之中增加了总承包单位和分包单位的施工成本。

2)该工程位于风景旅游区，土石方、混凝土、施工材料运输过程中需要严格控制装载量并予以覆盖，采取工程技术、管理措施防止废渣、污水污染路面(含地方道路)。

3)因当地环境保护及文明施工要求较高，出渣车只能平装，不能堆装，且夜间(晚上

10:00 至次日早上 6:00)不能出渣,需要充分考虑由此对施工带来的影响。

4)工程所在地现行的征地政策和补偿标准均为永久征地标准,但项目施工过程中基本是临时借道,当地人民政府及协调办等均要求按照永久征地的标准进行征用,基本会超过投标总价承包费用。

5)工程所在地为经济发达地区,投标需要充分考虑人工及水、电单价,但地材种类丰富,物流方便,商业信息通畅,当地供货商重视契约精神,合作过程中需及时付款,现款现货,否则存在后期无法继续合作的风险。

9.1.3　工程重点、难点与要点

1)施工工期紧、节点工期要求严,确保工期是重点。该工程项目众多,工程量大,工序复杂,施工干扰大。与类似工程比较,工期偏于紧张。

2)斜井段长,施工技术复杂、施工难度较大。引水隧洞下斜井长 415m(含上、下弯段),斜井段长约 389m,高差达 352m,倾角 58°,是当时抽水蓄能电站最长的斜井,且中间未布置施工支洞,施工难度较大。导井施工优先采用“定向钻(先导孔)+反井钻法”施工方案,钻孔偏斜控制在 5‰,精度要求高。压力钢管制造工艺严格,技术难度大,安装规模大、难度大。

3)洞室结构与地质条件复杂,确保施工安全是重点。该工程地下洞室群规模大,洞室层叠交错、布置密集,地质条件复杂;洞室群广泛分布有凝灰岩,局部存有断层和破碎带,且埋深较大、地应力较高。高边墙、相邻洞室岩柱及顶拱开挖稳定问题突出。

4)对外开口少,施工通道狭窄,设施布置密集,施工干扰大。连接三大洞室的主要对外通道为通风兼安全洞和进厂交通洞,且引水下平段、尾水隧洞及厂外排水系统等施工支洞大多由进厂交通洞开口派生形成,通道路线长且狭窄;引水隧洞工程下半段(引水系统中平洞钢衬起点桩号以下)主要对外通道为 3# 施工支洞,由 C1 标和 C2 标共用,相互影响大。该工程标段内部施工工序多,开挖与支护、压力管道钢管安装与混凝土回填、厂房混凝土浇筑与机电一期埋件安装、流道混凝土浇筑与灌浆、进/出水口和闸门室混凝土浇筑、金结等施工干扰问题突出。

9.2　分包管理

9.2.1　分包管理要点

随着电网安全稳定经济运行要求不断提高,新能源在电力市场的份额快速上升,抽水蓄能电站开发建设的必要性和重要性日益凸显。作为维持国家经济命脉的重要清洁能源,水电开发具有建设周期长、施工专业性强、受地质和自然条件影响大等特点。由于

建筑业市场日趋规范和成熟，市场竞争异常激烈，受利益驱动、施工能力制约等影响，部分建设项目分包管理问题易发多发，被认为是工程质量低劣、安全事故频发、债务关系混乱的重要诱因。因此，全面、科学地做好工程分包管理将对水电行业安全和稳定发展产生重要影响。分包管理的管控要点主要在于分包方式、采购方式、协同经营、分包合同管理等方面。

9.2.1.1 开挖支护工程

(1)分包方式及采购方式

鉴于长龙山抽水蓄能电站洞室众多、布置紧凑、立体交错、工程量大，且安全风险大，为减少施工协调、压缩管理成本，采用“工程大切块”的方式，分标界面主要以洞外、洞内进行总体划分，另外根据主要施工通道及工程量进行划分，同一部位的土石方开挖和支护交由同一家单位实施，采用公开招标的方式确定。

(2)合同管理要点

1)风水电接口及边界条件设置要合理。因开挖支护项目在工程前期，主合同中标之后，业主通常会催促总承包单位尽快启动地下洞室开挖，总承包单位招标往往以主合同组织设计作为分包招标的技术文件，而抽水蓄能电站地下结构复杂、空间小，为保证职业健康安全，通风散烟工作尤为重要，分包单位往往会因此投入较大成本。为避免履约过程中存在争议，项目部应在招标文件编制及合同条款上明确通风、供风及水、电总体布置情况，尤其针对地下洞室群存在多家单位施工的情形，否则极易引发合同争议。

2)做好开挖支护标段与混凝土施工标段间交面界限规划。对于需要浇筑路面混凝土的施工支洞由开挖单位实施；对于后续需要衬砌的部位，由开挖支护单位在交面前完成浮渣清理工作，并在合同中约定扣留浮渣清理费用待交面后给予结算支付。过程中做好测量收方工作，开挖支护完成后，项目部组织开挖单位、混凝土单位及测量队进行四方验收、移交签字确认，避免出现混凝土单位索赔超欠挖处理费用，而无法从开挖单位扣款的情况。

3)明确开挖工程量计量原则，严格控制支护项目结算。施工过程中，不管是工期要求还是分包单位策略性投标原因，往往开挖工程成本低、利润高，而支护项目基本无利润空间或亏损，因此分包单位洞室开挖进度较快，支护不能及时跟进。对于土石方明挖工程，现场管理部门应组织做好原始地形测量、土石分界、系数换算等影响工程量计量的工作；针对支护项目，由于质量验收要求高，锚杆拉拔强度、喷射混凝土厚度检测等周期长，且验收资料较多，需要分包单位密切配合，因此商务部门必须严格控制，要求完成并验收通过后方可办理结算。

4)做好展开图绘制及更新工作。项目施工尾期，清量工作显得尤为重要，尤其是锚杆工程量。为便于后期清量，应在支护项目施工之前按照设计图纸绘制展开图，过程中及时更新，要求分包单位严格按照展开图进行施工，未按展开图施工部分不予计量结算，避免分包单位后期要求按照完成验收量办理结算，而缺少施工依据的情况。

5）做好土石方平衡过程管理。一方面，实际施工过程中，因各个标段交叉作业、相邻标段互相制约，场内施工道路、料场、料源会与招标过程中存在较大的差异，项目实施期间应重点关注分包单位工程量计量工作，如因业主施工通道未按约定时间提供施工道路，导致料场堆弃的石渣运输距离均不同，应在过程中做好车数、过磅及测量收方工作，避免因工程量分不开而无法办理结算；另一方面，做好土石方平衡过程管理可以降低成本，减少中转和开挖利用料的损失，降低对环境的影响，促进施工效率和效益提高。

9.2.1.2　导井开挖工程

（1）分包方式及采购方式

长龙山抽水蓄能电站引水隧洞下斜井长415m（含上、下弯段），斜井段长约389m，高差达352m，倾角58°，是当时抽水蓄能电站最长的斜井，且中间未布置施工支洞，施工难度较大。导井施工钻孔偏斜控制在5‰，精度要求高。导井开挖专业性较强，但国内相关专业分包单位数量较少，宜采用专业分包，通过公开招标或竞争性谈判方式确定。

（2）合同管理要点

1）项目部应加强过程管控，严禁“以包代管”。虽然是专业分包，但是项目部应发挥主体责任，加强过程管控，关注施工过程控制，避免导井偏斜率过大，根据实际情况及时做好应对措施，否则返工不仅增加成本，而且影响施工进度。

2）加强现场管理，做好部位组织协调。反井钻机设备原值高，设备转运及进退场等费用较高，且因施工精度要求高，对设备型号、规格等有着较严格的要求，因此项目部应做好现场部位移交及组织协调工作，尽量减少设备多次进退场及窝工，防止分包单位据此提出变更索赔。

9.2.1.3　混凝土工程

（1）分包方式及采购方式

1）不管是常规水电站还是抽水蓄能电站，目前新技术转型还处于初步阶段，混凝土施工的特点仍为劳动密集，为避免分包单位工作面多，人工成本投入大，宜采用劳务分包的方式，通过公开招标的方式确定小标段分包。

2）抽水蓄能电站存在“点多面广、工程量小”的特点，招标之前应进行充分的市场调研及成本测算，研究确定混凝土垂直运输、水平运输是否单独划分为一个标段，保证工期受控。

(2)合同管理要点

1)合理进行仓位划分,过程中做好成本测算。

抽水蓄能电站工程量小,尤其是衬砌厚度较小,模板及排架摊销大,造成成本较高,实际成本和定额水平差别较大,项目部一方面要做好仓位划分,降低施工成本,另一方面要做好成本资料的收集,便于后期向发包人提出索赔和对分包单位进行成本核算。

2)注意建基面清理计量方式。

分包合同中往往约定平均厚度范围内的建基面清理量,但在混凝土浇筑之前,受资源组织、部位移交、石渣垫路及车辆过往等因素,须浇筑底板混凝土部位的清理工作量较大,对于超出平均厚度部分的清理工作量应注意做好测量收方工作,防止分包单位结算无法计量的情况。

3)做好混凝土缺陷处理责任划分。

混凝土施工过程中,受混凝土原材料、浇筑方式、入仓手段及模板等因素影响,不可避免地产生混凝土表面缺陷,且过流面修复标准高,费用较高。项目部除了要加强质量过程管控外,还应做好责任划分,防止后期扯皮及纠纷。

4)加强计划管理,做好成本资料收集。

因混凝土施工一般在项目后期,为保证节点目标的实现,往往存在赶工情况。分包单位通常会以成本投入,即项目部“兜底”的方式提出诉求,该方式无法剔除分包单位自身组织不善而造成的成本费用增加,因此项目部应先按照“保节点”要求编制切实可行的计划,双方签字确认,再在过程中对照计划进行检查、复核,做好成本资料的统计收集工作,为后期变更索赔做好准备工作。

9.2.1.4 金属结构制造及安装工程

(1)分包方式及采购方式

采用协同经营的方式,委托集团内部专业单位施工。

(2)分包合同管理

1)充分发挥专业单位变更索赔的专业性。

集团内部专业单位不仅在现场施工组织协调方面专业能力较强,还可以帮助项目部减少管理成本,同时有专业经营人员研究合同变更索赔,项目部应利用好集团内部单位的优势,实现互利共赢。

2)做好土建与金结工序协调组织工作。

项目部应做好总体把控及组织协调,如混凝土分包单位施工过程中仅按土建图纸施工,而不关注金结图纸中应预留的埋件等,项目部需要注意土建与金结交叉作业施工及衔接,避免出现返工情况。

9.2.1.5 砂石加工系统及拌和系统

(1)分包方式及采购方式

利用好公司内部专业工程处,保证“粮仓”正常供应,确保施工进度、质量及安全等各方面要求达标。

(2)合同管理要点

1)砂石骨料系统及拌和系统计量管理,往往出机口量与现场施工对应部位的设计量差别较大,可能出现出机口存在虚方量的情况,故要定期校验称量系统,过磅测算实际出机口方量。

2)做好过程成本资料的收集。砂石加工系统因环水保要求、岩石硬度及产砂率等因素,变更的可能性较大,过程中应做好人工、药剂、配件消耗等成本资料的收集,便于后期对业主变更索赔及对内成本核算。

9.2.1.6 供排水及供电工程

(1)分包方式及采购方式

采用公开招标方式对专业分包或成立综合队进行施工和管理。

(2)合同管理要点

1)统一规划布置,及时进行方案调整,避免风水电布设随意性,成本不受控。供水、供电工程在主合同投标中往往是总价承包项目,变更索赔难度较大,就算变更立项成立,费用核算及资料收集工作也比较繁琐。水、电管理贯穿项目整个生命周期,管理不善会导致成本居高不下,应充分发挥专业分包单位的优势,做好统一布置规划,要求定期绘制水电布置图,项目部可通过成本节约和分成奖励的方式激励分包单位的积极性,确保现场布置科学实用、经济合理。

2)加强项目部自有产权物资的回收和监控。项目部应做好过程监控,根据工程进展及时回收项目部自有物资,同时在分包合同中约定项目部自有物资回收率,避免工程尾工统一回收时,完好率较低,物资核销不受控。

9.2.2 其他注意事项

分包管理要点除各专业不同领域控制要点外,在分包商管理和风险防控方面还应注意以下几点:

1)精心组织集中采购,引进自身实力强、诚信履约记录良好、资质满足要求、能长期合作的分包单位。

2)全面使用公司发布的工程分包合同示范文本,严格执行履约保证金和民工工资

监管制度。

3)加强诚信守约意识,提高合同履约能力。以合同管理和资金管理为核心,构建科学严谨的经济关系,平衡参建各方之间的利益,处理生产与经营之间的矛盾。

4)加强对承(分)包商的履约评价和信用管理,加强不良信息记录汇总,加强联合惩戒,加大黑名单制度的运用力度,加强信息沟通和共享,提高黑名单制度的震慑力。

5)制定奖罚制度,加强监督、检查和处罚力度,对于履约较差且整改不及时、不到位的单位重点通报,严厉处罚,绝不姑息。

6)充分发挥履约评价作用,真正起到督促管理效果,不浮于表面、不敷衍了事,形成长效管理机制。

9.2.3 小结

分包管理已是当前项目管理的主要内容之一,分包合同管理是项目管理中关键的支出关,管得好可以产生效益,可以使工程顺利进展;反之,总包商不但需要承担连带责任,而且有可能被起诉。因此,总承包商应加强项目管理,特别是做好与分包商、分包商与分包商之间的协调工作,最终实现双赢的目标,促进和谐发展。

9.3 成本管理

9.3.1 成本管控要点

施工项目的成本管控既是企业成本管理的基础和重点,也是工程施工项目管理的核心。由于业主限价招标,为了进入浙江市场,主合同投标单价较低,而长龙山抽水蓄能电站地处浙江发达区域,人工、材料、机械成本高,环保要求较高,加之抽水蓄能电站存在工程量小、点多面广、施工成本摊销大等特点。因此,要确保项目利润,成本管控尤为重要。成本管控主要分为计划预控和过程控制两个阶段。

9.3.1.1 计划预控

计划预控是指招、投标阶段,项目部主要在采购限价、队伍选用方面采取以下控制措施:

1)主合同中标后,商务人员应结合工程所在地市场调查情况确定项目目标成本,找出盈利点和亏损点。在分包招标过程中,应做好招标限价工作,进行采购项目整体经济分析,采用合理的采购方式,进行充分竞争,从源头上控制成本。

2)加强分包管理,严把准入关,选用优质队伍,避免出现更换队伍而增加补偿性支出。

9.3.1.2 过程控制

结合长龙山抽水蓄能电站的特点，总结如下成本控制风险及防范措施（表9-4）。

表9-4　　抽水蓄能电站工程成本控制要点及控制措施清单

<table>
<tr><th>序号</th><th>工程分类</th><th>控制措施</th></tr>
<tr><td rowspan="3">1</td><td rowspan="3">临建工程</td><td>临时营地建设：应结合项目常规施工、高峰施工强度及地域特点，合理设计临时营地结构形式、建设标准及规模；并按企业下达的项目成本控制目标，实行限额设计</td></tr>
<tr><td>仓库、加工厂、拌和站及预制厂等建设：抽水蓄能电站建筑物布置相对独立，位置分散，点多面广，若办公生活区、加工厂、堆放场、仓库等布置不合理，会造成运输、管理等费用的增加。因此在总体布置中，应通过提前谋划、精心组织，考虑项目施工周期、施工转序及施工高峰强度等因素，控制建设规模和标准，并结合项目周边地理位置，合理确定建设位置，减少加工材料的二次转运</td></tr>
<tr><td>施工供风、供电及供排水设施等建设：应考虑项目施工转序特点，以避免重复拆改为原则，合理确定建设位置和布置方式；施工供风应合理布置空压站点，减少风管布设长度，降低风损；供风量大、密集性项目应尽量选择集中供风方式，减少设备投入；施工电缆应采用架空、上墙等方式布置，降低拆改成本，防范安全隐患；施工用水用电应结合分包标段划分，科学设置计量控制点，建立现场巡查考核机制，杜绝出现“跑冒滴漏”的现象</td></tr>
<tr><td rowspan="5">2</td><td rowspan="5">土石方工程</td><td>土石分界：应结合承包合同、地勘资料及实际地质情况，及时与设计、监理、业主等相关人员做好现场土石分界测量资料签证确认</td></tr>
<tr><td>岩石级别：该项目岩石硬度高，较投标阶段岩石级别发生较大变化，项目部结合钻孔、爆破等实际开挖揭露情况，实时观察岩石等级及围岩变化情况，及时发现与承包合同地勘资料的偏差</td></tr>
<tr><td>地质缺陷：应根据地质素描资料，确认缺陷工程量，督促相关方及时签证确认</td></tr>
<tr><td>钻孔：应根据地质条件变化，适时调整设计布孔参数，控制钻孔施工工艺，降低超欠挖量；做好钻孔试验，合理配置钻孔设备，选用适配钻具，提高施工效率；施工过程中应重点关注地质变化情况，根据岩石破碎程度及时清孔，防止出现卡钻等现象，降低配件消耗；斜（竖）井等特殊结构，应合理配置设备，控制施工工艺，提升单班施工进尺</td></tr>
<tr><td>装药爆破：由于该项目所在地爆破管理严格，且炸药建库征地难度极大，爆破作业需要委托专业的爆破工程承担爆破服务工作，因此还须做好项目所在地市场调研，充分了解项目所在地相关规定，避免成本超支；结合地质条件变化，做好爆破试验，优化爆破设计参数，控制装药密度，降低超欠挖量</td></tr>
</table>

续表

序号	工程分类	控制措施
2	土石方工程	导井开挖：该项目引水隧洞下斜井段长约389m(不含上、下弯段)，是目前抽水蓄能电站最长的斜井，施工难度高、技术复杂，长斜井导井钻孔精度控制要求高、导井扩挖安全风险高，工期紧、任务重，成本控制要求高，需要从以下3个方面做好成本控制： 1)项目部应发挥主体责任，加强过程管控，关注施工过程控制，避免导井偏斜率过大，根据实际情况及时做好应对措施，否则返工不仅成本增加，而且影响施工进度。 2)加强现场管理，做好部位组织协调。反井钻机设备原值高，设备转运及进退场等费用较高，且由于施工精度要求高，对设备型号、规格等有着较严格的要求，因此项目部应做好现场部位移交及组织协调工作，尽量减少设备多次进退场及窝工，增加施工成本。 3)利用科技创新，以机械代人。项目部研制了超长斜井扩挖支护一体化台车，台车设置了3层作业平台，可以进行钻孔、支护、扒渣作业，降低了作业安全风险，提高了施工效率，节约了施工成本
		挖装运输：应根据开挖部位结构设计、工程量及现场交通运输条件等情况，配置相应设备型号和数量；根据项目总体土石方平衡规划方案，确定施工计划安排，合理布置施工便道，精准确定运输距离
		土石方填筑：该工程土石方明挖及大坝填筑规模大、强度大且主堆石料储量有限、开挖及填筑存在不均衡，相互制约，易出现土石方平衡调配不合理而造成施工成本增加。因此，施工组织中应高度重视填筑料管理工作，成立料源管理工作领导小组，需要从以下几个方面做好成本控制： 1)依据合同地勘资料，及时进行储量复测； 2)结合设计填筑石料分区要求，对工程开挖用料、填挖总量平衡、填挖流程和进度、土石方动态平衡调配进行分析和研究工作，科学处理开挖、利用和废料处理间的关系； 3)依据合同要求，合理选择堆料、弃料场地，做到科学调配，切实加强土石方平衡设计，科学选择土石方调配方案； 4)合理布置施工道路，降低坡比，缩短运距，减少二次转运，切实降低成本投入
3	锚杆支护工程	锚杆钻孔：应结合现场施工进度、经济性要求，合理选择钻孔施工平台
		插杆注浆：应根据地质条件，合理选择施工工艺，严格按图纸施工，避免漏打而增加锚杆支护措施费用；在钻孔工序完成后，及时安装锚杆，避免二次造孔、洗孔
4	喷射混凝土工程	喷射混凝土：应优化混凝土配合比，调整外加剂掺量，降低回弹量；根据施工图纸、地质条件情况，严格控制混凝土喷射厚度，避免发生超喷；在满足质量的前提下，尽量选择衬砌混凝土回填超挖，减少喷射混凝土量
		钢筋挂网：应严格按照钢筋配料单设计加工，降低加工损耗；根据结构类型、地质条件及现场施工环境等情况，严格控制搭接长度，降低搭接损耗

续表

序号	工程分类	控制措施
5	混凝土工程	模板安拆:应根据结构物类型,在满足质量的前提下,优化配板规格组合设计,降低拉条、内支撑、焊条等材料消耗,提高周转材料利用率;优化支撑体系结构设计(盘扣式排架或钢管排架等),降低周转材料阶段性投入,节约材料用量;优化模板吊装、拆除机械及相关设施配置,提高作业效率;优化模板安拆施工工艺,加强过程监管,降低模板消耗、损耗和维修率,提高利用率和周转次数
		钢筋制安:抽水蓄能电站与常规大型水电站相比,抽水蓄能电站钢筋规格型号小;工程量少;应严格按照钢筋配料单设计加工,降低加工损耗;根据结构物类型,结合仓位设计变化,优化钢筋配料设计,减少搭接、帮条等传统焊接施工工艺,提高套筒等机械连接施工工艺,降低安装损耗
		金属结构埋件安装:应加强施工组织协调,减少土建与金结埋件安装工序施工干扰,提高施工效率;严格按照图纸安装金结埋件,优化钢筋配料设计,控制金结埋件安装放样精度,避免重复投入,减少钢筋损耗
		混凝土浇筑:优化混凝土浇筑施工方案,合理确定混凝土浇筑分块分层,优化混凝土仓面浇筑工艺设计,合理配置施工资源,提高浇筑强度;根据混凝土浇筑强度,合理配置运输设备,规划运输路线,严格控制装料、运输、现场等待及卸料时间,减少燃油等消耗;在进行斜(竖)井及进水塔等部位施工时,应尽量选择负压溜管加溜槽入仓;在进行地下主厂房施工时,应尽量选择布料机入仓;在进行拦污栅等部位施工时,应尽量选择布料机加受料斗入仓
		混凝土拌制:严格控制地磅及加工系统衡量误差精度,杜绝原材料"跑冒漏滴";在满足质量的前提下,优化混凝土配合比,使用高效的外加剂,采用粉煤灰和矿粉代替水泥,降低水泥用量;保证拌和站高效、均衡生产,严格控制设备开关机时间,降低用水用电量;在满足质量的前提下,应尽量采用地下水或江水施工,减少自来水用量;专用配件要尽可能采用设备原厂配件或大品牌厂家配件,减少配件维修及更换周期次数
6	灌浆工程	灌浆钻孔:应根据岩石类别、钻孔深度,合理配置钻孔设备;采用合理的钻进方法和工艺技术参数,控制钻进速度,选用适配钻具,减少孔斜
		制浆灌浆:应根据施工方案,提前做好灌浆试验,根据透水率,合理确定灌浆单耗;严格控制制浆量、灌浆量、弃浆量,降低材料消耗
7	压力钢管制作安装	制作:应优先采用自动焊接方式,减少人员投入,提高生产效率
		安装:应根据现场施工环境,选择合适的制造地点,优化钢管制作工艺,提高安装效率
8	闸门及启闭机	门槽安装:应优化门槽一期安装技术,缩短安装工期
		闸门及启闭机吊装:应合理制定吊装方案,减少人员投入,提高生产效率

续表

序号	工程分类	控制措施
9	其他工程	抽水蓄能电站一般位于人口集中、经济发达、用电量较大的地区，环保水保要求较高，文明施工投入、环保水保成本较高，土石方、混凝土、施工材料在运输过程中应严格控制装载量并予以覆盖，采取工程技术、管理措施防止废渣、污水污染路面。同时在招标阶段明确相关要求，加强对分包单位管控
10	分包控制	分包策划管理：在编制项目分包策划时，应以便于现场管理、降低成本为原则，合理划分施工标段、明确分包工作内容、科学设置分包合同边界条款，避免出现交叉作业、施工干扰等情况，发生相关方责任无法界定等问题
		采购限价管理：在编制项目分包采购限价时，应结合企业下达的项目成本控制目标，做好施工技术方案的经济论证比选，降低分包成本。若出现与项目成本控制目标偏差较大或亏损的项目，应从招标文件条款设置、施工技术方案、价格及测算方法等方面系统分析偏差原因，并制定纠偏措施
		不平衡报价管理：在签订分包合同时，应根据企业审定的招标采购限价，在确保分包合同总价不变的情况下，调整不平衡报价，并做好相关谈判记录，避免出现先施工项目、锚杆等工程量变化较大的项目价格偏高，后期再增加分包成本
		主要材料管理：应根据支护、混凝土、灌浆、设备安装等实体工程，在合同中明确主要材料(如砂浆、混凝土、钢筋、钢绞线、水泥等)消耗量指标，制定相应超耗处罚标准及条款，并做好相关谈判记录，控制主要材料成本
		分包设备管理：统一规划配置，在招标文件中明确设备的机容、机貌、技术状况、标准及验收方式等，严格进场管理；将分包设备纳入项目部设备管理体系进行统一管理，控制分包设备维护、保养和使用标准，优化生产组织，提高分包设备综合利用效率，避免分包成本的额外支出
		施工组织管理： 1)抽水蓄能电站一般地下洞室群规模大，洞室纵横交错、布置紧凑，地质条件复杂，且地下厂房开挖处于关键线路，施工组织难度大、施工精度要求高。易产生由于施工组织不力而造成窝工、降效等成本风险。所以应科学配置资源、加强施工组织，确保“钻爆—支护—出渣”工序的有序衔接，稳步掘进，严格控制地下洞室的超欠挖量，综合应用预裂和光面爆破等技术，爆破作业遵循“科学设计，精心施工，实时监控，动态管理”的原则组织施工，在开挖过程中动态优化钻爆参数，提高开挖质量，提升工效、降低成本，过程中对由于地质而造成的超挖，应及时做好地质缺陷认定、计量、结算工作。 2)抽水蓄能电站与常规水电站相比，抽水蓄能电站具有混凝土结构较复杂、工程量较小的特点，容易导致工程措施费摊销较大，同时也对分包队伍人员素质要求较高，人工成本超支风险较大。因此在队伍的确定上应选择履约能力强、有相关业绩的分包单位进行施工，要求分包商按进度计划要求，配置经验丰富的民技工，实施中统筹安排、科学组织，结合实际情况动态调整各部位施工资源，在保证施工质量的前提下，针对不同施工工序定节点、定民工数量，以控制人工成本

续表

序号	工程分类	控制措施
10	分包控制	分包计量管理：应细化项目分包计量审核流程及责任划分；严格按照分包合同计量规则、施工图纸和施工任务单等相关计量依据，结合现场实际验收情况进行计量；建立内外结算工程量对比核算台账，严禁超量、超前办理结算
		新增项目审核：现场新增实物工程量项目必须以工程量计量，应事前谈判，严禁对资源投入进行签证，施工过程中，商务部门设置计量统计科，派驻专人每日去施工现场对资源统计资源投入，为成本实测提供基础资料
		临时用工审核：临时用工的计量签证，原则上以事前核定为主，以总价包干的方式处理，不再对用工数量签证。对于确实难以或无法核定费用的项目，按用工数量及工种据实签证，必须严格按项目部统一格式的签证单据实签认，要求记录详细、内容清楚，同时做到月清月结，对签证单的提交规定时限，超过时限要求提交的签证不予认可
		内部结算办理：对于现场已完成的实物工程量项目及时审核，纳入结算报表，严禁办理预结算，如确实遇到突发情况，应在办理预结算后及时扣回，防止出现倒挂现象
		对内变更索赔管理：应根据企业变更索赔管理相关规定，完善项目对内变更索赔立项和费用审批流程，严格按“依法合规、尊重合同、费用合理、过程受控”的原则，办理分包合同变更索赔立项和费用结算
11	租赁设备使用控制	根据项目实施进展，合理确定租赁方式，施工高峰期应尽量选择实物工程量或包月租赁；采用实物工程量租赁时，应在合同中明确保底工程量和超出保底工程量的计价条款；采用包月租赁时，应在合同中明确额定工作时间和超出额定工作时间的计价条款；严格控制按台班台时租赁设备的使用
12	现场管理费控制	严格控制现场人员数量，动态调整管理人员配置，持续提升专业人员素质；根据企业下发的现场管理费控制指标，定期核算人员工资、办公费、差旅费等指标的增、减情况，及时分析产生偏差的原因，制定措施纠偏
13	工期控制	1)抽水蓄能电站业主一般会将整个工程划分为多个标段，公司承担其中一个标段，施工过程中存在交叉、工作衔接较多，履约压力大，易发生由于工期滞后产生的延期考核扣款或赶工加大投入等成本增加风险。因此开工前须根据合同工期要求科学编排施工进度计划，采取目标管理，应用进度管理软件等管理工具，使施工组织更加合理和科学。对进度计划中的资源配置、施工顺序等动态调整、不断优化，根据节点目标倒逼工期，保障工期目标的实现。 2)提前做好总承包合同工期条款分析，针对因项目地质条件变化、不可抗力等影响，导致工期延长、成本增加的情况，通过文件、会议纪要等形式锁定工期风险，为后续变更索赔工作创造条件
14	技术经济	应做好重大技术方案的经济论证；定期对行业新产品、新材料、新工艺和新设备进行调研，结合项目特点，在进行技术经济论证后予以应用

续表

序号	工程分类	控制措施
15	质量安全隐患控制	应根据水电工程各阶段施工特点，制定有效的质量、安全管控措施，杜绝质量、安全隐患，防止发生安全、质量事故；在隧道、斜（竖）井等洞挖施工过程中，应严格控制设计轴线放样精度，实行动态监控，避免出现设计轴线偏差导致返工；在混凝土施工过程中，应适时做好配合比优化、钢筋保护层控制、模板加固监管，以及混凝土运输、浇筑、振捣时间控制，提高实体结构浇筑质量，降低返工及缺陷处理风险；加强施工过程安全监管，督导各分包单位严格落实安全防护措施，足额投入安全生产措施费，规范高空作业人员施工管理，防止发生安全事故
16	税费及资金控制	应根据项目所在地的税务政策，结合分包策划、项目合同计税模式，做好税费策划，并严格实施，减少税务成本；在办理资金支付时，应根据当期结算收入、分包结算情况，结合人工费、材料费及设备费等施工生产资金需求，统筹做好资金支付计划，降低资金成本

9.3.2 其他注意事项

项目管理人员应进一步提高成本管控，提前预测不利因素，规划施工任务，合理配置资源。通过日会、周会、月会及时协调，解决施工过程中存在的施工阻扰，杜绝野蛮施工，对材料、水、电等资源的浪费行为进行约束。财务人员应制定年度、月度现场经费标准，保证现场经费使用有度，合理合规。商务人员应重视成本分析工作，明确项目成本管理方向，为项目部成本做出指导。坚持成本管理工作，遵循“全员参与、全方位管理、全过程控制”的原则。

9.3.3 小结

施工项目成本管理不能简单地理解为收入和支出的核算。事实上，施工项目成本管理既是对施工项目成本活动的管理，这个过程充满不确定因素，也是一项涉及质量、安全、工期、环保及成本等方面的综合管理。施工企业在工程项目施工过程中，要通过有效的管理活动，对所发生的各种成本信息，有组织、有系统地进行预测、计划、控制、核算、分析等一系列工作，使工程项目施工过程中的各种要素按照一定的目标运行，使工程项目施工的实际成本能够控制在预定的计划成本范围内。

9.4 变更索赔管理

9.4.1 变更索赔思路

工程变更索赔既是保护承包人的正当权益、弥补工程损失的最重要的手段，也是承包人增长经济效益的重要途径。变更索赔管理是合同管理中的一项重要工作，贯穿项目施工整个过程，涉及项目技术、商务、生产、测量、试验、分包等方面。企业及项目部全员应牢固树立变更索赔意识，变更索赔管理工作应遵循“依法合规、有理有据、上下联动、效益最大”的原则。

9.4.2 变更索赔管理工作流程

(1)变更索赔内部工作流程(图 9-1)

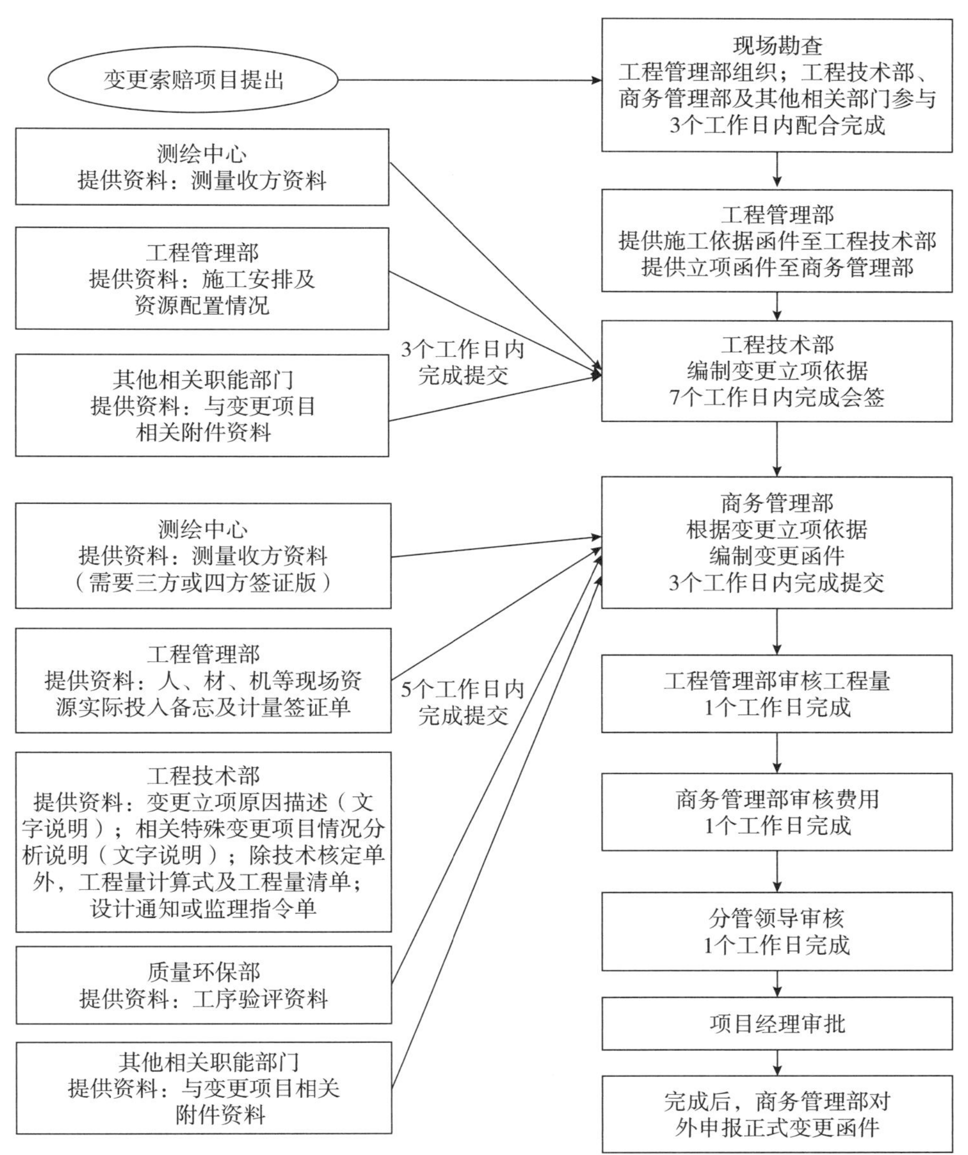

图 9-1 变更索赔内部工作流程

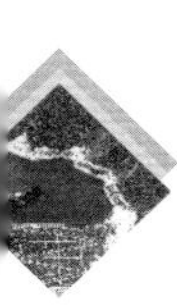

(2)变更索赔外部工作流程

承包人申报变更函件→监理工程部审核变更立项→监理合同部审核变更费用→监理分管领导审核→业主工程部审核变更立项→业主合同部审核变更费用→业主分管领导审核→业主总经理审批→变更确认单办理→录入结算系统→变更结算。

9.4.3 变更索赔内容

变更索赔主要分为设计变更(新增)项目、清单漏项、变更设计(主动变更)项目、合同边界条件变化引起的变更索赔项目等。

(1)设计变更(新增)、清单漏项项目

在施工蓝图下发后,详细对比施工蓝图与招标预算图的差异,重点关注单价编制相关的规格、名称、技术要求、结构尺寸、施工高程、混凝土含筋量、混凝土模板工程量等,利用工程项目质量或其他特性、基线、标高、位置或尺寸、施工时间或改变已批准的施工工艺或顺序等变化,争取在价格上实现突破。

(2)变更设计(主动变更)项目

变更设计是合同变更的重要途径,在设计单位正式出图纸之前,技术部门应与设计单位做好沟通工作,主动向设计单位提出变更意向。须根据实际情况对投标报价进行详细分析测算,总结合同中各项目的盈亏情况。蓝图出来之前,对施工难度大、投标单价低的项目应向设计单位申请变更意向,其结果将会使变更工作事半功倍。重点是:直接促使其对设计名称、规格、标准、要求等进行变更,技术部门和商务部门需要密切配合;另外,利用施工环境、条件、技术要求、技术标准等变化,通过申报技术核定单、施工方案等形式,促使其设计名称、规格、标准、施工工艺、施工时间、施工顺序等发生变更。需要强调的是,技术核定单、施工方案申报必须获得监理、业主批准,在申报内容中规避变更是为了保证施工单位进度(赶工不在其列)、质量、安全。

(3)合同边界条件变化引起的变更索赔项目

充分熟悉合同及招投标文件,精确把握合同边界条件,对合同变更高度敏感,及时掌控时事变化,资料收集齐全、整理规范到位,引用依据准确,诉求合法、合理、合情。

9.4.4 变更索赔点梳理

工程项目实施前,结合工程特点、招投标边界条件等开展变更策划工作尤为重要。变更策划中重点工作为变更索赔点的梳理。工程项目实施前,项目部针对长龙山抽水蓄能电站输水、地下厂房系统及下水库工程变更索赔编制了专项策划,具体梳理变更索赔点从以下 3 个方面梳理:

(1)设计(新增)变更项目

例如,中平排水洞原为7#施工支洞,第1次澄清由C1标施工,第2次澄清由C2标施工;导流泄放洞放水管的预留岩塞段开挖、支护由C2标负责;导流泄放洞运行期每年汛后检修工程;开关站1#、2#桥钻孔灌注桩基开挖,以上项目为清单缺项。该变更重点注意事项:①需要注重收集编制报价所需的相关因素,如运距、断面尺寸、错车道、施工手段及方法、通风时段及设备、相关临时工程、安全措施费用等;②尽量规避套用原有合同单价,若无法规避时,应坚持调整合同单价。

(2)变更设计(主动变更)

例如,变更支护参数,合同清单中8m、10m的锚杆数量较大,施工成本较大。若设计变更成9m或12m定尺锚杆,可经与业主沟通进行了单价变更,节约成本为项目带来更大利益。施工方案选择,引水斜井导井施工投标时,提供三种施工方式,其中采用反井钻机一次性到位施工的报价较好,应主动申报此项方案进行施工、结算。

(3)合同边界条件变化

例如,爆破服务费用补偿,投标文件中规定,炸药及爆破器材由业主供应到临时存放点,从临时存放点到爆破工作面由施工单位负责。《爆破安全规程》(GB 6722—2014)规定,现场施工所需四大员均由供药单位担任。实际供应炸药,业主委托给地方爆破公司实施,炸药供应到爆破工作面,并负责爆破安全事宜(即主要承担四大员工作),同时提出的费用极高。该变更索赔重点注意事项:①坚持按《爆破安全规程》(GB 672—2014)规定,谁供应炸药就由谁负责爆破安全事宜;②业主委托给地方爆破公司实施,存在地方垄断行为,以公安部相关文件规定作为切入点,申请费用补偿。

工程项目实施过程中,积极寻找变更索赔点,收集基础资料也是变更索赔必不可少的一部分。长龙山抽水蓄能电站工程项目实施过程中,随着施工条件及边界条件的变化,项目部发现了一些新的变更索赔点,为项目部争取较大的利润空间。例如,增加人工费专项补偿:由于施工期间人工费快速上涨,合同约定的人工费价差调整方式无法客观反映实际情况,应增加人工费专项补偿;保障安全准点发电目标费用补偿:现场实际施工过程中,受开工延误、工作面移交滞后、征地拆迁、岩石硬度增加、开挖程序变化、其他单位及村民阻工、材料供应不足、停水停电、银坑断路、渣场容量不足、恶劣天气等各种非承包商责任事件,导致工期延误,为确保实现准点发电目标,新增人工、机械、措施费用,应申请发包人补偿;岩石强度高导致成本增加的费用补偿;实际施工过程中,发现凡与岩石强度有关项目,均凸显出机械作业效率低、施工成本高居不下的情况时,后经现场取样测定岩石强度较投标阶段强度相差较大,应提出费用补偿。

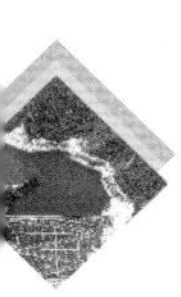

9.4.5 变更索赔推进

为了更好地推进变更索赔工作，项目部采取了如下措施：

1)认真履约，确保项目质量、安全及进度满足发包人要求。变更索赔成功的首要条件是承包商认真按照合同要求实施项目，把工程项目建成优良工程，使发包人和监理都满意。

2)深入研究合同条款及相关法律，努力寻找突破口，项目部编制变更索赔专项策划、年度策划。

3)建立良好的沟通渠道，使变更信息能及时了解，便于顺利开展变更索赔工作。

4)不定期组织召开在建项目疑难变更索赔计划会，对申报索赔所需落实事项进行明确，确定责任人及落实时间，对下一步工作的开展进行细化。

5)确定期组织召开在建项目变更索赔周例会，明确申报索赔所需落实事项，确定责任人及落实时间，对下一步工作的开展进行细化。

6)构建变更索赔考核、奖励机制，严格兑现考核奖励，充分调动全员积极性。

7)积极与监理、发包人沟通，开展谈判，经多次交流后，获得对方的理解与支持。

8)寻求专家指导，针对重大变更，邀请公司专家进行现场指导。

9)公司高层领导与发包人高层领导积极沟通，进一步促使重大变更索赔项目立项。

10)针对流程复杂、历时长的重大变更索赔项目，项目部采取申请办理中间变更结算，缓解资金压力，这样可以倒逼发包人主动解决变更审批。

最终长龙山抽水蓄能电站输水、地下厂房系统及下水库工程项目，爆破服务费用补偿、人工费专项补偿、实现准点发电目标费用补偿及岩石强度高导致成本增加补偿均已获批，费用占合同金额的30.37%，使项目扭亏为盈。

9.4.6 变更索赔管理要点

变更索赔需要施工单位具备丰富的工程承包施工经验，以及相当高的经营管理水平。结合长龙山电站项目变更索赔管理工作开展情况，做好工程变更索赔管理工作，有以下几个要点：

1)项目部全员牢固树立变更索赔意识，正确认识变更索赔工作。变更索赔既是工程项目增盈减亏的重要手段，也是企业实现效益的重要途径。若放弃变更索赔的权利，不仅丧失了应得的经济利益，而且在当前竞争激烈的工程承包市场上，还可能面临亏损。施工单位应把提高全员变更索赔意识作为主要任务来抓。

2)项目部要采取有力的组织手段，保障变更索赔工作有序开展。第一，应编制合理可行的变更索赔实施策划，梳理可能存在的变更索赔事项，识别潜在的变更索赔风险点，分析变更索赔点带来的实质影响，确定初步的变更索赔目标和工作计划，并及时补充、更新；第二，制定变更索赔管理办法，明确变更索赔管理具体内容、工作流程、职能分工、具体工作任务，定期组织召开变更索赔周（月）例会，寻找新变更点，确定变更索赔事项立项，报告变更索赔工作进展，检查上期专题会布置内容落实情况，布置下一阶段变更索赔工作，明确责任人、责任部门、工作目标、完成时间节点；第三，构建变更索赔考核、奖励机制，严格兑现考核奖励，充分调动全员积极性。

3)项目部商务技术管理人员要深入了解和掌握项目变更索赔权。要进行变更索赔，就要有变更索赔权，变更索赔权是变更索赔能否成立的法律依据，其基础是施工合同文件。因此，商务技术管理人员应通晓合同文件，善于在合同条款、施工技术规程、工程量表、工作范围、合同函件等文件中寻找索赔的法律依据；另外，强化风险防范意识，确保相关资料能经得起审计和各类执法检查的检验，控制风险，不留隐患。

4)项目部技术管理人员要深入了解设计意图，主动提出有利设计方案变更。加强与设计总部、现场设计代理沟通，结合项目投标时不平衡报价，对于利润空间小或亏损项目，建议设计单位优化设计方案减少或取消此类项目，或者变更项目设计规格、标准、要求等；对于利润空间大的项目，建议设计单位适当增加此类项目，最终达到利于己方的目的。

5)项目部商务管理人员要加强变更索赔报告编写及造价水平能力，合理计算施工变更索赔款。在确定工程变更索赔权之后，计算相应的变更索赔款。提出合理的变更价格，使业主及监理单位都能理解和接受，既是施工单位一项非常重要的工作，也是变更索赔工作能否成功的关键。因此，加强商务管理人员变更索赔报告编写及造价水平能力也显得尤为重要，如积极参加公司级商务报价培训学习、变更索赔案例交流分享、造价软件（凯云、广联达、同望）使用学习、通过造价软件使用提高报价准确度及工作效率等。对变更索赔款的确定，要根据合同条件中有关计价的条款，采取科学合理有利的方法进行计算。在计算过程中要注意两点：①测算变更索赔项目实际成本单价，在原合同单价有利的条件下，采用参考原合同单价方式计算；若原合同单价不利，则需要通过选取合理有利定额来重新组价计算，并在变更谈判过程中有意识引导说服监理人和发包人予以接受。②要避免无根据地无限扩大变更款，无根据申报变更索赔款会导致最终审批金额与原申报金额差距太大，长此以往，监理人及发包人会怀疑施工单位的专业能力，降低彼此之间的信任，难以达到承包人变更诉求，不利于变更索赔工作的进行。

6)项目部工程管理人员要做好计量与签证。变更索赔费用计算两大要素是工程量和单价。单价一定的情况下，如何合理地做好计量和签证，并确保已施工项目全部能有效计量签证，需要项目部工程管理人员具备以下能力：①项目初期仔细研读学透合同文件中约定各个章节计量与支付规则；②针对现场已实施完成的工程项目，能及时、准确、

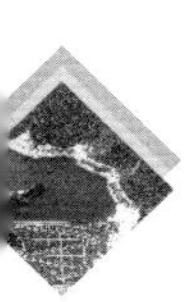

无误编制工程量计量签证单(变更工程名称、施工时间、施工依据、施工相片、计量项目名称规范、项目规格型号等参数要详细注明未遗漏,工程量计算准确);③专人跟踪已申报工程计量签证单及时完成审签;④建立签证单申报审核审批台账。

7)项目部各部门要加强变更索赔证据资料的归档与收集。变更索赔证据,在很大程度上关系到变更索赔是否成功。证据不全、不足或缺失,变更索赔将因缺失支撑性文件而导致失败。在项目施工过程中,要始终做好资料收集整理工作,建立完善的资料记录和科学管理制度,不能一味蛮干却忽视现场基础资料的重要性。对于可能会发生的变更索赔项目,从施工开始时商务管理部门应在变更推进会上有目的地明确各部门应收集和积累的证据材料,各部门有意识地按施工部位收集整理保存证据资料。常见的证据资料有商务管理部负责收集的各种合同文件(工程承包合同及附件、中标通知书、投标文件、标准和技术规范、投标图纸、工程量清单、报价单、施工组织设计、合同谈判备忘等)、结算报表、业主经济例会会议纪要、新增补充协议、政府物价指数变化、地方政策文件变化、变更索赔台账等;技术管理部负责收集的经批准的施工方案、施工技术核定单、设计修改通知单、施工蓝图、工期分析报告、土石方平衡报告、地质缺陷确认单、测量成果审批表等;工程管理部负责收集的施工进度计划、施工日志、施工备忘录、现场施工过程中照片及影像录像资料、现场监理指令、监理协调会会议纪要、部位移交单、工程计量签证单、非承包人原因窝停工签证、签证单台账等;质量环保部负责收集的各级单位各类检查通报、报告、会议纪要、现场工程验评资料等;机电物资部负责收集的各变更项目使用材料进场报验审批材料、设备进退场报验材料、甲供转自购审批材料等;安全监督部负责收集的气象报告及资料(地区降雨量、降雪量、温度、风力等级、台风等);财务管理部负责收集的各类财务凭证、财务报告等。

8)项目部与业务部门间要加强联动,密切配合,形成变更索赔合力。变更索赔是一项融技术、施工、商务、质量、合同法律和管理策略等于一体的综合性工作,需要项目部各业务部门间各司其职,密切沟通,积极配合,为项目部创造良好变更索赔环境,形成变更索赔合力,创造更大、更多的变更索赔产值。

9)项目部要建好工程项目。变更索赔成功的重要基础条件是施工单位认真按照合同要求实施项目,把工程项目建成合格工程,使监理及业主都满意。在施工质量合格、施工进度满足要求的情况下,变更索赔工作要相对容易一些;而在施工质量低劣、工期不断拖后情况下,变更索赔工作一般很难开展。

项目的变更越多,改善项目经营条件和实现项目的最终盈利的机会越大。在实际施工过程中,从施工合同的签订到工程竣工,变更索赔贯穿项目始终,为减轻整个项目实施风险,必须正确认识变更索赔,增强变更索赔意识,做好变更索赔策划工作,加强合同管理、计量签证、证据资料收集、部门联动,充分利用变更索赔手段,赢得效益。

第 10 章　设备及物资管理

10.1　设备

机电设备管理重点大型塔式起重机安装拆除、引水长斜井扩挖一体化提升系统设备安拆及运行管控、尾水斜井混凝土衬砌滑模安拆及运行管控。

10.1.1　大型塔式起重机安装拆除及运行管控

长龙山项目部现场安装 3 台(套)大型塔机设备，分别安装在进/出水口(1 台 C7050 型)、溢洪道侧堰及尾坎段各 1 台(1 台 C7050 型，1 台 K80/115 型)。其中，溢洪道尾坎段安装 K80/115 型塔机，作业范围 60m，最大起重量 32t。安拆最大单件质量 31.8t，最大作业高度 51m。

(1)塔机安拆重点及难点

1)安装场地狭窄，K80/115 型塔机安装在溢洪道尾坎段溢 0＋164 右导墙外侧高程 180.00m 平台，安装地面高程 180.00m。起重设备站位场地位于溢洪道尾坎段溢 0＋182，地面高程 174.00m 平台。场地面积约 450m^2(15m×30m)，260t 汽车吊全支腿后无构件拼装场地。

2)套架总成安装，套架总成合重 31.5t(尺寸：5.66m×7.03m×13.55m)，吊装作业高度 30m，作业幅度 18m。受现场安装幅度及条件限制，吊装高度及构件质量大，一次性整体吊装具有较大的安全风险。

3)平衡臂整体吊装，平衡臂组装后总长 25.4m，总质量约 24.9t(不含提升机构)，吊装高度 43m。受拼装场地限制，须采用双机台吊方式将平衡臂送至主起重设备承载幅度范围，吊装高度及构件质量大。一次性整体吊装具有较大的安全风险。

4)起重臂及拉杆整体吊装，起重臂总安装长度 60m，总质量 31.8t，安装高度 42m，现场场地条件不具备一次性组拼 60m 长度条件，选择先整体安装 50m 组合，空中再安装 1 节 10m 起重臂方式。单件吊装质量 28.91t，吊装高度及构件质量大，高空二次空中对接组拼起重臂具有较大的安全风险。

(2)主要解决方案

1)对于进场道路崎岖问题，现场尽可能对道路进行平整、拓宽弯道路幅。采用转弯半径小短平板运输车辆加强绑扎方式转运构件进入安装场地。

2)对于安装场地问题，除充分利用现场已有空间外，综合溢洪道预挖冲沟段场地，拓宽安装组拼场地空间，从安装方案上进行优化布置，减少构件对场地空间占用量，合理分配构件进场时间及先后顺序，减少工序干扰。

3)对于塔机单件机构质量大、形体尺寸长，依据塔机最大单件质量及作业幅度合理选用大吨位全地形汽车吊作为主安装设备，小吨位汽车吊配合实施构件组拼及辅助抬吊。

(3)塔机安装及运行保障措施

1)安装单位选用公司专业工程处(起重安装处)组织安装；

2)根据现场地形条件深入研究编制科学、可操作安装方案、应急方案及作业指导书；

3)组织各级管理及安装作业人员全员安装方案技术交底，告知危险源及应对措施；

4)配置具有大型塔机操作、维修保养人员，严格执行操作规程及维保制度。

10.1.2 引水长斜井扩挖一体化提升系统设备安拆及运行管控

长龙山工程引水系统采用三洞六机，引水斜井式布置下斜井设计 3 条，开挖断面为 5.0m×5.9m(马蹄形)，斜井角度为 58°，扩挖总长度约 406m，直线段长度约 389.3m，在国内在建抽水蓄能电站项目中斜井长度位居前三位。超长斜井施工难度较大。施工工艺采用先导孔—反拉导井—人工钻孔爆破导井溜渣井底出渣方式。项目部组织研发斜井扩挖支护一体化智能装备安装在下斜井中平洞内，距下斜井井口约 20m 处，主要由卷扬机部分、扩挖台车、液压臂及电气控制系统组成。

(1)斜井扩挖一体化提升系统设备安拆重点及难点

1)斜井扩挖一体化智能装备卷扬机部分质量大(单件最大质量 24t)，外形尺寸大(3.65m×4.45m×2.7m)，大型起重设备进场困难，洞内有限空间吊装作业。

2)斜井扩挖一体化智能装备扩挖台车总质量 8t，外形尺寸大(7.91m×4.1m×3.2m)，台车整体运输进场困难，洞内有限空间吊装作业。

(2)主要解决方案

1)对于进场道路崎岖问题，现场尽可能对进场道路进行平整、拓宽弯道路幅。采用转弯半径小短平板运输车辆加辅助拖车方式转运构件进入安装场地。运输构件均为超宽大件，运输全过程由指挥车辆配合开道。

2)依据斜井扩挖支护一体化智能装备特性,结合安装现场条件精心、科学编制安装、运输方案。细化方案至单件编制吊装作业指导书,并组织全员技术交底。

3)对于有限空间吊装作业,采取多组天锚配合手拉葫芦方式进行作业。天锚设计计算锚杆承载力及材料抗拉强度,放大安全系数。锚杆打孔、注浆、插杆全程质量监控。满足凝期强度后对锚杆进行密实度、无损探伤检测。组织专业焊工对锚板焊接,完成后对焊缝焊接质量进行无损探伤检查。设备吊装前进行按最大吊装构件 120%质量进行试吊。

(3)导井设备及斜井扩挖支护一体化智能装备安装及运行保障措施

1)组织厂家、项目部技术部、机电管理部、设备安装单位联合会商编制斜井扩挖支护一体化智能装备安装方案及作业指导书。组织各级管理人员、安装单位全员进行安装方案技术交底,施工过程中严格按安装方案执行。安全、机电管理人员现场施工进行全过程监控,确保设备安全圆满完成安装、调试、验收。

2)组织厂家技术人员编制设备运行操作手册及维修保养手册,组织运行单位操作培训,测试合格方可独立上岗作业。聘请专业电气人员负责设备定期检查及电气故障维修。

3)制定设备日、周、月检查清单,由运行单位负责日常运行作业前、运行期间、运行结束后设备检查及运维;联合业主、监理、项目部施工管理部、安全监督部、机电管理部、运行单位,按周、月对设备进行专项检查。引进钢丝绳无损磁探伤仪、数显式游标卡尺等,定期对提升系统钢丝绳、吊耳、吊具检查,发现安全隐患及时消除,确保设备施工期内安全运行,有力保障斜井扩挖施工工期。

10.1.3　尾水斜井混凝土衬砌滑模安拆及运行管控

长龙山抽水蓄能电站共布置 3 条尾水隧洞,每条尾水隧洞由尾水支管、尾闸室、岔管段、尾水洞水平段、下弯段、斜井段、上弯段、上平段、检修闸门井组成,其中斜井段、检修闸门井混凝土采用液压滑模浇筑。尾水斜井段轴线长 80m、轴线倾斜角度 50°,轴线方向截面呈圆形,开挖支护直径 7m,衬砌厚度 0.5m,衬砌后直径为 6m。3 条斜井配置 3 套液压滑模使用。单套滑模设计尺寸:2m×2m×15.6m(中主梁宽×高×长);滑模单套总质量约 27.69t;混凝土衬砌模板高度 1.2m,直径 6m。

(1)尾水斜井滑模安拆重点及难点

1)滑模中主梁单件形体尺寸大,施工支洞与尾水主洞垂直相交。构件运输进入尾水安装工位困难。

2)滑模轨道在轴线倾斜角度 50°井内安装,安装精度高,机械设备无法配合施工,安装存在较大风险。

3)滑模在尾水斜井下部斜直段安装，中主梁需要通过尾水斜井下弯段进入井内有限空间进行起重安装作业。机械设备无法配合施工，安装存在较大风险。

(2)主要解决方案

1)须运输进入尾水隧道的中主梁，尺寸与厂家技术沟通后，将中主梁设计调整为两段，采取现场组拼方式。同时结合运输车辆转弯半径技术参数对施工支洞与尾水主洞转弯处进行扩挖处理。

2)针对滑模轨道安装组织具有斜井轨道安装经验单位会同项目部、技术部、机电管理部、安全监督部协商编制专项施工方案。组织各级管理、安装人员进行全员方案交底。利用全站仪、激光准直仪等仪器确保滑模轨道安装精度。架设临时卷扬机及运料小车辅助轨道安装运输，降低人工搬运轨道施工作业风险。

3)滑模中主梁运输进入尾水下湾采用随车吊(12t)卸车，上弯段设置临时卷扬机从下弯段将中主梁辅助提升至安装斜井内工位。采用 4 台 5t 手拉葫芦配合地锚进行固定。

(3)尾水斜井滑模安装及运行保障措施

1)组织厂家、项目部、技术部、机电管理部、安全监督部、质量保障部及安装单位共同研讨编制滑模安装方案及作业指导书。并组织各级管理人员、作业人员进行全员方案交底。组织厂家技术服务人员参与滑模安装及技术指导。施工过程严格按方案及作业指导书组织施工，机电管理部、安全监督部全过程进行监管。

2)对投入的施工设备、卷扬机、手拉葫芦等器具在使用前、使用过程中检查，确保起吊作业安全。

3)聘请厂家技术人员对斜井滑模浇筑混凝土全施工过程进行技术服务。主要承担滑模运行期轴向偏差纠偏工作，圆满完成 3 条尾水斜井滑模衬砌施工。

4)编制滑模施工操作手册、滑模日检查清标、周检查清单及检查制度。由施工单位承担日常滑模运行维保及检查工作。监理部、项目部等相关部门每周定期对滑模对照检查清单组织专项检查，发现隐患及时处理。

10.2 物资供应管理

根据主合同约定，长龙山项目主材由甲方供应钢筋、合金钢板、水泥、粉煤灰、混凝土外加剂、铜止水。其他辅助施工材料由项目部自行组织。

10.2.1　计划管理

10.2.1.1　材计划管理

依据项目部编制年度、季度、月度生产经营计划分解编制年度、季度、月度甲供及自购材物资材料需求计划。总结当月计划执行情况，查找偏差原因，及时纠偏。

10.2.1.2　甲供材计划管理

甲供材于每月 25 日前，由分包单位编制下月物资计划经工程管理部、技术部依照月度生产经营计划、施工图纸及设计文件审核后，由物资管理部门统一汇总编制甲供材月度计划表，报项目分管领导、监理、业主审批同意后，转报业主设备物资公司组织供货。

10.2.1.3　自购材计划管理

自购材于每月 22 日前，由分包商编制需求计划，先经商务部审核确定申报物资计划是否为项目部分包合同供应物资后，再由工程管理部、技术部根据施工进度计划、技术方案审核后，项目部物资部门统一汇总报项目领导审批同意后组织下一步施工。

10.2.2　物资材料采购及供应管理

10.2.2.1　甲供物资供应管理

根据主合同要求，钢筋、水泥、粉煤灰、混凝土外加剂等物资由业主供应，年度生产经营计划分解为季度、月度甲供材计划。每月由各分包单位根据各自生产计划上报需求计划经审核后，统一由项目部物资管理部门上报至业主物资公司进行需求物资采购供应。材料到货后组织原材料现场抽检，确保施工物资质量。每月末对各单位库存情况进行清查，对照供应物资核查当月消耗情况，查找偏差原因。针对性解决各单位执行计划差异，动态调整下月物资计划，降低库存积压及施工成本浪费。

10.2.2.2　自购物资采购

根据项目年度、季度、月度施工实际所需，分包单位上报材料种类、规格型号等信息，项目部各部门（商务、技术、施工）审核通过后，报领导审批同意后，由物资管理部门启动采购立项流程，按照物资采购管理要求分级权限启动招标工作，最终中标单位由物资管理部门对接管理，并按现场实际所需组织供应，建账备查。

10.2.2.3　自购物资供应管理

物资管理部门根据每月已审批物资需求计划，结合现场实际生产能力及仓库库存堆放场地情况，规划当月物资库存堆场。由分包商加工半成品原材料，提前一天与分包单位沟通次日到货数量、规格、型号等材料情况，要求分包单位根据材料性质提前规划加工区堆放场地，并按要求清理进场道路障碍等。

10.3 物资仓储管理

10.3.1 仓库基本情况

长龙山项目规划设置两处物资仓储地，分别位于 S205 白潘线交会处（简称“66 亩地仓库”），占地 12000m^2，赤坞里 21 平台（简称“赤坞仓库”）占地 2000m^2，两处仓库各配置 1 名仓库管理人员。两处仓库均已配置全天候监控视频系统，并每日巡查。

根据项目施工周转两处仓库按施工期分别承担不同物资仓储职能。赤坞仓库开挖期场地内主要储存物资为钢筋、袋装水泥、自购型材等原材料。混凝土施工及尾工期主要存储回收机电设备、五金管件等物资；66 亩地仓库开挖期主要承担自购大型成套设备、周转材料、混凝土衬砌台车、滑模等设备物资中装临时存放场。混凝土施工及尾工期主要承担大型成套设备、周转材料、混凝土衬砌台车、滑模等设备物资回收堆场。

10.3.2 验收管理

每批次甲供（自购）材料由物资管理部门组织业主物资公司（或监理）、项目部质量管理部门、技术部门及仓库管理人员一同，根据采购合同、设计文件及采购计划等资料，采取资料核对、外观检查等方式，运用计量工器具测量材料尺寸大小，详细核对物资的规格型号、发货单及出厂合格证明，必要时还应进行取样送检工作，待确认材料符合要求后方可验收入库存放。

验收过程中，对于质量不符、数量短缺、证件不齐、证物不符等问题，物资管理部门根据物资管理规定，单独存放留置后沟通供应方，并上报项目部领导，根据审批意见办理物资退货及更换流程。

10.3.3 入库管理

仓库管理人员根据验收合格材料规格、型号，依照仓库管理实施细则办理材料登账、立卡工作，入库前需要对材料进行称重，对整件物资进行数目清点，对贵重物资进行仔细查收，逐件编号后，按存放条件进行堆码。

10.3.4 储存管理

仓库管理人员根据仓库物资存储台账每日进行库存清理工作，材料存储地按材料使用频率堆放至易进出部位，对退库物资单独划分地块进行存放，周转材料分类存放，并在使用期进行摊销工作。

10.3.5 出库管理

仓库管理人员严格按照限额发料制度进行库存物资的发放工作。每月物资管理部门将各分包单位需用材料审批表交由仓库管理人员，用于库内物资的发放，各分包单位向物资管理部门提交材料需用数量后，由物资管理部门下发材料限额领料单，分包单位按此凭证向仓库管理人员领用相应物资，仓库管理人员优先发放前方退库物资，降低成本损耗。

对于超领物资，各分包单位需要经项目部领导审批同意后，由物资管理部门下发限额领料单，分包单位按流程办理材料领用事宜。

10.3.6 退库物资管理

物资管理部门收到各分包单位办理物资退库要求时，协同施工管理部门、仓库管理人员一同对退库物资的外观及规格型号进行查验，对外观完好且具备再利用价值的甲供（自购）材料如实办理退库登记手续，并单独存放至仓库内指定区域，不符合再利用条件的材料，按分包单位材料领用办理费用扣除手续。

周转材料办理退库时，对无法再次周转用量，按照周转材料残值在当期结算中扣除相应款项。

10.4 物资现场管理重点

物资现场管理重点分为甲供材料、自购材料及周转材料。

10.4.1 甲供材料管理

对于甲供材料现场使用，项目部物资管理部门采取每日巡查材料耗用情况，定期组织部门人员协同分包单位材料员对现场材料存储情况进行盘点，对于可调剂物资按相关调剂管理办法办理手续，进行调剂工作。

项目部物资管理部门按期回收甲供材料废料，并经项目部领导审批后，将废料种类、规格、数量报送业主，根据业主批示要求对甲供废旧材料进行处置。

10.4.2 项目部自购材料管理

项目部自购材料为分包单位有偿使用，物资管理部门根据材料领用数量按采购价格对分包单位办理扣款，对完工项目剩余材料优先进行调剂，不可调剂物资按相关管理规定进行回收，定期按物资管理办法进行核销工作，对材料超耗使用部分进行处罚。

10.4.3 周转材料管理

物资管理部门定期进行周转材料现场清点工作，对材料损坏、变形情况及时要求分包单位进行修复、补充，分包工程完工前及时收集各分包单位周转材料需求信息，并按材料调剂流程办理相关工作，对暂不可继续调剂使用的周转材料办理退库手续，若退库时发生周转材料损坏或遗失情况，周转材料剩余摊销金额在当期结算中扣除。

10.5 结语

长龙山抽水蓄能电站项目部严格执行公司及业主下发的各项物资管理制度要求，对物资管理全过程进行监控，对进场材料严把质量关，对材料使用严把需求关，对物资成本损耗严把控制关，充分体现我国传统水电行业物资管理全面化、流程化、精细化的指标要求，对今后实施抽水蓄能电站物资管理打下良好基础。

第 11 章　施工技术探索创新及应用

11.1　400m 级超长斜井导井精准成型技术

11.1.1　施工流程

施工准备→地质预测→参数校核→导孔开孔测量放样→定向钻机就位→导孔正常钻进→测斜校核→定向纠偏→磁导向出钻→定向孔扩孔→导井反拉。长斜井定向孔钻孔工艺流程见图 11-1。

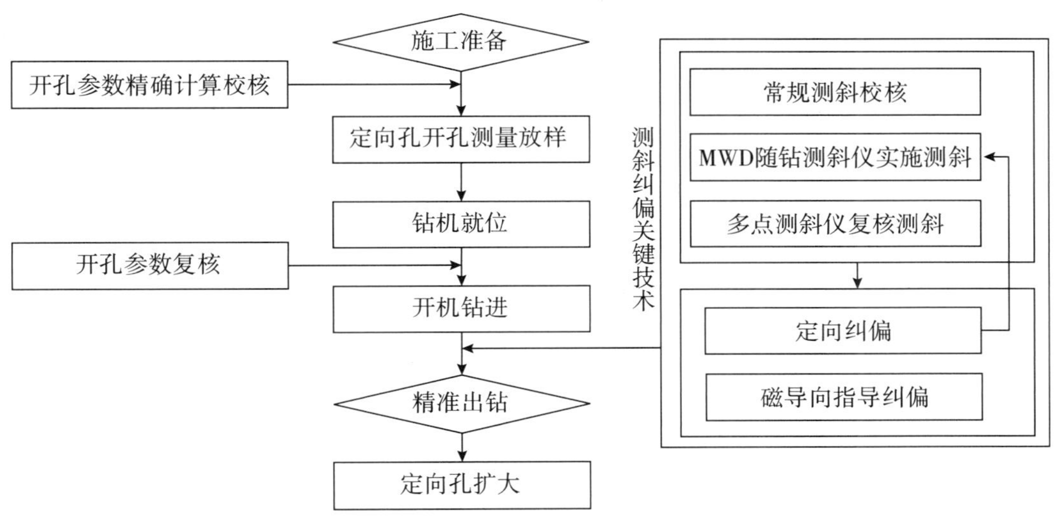

图 11-1　长斜井定向孔钻孔工艺流程

11.1.2　操作要点

11.1.2.1　导孔钻进前技术准备

(1)地质预测

根据设计地质勘察资料预测岩性及断层(岩脉),大致推算断层(岩脉)走向及高程,

钻进抵达地质缺陷处提前优化调整钻进参数，控制钻进方位。1#引水斜井地质情况纵断面见图 11-2，3#引水斜井地质情况纵断面见图 11-3。

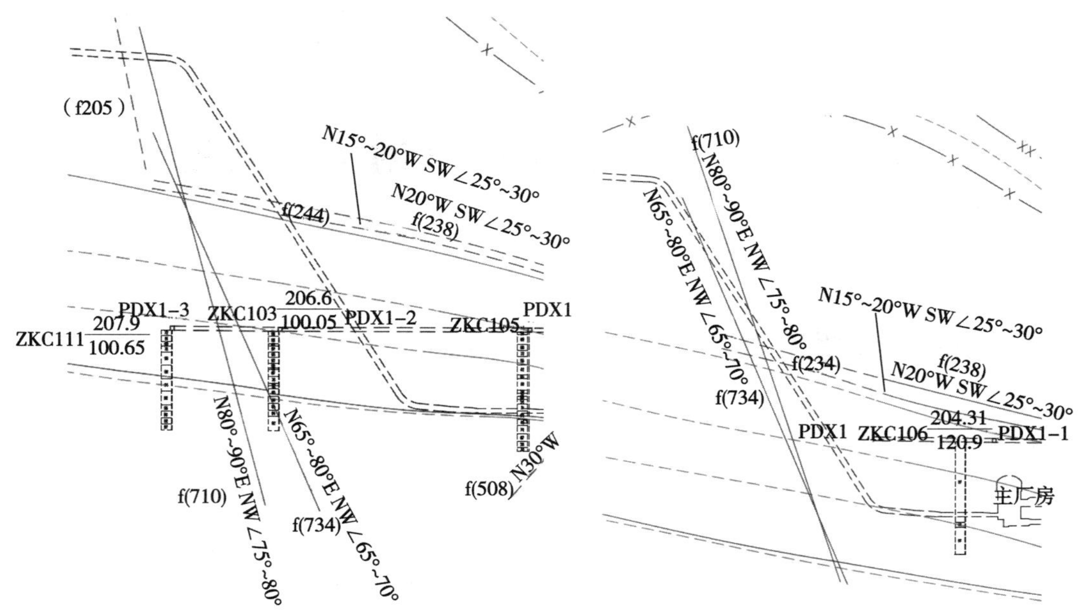

图 11-2　1#引水斜井地质情况纵断面

图 11-3　3#引水斜井地质情况纵断面

（2）岩性分析

通过对斜井附近部分相似岩石取样，采用 X 射线衍射法对岩石分析预判岩性，提前优化钻头设计及合理选材。样岩 1X 射线衍射图谱见图 11-4，样岩 2X 射线衍射图谱见图 11-5，矿物 X 射线衍射分析报告见表 11-1，岩样的平均密度与单轴抗压强度见表 11-2。

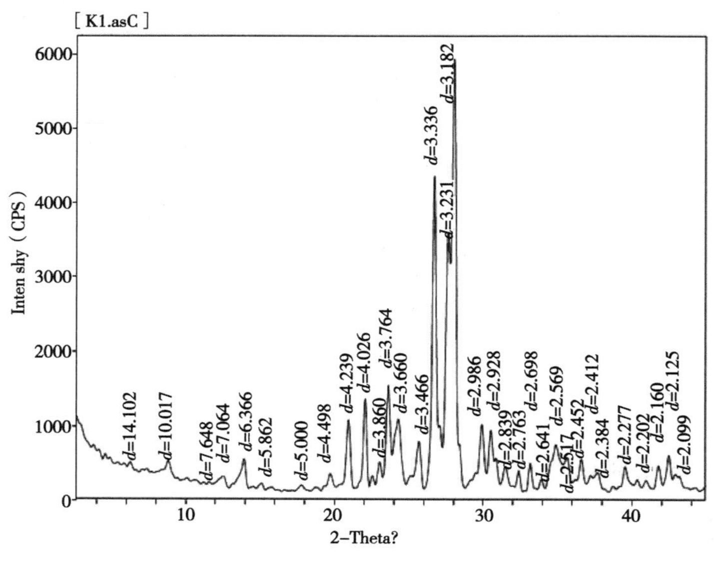

图 11-4　样岩 1X 射线衍射图谱

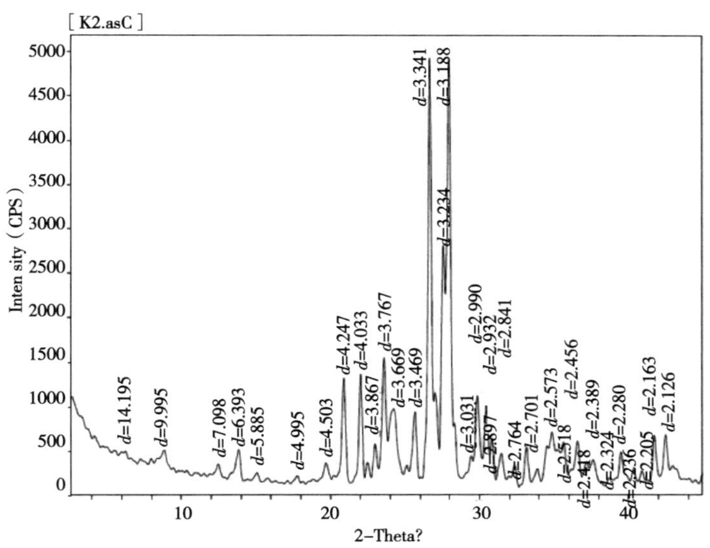

图 11-5　样岩 2X 射线衍射图谱

表 11-1　　　　**矿物 X 射线衍射分析报告**

岩样	矿物种类和含量/%						黏土矿物含量/%
	石英	钾长石	斜长石	方解石	赤铁矿	石膏	
1	17.1	14.6	42.3	5.3	3.7	0.2	16.8
2	20.5	15.5	36.9	6.8	4.2	0.1	16.0

注:岩样 1、2 主要矿物成分为斜长石。

表 11-2　　　　**岩样的平均密度与单轴抗压强度**

岩样	试样编号	直径/mm	高度/mm	截面面积/mm^2	质量/g	密度/(g/mL)	抗压强度/MPa
1	A1	24.98	50.02	489.84	63.94	2.61	48.98
	A2	25.04	50.04	492.19	63.54	2.58	130.25
	A3	25.02	49.98	491.41	63.71	2.59	143.10
	A4	25.00	50.00	490.62	63.66	2.60	105.03
平均值		25.01	50.01	491.02	63.71	2.60	106.84

(3)工作面开挖、基础浇筑、泥浆池砌筑

泥浆池的实际位置根据工作面现场的实际情况合理布置,泥浆池需要满足循环冲渣、沉淀渣料、方便清理、不漏水、不影响设备施工操作等要求。

基础施工要求:钻机基础强度、表面平整度既影响反井钻机的安装调试,也影响施工中钻机的稳定,在导孔施工中是关键环节。爆破开挖、基础浇筑等施工需要专业技术

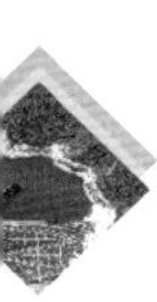

人员核实相关图纸，确认斜井洞轴线，确保钻机开孔点与洞轴线的一致性，钻机基础及泥浆池按以下要求施工。

1)基础浇筑过程中必须振捣密实，要求表面平整度为±3mm；

2)混凝土必须浇筑在坚固的岩石上，浇筑前按规范要求清底；

3)尺寸按图纸施工；

4)扩孔范围内不得埋有钢筋、钢管、钢模等刚性物体；

5)基础浇筑前，放样人员须认真查看相关图纸，确认斜井洞轴线，确保钻机开孔点与洞轴线一致并验收合格。

(4)钻机设备安装

1)设备安装、调试、校准流程。

定向钻机安装后的钻孔轴线必须与导孔轴线一致(包括钻孔中心位置、倾角、方位角等)。基础浇筑完成，强度达到后，即可将反井钻机的安装就位，设备运输、安装、调试校准具体步骤如下：

基座安装→地脚锚杆安装→主机就位→液压站安装→油管连接→电路线路连接→试运行→主机校准加固。

2)基座安装。

利用混凝土基座进行设备安装，采用全站仪对钻孔中心点进行详细的测量复核，利用全站仪与钢卷尺配合，使基座中心轴线和斜井轴线一致，两块基座必须按照安装图尺寸安装，基座需要调正、调平并加以固定，防止在安装地脚锚杆孔过程中基座发生偏移。基座安装对于导孔偏差控制至关重要，必须认真校核，用钢卷尺认真测量对角线和宽度，确保安装尺寸。

3)安装地脚锚杆。

主机基座正确安装后，用 YT-28 钻机钻深 2m、直径 42mm 的锚杆孔，用水将孔内岩渣冲洗干净，用锚固剂锚固预先加工好的地脚锚杆(Φ28mm、$L=1.2$m，一头带 10cm 的螺纹)，清理基座下方的杂物并用水清洗干净，用混凝土把基座和基础之间的缝隙浇筑密实，并再次复测基座，确保安装正确。

4)主机及液压站就位。

待基座下方的混凝土和锚杆强度达到标准之后，将主机运输至基座上并完成安装，竖起主机和主机脚板的螺栓孔，并扭紧螺栓；支撑好运输底盘上的 4 条支腿，调整水平液压站。

5)油管连接。

当主机、液压站、操作台安装布置完成之后，把所有设备部件(包括各连接油管接头)都清理干净，连接前用干净的同型号液压油清洗并安装接头，确保杂物不进入液压系统，安装完成后根据图纸仔细核对每根油管是否安装正确。

6)电路线路连接。

电路线路安装必须由专业电工完成，正确连接电路线路之后，必须仔细检查整个线路系统(包括电压是否在设备要求的正常范围)，确认所有电缆连接正常之后，方可送电。

7)设备调试运行。

确认电缆、油管等连接是否正确，送电之后，检查电压、相序和各仪表显示是否正确，通电 1h 以上，再次全面仔细检查设备各部位的状态(包括液压油、齿轮油等)，确保设备安装正确和人员安全，确认在场所有人员处于安全状态后开机试运行。设备运行过程中，注意观察设备的运行情况，如发现异常及时停机处理。

8)主机校准。

首先用数显角度仪初步校准主机至 58°，在主机减速箱上任意处做一个微小标记点(标记点尽量接近减速箱中线)，把减速箱降到最低位置，用全站仪精确读取标记点的坐标，并做好记录，然后把减速箱升到最高位置，读取该标记点的坐标，从上下两个位置所读取的标记点坐标可得主机的钻孔角度，多次复核校准。

9)其他辅助设备的安装及验收。

辅助设备(包括散热器等)安装完成后，组织专业人员对钻机、泥浆泵、备件材料、钻机安装、电气设备安装、泥浆池、施工区域安全与防护设施，以及钻具等相应工具的质量、数量进行检验，检验完毕后方可开工。

开孔前要将钻机进行认真找正，使钻孔中心和动力头主轴中心重合，确保开孔角度及方位角满足设计导井轴线角度及方位角要求。开孔前钻井泥浆应制备完成，并使泥浆充分循环。

11.1.2.2　导孔开孔测量放样及钻机定位

(1)磁偏角复测校核

采用"一种可调磁偏角复测校核装置"专利技术(已申报)，通过该装置对理论磁偏角、子午收敛角数值进行二次校核，可更加精准校核螺杆纠偏过程，确保钻进方位可控。

通过该装置全站仪和查表可得：γ 以分为单位，y 是点的横坐标，以 km 为单位，K 是系数，以纵坐标 x(以 km 计)为引数由表 11-3 查出。要特别注意的是，计算时所用的 X 坐标和 Y 坐标通常并非当地的平面城市坐标，计算时 Y 坐标应减去相应的常数(500000m)。子午线收敛角系数 K 见表 11-3。

表 11-3　　子午线收敛角系数 *K* 参数

X/km	K	Δ	X/km	K	Δ	X/km	K	Δ	X/km	K	Δ
100	0.0085	85	160	0.1390	91	3100	0.2865	110	4600	0.4768	153
200	0.0170	85	1700	0.1481	92	3200	0.2975	111	4700	0.4921	157
300	0.0255	86	1800	0.1537	92	3300	0.3086	114	4800	0.5078	162
400	0.0341	86	1900	0.1666	93	3400	0.3200	116	4900	0.5240	167
500	0.0426	86	2000	0.1759	93	3500	0.3316	118	5000	0.5407	172
600	0.0512	86	2100	0.1854	95	3600	0.3134	120	5100	0.5579	178
700	0.0598	86	2200	0.1949	95	3700	0.3554	123	5200	0.5757	184
800	0.0684	87	2300	0.2046	97	3800	0.3677	125	5300	0.5911	190
900	0.0771	87	2400	0.2143	97	3900	0.3802	129	5400	0.6131	197
1000	0.0858	87	2500	0.2242	99	4000	0.3931	131	5500	0.6328	205
1100	0.0945	88	2600	0.2342	100	4100	0.4062	131	5600	0.6533	212
1200	0.1033	88	2700	0.2444	102	4200	0.4196	138	5700	0.6754	222
1300	0.1121	89	2800	0.2547	103	4300	0.4334	141	5800	0.6967	230
1400	0.1210	90	2900	0.2651	104	4400	0.4475	144	5900	0.7197	240
1500	0.1300	90	3000	0.2753	107	4500	0.4619	149	6000	0.7473	248

子午线收敛角坐标见图 11-6。

$\gamma=K\cdot y$，$X=3376830.066\text{m}=3376\text{km}$，从表中得知 $K=0.32$；

$y=Y-500000=751176-500000=251\text{km}$；

$\gamma=K\cdot y=0.32\times251=80.32'=1.34°$。

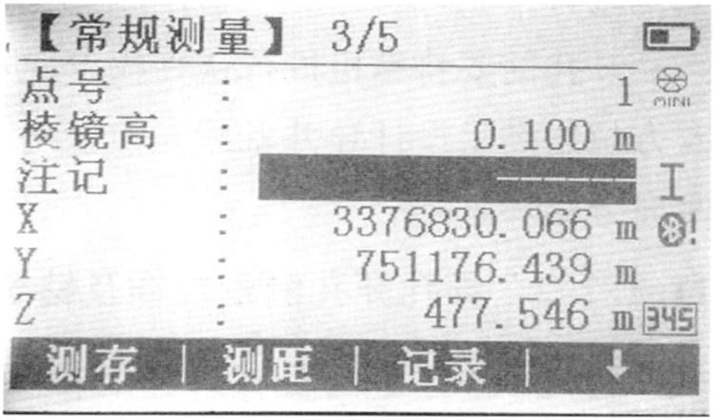

图 11-6　子午线收敛角坐标

通过该装置无线随钻测斜仪可测得：用海蓝 MWD 无线随钻测斜仪的软件，输入大地坐标生成经纬度、磁偏角、收敛角；输入经纬度，直接生成大地坐标、磁偏角、收敛角等（图 11-7 和图 11-8）。

由上可见，经仪器计算所得子午收敛角 $\gamma\approx1.33°$。以上两种校核计算结果基本一致，因此子午收敛角最终取值 $\gamma\approx1.33°$。最后得出，设计方位角＝磁方位角＋(－5.84°)－1.33°＝磁方位角－7.17°。

（2）开孔点精准测量

钻进过程钻头受重力影响，钻孔轨迹误差整体向下偏斜。开孔点采用全站仪精准放样，开孔点向下游偏移 40～60cm 作为提前量考虑。定向孔轨迹见图 11-9。

图 11-7　填入大地坐标换算

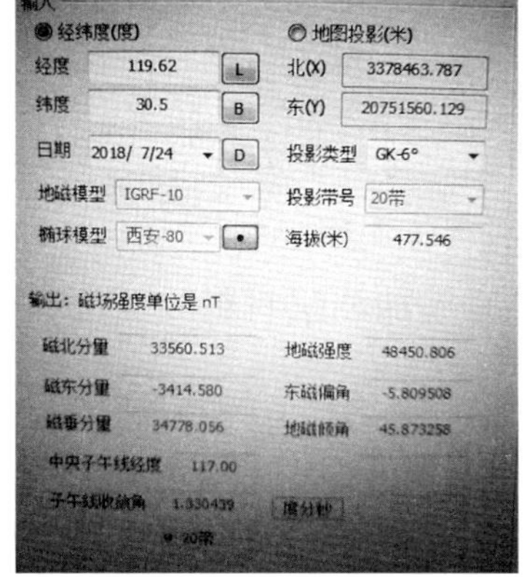

图 11-8　填入经纬度换算

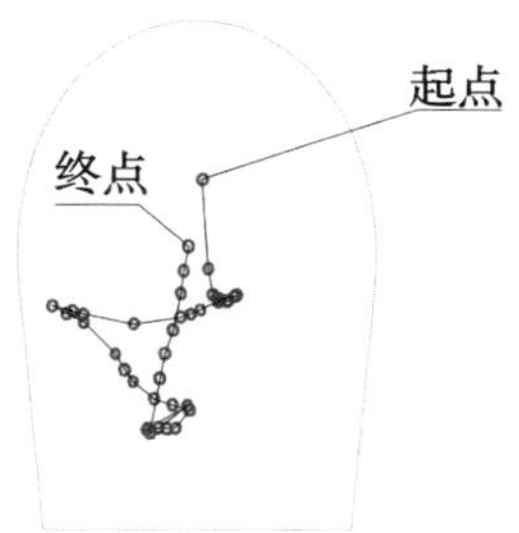

图 11-9　定向孔轨迹

(3)导孔开孔施工

开孔是保证钻孔角度的关键，为确保开孔的角度，在开钻前要在孔位基础上预留环形孔槽，开孔钻进过程中应以轻压、慢转、大泵量为宜。转数一般控制在 60r/min，钻压 500kg，泵量 600～1200L/min。

11.1.2.3　导孔钻进精准控制

(1)钻进成孔

定向钻成孔过程中，针对不同岩石需要调整相应转速钻压控制，以保证钻孔正常进行。钻孔使用钻机和井下动力钻具(螺杆)产生旋转动力，其钻进过程主要有以下两种：

1)复合钻进。

复合钻进是钻机和螺杆同时旋转的工作方式，钻头旋转速度为二者之和。这种钻进方式为主要的钻进方式，在不需要进行纠偏时使用。

2)定向钻进。

螺杆钻具由泥浆推动旋转，钻机旋转至一定角度后锁定旋转。由于螺杆有弯角，导孔将沿弯角指向进行定向钻进。这种钻进方式在需要纠偏时使用，以使导孔沿着需要的方向进行钻进。

无线随钻测斜仪在定向钻的工作全过程中，均安装在螺杆钻具后的无磁钻铤内。定向钻进的全过程中，如需要测斜，只需要对无线随钻测斜仪发送开始测斜信号，测试时间不到 2min，故在钻进过程中无须起钻、下钻等费时的操作，即可快速完成测斜，并根据测斜的结果来判断是否需要进行定向钻进。通常每钻进 3m 时，则需要进行一次偏斜测定，以确保偏斜得到控制。

更为密集的测试可根据需要进行。由于靠近钻头部分的螺杆钻具、钻铤等存在较

大刚度(外直径达到 172mm),不易发生在小于 3m 的长度内出现的急偏斜。故通常情况下不进行测定钻进深度小于 3m 的偏斜。

3)钻进泥浆的控制(泥浆性能要求)。

钻进硬岩段时,要求泥浆密度控制在 1.03～1.15,黏度控制在 20"～35",并根据钻孔情况及时加入泥浆添加剂调整泥浆。

及时监控泥浆情况,及时添加泥浆材料处置漏失情况。泥浆配比与泥浆材料及添加剂量应相配比。

(2)地质预报

1)钻进前通过对现场岩石取样,进行岩石力学分析实验,获取岩石特性数据,指导钻进参数设置及优化。

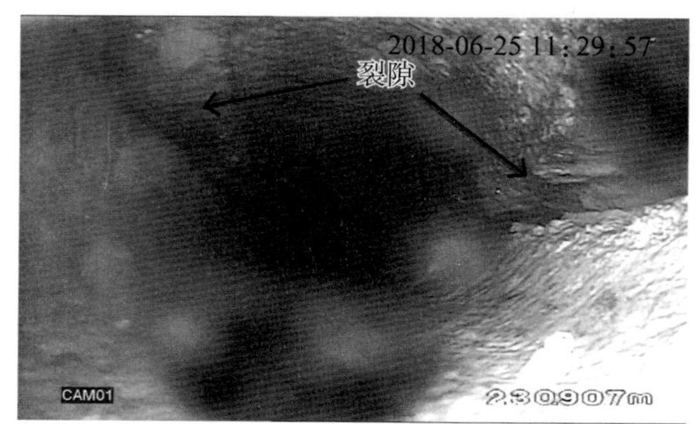

图 11-10 导孔孔内摄像地质情况

2)钻进过程对钻渣岩屑进行连续分段收集,通过对钻渣岩屑的颗粒粒径及相关物理特性分析,进一步了解地层岩石情况。对比设计勘察阶段的准确性,进行地质编录建立地质台账,定向孔精准钻孔可根据岩石特性个性化调整钻进参数,同时为后续反拉导井施工提供更为详细的地质资料。

3)定向孔精准钻孔施工完成后利用孔内摄像技术,对全孔进行摄像并分析记录孔内断层(岩脉)等地质缺陷处成孔效果。对比设计勘察阶段的准确性,为下条定向孔施工积累成功钻进参数。

(3)无线与多点双测斜控制辅助纠偏

1)无线随钻测斜仪的基本参数及工作原理。

YST-48R 是一种可打捞式的正脉冲无线随钻测斜仪,由地面设备和井下测量仪器组成。地面设备包括压力传感器、专用数据处理仪、远程数据处理器、计算机及有关连接电缆等,井下测量仪器主要由定向探管(方向参数测量短节)、伽马探管、泥浆脉冲发生器、电池、扶正器、打捞头等组成。该仪器配有橡胶式和弹簧钢片式两种扶正器,扶正器是规范配件,不需要特殊工具就能更换替代,操作便捷。

该仪器是将传感器测得的井下参数按照一定的方式进行编码,产生脉冲信号,该脉冲信号控制伺服阀阀头的运动,利用循环的泥浆使主阀阀头产生同步运动,这样就控制了主阀阀头与限流环之间的泥浆流通面积。在主阀阀头提起状态下,钻柱内的泥浆可以较顺利地从限流环通过;在主阀阀头压下状态时,泥浆流通面积减小,从而在钻柱内产生了一个正的泥浆压力脉冲。实际上，整个过程涉及如何在井下获得参数和如何将这些数据输送到地面，这两个功能分别由探管和泥浆脉冲发生器完成，仪器设备见图11-11。

2)安装MWD随钻测斜仪。

安装时，要检查O型密封圈的完好性，扭紧每个接头，防止水进入测斜仪内，检查电池电量、连接头等。测斜装置组装为一个整体后，要用水平尺对工具面进行校准，测斜仪末端的卡槽位于正上方时工具面为0°，安装定向接头至螺杆上时，再次对螺杆与定向接头之间的偏角进行校准，逆时针为负值、顺时针为正值，确保当螺杆弯头处于正上方时工具面校准为0°，工具面主要是用来控制螺杆纠偏的方向，工具面所对应的方向就是纠偏的方向。

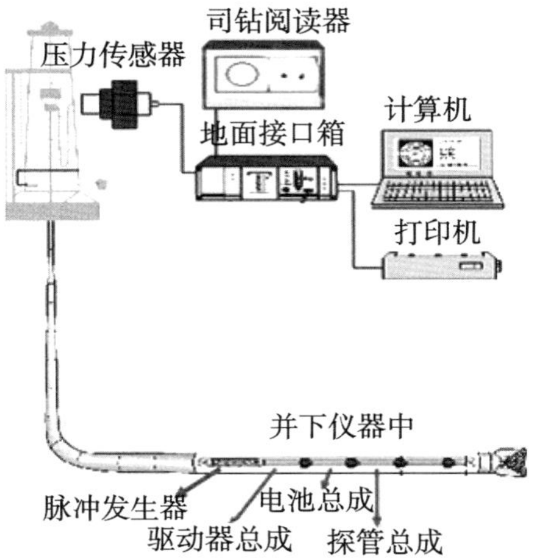

图11-11　随钻测斜装置

3)偏差检查。

螺杆及MWD随钻安装完成后，还要利用磁偏角、子午收敛角对设计方位角进行校准，确保仪器显示测点的坐标方位角，每根钻杆(3m)钻进完成后进行一次随钻测斜，将MWD的测斜数据与预先计算好的设定值进行比较，分析当前钻进是否满足要求，如果不能满足要求则进一步进行检查调整。在进行随钻测斜检查时，要控制好泥浆压力在4～7MPa，以保证数据传输的及时性和准确性。

4)定向纠偏。

当钻孔偏差到达30cm时，要进行预警，仔细对钻孔偏差进行检测及分析，再继续观察下一组测斜数据，如果钻孔偏差出现增大的趋势，就必须进行定向纠偏。

纠偏程度要根据方位角度、井斜及具体的偏差量进行纠偏，纠偏方向与偏差方向相反，纠偏时要固定好钻杆，随时观察工具面角度，防止工具面变化导致纠偏方向错误。

为了对MWD的测量数据进行校核，每隔50m用多点测斜仪(型号：LHE1212 144)进行测量，具体情况根据现场实际数据分析确定。将测量数据进行对比分析，以便更好地掌握偏斜情况，仪器设备见图11-12。

(4)螺杆钻具定向纠偏

1)导孔存在偏斜趋势时开始预警并启动纠偏，纠偏采用弯角1.25°的Φ145mm螺杆钻具，定向钻进长2～3m。

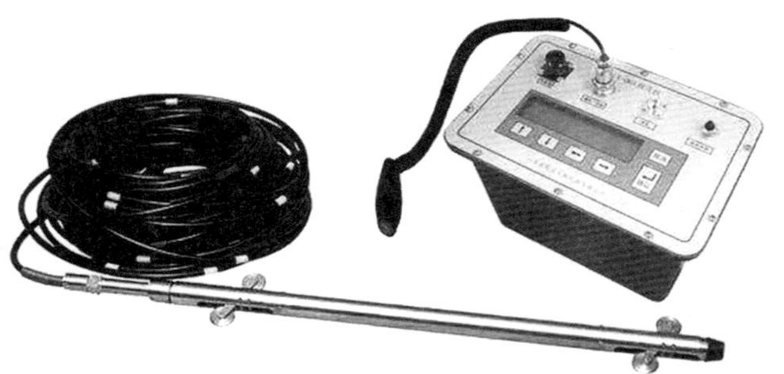

图 11-12　孔下多点测斜仪装置

2)当导孔偏斜率达到 0.2%且无纠正趋势时进行加强纠偏,纠偏采用下入弯角 1.5°的 Φ145mm 螺杆钻具,定向钻进长 1～2m。

3)当定向没有达到预期效果时,需要进行再次的定向,定向钻进过程中,以稳定工具面角为主。

4)纠偏时,定向工具面角以闭合方位为基准,反扭。降斜时,定向工具面角以钻孔方位角为基准,反扭。

5)井深小于 200m,反扭矩角 10°～20°;井深大于 200m,反扭矩角 20°～30°。

(5)磁导向纠偏控制

该工程使用神弓钻井点对点导向系统进行磁导向控制。在需要精确命中目标的定向钻井作业中,近靶点区域(距离靶点约 150m)使用点对点导向系统可以消除 MWD 的累积误差,引导钻头完成中靶作业,类似于穿针引线。神弓钻井点对点导向系统由旋转磁接头、井底探管、地面接口箱、笔记本电脑和软件系统组成,通过测量旋转磁铁产生的交变磁场来引导钻头命中靶点的测量系统。

图 11-13　磁导向测斜仪

安装磁导向前,起钻用多点测斜仪进行测量,对测量数据进行分析,掌握偏差情况后再安装磁导向。在整个磁导向过程中,为确保精准,须排除干扰源,清除下平洞内所有可能干扰的铁件,且在下平洞洞口附近不得有钻爆台车等钢台架,并在磁导向过程中经常检查。偏离角是磁导向控制的关键参数,施工过程中严格控制偏离角,数值越小,则距离靶点越近,精度越高。磁导向测斜仪见图 11-13。

11.1.2.4　导孔精准成孔

导孔施工共计 50d,日平均进尺 8.1m,日最高进尺 27m。贯通偏差为左偏 37cm,有效地将偏差率控制在 0.91‰，远小于设计标准偏差率 5‰。

11.2　超长斜井一体化扩挖支护技术

11.2.1　施工流程

施工准备→卷扬机布置→测量放样→上弯段及前 50m 斜直段扩挖→轨道安装→扩挖台车就位→卷扬机牵引系统安装→扩挖台车安装→运料小车安装→斜井扩挖支护施工→斜井扩挖完工验收→扩挖台车及卷扬系统拆除。

11.2.2　关键技术

11.2.2.1　超长斜井扩挖支护一体化台车

研制了超长斜井扩挖支护一体化台车，台车设置了 3 层作业平台，可以进行钻孔、支护、扒渣作业，提高了施工效率。台车第 3 层作业平台底部设置了机械臂，可以实现机械化扒渣作业，作业人员不用下至掌子面便可进行扒渣作业，降低了作业安全风险。

(1)台车结构

台车框架由型钢焊接而成，共设置 3 层框架，每层框架上焊接钢板形成作业平台。第 3 层钢平台底部设有机械臂，机械臂操作台布置在第 3 层钢平台上。第 1 层钢平台上设有提升架，提升架通过钢丝绳与卷扬机提升系统相连。台车底部两侧各设置 2 个滚轮，滚轮直径 27cm，轮距 5m。1# 斜井扩挖台车进场见图 11-14，扩挖台车第 3 层平台底部机械臂见图 11-15。

图 11-14　1# 斜井扩挖台车进场

图 11-15　扩挖台车第 3 层平台底部机械臂

(2)台车提升系统及轨道布置

台车运行由斜井上弯段布置的 1 台 12t 卷扬机提升系统控制，提升系统由固定式卷扬机、运行支护平台、卷扬机与支护平台间的支承滑轮及导向滑轮组成。固定式卷扬机钢丝绳按支护平台运行时载荷按 6300kg（人物混合）考虑，安全系数为最大荷载的 11 倍，其变频控制可根据现实需要实现双速或多档位操作控制起升速度 2～20m/min。固定式卷扬机有断绳保护调节长度维持台车平衡、超速保护、超载保护、高速轴制动器磨损自动补偿、松闸限位、低速轴制动器手动释放等安全保护功能。在井口上极限位置和底部低位均设置限位保护功能，台车上设置了紧急停车按钮，可以在紧急情况下制动。

由于斜井初始段 50m 不满足扩挖台车运行的行程距离要求，初始段 50m 扩挖完成后才能进行轨道和扩挖台车的下放。先从上平段开始安装轨道直至距离掌子面 6m 处，再将扩挖台车下放到斜井直线段轨道上并锁定。台车两侧行走轨道采用Ⅰ20b 工字钢，轨道中心间距 2.6m。轨道底部和两侧采用Ⅰ16 工字钢和[10 槽钢作支撑，支撑间距 1m。Ⅰ10 槽钢与 C22 基岩面插筋采用焊接固定。每节轨道长度 6m，扩挖 3 个循环后安装 1 次轨道，轨道之间采用焊接连接。

台车锁定后，拆除斜井上弯段布置的轨道，安装上弯段钢平台和卷扬机提升系统，随后对扩挖台车钢丝绳及托辊的安装，卷扬机提升系统调试及验收。1# 斜井上弯段钢平台见图 11-16，1# 斜井上弯段卷扬机提升系统见图 11-17。

图 11-16　1# 斜井上弯段钢平台

图 11-17　1# 斜井上弯段卷扬机提升系统

(3)扩挖施工

斜井初始段 50m 扩挖完成后，开始采用扩挖台车配合施工。总体施工程序：测量放样→钻孔→装药联网爆破→扒渣→轨道安装→锚喷支护。爆破后，作业人员随台车进入距离掌子面 6m 处，由人工操作机械臂进行扒渣作业，渣料经溜渣井出渣至下平洞。扒渣完成后进行轨道安装，3 个爆破循环（循环进尺按 3m 计）安装 1 根长 6m 轨道，单根轨道长度 6m，轨道之间采用焊接连接。轨道安装完成后利用台车第 1、2 层平台进行锚喷支护作业。1# 斜井扩挖台车作业见图 11-18，1# 斜井扩挖支护、扒渣见图 11-19，1# 斜井扩挖完成见图 11-20。

图 11-18　1# 斜井扩挖台车作业

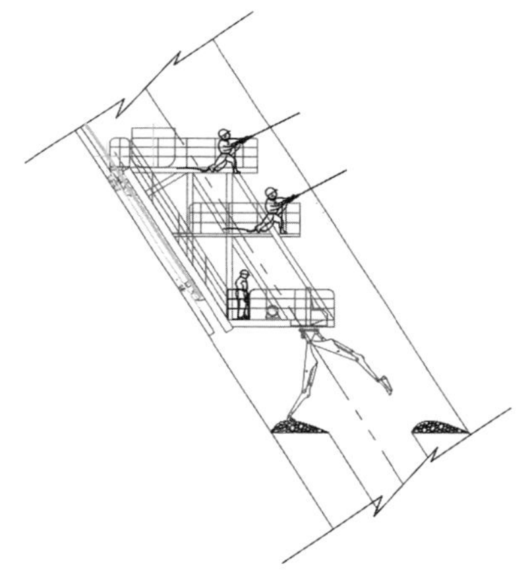

图 11-19　1# 斜井扩挖支护、扒渣

图 11-20　1# 斜井扩挖完成

11.2.2.2　超长斜井扩挖测量技术

通过采用全站仪进行导线加密测量，掌子面放样采用全站仪加"CGGC 测绘"软件(图 11-21、图 11-22)，并采用激光指向仪进行测量校核(图 11-23)，极大地保证了扩挖精度。1# 斜井扩挖完成后井身轴线相比设计轴线仅偏离了 4.2cm，在国内外处于领先水平。

图 11-21　全站仪测量放样

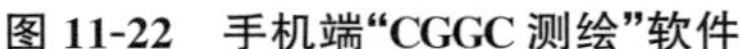
图 11-22 手机端“CGGC 测绘”软件

图 11-23 激光指向仪测量校核

11.2.2.3 超长斜井扩挖防堵井施工技术

通过研究，采用个性化的爆破设计，不断优化爆破参数，一炮一总结，使得斜井扩挖最大循环进尺达到了 3.8m，月平均循环进尺达到 79m，最高月循环进尺达到 90m，有效地加快斜井扩挖速度。为从源头上解决斜井扩挖易堵井的问题，通过控制爆破钻孔的间排距，增加各段位延迟时间，减小了堵井概率；合理布置炮孔密度，离溜渣导井边缘越近，炮孔间距越小；采用合理的装药结构，控制周边炮孔间排距不大于 60cm，有效保证了爆破后最大石渣块度不大于井径的 1/3；用非电半秒延期雷管合理分段延期爆破，并加大各段雷管起爆的间隔时间，避免了爆破后石渣集中挤压导致堵井。扩挖爆破钻孔见图 11-24，爆破孔装药结构见图 11-25，周边孔装药结构见图 11-26，引水下斜井钻爆参数见表 11-4。

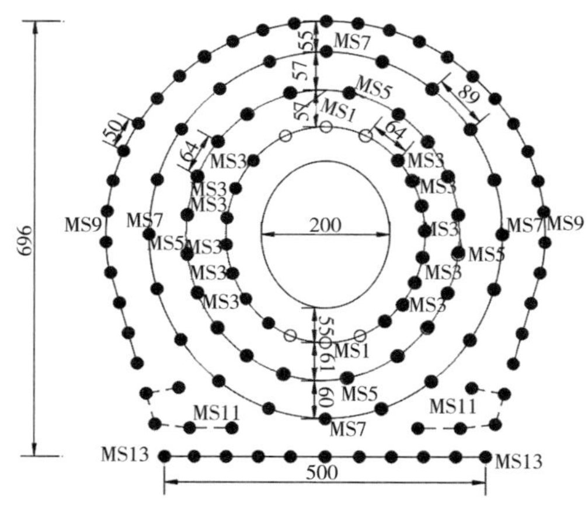

图 11-24 扩挖爆破钻孔(单位:cm)

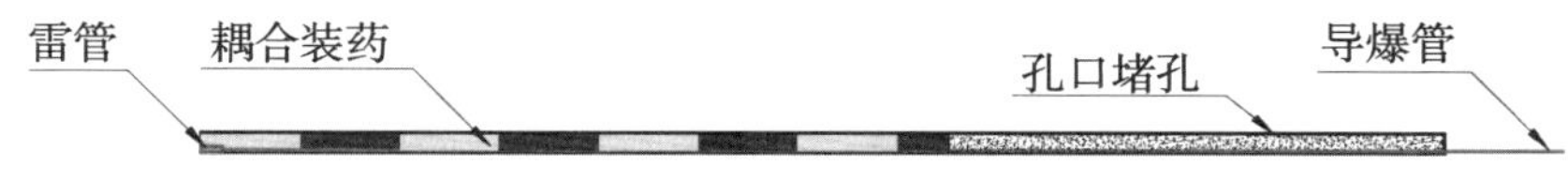

图 11-25　爆破孔装药结构

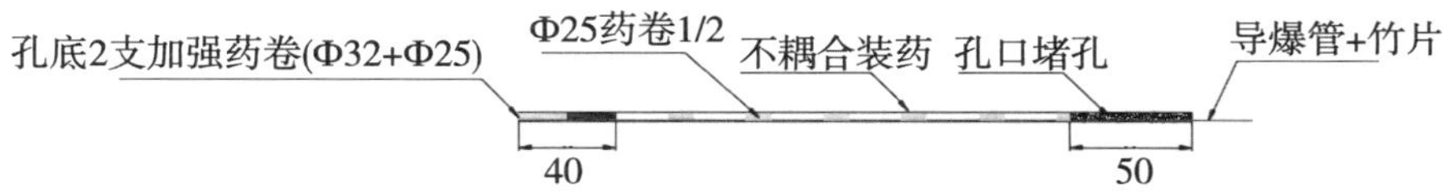

图 11-26　周边孔装药结构(单位:cm)

表 11-4　　引水下斜井钻爆参数

钻孔类别	孔径/mm	孔口高程/m	孔底高程/m	孔深/m	孔斜/°	排距/cm	孔距/cm	药卷直径/mm	不耦合系数	线装药密度/(g/m)	单孔药量/kg	堵塞长度/m	孔数/个
主爆孔	42	—	—	3.8	58	55～61	64	32	—	—	2.2	1.6	41
辅助孔	42	—	—	3.8	58	57～60	89	32	—	—	2.2	1.6	26
周边孔	42	—	—	3.8	58	—	50	25+32	1.68	195	0.74	0.5	46

11.2.2.4　超长斜井扩挖视频监控技术

在扩挖台车上安装视频监控摄像头，通过无线传输方式传输至扩挖台车控制室内的监视器。台车操作人员及施工管理人员可通过监视器随时了解井下作业情况，实现了井下作业全过程监控，有效避免了井下作业安全风险(图 11-27、图 11-28)。

图 11-27　斜井上弯段监控

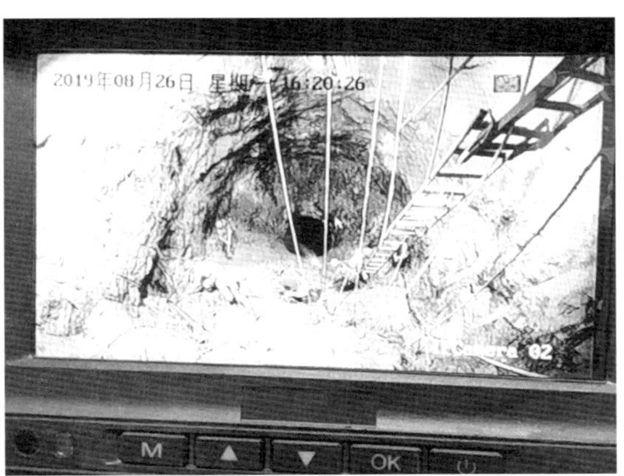

图 11-28　斜井掌子面监控

11.3 超大段长钢衬制安及混凝土施工技术

11.3.1 长斜井压力钢管制作安装技术

(1)高强压力钢管单瓦片组圆制造技术

将压力钢管由2张板材优化为1张板材进行单瓦片卷制,经过反复卷板压头,降低了弧度偏差,减少纵缝和焊接的局部变形,同时,减少了预留切割余量、坡口加工边数、瓦片拼装数量,加快了施工进度,提高了制造质量,加快了施工进度。

(2)斜井压力钢管溜放系统

压力钢管通过装载机—有轨运输台车运输至下斜井上弯段部位,在下斜井上弯段起点处设有运输台车挡桩,在装载机保护下将钢管下放至该部位后,将临时挡桩下放挡住台车,防止台车下滑,运输台车用临时挡桩锁止后,将装载机保护绳拆除,然后利用装载机将载人台车吊至双辊卷扬机钢丝绳导向点附近轨道上。将双辊卷扬机钢丝绳通过卸扣挂于钢管上游部位,下放系统检查验收合格后,启动卷扬机上拉钢管,便于取出临时挡桩,临时挡桩取出后,用卷扬机牵引钢管,钢管依靠自身重力下滑,在卷扬机保护下将钢管溜放至安装部位(图11-29)。

图11-29 压力钢管安装溜放

(3)压力钢管安装单元循环长度优化

在同类型工程压力钢管安装中,基于回填混凝土浇筑过程中钢管产生浮动的考虑,一般每单元循环长度为36m,该工程最初将压力钢管单元循环长度延长至48m,加强对压力钢管安装加固措施,通过对压力钢管混凝土浇筑过程中浮动检测、压力钢管应力监测,逐步将压力钢管安装单元循环长度延长至60m,通过检测数据分析,每安装单元循环长度延长至60m后对压力钢管安装质量有无影响,此优化减少压力钢管安装单元循环次数,节省了压力钢管安装及混凝土回填过程中的备仓及其他工序转换时间。

(4)斜井配置载人小车

长斜井人员通行、设备、物资运输难度大,配置专用载人小车,满足人员上下及材料运输需要,提高效率,载人小车配置单独绞车提升系统,载人小车轨道与钢管安装台车轨道同规,严禁在运输材料时载人。

11.3.2　大直径压力钢管洞内运输

采用装载机—有轨运输台车进行压力钢管洞内运输(图 11-30),解决了压力钢管洞内运输效率低、转向困难的问题,实现了压力钢管快速运输就位。装载机搭配运输台车运输系统具有操作灵活、运输效率高、转向方便、运输成本低等优点。

图 11-30　压力钢管洞内运输

本运输系统主要由洞内运输轨道、钢管运输台车、装载机组成。压力钢管运输至洞内天锚卸车点后,采用天锚将压力钢管卸车至洞内运输台车。运输台车行驶动力由装载机提供,在预先布置的洞内运输轨道上运行,需要转向时利用千斤顶分别顶起运输台车的四角,将台车轮转向,使之能在主洞轨道上运行,台车转向后依旧采用装载机推动提供动力。

11.3.3　超长段长混凝土回填技术

(1)混凝土仓位加长

根据混凝土运输速度、浇筑速度和混凝土初凝时间,将混凝土仓位浇筑长度由 36m 调整为 60m,混凝土侧压力不变,减少施工仓位数量,节省总工期。

(2)下料溜管优化

混凝土下料溜管作为垂直运输混凝土的主要手段,采用普通钢管损耗很大。优化为高锰钢制作溜管可有效增强溜管强度,提升利用效率。在溜管上安装缓冲节来降低混凝土下滑速度的同时减缓溜管的磨损。溜管底部接 10m 溜筒至浇筑部位,溜筒随浇随拆。

(3)混凝土级配优化

下斜井混凝土设计级配为二级配,混凝土在溜管内垂直运输坍落度损失较大,到达施工仓位后还需要将斜井 150m 以内优化为一级配混凝土浇筑,150m 以上优化为自密实混凝土浇筑,保证必要的流动性。

11.4 堆石坝碾压实时动态监控集成技术

11.4.1 技术特点

1)实现坝面碾压机械的运行轨迹、速度、激振力等数据的实时动态监测。

2)实现碾压遍数、压实厚度、压实后高程等信息自动计算和统计与实时可视化显示。

3)碾压机械工作时,司机室内工业平板实时同步显示图形化轨迹与碾压覆盖区域,引导操作人员进行碾压施工操作,避免漏碾或错碾。

4)当运行速度、振动频率、碾压遍数等不达标时,系统会自动发送报警信息。

5)单元碾压结束后,系统支持输出碾压轨迹图、行车速度分布图、碾压遍数图(无振和有振)、压实后高程分布图等内容,形成碾压单元成果分析报告,作为质量验收的辅助材料。

6)碾压过程回放设置。除实时观测碾压的实际情况外,由于所有的数据都已经储存在数据库中,因此还可以对已经碾压的全过程实际情况进行回放,作为施工效果的评价依据。

11.4.2 实时监控系统构成及原理

(1)数字化大坝管理系统

采用定制的北斗 RTK 双星设备(BDS 和 GPS)进行施工机械的空间定位;同时加装振动传感器、工业 PAD 等设备,构成监控系统的硬件部分;施工机械采用移动网络将采集的数据传输到服务器。进行一系列预设软件计算后,通过工业显示装置,对填筑碾压质量有影响的相关数据进行实时自动监控。现场部署结构见图 11-31。

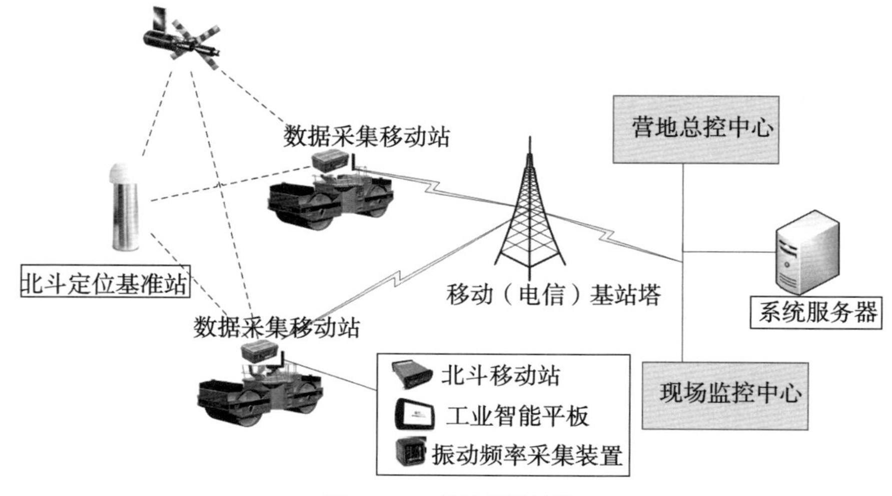

图 11-31 现场部署结构

(2)数字化大坝智能填筑系统平台架构

主要包括监控中心服务软件、监控工作站软件及车载终端软件(图 11-32)。其中,监控中心服务软件是运行在施工现场监控中心的后台服务,负责接收前端硬件发送的数字信号,进行转换和初步处理后存储。监控中心服务软件还可以从大坝施工过程管理平台下载并管理工程属性和设计参数(仓面控制点范围等),为监控数据分析提供基础。

监控工作站软件是运行在施工现场或后方营地监控室电脑内的实时监控程序,通过与监控服务中心进行通信,获取监控中心实时采集的信息,进行数据分析(运行轨迹、覆盖区域、运行速度)与动态显示、成果输出与报警。

车载终端软件是部署在碾压设备司机室工业平板的碾压实时数据采集程序软件,除上述功能外,还可以实现司机登录、碾压任务下达、碾压轨迹、碾压遍数、覆盖区域的实时跟踪显示,并提供碾压施工引导与异常预警,辅助司机驾驶操控。

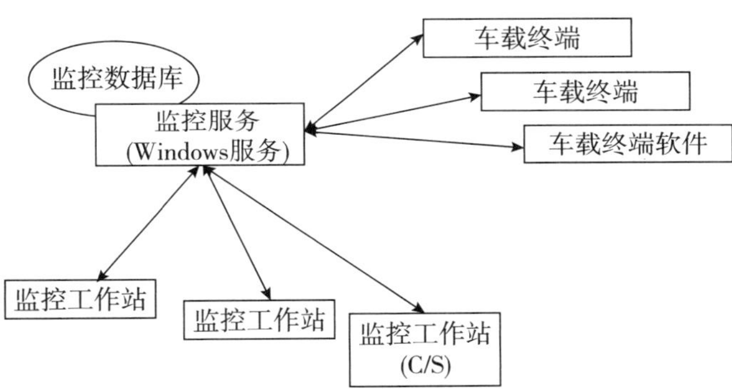

图 11-32　软件整体结构及关系

11.4.3　大坝数字化智能填筑技术

(1)碾压遍数监控

对碾压监控设备所传送的定位数据进行转换,形成碾压后的曲面,根据车辆碾压所测量的数据,在同一点不同时间所出现的遍数可以判断出对每个点的碾遍次数,碾压轨迹以压轮宽为轨迹宽度,每重复一次的地方就用不同的颜色进行标识,从而统计和判断出整个范围内碾压遍数和遍数范围(图 11-33)。

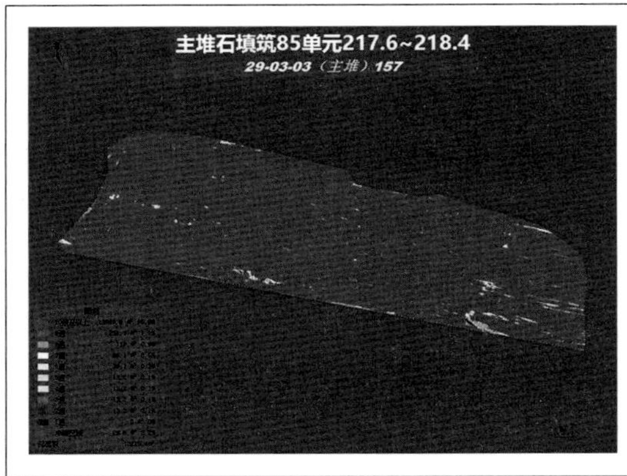

报告名称	
总碾压遍数图形报告	
施工单元名称	
主堆石填筑 85 单元 217.6～218.4	
开始时间	2019-11-05 11:29
结束时间	2019-11-05 11:29
设计碾压遍数	
总碾压遍数	
监测值	95.8%

图 11-33　碾压遍数监控报告

(2)碾压轨迹及振动状态监控

碾压机械工作时，现场监控实时同步显示图形化轨迹与碾压覆盖区域，对于超出设计施工部位的行走，系统自动进行标识，并支持分析统计。

通过振动加速度传感器及采集器实时采集的数据，进行动态分析，实时展现振动碾的振动频率，分析碾压机械的振动状态(高频低振或低频高振)。碾压轨迹监控报告见图 11-34。

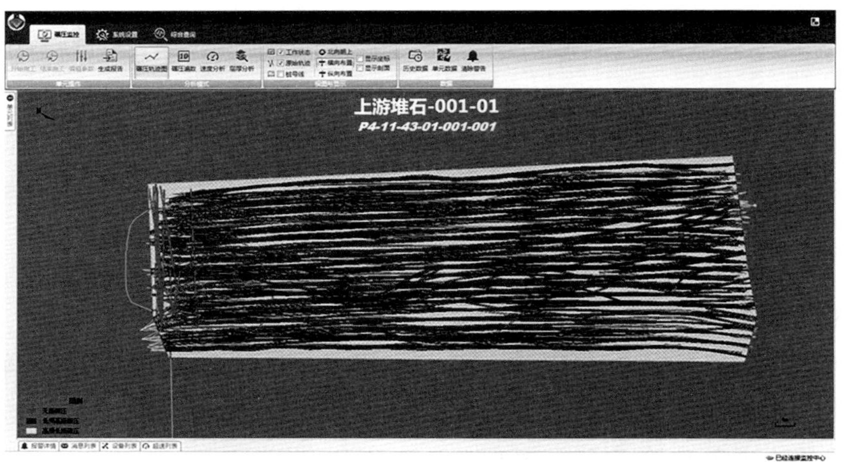

图 11-34　碾压轨迹监控报告

(3)碾压速度监控

实时监控碾压施工单元的碾压过程，动态显示超速设备及超速部位，统计其超速次数，超速距离。碾压速度监控报告见图 11-35。

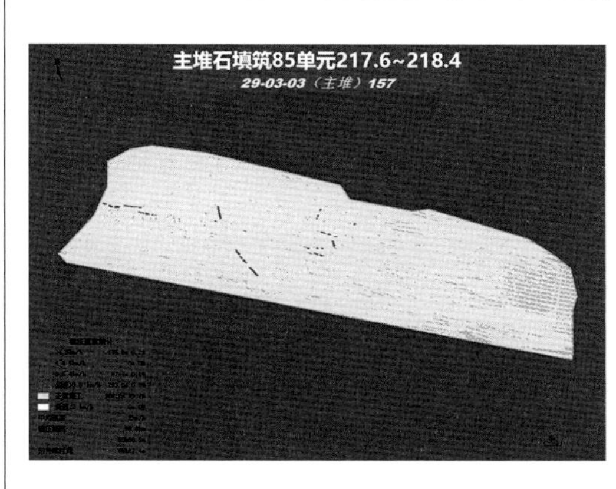

报告名称	
速度统计图形报告	
施工单位名称	
主堆石填筑 85 单元 217.6～218.4	
开始时间	2019-11-05 11:29
结束时间	2019-11-05 11:29
超速次数	13.0
正常行驶比例/%	99.7
总超速距离	283.5m 占比:0.3%
超速 0～0.5km/h	97.7m,占比:0.1%
超速 0.51km/h	0.0m,占比:0.0%
超速 1km/h 以上	185.8m,占比:0.2%

图 11-35　碾压速度监控报告

(4)碾压过程实时指导技术

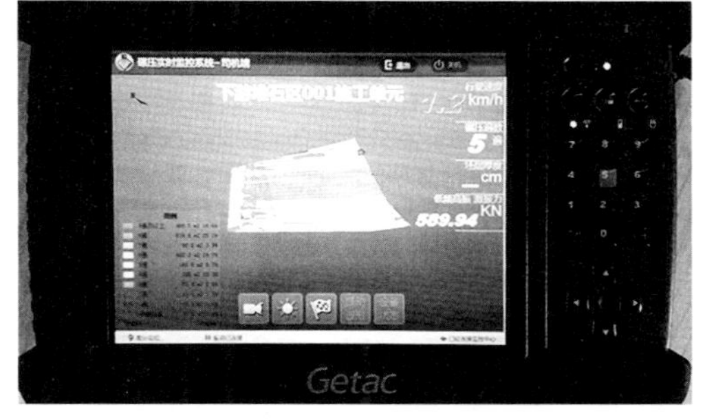

图 11-36　碾压机械驾驶室平板监控

系统在碾压机械驾驶室内安装有工业智能平板(图 11-36),能同步显示监控中心程序实时监控动态轨迹、遍数、振动激振力等内容。因此本系统不仅是一个监控系统,而且能帮助碾压机械司机进行碾压施工,无须采用翻牌模式记录,碾压遍数可实时查看,无须通过监控中心反馈当前碾压情况,无须通过反馈就能第一时间接收到报警信息并进行调整,大幅提高了现场施工效率,降低沟通成本,屏蔽人为因素的干扰,夜间施工也同样可以保证施工质量。

(5)实时预警及报警技术

当碾压层铺料厚度超厚、碾压机械行驶超速、碾压遍数不足或激振力不达标时,系统将自动、及时以“报警”方式通知碾压机械操作人员、施工人员和现场监理。

1)行驶超速警报。

由于碾压机械运行时其位置在不断变化,从而可以计算出每秒碾压机械走过的距离来间接地计算出碾压机械的行驶速度。当碾压机械行驶出现超速状况时,系统通过设置碾压单元的运行速度控制标准值,碾压机驾驶室的工业智能平板会提示司机减速。

2)激振力不达标报警。

在碾压机械上安装高精度自动定位装置与激振力状态监测装置,实现对于碾压机械碾压作业过程中激振力状态的实时监测与反馈控制,当碾压机械的激振力不达标时,碾压机械驾驶室的工业智能平板会提示司机,同时监控中心软件也会弹出报警窗口。

3)碾压遍数不足警报。

当结束施工,碾压仓面的碾压遍数不足时,系统通过设置碾压仓面的碾压遍数控制标准值,碾压机械驾驶室的工业智能平板和监控中心软件会同时自动发出报警。

(6)碾压成果管理技术

碾压单元施工结束后,可对单元碾压质量的碾压遍数、碾压速度、振碾与静碾遍数、压实厚度、高程分布等各项数据进行分析,生成单元质量分析报告(图 11-37),支持直接打印,作为碾压工序质量验收评定的依据。除了实时监控碾压的实际情况外,由于所有的数据都已经储存在数据库中,因此系统还可以对已经碾压的全过程实际情况进行回放,作为施工效果的评价依据。

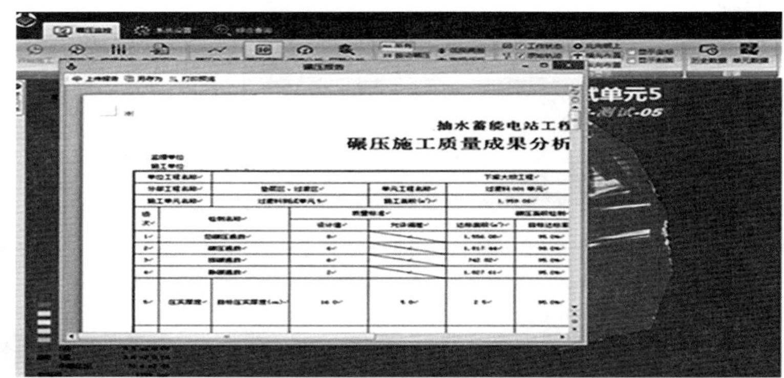

图 11-37　碾压成果报告

11.5　堆石坝混凝土面板施工技术

11.5.1　面板混凝土全流程机械化施工技术

面板混凝土施工采用了乳化沥青专用设备喷涂施工技术、止水铜片成型机直接压制并安装技术、全滑模施工混凝土面板技术、止水鼓包成型专用机械技术等,有效提高了面板施工效率。

(1)喷涂乳化沥青

一般在挤压边墙表面喷涂乳化沥青,乳化沥青采用专用机械运输、融化沥青后,人工手持喷管喷洒完成,宜为“三油两砂”,厚 3mm(图 11-38)。喷层间隔时间不少于 24h,喷涂用量符合技术文件要求,每层喷砂结束后宜采用滚轮碾压 1 遍。喷涂乳化沥青施工完成 2d 后可进行下一道工序。

图 11-38　乳化沥青设备

(2)止水铜片加工与安装

止水铜片采用多级辊压式成型机压制(图 11-39),面板结构缝处的止水采用支架支撑后边压制边安装的方式施工,水平缝止水先压制成型再人工安装。

一般采用厂家已退火处理的整卷铜材进行加工,各类异型接头在厂家定制。

止水铜片鼻子空腔内应按设计要求填塞橡胶棒、止水条等可塑性填料。

(3)全滑模施工面板技术

滑模采用自制定型模板施工,长度 1.2～1.5m,宽度略大于面板宽度,吊放在侧模上安装,安放滑模配重块后下滑到施工部位。滑模施工见图 11-40。

图 11-39　结构缝止水铜片压制机

图 11-40　滑模施工

若分期浇筑面板,则先在滑模两端部安装行走滑轮,滑模由端部滑轮支撑并随卷扬机卷出滑动至面板,待浇块顶部后将端部滑轮拆除,使面板落于侧模上,再下滑到施工部位。

大坝两侧面板与趾板相接的三角区,通常采用散装钢模板或专门加工滑模进行施工,不仅费工费时,而且浇筑质量无法保证。该工程采取在仓内设置临时轨道和仓外特殊加固措施,应用滑模旋转法直接采用通用滑模进行施工,不仅有效提高了施工工效,而且施工质量得到保障。

(4)止水鼓包成型机施工

表层止水一般采用 SR 塑性填料,在缝口设橡胶棒,塑性填料表面用 SR 防渗保护盖片保护。SR 防渗保护盖片为“Ω”形,采用镀锌扁钢和螺栓固定在面板上。SR 材料鼓包采用止水鼓包专用机械施工,高效、高质量地完成。止水鼓包成型机施工见图 11-41。

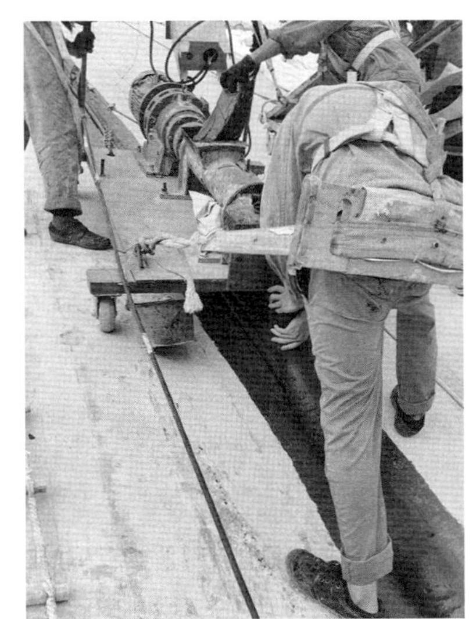

图 11-41　止水鼓包成型机施工

11.5.2 堆石坝混凝土面板防裂综合技术

采用专用防裂混凝土配合比、综合温控、防雨及养护措施等技术，保证了混凝土在高温雨季的施工质量，减小了面板混凝土受季节的影响。

(1)面板混凝土防裂配合比

该工程面板混凝土防裂采取补偿收缩技术，即在混凝土中加入具有膨胀性能的 VF 防裂剂，使在硬化过程中混凝土产生与收缩相反的体积膨胀，膨胀混凝土在限制条件下，在混凝土中建立一定的预应力，改善了混凝土的内部应力状态，以此消除或减小分布收缩应力，从而提高混凝土的抗裂能力。面板混凝土防裂混凝土配合比见表 11-5。

表 11-5　面板混凝土防裂混凝土配合比

配合比编号	设计参数	出机口坍落度/mm	水胶比	砂率/%	混凝土材料用量 kg/m^3								
					水泥	10%防裂剂	25%粉煤灰	人工砂	碎石/mm 5～20	碎石/mm 20～40	GK-3000减水剂	GK-9引气剂	水
CLSX21	C25W10	50～70	0.40	36	212	32	81	667	593	593	0.910	0.0829	130
CLSX22	F100	70～90			212	32	81	667	593	593	0.975	0.0829	130

(2)综合温控、防雨及养护措施

1)综合温控措施。

①高温季节混凝土生产采用制冷机组降低拌和用水温度、加冰降温措施(图 11-42)，拌和楼砂石骨料仓设置遮阳、防雨棚(图 11-43)等措施，保障混凝土生产温度。设置车辆待料区，待料区设置遮阳棚并喷雾降温。

图 11-42　拌和楼配置制冰机

图 11-43　拌和楼砂石骨料仓设置遮阳棚

②对运输混凝土的自卸汽车安装自动遮阳防雨布(图 11-44)。

图 11-44　混凝土运输车辆设置遮阳防雨布

③合理安排混凝土运输车辆，减少混凝土运输车辆的等待时间。

④滑模浇筑平台至尾部二次抹面平台全面设置遮阳防雨棚，减少混凝土浇筑过程中混凝土暴晒。

⑤对溜槽设置聚乙烯保温板遮盖。

2)综合防雨措施。

①施工前做好天气预警，避开雨天开仓，台风预计出现的极端天气内不开仓。

②浇筑过程中遇阴雨天气，应立即用彩条布将施工部位上部的仓位覆盖，布置彩条布时按汇水自流排出仓外方式布置。

③后浇块施工前在仓位两侧已浇混凝土面上设置挡水埂，下雨时布置的彩条布自流排水槽需要越过挡水埂，以便将排水更多地排出仓外。挡水埂采用 5cm 涂塑尼龙水带，每 30m 采用 Φ10 钢筋固定一次，挡水埂接头处采用涂塑尼龙水带。

④在仓位施工部位备足排水工具。

⑤对运输混凝土的自卸汽车安装自动遮阳防雨布。

⑥如浇筑过程中遇大雨无法及时排水时，则立即停止浇筑，并用遮盖材料遮盖仓面(图 11-45)。

⑦做好仓面的排水工作，雨后及时排除仓内积水，若混凝土没有初凝，则清除仓内雨水冲刷的混凝土，加铺同标号的砂浆后继续浇筑，否则按施工缝处理。

3)精细化养护。

在滑模抹面平台后拖挂长 15m 左右、略宽于面板的塑料布(图 11-46)，对脱模完成面板进行覆盖直至混凝土初凝，防止水分散失并保护已浇筑混凝土不被雨水冲刷和日晒。

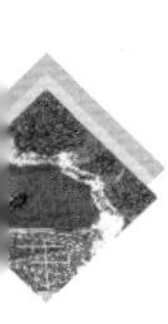

图 11-45　浇筑仓面防雨布覆盖

在混凝土初凝前进行二次抹面，混凝土终凝后揭掉塑料布，及时采取覆盖土工布、表面喷养护剂或洒水进行养护，防止表面因水分蒸发过快而产生干缩裂缝。

混凝土终凝后，采用长流水养护，可在二次抹面平台后设置花管进行浇筑过程中流水养护(图 11-47)，面板浇筑完成后在面板顶部设置花管流水养护，养护时间至水库蓄水。

图 11-46　抹面平台后拖挂塑料布

图 11-47　面板花管流水养护

11.6　斜井滑模施工技术

该工程尾水斜井共布置 3 条，斜井角度为 50°，设计直线长度约 80m，开挖断面为 D=7m 圆形，地质编录围岩类别为Ⅱ、Ⅲ类，Ⅱ类围岩喷射混凝土厚 5cm，Ⅲ类围岩喷射混凝土厚 10cm，衬砌净断面为 D=6m 圆形，衬砌厚度为 40～45cm，衬砌混凝土采用 C25W8F100(二级配)。

11.6.1　施工工艺流程

尾水斜井衬砌采用滑模提升方式，滑模采用液压提升系统滑升，下部设置轨道。材料采用 8t 卷扬机配置钢丝绳牵引小车至作业面，人员采用开挖期间成品爬梯上下。整个斜井混凝土浇筑分下部首仓段和上部滑升段，下部斜长约 1.5m，上部斜长约 73m，下部斜井剩余长度约 5.3m 与下弯段一起浇筑，上部斜井剩余长度约 6.37m 与上弯段一起浇筑。

斜井采用滑模衬砌，在全断面扩挖及支护完成后进行。滑模浇筑混凝土施工工艺流程见图 11-48。

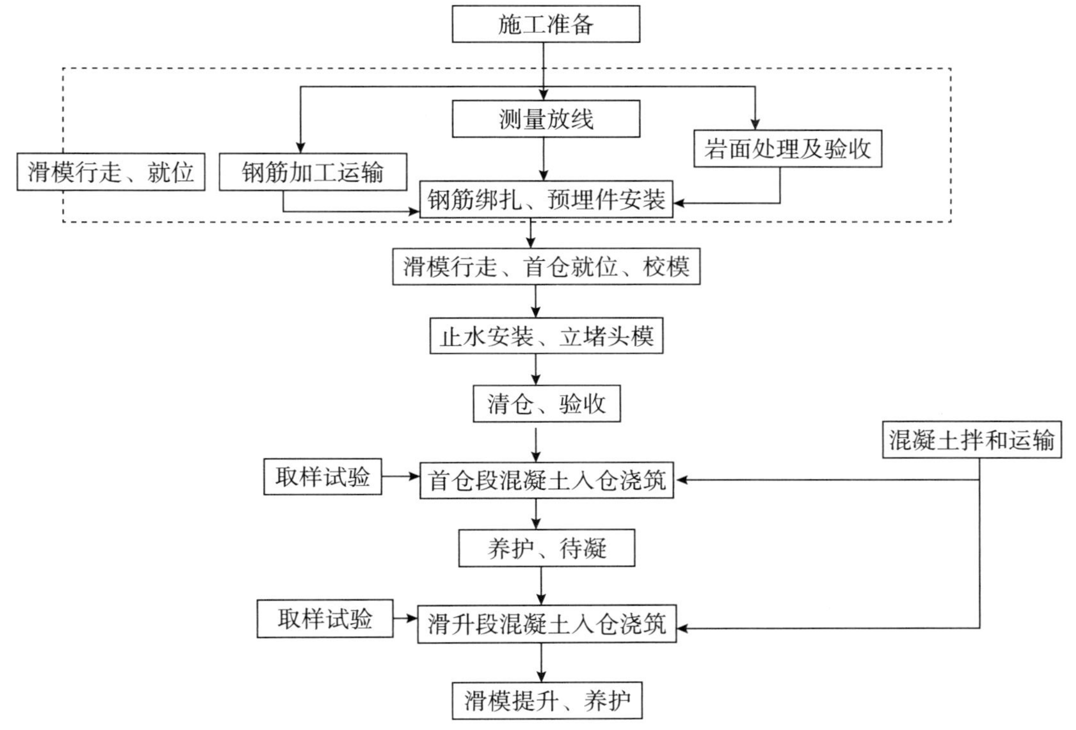

图 11-48　滑模浇筑混凝土施工工艺流程

11.6.2　施工方法

11.6.2.1　斜井滑模工作原理

在陡倾角大直径斜井混凝土衬砌滑模模体上安装液压提升系统。该系统由 2 台连续拉伸式液压千斤顶、液压泵站、控制台、安全夹持器等组成。液压泵站通过高压油管与液压千斤顶连接。通过控制台操作液压泵站及液压千斤顶进行工作。液压泵站设有截流阀，可控制液压千斤顶的出力，防止过载。通过 2 台连续拉伸式液压千斤顶抽拔锚固在上弯段顶拱的两组钢绞线，牵引模体爬升。模体受力方向与斜井轴线平行。整个滑模采用 2 组钢绞线（每组 3 束钢绞线），钢绞线固定端锚固在上弯段顶拱围岩中。安全夹持器可防止钢绞线回缩。

11.6.2.2 斜井滑模设计

LSD斜井滑模主要由滑模模体系统、牵引系统、运料小车系统3大部分组成，用LSD连续拉伸式液压千斤顶沿钢绞线爬升来提升滑模模体，钢绞线与斜洞段的洞轴线平行。

(1)滑模模体装置

滑模模体主要由模架中主梁、上操作平台、钢筋平台、模板平台、抹面平台、后吊平台、滑模模板、前行走支撑及滚轮、后行走支撑及滚轮、抗浮花蓝螺杆、受力花蓝螺杆、中心框架等部件组成。

(2)牵引机具及设施

牵引机具及设施主要由预应力钢绞线、连接器、穿心式液压千斤顶、液压控制站、P24行走轨道组成。

预应力钢绞线直径为15.24mm，规格为1×7-Φ15.24。整个滑模采用2组钢绞线(每组3束钢绞线)进行提升作业，钢绞线锚固端锚深为8.8m(2⏀32螺纹钢，共2组)，锚固水泥浆水灰比为0.4∶1。通过受力计算，滑模最大提升拉力为700kN，钢绞线强度满足滑模混凝土施工规范要求。

滑模轨道采用P24型钢轨，测量员采用全站仪全程放线和监控，轨道支撑为“人”字形普通桁架，施工速度较快，整体结构可靠、稳定。

滑模提升的2个(3孔式)前卡式穿心液压千斤顶型号为YCQ250型(额定油压50MPa)，由1台JZMB1000液压泵站(主顶油路31.5MPa，夹持油路10MPa)、1套JZKC-6控制系统及高压油管组成。

(3)运料小车系统

混凝土下料采取运料小车或溜管，运料小车系统主要由8t变频单筒双出绳卷扬机、钢丝绳、限载装置、平衡油缸及钢结构小车组成。

8t变频单筒双出绳卷扬机配置6×19-1700MPa、Φ30mm麻芯钢丝绳牵引钢结构小车，卷扬机布置在斜井的上平段。

混凝土采用存料斗集中下料，由8个溜槽分料；滑模提升滑动沿向上轨道爬行；轨道采用开挖时的轨道，轨道随滑随拆，滑模前行走机构滑过轨道连接节点后，拆除下边的一节。

11.6.2.3 滑模安装

斜井滑模在加工制造厂经预组装并验收后，由载重汽车运至施工现场斜井的下平段，利用提前安装好的天锚或铲车进行组装。组装和调试步骤路线如下：

在开挖岩壁底面铺设2根P24轨道，轨道间距3.2m，轨道顶面与斜井中心线(面)的垂直距离为 2.4m→在下平段组装中主梁(4.8m 节在前,10.8m 节在后)→将前行走滚轮支架(即前支腿)装在中主梁前端→将后行走滚轮支架(即后支腿)装在中主梁后端→将后吊平台装在中主梁尾部→将 8 榀成对的“平台主桁架”两两组对装在中主梁上,分别形成抹面平台、模板平台和上操作平台的受力骨架→将最后边的抹面平台挑架装在“抹面平台主桁架”上→将各横撑杆连接在抹面平台挑架上→将中心框架的各零件搁在模板平台上,然后连接在中主梁上→利用上平段的卷扬机拽拉中主梁连同模板一起进入斜井混凝土浇筑施工位置下 2m 左右处→安装抹面平台的“方管龙骨”和“花纹钢板面板”→安装上操作平台的“平台挑架”和“横撑杆”→安装上操作平台的“方管龙骨”和“花纹钢板面板”→安装钢绞线→在中主梁上端安装钢绞线千斤顶→安装液压控制系统和油路→调试液压控制系统,使钢绞线受力并拽紧受力→安装钢筋平台的“平台挑架”和“横撑杆”→安装钢筋平台的“方管龙骨”和“花纹钢板面板”→安装模板平台的“平台挑架”和“横撑杆”→安装模板平台的“方管龙骨”和“花纹钢板面板”→利用铲车和倒链手拉葫芦等提升机具将模板吊装到模板平台上→在模板平台上拼装模板→通过受力花蓝螺杆调整模板的中心位置,使模板中心线与斜井中心线重合→安装集料斗、分料装置和溜槽→安装后吊平台架→安装后吊平台的“方管龙骨”和“花纹板平台”→安装水电配套设施→调试液压电气系统→试爬升模板至已绑完钢筋的浇筑位置→在模板下口安装堵头板,堵头板采用现场制作木模板→模板验收→浇筑第 1 层 30cm 厚混凝土→停歇 30min 左右→浇筑第 2 层 30cm 厚混凝土→停歇 30min 左右→操作 LSD 液压提升机构提升模板 5mm 左右→浇筑第 3 层 30cm 厚混凝土→停歇 30min 左右→操作 LSD 液压提升机构提升模板 5mm 左右→浇筑第 4 层 30cm 厚混凝土→停歇 30min 左右→操作 LSD 液压提升机构提升模板 300mm 左右→浇筑第 5 层 30cm 厚混凝土→停歇 30min 左右→操作 LSD 液压提升机构提升模板 300mm 左右→斜井滑模进入正式施工循环阶段。

11.6.2.4　混凝土浇筑施工

混凝土采用 C25W8F100(二级配)混凝土进行浇筑,坍落度为 16～18cm。混凝土运输先采用 6～9m^3 混凝土搅拌车运输至尾水上平洞,在尾水上平洞适当位置布置受料斗和溜槽,再采用 DN219 溜管布置在轨道附近接引至滑模下料系统入仓方式。首仓混凝土侧模采用滑模模体作为侧模,底模采用组合钢模板施工,木模板补缝,钢管围檩加固,Φ16@75cm 拉条与井壁系统锚杆焊接固定。滑模底部可搭设简易施工排架通道,排架采用 Φ48 钢管,间排距为 1.5m×2m,步距 1.8m,供人员上下使用。在首仓混凝土强度达到设计要求后方可进行后续滑模滑升浇筑。

(1)溜管搭设

考虑溜管每 7 节(21m)顶部为开口型,尾水斜井衬砌混凝土料安装 1 排溜管输送、

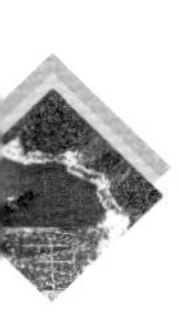

溜管至上弯段接引至斜井底部，溜管布置在轨道附近，若溜管存在堵管情况，可通过7节顶部开口进行疏通。混凝土浇筑时利用滑模的上平台的储料斗储存混凝土料，以浇筑平台作为分料平台，混凝土搅拌运输车运输混凝土至下料斗。若钢筋安装完毕时，入料口处可以将主筋适当拉大间距，撤除溜筒后及时将其恢复。当入仓下料垂直高度大于1.5m时，应加挂溜筒以减小混凝土骨料分离。溜筒敷设完毕后用铁丝绑扎牢固。为保证溜管使用安全，需要对溜管进行加固，相关要求如下：

1）混凝土料输送钢管布置在轨道侧，每节泵管（3m/节）底部用钢筋与插筋焊接；

2）每6m（2节）采用2根Φ14mm拉条与现有插筋焊接加固；

3）每21m（7节）增加1根Φ15mm钢丝绳与现有插筋连接。

为防止溜管冲量过大，溜管每隔21m设置1个缓冲器，每个缓冲器设置1个微型附着式振捣器便于下料（振捣器在下料时开启，下料停止时关闭）。

（2）混凝土浇筑

浇筑前应做好以下检查、准备工作：

1）仓内照明及动力用电线路、设备正常；

2）混凝土振捣器就位；

3）仓内外联络信号用的电铃试用正常；

4）检查溜筒的可靠性；

5）卷扬系统正常。

仓面验收之后，混凝土下料前先用水泥砂浆湿润溜筒。混凝土入仓时应尽量使混凝土按先低后高方式进行，应考虑仓面的大小，使混凝土均匀上升，并注意分料不要过分集中，每次浇筑高度不得超过30cm。下料时应及时分料，严禁局部堆积过高，防止一侧受力过大而使模板、支架发生侧向位移。

下料时对混凝土的坍落度应严格控制，一般掌握在10～14cm，但也要根据气温等外部因素的变化而进行调整。对坍落度过大或过小的混凝土应严禁下料，既要保证混凝土输送不堵塞，又不至于料太稀而使模板受力过大弯形和延长起滑时间。

混凝土浇筑开始阶段，须认真检测斜井下部堵头模板是否正常。为保证混凝土成型质量，混凝土浇筑过程中若仓内有渗水时，应安排专人及时将水排出，以免影响混凝土质量及模板滑升速度。严格控制好第一次滑升时间。滑模进入正常滑升阶段后，可利用台车下部的修补平台对出模混凝土面进行抹面及压光处理，同时找出灌浆管管口。

振捣器选用变频插入式或软轴式振捣器。振捣应避免直接接触止水片、钢筋、模板，对有止水的地方应适当延长振捣时间。在振捣第一层混凝土时，振捣棒的插入深度，以振捣器头部不碰到基岩或老混凝土面，但间距不超过5cm为宜；在振捣上层混凝土时，则应插入下层混凝土5cm左右，使上下两层结合良好。振捣时间以混凝土不再显著下沉、水分和气泡不再逸出并开始泛浆为准。振捣器的插入间距控制在振捣器有效作用半径的1.5倍以内。振捣混凝土时应严防漏振现象的发生，模板滑升时严禁振捣混凝土。

(3)混凝土连续浇筑保证措施

1)建立以项目经理为首的生产责任制度，由其统一组织现场工作；

2)拌和系统混凝土供应量保证能够满足斜井连续浇筑；

3)混凝土搅拌运输车、振动设备必须保证充足；

4)为防止交接班时因人员变动导致滑模浇筑停仓或混凝土振捣不及时等问题，施工前应建立交接班制度，保证施工正常进行。

11.6.2.5　模板滑升

首仓混凝土浇筑时，应在混凝土达到强度后再进行模体移动，以保证混凝土后续滑升受力满足要求。被混凝土粘牢模体根据需要进行分块拆除后重新组装。

在首次进行混凝土浇筑时，当浇筑时间接近混凝土初凝时间(采用手指按压混凝土面已失去塑性，但有一定强度，同时根据混凝土配合比试验数据，结合现场混凝土料和易性、现场环境温度等进行判断)时，进行模体初滑，滑升2～3cm，防止模体被混凝土粘牢。直至模体浇满混凝土后，进入正常滑升。正常浇筑每次模体滑升为5cm左右，浇筑速度必须满足模体滑升速度要求。

根据取得的混凝土不同时间的强度试验决定滑升时间。由于初始脱模时间不易掌握，必须在现场进行取样试验来确定。脱模强度0.3～0.5MPa，一般模板平均滑升速度不得大于12.5cm/h，遵循“多动少滑”的原则即每小时不少于5次，每次滑升约25mm。脱模混凝土须达到初凝强度，最好能原浆抹面。模板连续爬升以12m为一个循环，当爬升至中梁上锁定架时，停止混凝土入仓，准备提升中主梁。

入仓混凝土应摊铺均匀，摊铺厚度差应控制在±15cm范围内，以保证模板不发生偏移。混凝土添加剂的掺量，以保证在模板爬升时模板底沿20cm以上处的混凝土达到初凝强度(0.5MPa)为宜。混凝土的振捣和钢筋的绑扎都在滑模平台上进行。

滑升过程中，设有滑模施工经验的专人观察和分析混凝土表面，确定合适的滑升速度和滑升时间。滑升过程中能听到“沙沙”声，出模的混凝土无流淌和拉裂现象；混凝土表面湿润不变形，手按有硬的感觉，指印过深应停止滑升，避免出现流淌现象；若过硬则要加快滑升速度。滑升过后，再用抹子将不良脱模面抹平压光。

11.6.2.6　混凝土抹面及保温养护

模板滑升后应及时进行抹面，滑后拉裂、坍塌部位(大面积按照混凝土缺陷处理)要仔细处理，多压几遍，保证接触良好。为避免养护水污染尾水支管作业面，根据相关会议要求，明确该部位滑模浇筑结束后使用养护剂进行养护。此外，考虑尾水斜井混凝土为冬季施工，若斜井段衬砌时温度较低，按照要求进行保温。

11.6.2.7 滑模及测量纠偏措施

(1)滑模纠偏措施

轨道及模板制作安装的精度是斜井全断面滑模施工的关键。模板滑升时，应指派专人检测模板及牵引系统的情况，出现问题及时发现并报告，认真分析其原因并找出对应的处理措施。

在斜井滑模滑升过程中，应通过模板下的管式水平仪或激光扫平仪随时检查模板整体水平度和中主梁的倾斜度(50°)，一旦模体的水平偏差超过 2cm，应立即采取以下措施：①对千斤顶分动方式进行调整；②通过调整混凝土入仓顺序并借助手拉葫芦或 10t 手动千斤顶纠正。

垂向偏差依靠精确的轨道铺设来控制，施工过程中可采用增设样架、加强爬升过程控制等措施，保证形体质量。

纠偏措施具体如下：

1)滑模多动少滑。技术员经常检查中主梁及模板组相对于中心线是否有偏移，始终控制好中主梁及模板组不发生偏移。

2)保证下料均匀，两侧高差最大不得大于 40cm。当因下料导致模板出现偏移时，可适当改变入仓顺序，并借助手拉葫芦对模板进行调整。

3)在模体中梁设一个水准管，当模体发生偏移时，可通过观察水准管判断模板偏移方向，并采取措施调整偏差。

(2)测量纠偏措施

1)每滑升 6m 对模板进行一次全面测量检查，发现偏移及时纠正。

2)若滑模作业时出现偏移，及时按照上述方法进行纠偏，保证滑升正常。

11.6.2.8 抗浮处理

在下三角体混凝土浇筑过程中，因先浇筑底板部位，混凝土浮托力较大，模体上浮。为确保衬砌后尺寸满足设计要求，在斜洞滑模就位时采用 2 条 5t 导链将后支腿锁在轨道上，滑模提升前将导链松开，提升结束后再将导链锁紧，如此反复进行直至进入全断面。全断面浇筑过程中，下料顺序为先顶拱和两侧，再底板。下料不应过于集中，高度须小于 40cm。

11.6.2.9 停滑措施

模板停滑时应确保混凝土的浇筑高度控制在同一水平面上。每隔一定时间提升一次千斤顶，确保混凝土与模板不黏结，同时控制模板的滑升量小于模板全高的 3/4，以便在具备混凝土浇筑条件时继续进行滑模施工。

11.6.2.10 滑模拆除

斜井滑模模体滑升至上弯段起点后，进行滑模拆除。具体施工工艺：延长轨道至上平段，在上平段安装 1 台 1t 卷扬机，并配置 1 台简易钢结构小车，负责运输设备和拆除模体的材料。由下而上拆除各层平台和模板等零部件，即由尾部后吊平台开始逐层向上进行。当斜井滑模拆至总质量小于 8t 时，利用上平段的 8t 卷扬机将斜井滑模锁住后，将原提升系统设备拆除并运至上平段。最后，将剩余的模体全部拆除并运至上平段。

11.6.2.11 堵管预防及处理措施

(1)混凝土材料

为减少混凝土坍落度损失影响其流动性，建议采用自密实混凝土浇筑。

(2)下料及溜管堵管预防措施

1)为减少混凝土车辆现场下料时间，采用 6m^3 混凝土搅拌运输车运输；

2)下料点、仓内、巡视人员均配备对讲机进行联系；

3)根据现场浇筑入仓强度和混凝土初凝时间，控制好尾斜滑模拉升速度，尽可能加快滑升速度；

4)下料点喇叭口设置钢筋网，防止超径石和混凝土结块进入管内导致堵管；

5)浇筑过程中定时采用少量水湿润溜管；

6)浇筑过程中如出现缓冲器处破口漏浆问题，可采用橡胶皮包裹等临时措施处置，待收仓后进行补焊；

7)每仓次浇筑完后对溜管进行彻底清洗，清除管壁灰浆结块；

8)实际施工中，根据现场情况新增 1 排溜管或将溜管直径改为 300mm。

(3)浇筑过程中管理措施

每条井安排 1 名巡视人员，负责检查下料情况，同时定时对缓冲器处附着混凝土砂浆进行清理。

(4)堵管处理措施

配置应急人员，出现堵管后迅速进行检查、割刀开口、管道疏通等处置。

11.7 风景区抽蓄电站绿色施工综合技术

长龙山抽水蓄能电站下水库大坝位于风景区内，为践行“两山”理念，实现绿色施工，大坝填筑施工过程采用多种环保施工技术措施，有效控制扬尘、噪声、道路污染及水土流失。

1)渣料运输车辆采用彩条布进行覆盖，防止渣料遗落，污染道路(图 11-49)。

2)出渣道路上设置自动洗车机对进出车辆进行冲洗，防止泥浆污染地面(图 11-50)。

3)上坝道路硬化并定期洒水降尘，渣场道路布置喷淋管道系统进行洒水降尘(图 11-51)。

图 11-49 渣车覆盖

图 11-50 出渣道路设置自动洗车机

图 11-51 道路硬化洒水降尘

4)靠近居民区内出渣道路设置隔音墙，有效降低运输车辆对附近居民的影响(图 11-52)。

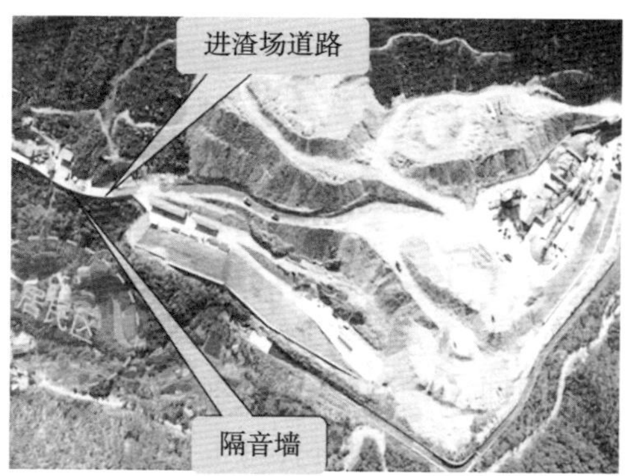

图 11-52 居民区附近设置隔音墙

5)坝体左右岸边坡开挖裸露区域,采用密目网覆盖,河道下游设置临时过滤挡墙,防止水土流失污染下游河道(图 11-53)。

图 11-53　水土保持环保措施

11.8　施工信息化控制与管理

11.8.1　数字化大坝管理系统

11.8.1.1　系统概述

(1)总体原理

近年来,由我国自主研发、独立运行的全球卫星导航系统——北斗,通过了长时间测试正式投入商用,相关技术已经比较成熟。通过北斗 BDS 构建的实时动态控制系统(RTK)可以实现平面精度±1cm、垂直精度±2mm 的高精度定位,完全满足碾压质量监控系统的需要。长龙山数字化大坝系统采用定制的北斗 RTK 双星设备(BDS 和 GPS)进行施工机械的空间定位;同时加装振动传感器、工业 PAD 等设备,构成监控系统的硬件部分;施工机械采集的数据采用移动网络传输到服务器。现场部署结构见图 11-31。

通过在碾压机械上安装北斗定位监测设备装置、工业显示装置、振动频率采集装置等,对填筑碾压质量有影响相关数据进行实时自动监控。

1)实现坝面碾压机械的运行轨迹、速度、激振力等数据的实时动态监测。

2)实现碾压遍数、压实厚度、压实后高程等信息自动计算和统计与实时可视化显示。

3)碾压机械工作时,司机室内工业平板实时同步显示图形化轨迹与碾压覆盖区域,引导操作手进行碾压施工操作,避免漏碾或错碾。

4)当运行速度、振动频率、碾压遍数等不达标时,系统会自动发送报警信息。

5)单元碾压结束后,系统支持碾压单元成果分析报告的输出,输出内容包括碾压轨迹图、行车速度分布图、碾压遍数图(无振和有振)、压实后高程分布图等,作为质量验收

的辅助材料。

6)碾压过程回放设置。除实时观测碾压的实际情况外,由于所有的数据都已经储存在数据库中,因此还可以对已经碾压的全过程实际情况进行回放,作为施工效果的评价依据。

(2)系统软件平台架构

长龙山数字化大坝管理系统软件平台分为监控中心服务软件、监控工作站软件、车载终端软件 3 个部分。软件的整体结构及关系见图 11-32。

监控中心服务软件是运行在施工现场监控中心的后台服务,负责接收前端硬件发送过来的数字信号,进行转换和初步处理后存储。监控中心服务软件还可以从大坝施工过程管理平台下载并管理工程属性和设计参数(仓面控制点范围等),为监控数据分析提供基础。

监控工作站软件运行在施工现场或后方营地监控室电脑内的实时监控程序,通过与监控服务中心进行通信,获取监控中心实时采集的信息,进行数据分析(运行轨迹、覆盖区域、运行速度)与动态显示、成果输出与报警。

车载终端软件是部署在碾压设备司机室工业平板的碾压实时数据采集程序软件,除上述功能外,还可实现司机登录、碾压任务下达、碾压轨迹、碾压遍数、覆盖区域的实时跟踪显示,并提供碾压施工引导与异常预警,辅助司机驾驶操控。

(3)系统特点

1)采用相对独立的数据中心,支持负载均衡与故障切换,实现高可用性,避免监控中断造成信息不完整。

2)采用企业服务总线实现实时跟踪消息的分发,有效降低服务端的压力、降低功能的耦合性,提升系统功能的健壮性。

3)部署在碾压设备司机室的车载终端程序可离线运行,在现场移动网络中断时,不影响现场正常施工。

4)支持海量原始跟踪记录、定位数据的集成管理、存储备份、高效利用及事后分析。

5)支持基于图形图像分析原理的模糊碾压遍数与碾压分析厚度计算方法,相对于传统的基于网格分区的分析模式,分析精度得到进一步提高,且可调。

11.8.1.2 碾压过程实时监控

(1)碾压遍数监控

对碾压监控设备所传送的定位数据进行转换形成碾压后的曲面,根据车辆碾压所测量的数据在同一点不同时间位置的出现遍数可以判断出对每个点的碾压遍数,碾压轨迹以压轮宽为轨迹宽度,每重复一遍的地方就用不同的颜色进行标识,从而统计和判断出整个范围内碾压遍数和遍数范围。碾压遍数监控报告见图 11-54。

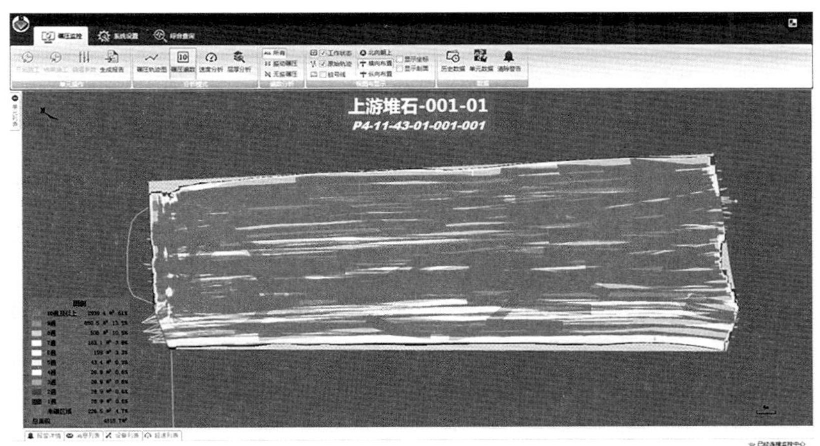

图 11-54　碾压遍数监控报告

(2)碾压轨迹及振动状态监控

碾压机械工作时,现场监控实时同步显示图形化轨迹与碾压覆盖区域,对于超出设计施工部位的行走,系统自动进行标识,并支持分析统计。

通过振动加速度传感器及采集器实时采集的数据,进行动态分析,实时展现振动碾的振动频率,分析碾压机械的振动状态(高频低振或者低频高振)。碾压轨迹见图 11-55。

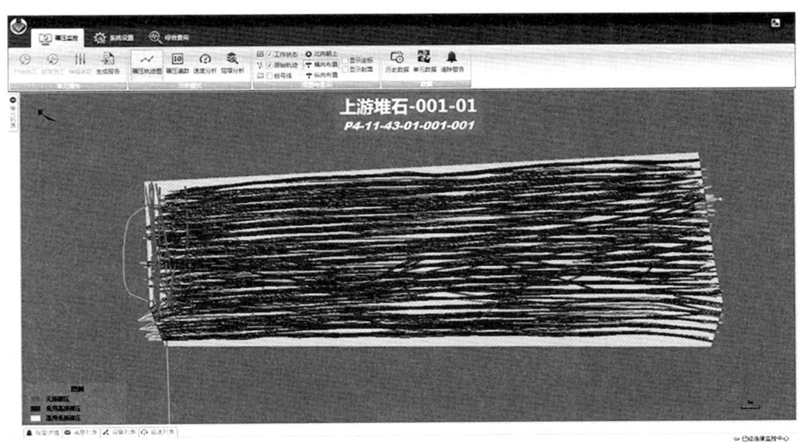

图 11-55　碾压轨迹

(3)碾压速度监控

实时监控碾压施工单元的碾压过程,动态显示超速设备及超速部位,统计其超速次数,超速距离。碾压速度见图 11-56。

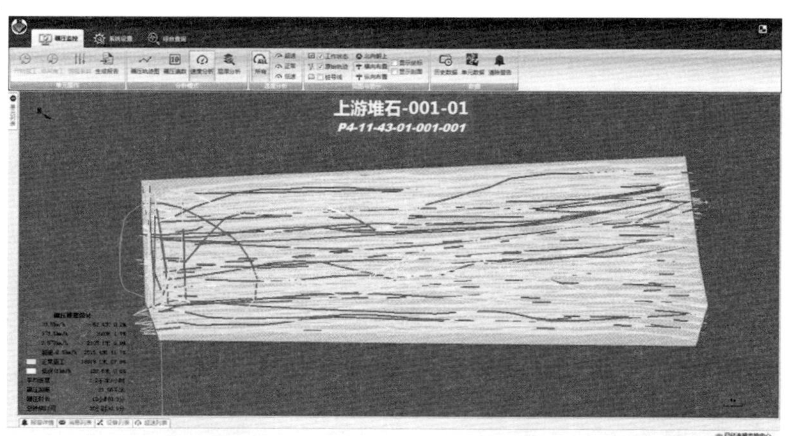

图 11-56　碾压速度

11.8.1.3　碾压施工过程指引

系统在碾压机械驾驶室内安装有工业智能平板，能同步显示监控中心程序实时监控内容，包括动态轨迹、遍数、振动激振力等。因此本系统不仅是一个监控系统，还能帮助碾压机械司机进行碾压施工，无需采用翻牌模式记录，碾压遍数可实时查看，无需通过监控中心反馈当前碾压情况，无需通过反馈就能第一时间接收到报警信息并进行调整，大幅提高了现场施工效率，降低沟通成本，屏蔽人为因素的干扰，夜间施工也同样可以保证施工质量。碾压机械驾驶室平板监控见图 11-57。

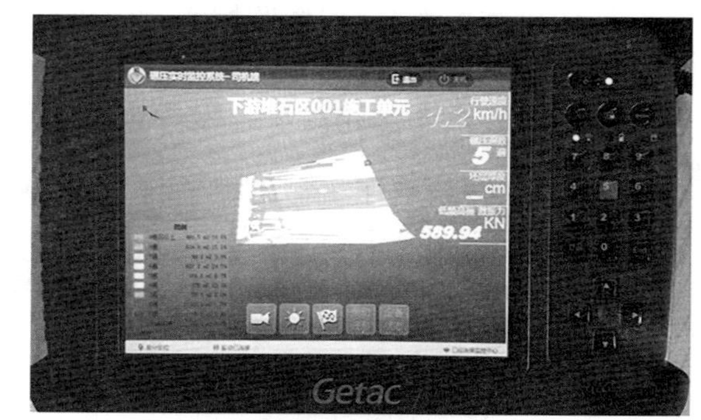

图 11-57　碾压机械驾驶室平板监控

11.8.1.4　实时预警和报警

当碾压层铺料厚度超厚、碾压机械行驶超速、碾压遍数不足或激振力不达标时，系统将自动、及时以"报警"方式通知碾压机械操作人员、施工人员和现场监理。

(1)运行超速报警

由于碾压机械运行而其位置也在不断的变化，从而可以计算出每秒碾压机械走过的距离来间接地计算出碾压机械的行车速度。当碾压机械行驶出现超速状况时，系统通过设置碾压单元的运行速度控制标准值，碾压机械驾驶室的工业智能平板电脑会提示司机减速，提示不达标的详细内容和所在空间位置等。

(2)激振力不达标报警

在碾压机械上安装高精度自动定位装置与激振力状态监测装置,实现对于碾压机械碾压作业过程中激振力状态的实时监测与反馈控制,当碾压机械的激振力状态不达标时,碾压机械驾驶室的工业智能平板电脑会提示司机,同时监控中心软件也会弹出报警窗口。

(3)碾压遍数不足报警

当结束施工,仓面碾压遍数不达标时,系统通过设置碾压仓面的碾压遍数控制标准值,碾压机械驾驶室的工业平板程序和监控中心软件会同时自动发出报警,提示不达标的详细内容和所在空间位置等。

11.8.1.5　碾压成果管理

(1)碾压分析与成果输出

碾压单元施工结束后,可对单元碾压质量的各项数据进行分析(包括碾压遍数、碾压速度、振碾与静碾遍数、压实厚度、高程分布等),且能生成单元质量分析报告,支持直接打印,作为碾压工序质量验收评定的依据。碾压成果报告见图 11-58。

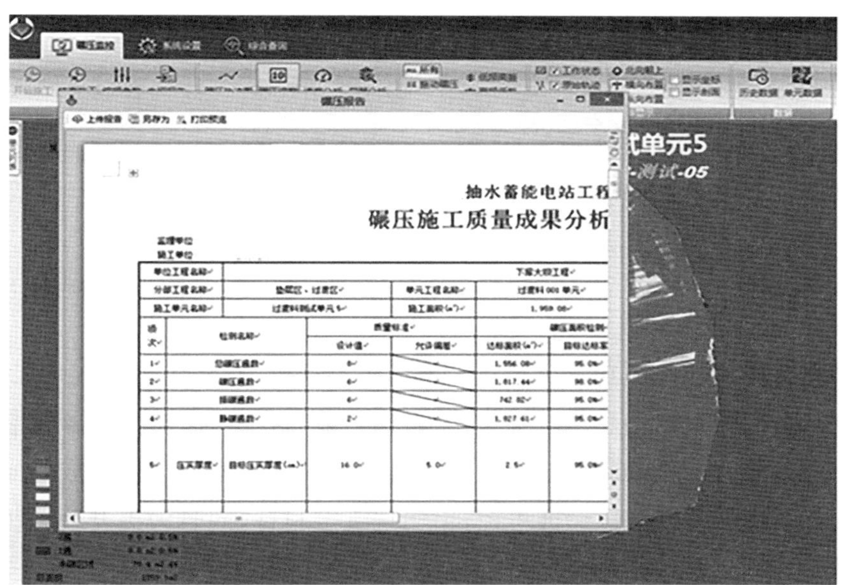

图 11-58　碾压成果报告

(2)碾压过程回溯

除了实时监控碾压的实际情况外,由于所有的数据都已经储存在数据库中,因此系统还可以对已经碾压的全过程实际情况进行回放,作为施工效果的评价依据。

11.8.2 其他数字化系统

本工程还作为试点使用了工程建设管理信息系统、数字化地下洞室管理系统、人员、设备轨迹管理系统等其他数字化系统，但由于网络覆盖等各种原因未能有效实施，仅引水下斜井井内可视安全监测系统正常实施。

引水下斜井井内可视安全监测系统是在扩挖台车上安装视频监控摄像头，视频信号通过无线传输方式传输至扩挖台车控制室内的监视器。台车操作人员及施工管理人员可通过监视器随时了解井下作业情况，实现了井下作业全过程监控，有效避免了井下作业安全风险。斜井上弯段监控见图 11-59，斜井掌子面监控见图 11-60。

图 11-59 斜井上弯段监控

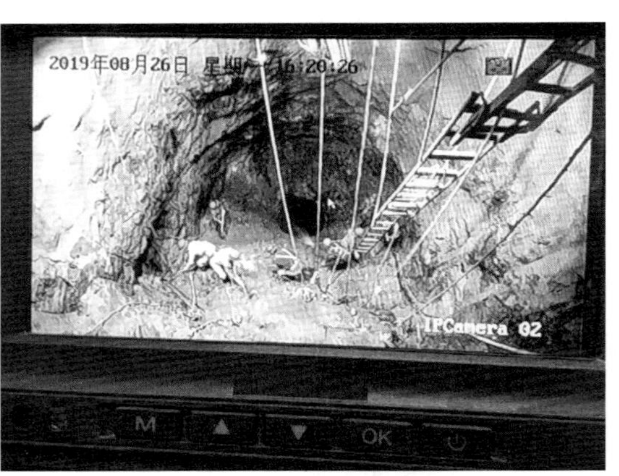

图 11-60 斜井掌子面监控

11.9 结语

上述技术方案的应用成功解决了施工现场技术难题，有效提高了施工工效，降低了安全风险，提升了机械化、信息化水平。其中，长斜井开挖支护、压力钢管安装等创新施工技术达到国内领先水平，面板堆石坝、斜井滑模等施工技术处于国内先进水平。施工过程中质量、安全、环保及进度全面可控，均实现既定目标，同时为提升公司传统水电施工科技竞争力起到了积极作用，值得在类似工程中推广应用。

需要指出的是，上述施工技术仍有改进空间，如定向孔施工磁导向信号传导深度有待扩大，从而进一步提高定向孔偏斜监测能力；斜井扩挖支护一体化装置有待改进和完善，进一步提高其机械化、智能化程度；斜井内压力钢管焊接尚未实现自动化作业；面板堆石坝填筑尚未实现无人化自动作业；斜井滑模施工质量仍有提升空间等。希望在后续类似工程施工过程中，进一步改进、创新，真正实现机械化、智能化、信息化施工，为巩固提升我国水电行业施工技术水平作出更大的贡献。